普通高等教育"十一五"国家级规划教材
全 国 高 等 农 林 院 校 规 划 教 材

森林昆虫学通论

（第2版）

李孟楼　主编

中 国 林 业 出 版 社

内容简介

本教材按照国家“十一五”规划，组织全国农林院校在2002年版本的基础上编写而成。全书分为13章，绪论中叙述了昆虫的起源与地位，森林昆虫学的发展史，我国对森林昆虫学的贡献。第1～7章为森林昆虫学基础部分，包括昆虫的形态，体内器官和功能，生殖、发育、变态、行为、滞育；昆虫的分类原理，分类学的发展，昆虫纲的分目及9个常见目中重要科的识别特征；种群结构特征与种群动态，气候因素与昆虫发育的关系，食性、天敌及植物的抗虫性，生命表，森林昆虫群落演替及预测预报；森林环境与森林害虫的关系，森林害虫控制原理与方法，森林健康的保持与恢复；中国的气候、森林类型与森林昆虫的地理分布，林木害虫主要种类，国内检疫性林木害虫的分布。第8～13章为各论部分，包括地下害虫、枝梢害虫、食叶害虫、种实害虫、蛀干害虫、木材害虫的地理分布、防治及调查方法。各章均附有相应的复习思考题及推荐阅读书目，书后附有昆虫的汉拉、拉汉学名对照索引。

本书为高等院校林学专业的本科教材，也可作为广大林业、森林保护、森林害虫防治与研究工作者的参考用书。

图书在版编目（CIP）数据

森林昆虫学通论/李孟楼主编．—2版．—北京：中国林业出版社，2010.6（2023.10重印）
普通高等教育“十一五”国家级规划教材．全国高等农林院校规划教材
ISBN 978-7-5038-5814-7

Ⅰ.①森…　Ⅱ.①李…　Ⅲ.①森林昆虫学-高等学校-教材　Ⅳ.①S718.7

中国版本图书馆CIP数据核字（2010）第054907号

审图号：GS京（2022）1018号

中国林业出版社·教育分社
责任编辑：杜建玲
电话：010－83143626　　**传真**：010－83143561

出版发行　中国林业出版社（100009　北京市西城区德内大街刘海胡同7号）
E-mail:jaocaipublic@163.com　电话:(010)83143500
http://www.forestry.gov.cn/lycb.html
经　销　新华书店
印　刷　廊坊市海涛印刷有限公司
版　次　2002年10月第1版(共印3次)
2010年6月第2版
印　次　2023年10月第11次
开　本　850mm×1168mm　1/16
印　张　25
字　数　535千字
定　价　65.00元

高等农林院校森林资源类教材

编写指导委员会

《森林昆虫学通论》(第2版)编写人员

主　　编　李孟楼

副 主 编　吴　伟　周祖基

编写人员（按姓氏笔画排序）

丁玉洲　安徽农业大学
王高平　河南农业大学
冯淑军　内蒙古农业大学
巨云为　南京林业大学
白耀宇　西南大学
刘兴平　江西农业大学
孙全友　宁夏大学
孙守慧　沈阳农业大学
吴　伟　西南林业大学
张如力　甘肃农业大学
李孟楼　西北农林科技大学
阿地力　新疆农业大学
陈阿兰　青海大学
周　祥　海南大学
周祖基　四川农业大学
贺一原　中南林业科技大学
唐晓琴　西藏农牧学院
徐华潮　浙江农林大学
童应华　福建农林大学

第 2 版前言

森林是人类生存的环境基础。森林除向人类提供木材、林产品等经济产物和工业原料外，更重要的功能是改善人类生存环境的气候质量、保持水土、涵养水源、防风固沙、庇护农田等。与世界发达国家比较，我国的森林覆盖率还很低，西北、西南、华北等人类生存生境脆弱地区的土地沙化、水土流失情况日益严重；除不合理的采伐和森林火灾对森林生态体系构成威胁之外，自然界另一长期的森林损害源就是灾害性虫灾。我国的森林害虫有千余种，形成灾害的有百余种，而常发型的不过十多种，但每年所造成的直接经济损失、社会和生态效益损失多达 30 亿～50 亿元。因此，森林昆虫的研究和害虫的治理在森林培育和经营管理中具有十分重要的意义。

作为一门现代的专门学科，森林昆虫学在世界上已有近 300 年的发展史。我国森林植被类型复杂、各林型中的森林害虫差异较大，因此现代森林昆虫学在我国的发展阶段、水平和步伐充分地在各种教材中得到了体现。本教材的主要特点是，为适应我国的森林经营方针由直接的资源开发型调整到社会生态型，森林害虫治理策略调整为以森林生态体系为基础的可持续控制，森林害虫的防治已步入工程项目管理、更加重视生物防治，尤其是森林保护人才培养计划和目标的转变，在原《森林昆虫学通论》的基础上，对部分章节的内容进行更新、压缩和精简，最大限度地吸纳和借鉴了各种森林昆虫学教材版本及参考书目的优点和经验以及近 10 年来我国森林害虫研究的最新成果。

本教材包括 13 章，除绪论外，前 7 章为森林昆虫学基础，包括昆虫的形态、昆虫的体内器官和功能、昆虫的生物学、昆虫生态学、昆虫分类学、森林害虫控制与森林健康、中国森林害虫的地理分布；后 6 章为各论部分，即地下、枝梢、食叶、种实、蛀干及木材害虫的地理分布、防治与调查方法。全书插图除部分引自有关的教科书和参考书目外，大部分为编者所绘制。其中分类部分吸收了昆虫分类学中高级分类单元的部分新观点，在科的描述上强调了识别特征、引用了与森林有相关性的种类的插图；生态学部分新增了森林昆虫群落及其种群变动与林分的关系、森林害虫的预测预报等内容；根据森林害虫控制理论的发展，新增的第六、七章重点介绍了森林环境与森林害虫的关系、森林害虫控制原理与方法、森林健康的保持与恢复、中国的气候及森林类型与森林昆虫的地理分布等新内容。各论部分首先按分类类群及生物学习性的异同进行归类，在突出生物防治和以林业技术措施增进或提高林分抗虫性的基础上，对其防治方法或综合控制技术进行了高度的概括和归纳，新增了各类森林害虫的地理分布及调查研究方法，从而尽可能避免了不必要的重复，同时根据最新资料对所有种类的学名进行了勘定和纠误。

但限于篇幅，部分重要害虫的相关信息未编写入本教材。

本教材编写分工如下：绪论由李孟楼编写，第一章由陈阿兰编写，第二章由巨云为编写，第三章由唐晓琴编写，第四章由周祥编写，第五章由童应华、张如力、巨云为编写，第六章由吴伟编写，第七章由白耀宇、周祖基编写，第八章由冯淑军、刘兴平编写，第九章由刘兴平、丁玉洲、王高平、周祥编写，第十章由孙守慧、王高平、吴伟、贺一原、周祥、阿地力编写，第十一章由徐华潮、阿地力、张如力编写，第十二章由周祖基、童应华、周祥、孙全友、阿地力编写，第十三章由贺一原、孙全友、白耀宇编写，索引由李孟楼、张如力完成。全书由李孟楼教授统稿、组织编排和修改，吴伟、周祖基教授审稿。书中的插图由李孟楼绘制。

本教材在编写过程中，西北农林科技大学森林保护学科的同志给予了全力支持和帮助，2002 年版《森林昆虫学通论》的编者为本教材作出了无私的奉献，在此特表示诚挚的谢意。

由于编者的水平有限，掌握的文献资料还不够全面，书中难免有疏漏和不足之处，恳请广大读者和同行批评指正。

李孟楼

2009 年 11 月

PREFACE

The main features of this textbook is to meet our country's forest management policy adjusted from directly resource development to the social ecological model, forest pest management strategies adjusted to the forest ecosystem-based sustainable control, forest pest control has entered a project management, greater emphasis on biological control, particularly in forest protection personnel training plans and objectives of the changes, based on the original *General Theory of Forest Insects*, content of some chapters are fully updated, compression and streamlined, the maximum absorption and draw lessons from these kinds of forest entomology textbook version and bibliography, as well as the strengths and experiences, and China's latest achievements in the study of forest pests in the past 10 years.

The textbook includes 13 chapters, among which the first 7 chapters are the base of forest entomology, including the form of insects, insect internal organs and functions, insect biology, insect ecology, insect taxonomy, forest pest control and forest health, the geographical distribution of China's forest pests; the latter 6 chapters are the geographical distribution, control and investigation methods of underground, branch tips pests, eating leaves pests, seeds and fruits pests, bristletail and timber pests. Most of the illustrations were drawn by the editor except some quotation from the relevant textbooks and references. The classification part absorbed a portion of new point about senior taxonomy unit from the insect taxonomy, emphasized identifying characteristics in the description of Family, and cited the forest-correlation species' illustrations. The ecological part added the forest insect community and the relationship between insect population change and forest, forest pest forecasting and other contents. Based on development of the forest pest control theory, the new section 6 and 7 chapters focused on the relationship of forest environment and forest pests, forest pest control principles and methods, maintenance and restoration of forest health, China's climate and forest type and the geographical distribution of forest insects and so on. The latter parts firstly classified by similarities and differences of category taxa and biological study, in the basis of highlighting biological control and enhancing or improving forest stands on insect resistance by forestry technical measures, had a high degree of generalization and induction for pests' prevention and control methods or integrated control technology, added the geographical distribution of various types of forest pests and research methods to avoid unnecessary duplication as much as possible. Meanwhile, according to the latest information, all types of scientific names were assigned and corrected. However, for the space is limited, some important pests and relevant information were not compiled into the teaching materials.

The division of labor of this textbook is as follows: introduction was compiled by Li Menglou, chapter 1 by Chen Alan, chapter 2 by Ju Yunwei, chapter 3 by Tang Xiaoqin, chapter 4 by Zhou Xiang, chapter 5 by Tong Yinghua, Zhang Ruli and Ju Yunwei, chapter 6 by Wu Wei, chapter 7 by Bai Yaoyu and Zhou Zuji, chapter 8 by Feng Shujun and Liu Xingping, chapter 9 by Liu Xingping, Ding Yuzhou, Wang Gaoping, and Zhou Xiang, chapter 10 by Sun Shouhui, Wang Gaoping, Wu Wei, He Yiyuan, Zhou Xiang and A Dili, chapter 11 by Xu Huachao, A Dili and Zhang Ruli, chapter 12 by Zhou Zuji, Tong Yinghua, Zhou Xiang, Sun Quanyou and A Dili, chapter 13 by He Yiyuan, Sun Quanyou, and Bai Yaoyu. The whole textbook was organized, edited, and revised by Professor Li Menglou, and then it was proofed by professors Wu Wei and Zhou Zuji. The illustrations in the textbook were drawn by Li Menglou.

The authors would like to thank the comrades of Forest Protection Discipline of Northwest A & F University for their strong supports, and the editors of *Theory of Forestry Insects* (version 2002) for their selfless dedications during the preparation process.

Prof. Li Menglou
November 2009

第1版前言

森林是人类生存的环境基础。森林除向人类提供木材、林产品等经济产物和工业原料外，更重要的功能是改善人类生存环境的气候质量、保持水土、涵养水源、防风固沙、庇护农田等。但与世界发达国家比较我国的森林覆盖率还很低，西北、西南、华北等人类生存生境脆弱地区的土地沙化、水土流失情况日益严重；为修复和改变我国的生态环境，国家分别启动了三北防护林、天然林保护、长江中上游防护林、西部退耕还林还草等建设项目。概括而言，除不合理的采伐和火灾对森林生态体系构成威胁之外，自然界的另一长期的损害源就是灾害性虫灾；我国的森林害虫有千余种，成灾的百余种，而常发型的不过十多种，但每年所造成的直接经济损失、社会和生态效益损失多达30亿~50亿元。因此，森林昆虫的研究和害虫的治理在森林培育和经营管理中具有十分重要的意义。

作为一门现代的专门学科，森林昆虫学在世界上已有近300年的发展史。我国的森林植被类型复杂、各林型中的森林害虫差异较大，因此现代森林昆虫学在我国的发展阶段、水平和步伐充分地在教材的演绎中得到了体现。从1953年忻介六教授出版我国第一部《森林昆虫学》教科书开始，经1959年原北京林学院出版《森林昆虫学》到现在，我国的森林昆虫学教科书逐渐形成了体现地方特色的教材系统。现行教材的4种版本为：体现华北兼具全国特色的由原北京林学院张执中教授于1979年、1991年、1998年重新修编的《森林昆虫学》，1978年中南林学院主编的代表南方特色的《森林害虫及防治》、1987年出版的《经济林昆虫学》，1988年方三阳教授主编的体现东北特色的《森林昆虫学》，1994年周嘉熹、屈邦选教授主编的体现西北特色的《西北森林害虫及防治》。上述各类版本的教材及1992年萧刚柔教授主编的《中国森林昆虫》第2版均为本教材的主要参考书目。

本教材的主要特点是为适应我国的森林经营方针由直接的资源开发型调整到社会生态型、森林害虫治理策略调整为以森林生态体系为基础的可持续控制、森林害虫的防治逐渐步入工程项目管理、尤其是森林保护人才培养计划和目标的转变，在原《西北森林害虫及防治》的基础上，对部分章节的内容进行了充分的更新、压缩和精简，最大限度地吸纳和借鉴了上述各种森林昆虫学教材版本及参考书目的优点、经验及近10年来我国森林害虫研究的最新成果。

本教材包括12章，除绪论外，前6章为森林昆虫学基础，包括昆虫的形态、昆虫的体内器官和功能、昆虫的生物学、昆虫生态学、昆虫分类学、森林害虫的种群数量控制，后 6 章为各论部分即枝梢、食叶、种实、地下、木材及蛀干害虫及其防治；全书附相关插图 243 幅，除部分为编者绘制外，其余均引自有关的教科书和参考书目。其中在分类学部分采用了袁锋教授《昆虫分类学》中高级分类单元设置的新观点，在科的描述上强调了识别特征、引用了与森林有相关性的种类的插图；生态学部分新增了森林昆虫群落及其种群变动与林分的关系，对第 6 章的相关内容进行了全面更新、新增了防治指标的类型等新内容；各论部分首先按分类类群及生物学习性的异同进行归类，在突出生物防治和以林业技术措施增进或提高林分抗虫性的基础上、对其防治方法或综合控制技术进行高度的概括和归纳，从而尽可能地避免了不必要的重复；同时根据最新资料对所有种类的学名进行了勘定和纠误。但限于篇幅，部分在西北地区没有分布的检疫害虫未编进本教材。

本教材编写分工如下：绪论、第 1 ~ 3 章由李孟楼、施登明编写，第 4 章由李孟楼、孙全友编写，第 5 ~ 6 章由李孟楼、张如力、庄世宏编写，第 7 章由贺红编写，第 8 章由王敦编写，第 9 章由刘满堂、郭新荣编写，第 10 章由谢寿安、孙全友编写，第 11 章由陈辉编写，第 12 章由吕淑杰编写；由李孟楼、施登明教授统稿和组织编排。书中的插图由李孟楼、屈红星绘制。

本书在编写过程中始终得到了袁锋教授、屈邦选教授、周嘉熹教授的热情支持和帮助，王宏哲副研究员编写了食叶害虫的部分种类，唐光辉、王代娣、雷琼等及学科组其他同志给予了大力支持，在此特表示诚挚的谢意。

由于编者的水平有限，掌握的文献资料还不够全面，难免有疏漏和不足之处，恳请广大读者和同行批评指正。

编　者

2002 年 1 月 29 日

目 录

CONTENTS

绪　论

森林是人类社会赖以生存的生态基础，在国民经济的可持续发展及提高人类生活质量中的地位日益重要。但是生态林、景观林、绿化林及经济林木，常因遭受各种森林虫害的危害而遭受巨大的生态及经济效益损失。据估计，对我国森林产生危害并造成经济损害的害虫达千余种，其中危害最大的有十多种。如松毛虫每年使松林的受害面积达约达 $200\times10^4hm^2$，若按每亩损失材积 $0.183m^3$ 计算，累计损失木材达 $500\times10^4m^3$；小蠹虫类年发生面积达近 $53\times10^4hm^2$，是造成松树枯死的主要因素，部分地区的松林几乎为之毁灭；天牛类年成灾和毁林面积分别达 $100\times10^4m^3$ 和 $1\times10^4hm^2$ 以上；山东半岛的赤松已为日本松干蚧所毁灭，松突圆蚧在东南沿海地区年发生面积近 $67\times10^4hm^2$；落叶松鞘蛾年发生近 $27\times10^4hm^2$，造成材积损失 $320\times10^4m^3$；叶蜂、大袋蛾、舞毒蛾、叶甲等常发性食叶害虫年发生 $67\times10^4hm^2$，使被害树木生长量年损失近 $400\times10^4m^3$；检疫性害虫美国白蛾自 1976 年传入我国后，年发生面积达到 $20\times10^4hm^2$，已造成近 10 亿元的直接经济损失。在国外，美国东北几个州舞毒蛾年危害面积达 $30\times10^4hm^2$；拉美国家约有 8% 的林业费用于防治害虫；日本仅松树害虫一项，1963—1966 年造成损失达 $80\times10^4m^3$；1968—1969 年间前苏联食叶害虫大发生，使 $26\times10^4hm^2$ 橡树林枯萎死亡；松小蠹类在欧美等国年发生达 $200\times10^4hm^2$ 以上。据估算，森林害虫在全球所造成的各类损失(包括各种林产品)，年平均近 20 亿美元。

一、昆虫是古老、年轻又不断发展的生物类群

据说经过“尘埃-星云”的变化所形成的地球已有 46 亿年的地质进化史，在地球所经历的“天文时期”造就了地球内部物质的分异及圈层的形成，为在地球上产生不断丰富和进化的生命创造了必要条件；而“地质时期”又经历了地壳的运动与陆海变化，重要的是诞生了生命及持续进化的生物(见表绪-1)。

在生物产生与进化的里程中，古生代的优势动物三叶虫绝灭了，中生代的巨型动物恐龙绝灭了；只有从古生代中期发展起来的昆虫，能适应地球物理与生态环境的变化不断分化和发展，当然其中也有不少的类群灭绝了，即使是现在也能找到昆虫继续进化的证据。与人类比较，昆虫在地球上已经存在了 4.4 亿年，人类的祖先最早也只出现于 300 万年前，现代人仅有 5 万年的历史。人类是动物进化到近代时期的高级生物，是地

表绪-1 生物产生与进化的地质年表

地质年代	距现在(亿年)	地球的演化史及生物的进化历程		
		特　征	重要事件	昆虫的产生与发展历史
上古代	39～43	出现海洋		
太古代	18～35	原始藻类诞生		
元古代	6～18	动植物分界		
古生代	2.8～5.70	陆生孢子植物、鱼类及海生无脊椎动物和两栖动物诞生	三叶虫产生并绝灭	无翅化石昆虫见于4.4亿年前，有翅化石昆虫见于3.5亿年前
中生代	2.3～1.35	裸子植物及爬行羊膜动物产生并发展	恐龙产生并绝灭	昆虫进一步分化和发展，有翅昆虫类产生
新生代	0.65～0.06	被子植物、哺乳动物兴起，300万年前产生人类祖先	百万年前人类诞生	有翅及后生无翅类昆虫进一步发展

球上的新来者，对地球环境变化的适应能力无法与昆虫相比较。从借鉴忍受与适应生境变化而生存的经验讲，昆虫是应该值得注意的一类生物。

二、昆虫的地位与特点

在已记载的500余万种现存生物中，微生物占5%、植物占20%、动物占75%。动物学家根据动物构造之繁简、血缘关系之远近、进化水平之高低，将动物划分为无脊椎动物和脊椎动物两大类群。在脊椎动物群中，人的进化地位最高；在无脊椎动物中，昆虫是最高级的类群；就现时代而言，人与昆虫是两种进化方式发展比较完善的代表。

分类学家将无脊椎动物区分为原生动物门、多孔动物门、腔肠动物门、扁形动物门、线形动物门、环节动物门、软体动物门、棘皮动物门、节肢动物门，昆虫隶属节肢动物门中的昆虫纲。节肢动物门占动物界总数的75%，即生物界的56.3%。昆虫纲的数量占节肢动物门的95%，占动物总数的71.3%、生物界的53.5%。

昆虫占领生存空间的优势在于：一是种类多，现已记录的种类约115万种，据估计栖息在地球上的昆虫总数近500万种。二是个体小、种群数量大，如一颗植物种子既是其栖息场所又是食物，一棵树木上可以容纳数十万头蚜虫。三是适应能力强、分布范围广，亿万年的适应与进化使得地球上每一生境都栖息有昆虫。

昆虫种类繁多、分布广的主要原因：第一，具有可飞翔的翅，方便了生栖和占领生存空间。第二，取食器(口器)的多样化扩大了食物范围。第三，强大的繁殖力使其获得了保持种群数量的能力。第四，遗传多样性及适应性变异增强了自然选择的潜力。

三、昆虫的生态学及经济意义

人们对昆虫习惯于从“益、害”两方面去认识，并常过多地强调了害的方面。显然这样的评价过于简单化。从宏观角度讲，森林中的昆虫除了具有害的一面以外，还具有下述生态学及经济学意义。

第一，具有维持自然界生态体系内物质循环平衡的重要功能。占28%捕食性和2.4%的寄生性昆虫构成了农林害虫天敌的群落主体，使得能造成经济损失的害虫不到昆虫总数的1%；48.2%的植食性昆虫是生态系统食物链中的基本单元，并且对维持植物群落秩序与结构的稳定性起着重要作用；17.3%的腐食性种类是自然生态系中庞大而高效的“生态垃圾”清理工。

第二，为85%的显花植物传粉。在生物进化的里程中显花植物的产生与演化与传粉昆虫有不可分割的渊源关系，许多蜂、蝇、蛾、蝶、甲虫在取食与活动中均扮演了为显花植物传粉的角色。

第三，部分昆虫直接或间接向人类提供了经济产物。如五倍子、白蜡、蜂蜜、丝绸，可入药的冬虫夏草、蝉蜕，提供蛋白、脂肪饲料源等的种类则更多。

第四，科学研究中的实验动物。由于昆虫生活周期短、易于饲养、繁殖快，用其作为实验动物无社会及法律问题，所以在遗传、发育生理、生理生化研究中被广泛使用。

第五，美丽多姿的体型、多彩的花纹及有趣的生活方式，成为了人类业余消遣的对象。可以说昆虫发展为一个专门的学科，在早期与人们的好奇与观赏兴趣有很大关系。

第六，昆虫有相当一部分是农林植物及其产品的害虫，部分是人、家畜、植物病原的携带者及传染源，即卫生害虫。为治理这些害虫，整个世界不仅具有专门的研究与教学机构，而且建立了不断扩大的每年产值1 000多亿美元的工商业(主要是农药业)，这进一步强化了昆虫在现代社会经济生活中的重要性。

随着人类对昆虫研究的深入，已改变了过去的昆虫就是害虫的片面认识，昆虫与人类的经济及社会生活、甚至生存的生态环境间的关系越来越密切。尤其在资源昆虫的研究和利用方面，人类已取得了很大的成绩。

四、本课程的任务

本课程主要学习和掌握昆虫的形态特征、体内器官的结构、个体生长发育及生物学的特点、分类、群体数量消长与森林生态系中其他有关因子间的相互关系，以及害虫防治和益虫利用的一般原理和措施。

昆虫学科的基础课程细分时包括昆虫形态学(insect morphology)、昆虫分类学(insect taxonomy)、昆虫生理学(insect physiology)、昆虫生物学(insect biology)、昆虫生态学(insect ecology)、昆虫毒理学(insect toxicology)、植物化学保护(chemical protection of plants)、昆虫病理学(insect pathology)、昆虫技术学(insect technology)。

应用昆虫学科包括森林昆虫学(forest entomology)、农业昆虫学(agricultural entomology)、储粮昆虫学(storeproduct entomology)、医学昆虫学(medical entomology)、城市昆虫学(urban entomology)、园林昆虫学(gardens entomology)、森林害虫治理工程学(forest pest control engineering)、经济林昆虫学(economy forest entomology)、养蚕学(sericulture)、养蜂学(apiculture)等。

五、森林昆虫学的发展历史

森林昆虫学，作为经济昆虫学的一个分支，是随着森林害虫的研究与防治和利用益虫而逐渐发展形成的。回顾森林昆虫学的发展历史，其发展过程大致如下。

(1)早期阶段

1900年之前因德国的林业较为发达，成为当时森林昆虫学的兴起中心，但最早对森林昆虫感兴趣并进行观察研究的则是神学家和医生。1752年传教士 J. C. Schaffer 详细研究了舞毒蛾(当时尚不知道学名)的生长发育规律、猖獗与食物、天敌及气候等因素的关系；云杉八齿小蠹 *Ips typographus* 的灾害性危害和对其观察研究则进一步推动了森林昆虫学的发展。医学教授 J. C. Gmelin 于1787年就此发表了相关的论著，并于1804—1805年出版了《危害森林的昆虫的完整的自然史》；Bechstein 在《森林和狩猎百科全书》中撰写了第一本森林昆虫教科书。Juliu Thender Cgriten Ratzeburg(1801—1870年)倾毕生精力于森林昆虫研究，1840—1841年出版了至今仍被奉为森林昆虫学的经典著作《森林昆虫或普鲁士及临近州森林已知有害或有益昆虫图说或描述》。这一时期的重点在于研究生物学，其次为森林环境。

(2)快速发展及种群研究阶段

从20世纪开始，森林害虫问题受到了多数欧美国家的重视，各国均出版了至今仍有影响的森林的昆虫学专著，如1929年 S. A. Graham 的 *Principle of Forest Entomology*，1950年 F. C. Craighead 的 *Insect Enemies of Eastern Forest*，1952年 F. P. Keen 的 *Enemies of Western Forest*，以及1941年印度 C. F. C. Beeson 的 *The Ecology and Control of the Forest Insects of India and the Neghbouring Contries*，1949年苏联 M · H · 里姆斯基等的《森林昆虫学》，1948年松下真幸的《森林害虫学》等。森林昆虫学家 A · D · Hopkins(霍普金斯)经过20多年的观察和研究，1918年发现了生物气候定律，则被誉为北美森林昆虫学界的 Ratzeburg。森林昆虫的研究从一开始就涉及了生物学及其与森林环境两方面的内容，不过早期的重点在于生物学领域，而这一阶段除重视单因素的作用特点外，更多的则是种群动态及其限制条件的作用过程及其控制方法，从而使森林昆虫学成为了一门专门的学科；这方面的代表是德国的 K. Escherish，他于1914—1942年在美国出版了 *Die Forest Inseckten Mitteleuropas*。

(3)以生态学为基础的近代研究时期

20世纪末，生态学观念被森林昆虫学者普遍接受，这一时期的主要特点是以生态学为基础，注重多学科理论和技术在森林昆虫学研究中的应用，主要进行森林昆虫的种群动态规律、防治策略及控制技术的研究，强调了森林生态系统控制虫灾的潜能，实施综合管理措施使害虫种群动相对稳定而不成灾。

六、中国对森林昆虫学的贡献

若追溯现被列为资源昆虫的家蚕、柞蚕、白蜡虫、五倍子蚜等的研究的历史，在

1000年以前我国就已开始饲养家蚕、利用丝绸供衣着，远在公元前40至公元前20年的汉代我国就开始饲养柞蚕。我国还是世界最先利用捕食性昆虫的国家，在医用昆虫及无机和植物性杀虫剂的利用等方面都曾有过不少的发明和创造。早在明嘉靖9年(1530年)浙江已有了松毛虫灾害的记载；万历17年(1599年)江苏常熟县志的记载形象而确切：据梢食叶、嗖嗖有声，树尽凋谢，俗呼松蚕。

现代森林昆虫学在我国的起步相对较晚，1960年以前当为发展的早期阶段，1950年我国政府就重视了如松毛虫、竹蝗等森林害虫的研究和治理，1953年忻介六出版了我国第一部《森林昆虫学》教科书，1959年原北京林学院总结当时我国森林昆虫的研究成果主编出版了《森林昆虫学》。1980年前我国重视重要虫种的生物学及防治方法等研究，1980年后我国森林昆虫研究步入了以生态学为基础研究解决国内重大的森林害虫问题的阶段。1979年实施的全国林木病虫害的普查项目基本上摸清了我国主要森林害虫的种类、分布和危害状况，1983年由蔡邦华和萧刚柔教授主持，组织全国森林昆虫专家系统地总结了我国森林昆虫的研究成果，编写出版了《中国森林昆虫》(1992年再版)。从1983年开始的"马尾松毛虫、油松毛虫等综合防治技术研究"被列入"六五"国家重点攻关课题，"七五"(1986—1990年)科技攻关内容在上述基础上扩大到杨树蛀干害虫、针叶树种子害虫、松突圆蚧等，"十五""十一五"更进一步将松毛虫、小蠹虫、杨树蛀干害虫、林鼠、松材线虫、美国白蛾确定为治理工程项目，重点解决生物防治方法与技术，从而使我国森林害虫的防治和研究进入了新阶段。

虽然我国森林虫害问题仍未得到较彻底的控制，但森林昆虫学作为一门独立的学科在我国已具备了坚实的基础，国家已建立了相当完整的专职研究与技术推广机构，并制定了相关方针、政策和法令，专业人才培养体系也日益完善。所有这些都将进一步推动我国森林昆虫学的发展、害虫控制技术水平的提高。

第一章 昆虫的形态

【本章提要】 昆虫的形态及其特征具有一套系统而规范化的科学定义和名称，是学习和认识昆虫的基础。本章主要介绍昆虫与其他动物的区别特征，昆虫头部、胸部、腹部的基本结构，以及昆虫口器、足、翅、外生殖器的结构、类型和演化特征。

昆虫种类繁多，形态各异。由于适应环境和进化过程中的自然选择，即使是同种昆虫，因发育阶段、性别、地理分布及生物学特性等不同，形态结构也有所变化。但是，不管昆虫的形态如何变化，它们的基本结构具有一致性，形态上的差异只不过是基本结构的特化，形态结构的特化和多样性是适应环境与生活机能需要的结果。掌握昆虫的外部形态特征和基本结构，对于识别昆虫，了解昆虫的生活习性、生态环境和害虫防治，都具有极其重要的作用。

昆虫属于动物界 Animalia 节肢动物门 Arthropoda 昆虫纲 Insecta。节肢动物的共同特征是：体躯由一系列分节的体节组成，整个体躯被有含几丁质的外骨骼，有些体节上具有成对、分节的附肢；体腔即为血腔，心脏在消化道的背面；中枢神经为梯形神经系统，包括 1 个位于头内消化道前端背面的脑，及 1 条位于消化道腹面、由一系列成对神经节组成的腹神经索。

昆虫除具有以上节肢动物的共同特征外，体躯分成明显的头、胸、腹 3 个体段，具 3 对足，多数还有 2 对翅。与其他动物的主要区别特征如下(图 1-1)。

(1)体躯左右对称，由若干环节组成，这些环节集合成头、胸、腹 3 个体段。

(2)头部是取食与感觉的中心，具有 3 对口器附肢和 1 对触角，通常还有单眼和复眼。

(3)胸部是运动与行动的支撑中心，由 3 个体节组成，有 3 对足，中、后胸常各有 1 对翅。

(4)腹部是生殖与代谢的中心，通常由 9～11 个体节组成，内含大部分内脏和生殖系统，腹末常具有特化为外生殖器的附肢。

(5)由卵中孵化出来的昆虫，在生长发育过程中，通常要经过一系列显著的内部及外部体态上的变化，才能转变为性成熟的成虫。这种体态上的改变称为变态。

节肢动物门除昆虫纲外，还有三叶虫纲 Trilobita、蛛形纲 Arachnida、甲壳纲 Crustacea、重足纲 Diplopoda、寡足纲 Pauropoda、唇足纲 Chilopoda、结合纲 Symphyla。但这些

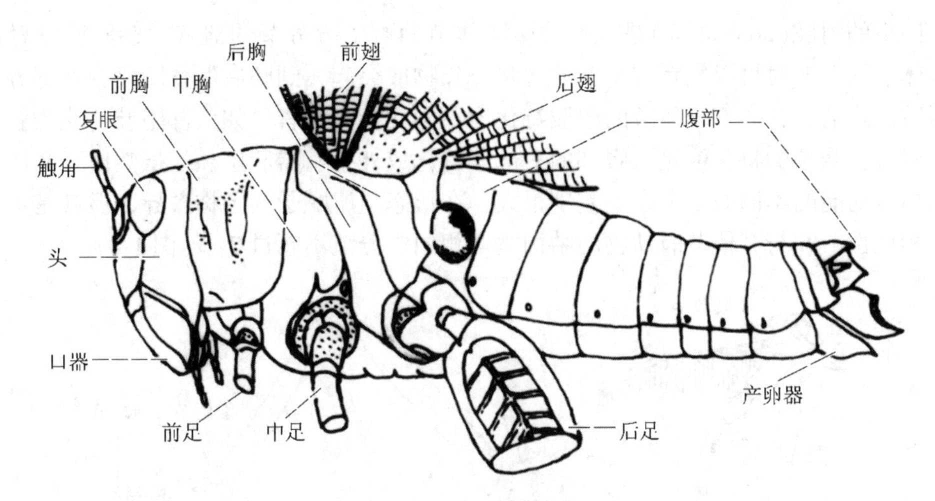

图 1-1 蝗虫体躯构造

节肢动物均无翅，或体躯分段形式、或足的着生部位与数量等都与昆虫不同(图 1-2)。

为了在解说昆虫体躯各部位构造时求得一致，人们认为柔软的虫体以类似于环节动物、或相当于胚胎期体表的节间褶(褶内面着生纵肌)区分体节时为原始的分节形式，即初生分节(primary segmentation)。当虫体变硬骨化时，在原来节间褶前面留有未骨化的膜质环带即节间膜，以节间膜为体节间的区分界限时即后生分节(secondary segmentation)。

同样，为了方便形态描述，特对昆虫体躯的方位进行了规定，常用的体向有前、后、背、腹、侧、左、右、内、外、基、端等(图 1-3)。

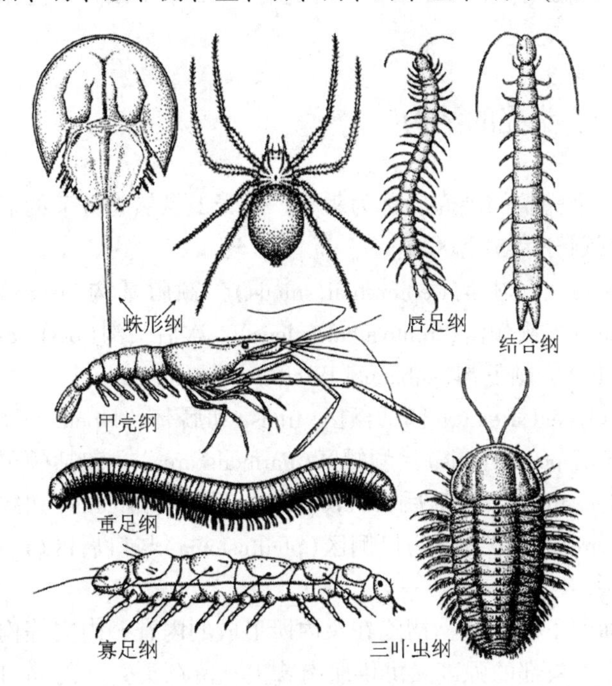

图 1-2 节肢动物门其他纲的代表

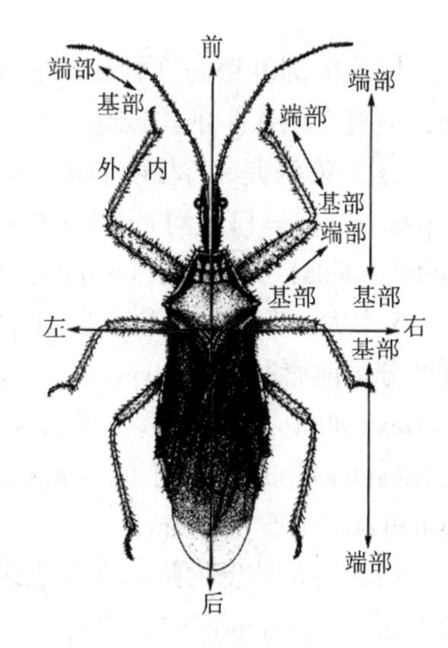

图 1-3 昆虫的体向(仿彩万志)

昆虫的附肢(appendage)是成对着生于体节两侧下方分节的器官。在胚胎发育时几乎各体节均有 1 对可以发育成附肢的管状外长物或突起，到胚后发育阶段，一部分体节的附肢已经消失，一部分体节的附肢特化为不同功能的器官。如头部附肢特化为触角和取食器官，胸部的特化为足，腹部的一部分特化成外生殖器和尾须。虽然由于其所在部位和担负功能的不同而在形态上差别很大，在形态上所赋予的名称各异，但其基本构造具有相似性，并与其他节肢动物的结构基本相同，分节不超过 7 节(图 1-4)。

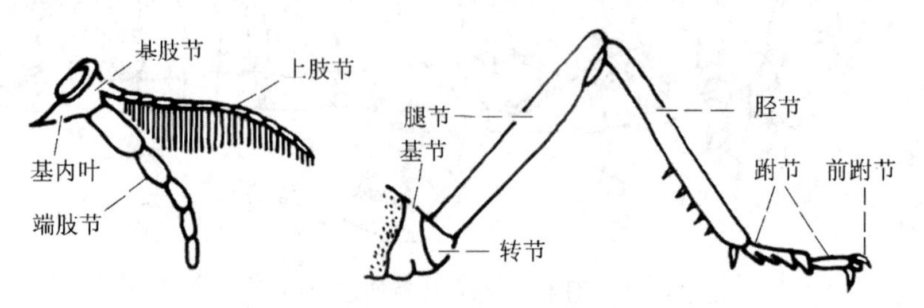

图 1-4　昆虫的胸足与三叶虫附肢的比较

第一节　昆虫的头部

头部(head)是昆虫体躯的第一体段，常呈半球形，由 4 或 6 个原始的体节愈合而成，形成一个坚硬的头壳，以保护脑和适应取食时强大肌肉的牵引力。昆虫头部以膜质的颈与胸部相连接，着生有口器、1 对触角、1 对复眼，有时还有 2 ~ 3 个单眼，是昆虫感觉和取食的中心。

一、头壳的结构

昆虫头部外壁高度骨化，形成一个完整的硬壳，称为头壳。头壳上虽然无分节的痕迹，但有 7 条次生的沟或缝，可将其划分为 5 个区域。

这 7 条沟是蜕裂线(ecdysial line)、颅中沟(epicranial sulcus)、额唇基沟(frontoclypeal sulcus = 口上沟 epistomal sulcus)、额颊沟(frontogenal sulcus)、次后头沟(post occipital sulcus)、后头沟(occipital sulcus)、颊下沟(subgenal sulcus)(图 1-5)。

5 个大区分别是额唇基区(frontoclypeal area)，包括额区(frons)和唇基(clypeus，又可区分为前唇基 anterclypeaus 和后唇基 postclypeus)；颅侧区(Parietals area)，包括颅顶(vertex)和颊(gena)；后头区(occipital area)，包括后头(occiput)、后颊(postgena)和次后头(subocciput)；颊下区(subgenai area)，可区分为口侧区(pleurostoma)与口后区(hypostoma)；上唇(labrum)。

沟或缝是体壁内陷后在头壳表面留下的褶陷，褶陷在头内所形成的内脊、内突等构造称为幕骨(tentorium)，幕骨既加强了头部的强度又可供肌肉着生；留在头壳外的陷口称为幕骨陷(tentorium pits)。

沟可依据其所在部位、形状、功能进行描述及解释，而区域则能通过其所在部位、形状、周边的沟进行描述。

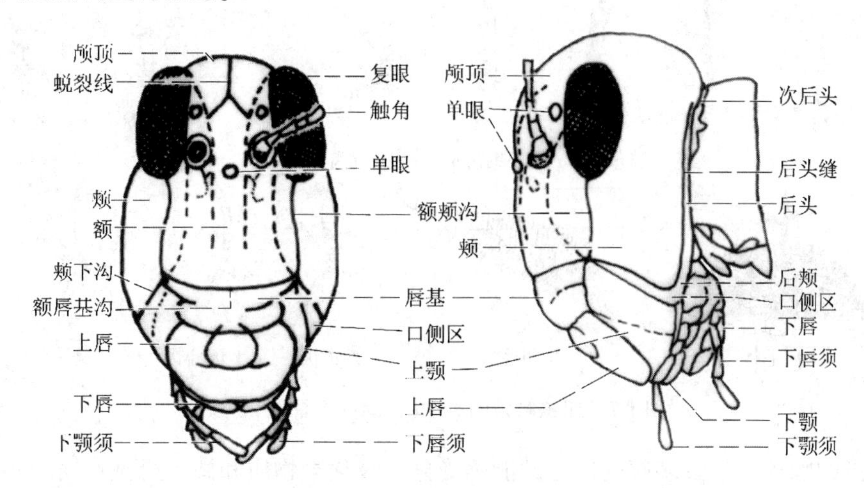

图1-5 昆虫头壳的构造

二、头部的附器

昆虫头部附器有触角、眼和口器。

(一)触角

触角(antenna)是昆虫头部的一对附肢，除原尾目昆虫无触角，高等的膜翅目、双翅目幼虫的触角退化外，大多数昆虫都有1对触角。触角基部着生于额区两复眼间的一对触角窝(antennal fossa)内，触角窝缘有围角片(antennal sclerite)，围角片上的支角突(antennifer)分别与触角基部相连接，因此触角可以自由转动。

昆虫触角最基部的一节常较粗短，称为柄节(scape)；常较柄节略小的第二节即梗节(pedicel)；梗节以后各节统称为鞭节(flagellum)，鞭节的数目和形状变化最大(图1-6)，昆虫变异后主要依据其鞭节的形状确定类型和名称。雄虫的触角常要比雌虫的发达，触角是常用的分类和性别鉴别特征。

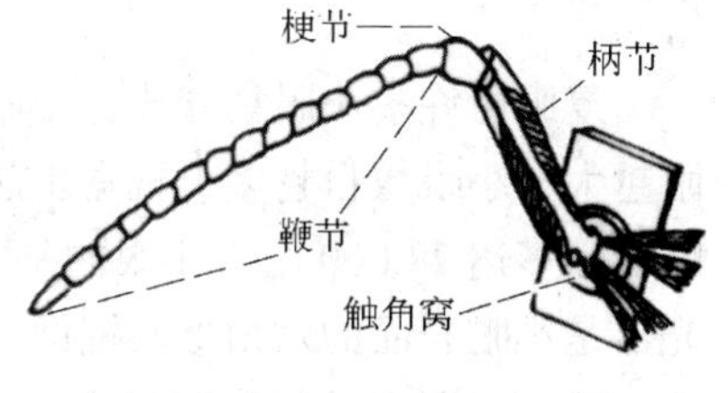

图1-6 触角的基本构造

常见的触角类型包括刚毛状(setaceous)、丝状(filiform)、念珠状(moniliform)、锯齿状(serrate)、羽毛(双栉齿)状(bipectiniform)、栉齿状(pectiniform)、肘状(geniculate)、具芒状(aristate)、环毛状(whorled)、球杆(棒)状(clavate)、锤状(capitate)、鳃片状(lamellate)(图1-7)。

触角是昆虫觅食、求偶、聚集、避敌、寻找产卵场所等生命活动中的主要感觉器官，具有触觉和嗅觉功能。但某些昆虫的触角还有其他功能，如雄蚊触角梗节中的姜氏器(Johnston's organ)能听到雌蚊的飞翔声，雄芫菁的触角在交尾时能抱握雌体，仰泳蝽的触角能保持身体在水中的平衡，魔蚊的触角能捕食小虫，水龟虫的触角能吸收空气等。

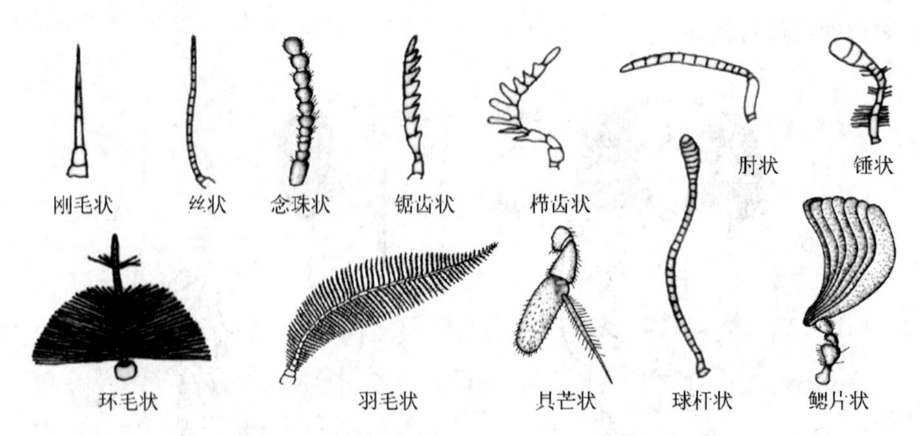

图1-7 昆虫触角的类型(仿周尧、管致和等)

昆虫的触角上有许多感受器官，能感受分子级化学物质和微小机械作用的刺激。如菜粉蝶对十字花科植物散发的芥子油气味敏感，许多昆虫可为损伤果实所散发的酸甜酒香味所引诱，许多蛾类的雌虫分泌的性激素吸引数千米外的雄虫飞来交尾，樟脑精对衣鱼、皮蠹等昆虫有趋避作用。因此，可利用昆虫触角对某些化学物质的特殊嗅觉作用对害虫的发生动态进行测报，以及对害虫进行诱集、诱杀或趋避防治。

(二)眼

眼是昆虫的视觉器官，在栖息、取食、繁殖、决定行为方向等各种活动中起着重要的作用。昆虫的眼有复眼(compound eye)和单眼(ocellus)2种。

1. 复眼

多数昆虫的成虫和不完全变态类的若虫或稚虫都有1对复眼，复眼常位于头部的侧上方。复眼是昆虫的主要视觉器官，能辨别出近距离的物体，对运动着的物体特别敏感。

复眼由许多小眼集合成，小眼面通常为正六边形。小眼的形状和数量变化很大，复眼越大、小眼数目越多、视觉也越清楚，如介壳虫雄虫的每个复眼只有数个圆形小眼，蜻蜓则多达28 000个。小眼的基本构造由集光器和感受器两部分组成(见图2-11)，集光器是小眼表面的六角形凸镜即角膜镜和位于其下面的晶体，具有通过和集合光线的功能；感光器即视觉细胞所形成的视觉柱，下端连接视觉神经；视觉细胞周围有色素细胞，能吸去部分光线。视神经感受集光器传入的光点造成“点像”，无数小眼的“点像”就组成“镶嵌像”。

复眼常为圆形、椭圆形，少数为肾形，低等、穴居和寄生性昆虫的复眼常消失或退化。个别昆虫类群的复眼常一分为二，或着生于头侧的柄状突上；或复眼区很大占据了头壳的绝大部分，如部分雄虫的两复眼在头顶愈合形成合眼(holoptic type)，雌虫头顶仅留有狭窄骨片称离眼(dichoptic type)。

2. 单眼

昆虫的单眼有背单眼(dorsal ocelli)和侧单眼(lateral ocelli)2类。单眼只能感受光线的强弱和方向，而无成像的功能。

位于成虫和不完全变态类昆虫的若虫或稚虫额区上方的 1～3 个单眼为背单眼，背单眼的有无、数目和着生的位置等是分类上常用的特征。位于全变态类昆虫幼虫头部两侧的单眼称为侧单眼，侧单眼的数目一般为 1～7 对，侧单眼的数目和排列的形状是幼虫分类的特征之一。如膜翅目的叶蜂类幼虫仅有 1 对，鞘翅目幼虫通常有 2～6 对、常排成 2 行，鳞翅目幼虫多为 6 对、多排成弧形。

(三) 口器

口器(mouthparts)是昆虫的取食器官，由于昆虫种类、食性和取食方式不同，口器在外形和构造上有各种特化和类型，但都是由一种基本结构演变而来的(图 1-8)。

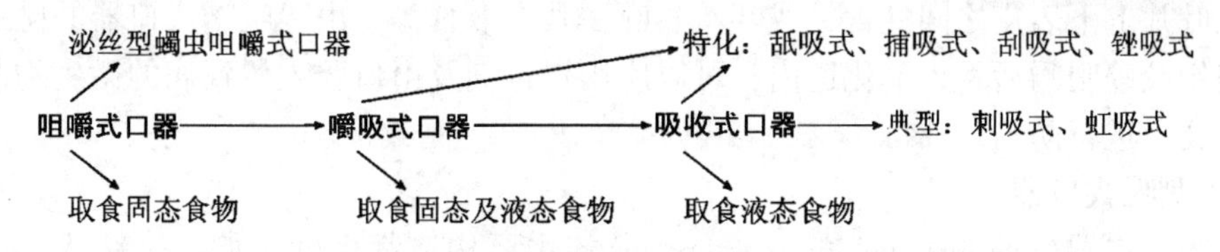

图 1-8　昆虫口器的演变

1. 咀嚼式口器

咀嚼式口器(chewing mouthparts)包括上唇(labrum)、上颚(mandibles)、下颚(maxillae)、下唇(labium)和舌(hypopharynx)。在演化上最为原始，各部分构造比较完整(图 1-9)。

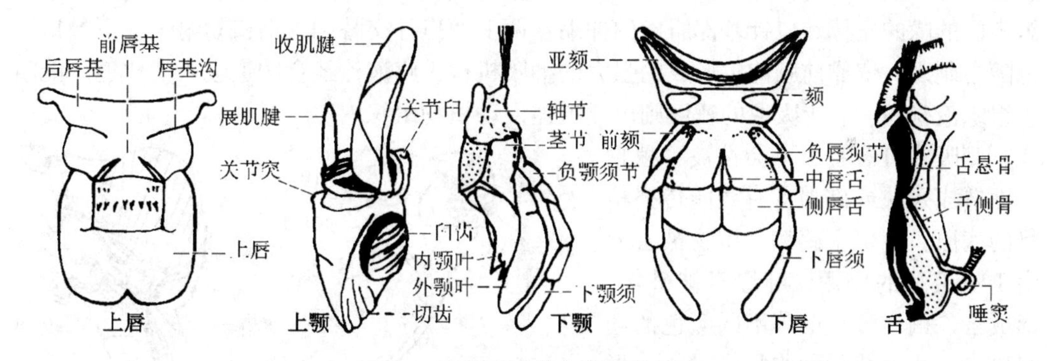

图 1-9　咀嚼式口器各部位的构造

上唇　是悬挂在唇基下方 1 个具有内、外唇的双层薄片。内唇(epipharynx)膜质，具味感器。上唇形成口腔的前壁，阻挡食物外流。

上颚　是 1 对位于上唇之后的锥状坚硬构造，由头部的第一对附肢演化而来。上颚的近基部是磨盘状的磨区，用以磨碎食物，端部是齿状的切区，用以切断食物。

下颚　是头部的第二对附肢，位于上颚的后方，由轴节、茎节、内颚叶、外颚叶、下颚须 5 部分组成。用以握持食物送入两上颚之间，下颚须 5 节，具有嗅觉和味觉的功能。

下唇　是头部的第三对附肢愈合而成的构造，位于下颚的后面，形成口腔的后壁，其构造与下颚相似，由后颏、前颏、侧唇舌、中唇舌、下唇须组成。主要是托持食物，下唇须 3 节，也具有嗅觉和味觉功能。

舌　左右上下颚之间的一个袋形的构造，有帮助运送和吞咽食物的功能。其基部上方是食道的开口即真正的口，基部下方是唾腺的开口，唾液由此流出和食物混合。舌司味觉，舌壁上有很多毛带状感器。

许多鞘翅目(甲虫)、鳞翅目(蝶蛾类)和膜翅目(叶蜂和茎蜂)幼虫的也是咀嚼式口器，其上颚与上唇与一般咀嚼式口器相同，但下颚、下唇和舌则合并成一复合体：两侧为下颚，中央为下唇和舌，端部具有一个突出的吐丝器。

具有咀嚼式口器的昆虫，取食时造成明显的机械损伤。如植物的叶片被咬成缺刻、穿孔、啃食叶肉仅留叶脉，甚至把叶全部吃光，咬断根茎，或在果实、枝干内部蛀食，或潜入叶片上下表皮之间蛀食，或吐丝卷叶在其中取食等。由于咀嚼式口器的昆虫是将植物组织咬碎咀嚼后吞入消化道内，可以应用胃毒剂及由口腔入侵致病的微生物制剂喷洒于植物上进行防治。

2. 刺吸式口器

刺吸式口器(piercing-sucking mouthparts)的主要构造都极度延伸，呈针状，适于穿刺，吸取动植物组织内的血液或汁液，如半翅目、同翅目和双翅目蚊类等昆虫的口器。其主要构造特点是：上唇小，呈倒三角形，贴于口器基部；上、下颚特化为坚硬而细长的口针(stylets)，上颚口针端部锐利，外侧有倒刺，便于刺入和固定于组织内；下颚口针的内侧面有大、小2个凹槽，合并而形成食物道和唾道；下唇延伸为分节的喙(rostrum)，包藏上、下颚口针(上颚在外，下颚在内)(图1-10)。取食时，借助于停留在组织表面的喙的支撑和口针基部肌肉的伸缩，两上颚口针交替刺入动植物组织，下颚口针也随之刺入，依靠前肠前端形成的强大的抽吸机构，将液汁经食物道吸入消化道。能阻止组织液凝固、利于吸取的唾液则由唾道注入动植物组织内。

刺吸式口器害虫不会在被害植物表面造成残缺或破损，有些能传播植物的病原，使寄主感病。植物被害处由于唾液酶的作用，叶绿素被破坏，形成红、褐、黄、白等不同颜色的褪绿斑点，或使植物细胞异常增生，形成形态各异的畸形、卷缩、肿瘤或虫瘿，甚至枯萎死亡。对这类口器的害虫，喷洒在植物表面上的胃毒剂就没多大作用，防治时可以用触杀剂及内吸剂。

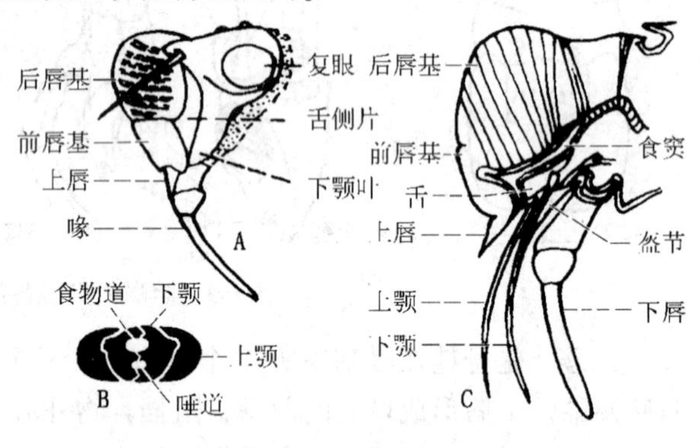

图1-10　蝉的刺吸式口器

A. 侧面观　B. 纵切面　C. 口针横断面

3. 虹吸式口器

虹吸式口器(siphoning mouthparts)为蛾、蝶类所特有，其上颚退化，下颚的外颚叶则十分发达，变成螺旋状卷曲的喙，内部形成1个细长的食物管道用以吸食液体食料。下唇为小形的薄片，下唇须发达。喙平时卷藏在头下方2个下唇须之间，取食时伸到花心吸取花蜜(图1-11)。具有这类口器的成虫对农林作物无害，但吸果夜蛾类的喙端尖锐，能吸食即将成熟的果实，形成落果；其幼虫均为咀嚼式口器，很多种类为重要

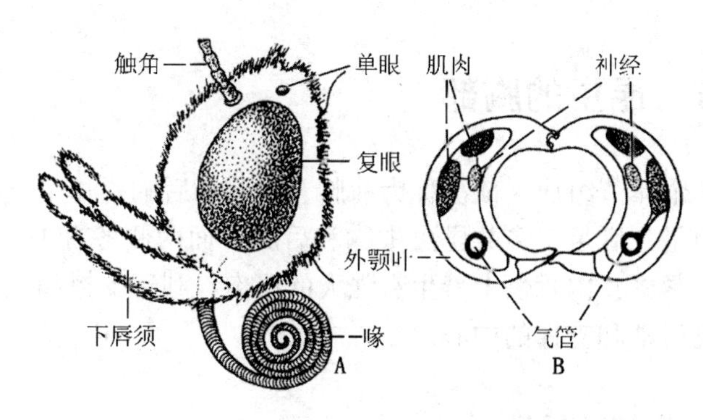

图 1-11 鳞翅目成虫的虹吸式口器

A. 侧面观 B. 喙的横切面(仿彩万志，Eidmann)

害虫。

4. 锉吸式口器

锉吸式口器(rasping mouthparts)为蓟马类昆虫所特有。与典型刺吸式口器不同处是：喙短小，左上颚发达、右上额高度退化或消失，3 根口针由左上颚和 1 对下颚特化而成。2 根下颚口针形成食物道，唾道则由舌与下唇的中唇舌紧合而成。取食时，用上颚口针锉破植物组织表皮，然后吸取汁液。被害植物常出现不规则的变色斑点、畸形或叶片皱缩卷曲等症状。

此外，还有牛虻的刮吸式口器，能刮破寄主组织，然后吸吮流出来的血液；蝇类的舐吸式口器，能吸取暴露在外的液体食物或微粒固体物质；蜜蜂等的嚼吸式口器，具强大的上颚，可以咀嚼固体食物，又有适于吸吮花蜜的构造。

了解昆虫口器的构造，除能够判别昆虫的进化地位外，在识别与防治害虫上也具有很大的意义，如可根据口器类型判断被害症状，亦可根据被害症状确定害虫类型，选用合适的药剂进行防治。

三、昆虫的头式

由于昆虫的取食方式不同，口器的构造和在头部着生的位置也有所不同。根据昆虫口器在头部着生的位置和方向，可将昆虫的头式分为以下 3 类(图 1-12)。

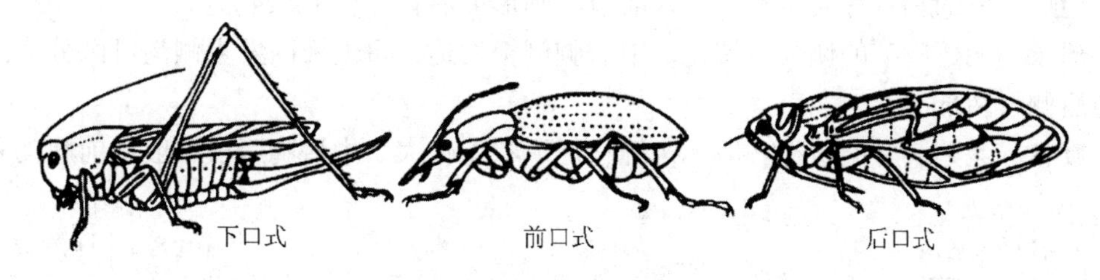

图 1-12 昆虫的 3 种头式

下口式　口器着生在头部的下方，头部纵轴与体躯纵轴几乎成直角，如蝗虫、鳞翅目幼虫等植食性昆虫。

前口式　口器着生在头的前方，头部纵轴与体躯纵轴近于一条直线，如步行虫、瓢虫等捕食性昆虫。

后口式　口器从头的腹面伸向身体的后方，头纵轴与体躯纵轴呈一锐角，不用时贴在身体的腹面，如蚜虫、叶蝉等具刺吸式口器的昆虫。

第二节 昆虫的胸部

胸部是昆虫体躯的第二体段，由 3 个体节组成，依次称为前胸、中胸和后胸。每个胸节下方各着生 1 对胸足，即前足、中足、后足。多数昆虫中胸和后胸背面两侧各有 1 对翅，即前翅和后翅。胸部坚硬，连接紧密，内骨骼上着生有强大的肌肉，利于支撑和支持足和翅的运动。所以，胸部是昆虫运动和支撑的中心。

一、胸部的构造

昆虫胸部发达程度与其所担负的运动机能相关，前胸无翅、较不发达，前翅为主要飞行器的则中胸较后胸发达，后翅是主要飞行器的则后胸发达，前足发达则其前胸也很发达。每一胸节都由背板(tergum)、侧板(pleuron)、腹板(sternum)所组成，各骨板因承受机械运动的需要又发生加强强度的沟、缝而被分割成小骨片，其名称按所在胸节命名(图 1-13)。

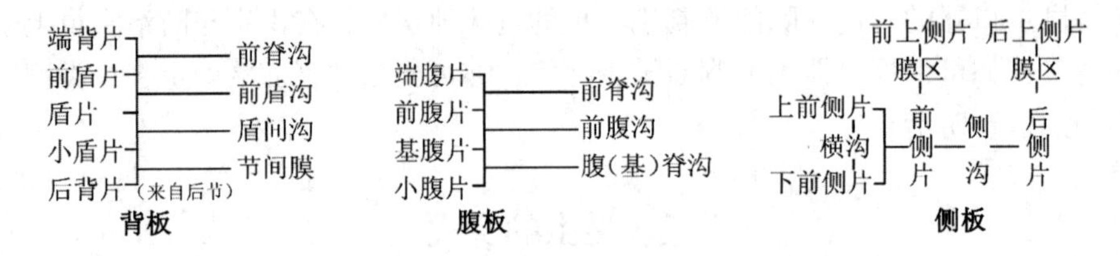

图 1-13　昆虫胸节背、侧、腹板的构造关系

背板　前胸背板构造较简单，但形状多变。典型的中后胸背板具有 3 条沟、4 块骨片，但后一节的端背片脱离本节并入前节时则形成后背片(图 1-14)。

侧板　无翅胸节的侧板不特化。中后胸侧板发达，每侧板因发生侧沟可区分为前侧板与后侧板两部分。

腹板　无翅胸节的腹板一般无沟缝，但形状变化大。中后胸腹板一般由前腹沟划分

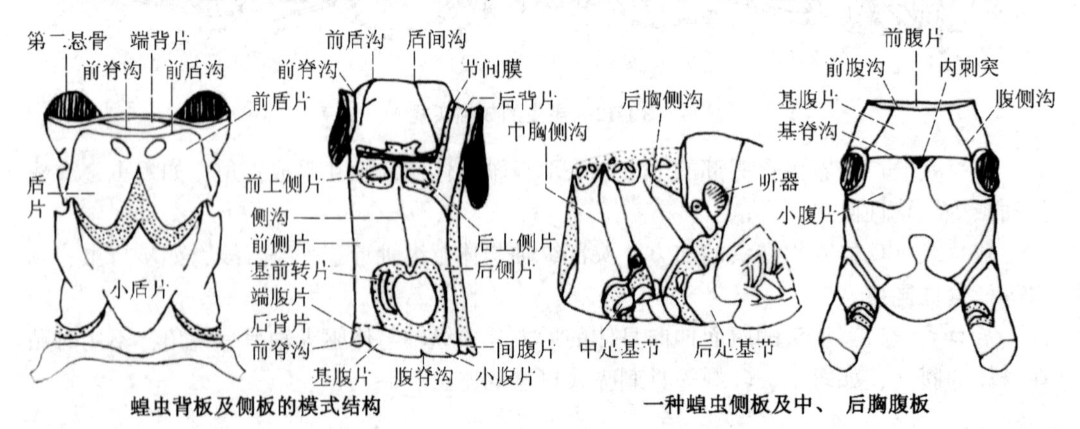

图 1-14　昆虫胸节背、侧、腹板的骨片及沟

出前腹片和主腹片，主腹片又可区分为基腹片与小腹片。

二、胸　足

昆虫的足是胸部的附肢，着生在胸部侧下方的基节窝内，由图1-4中所示的基节(coxa)、转节(trochanter)、腿节(femur)、胫节(tibia)、跗节(tarsus)、前跗节(pretarsus，端跗节)组成。基节窝为本节的侧板和腹板所封闭称为闭式；如本节的侧板和腹板未能封闭该节的基节窝、在其后方留有开口，则为开式。跗节和中垫及爪垫都有感觉器，其体壁很薄，害虫在喷洒有药剂处爬行时，易于中毒死亡。

基节　是第一节，短而粗，较少变化。

转节　常为最小的一节，少数昆虫又分为2节。

腿节　长而大，通常是最大的一节，能跳跃的昆虫，腿节特别发达。

胫节　通常细而长，常具刺，端部常有能活动的距。

跗节　由1~5个亚节组成。跗节数目、形状和功能的变化，也是识别昆虫的特征之一。

前跗节(端跗节)　胸足最末端构造，通常包括1对爪和1个中垫(arolium)，用以握持和附着物体；或在两爪下方各有1对瓣状爪垫(pulvillus)，中垫则成为1个针状的爪间突(empodium)。

昆虫的足多数用来行走，但由于生活环境和生活方式的不同，足的构造和功能有很大的变化，常见类型有以下几种(图1-15)。

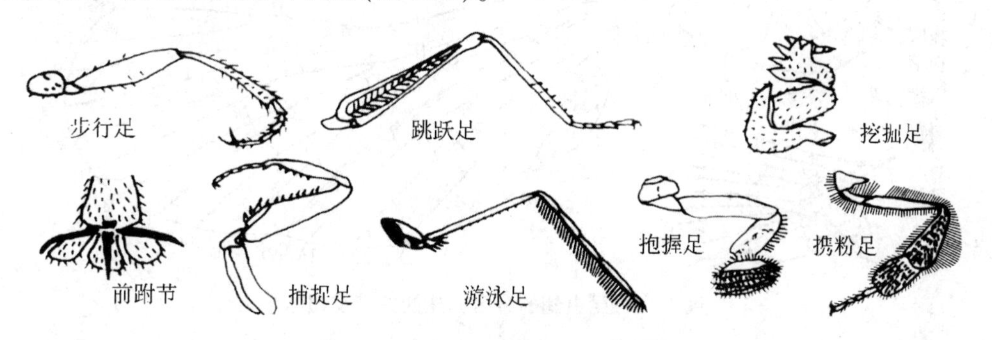

图1-15　昆虫的前跗节及足的类型

步行足(walking legs)　各节均较细长，宜于行走，如步甲、瓢虫等。

跳跃足(jumping legs)　腿节特别膨大，胫节细长，当折贴于腿节下的胫节突然伸直时虫体则向前上方跃起，如蝗虫和蟋蟀的后足。

捕捉足(grasping legs)　基节延长，腿节的腹面有槽，胫节可以折嵌其内，形似一把折刀，腿节和胫节常还有刺列，用以捕捉猎物，如螳螂和猎蝽的前足。

开掘足(digging legs)　胫节宽扁，外缘具坚硬的齿，适宜掘土，如蝼蛄的前足。

游泳足(swimming legs)　腿节、胫节及跗节长而扁平，边缘缀有长毛，适于游泳，如仰泳蝽和龙虱的后足。

携粉足(pollen-carrying legs)　胫节端部宽扁，外侧凹陷，凹陷的边缘密生长毛，可以携带花粉，称花粉篮；第1、2跗节亦宽扁，内侧有多数横列、称为花粉刷的刚毛，可以梳集粘附于体毛上的花粉，与距一起将花粉压紧推向花粉篮内，如蜜蜂的后足。

抱握足(clasping legs)　跗节特别膨大，具吸盘状构造，借以抱握雌虫，如雄性龙虱的前足。

三、翅

昆虫是动物界中最早出现翅的类群，也是无脊椎动物中唯一具有飞行能力的类群。昆虫的翅由胸部背板向两侧延伸成的背侧叶或气管鳃演化而来。翅的形成与虫体运动中枢——胸部的演变有关，在进化过程中高大植物的出现改变了昆虫的生活方式，促使胸部产生滑翔器后又产生了关节，进而形成了翅。昆虫获得了翅，大大扩大了它们的活动范围，便利了觅食、求偶、避敌、繁衍、寻找越冬和越夏场所等，增强了生存的竞争能力。

1. 翅的构造

翅(wings)的形状多呈三角形，具有3个角、3条边；并由2条褶线将翅面划分为4个区域。翅与背板及侧板间的小骨片是其关节构造。翅基部背面的骨片统称为翅基片(pteralia)，肩板与肩片是常用的特征。其命名如图1-16。

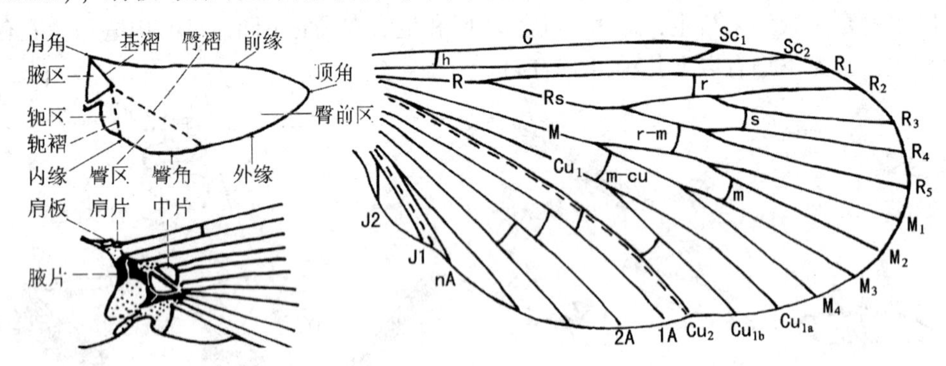

图1-16　昆虫翅的分区、翅的关节及翅脉

2. 翅脉

翅多为膜质，具有很多加强翅面强度的翅脉(veins)，翅脉有纵脉和横脉之分，都是鉴别各类昆虫的重要依据。翅脉在翅面上的排列方式称脉相(脉序，venation)。脉相是研究昆虫进化和分类的重要依据。昆虫种类不同，翅脉多少和分布形式变化很大。人们对现代昆虫和古代化石昆虫的脉相加以分析、比较、归纳概括为假想原始脉序，或称模式(标准)脉序(图1-16)，其中最有影响的是Comstock & Needham(1898)提出的脉序。假想脉序是比较各种昆虫翅脉变异程度的标准，可以展现现存昆虫翅脉的变化规律及各昆虫类群间的亲缘关系。

纵脉是由翅基部伸到边缘的脉。包括前缘脉(costa)、亚前缘脉(subcosta)、径脉(radius)、中脉(media)、肘脉(cubitus)、臀脉(analis)、轭脉(jugalis)，其缩写符号分别为 C、Sc、R、M、Cu、A、J。各脉的分支数如图 1-16。横脉是横列在纵脉间的短脉。常见的有肩横脉、径横脉、分横脉、径中横脉、中横脉、中肘横脉，其缩写符号分别为 h、r、s、r－m、m、m－cu。

翅脉常因愈合、消失而减少，因分枝的增加、产生新的纵脉而增多。其中 2 条或多条脉分段相接为一条脉时称系脉(serial vein)，用在原两脉缩写符间加“&”或“—”命名，如 M_1&M_2；两条脉完全合并时在将两脉名称用“＋”连接，如 M_4 与 Cu_1 合并后的脉称 M_4+Cu_1。在原有纵脉上产生的分支为副脉(subsidiary vein)，用在原纵脉缩写符后加小写字母 a、b、c…表示、如 R_{2a}、R_{2b}。在原两纵脉间新增加的、不和原纵脉联系的纵脉为间脉或闰脉(intercalary vein)，在其前面纵脉名缩写符前加Ⅰ、Ⅱ…表示、如ⅠM_2、ⅡM_2。

翅面为翅脉划分出的形状和大小不一的小格称翅室(cell)。若翅室四周为翅脉所封闭称闭室(closed cell)，有一边不为翅脉封闭时称开室(open cell)。翅室的名称是根据其前缘纵脉的名称来命名的。如 R_1 脉后面的翅室叫 R_1 室；如果这一翅室又被横脉分割为几个翅室时，则以其前面的纵脉名前加 1、2、3…命名，如 $1R_3$、$2R_3$、$3R_3$。翅室密集成网状时则失去了其分类的特征价值，无须再命名。

3. 翅的类型

大多数昆虫的翅用作飞行，不少昆虫在演化过程中，因适应特殊的生境所致，翅的功能、形状、发达程度、质地和表面被覆物等发生了许多变化，形成了下述类型的翅(图 1-17)。

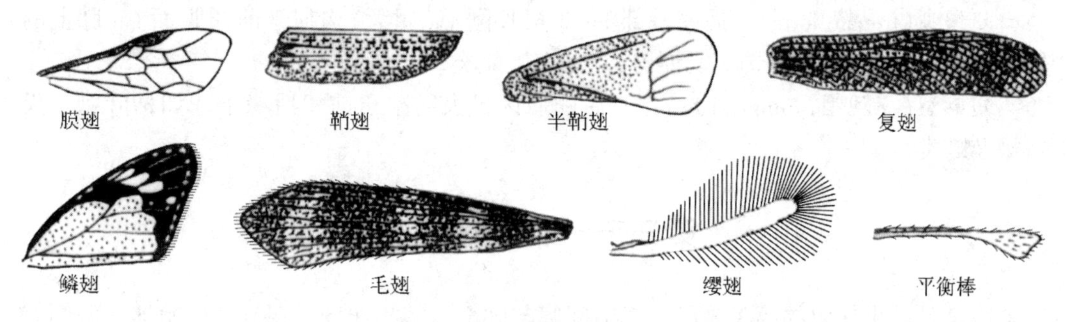

图 1-17　昆虫翅的类型

膜翅(membranous wing)　翅膜质、透明，翅脉明显。如蜂类、蜻蜓的前、后翅。

复翅(tegmina)　质地加厚成革质，半透明，可见翅脉。如蝗虫、蝼蛄、蟋蟀的前翅。

鞘翅(elytra)　质地坚硬如角质，不透明，翅脉不可见。如甲虫类的前翅。

半鞘翅(hemielytra)　翅基半部革质、翅脉不可见，端半部膜质，翅脉可见。如蝽的前翅。

鳞翅(lepidotic wing)　质地为膜质，翅面被密集的鳞片而不透明。如蛾、蝶类昆虫的翅。

毛翅(piliferous wing)　质地为膜质，翅面和翅脉被有刺毛而不透明。如石蛾的翅。

缨翅(fringed wing)　质地为膜质，翅狭长，翅脉退化，翅的边缘排列有整齐的缨状长毛。如蓟马类昆虫的前、后翅。

平衡棒(halter) 翅退化成小棍棒状，在飞翔时用以平衡身体。如蚊、蝇的后翅。

4. 翅的连锁

蜻蜓、白蚁等在飞翔时，前、后翅均用于飞行，不相关连。但多数可昆虫在飞行时，前后翅借特殊的构造相互连接，以保持飞行动作的一致。这种连接构造称为翅连锁器(wing-coupling apparatus)。昆虫翅的连锁器可分5类(图1-18)。

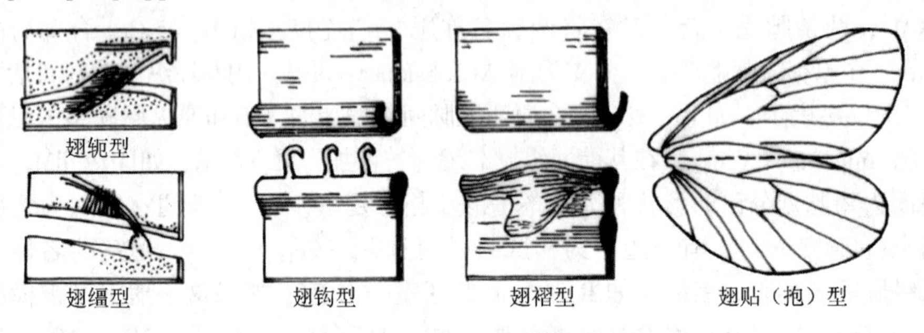

图1-18 昆虫前后翅的连锁方式

翅轭型(jugate form) 前翅后缘基部的指状突挟持后翅前缘。如蝙蝠蛾。

翅褶型(fold form) 后翅前缘的耳状卷褶钩挂于前翅的卷褶上。如同翅目昆虫。

翅钩型(fold-hook form) 后翅前缘中部的钩列下挂于前翅后缘的卷褶上。如膜翅目昆虫。

翅缰型(frenate form) 后翅基部1～3根长刚毛(翅缰)钩挂于前翅腹面Cu脉上的短刚毛列或鳞毛上(翅缰钩＝安缰器)。如多数蛾类。

翅贴型(翅抱型，amplexi form) 后翅肩区扩大贴附于前翅后缘下。如枯叶蛾、天蚕蛾及蝶类。

第三节 昆虫的腹部

腹部是昆虫体躯的第3体段，以节间膜与胸部紧密相连，末端有外生殖器，两侧有气门，其内部有消化系统、生殖系统、呼吸器官、循环器官等。所以，腹部是昆虫新陈代谢和生殖中心。

一、腹部的构造

昆虫腹部的形状一般为纺锤形或长椭圆形，腹部的形状变化受呼吸机能的限制，常使腹部延伸而不是变得太粗。如蜻蜓、竹节虫等昆虫的腹部呈杆状，泥蜂的腹部细长如柄，臭虫、虱子等昆虫的腹部通常较扁平。

昆虫腹部体节的数目变化较大。一般昆虫的腹部由9～11节组成，少数种类如青蜂的腹部只有3～5节；个别种类如原尾目的腹部可达12节。现存昆虫的腹部多为3～9节，节数的减少是由于前后两端的相互合并或退化所致。

腹节的构造比较简单，每个腹节只有背板和腹板，而没有侧板，背板与腹板之间是柔软的侧膜，节与节之间由节间膜相连；因背板下延，侧膜常不可见。由于腹节两侧都是膜质，相邻的两节常相互套叠，使腹部伸缩自如，这种结构有利于昆虫的呼吸、交配、产卵和释放性信息素等活动。

昆虫的腹部按机能可分为3段：生殖节(genital segments)，即雌虫第8～9节、雄虫第9节，生殖节的附肢演化成了外生殖器；生殖前节(脏节，visceral segments)，即雌虫第1～7节、雄虫第1～8节，多数内脏包含其中；生殖后节(postgenital segments)，除原尾目昆虫外，最多只有2节，即第10、11节，第11节一般称为臀节，肛门位于该节的末端，其背板称肛上板(epiproct)，侧腹面的两个骨片称肛侧板(paraprocts)。

二、腹部的附肢

昆虫在胚胎发育过程中，腹部除尾节外，每节均有1对附肢的芽体，这些芽体有的发展成为幼虫或成虫的具有某些特殊形状和特殊功能的附肢，有的则退化或消失。

无翅亚纲的昆虫腹部，除外生殖器和尾须外，内脏节上常有各种特殊的附肢，如原尾目腹部第1～3节各有1对短小的圆柱状附肢；弹尾目腹部第1节有黏管，第5节有弹器，第3节有握弹器；缨尾目腹部第2～9节上各有1对针突，针突内侧有1～2个可以伸缩的泡。双尾目也有相似的针突和泡，位于第1～7或第2～7节上。有翅亚纲的幼虫期，腹部常有腹足和气管鳃，而成虫期除了尾须和外生殖器外，别无其他附肢。

(一)尾须

尾须(cerci)是第11腹节的附肢演化而成的1对外长物，部分广义无翅亚纲及低等有翅亚纲如蜉蝣目、蜻蜓目、直翅目、革翅目等昆虫具有尾须。尾须形状变化较大，如蜉蝣目和缨尾目的尾须细长如丝状，蝗虫的尾须短小而不分节。尾须上常有许多感觉毛，具有感觉作用。但革翅目昆虫的尾须硬化呈钳状，可用于防御以及帮助捕获猎物、折叠后翅等。

(二)外生殖器

昆虫的外生殖器(genitalia)是用以交配或产卵的器官，由腹部第8～9节的附肢特化而成。不同种类间外生殖器有显著的不同，特别是雄性的外生殖鞘，即使在近似的种间也有较大的差别，因此常作为鉴定种的重要根据。

1. 雌性外生殖器

雌虫的外生殖器即着生于第8、9腹节上的产卵器(真产卵器 ovipositor)。产卵器由这两节的附肢特化而成，第8腹节的称腹(第一)产卵瓣(ventral valvu)，第9腹节的称内(第二)产卵瓣(inner valvu)和背(第三)产卵瓣(dorsal valvu)，着生产卵瓣的骨片即负瓣片，由肢基片演化而来，产卵瓣(第三除外)由基内叶演化而来。生殖孔开口于第8、9腹节之间的腹面，但产卵器通常只由其中的2对产卵瓣组成，其余1对则退化，或特化成保护产卵器的构造。无上所述产卵器的昆虫，腹末数节相互套叠形成能够伸缩的管状构造的伪产卵器(pseudoovipositor)。昆虫种类不同，产卵环境与方式也不同，因此产卵器的外形也有很多变化。真产卵器常刺破寄主表皮产卵于寄主组织中，伪产卵器只能产卵于寄主表面和各类缝隙中(图1-19)。

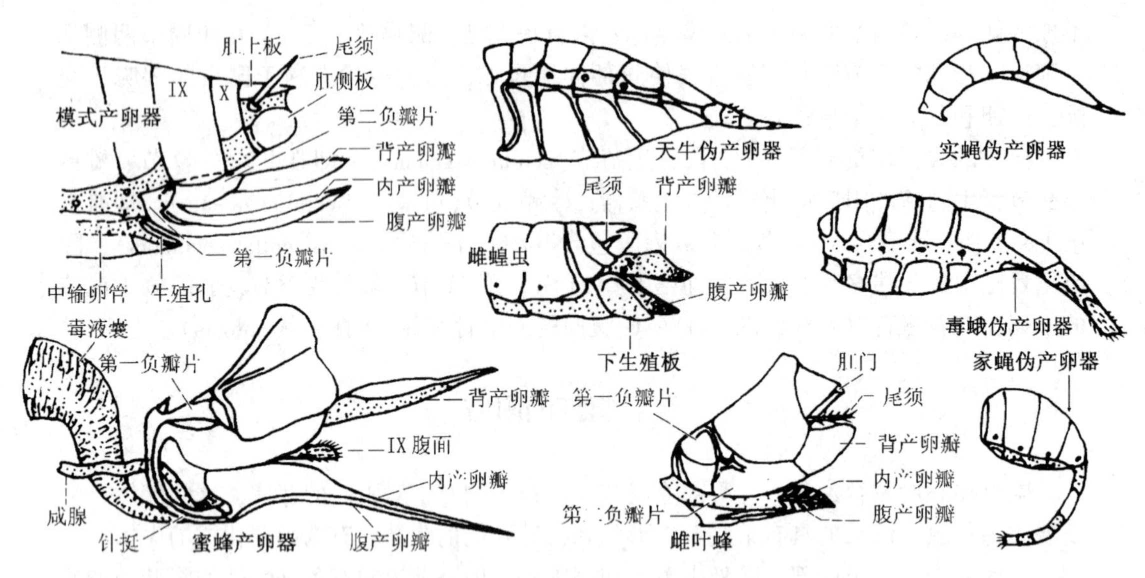

图 1-19　产卵器模式构造及常见雌虫的产卵器

2. 雄性外生殖器

雄性的外生殖器也叫交配器(copulatory organ)，位于第 9 腹节的腹面，主要包括将精子送入雌虫体内的阳具(phallus)和交配时夹持雌体的抱握器(harpagones)两部分。阳具起源于第 9 腹节后的节间膜，包括阳茎和一些辅助构造(如阳具侧叶)等，阳茎包藏于由第 9 腹节后面的节间膜内陷而构成的生殖腔内，交尾时伸出，射精孔(生殖孔)开口于其末端。抱握器为第 9 腹节附肢特化而成，形式多变，平时多缩入体内。雄性的外生殖器结构较复杂，是区分种类常用的依据(图 1-20)。

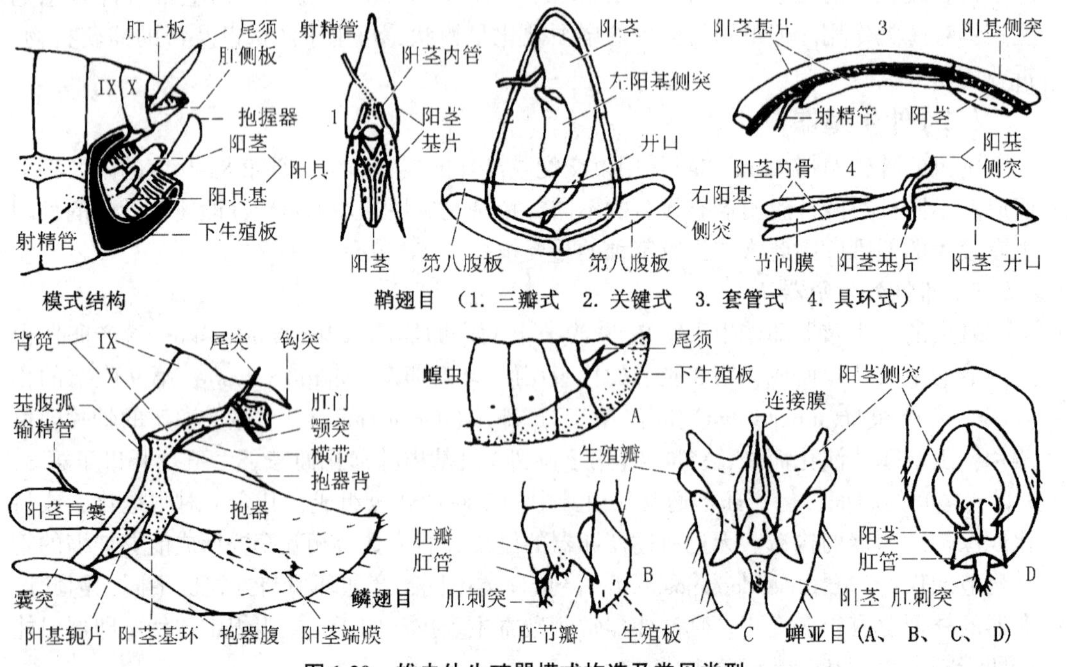

图 1-20　雄虫外生殖器模式构造及常见类型

(三)腹足

鳞翅目和膜翅目叶蜂等的幼虫，腹部具有行动用的腹足(prolegs)。鳞翅目幼虫通常有5对腹足，着生在第3~6节及第10腹节上，第10腹节上的则称臀足(anal legs)。腹足呈筒状，外壁稍骨化，末端有能伸缩的叫做趾(planta)的泡状构造。趾的末端有成排的坚硬小钩称趾钩(crochets)，趾钩的排列方式是鳞翅目幼虫分类的常用特征(图1-21)。

膜翅目叶蜂类幼虫从第2节开始有腹足，一般6~8对，有的多达10对。腹足末端有趾，但无趾钩，可与鳞翅目幼虫区别。

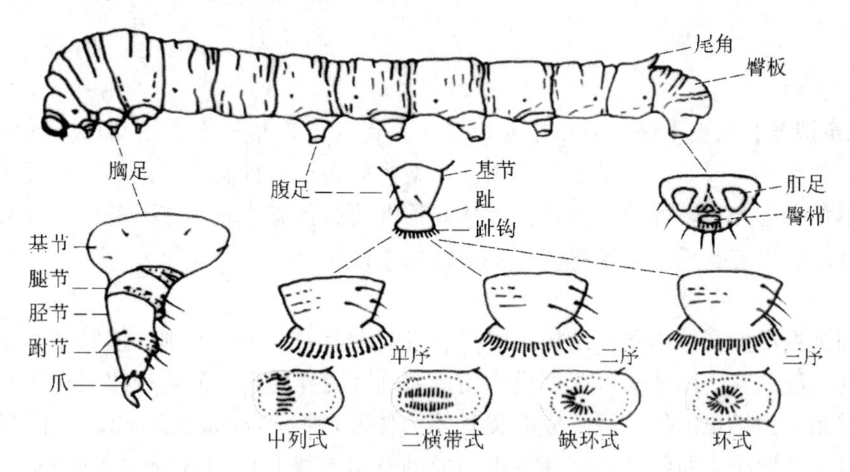

图1-21　昆虫幼虫的体躯及足

复习思考题

1. 简述节肢动物门的特征与昆虫纲特征。
2. 触角的基本构造和功能是什么？举例说明昆虫的触角有哪些类型？
3. 比较咀嚼式、刺吸式、虹吸式口器的构造与取食特点。
4. 学习昆虫口器类型有何理论和实践意义？
5. 昆虫足的基本构造是什么？举例说明昆虫胸足的类型及其特点。
6. 模式脉相主要有哪些纵脉和横脉？举例说明昆虫翅的主要类型。

推荐阅读书目

昆虫学通论．北京农业大学．中国农业出版社，1997.

农业昆虫学(上、下册)．西北农学院．人民教育出版社，1977.

普通昆虫学．彩万志，庞雄飞，花保祯等．中国农业大学出版社，2001.

Imms' General Textbook of Entomology. RICHARDS O W, DAVIES R G. Halsted Press (London, New York). 1977.

第二章　昆虫的体内器官和功能

【本章提要】 昆虫不仅外部形态差别很大，而且内部结构也各不相同。本章主要对昆虫的内部组织、器官、系统以及整体的构造和机能进行概述，以使读者了解昆虫生命活动的基本规律，为学好昆虫的其他有关课程打下基础，进而对更好地利用有益昆虫和控制有害昆虫提供理论指导。

不同昆虫虽然在体内器官结构、组织、机能上有着众多的差别，但其基本结构与功能均存在同源关系。因此，可依据模式构造明确其变异程度、演化规律、构造和功能间的基本关系。由昆虫的体壁所围成的袋状体为体腔(血腔 coelomic cavity)，体腔内充满血液，且又被两个由肌纤维和结缔组织构成的背膈与腹膈纵向区分为背血窦、围脏窦、腹血窦，各种生理机能器官如消化、呼吸、循环、排泄、生殖、神经等各按其位浸泡于其中(图 2-1)。

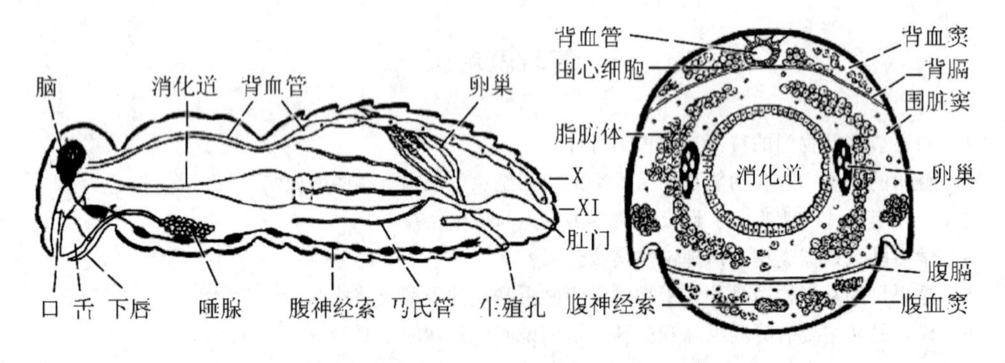

图 2-1　昆虫纵切面及腹部横切面模式图(仿 Matheson 等)

第一节　昆虫的体壁与肌肉

昆虫的体壁(integument)是体躯最外层的组织，由胚胎的外胚层分化来的皮细胞层及其分泌物(表皮)组成，担负皮肤和骨骼 2 种功能，又称外骨骼。它既能起防止失水和外物的侵入、附着感觉器而具有皮肤的功能；体壁及其内陷而形成的内骨骼，又用以附着肌肉、支撑身体和保护内部器官；未硬化的表皮层形成膜区，对体躯的弯曲和伸缩活动起着重要作用；在新表皮形成过程中或饥饿情况下，内表皮可被溶化和重新吸收，是供应生化合成所需原料的贮存器官之一；一些皮细胞可特化成各种感觉器和腺体。

一、体壁的结构和功能

昆虫的体壁，自内而外依次分为底膜、皮细胞(真皮)层和表皮层(图 2-2)。底膜是紧贴皮细胞之下的一层薄膜，成分为中性黏多糖，直接与体腔中的血淋巴接触。皮细胞层是连续的单层活细胞，位于底膜与表皮层之间，有较活泼的分泌机能。昆虫体表的刚毛、鳞片、刺、距、陷入在体内的各种腺体，以及视觉器、听器、感化器等感觉器官，都是由皮细胞特化而成。

表皮层由皮细胞向外的分泌物所组成，由内而外为内表皮、外表皮和上表皮，内、外表皮(亦称原表皮)之间纵贯许多微细孔道，体壁的各种特性和功能主要与表皮层有关。内表皮是表皮层最厚的一层，通常无色而柔软，化学成分主要是蛋白与几丁质，表皮所具有的韧性和弹性是内表皮物理特性的表现，在饥饿和蜕皮时内表皮大部分被溶解吸收重新利用。外表皮是由内表皮的外层硬化而来，坚硬，主要化学成分是骨蛋白、几丁质和脂类等，蜕皮时被蜕去。

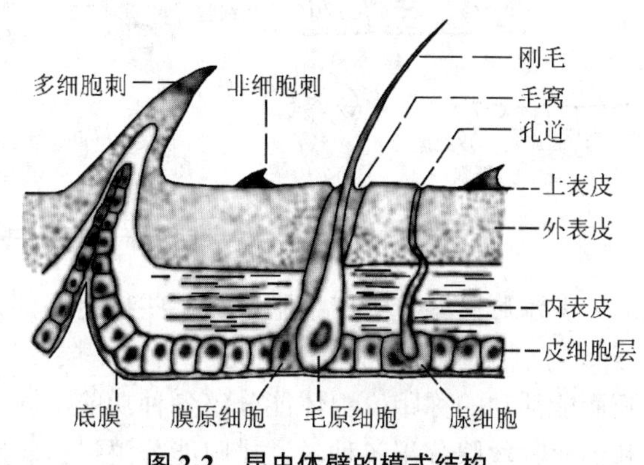

图 2-2　昆虫体壁的模式结构

上表皮是表皮的最外层，也最薄，厚度常不超过 1μm。但仍然是多层构造，从内到外是角质精层(脂睛层)、蜡层和护蜡层，有的在角质精层和蜡层间还有多元酚层。其中最重要的是蜡层，由于蜡质分子作紧密的定向排列，可以防止水分外逸和内渗，构成体壁的不透性。脂睛层质硬而有色，主要成分为脂睛素。多元酚层的主要成分为多元酚。护蜡层在蜡层之外，极薄，含有拟脂类和蜡质，有保护蜡层的作用。

几丁质是节肢动物表皮的特征性成分，以几丁和蛋白质的复合体存在。几丁质是无色含氮的多糖类，性质稳定，不溶于水、酒精等有机溶剂，也不溶于稀酸和碱液；在浓矿酸中水解为氨基葡萄糖、分子链较短的多糖和醋酸等；在自然界中，只有几丁细菌 *Bacillus chitinovorus* Benecke 能够分解几丁质。

体壁的组成、超微结构和蜕皮机制，与昆虫的发育和变态、体壁通透性和药剂渗透性以及昆虫的抗药性等密切相关。根据体壁各层的成分和性质，研究击破其防护功能的药物或方法，在害虫防治上有重要意义。

二、体壁的衍生物

昆虫体壁的衍生物包括非细胞表皮突、单细胞附器、多细胞附器等(图 2-3)。

非细胞表皮突　由体壁向外突出或向内凹入所形成的各种突起、点刻等外长物。

单细胞附器　皮细胞层在特定的部位由 1 个细胞特化成的各种毛、鳞片、腺体等。

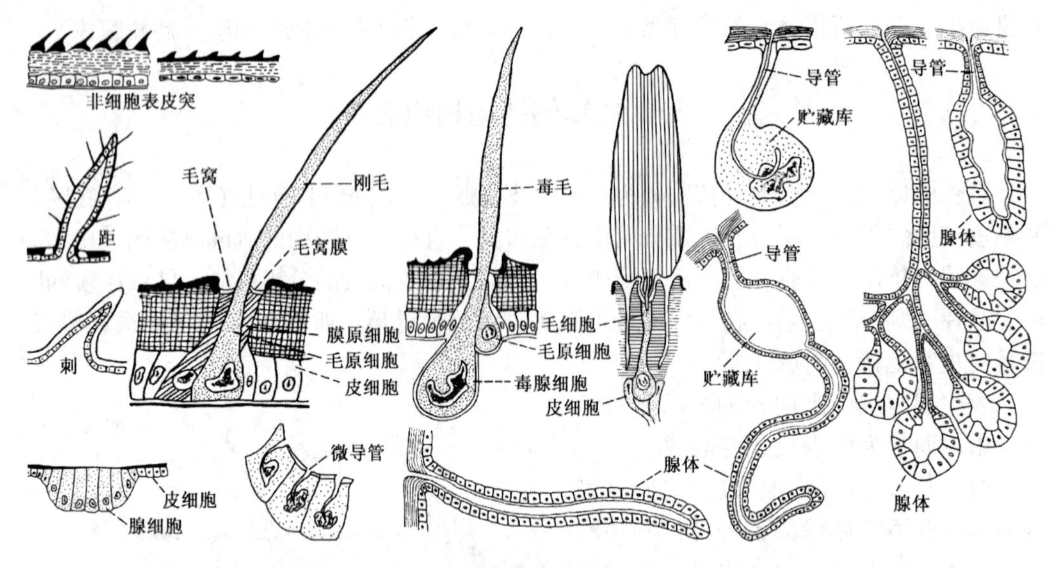

图 2-3 昆虫体壁的衍生物

多细胞附器　为皮细胞层在某些特定的部位由多个细胞特化为各种刺(spines)、距(spurs)、腺体(gland)等。突起中含有1层皮细胞，基部不能活动的称刺，基部有一圈膜而能活动的称距。腺体能分泌各种功能不同的物质，如涎腺能分泌唾液、有助于取食和消化，丝腺分泌各种丝，蜡腺能分泌蜡，胶腺能分泌紫胶，毒腺或臭腺分泌物用来攻击或驱避外敌，位于昆虫头胸部或腹末的一些腺体分泌性外激素以吸引同种的异性个体或分泌示踪外激素、告警外激素等。开口于体腔内的腺体分泌内激素(蜕皮激素和保幼激素等)，控制昆虫的发育、变态、蜕皮等重要的生命活动。各类腺体的分泌物不仅为昆虫生命活动所必需，而且有的是重要的工业原料；研究腺体分泌物的结构并进行人工合成，可将其用于益虫养殖和害虫的治理。

三、体　色

昆虫的体色是适应环境和生存竞争的产物，按形成方式可区分为色素色与结构色。

色素色(化学色 pigmentary colours)　是色素化合物沉积于体壁表皮、真皮或底膜，吸收某种光波，反射或透射光波而使虫体显示色彩。常见的色素有黑色素、类胡萝卜素、花青素等，同一种色素常因沉积的时间、数量等的不同而表现不同的色彩。虫体死亡或进行化学、物理处理能使其褪色或变色。

结构色(光学色、物理色 structural colors)　是光线照射在虫体表面细微结构上产生折射、反射、干涉而形成的体色，如虫体上的金属闪光、虹彩，进行高压处理或改变光源方向可使其变色，用沸水和漂白粉不能使其褪色或消失。

我们所见到昆虫的体色常由色素色与结构色混合而成，即为混合色(combination colours)。确定昆虫体色最简单的办法就是采用化学或高压高温处理，然后再进行判别。

四、昆虫的肌肉

昆虫对外界刺激所表现的各种行为反应和内部生理器官的活动，都是神经控制下的肌肉收缩运动的体现。昆虫的肌肉来源于胚胎期的中胚层，与高等动物不同的是昆虫只具有与高等动物的骨骼肌(随意肌)相似的横纹肌。

(一)肌肉的结构

一条肌肉由数量不等的肌束集合而成，许多根肌纤维紧密结合形成一个肌束，肌纤维即肌细胞(图2-4)。肌细胞是大型的多核细胞，具有肌膜、肌浆(细胞质)、细胞核、线粒体和其他细胞器，以及许多细而平行的肌原纤维。在电子显微镜下，肌原纤维是粗、细2类蛋白质肽链形成的肌丝，粗纤丝与细纤丝按一定的方式排列即构成了肌原纤维；粗纤丝为携带能激活ATP的活性部位的肌球蛋白(myosin)，细纤丝为肌动蛋白(actin)。在光学显微镜下，肌原纤维由几百个暗带(A带)和明带(I带)交替组成，A带中央有一薄的中膈即M线，M线两端各具一明带即H区，I带中央具一端膜即Z线，两Z线间的区段为一个肌节，肌节是肌肉收缩的基本单位。肌膜沿肌纤维的横轴及纵轴向内陷入，形成包裹每根肌原纤维的纵横交错的管道系统，用以迅速传导来自神经的冲动讯号。

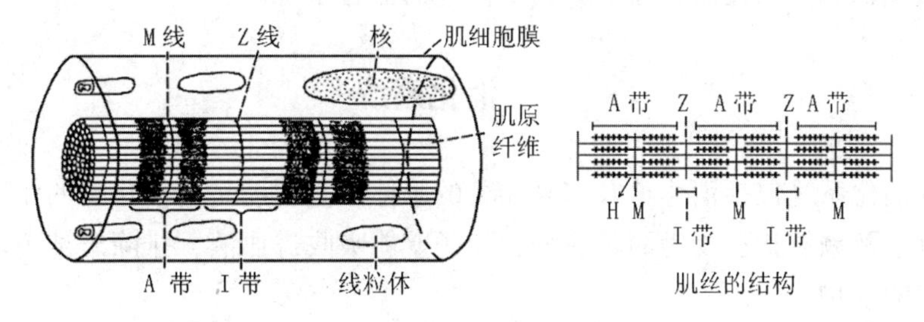

图2-4　肌纤维及肌丝的结构示意图

肌纤维的膜上具有众多的微气管分布，每一肌纤维上分布有来自几个神经元的神经末梢，神经末端和肌纤维膜形成一个端板即杜氏锥。肌纤维表面分布有成对的神经纤维，其中一条用以控制肌肉的快收缩，称快收缩神经；另一条控制肌肉的慢收缩，称慢收缩神经。

(二)肌肉的类型

按昆虫肌肉的所在位置和功能可将其分为体壁肌和内脏肌2大类。体壁肌着生于体壁或内突上，主要负责体节、附肢和翅等外部器官的运动；内脏肌包裹或着生在内脏器官上，司内脏器官的伸缩和蠕动。根据肌纤维的结构，昆虫的肌肉可区分为厚肌浆细丝状肌原纤维型、薄肌浆粗肌原纤维型、轴心肌浆管状肌原纤维型和无肌膜纤维状肌原纤维型4种类型。从生理机能上，昆虫的肌肉包括强直收缩肌和周期性收缩肌，强直收缩肌的肌原纤维具有高度抵制伸展的性能，如翅基的关节肌；周期性收缩肌具有周期性收缩的性能，如昆虫的足肌。

(三)肌肉的收缩

肌肉的收缩是很多神经冲动引起肌膜兴奋，并导致细纤丝在粗纤丝间的滑动的结果。即当神经冲动作用于肌膜时，肌膜突然释放 Ca^{2+} 进入肌浆，部分 Ca^{2+} 扩散并进入线粒体协助合成 ATP；部分 Ca^{2+} 和细纤丝结合，促使细纤丝与粗纤丝的球状体结合而激发了球状体上 ATP 酶的活性、ATP 的降解释放出能量，使细纤丝向暗带中央滑动即肌肉收缩；当收缩终了时，因肌浆中的 Ca^{2+} 又被肌膜转运而出，肌浆中的 Ca^{2+} 浓度的降低使细纤丝结合的 Ca^{2+} 解离，细粗纤丝再分离，此即肌肉的舒张或宽息。

肌肉的收缩具有潜伏、收缩、舒张 3 个阶段，引起肌肉产生收缩的刺激强度必须达阈值以上，并且肌膜接受刺激的时间也要达要求，刺激越强要求的时间越短，反之越长，一般刺激也要具有一定的频率。当给予的一个刺激引起一次简单的收缩和松弛时，称单收缩；当在第一个刺激引起的收缩未完成时又给予第二、三、……次刺激时，肌肉的收缩强度将增大，称复合收缩；复合收缩又可区分为不完全强直收缩和强直收缩。

第二节　昆虫的消化、排泄、呼吸系统

昆虫的消化、排泄、呼吸系统是昆虫从外界获取自身需要物质如食物、氧气，并将体内的代谢废物如食物残渣、尿酸等排出体外的器官系统。

一、消化系统

昆虫的消化系统包括消化道及与其相关的腺体。其功能是借消化酶的作用，分解所摄取的大分子及颗粒状食物为简单成分，使肠壁能吸收进血液，排除未被消化的食物残渣和生理代谢废物。

(一)消化道

消化道是一根自口到肛门贯通体腔中央的管道，按其功能和结构的不同可区分为前肠、中肠和后肠。前肠和后肠由外胚层内陷而形成，中肠则来自内胚层。由于昆虫种类、习性、食性及食物来源不同，消化道的结构均有特化，但其基本构造具有一致性(图 2-5)。

1. 前肠

前肠(foregut)包括咽喉、食道、嗉囊、前胃、贲门瓣几部分。前肠由内向外的解剖结构包括内膜、肠壁细胞层、底膜、纵肌和环肌、围膜。咽喉是食物进入食道的通道；刺吸式口器的昆虫的咽喉处着生有强大的肌肉，形成了吸收液体食物的类似于唧筒的构造。嗉囊壁较薄，多皱褶，伸缩性大，供昆虫临时贮藏食物；蜜蜂吃入的花粉在此形成蜂蜜，故蜜蜂的嗉囊也称“蜜胃”。咀嚼式口器的昆虫常在嗉囊之后还有前胃(砂囊)，其外面有强大的肌肉层，内壁有许多齿突，能磨碎食物；前胃内壁的齿突也常用作分类特征。前肠末端肠壁向后突入中肠，形成漏斗状的贲门瓣，将食物导入中肠，同时也防止中肠食物倒流、调节食物进入中肠的流量。

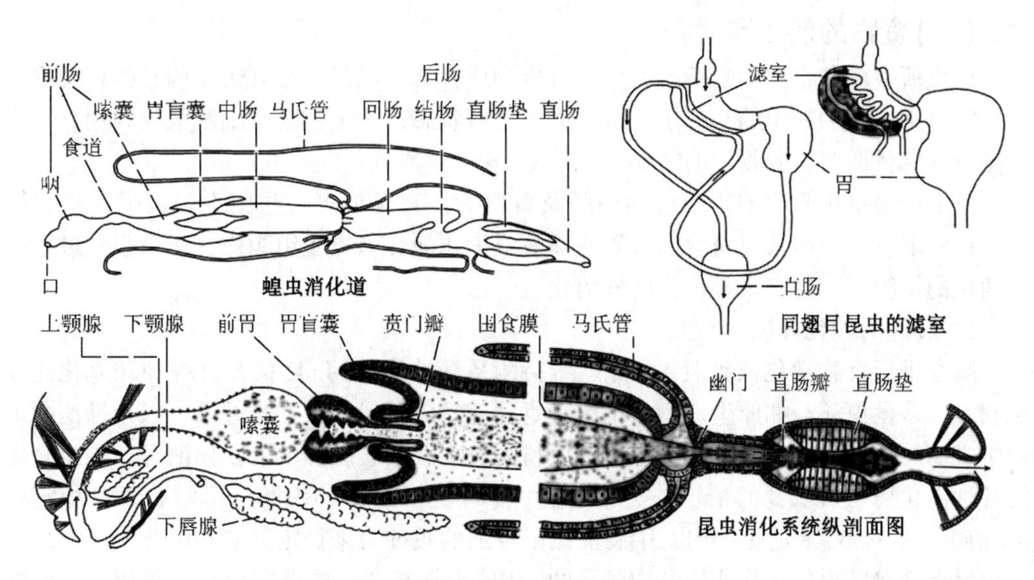

图 2-5　昆虫消化系统的基本构造

2. 中肠

中肠(midgut)能分泌消化酶，是消化食物和吸收营养的场所，因此又称昆虫的胃。解剖结构上由内向外是围食膜、细胞层、底膜、环肌和纵肌、围膜。部分昆虫中肠的前端肠壁向外突出形成囊状或管状的胃盲囊(gastric caece)，其位置和数目常不等，用以增加中肠的分泌和吸收面积并有滞留共生微生物以帮助消化的作用。中肠的肠壁细胞按功能和构造有 3 种类型，即具有分泌和吸收作用的柱型细胞、仅有分泌功能的杯型细胞及再生细胞。

吸食液体的昆虫，中肠比较长，分成三部分，末段弯向前方与前段相贴接，包藏于一种结缔组织中，形成特殊的滤室(filtration chamber)，使食物中大量水分、多余糖分和无用小分子物质直接从滤室送到后肠，排出体外(有的形成蜜露)，以保证中肠内消化液的有效浓度，并使其能在中肠充分消化和被吸收。

3. 后肠

后肠(hindgut)包括幽门瓣、小肠(回肠)、大肠(结肠)、直肠和肛门等部分；其解剖构造类似于前肠。后肠与中肠交接处着生马氏管，内面常特化成幽门区域。在回肠与直肠的交界处常有一圈由瓣状物形成的直肠瓣，以调节残渣进入直肠。许多昆虫的直肠内常有圆形、长形或锥状的直肠垫，以利于水分和无机盐的吸收。后肠的主要功能是排除食物残渣和体内代谢废物，从食物残渣中吸收水分和无机盐类，以维持体内水分的平衡。

4. 唾腺

唾腺(salivary glands)是与消化道相连的成对的腺体。包括上颚腺、下颚腺及下唇腺等。大部分昆虫体内存在的腺体是多位于胸部的 1 对下唇腺，其合并后开口于舌基部的唾窦中。唾液能湿润食物、清洁口器，所含的消化酶帮助食物进行消化。鳞翅目和膜翅目叶蜂幼虫的下唇腺特化为丝腺，上颚腺则代替唾腺作用。

(二)食物的消化和营养

昆虫所摄取的食物为复杂的大分子有机物质，必须经过一系列机械的和各种酶的化学分解过程，变为简单的小分子，最后成为溶解状态，才能被肠壁细胞吸收利用，以满足昆虫新陈代谢对营养物质的需要。

昆虫肠道承担吸收的组织包括中肠及胃盲囊、直肠垫。有些昆虫如刺吸式口器昆虫，在吸取寄主组织液时将含消化酶的唾液或消化液注入寄主组织内，然后吸收进行部分消化的组织液，这一现象称为肠外消化。

1. 肠腔的理化环境

肠腔进行食物消化依赖消化酶系、维持酶系活性稳定的 pH 值及其缓冲和氧化还原机制，许多昆虫还与如原生动物、细菌、真菌或酵母菌等建立共生关系，以帮助消化或产生必需的物质。昆虫的消化酶主要有淀粉酶、麦芽酶、脂肪酶、蛋白酶等，昆虫分泌的各种消化酶与所取食的植物种类相适应。不同昆虫种类的中肠液里常有各自稳定的 pH 值，一般在 6 ~ 8 的范围内，中肠液能以较强的缓冲力来稳定其 pH 值。

胃毒剂对昆虫的杀伤作用与中肠液的 pH 值密切相关，碱性农药对中肠液呈酸性的甲虫杀伤力大，而酸性农药对中肠液呈碱性的蝶蛾幼虫杀伤力大。农药的毒性还常与中肠中的消化酶有关。苏云金杆菌、杀螟杆菌、青虫菌使昆虫中毒的主要原因是这类细菌在碱性中肠液里，能释放有毒蛋白质即伴胞晶体，使昆虫中肠由麻痹到肠壁细胞破损，细菌再侵入血腔，引起血液 pH 值变化；菌体繁殖后，导致幼虫产生败血症、全身瘫痪而死；但苏云金杆菌对中肠液 pH 值为 6.3 的蜜蜂是无毒的。

2. 昆虫的营养

昆虫对基本营养的要求包括糖类、蛋白质、脂类、维生素、水、无机盐、特殊的微量物质等。

糖类　昆虫能够吸收和利用单糖，昆虫血液中的葡萄糖、海藻糖、糖原可以相互转化。糖主要供给昆虫生长、发育所需的能量，转化成贮存的脂肪，有些糖则为激食剂。

蛋白质　是昆虫生长发育和生殖所必需的营养物质和虫体基本的组成成分。蛋白质消化成为蛋白胨和多肽或氨基酸后，才能被肠壁细胞吸收。

脂类　脂肪是昆虫贮存能量的主要化合物，也是构成各种膜结构的磷脂的必需成分。其中，甾醇类不经消化就能吸收，甘油三酯则需分解为甘油单酯和游离脂肪酸后才能被吸收。很多昆虫体内，共生菌对食物内的酯和脂肪酸的消化具有重要作用。

维生素　维生素是维持虫体正常的生理代谢的必需物质，但昆虫体内不能合成，需由食物供给；如果昆虫完全缺乏或某种维生素供给不足，则代谢就会失调，生长发育受阻，甚至组织和细胞发生病变。

昆虫种类及其发育阶段的不同，对食物的营养要求差别常较大，因而摄入食物的营养质量和数量常影响到昆虫的生长速度，营养不良或半饥饿状态常使幼虫期延长、蜕皮次数增加。比较食物间营养的差异，一般使用消化系数、食物转化率或营养比率。

消化系数 =(取食物干质量 - 排泄物干质量)/取食物干质量 ×100%

食物转化率 =(虫体增加的干质量/取食食物的干质量) ×100%

营养比率 =(可被消化的糖类 + 可被消化的脂肪 ×2.25)/可被消化的蛋白 ×100%

二、排泄系统

“排泄”与经消化道末端的肛门排出的未被消化的食物残渣有着本质差别。排泄器官(excretory organ)的主要功能是移除代谢过程中产生的二氧化碳和氮素代谢废物，调节体液中水分和无机盐类的平衡，保持血液具有相对稳定的渗透压和化学组成，使各器官能进行正常的生理活动。担任这一功能的器官总称为排泄系统，包括体壁及其特化结构、气管系统、马氏管、脂肪体等，其中相当于高等动物肾的器官——马氏管是大多数昆虫的主要的排泄器官。

(一) 马氏管

马氏管(malpighian tubules)基部开口在中肠和后肠交界处，端部封闭，游离在体腔内的血液中，或与直肠结合形成隐肾结构(图 2-6)。其横切面自内向外为管壁细胞层、底膜、肌肉层、气管网层；马氏管端段及基段的管壁细胞向内的突出的结构分别为杆状(蜂窝边)、细丝状(刷状边)，在端部水和溶质可以进入，在基部水分被吸收，溶液浓缩成为固体状而移至后肠，最后排出体外。按照马氏管与直肠的结构，常将其区分为直翅目型、鞘翅目型、半翅目型和鳞翅目型。

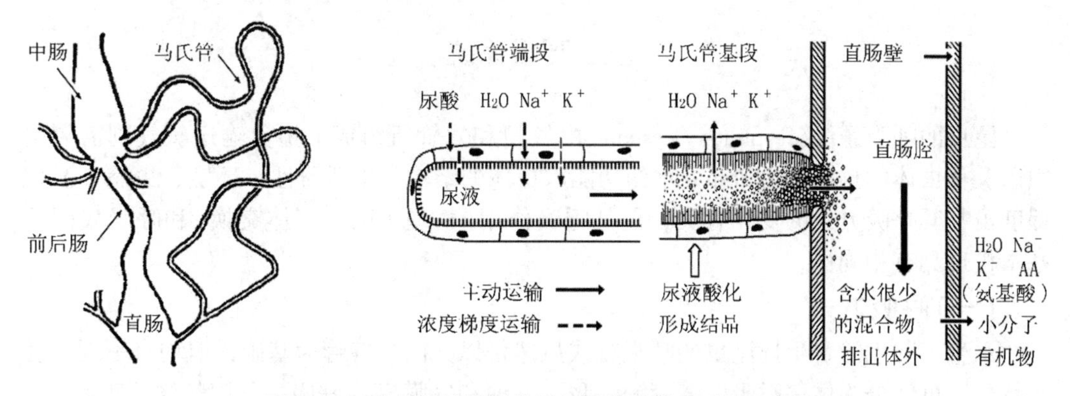

图 2-6　一种叶甲的马氏管及马氏管的排泄过程示意图

马氏管的主要功能是吸收血液中的氮素代谢废物尿酸等，并移至后肠随食物残渣一起排出体外，以调节血液中的离子平衡、维持体液的渗透压，部分昆虫的马氏管还能分泌丝、石灰质、泡沫及黏液等。尿酸与其他含氮排泄物相比，分子中所含的氢原子最少、不易溶于水，排泄时不需要携带水而以晶体状排出，这是陆生昆虫保水代谢的适应方式之一。

(二) 其他排泄器官的排泄物

1. 体壁、气管系统等的排泄作用

体壁通过扩散的方式排出体外的物质包括 CO_2、多余的 H_2O，蜕皮前未被吸收的外表皮及几丁质、蜡质、部分氮素化合物及无机盐、钙盐等；皮细胞腺向外分泌的胶质、丝、蜡等实质上也是一种排泄。

以呼吸方式排出体外的代谢废物为 CO_2、多余的 H_2O。可由消化道壁排除的有钙

盐、尿酸盐等。半翅目、同翅目昆虫特有的滤室，以蜜露的方式滤除消化道中的多余物，是另一种形式的排泄。弹尾目、双尾目昆虫，以类似于其他节肢动物头部的"下唇肾"作为排泄代谢废物的器官。

2. 贮存排泄体

虫体内生理活动所产生的某些中间代谢物或代谢废物，不直接排出体外，而是被隔离、限制、贮存于特定的组织或细胞内，这种排泄方式称为贮存排泄或堆积排泄(storage excretory)。具有该功能的组织有脂肪体、绛色细胞、围心细胞等。

脂肪体呈带状或叶状，分布于昆虫的血腔里。脂肪体内的营养细胞和含菌细胞能贮存养料供给昆虫生长发育的需要，也能进行解毒代谢；脂肪体内的尿盐细胞能积聚尿酸，将尿酸暂时或永久地贮存在脂肪体内。

围心细胞(pericardial cell)分布于背膈、翼肌或在心脏表面聚集成索状，能吸收血液中的胶体颗粒，并将其转化为可被马氏管吸收的物质，同时可与心侧体相协调，分泌能调节心脏活动及神经传导作用的激素。

绛色细胞呈团块状分布于气门附近、侧板下，能移除血液中的其他代谢废物、毒素，吸收血液中多余的中间代谢产物并将其转化以供其他组织所需，合成、分泌促进脂肪水解的酶类。

三、呼吸系统

昆虫的呼吸系统(respiratory system)由气门和气管所组成，担负输送氧气到需氧组织以及从虫体内排除CO_2和部分水的功能。虫体的结构、生活习性、环境、虫态、演化程度虽与其呼吸方式的变异有关，但其呼吸作用(物理呼吸、气体交换)和呼吸代谢的基本机理具有相同性。

(一)呼吸方式

水生、陆生、寄生性昆虫的呼吸方式虽然是以气门、气管为基础，但均有不同程度的特化，可区分为体壁呼吸、气管鳃呼吸、气泡和气膜(盾)呼吸、气门气管呼吸等。

1. 气门气管呼吸

昆虫中最常见的呼吸方式，包括位于体壁上的开口即气门和气门以内不断由粗到细分枝的网状气管系统(图2-7)。气管系统是外胚层内陷形成的构造，在蜕皮时更新，气门、支气管及分布于组织细胞间的微气管均有一定的排列方式；部分飞行能力强的昆虫在支气管上常有特化成可膨胀的膜质气囊(air sac)，借以增加贮气量和加强通风换气作用。

气门(spiracle)　最多10对，中、后胸各1对，腹部第1～8节各1对。按气门的多少可将幼虫分为：多气门型，有8对以上有效气门，如蝗虫；寡气门型，有1～2对有效气门，如双翅目的蝇科；无气门型，即无有效气门，如摇蚊科昆虫。气门有较复杂的开闭结构，可区分为外闭式和内闭式气门2类。气门依需而开闭，控制气体的进出量，防止体内水分过量蒸发及不良气体和杂物的侵入。

气管(trachea)　气管在蜕皮时更新，组织结构类似于体壁，组织层次与体壁相

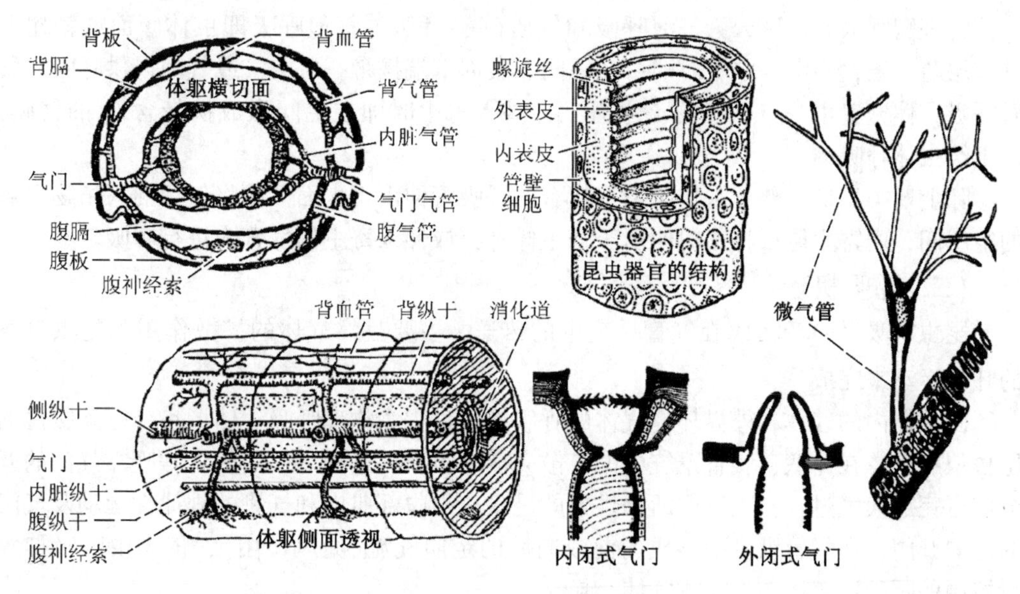

图 2-7 气门及气管的模式结构

反，最内层为内膜，内膜以内褶或加厚的方式形成环状或螺旋状的螺旋丝，以增加气管的弹性，使气管不受气流和血液压力变化而变形，始终保持扩张状态，利于气体流通。

气门向体内的一小段气管为气门气管，其3条主支背气管、腹气管和内脏气管分别伸向体腔背面、腹面和中央的组织及器官，并纵向连接气管分别形成侧纵干、背纵干、腹纵干、内脏纵干。

微气管(tracheole) 气管越分越细，细到直径小于2~5 μm时称微气管。微气管为巨核的掌状端细胞，在蜕皮时不更新。微气管的各分支分布到身体各组织、细胞间隙，直接将氧气送到需氧部位，并排出 CO_2。

2. 体壁呼吸

无气管系统或其结构不完整的低等昆虫，如原尾目、弹尾目、部分内寄生昆虫和水生昆虫，气管分支分布于体壁之下，依靠体壁的通透性直接进行 O_2、CO_2的交换。此类昆虫体躯多小或微小，活动性较差。陆栖昆虫体壁的膜质部位也可进行体壁呼吸。

3. 气管鳃呼吸

部分水生昆虫气门消失，体壁向外或向内突出呈膜质片状或丝状，其中密布网状的气管分支，靠此结构吸收水中的 O_2、排除气管内的 CO_2，该构造形同鱼类的鳃而被称为气管鳃(tracheal gills)，如蜉蝣目、襀翅目、蜻蜓目和毛翅目昆虫的幼虫。蜻蜓目稚虫的气管鳃位于直肠内，又称直肠鳃。气管鳃呼吸实质上也是体壁呼吸，这些类目昆虫在非气管鳃部位也进行体壁呼吸。

4. 物理鳃呼吸

部分水栖昆虫具有完整的气门气管系统，借助体表特定部位的特殊结构携带空气，以供给在水中呼吸所需的 O_2，当所携带的 O_2消耗和散失完时，浮出水面重新更换新鲜空气，该结构相似于鳃的作用，称物理鳃。

物理鳃呼吸又可区分为气泡呼吸和气盾(膜)呼吸。气泡呼吸即虫体腹面或鞘翅下具一层疏水毛，当潜入水中时即可在毛间、腹部末端携带一层空气或气泡以供呼吸。气盾呼吸，体壁着生一层密集的疏水微毛，潜入水中时即在毛间形成携带含 O_2 的气膜，以供给虫体呼吸。

除上述类型外，部分水生昆虫将特有的呼吸管伸出于水面，或将气门插入植物含氧的组织间；内寄生昆虫将气门伸出于寄主体外，或伸入寄主的气管内进行呼吸。

(二)呼吸机理

昆虫呼吸时 O_2 和 CO_2 在气管系统中的传送，主要是靠气体的扩散作用和昆虫自身的呼吸运动来完成。

昆虫体内的气体和外界环境气体的呼吸换气过程为物理呼吸。体形小、行动缓慢的昆虫依靠气体在体壁、气管系统中的扩散完成呼吸换气过程。气门气管呼吸靠气门的调节即可完成换气过程；飞行或活动性强的昆虫依靠腹部肌肉和气囊的规律性运动及气门的定向开闭，在气管纵干中形成向前或向后的定向气流(通风作用)，依靠由呼吸神经所控制的呼吸换气运动而完成气体交换。

微气管端部充满组织液，当组织进入呼吸代谢状态时使组织液的渗透压增高，靠渗透吸空作用将微气管端部的组织液及微气管中的气体和 O_2 吸入组织内，当新陈代谢的产物被氧化消失后，组织液的渗透压恢复原状又使微气管端部充满组织液；CO_2 则靠扩散作用进入微气管及气管，最后通过气门排出体外。

(三)呼吸代谢

呼吸代谢是 O_2 与呼吸基质产生酶促反应降解为水和 CO_2、并产生能量的过程。因此，呼吸基质不同，对 O_2 需求量和 CO_2 的排放量也不同；虫体的发育阶段、活动状态、O_2 供给量均和呼吸代谢强度有关。杀虫剂影响控制呼吸活动的神经传导或呼吸的酶系活性，可使呼吸亢进或抑制，一般细胞毒素如鱼藤酮、氰化物、重金属、硫化氢、硫氰酸酯等抑制呼吸，神经毒素如DDT、除虫菊、有机磷等在中毒初期使呼吸频率增高而麻痹、CO_2 呼出量增大。所以通过测定呼吸代谢率，可以分析和确定虫体内的生理活动状态。

呼吸代谢率的测定　通常将有机体呼吸时释放 CO_2 的量与吸收 O_2 的比值称为呼吸熵或呼吸系数(respiratory quotient)即 $RQ = CO_2/O_2$。基质为多糖时，$RQ = 1$；基质为蛋白质和脂肪时，$RQ = 0.7 \sim 0.8$；当 $RQ > 1$ 时呼吸基质由糖类转变为脂肪，$RQ < 0.7$ 时则由脂肪转变为糖类，RQ 值的准确性受多种因素的影响。

代谢率 Q_{O_2} 常以呼吸耗氧量计算，$Q_{O_2} = O_2 mL/(g$ 体重 · 时$)$。其准确性受制于虫体的活动性、温度、代谢途径。测定参与呼吸代谢酶的变异及其活性，分析呼吸代谢率的变化，是确定目标因素对呼吸代谢影响程度的较为准确的方法。

呼吸代谢途径与特点　在 O_2 供给充足的组织中呼吸途径为有氧代谢，即三羧酸循环途径；O_2 供给量欠缺的部位则是α-磷酸甘油酯(翅肌)或乳酸循环途径(如足肌)。无氧代谢的基质为糖原，由于虫体内存在“葡萄糖—海藻糖—糖原”的相互转化反应，所以在剧烈活动时启动无氧代谢有充足的基质来源。在有氧代谢途径中，与杀虫剂的杀虫机理和新药剂开发有关的重要酶类包括细胞色素氧化酶系、谷胱甘肽转移酶、辅酶类等。

第三节　昆虫的循环系统、神经系统和感觉器官

昆虫的循环系统是将消化吸收的营养物质运送至各组织以提供能量的器官系统，而神经系统和感觉器官是昆虫感觉外界刺激和调节自身活动的器官系统。

一、循环系统

昆虫的血液充满整个体腔，流动于器官间，只在流经背血管时才被限制在血管里，这种包括背血管、体腔和辅搏动器的循环称开管式循环。昆虫的血液兼有哺乳动物的血液及淋巴液的特点，因此又称“血淋巴”。体腔内的所有器官都浸浴在血淋巴中。这种开放式血液循环的特点是血压低、血量大，并随着取食和生理状态的不同，其血液的组成变化很大。其主要功能是运输养料、激素和代谢废物，维持正常生理所需的血压、渗透压和离子平衡，参与中间代谢，清除解离的组织碎片，修补伤口，对侵染物产生免疫反应，以及飞行时调节体温等。昆虫的循环系统没有运输氧的功能。

(一)背血管

背血管(dorsal vessel)是昆虫循环系统中唯一的管状器官，位于昆虫的背壁下方，纵贯于背血窦中，前端开口于头部而后端多呈封闭状延伸于腹部，由肌纤维和结缔组织组成，分动脉和心脏两部分(图 2-8)。

动脉(aorta)　是背血管前段的细长管道，最前端延伸入头腔内、开口于脑和食道之间的一个血窦内，其后端常起始于第 1 腹节，与第 1 心室相通，仅是血液的通路，无

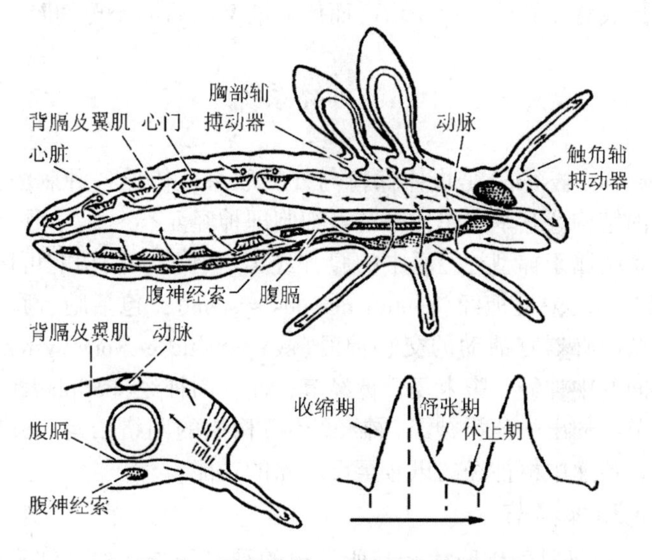

图 2-8　昆虫的循环系统及心脏搏动图

搏动作用。

心脏(heart) 背血管的后段具搏动功能，由一连串球状心室组成，通常在心脏外壁有放射状的肌纤维悬在背壁下，心室两侧腹面有来自背板两侧的翼肌。第 1 心室多始于第 2 腹节，心室的数目常与心脏所占的腹节数一致即 1 ~11 个，每一心室的前端与相邻心室的后端有孔相通。心室的两侧各有 1 个血液进入心室的开口称心门，其边缘向内折入形成心门瓣，可防止心室的血液回流至背血窦。

辅搏动器(accessory pulsatile organ) 是昆虫体内辅助心脏进行血液循环的结构。常位于触角、翅和附肢的基部，由含肌纤丝的薄隔所组成，有膜状、瓣状、管状或囊状等多种形状。随着薄隔的收缩，驱使血液流入远离体躯的部位。

(二) 血液

昆虫的血液包括血浆(blood plasma)和血细胞(blood cell)，除少数如摇蚊幼虫因含血红素而呈红色外，大多数呈黄色、橙色或蓝绿色。昆虫的血液一般占虫体容积的 15% ~75%。血液除了完成循环系统的基本功能外，血细胞还有吞噬死细胞、组织碎片及某些细菌的作用；也可形成包囊包裹寄生物，干扰其取食和气体交换。血液还有愈伤、传递压力、助孵化、蜕皮、羽化、展翅等作用。

(三) 血液循环

昆虫的血液循环是血腔内的血浆在背血管有规律搏动的推动下、背—腹膈有节奏的波动下，促使血液在背血窦内向前流动、在腹血窦内向后流动、在围脏窦内向后及向背血窦中流动的过程；附肢、翅、触角等基部的辅搏动器则促使血液在各伸向体外的器官中流动。

昆虫心脏的搏动是受神经及内分泌激素控制的，氧气、二氧化碳等可影响其搏动速率。搏动时由于心脏壁肌和结缔组织的弹性作用，使心脏舒张，产生虹吸作用，背血窦里的血经心门进入心室；当心脏收缩时，心门瓣关闭，迫使血液自后向前推进，经由动脉而压入头部，造成背血管前端血压增高而使血液又向后回流至胸腔、腹腔。

二、神经系统

神经系统(nervous system)是虫体保持与外界联系，传导各种刺激，保障各器官系统产生协调反应的结构。其基本单元是神经细胞即神经元。

昆虫的神经系统属于梯型神经系中的腹神经索型神经。按功能可区分为担负感觉、联系和运动协调中心的中枢神经(central nervous system)，包括脑、腹神经索；控制取食、呼吸、生殖及内脏器官活动的交感神经(sympathetic nervous system)，包括口道神经、腹神经索之间的中神经、腹末复合神经节；而外周神经(peripheral nervous system)，即包括所有神经节上伸出的各类神经(神经纤维)构成的网络结构，具有收集感觉器的刺激至中枢神经、传递中枢神经的讯号至反应器的功能。

(一) 神经元和神经节

神经元(neurone)即神经细胞体及其所发出的神经纤维。神经细胞分出的主支称轴状突(axon)、其侧生分支为侧支(collatera)，轴突和侧支端部的树状分支为端丛(terminal arborization)，从神经细胞体本身分出的端丛状纤维称为树状突(dendrites)。轴突外面包有一层含有细胞质和线粒体的薄膜，称神经围膜(neural lamella)。

按照神经细胞主支的多少将其区分为无极神经元、单极神经元、双极神经元和多极神经元。各种神经元互相联系集合成的球状组织称为神经节(ganglion)，其中的细胞体均位于神经节的周缘，中央是由无神经鞘的神经纤维所组成的网状结构。神经元的神经末梢之间是以突触结构(synapse)相联系的(图 2-9)。

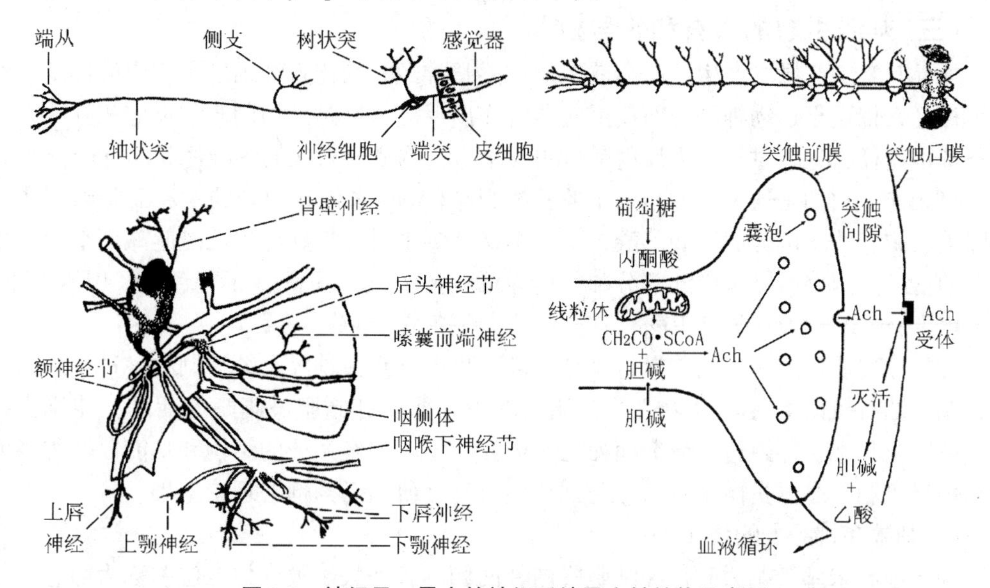

图 2-9　神经元、昆虫的神经系统及突触结构示意图

神经纤维对神经冲动的传导有方向性而不能逆转，因此按其传导方向和功能又可分为：属双极或多极的感觉神经元(传入神经元 sensory neurone)，其轴状突能将神经冲动自外而内传入中枢神经系统；属单极的运动神经元(传出神经元 motor neurone)，将冲动传导至各种反应器官；属单极的联系神经元(association neurone)，细胞体位于神经节内。感觉神经元和运动神经元的神经纤维集合成束即神经(nerve)。很多神经细胞体及其神经纤维集合而成神经节。神经节和神经外面都包裹一层神经鞘，神经鞘是多层的构造，包括施旺氏膜、神经围膜。

(二)神经系统的组成和功能

中枢神经系统　中枢神经系统包括位于头部消化道背面的脑，与脑通过围咽神经连索相连接的腹神经索，它由位于消化道腹面的咽喉下神经节、胸部和腹部依次连接的各个神经节所组成。脑由前脑、中脑、后脑组成，发出的神经分别与复眼、单眼、触角、额和上唇相接；脑内含有大量的联系、感觉与运动神经元，前脑含有神经分泌细胞群；脑是昆虫的联系与协调中心、运动控制中心和内分泌腺体的活动控制中心。咽喉下神经节的神经通到口器的上颚、下颚和下唇，是口器附肢活动协调中心。腹神经索一般有 11 个神经节，胸部 3 个，腹部 8 个。许多昆虫腹部的神经节常数个合成 1 个，称为复合神经节。各神经节两侧都有 2～3 根侧神经，每根侧神经内的背部(即背根)为运动神经纤维，其腹部(即腹根)为感觉神经纤维，背根和腹根的神经通至本节的肌肉和各种内部器官及体壁上的各种感觉器官内。

交感神经系统　交感神经系统相对较简单，包括控制取食、前肠与中肠活动的口道神经——额神经节、后头神经节及其发出的神经，控制呼吸的位于腹神经索之间的中神经，控制后肠及腹部末端附肢活动的腹末复合神经节。

周缘神经系统　昆虫的周缘神经系统包括所有的感觉神经元和运动神经元以及它们的树状突和端丛所连接的感觉器和效应器。

(三)刺激引起的兴奋和传导机制

外界刺激引起昆虫产生反应，就是通过感觉神经元的传入纤维发出相应的冲动，经联系神经元传送至运动神经元而使反应器官作出反应，这是一切刺激与反应相互联系的一条基本途径，这一过程称为反射弧(reflex arc)。构成反射弧的各神经元的神经末端并不直接相连，它们是通过突触结构中的乙酰胆碱(Ach)来传导冲动的，乙酰胆碱完成传导即被胆碱脂酶水解为胆碱和乙酸，下一个冲动到来时，重新释出乙酰胆碱而继续实现冲动的传导。但突触结构中的部分神经传导可能是胺类(多巴胺、5-羟色胺、甲腺上素、肾上腺素)或氨基酸(γ-氨基丁酸、甘氨酸、天门冬氨酸)等。

如神经递质乙酰胆碱的传导过程被破坏，也就导致由神经系统控制的各种生理活动的失调，如有机磷类农药“1605”等，就是因为它能够抑制胆碱脂酶的活动，使昆虫持续保持紧张状态，导致过度疲劳而死亡。因此，了解神经系统的结构和功能以及神经的冲动传导机制，是分析昆虫行为、药剂作用机理、研制新药剂的理论基础。

1. 刺激在神经上的传导

神经细胞未感受刺激时神经细胞膜内外两侧的膜外大于膜内的电位差称为静息电位或膜电位，这一现象称为极化状态，这是膜只对 K^+ 有通透性而对 Na^+ 不通透的结果。当受到刺激时，感受刺激部位的膜对 Na^+ 的透性突然增大，大量膜外 Na^+ 进入膜内，使膜内的低电位迅速消失，膜内的电位大于膜外，这一现象称为去极化。该电位的改变快速地沿整个细胞膜扩散传导，使整个神经细胞膜都经历一次电位波动，所以称动作电位。这种电位的倒转是暂时的，当冲动向轴突的邻近部位传导后，神经膜又恢复原状，对 Na^+ 仍保持原先的不渗透性，而膜内 Na^+ 则依靠“离子泵”作用向外渗透，直至膜内外极化状态再度建立，恢复静息电位为止，此即为再极化。在电脉冲图上动作电位是一个短促而尖锐的峰。只有当刺激达到一定程度和强度时才能产生动作电位，当神经细胞产生了动作电位时也称为兴奋。

2. 兴奋在神经元间的传导

兴奋在神经轴上的传导是单向的、不可逆的，所以在突触结构中将兴奋传出方神经元末梢的膜称为突触前膜，接收兴奋方的膜称为突触后膜。突触前膜与突触后膜间具有间隙，间隙及膜上分布有各种酶类。当动作电位传导至突触前膜时，前膜内的突触小泡向突触间隙突然释放大量的乙酰胆碱，乙酰胆碱扩散至突触后膜与突触后膜上的 Ach 受体结合，改变了其对 Na^+ 的透过性，进而在突触后膜上引起电位变化，并发展为动作电位，这一动作电位则在该神经纤维上传导。在乙酰胆碱引起突触后膜受体变构后即被释放到突触间隙，乙酰胆碱酯酶(AchE)将其水解生成胆碱和乙酸，这保证了突触前膜的一次冲动只能在突触后膜上产生一个相同的冲动，不致因后膜的持续兴奋使能量和其他生理物质耗尽，引起神经传导出现障碍而导致死亡。神经毒剂如有机磷和氨基甲酸酯等就是阻碍了乙酰胆碱的降解而使动物中毒死亡的；滴滴涕等有机氯杀虫剂、拟除虫菊酯等抑制轴突膜的 Na^+ 通道；烟碱、沙蚕毒类杀虫剂能对突触后膜上的乙酰胆碱受体产生抑制作用，从而阻断了 Ach 与受体的结合，阻断冲动传导。

三、感觉器官

分布于昆虫体躯、附肢及体内器官接受体内外各种刺激的感觉与反应器构成了昆虫的感觉系统。感觉器是由皮细胞演变而成的，昆虫的感受器既能独立行使感觉功能，又能组成复杂的感觉器官。例如，触角上有多种感化器和感触器。感觉器是环境与神经间的联系桥梁，其作用是通过神经系统与内分泌系统的互作以调节昆虫的行为，进而适应环境、求取生存。按接受刺激的种类与性质可将昆虫的感觉器官分为：感觉光波、光量子的视觉器(photoreceptor)；接受接触、压力、震动等分子运动或碰撞的机械刺激的感触器(machanoreceptor)；接受震动频率与强度的听觉器(phonoreceptor)；感受化学物质刺激的化感器(chemoreceptor)。

(一)感觉器的结构

按结构区分，感觉器有毛状感觉器、钟状感觉器、毛板感觉器、剑梢感觉器等。毛状感觉器是神经细胞端突与体毛基部相连，主要感受机械与化学刺激。钟状感觉器的结构与毛状感觉器基本相似，只是感受器内陷于体壁，刚毛为一薄膜代替，主要感受气压与机械刺激。许多毛状感觉器密集于一骨片而成毛板感受器，为机械感受器。剑梢感觉器着生在体壁下，由一个感觉神经细胞与另外两个细胞套成连杆状结构，为体内器官活动及压力变化的感受器。感光器的结构特殊，常由1至上千个小眼构成视觉器，单眼由1个小眼构成，多个小眼的集合为复眼(图2-10)。

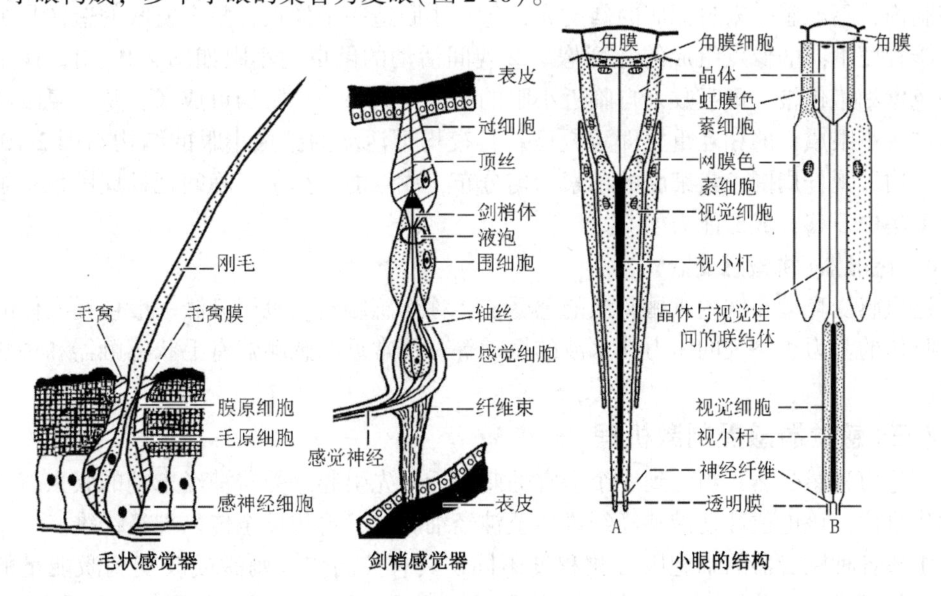

图2-10　昆虫的几种感觉器的结构

(二)重要的感觉器

1. 听器

昆虫的听觉器是感受压力改变和空气或水振动的结构，与听器相联系的是昆虫的发声，有听觉能力的昆虫不一定都能发声。昆虫常见的发声形式如下：吸入或呼出空气，体躯与物体撞击，特殊结构如鼓膜振动、翅振、体躯不同部位相互摩擦等。昆虫的听器有听觉毛(毛状感受器)、琼(江)氏器(位于触角第一节内由剑梢感受器集合而成)、鼓膜听器(数组剑梢感受器所形成)。

2. 感化器

化学感受器感受化学物质的刺激，昆虫的觅食、求偶、产卵、选择栖境、寻找寄主等行为，都和化学感受器有关。在一定的距离内能为少数挥发性物质分子所激发的感觉器为嗅觉器(olfactory organ)，多分布于触角和口器的下唇须与下颚须。直接接触液体或固体并为其分子所激发的感器为味觉器(gustatory organ)，多分布于口器、跗节、产卵器和触角。

3. 视觉器

视觉器是感受光波刺激的器官，其感觉细胞中的色素能对一定波长范围内的光谱产生生物电位，传递给中枢神经系统引起视觉反应。视觉器对昆虫觅食、求偶、避敌、休眠、滞育、决定行为方向等有重要作用。昆虫的视觉器包括单眼和复眼，单眼的结构形同复眼的一个小眼，其作用在于提高复眼对光反应的灵敏度、感觉光源的强度与方向，但侧单眼可成像。复眼中小眼的集光器部分包括角膜、角膜细胞、晶体、虹膜色素细胞，感光器部分包括网膜色素细胞、视觉细胞、视小杆；小眼四周包裹有密集的兼反光作用的气管网。

小眼无调节焦距的能力，只能靠色素细胞中的色素上下移动适应光强的变化。复眼的成像有2种：①白天活动的昆虫的小眼如图2-10：A，其视小杆与视觉细胞包裹于色素细胞内，不能感受来自侧面的斜射光，每一小眼造一个像点，整个复眼的造像是由许多明暗程度不同的像点组成的并列像。②晚间活动的昆虫的小眼如图2-10：B，视小杆不为色素细胞包被，可吸收来自临近小眼的斜射光，每一小眼均可成像，整个复眼的造像是许多小眼成像的相互重叠即重叠像。日夜均可活动的昆虫小眼的结构与图2-10：A相似，白天视杆周围色素细胞的色素均匀分布，成像能力如①，晚间视杆周围色素细胞的色素集中下移，成像能力如②。

4. 感触器(机械感受器)

昆虫感受环境和体内机械刺激的感受器，称作感触器。机械刺激一般包括实体的接触、身体的张力、空气的压力和水波的振动等。最常见的感触器有毛状感触器和钟状感受器。

(三)感觉器感受刺激机理

不论何种感受器，当受到一个适宜的刺激后，先引起感受器神经末梢的膜兴奋，产生动作电位，该电位冲动沿神经纤维传至神经细胞体，再传导至传入神经纤维。

组成各种感受器的细胞因分化程度不同，具有控制传入刺激或改变刺激能量的特性，也就是说，一种特殊的感受器只有受到一种适宜的质和量的刺激(如光子、电子、质子、分子等）才能产生反应。例如，适合感受光波的视觉器，对于音波就不会产生反应；而且光波的波长和强度必须在某种范围内。化学感受器如感觉毛表面具有许多微孔，感觉神经末梢的分支分布于这些微孔内，当感觉神经末梢接受到穿入微孔内化学物质分子的刺激后，即可使神经纤维末梢的膜激发、产生动作电位，引起冲动传导。化学感受器的灵敏度很高，如家蚕雄蛾触角上的化感器可被一个分子的性信息素所激发，而引起相应的行为反应。

第四节　昆虫的内分泌系统和生殖系统

昆虫的内分泌系统分泌调节其体内生理机能的重要物质即激素，但不同发育阶段其分泌活动有较大的差别，主要的分泌器官有脑神经分泌细胞、心侧体、咽侧体、前胸腺。

一、内分泌系统

昆虫体内能够分泌特殊的具有生理活性的微量物质即激素(hormones)来调节昆虫的生长、发育、蜕皮变态、生殖、滞育等重要的生命过程，这些分泌激素的器官所组成的发育调控系统称内分泌系统。内分泌系统也是昆虫活动的调节系统，同时内分泌器官分布有大量的神经，因此内分泌系统受神经系统调控。

虫体内分泌激素的组织包括脑神经分泌细胞、咽下神经节、心侧体、咽侧体、前胸腺、一些体神经节、绛色细胞、脂肪体等(图 2-11)。内分泌腺体分泌的内激素靠体液循环及神经的运输在体内传播，以渗透或吸附的方式进入虫体的组织和器官而起作用，其成分为类固醇、萜烯类、蛋白质等不易挥发的物质。向体外分泌生理活性物质的腺体

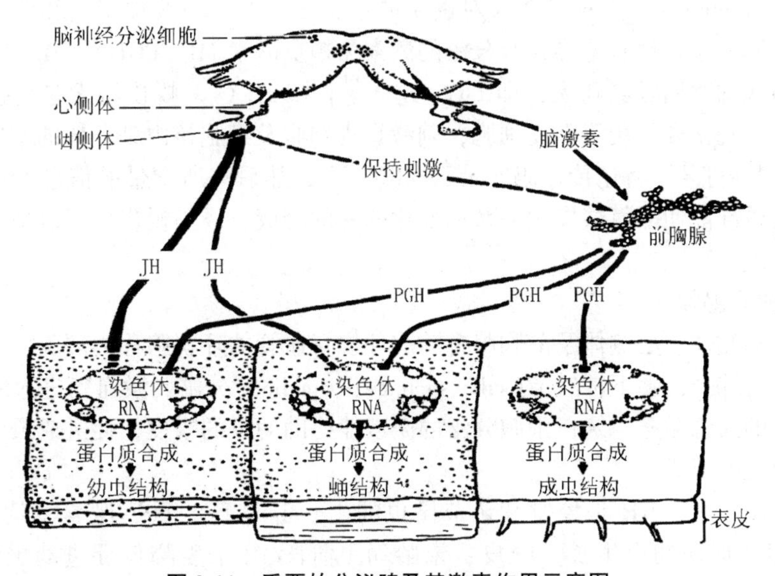

图 2-11　重要的分泌腺及其激素作用示意图

称外分泌腺，其在虫体上的位置与虫种有关；外分泌腺的分泌物多具挥发性，靠体液及气流传播而向体外扩散，该类激素有种类的专化性，由同种群异性或其他个体体壁的感受器接受而起作用，成分为小分子的醇、醛、酯等挥发物。

(一)重要的内分泌器官

1. 脑神经分泌细胞

脑神经分泌细胞(neurosecretory bran cell)是昆虫脑背面的大型神经细胞，常排列成两组，位于前脑两叶近中沟的脑间部，其分泌的脑激素为蛋白质类，也叫活化激素BH。脑激素激发前胸腺(或绛色细胞、脂肪体)分泌蜕皮激素，刺激咽侧体分泌保幼激素；还有促进呼吸代谢的作用。

2. 心侧体

心侧体(corpora cardiaca)是一对光亮的乳白色球体，位于前脑后方及背血管前端的两侧或上方，有神经分别与脑、咽侧体及后头神经节相连。其作用在于贮存并向血液中释放脑激素，还能分泌影响心脏和消化道活动的激素及脂动激素和利尿激素等。

3. 咽侧体

咽侧体(corpora allata)为一对卵圆形，外包一层薄膜结缔组织和微气管的腺体，位于咽喉两侧、心侧体的侧下方；其作用是分泌保幼激素JH。JH是一类含17～18个碳原子的倍半萜烯甲基类化合物，天然的有3种，即$CH_3C_{18}H_{30}O_3$、$HC_{17}H_{30}O_3$、$HC_{16}H_{30}O_3$。幼虫期保幼激素的作用是保持幼期(幼虫或若虫)的形态和结构，抑制“成虫器官芽”的生长和分化；成虫期则可刺激卵巢发育和卵黄形成，活化雌虫的性附腺产生形成卵壳所必需的特殊物；保幼激素还对有些昆虫的雌虫产生信息素的方式有影响。

4. 前胸腺

前胸腺(prothoracic glands)为一对透明的带状细胞群，一般位于头和前胸之间，但昆虫种类不同，位置也有差异；其分泌的激素为蜕皮激素MH(PGH)，MH是一种由27个碳原子组成的类固醇类物质，即α-$C_{27}H_{44}O_6$、β-$C_{27}H_{44}O_7$。蜕皮激素参与控制昆虫的蜕皮与变态。它主要作用于真皮细胞，刺激真皮细胞及细胞核内染色体的某些部位，促使DNA的螺旋打开，将遗传密码转录于mRNA上，然后将所携带的信息转录成特定的蛋白质；并诱导能使酪氨酸发生一系列变化的酶的合成，成为蜕皮后形成新表皮所需要的硬化物质。

5. 其他分泌腺

蝇类的咽侧体、心侧体及前胸腺合并成环绕背血管的环状腺称为环腺，其机能也是该3个腺体的综合。咽下神经节(suboesophageal ganglion)分泌刺激血糖进入蛹的卵巢并转化为糖元的滞育激素。绛色细胞分泌的激素能协助幼虫的蜕皮，促进成虫生殖腺的发育、卵和卵壳的形成。

上述BH、JH、MH是控制和调节昆虫的生长和发育的重要激素。幼虫阶段JH与MH并存，促使幼虫生长及蜕皮；末龄幼虫阶段JH浓度降低促进幼虫转变为蛹；成虫阶段JH仅具微量，促进蛹变化为成虫并发生变态蜕皮。目前世界上已合成的保幼激素同功物质有2500多种，先后从44种蕨类植物、26种裸子植物和46种被子植物中提出有蜕皮活性的类似物，这些都为探讨人工控制昆虫的生长发育提供了依据。

(二)外激素

外激素(pheromone)是同种群中个体间互通信息的化学物质，又称信息素；能影响同种(也可能是异种)其他个体的行为、发育和生殖等，具有刺激和抑制两方面的作用。外激素包括性外激素、告警外激素、标迹外激素、集结外激素等类型。

现对性外激素即性信息素的研究和利用较深入，已有200多种昆虫的性信息素被分离和合成。该激素是同种昆虫一个性别的特殊分泌器官分泌于体外，引起另一性别的个体产生特定行为和生理效应的挥发物质，具有种的特异性。性信息素常不是单一的物质而是数种成分的混合物，总体上可区分为长链的醇、醛、酯和萜烯类两大类型。昆虫信息素的分泌常有一定的节律，由雌虫分泌的引诱力较雄性强。种类不同分泌部位也不同，鳞翅目的分泌腺常位于第8~9腹节的节间膜上，鞘翅目多在后肠、节间膜等处，半翅目常见于后胸腹板，同翅目多在后足胫节，膜翅目多在胸部前侧板边缘。

随着农药用量的减少，内激素与外激素在益虫饲养和害虫治理中的用途更加广泛。使用内激素防治害虫主要是破坏害虫体内激素水平的平衡，导致其不能正常生长和发育；在益虫饲养中利用内激素在于获取最高的目标产出物。外激素在害虫防治中，一是用于预测预报，二是诱杀某一性别的个体使另一性别的个体不能繁育后代，三是在害虫发生区大量施放人工合成的性信息素，干扰害虫的生殖行为使其不能交配及繁殖。

二、生殖系统

昆虫用以产生生殖细胞、进行交配、繁殖种族的器官组成生殖系统(reproductive system)。它位于腹部末端消化道两侧或背侧面，雌虫开口于腹部第8或第9腹板后方，雄虫开口于第9腹板。昆虫的生殖系统由外生殖器和内生殖器两部分组成。昆虫的生殖方式不同其生殖系统的构造也不同。

(一)雌虫的生殖系统

1. 基本结构

雌性生殖器官包括卵巢、侧输卵管、中输卵管、生殖腔、受精囊、雌性附腺等(图2-12)。

卵巢(ovaries) 1对，每一卵巢由多个卵巢管所组成，每一卵巢管前端伸出的端丝集合成悬带，悬带附着于邻近的脂肪体上或体壁内面或背膈上，借以固定卵巢的位置。卵细胞在卵巢管内形成，并按发育的先后依次排列在卵巢管内，越近基部的越大、愈接近成熟，成熟的卵由此排入侧输卵管。

侧输卵管(lateral oviducts) 1对，前端与卵巢连接，后端在消化道下方汇合并与体壁内陷形成的中输卵管相通。

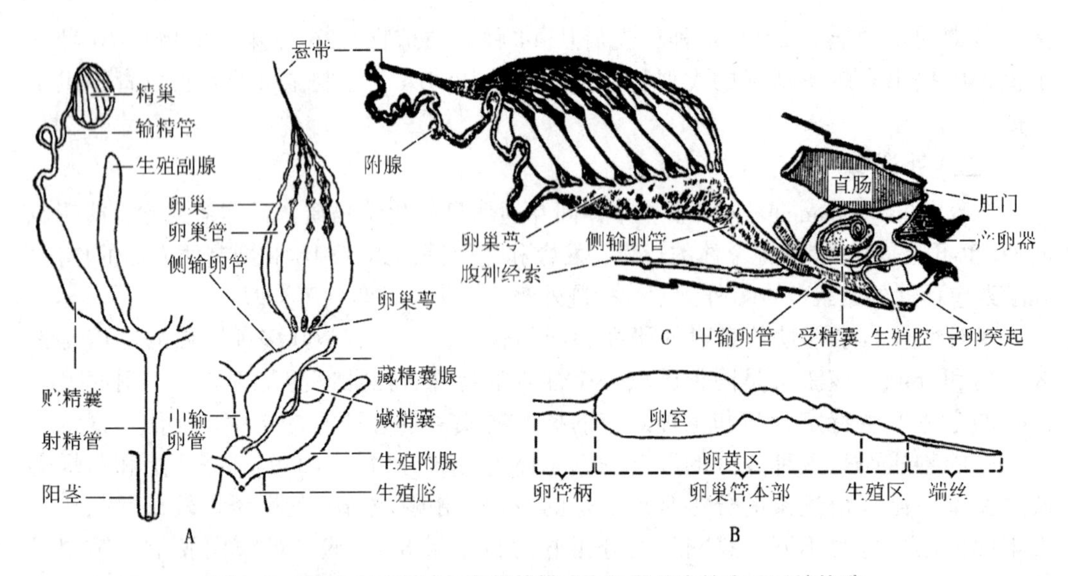

图 2-12　昆虫生殖系统与卵巢管模式图及雌蝗虫的生殖系统构造

A. 昆虫生殖系统的模式图　B. 昆虫卵巢管的模式图　C. 雌蝗虫的生殖系统构造

中输卵管(common oviduct)　由外胚层演变而来，是排卵入生殖腔的通道。

生殖腔(或阴道 genital chamber)　一般由第 8 腹板内陷而成，是雌雄虫生殖器交尾的部分，又称交尾囊，其外端开口称生殖孔(genital pore)。

受精囊(spermatheca)开口于生殖腔，具有受精囊腺，分泌液体，用以保藏雄性生殖器输送来的精子或精球。产卵时，精子由此释出而使卵受精。

雌性附腺　1～2 对，开口于生殖腔，能分泌胶质，使虫卵黏着于物体上或黏成块或形成卵鞘。

2. 卵巢管的结构及类型

卵巢管可区分为端丝、卵巢管本部及卵管柄。卵巢管本部包括生殖区和生长区。生殖区也称原卵区，在初期生殖细胞分裂形成卵原细胞，卵原细胞又分化为卵母细胞；卵母细胞在生长区内经过形成、卵黄原蛋白合成、卵黄原蛋白向卵内沉积几个阶段而发育并成熟。生殖区的另一类细胞则分化为滋养细胞和位于卵巢管本部基部的卵泡细胞，在卵未发育成熟前卵泡细胞封闭卵巢管的出口。

在卵母细胞发育中根据滋养物的来源，将卵巢管分为 3 种类型。生殖区仅有生殖细胞、卵原细胞、卵母细胞、卵泡细胞，卵母细胞发育所需要的营养依赖卵泡细胞从血液中吸收，产卵量较大，该类型为无滋式(panoistic type)；卵巢管中具有滋养细胞，滋养细胞与卵母细胞在卵巢管内交替排列，营养依靠滋养细胞提供，产卵量也较大，为多滋式(polytrophic type)；滋养细胞停留于生殖区，依靠滋养细胞的滋养丝为卵母细胞提供营养，产卵量较少，为端滋式(telotrophic type)。

(二)雄虫的生殖系统

雄虫的生殖器官主要包括睾丸、输精管、贮精囊、射精管、雄性附腺、阳具(见图 2-12)。

睾丸(testis) 1对，少数愈合。由多个睾丸管所组成，是形成精子的场所。

输精管(vasa deferentia) 1对，位于睾丸的下端，将成熟的精子输入精囊。

贮精囊(spermatheca) 输精管下端的囊状膨大部分，用以贮藏精子，末端汇合与射精管相通。

射精管(ejculatory duct) 由第9腹板后端的体壁内陷而成，末端开口于阳茎端部。

雄性附腺(accesssory gland) 1~3对，多开口于贮精囊和射精管连接的地方，分泌黏液浸浴精子或形成包藏精子的精球。

授精和受精 授精是指雌雄交配时，雄虫将精子注入雌虫的生殖器官内，并贮存在雌虫的受精囊中的过程。受精是指昆虫排卵时，卵经过受精囊口与受精囊中排出的精子会合，精子进入卵内实现雌雄性细胞结合的过程。

了解昆虫生殖系统的解剖特征，可根据雌虫卵巢发育情况来估计害虫的发生期和发生量；根据受精囊内精包(球)的有无，来估计交尾的效果；可根据卵和精子的发育情况来估计各类绝育措施的效果。

(三)生殖能力及行为

昆虫成虫生殖期一般有3个阶段。产卵前期为刚羽化至产出第一粒卵之间的时期，时间较短，但也有例外；产卵期是产出第一粒卵至产完最后一粒卵之间的时期，时间较长；产卵后期是产完最后一粒卵到死亡间的时期，时间常较短。

生殖期的行为包括飞翔以寻找生殖场所，取食以补充营养；依靠体色、发声、发光、释放性引诱物质等寻找异性。其中交配、授精的时间、方式，以及产卵的习性、方式和场所等因虫种的不同而有差别。

衡量昆虫繁殖能力的强弱依据生殖力和生殖率。生殖力是每头雌虫的平均产卵量；生殖率是一个种群的平均繁殖量，是由遗传所决定的。昆虫的生殖要受到温度、湿度、营养及体内激素的分泌水平等多种因素的影响，导致不育的主要因素有辐射、化学物质、遗传缺陷等。

复习思考题

1. 昆虫的体壁由哪几层构成？各层有何主要功能？
2. 简述昆虫消化系统的结构与功能。
3. 马氏管有何主要功能？其排泄机制如何？
4. 简述昆虫呼吸系统进行气体交换的机制。
5. 简述昆虫血液的主要功能和循环途径。
6. 简述昆虫神经系统的冲动和传导。
7. 解释昆虫的化感器、视觉器的基本构造和功能。
8. 解释昆虫主要内分泌器官及其所分泌的激素和功能。
9. 简述昆虫雌、雄生殖系统的基本构造。

推荐阅读书目

昆虫生物化学. 刘惠霞，李新岗，吴文君. 陕西科学技术出版社，1998.
昆虫学通论(上). 管致和. 中国农业出版社，1990.
昆虫的激素. 郭郛等. 科学出版社，1979.
森林昆虫学通论. 李孟楼. 中国林业出版社，2002.
Fundamentals of Entomology. 6th Edition. ELZINGA R J. Prentice-Hall，1978.

第三章　昆虫的生物学

【**本章提要**】本章主要介绍昆虫的生殖、个体的生长发育过程，即昆虫从生殖、胚胎发育、胚后发育，直至成虫各时期的生命特性，以及由此而衍生的各种现象，其中蜕皮和变态是昆虫生命活动过程中的显著特点。此外，还介绍了昆虫在一年中的发生经过(或特点)，即它的年生活史。了解昆虫的生物学特性和生长发育规律，是害虫防治和益虫利用的依据。

昆虫生物学是研究和描述昆虫生命过程、生殖与个体发育特征等各种生物现象的科学。昆虫个体的发育过程一般包括卵、幼虫、蛹、成虫 4 个阶段，或卵、幼虫、成虫 3 个阶段。在从卵发育到成虫的性成熟的过程中，昆虫的外部形态、内部结构和生活习性等都有或大或小的变化。每种昆虫都有不同的生物学特性，这种在演化过程中逐步形成的特性有一定的稳定性。胚胎发育(embryonic development)、胚后发育(幼期发育 postembryonic development)、成虫期(生殖衰老期 genesis-senescence phase)及其行为常是昆虫生物学的研究重点。了解昆虫的生物学特性和生长发育规律，可为害虫防治和益虫利用提供依据。

第一节　昆虫的胚胎发育与生殖

昆虫的个体发育可分为胚胎发育和胚后发育 2 个阶段。由卵核分裂开始至幼虫孵化为止在卵内的发育阶段称胚胎发育，其所经历的时间为卵期。卵是一个不活动的虫态，所以昆虫对产卵和卵的构造本身，都有特殊的保护性适应。了解昆虫的产卵方式，确认卵的类型，借助卵的特征鉴别种类，具有特殊的实际意义。

一、卵的结构

卵是一个大型细胞，外面被有一层坚硬的细胞壁即卵壳。卵壳下为包藏原生质、细胞核及丰富卵黄的卵黄膜。卵黄充塞在原生质网络的空隙内，贴在卵黄膜下面的一层原生质内没有卵黄，称为周质(图 3-1)。根据卵黄在卵内的分布方式，将昆虫的卵可区分为中黄式卵和均黄式卵 2 种类型。

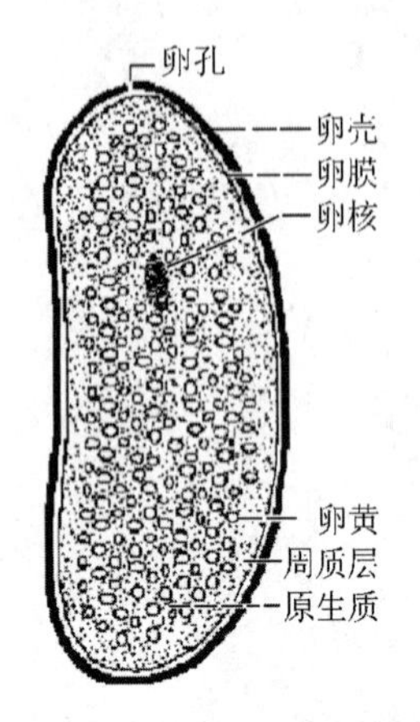

图 3-1　昆虫卵的构造

卵壳的主要化学成分为骨蛋白和蜡质，具有高度的不透性，一般杀虫剂都较难进入。卵壳是多层次的复杂结构体，如吸血蝽象的卵壳由 7 层组成，分外卵壳和内卵壳两部分，外卵壳又分 2 层，内卵壳则有 5 层。在卵壳和卵黄膜之间，是由卵细胞所分泌的极薄的蜡层。卵壳内外两层具亲水性，而蜡层具亲脂性，使得卵壳有适度的透水、透气性，能防止卵内水分过量蒸发，又能防止外来物质侵入，以保证胚胎的正常发育。杀虫剂能否起到杀卵作用，也与杀虫剂能否透过卵壳有关。

卵壳的某一端或一侧有一个或若干个贯通卵壳的卵孔，它是精子进入卵内的通道。卵孔周围及卵壳表面，常具特殊刻纹，可作为辨识卵的依据。

二、胚胎发育

除了孤雌生殖以外，昆虫的胚胎发育(embryonic development)都必须从卵受精开始。精子从卵孔进入卵内与卵核相结合形成合核后，胚胎发育随即开始。合核以一分为二的方式不断分裂，形成多数子核；子核向外移动，与卵膜下的周质相结合形成胚盘；然后位于卵腹面的一层胚盘逐渐增厚成胚带，胚带分化为外、中、内 3 个胚层。外胚层形成体壁，体壁再内陷而成为内骨骼、消化道的前肠及后肠、气管系统、腺体以及神经系统。中胚层形成背血管、血淋巴、脂肪体和肌肉组织。内胚层形成消化道的中肠。

在胚层分化的同时，胚体自前向后开始出现横沟将胚体划分成体节。胚带的前端较宽，是原头，由此产生上唇、口、眼、触角等；其余较狭的部分，称为原躯。由原躯发生颚节、胸部和腹部，随后颚节与原头合并成为昆虫的头部。随着分节的进行，每节发生的一对囊状突起(附肢原基)延伸分节成为附肢，胚体的附肢自前至后相继形成。根据附肢原基的出现、发展和消失过程，昆虫的胚胎发育又分为 3 ~ 4 个连续的阶段(图 3-2)，胚胎发育终止的阶段与孵化后的幼虫类型相关。

原足期(protopod)　头、胸已经分节和出现附肢原基，而腹部尚未分节和出现附肢原基。

多足期(polypod)　头、胸节的附肢原基增长并分节，腹部亦分节、且各节相继出现附肢原基。

寡足期(oligopod)　又称消足期，头、胸节的附肢继续伸长，而腹部的附肢原基又退化消失；后寡足期头、胸的附肢继续发育成近似成虫的触角、口器和胸足，出现复眼。

无足期(absencepod)　头、胸、腹部的附肢均退化，甚至口器也全部退化。

胚胎在发育过程中，胚体在卵内的位置要翻转 1 ~ 2 次，以充分利用卵中的营养。胚胎发育的终结是各胚层自卵体内的腹面向背面生长而闭合即背合(dorsal enclosure)，

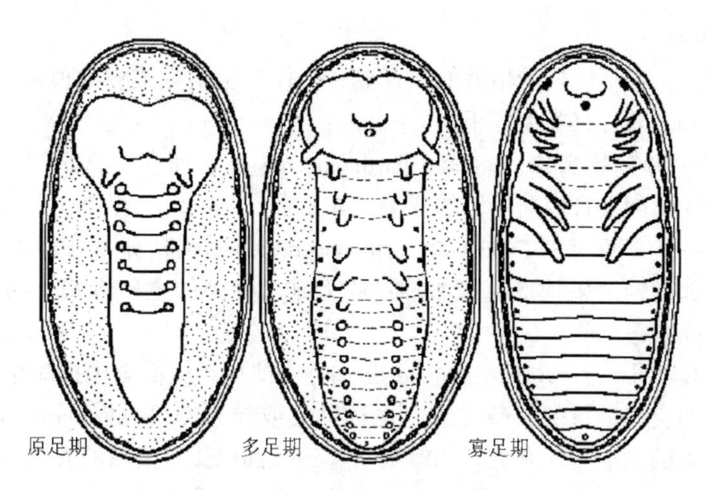

图 3-2　昆虫胚胎发育的 3 个时期

形成一个可独立活动的幼体。

胚胎发育是一个复杂的过程。在各个不同发育阶段中，除了必须与周围环境进行气体交换外，还对温度、湿度及水分有不同的要求，所以环境条件的变化必然影响胚胎发育的进程，而在不利条件下，往往会中止发育。若恶劣的环境条件甚至超出了它的忍受能力，也会造成卵的死亡。例如，飞蝗卵的发育需要从土壤中吸收水分，当卵的含水量增加达卵重的40%时，才能完成发育。棉盲蝽产卵在植物组织里，当植物含水量少于50%时，卵全部不能孵化，而在78% ~85%的含水量时，孵化率最高；但蝗虫卵期遇到大雨土地积水，则常使蝗卵大量死亡，尤其是在胚胎发育的后期至孵化期，由于胚膜已消失，浸水的死亡率更高。由此可见，研究昆虫胚胎发育进程中对环境条件的要求，或忍受不利环境条件的能力，对测报工作是很重要的。

了解昆虫胚胎发育的一般过程，不仅对进一步理解昆虫各器官系统的发生同源和研究昆虫生物学等有重要意义，而且对昆虫的预测预报和杀卵剂的研究与应用也有重要的实践意义。如在胚胎发育的中期和后期，一些昆虫卵壳薄，胚膜消失，胚胎体积增大，可以透过卵壳看到胚胎外形的变化特征；对一些大型的卵，也可剥去卵壳，根据胚胎外形的变化进行分级，以预测其孵化盛期。此外，胚胎在不同发育阶段对化学药剂的敏感度不同，如使用一些神经毒剂时，在胚胎发育到神经系统形成期，才能发挥理想的触杀作用。

三、生殖方式

1．两性生殖

需要经过雌雄交配，雄性个体产生的精子与雌性个体产生的卵结合后，才能正常发育成新个体的生殖方式称为两性生殖。其特点是：卵必须接受了精子以后，卵核才进行成熟分裂(减数分裂)，而雄虫在排精时精子已经减数分裂了。绝大多数昆虫以两性生殖方法繁殖后代，常以声、视觉特别是性信息素的联系寻求异性，其交配行为有昼夜节律性、并与温度等有关。

2. 孤雌生殖

在昆虫学上，卵不经过受精就能发育成新个体的生殖方式称为孤雌生殖(又称单性生殖 parthenogenesis)，其类型如下。

偶发性(兼性)孤雌生殖(sporadic parthenogenesis) 即在正常情况下行两性生殖，但偶尔也有非受精卵发育成新个体的现象，如家蚕。

专性(经常性)孤雌生殖(constant parthenogenesis) 受精卵发育成雌虫，非受精卵发育成雄虫，如蜜蜂及多种寄生蜂雌蜂；或无雄虫种类的生殖方式，如某些叶蜂、粉虱、蓟马、介壳虫等。

周期性的孤雌生殖(cyclical parthenogenesis) 即在年生活史中孤雌生殖和两性生殖随季节的变化而交替进行的繁殖方式，也称世代或异态交替(alternation of generation)。世代交替与昆虫的生活习性有关。如蚜虫从春到秋都以孤雌生殖的方式繁殖后代，只在冬季将要来临时，才产生雄蚜，以两性生殖的方式产生受精卵越冬。

孤雌生殖对昆虫的广泛分布起着重要的作用，因为即使只有一个雌虫被偶然带到新的地区(如风吹、人的传带等)，就有可能在这一地区繁殖起来，当遇到不适宜的环境条件而造成大量死亡的时候，孤雌生殖的昆虫也更容易保留它的种群，所以孤雌生殖可以认为是对付恶劣环境和扩大分布的有利适应。

3. 多胚生殖

多胚生殖(polyembryony)是一个成熟的卵发育为2个或多个新个体的生殖方式，该生殖是寄生物对寄主的一种适应，可保证一旦找到寄主后就可产生较多的后代。如小蜂、小茧蜂、姬蜂等将卵产于寄主体内后，受精卵以多胚生殖的方式发育为雌蜂，非受精卵则发育为雄蜂。

4. 卵生与卵胎生

卵生(oviparity) 以产生卵的形式繁殖后代为卵生。大多数昆虫发育为成虫后能在较短的时间内完成产卵，而部分昆虫的产卵期长达数月。

胎生(viviparity) 母体直接产出幼虫或若虫的生殖方式为胎生，如蚜虫。其中将卵成熟后不立即产下，卵依靠自己的营养在母体内完成胚胎发育，而母体直接产下幼虫，这种繁殖后代的方式称卵胎生，如一些蝇类、介壳虫等。

胎生及卵胎生是对卵进行保护的一种方式，并且由于其生活史中无卵期，完成一个世代所需要的时间较短，所以年发生的世代数多。

5. 幼体生殖

幼体生殖(paedogenesis)是指昆虫处于幼虫期时、母体尚未达到成虫阶段就进行生殖的现象。凡进行幼体生殖的昆虫，产出的都不是卵而是幼虫，所以幼体生殖可以认为是胎生的一种形式。既然幼体生殖的母体都没有发育到成虫阶段，当然也谈不到两性交配，所以幼体生殖又可看成是孤雌生殖的一种类型。

四、昆虫的产卵方式

昆虫的产卵量多在10至几千粒的范围内，卵的长度在0.02~7mm。直翅目、双翅目、膜翅目的卵为卵圆形，部分膜翅目为肾形，蝽类为桶形，粉蝶和部分叶甲为瓶形，部分蝇类为纺锤形，介壳虫为球形，蛾类为半球形，草蛉为附柄形，蜉蝣为附丝状等(图3-3)。

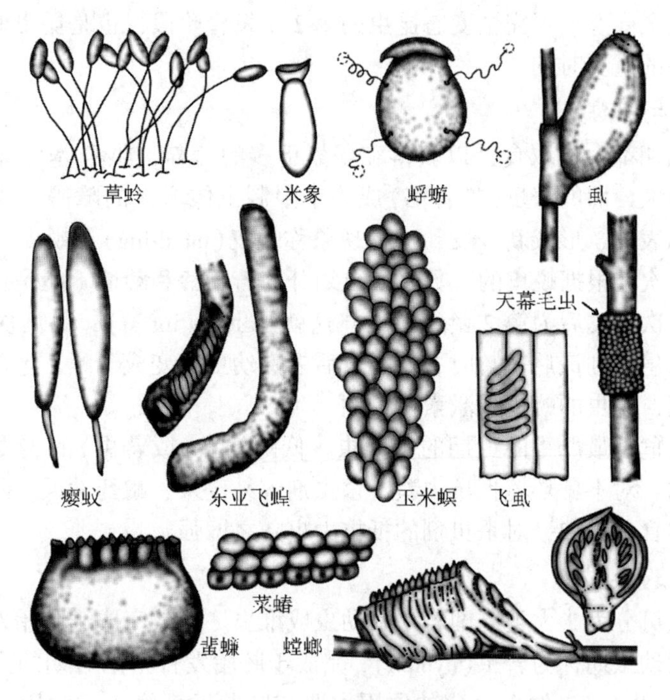

图3-3　昆虫卵的类型

产卵方式是指昆虫产卵时所选择的产卵场所、卵的分布及母体对卵的保护方法。产卵场所有两大类，卵产于物体表面即裸产，卵产于土内、树皮缝内、寄主组织内等为隐产。

卵在产卵部位的分布形式，一类是单产或散产，如天牛等；另一类是聚产，如蛾类、蜡蝉、叶甲等。昆虫对卵的保护有多种类型，常见的有：鞘卵，如螳螂和蜚蠊等；袋卵，如蝗虫等；被毛卵，如蛾类；二重卵，如豌豆象。将大量的卵集产在一起也是一种对卵的保护方式。

第二节　昆虫的胚后发育及变态

胚胎发育完成后，幼虫即破卵壳而出的过程称孵化(hatching)。幼体自卵内孵出后发育，到羽化出成虫为止的整个发育过程即胚后发育(postembryonic development)。

昆虫的胚后发育是胚胎发育的继续，是一个伴随着变态的生长发育期，该阶段具有幼虫、蛹、成虫3个虫态或若虫、成虫2个虫态。昆虫种类不同，完成胚后发育所需的时间也不相同，可以从数天(如很多蝇类)到数年(如一些叩头虫、天牛、金龟子)，甚至可长达十余年，如十七年蝉 *Magicicada septendecim*(Linnaeus)。但多数昆虫的胚后发育期为数周或数月，遇有休眠或滞育状态时则常达数月之久。

一、幼虫期

幼虫期是完全变态、不完全变态昆虫的第2个发育阶段，也是昆虫取食、生长的阶段，是害虫危害的重要时期。

(一)蜕皮与虫龄

昆虫在幼虫期都大量取食，以获得和积累更多的营养，供身体各部生长发育的需要。虫体不断增大，旧的表皮(外骨骼)成为了限制虫体增大的障碍，要继续发育和生长则必须脱去旧表皮、形成新表皮，这种现象称蜕皮(moulting)。蜕皮的次数因虫种而异，一般3~12次，根据蜕皮的次数将幼虫划分为若干龄和龄期。龄是虫态，初孵幼虫为第1龄，第1次蜕皮后为第2龄，……，这就是虫龄(instar)；每两次蜕皮之间的时间称龄期。幼虫生长到最后一龄时，再蜕皮后老熟幼虫就变成了蛹，老熟若虫则变成了成虫。已经证明，昆虫的蜕皮受激素所控制。

大多数害虫危害最严重的虫期的是幼虫。低龄幼虫(或若虫)的表皮没有充分发育好，保护能力弱，对不良环境抵抗力差，杀虫剂容易侵入、耐药性低。随着幼虫龄期和虫体的增大，取食量增加，对杀虫剂的抵抗力也随之增强。

(二)幼虫的类型

昆虫的幼虫可分为2大类，即若虫和幼虫或稚虫。多数完成于胚胎发育后寡足期的不完全变态类的幼虫期称为若虫(nymph)，完成于胚胎发育不同时期的全变态类的幼虫期称为幼虫(larva)。昆虫幼虫分化的原因主要与胚胎发育终止的阶段、幼虫的栖息环境和习性，以及该昆虫进化地位的高低有关。

1. 原型幼虫

无翅亚纲昆虫的成虫腹部除外生殖器外，还保留了从其祖先遗留下来的附肢(如刺突、跳跃器等)，因此，为了显示无翅亚纲的原始性，特将这类若虫称为原型幼虫。

2. 同型幼虫

这类昆虫卵期营养物丰富，当胚胎发育完成，从卵孵化出来时，其若虫不论是体型或身体上的各部分构造(除翅及内外生殖器等成虫期器官外)以及内部构造，基本上与成虫相同，食性、习性及栖境也相同，将这样的若虫称为同型幼虫(图3-4)。

3. 亚同型幼虫

这类昆虫只是因为若虫营水生生活而出现了一些变异，如有气管鳃、直肠鳃，或如蜻蜓若虫适于水中捕食的特殊口器，而这些适应水生生活的器官在变为成虫时都不再存在，在食性方面若虫与成虫基本相同，因此它与同型幼虫有很多相似之处，故将这类若虫称为亚同型幼虫。

4. 过渡型幼虫

过渡型幼虫又称为蜉型幼虫，这类若虫腹部具有附肢演变成的气管鳃，而亚同型幼虫的气管鳃不是由附肢演变来的，这两类气管鳃仅仅是同功器官，而不是同源器官，而且这类若虫实质上还保留着一些无翅亚纲的特性，所以把这类幼虫单独称为过渡型幼虫或蜉型幼虫。

5. 异型幼虫

幼虫头部无复眼，具侧单眼型单眼(或退化)，胸部无翅芽，胸足不足6节，腹部常有腹足。该类幼虫常有4种类型(图3-4)。

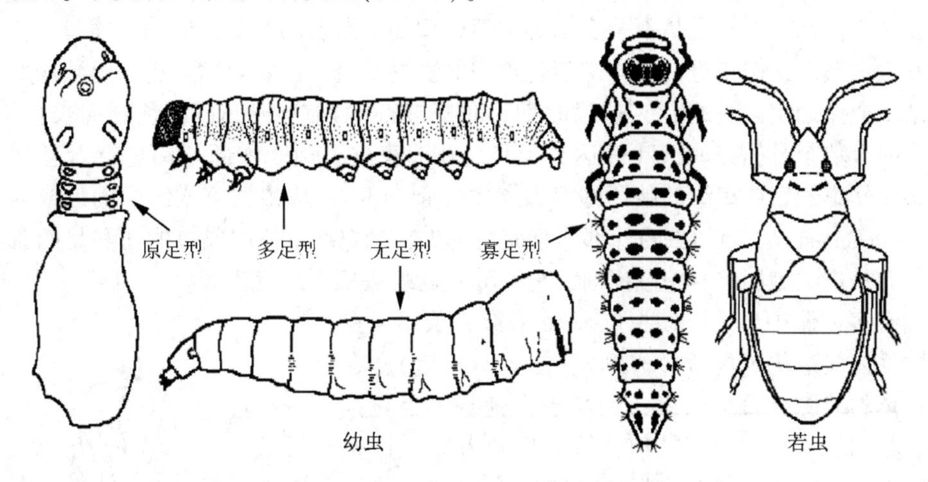

图3-4　昆虫幼虫的类型

原足型　胚胎发育完成于原足期。幼虫仅在身体前面有附肢原基(一种不分节的小突起)，如一些寄生蜂。

多足型　胚胎发育完成于多足期。幼虫除3对胸足外，腹部一些体节也具腹足。其中蠋式幼虫除具胸足及腹足外，腹足端部都具有趾钩列，如蝶虫蛾类幼虫。拟蠋式幼虫与蠋式幼虫相似，但腹足均无趾钩，如叶蜂幼虫。

寡足型　胚胎发育完成于寡足期。幼虫的触角、胸足未发育至成虫的形态，腹部无附肢或仅有尾须1对，这种类型可进一步分成蛃式、蛴螬式、蠕虫式，如叶甲、瓢甲的幼虫。

无足型　胚胎发育完成于无足期。包括显头无足式，如小蜂、胡蜂、蚊；半头无足式，如虻；无头无足式，如蝇。

(三)幼虫的生长规律

幼虫的生长，一是体重的增加，一是体躯的延长，食物的质量和供给量、温度、湿度、虫体内激素的分泌状态对幼虫的生长均有不同程度的影响。每次蜕皮后，体壁尚未硬化，具有一个快速生长的过程；体壁硬化后，生长趋缓，临近蜕皮前几乎停止生长。1890年Dyarsche Regel通过测定幼虫虫体骨化部位的大小，发现了幼虫在蜕皮生长过程中头壳的大小是按几何级数增长的规律，因此可按照相邻龄虫的头壳宽度的比值即头壳指数，以及某龄虫的头宽值确定其他龄虫的头宽值，进而确定虫龄(图3-5)。

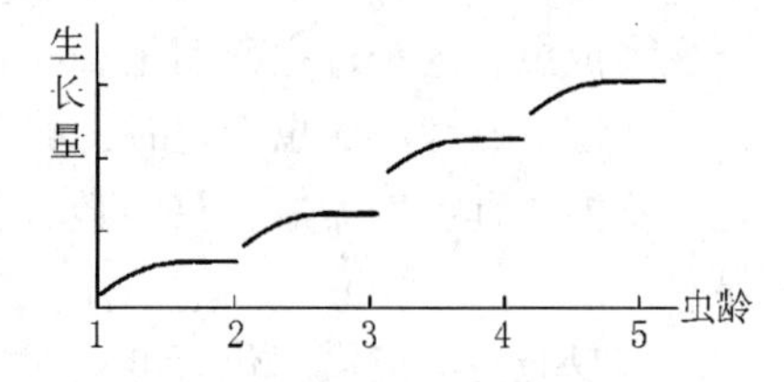

图3-5　幼虫的生长曲线模式

二、蛹　期

蛹(pupa)是全变态类昆虫由幼虫转变为成虫必须经过的过渡虫态，其特点是静止、不取食、不活动，严格说是不全变态类中亚同型幼虫期、同型幼虫期的短缩。

幼虫老熟后，停止进食、排空消化道中的食物残渣、体躯短缩，进入隐蔽场所，或吐丝结茧或作蛹室以备蛹化，这段时期称预蛹或前蛹期(prepupa)。预蛹期长短不一，由数小时至数个月，如油茶叶蜂达7个月。在旧表皮下预蛹内部结构进行着急剧的变化，某些幼虫器官或组织的破坏称组织解离(histolysis)，成虫器官或组织的形成为组织发生(histogenesis)。当幼虫的外部器官完全消失，老熟幼虫体内成虫的翅和足的雏形已形成，并从皮细胞层的囊中翻出时，老熟幼虫就蜕去旧表皮变为蛹。

蛹有多种保护形式。幼虫吐丝做茧形成茧蛹，在土或木材内建造化蛹场所形成蛹室(土室、木室)，在各类物体的缝隙化蛹为穴蛹，倒悬于其他物体上化蛹为垂(悬)蛹，以丝束缚于其他物体上化蛹为带(缢)蛹等。以形态区分，蛹有3种类型(图3-6)。

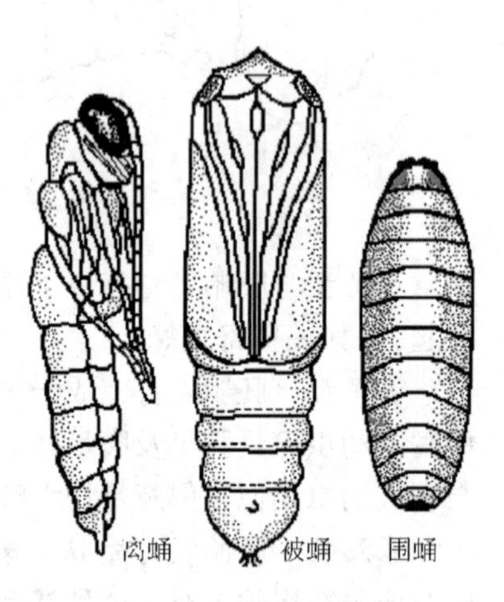

图3-6　3种类型的蛹

离蛹(exarate pupa)　也称裸蛹，触角、足和翅不粘附蛹体表面，可以活动，同时腹节间也能自由活动。如蜂类和甲虫的蛹。

被蛹(obtect pupa)　附肢和翅由黏液贴于蛹体表面，外包一层坚硬透明的蛹壳，附肢不能自由活动，腹节多数或全部不能扭动。如蝶类、蛾类的蛹。

围蛹(coarctate pupa)　也是离蛹，只是化蛹时，末龄幼虫的表皮没有脱去，形成较硬的外壳，包住离蛹。如蝇类的蛹。

三、成虫期

成虫是昆虫个体发育史中的最后一个虫态，成虫期性成熟后即具有生殖能力，在生物学上成虫的一切生命活动基本上都围绕生殖而展开。成虫是唯一具有飞行机能的虫态，也是感觉器官充分发达的虫态。不完全变态昆虫的老熟若虫和完全变态的蛹蜕皮后都变为成虫，这个过程称羽化(emergence)。成虫羽化后有下述3种类型。

发育成熟型　成虫羽化时，卵及性器官已成熟，羽化后即可进行交配产卵，口器退化，不能取食，寿命短，只经数天甚至数小时，完成交配产卵后即死去，如毒蛾科等昆虫。

可取食型　成虫羽化后可立即交配产卵，但成虫口器发育正常，能取食，取食后能产更多的卵，如赤眼蜂、竹螟等。

继续发育与补充营养型　成虫刚刚羽化时，卵及性器官未成熟，还要继续取食数天到数月不等，才能进行生殖。为了达到性成熟，成虫必须继续取食，这种取食称“补充营养”，如橙斑天牛、叶甲、花绒坚甲等。

交配和产卵，是成虫期重要的生命活动，了解和掌握这些活动的规律，在防治害虫上可确定防治时间、进行发生期的预测预报等。由于补充营养的有无与成虫的性成熟有关，因而交配和产卵与成虫羽化时间的间隔期，在各种昆虫之间也很不相同。成虫羽化后至第 1 次交配或产卵的间隔期，分别称为交配前期和产卵前期。各种昆虫的交配前期和产卵前期相对较稳定，如马尾松毛虫在羽化的当天或第 2 天就可进行交配，产卵前期一般只有 2 ~ 3d，这与它的成虫口器退化、成虫寿命较短有关。若能在交配前期和产卵前期，利用性引诱剂和灯光诱杀法杀灭害虫，防治效果将更好。

四、昆虫的变态及类型

昆虫个体生长发育包括从卵到成虫性成熟的整个生命过程，在该过程中要发生一系列外部形态和内部器官的变化，所以将胚后发育过程中同一虫体从幼期的状态改变为成虫状态的现象称为变态(metamorphosis)。

1. 增节变态

增节变态(anamorphosis)是昆虫纲中最原始的变态类型，其特点是幼期和成熟期之间除了个体大小和性器官发育程度的差别外，腹部的体节数随蜕皮次数的增加而增加。例如：初孵化的原尾虫腹部只有 9 节，以后在最后两节之间逐龄增加 3 节，至性成熟时腹部体节数为 12 节，所增加的 3 节均是由第 8 腹节(即尾节前一节)增生而来。

2. 表变态

表变态(epimorphosis)也属于原始变态类型，其主要特点是幼体与成虫之间除了身体大小、性器官发育程度及附肢节数等有所变化外，其他方面无明显差别，故又称为无变态，但是表变态的昆虫到性成熟(成虫期)后还继续蜕皮，保留了节肢动物祖先遗留下来的原始特性。例如弹尾目、缨尾目、双尾目的昆虫就是表变态类型。

3. 原变态

原变态(prometamorphosis)是有翅亚纲昆虫中最原始的变态类型，仅见于蜉蝣目的昆虫。其特点是从幼期转变为成虫期需要经过 1 个亚成虫期(subimago)。亚成虫在外形上与成虫相似，性已发育成熟，翅已展开并初具飞翔能力，但体色较浅，足较短，多呈静息状态，亚成虫期是一个很短促的虫期，一般经 1 至数小时(有的不到 1h)蜕皮变为成虫。亚成虫蜕皮属成虫蜕皮现象，这显然是表变态类昆虫演化为有翅昆虫时保留下来的原始特性。此外，蜉蝣目昆虫的幼期生活在水里，腹部有由附肢演化而成的气管鳃，而与所有其他有翅亚纲昆虫也是明显不同的。

4. 不全变态

不全变态(incomplete metamorphosis)又称为直接变态，是有翅亚纲外翅类(除蜉蝣目外)具有的变态类型。其特点是昆虫的个体发育过程包括卵、幼虫、成虫 3 个发育阶段，幼期的翅在体外发育，无蛹期，成虫的特征随着幼虫的生长发育而逐步显现出来。有以下 3 个类型。

渐变态(paurometamorphosis)　成虫、幼虫在体型上很相似，生活习性相近，生境与食物相同，但幼虫的翅未长成，性器官不成熟，其幼虫称为若虫(nymph)。属渐变态类的昆虫有直翅目、螳螂目、革翅目、等翅目、纺足目、半翅目、大部分同翅目等(图3-7)。

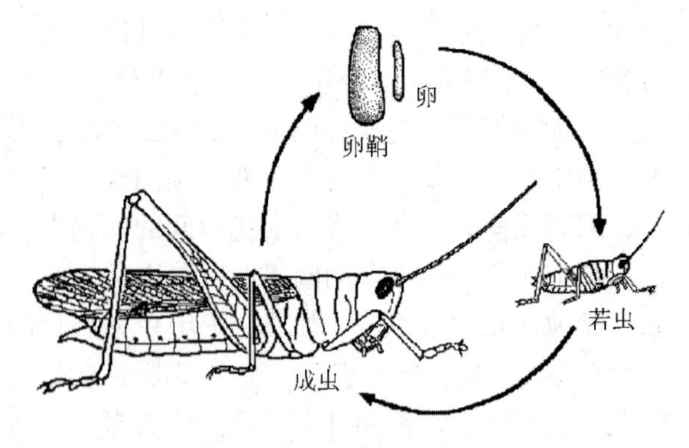

图3-7　蝗虫的渐变态

半变态(hemimetamorphosis)　近似渐变态，成虫陆生，但幼虫水生，具直肠鳃等临时器官，且幼体在体型、取食器官、呼吸器官、运动器官及行为习性等方面均与成虫有明显的分化现象，因而这种幼虫特称为稚虫(naiad)。属半变态类的昆虫有蜻蜓目等。

过渐变态(hyperpaurometamorphosis)　在幼虫至成虫期有一个不食不动的类似蛹期的静止时期，即前蛹期，该类变态是由不全变态向全变态过渡的中间类型。如缨翅目、同翅目粉虱类和雄性介壳虫的变态属此变态类型。

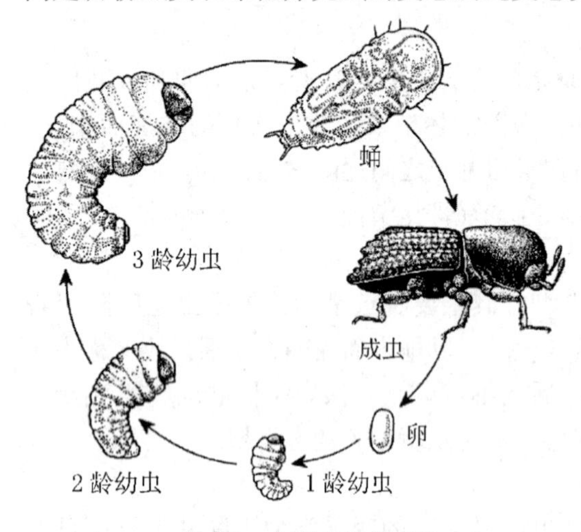

图3-8　小蠹虫的全变态

5. 全变态

全变态(complete metamorphosis)是昆虫纲中最进化的变态类型。昆虫在个体发育过程中，要经历卵、幼虫、蛹和成虫4个不同的虫态(图3-8)。幼虫和成虫在形态上很不相同。成虫的触角、口器、眼、翅、足、外生殖器官芽的形成隐藏在老熟幼虫体壁下，幼虫还往往具有成虫所没有的腹足等临时器官，成虫和幼虫生活习性相差也很大，因此从幼虫到成虫必须经过一个将幼虫构造改为成虫构造的过渡虫期即蛹期。以全变态方式发育的昆虫，包括有翅亚纲中比较高等的各目。

复变态(hypermetamorphosis)是更为复杂化的全变态，除具有全变态的特征外，其主要特征是幼虫各龄之间因习性的不同在外部形态上也具有极大的差别。鞘翅目的芫菁科是该类变态的典型例子，芫菁的1龄幼虫为蛃式，2~4龄近于蛴螬式，5龄为显头无足式，6龄则又变为蛴螬式。

许多研究证明，昆虫变态与蜕皮受内激素的控制。脑神经分泌细胞分泌脑激素，脑激素进入体液后，激发位于前胸气门内侧的气管上的前胸腺和位于咽喉附近的咽侧体，促使前胸腺分泌控制昆虫蜕皮的蜕皮激素，促使咽侧体分泌控制成虫器官原基发育和保持原有生长状态的保幼激素；因而幼虫或若虫蜕皮后仍能保留幼虫或若虫的特征，只有到了一定的生长阶段，由于保幼激素分泌量的变化或者停止分泌，成虫器官原基才活化，迅速生长发育，蜕皮后即变为成虫。

控制昆虫生长和变态的内激素的发现和人工合成，为益虫饲养和害虫防治提供了一种新的手段。保幼激素在阳光下极易氧化分解，并且只能在昆虫的变态前的适当时期使用才有明显效果，如果用量不足，反而促进害虫的生长发育，从而导致更大的危害。蜕皮激素能促进昆虫蜕皮，可使其发育整齐，以便于害虫的管理，过量使用蜕皮激素会导致昆虫产生畸形或死亡。综上所述，可得出昆虫的变态与幼虫类型的关系，如图3-9。

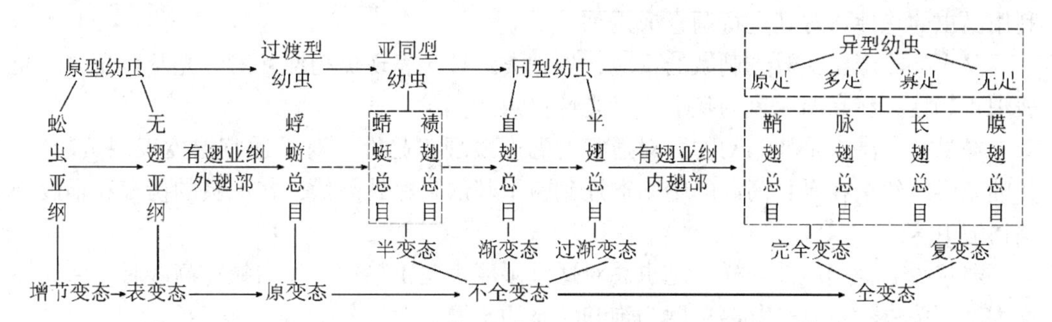

图3-9　昆虫的变态与幼虫类型的关系

第三节　昆虫的行为与多型现象

昆虫在其系统发育以及个体发育的过程中，同外界环境建立了各式各样的联系，对外界各种信息作出的反应或行为，或有利于寻找食物和配偶，或利于它避开敌害和不良的环境等。了解和研究这些行为特征及其机制，对于防治害虫和利用益虫很有意义。

一、昆虫的行为和习性

昆虫的行为是由来自体内外的刺激所引起的，是建立在神经活动与内外激素分泌活动基础上的虫体各种生命活动及复杂程度不同的各种反射活动的综合体现。

(一)反射行为

反射(reflex)是生命体对刺激的无意识反应。当一个感受器接受到一个适当的刺激后，能立即引起中枢神经产生兴奋和传导，并导致相应的反应器产生固定形式的反应即非条件反射，包括反射弧反射，激动反射如抱、咬等，抑制反射如假死，其中趋性和本能是复杂的非条件反射。

经过训练、学习而获得的后天性反射行为是条件反射(conditional reflex)。该反射无遗传性，其行为是暂时的，不能永久性保持。

(二)本能与趋性

1. 本能

在一定外界条件下，由昆虫体内生理活动过程所激发的相当复杂的神经活动所表现出的行为序列即为本能(instinct)或先天行为(innate behavior)，是在一定发育阶段由激素或内部生理状态所激发的行为，如化蛹、滞育、筑巢等；本能具有遗传性，与内激素有关，常有规律地体现于发育历程的某些阶段。

2. 趋性

特定感器对外界相应刺激所表现的强烈的不可抑制的定向反应或行为称趋性(taxis),是昆虫对外界刺激表现的趋近或远离的反射性习性及行为;由于外界的刺激有光、热、化学、温度、湿度等,相应的则具有趋光性、趋化性、趋湿性、趋温性等;趋向于刺激源的为正趋性,相反为负趋性。趋性是昆虫较高级的神经活动,属于非条件反射,利用昆虫的趋性可对其进行调查或诱杀。

趋光性 即昆虫对光刺激的反应,如蛾类对日光表现负趋性,对灯光及短光波灯光表现正趋性,在高温无风的晚上,趋光性更强。

趋温性 昆虫是变温动物,对适宜的温度表现正趋性,对不适宜温度表现负趋性。如油茶毒蛾幼虫在夏日高温的中午群迁到树干基部阴凉处静伏,在凉爽的傍晚和早晨群集树冠取食。

趋湿性 与趋温性一样,昆虫总对适宜湿度表现正趋性,如白蚁在高湿时,活动性增大,叩头虫幼虫总是背离湿度为饱和状态的土壤。

趋化性 某些昆虫对特殊化学物质的气味表现有较强烈的趋性,如菜粉蝶受十字花科植物的芥子苷吸引而产卵,部分金龟甲成虫喜酸甜类物质,糖醋液诱蛾、性信息素诱杀等即利用了一些昆虫的趋化性。

无论哪一种趋性,都有相对性。昆虫对刺激的强度(浓度)有一定程度的可塑性,如外寄生昆虫要求的最适温度就是寄生动物的体温,人体虱生活在人的贴身衣服上,若人因病发烧超过了正常的体温,体虱就会爬离人体,表现为负的趋热性;再如当昆虫同时遇到几种温度梯度时,总是向它最适的温度移动,而避开不适宜的温度。有趋光性的昆虫对光的波长和照度也是有选择性,蚜虫白天起飞,光对其起飞有一定的导向作用,但在光强达到10 000 lx以上时,许多蚜虫则躲到寄主叶片背面;蝶类多在白天活动,但当夜间光源较强时,距光源较近的蛱蝶和粉蝶也具有微弱的趋光性。昆虫对化学刺激也表现相似的反应,如过高浓度的性引诱剂不但起不到引诱作用,反而成为抑制剂。利用害虫的趋性可对其进行防治,如以趋光性为依据进行灯光诱杀,以趋化性为依据用食饵诱杀,以负趋化性为依据进行忌避。

(三)生活节律

昆虫的生活节律是环境、神经、内分泌及生理代谢相互协调的反映。其中在一天内活动期与休眠期相更替具有与自然界昼夜变化相吻合的现象是昼夜活动节律(circadian rhythm)。昆虫的迁移、滞育、生殖等活动随季节变化为季节节律。迁飞节律是个体生理因素与环境因子互作后的综合表现,受制于体内激素代谢水平的控制,已成为了某些种类成虫特定期的周期性行为,迁飞一般有3个阶段,即预备期、起飞期和持续飞行期。

常见的昼夜节律是日出性(diurnal)和夜出性(nocturnal),如孵化、取食、羽化、飞翔、交配等。这种习性的形成是昆虫对自然界长期适应的结果,故在排除外界影响后仍表现出一定的稳定性,好象具有时间感觉,故称“生物钟”。对于生物钟有2种主要解释,一种是外因,即光照、温度、湿度、气压等随一天24小时而改变,导致昆虫有时间感觉;另一种是生物体内存在着“钟”,有人已在蜚蠊中证实这种“钟”与分泌激素的神经细胞有关。如蛾类夜间活动，蝶类白天飞翔，茶毒蛾成虫在清晨5：00～7：00飞舞交尾，油桐尺蠖于21：00至次日5：00交尾，交尾前雌蛾分泌性信息素以引诱雄蛾。

昆虫的日出性或夜出性表面上看似乎是光的影响，但昼夜间还有不少变化着的因素，例如湿度的变化、食物成分的变化、异性释放外激素的生理条件等，追究昆虫活动昼夜节律的成因有很大的实际意义。

(四)社会性行为

社会行为(social behavior)是指同一种群亲代和子代聚集在一起，具有人类社会分工形式的生活行为。这类行为是从长期演化过程中获得的遗传特性，个体间的生活分工或体型的分化是外激素和内激素共同作用的结果。它包括求偶行为、交配行为、繁殖行为、双亲行为等与性别有关的行为，以及领域行为、社会等级等与性别无直接关系的行为。

典型的社会行为是群集性(aggregation)，即同种昆虫的大量个体高密度地聚集在一起的习性。暂时性群体是由于某种因素刺激导致聚集信息素分泌或有利的环境条件所造成；永久群体是由于刺激导致虫体内产生特殊的生理反应而分泌特种外激素所致，该群体形成后倾向于群居生活、很难分散。例如，榆蓝叶甲有群集越冬的习性；天幕毛虫幼虫有在树杈结网，并群集栖息在网内的习性。由于害虫大量群集必然造成猖獗危害，如果掌握了它们的群集规律，就为我们集中消灭害虫提供了方便。

(五)昆虫的食性

昆虫在长期演化过程中，对食物的种类、性质、来源和取食方式等形成了特定的选择习性，这种对食物的选择特性即食性(food habit)。昆虫种类不同、食性不同，同种昆虫在其整个生活史周期内不同的生长发育阶段占据不同营养层，因而不同虫态的食性也不完全一样、甚至差异很大，同种昆虫的不同性别之间其食性也存在差异。根据昆虫所取食的食物性质，可分为植食性、肉食性、腐食性和杂食性 4 类。

以活体植物为食的昆虫称为食植类昆虫。这些昆虫多数是植物的害虫，约占昆虫总数的 40%～50%。捕食他种昆虫或以其组织为食的昆虫称为食肉类昆虫，它们多为益虫。根据其取食和生活方式又可分为捕食性和寄生性 2 类。捕食性昆虫身体一般大于捕食对象，如螳螂、瓢虫、步甲等。寄生性昆虫是指生活于他种昆虫或动物的体表或体内并从后者获得营养物质的昆虫，如寄生蜂、寄生蝇类等。取食已死亡或腐烂的动物性或植物性物质(包括动物尸体、粪便或腐败植物落叶)的昆虫称为腐食类昆虫，如埋葬虫、果蝇、蜣螂等。能以各种植物和动物为食的昆虫称为杂食类昆虫，如蜚蠊、蚂蚁、蟋蟀等。

按昆虫取食范围的广狭，又可分为单食性昆虫、寡食性昆虫和多食性昆虫 3 类。单食性昆虫具高度特化的食性，仅以 1 种或分类地位极近缘的少数几种植物或动物为食；寡食性昆虫取食少数属的植物或嗜好其中少数几种植物；多食性昆虫能以多种亲缘关系疏远的植物或动物为食。昆虫的食性既有相对的稳定性，但也有一定的可塑性。在食料改变和缺乏嗜好食物时，有些昆虫的食性也会被迫改变和发生分化。

二、多型现象

在同一昆虫种群内常有形态、体色等的变化，这种变化是昆虫对环境适应性或种类特性的表现形式之一，其主要类型如下。

性二型(sexual dimorphism) 同种昆虫除雌雄性器官的差异外，在个体大小、体型、体色等方面的差异为雌雄性二型。如大袋蛾成虫雄性有翅，而雌性为蠕虫状；介壳虫的雌虫常为鳞片状或球状固定在植物上，但雄虫则有翅，能自由飞翔(图3-10)。

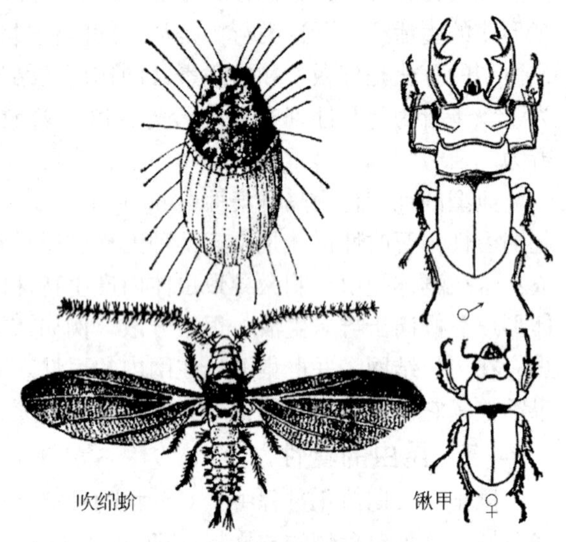

图3-10 昆虫的性二型现象

多型现象(polymorphism) 指同种昆虫具有两种或更多类型个体的现象，这种分型现象在成虫、幼虫期均可出现。该现象在社会性昆虫中尤为明显，如蜜蜂具有蜂王、雄蜂和工蜂，白蚁具有蚁后、蚁王、工蚁和兵蚁等；社会性昆虫的分型是由外激素控制的。其中随季节变化而出现的变型则称为季节变型(seasomorphism)，如蝶、蛾类常有明显的“夏型”和“秋型”，一般夏型体色较秋型浅。

三、拟态与保护色

为逃避敌害，许多昆虫的形态和体色常形似某些物体或其他动物，其类型如下。

拟态(mimicry) 昆虫的形态与环境中其他物体如动物、植物、非生物体相似，借以逃避敌害保护自身的现象为拟态。当所模拟的对象不为猎物所取食，而其本身是猎物的食物时称为贝氏拟态。例如萝藦草斑蝶的幼虫因取食萝藦草而在其血液中具有萝藦草中的一种有毒的粮苷，能使取食它的鸟呕吐，而模拟萝藦草斑蝶的红斑蝶则无毒，如果有鸟曾先吃过红斑蝶，萝藦草斑蝶也会受到袭击，但该鸟也因中毒而呕吐，那么以后该鸟就再也不轻易害这两种蝶了。当所模拟的对象及昆虫本身均非猎物的食物时则称为缪氏拟态，即捕食者只要误食其一，以后二者就都不受其害，这类拟态在红萤科、蜂类、蚁类中均可见到。

保护色(protective coloration) 昆虫的体色与其生活环境中的背景颜色相似，有利于躲避敌害保护自身的现象称为保护色，如在绿草地上的绿色蚱蜢、栖息在树干上翅色灰暗的夜蛾类昆虫。昆虫的体色与其生活环境中的背景成色相差悬殊借以威吓或惊吓猎物保护自身的现象则称为警戒色(warning coloration)，如天蛾科的蓝目天蛾，在停息时以褐色的前翅覆盖腹部和后翅，这时与树皮颜色相似；当受到袭击时，突然张开前翅，展现出颜色鲜明而有蓝眼状斑的后翅，这种突然的变化，常能吓退袭击者。

第四节　昆虫的世代和年生活史

昆虫由卵到成虫产卵为止的个体发育周期称为一个世代(generation)。一种昆虫在一年内的发育史，或由当年的越冬虫态开始活动到第二年的越冬虫态结束为止的发育经历称为年生活史(life history)。

由于昆虫一个世代持续的时间不一，年完成的世代数常不同，甚至有的多年才完成1代，如十七年蝉 *Magicicada septendecim* (Linnaeus)需要17年才完成一个世代。因此，将1年完成1代的称为一化性(univoltine)，1年完成2代的称为二化性，1年完成3代的称为三化性，1年完成2代以上的的称为多化性(polyvoltine)，多年完成1代的称为多年性。昆虫在一年内完成世代数的多少部分与其遗传特性有关，部分与外界环境、尤其是气候因素有很大关系。

一、世代重叠与局部世代

世代的划分，习惯上以卵期为起点，凡前一年出现卵，第2年才出现幼虫、蛹、成虫的都不算当年的第1代，而为先一年最后一代的继续，称为越冬代。

在昆虫的生活年史中，亲代和子代甚至第3代同时发生的现象称为世代重叠。世代重叠的原因与多代性、成虫寿命及产卵期的长短、越冬代出蛰期的整齐程度及越冬代虫态是否一致等有关。而在同一代内因发育速度不同，种群内部分个体因发育较快而进入下一世代的现象则为局部世代(partial generation)。

二、休眠与滞育

昆虫常在隆冬或夏季有一段或长或短的停止生长发育的时期，根据其停止发育、越冬或越夏的原因及表现可将其区分为休眠(dormancy)和滞育(diapause)2种类型。

1. 休眠

当不良季节、气候变化、食物供给不足等情况到来时，昆虫就找到合适的栖息场所，停止活动，以减少不良条件的威胁，并把新陈代谢水平降到最低以节约能耗，度过恶劣的环境，这种蛰伏现象称休眠。休眠是昆虫对不良外界条件的一种适应性，一旦不良条件消除，休眠会立即解除。引起昆虫休眠的原因包括温度、湿度、光照和食料，而以温度为主要因素，在寒带和温带地区昆虫常因冬季温度过低而进行冬眠，热带地区昆虫常因夏季温度过高而进行夏眠。部分种类的昆虫需在一定的虫态休眠，如东亚飞蝗以卵期进行休眠，但小地老虎在江淮流域以南成虫、幼虫、蛹均可休眠越冬。

2. 滞育

昆虫在不良环境条件还远未到来之前就进入停育期，在该停育期内即使给予最好的发育条件也不会恢复发育，必须经过一段时间再给予某种刺激才能重新恢复生长发育，该现象称滞育。滞育有遗传性，主要由光周期变化引起，常发生于年生活史中的特定世代及特定虫态。

昆虫的滞育可发生在各个虫期，如家蚕和危害桉树的竹节虫 *Didymuria violescens* (Leach)以卵滞育，天幕毛虫 *Malacosoma neustria* (Linnaeus)、舞毒蛾 *Lymantria dispar* (Linnaeus)以卵内幼虫滞育，杨毒蛾 *Stilpnotia candida* Staudinger、桃小食心虫、三化螟、苹小食心虫以幼虫滞育，春尺蠖 *Apocheima cinerariusv* Erschoff、大蚕蛾 *Hyalophora cecropia*(Linnaeus)、菜粉蝶以蛹滞育，七星瓢虫、马铃薯甲虫以成虫滞育。

滞育的类型　根据滞育在年生活史中出现的稳定程度，可再区分为2类。滞育可发生于年生活史中不同世代的同一虫态或不同虫态，称为兼性滞育(facultative diapause)，如杨、柳毒蛾；滞育只发生于年生活史中某一世代的某一虫态则称为专性滞育(obligatory diapause)，如春尺蠖。

滞育发生的条件　引起滞育的因素有温度、湿度、光照和食料，而以光周期即光照时数为主要原因。因此，将引起同一昆虫种群中50%的个体进入滞育的光周期称为临界光周期(critical photoperiod)；感受日照变化引起后一虫态滞育的虫态为临界光照虫态，而进入滞育期的虫态即滞育虫态。

滞育是昆虫的前一虫态感受外界环境条件的改变，引起虫体内激素水平发生变化，而使后一虫态停止了生长发育。如咽下神经节分泌的滞育激素进入卵内引起卵滞育，脑激素在虫体内含量降低导致幼虫或蛹滞育，脑激素在虫体内含量降低使保幼激素分泌量减少引起成虫滞育。同样，滞育的幼虫会通过脑激素激发前胸腺分泌蜕皮激素，使其解除滞育；滞育的成虫则通过脑激素激发咽侧体分泌保幼激素使之解除滞育。

昆虫的滞育虫态因种类而异，可出现在任何虫态或虫期。卵期滞育一般发生在胚胎发育前期，进入滞育后，其呼吸速率显著降低；幼虫期滞育表现为不食不动、不化蛹，体内脂肪量增加，水分减少，呼吸速率明显下降；蛹期滞育的生理状态与幼虫相似，有的滞育蛹和非滞育蛹在形态上有一定的差异。

滞育代谢　昆虫滞育的产生和解除即滞育代谢。一般滞育的解除过程除受内激素的代谢活动控制外，还需要光周期变化的刺激(长日照滞育型需短日照刺激、短日照滞育型需长日照刺激)、补充水分、适宜的温度等。

由于各种昆虫的生活习性不同，所以必须了解并掌握各种昆虫的越冬态和场所，一年中的代数，各个世代和各种虫态发生的时间和历期，生活习性的特点，与寄主植物发育阶段是否吻合，地理分布区的特点，年生活史等。只有掌握了这些情况，才能做好防治害虫和利用益虫的工作。

复习思考题

1. 举例说明昆虫幼虫的类型。
2. 举例说明昆虫的变态的类型，并指出每一变态类型的特点。

3．什么是警戒色与拟态？
4．昆虫的食性有哪些类型？
5．休眠和滞育的区别何在？
6．试述学习昆虫生物学的意义。

推荐阅读书目

昆虫学．南开大学等．高等教育出版社，1980.
普通昆虫学．雷朝亮，荣秀兰．高等教育出版社，2003.
农业昆虫学(上、下册)．华南农学院．中国农业出版社，1981.
Insect Metamorphosis．SNODGRASS R E．Smithsonian institution，1954.

第四章　昆虫的分类

【本章提要】 昆虫的分类知识是认识昆虫、进行昆虫学观察和研究的基础。因而本章在介绍昆虫分类的基本概念、命名原则、昆虫分类的历史及发展、昆虫纲的分类特征等分类原理与理论的基础上，详细介绍了昆虫纲的分目与各目的区别特征，与森林关系密切的昆虫9个目中的重要科及其特征，以及危害林木的螨类。

现已记载的昆虫种类总数达110万种以上，占整个生物界的60%，是动物总数的68.8%。资料已记载的蝶、蛾类昆虫多达14万种；鞘翅类昆虫达35万种以上，而其中的象鼻虫科昆虫竟多达6万种左右。我国地形复杂，植被丰富，气候多样，昆虫种类极为丰富，到2003年3月已记录了79 313种(包括分布于台湾的14 713种和香港的6 134种)。最保守的估计我国昆虫的种类也在15万种以上。

因此，要认识如此众多的昆虫，利用有用的昆虫资源，治理其中的有害种类，在世界范围内共享有关昆虫的各类信息，必须依据一定的科学方法和规则，按照各类昆虫所具有的形态、生物习性、进化中的地位等共性和各自的特性对其进行区分和归类，这个方法就是昆虫分类学(insect taxonomy)。昆虫分类学是研究昆虫的命名(nominate)、鉴定(identification)、描述(description)、系统发育(phylogeny)和进化(evolution)的科学，它不仅是昆虫学和动物分类学的一个重要分支，而且是昆虫学其他所有分支学科的基础。

第一节　分类原理

分类是适应人类生活与生产实践的要求而产生的科学，认识世界上任何事物最基本的方法是对其进行分类，应用分类的方法可以从各个角度对各种事物进行分门别类的分析研究，然后从中得出具有归纳性的综合结论，并确定其内在关系。

昆虫分类与其他动物分类一样，以形态特征、生物学特性、生态特性、生理特性为基础。昆虫的种类、习性、形态虽然复杂多样，但与任何千差万别的事物一样，总是存在特殊性与共同性的对立统一关系。包括昆虫在内，所有生物的演化都是由低等到高等、由简单到复杂，起源于共同祖先，所以存在或亲或疏的血缘关系，并在进化里程上有着连续性和间断性的对立统一关系。因此，可以通过对其特殊性的对比与分析、对其共性的归纳与综合，并依据其血缘关系的远近，确定能反映进化规律和自然属性的物种间的系统关系。这种对比分析与归纳综合的方法就是分类的方法，而所有昆虫所具有的反映其血缘关系的共性与反映其种类特征的特性就是进行分类的科学依据。

一、昆虫分类的基本概念

分类的基本目的一是鉴定、鉴别和对物种进行描述，以利于在生产中进行区别和利用；二是在鉴定种类的基础上按物种的血缘关系远近，建立符合自然属性的物种间的系统关系；三是研究并阐明物种的形成、进化和系统发育过程。因此，为了避免不必要的重复、失误和混乱，昆虫分类对一些关键概念给予了严格的界定。

1. 物种

物种(species)既是一个分类学概念，又是一个生物学概念。它的定义很多，在历史上曾经有过激烈的争论和不断的变化。在分类的历史上，1686年约翰·雷(John Ray)最早给予了物种的概念，此后18世纪的林奈(Carolus Linnaeus)，1858年达尔文(Charles Darwin)，1969年、1982年迈尔(Ernst Mayr)，1977年周尧，1987年陈世骧等，都根据当时分类学的研究现状和认识水平分别给予了内涵不同的定义。

物种是分类的基本阶元，也是现代生物学上最有争议的问题之一。在生物的起源与物种形成和进化的历程上，物种是该历程上的基本环节，也是该进化索链上连续性与间断性对立统一的综合体现。所以自然状态下的物种是客观存在的实体，是以物种的形式存在并繁衍进化的群体，生殖隔离保障了所有物种的同一性与稳定性。

尽管不同学者给予物种的定义不完全一致，但物种是由可以相互配育的自然居群组成的繁衍群体，与其他群体有着生殖隔离，占有一定的生态空间，具备特有的遗传特征，是生物进化历程和分类上客观存在的实体单元。

2. 分类阶元和分类单元

所谓分类阶元，就是按照物种所具有的共性(祖征)和各自的特性建立的含义与名称不同的、层次分明并能正确反映物种自然归属的、区分物种与物种群的等级系统。

生物进化理论表明，昆虫是由共同的祖先进化而来。因此，有些昆虫种类之间亲缘关系比较接近，而有些昆虫之间的亲缘关系比较远。亲缘关系很近的种，其外形、习性很近似，称之为姊妹种(sibling species)。许多亲缘关系密切的物种合在一起，就组成一个属(genus，复数 genera)。同理，特征相近的属组成一个科(family)，科具有一目了然的特征。相近的科组成目(order)，目之特征更明显。目上又归为纲(class)。这些属、科、目、纲等就是分类阶元(taxonomic category)，统称分类体系(hierarchy)。而处在一个分类阶元上的具体的生物类群即为分类单元(taxonomic taxon，复数 taxa)。例如，光肩星天牛的分类阶元及单元如图4-1。

界、门、纲、目、科、属、种是昆虫分类的7个主要阶元。种是基本阶元，种上阶元是高级阶元。从进化角度讲，门、纲是复化阶元，目、科是特化阶元，属、种、亚种

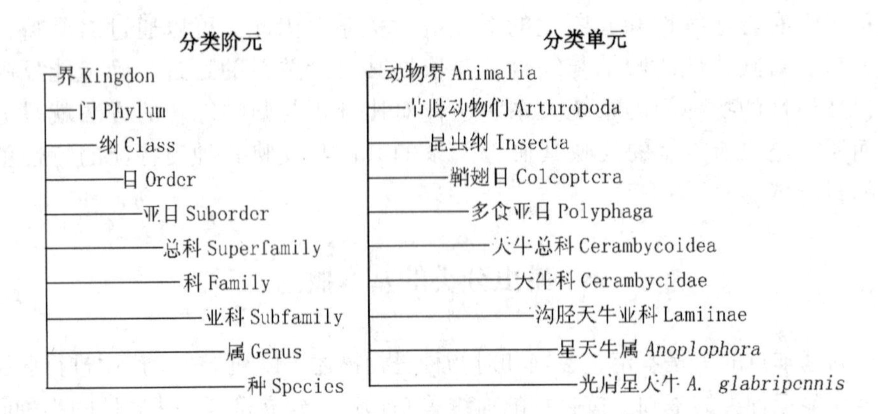

图 4-1 昆虫的分类阶元

是分化阶元。

由于昆虫种类繁多，进化级别和程度不同，这 7 个主要阶元在实践中常感到不够用，因此常在这 7 个阶元下加亚(sub-)、次(infra-)等，如亚目(suborder)、亚科(subfamily)、亚种(subspecies)等；在其上加总(super-)，如总科(superfamily)等；在科和属之间有时还加上族(tribe)。亚门、亚纲、总目、亚目、总科、亚种、亚科、族、亚属是次要阶元。

分类系统是昆虫分类信息的存贮系统，它存贮了各个分类单元的基本或全部信息，利用昆虫的分类系统，可根据已有的研究结果对其他未知或缺乏研究的生物类群的特征进行预测或推断。昆虫分类在实际操作中几乎总是先根据外部形态将昆虫进行分类，一旦用形态标准将一种昆虫归于某一具体的分类单元时，就可根据该单元内其他已清楚的成员的特性推断其习性、生活史、内部构造和生理特征等。因此，当提到一个物种时，没有必要每次都描述这个种的所有特征。如对于星天牛，只要写出学名 *Anoplophora chinensis*(Förster)，注出它所属的目(鞘翅目)、科(天牛科)，就能知道它属于完全变态、植食性、咀嚼式口器、幼虫钻蛀树干危害等。

3. 种上阶元

种上分类阶元的设立常有很大的主观性和任意性，对其客观存在性也常产生争议，但稳定的阶元有属、科、目等。

属(genus)　是由共同祖先进化而来的一群种的概括，具有相似的生态习性或食性；在进化的时间上反映物种间血缘关系的亲疏，空间上反映物种间的相似性和特性。一个属内包括 1 至多个种，每个种均有其独特的性状。

科(family)　包括 1 个或若干个属，科内的属具有相近的生态或生物学习性，科之间具有稳定而明确的形态区别，但不同学者划分科的标准常不一致。

目(order)　是一群科的集合，性状稳定易于鉴别，是进化系统树上间断明显的支系。

4. 种下阶元

一个物种是一个群体，由若干个种群或居群(population)组成，不同种群间由于遗传变异可能有所差异。为了说明或描述这些差异，还需要对种进行种下分类或分群，即产生了种下阶元(infraspecific category)。种下的单元包括亚种、变种、生态型。

亚种(subspecies)　由于地理隔离使不同种群间的基因交流降低，各自演化方向不同，与同一种内其他种群或居群有形态或生物学区别，但无生殖上的隔离，是物种继续分化和形成过程中一个未成熟的种。这一概念目前仅承认地理亚种。

变种(variety)　是用以描述与模式标本不完全符合的个体，1961 年以后废止。目前变种概念多在作物育种等领域应用，但含义不同。相类似的变型(forma)是同种内外形、颜色、斑纹等具有显著差异的类型。

生态型(phase of ecotype)　是同一种或基因型在不同生态条件下产生的不同表型，形态上虽具有明显差异但不稳定，其后代可随环境条件的改变而发生可逆性变化。如东亚飞蝗在密度高时产生长翅、前胸背板平直、可迁飞的群居型，在密度低时产生翅稍短、前胸背板隆起、不迁飞的散居型。目前分类学上已使用生态型这一概念。

二、命名法

命名法(nomenclature)是关于生物和生物类群的命名所遵循的规则和程序。生物命名法规包括植物命名和动物命名两类相互独立、内容有所不同的法规。命名是按照命名法规给予一个物种或分类阶元一定的名称，名称则是构成一个分类阶元的科学指定的一个词或几个词。为规范和对生物的命名有一致性，使其名称有稳定性和通用性，保证每个生物名称都有唯一的和明确的意义，现使用的动物命名法规是 1999 年修订、2000 年 1 月 1 日开始实行的《国际动物命名法规》(*International Code of Zoological Nomenclature*)(第 4 版)。其基本原则如下。

1. 学名

一种昆虫在不同地区常有不同的名称，即俗名(vernacular names, commonnames)，如小地老虎在河南省叫土蚕、江南诸省称地蚕等。由于俗名没有固定的规则，很容易造成误会和一名多用，不便于国内和国际间进行学术交流。因此，科学中的动物命名只能使用一种语言即拉丁语命名，即所有昆虫的学名(scientific names)必须由拉丁或拉丁化的词构成，昆虫种的命名采用双名法，亚种的命名用三名法。

种级以上分类单元的名称由 1 个词构成，第一个字母必须大写，此即单名法(nomen)，新建有效属时必须指定模式种。

双名法　一种昆虫的学名由属名和种本名(种加词)2 个拉丁化的文字组成，即前面的为属名，后面的为种名，定名人置于种名之后，属名和定名人的第一个字母必须大写，刊印时属名和种名用斜体字、定名人用正体字，书写时在属名和种名的词下划横线，此即双名法(binominal nomenclature)。该种的属级组合发生了变动，则在原定名人前后加括号。如家蚕的学名为 *Bombyx mori* Linnaeus，中华稻蝗的学名学名为 *Oxya chinensis* (Thunberg)。

三名法　亚种的学名由 3 个词组成，属名、种名和亚种名，即在种名之后再加上一个亚种名，此即三名法(trinominal nomenclature)。如东亚飞蝗 *Locusta migratoria manilensis* (Meyen)。

此外，如果在种名中表示亚属名时，将第一个字母大写的亚属名置于属名后的括号内；表示种团名(species-group)的词，小写置于属名后的括号内。如果一个种只鉴定到属而尚不知道种名，则用“sp.”来表示，如表示蚜属一个种用 *Aphis* sp.，多于一个种时用 *Aphis* spp.，sp. 和 spp. 不能用斜体。种名在同一篇文章中第一次出现时要用全称，再次出现时，属名可以缩写。

属级以上的名称是单名，由 1 个拉丁词组成，第一个字母大写，排版时属名用斜体，属级以上的阶元则用正体。科级以上一些分类阶元的学名有固定的词尾，科名是以模式属的属名词干加词尾(-idea)构成，亚科名以模式属词干加词尾(-inae)构成，族名加词尾(-ini)，总科名词尾(-oidea)。如夜蛾属的学名是 *Noctua*，夜蛾族的学名是 Noctuini，夜蛾科是 Noctuidae，夜蛾亚科是 Noctuinae，夜蛾总科是 Noctuoidea。

2. 优先律

由于在世界范围内信息、资料交换不及时等原因，多出现 1 个以上的分类单元采用了相同的名称即异物同名(homonym)，或同一分类单元采用了不同的名称即同物异名(synonym)，如此等等均以优先原则进行处置。优先律(law of priority)原则的含义是，一个分类单元的有效名称是最早给予它的、并在公开出版刊物上发表的符合动物命名法规的可用学名。

命名法规定，1758 年 1 月 1 日林奈《自然系统》(第 10 版)的出版日是分类学和学名有效的起始日期，此日期以后所用的第一个学名才是有效的学名，之后给予同一种类或分类单元的所有其他学名都称为异名(synonyms)。一个学名一旦发表，若无特殊理由，不得随意更改。这样就保证了一个分类单元只能有一个有效名，即学名。

3. 模式标本

要使一个种有明确的意义，仅靠文字描述是不够的，将文字描述与代表该种的实物即模式标本联系起来，才能固定地表达一个学名所代表的种，使模式标本所代表的种有一个固定的名称，这种方法即模式方法。第一次发表新种时所根据的标本为模式标本(type specimen = type specimens)。模式标本是学名成立的客观载体，因此也称为载名模式(name-bearingtype)。

记载新种时所根据的单一模式标本称为正模(holotype)，所用的另一个异性标本为配模标本(allotype)，同时所参考的其余同种标本称副模标本(paratype)，有时记载新种时根据一系列标本而未指定正模标本，这时全部模式标本就被称为综模(syntype)。模式标本的标签应注明产地、采集日期、寄主、采集者等。正模、配模、副模等模式标本分别用便于区别的红、蓝、黄色标签标注。

属或亚属的模式是 1 个种，称为模式种(type species)。族、亚科、科和总科的模式是 1 个属，称为模式属(type genus)。目和纲没有模式，它们不受命名法规的严格约束。

三、昆虫纲的分类特征

现代的新系统学所使用的分类特征，包括了能进行类下分类和类上归类的体躯结构及生命活动性状，具体类别如下。

形态特征　形态特征有外部形态、外生殖器、内部形态，以及外部和体内器官的超微结构特征。

幼期特征　包括胚胎学特征及胚后发育特征，如卵期、幼虫期和蛹期的各种特征等。

生物学和生态特征　昆虫与环境相互作用的性状以及昆虫生命活动所表现出各种行为性状，包括栖境和寄主、食物、季节变异、寄生物、寄主反应，行为学特征如鸣声、气味(信息物质等)以及交配和趋性行为等。

地理学特征　由于每种昆虫及居群都有其地理分布范围，因而可依据形态差异性、生殖隔离、分布的同域或异域性鉴别出居群、亚种及种。

细胞学特征　包括体内器官的细胞结构，如细胞核、染色体组配及特征、生殖细胞如精子特征等。

生理学和生物化学特征　生理生化特丰富多彩，包括代谢因子、血清、蛋白质(各种酶系、特定蛋白、全蛋白)和其他各类化学物质(初级代谢物、次级代谢物、信息特征物质)。

遗传学特征　遗传学特征包括细胞核学(以及其他细胞学区别)、同工酶、核酸序列、基因表达和调控等。

根据分类所用的主要特征和方法，昆虫分类可区学分为形态分类学(morphological taxonomy)、细胞分类学(cytotaxonomy)、化学分类学(chemical taxonomy)、遗传分类学(genetic taxonomy)、分子分类学(molecular taxonomy)等。随着现代科学技术的进步，昆虫分类所依据的分类特征在不断地开拓和深化，分类研究方法和手段也在不断革新和发展。

四、昆虫分类的历史及发展

分类学是从博物学发展而来的一门理论生物学科，从我国3000年前的《尔雅》、1590年李时珍的《本草纲目》、1758年林奈的 *Systema Naturae*、到1940年 Huxley 的 *New Systematics* 和1942年 Mayr 的 *Systematics and Origin of Species*，昆虫分类学几经改革和发展，不断汲取相关领域的科学理论和研究技术，其理论和实践体系已日益完善。其发展历史大致可划分为下述四个阶段。

地区性动物区系研究(或形态描述)阶段　从我国3000年前的著作《尔雅》，到1758年瑞典博物学家林奈的 *Systema Naturae* 第十版的发表，形态分类学从最初的博物学开始已发展到了顶峰。成就在于最终由林奈确立了生物的双名法、物种的概念及一系列的分类阶元，即属、目和纲。缺陷是林奈认为物种是上帝创造的，是恒定不变的。这一时期昆虫分类局限于种的形态描述与命名的水平，一般称为 α 分类学或甲级分类学。林奈当时在昆虫纲 Insecta 中建立了7个目，即无翅目 Aptera(无翅昆虫及蜘蛛纲、甲壳纲、多足纲)，双翅目 Diptera，鞘翅目 Coleoptera，半翅目 Himiptera，鳞翅目 Lepidoptera，脉翅目 Neuroptera(现代蜉蝣目、蜻蜓目、脉翅目)，膜翅目 Hymenoptera。

进化论的创立与自然分类系统确立阶段　从1859年 C. Darwin 的 *On the Origin of*

Species 一书的出版为标志，分类学又进入一个新的时期。首先达尔文以分类为基础所创立的进化论阐明了物种间具有血缘关系，物种是可变的、进化的生物学规律；黑格尔(E. Haeckel 1866)提出了以系统树表示生物间的系统发育和各分类阶元间的关系；同时布劳尔(1855)将比较形态学、比较胚胎学与化石学的研究和分类结合起来，建立了较为正确的昆虫纲的分类系统。总体上，这一时期进行的是把物种安排在不同的自然分类系统范畴的种上水平的分类、建立了大量的新目、新科和新属，这种分类学水平被称为 β 分类学或乙级分类学。

种群与种下分类阶段 19 世纪的末期，首先在鸟类、软体动物和少数昆虫中进行了种群分类学的研究。这些研究的结果表明，物种是一个多型性的集群，包括许多亚种及许多地方性种群，亚种间以及种间的差异也是由许多微小的变异所组成，多数地方性和地理性变异是与环境密切相关的，因而“种”不再被认为是本质一致而固定不变的群体。同时孟德尔 Mendel 定律被重新发现，遗传学的成果也引入了分类学的范畴。分类、形态、生态、生理、生化、遗传、细胞等不同学科间的联系与渗透越来越密切，为分类学增加了新的内容。这一时期，以探讨各分类单元的生物学问题，分析种内的种群组成，以至新种形成与演化速度和趋向的研究为主，即以生态、生物、形态等特征为主进行种下水平的分类，因而称为 γ 分类学或丙级分类学。

新系统学确立阶段 现在的分类学是在 Huxley (1940) *New Systematics* 与 Mayr (1942) *Systematics and Origin of Species* 等著作的影响而形成，以“种群”代替了“个体”的静态种模概念，是 19 世纪发展起来的分类方法和概念的继续提高，所以称为“新系统学”。其特点是：以生物学上的物种定义取代了纯形态学的物种定义，分类特征将生态学、地理学、遗传学、细胞学以及生理学等因素考虑在内，以足够的标本为代表的种群(即一系列的标本)成为基本的分类单位。大部分分类工作都在使用诸如上述生态、地理、遗传、生理等先进科学技术手段进行物种的细分，分类学家和生物学家所注意的问题趋向一致。

分类学已从纯形态描述阶段发展到建立符合自然归属的分类系统阶段，即以生态、生物、形态等特征为主进行种下水平的分类阶段，达到了融现代各类先进科学技术使用生态、地理、遗传、生理等综合特征进行分类的新系统学阶段。现代分类学中已广泛使用了电镜技术，计算机技术，生理生化中的血清、电泳、酶、核酸、基因等技术。但由于我们对许多动物类群的了解得还很少，以致较新的分类学原理和技术还未能多方面应用，尚有大量的甲、乙两级分类工作还未完成。

虽然现代分类学已经容汇了众多学科的知识和技术，理论上有时仍将分类技术与方法区分为传统分类学(traditionary taxonomy)、表征分类学(phenetics = numerical taxonomy)、支序分类学(cladistics = phylogenetic systematics)、进化分类学(evolutionary systematics)等流派，而实际上所有研究者都在具体的分类工作当中使用最为合理和先进的技术与方法，并不存在流派之偏见。

第二节 昆虫纲的分目

昆虫纲分目的多少除与分类学的发展阶段、当时的技术水平和研究手段、分类性状与特征的运用有关外，还与各学者的认识和观点有很大关系。到目前为止，全世界已有近30位昆虫分类学家对昆虫纲提出了不同的分目系统，不仅目的数目不同，而且目的排列次序也差异较大，尚未有统一的看法。

一、昆虫纲分目的历史及变化

昆虫纲分目的主要依据是翅的有无及其特征、口器的构造、触角的形状、跗节和化石昆虫特征以及变态的类型等。各家对昆虫纲的分目体系演变见表4-1。

表4-1　不同时期各学者对昆虫纲的分目数

学　者	年份	分目数	学　者	年份	分目数	学　者	年份	分目数
Linnaeus	1758	7	Crampton	1935	28	Richard & Davies	1977	29
Brauer	1885	17	周尧(Chou)	1940	33	Gillott	1980	30
Börner	1904	22	Essig	1942	33	Borror	1981	28
Comstock	1925	25	Imms	1944	24	Ross	1988	30
Handlirsch	1925	33	江岐悌三	1954	33	袁锋	1991	33
Tillyard	1926	24	陈世骧	1954	33			
Brues—Melander	1932	34	蔡邦华	1955	33			

随着分类学研究的深入和分类知识的积累，以及系统发育和分子生物学技术的使用，昆虫纲的分目系统有了很大改变，分类学者已开始使用六足总纲代表原来的昆虫纲并将其称为广义昆虫纲 Insecta(s. hla. t.)，而将原尾目 Protura、弹尾目 Collembola、双尾目 Diplura 上升为内口纲 Entognatha，将原昆虫纲内的其他各目称为狭义昆虫纲 Insecta (s. str.)。事实上，这种分类观点类似于1953年赫聂(W. Hennig)所提出的将昆虫纲划分为内口部 Entognatha 和外口部 Ectognatha 的观点。

既然现代的分类学者仍将原尾目、弹尾目、双尾目归为昆虫，广义与狭义的称呼并未改变其隶属昆虫的本质，且随昆虫分类理论与技术的发展，可能还会出现更多的有关昆虫纲分类的不同见解。因此，本教材不沿用广义昆虫纲、内口纲、狭义昆虫纲的观点，仍维持经几百年分类实践检验的昆虫纲的分目系统。

二、昆虫纲 Insecta(六足总纲 Hexapoda)

(一)内口部 Entognatha

内口式。口器包藏于头腔内，不外露(图4-2)。

1．增节变态类 Anametabola

原尾目 Protura　体微小、2mm以下、细长，无触角、复眼、单眼，内口式，成虫腹部12节(第1～3节有腹足遗迹)，无尾，跗节1节。若虫5龄，1年数代，多以成虫越冬，见于阴湿环境中。如陕西小蚖 *Acerentulus shensiensis* Zhou et Yang。

2．表变态类 Epimetabola

双尾目 Diplura　体长1.9～4.7mm、细长，无复眼或单眼，触角长，口器咀嚼式，

腹部11节、有刺突或泡囊，尾线状或钳状，跗节1节(图4-2)。若虫9~12龄，见于阴湿的地表，取食腐殖质、菌类等。如伟铗虮 *Atlasjapyx atlas* Chou et Huang。

弹尾目 Collembola　体长0.2~10mm，有触角，复眼退化，口器咀嚼或吸收式，腹部6节以下(第1、3、4节具腹管、握弹器及弹器)，胫跗节常愈合。1年数代，有孤雌生殖现象，栖于潮湿场所，以腐殖质、菌类和地衣为食。如长角跳虫 *Tomocerus plumbeus* Nicolet。

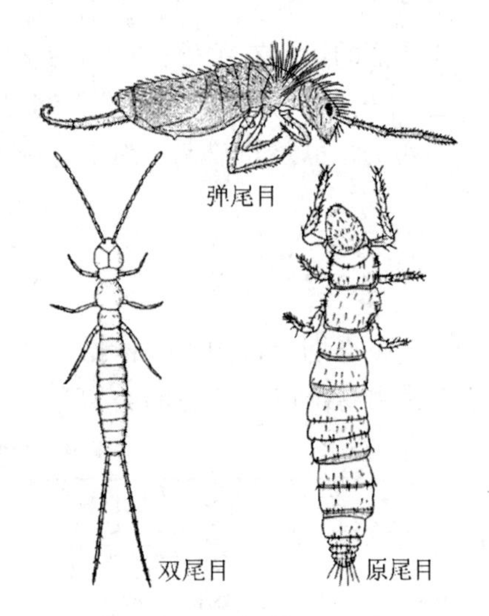

图4-2　内口部的代表

(二)外口部 Ectognatha(狭义昆虫纲 Insecta)

外口式。口器外露，不包藏于头腔内，分为无翅亚纲和有翅亚纲，共32个目。

A. 无翅亚纲 Apterygota

原始无翅，口器咀嚼式，表变态。成虫蜕皮1次或多次，腹部生殖前节有附肢(图4-3)。

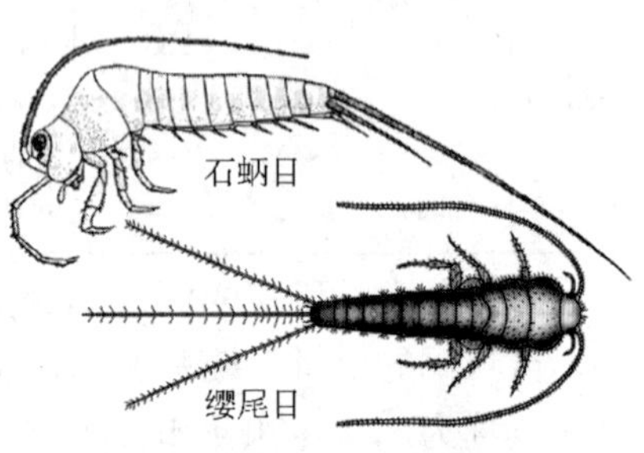

图4-3　无翅亚纲的代表

缨尾目 Thysanura　体长4~20mm、末端渐细，体表具鳞片，咀嚼式口器，足基节和第2~9腹节有刺突或泡囊，尾发达、具1中尾丝，跗节2~3节。栖于潮湿环境，在室内危害书籍、粮食等。如栉衣鱼 *Ctenolepisma villosa* Fabricius。

石蛃目 Microcoryphia　小到中型，体被鳞片，触角长线状，中胸隆起，腹部第2~9腹节有成对刺突，尾须2~3条。活泼、善跳，主要取食藻类、苔藓、植物碎屑等。如石蛃 *Machilis* sp.。

B. 有翅亚纲 Pterygota

I. 外翅部 Exopterygata

幼期体外具翅芽。

3. 原变态类 Prometabola

蜉蝣目 Ephemeroptera　体中、小型细长，柔软纤弱。触角鬃状，咀嚼式口器，前翅大、后翅小，翅脉网状，尾须及中尾丝发达。稚虫水生。如尤氏新河花蜉 *Neopotamanthus youi* Wu et You (图4-4)。

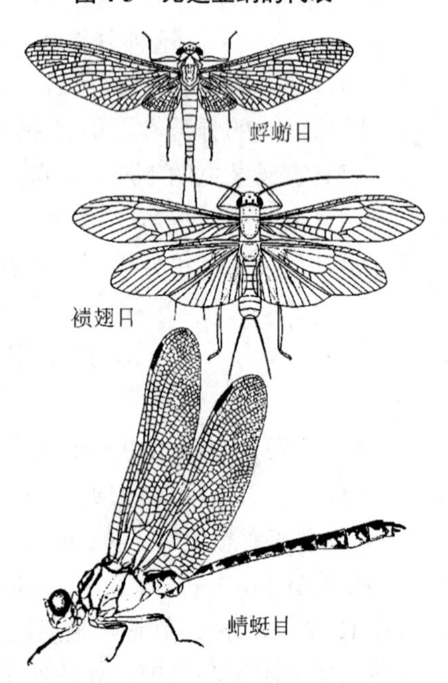

图4-4　蜉蝣目、蜻蜓目、襀翅目

4. 半变态类 Hemimetabola

蜻蜓目 Odonata　体中至大型，咀嚼式口器，触角鬃状，头大，前胸小，中、后胸大、侧板倾斜，翅膜质、脉网状、有翅痣和翅切；腹细长，雄腹部第2、3腹节有发达的次生交配器。成虫、稚虫均捕食性，幼期水生。如大黄蜻 *Tramea chinensis* De Geer(图4-4)。

襀翅目 Plecoptera　小至中型，长、软而扁，触角丝状，咀嚼式口器，胸部方形，翅膜质、具横列脉，后翅臀区发达，尾须发达，跗节3节。幼期水生，多捕食性。如太白新襀 *Neoperla taibaina* Du(图4-4)。

5．渐变态类 Paurometabola

直翅总目 Orthopterodea

翅2对，前翅常为覆翅，后翅膜翅、臀区大，咀嚼式口器，有尾须，渐变态(图4-5、图4-6、图4-7)。

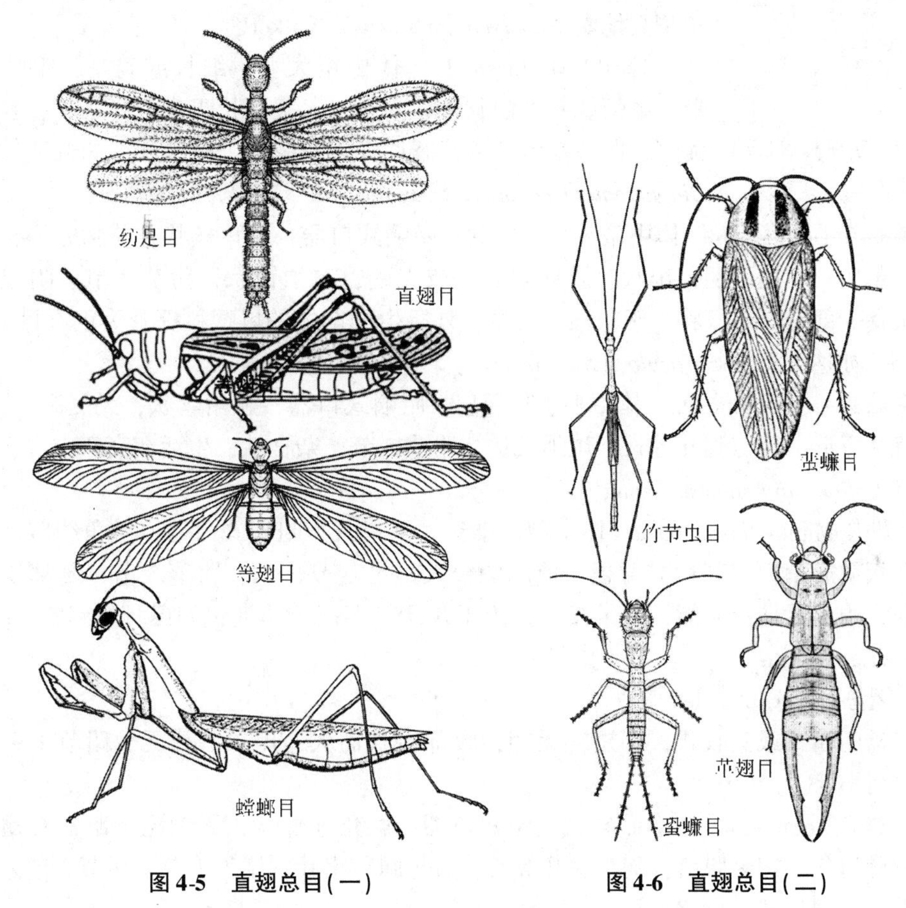

图4-5　直翅总目(一)　　**图4-6　直翅总目(二)**

纺足目 Embioptera　体小至中型，头大、咀嚼式口器，触角线状或念珠状，胸、腹部几乎等长，雄虫有翅、雌虫无翅，跗节3节、前足第1跗节膨大能吐丝织网。植食性，地栖或树皮下栖。如枝突丝蚁 *Oligotoma humbertiana* Saussure。

螳螂目 Mantodea　体中至大型，头大、三角形，咀嚼式口器，前胸狭长，前足捕捉式，前翅覆翅，后翅膜翅、扇状，跗节5节。肉食性，卵囊又称螵蛸可入药。如大刀螳螂 *Tenodera aridifolia* (Stöll)。

等翅目 Isoptera　体小至大型，咀嚼式口器，触角连珠状，翅狭长、前后翅大小和形状相似，翅基部有脱落缝，或无翅，跗节5节。营社会性生活。土栖或木栖。如黑翅

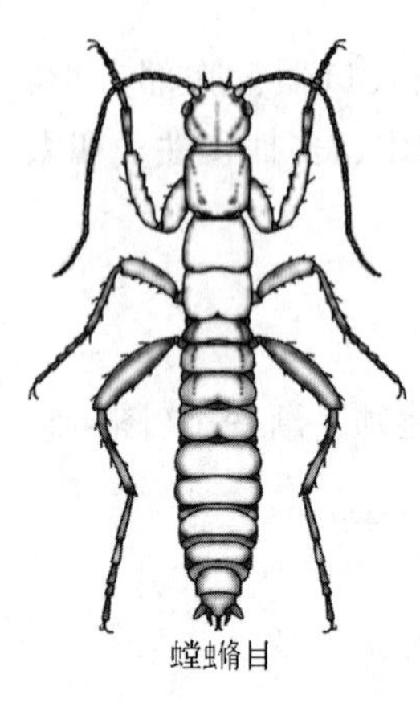

图4-7 直翅总目(三)

土白蚁 *Odontotermes formosanus* (Shiraki)。

直翅目 Orthoptera 体中至大型，咀嚼式口器，前胸背板发达，前翅覆翅、后翅膜翅、臀区发达，或翅短小或无翅，后足多跳跃足，产卵器常发达，常具听器及发音器。植食性，少数肉食性。如黄脊竹蝗 *Ceracris kiangsu* Tsai。

蜚蠊目 Blattodea 体扁，中至大型，头宽扁，咀嚼式口器，前胸大、盖住头部，前翅覆翅、后翅膜翅、臀区发达，或无翅，足长而多刺，跗节5节。土栖、少数水栖，杂食性、植食性。如中华真地鳖 *Eupolyphaga sinensis* Walker。

竹节虫目 Phasmida 体中至大型，细长或扁平，咀嚼式口器，触角线状，前胸短、中胸长，腹部长于头、胸之和，复翅或无翅，跗节5节。为拟态性极强的昆虫，植食性。如普通竹节虫 *Diapheromera femorata* (Say)。

革翅目 Dermaptera 体中型、长而坚硬，咀嚼式口器，触角丝状，前胸方形，前翅短小、革质，后翅膜翅、扇状、脉放射状，或无翅，尾须钳状，跗节3节。阴湿地常见，杂食。部分学者已将产于非洲、胎生、外寄生于鼠体的鼠螋科提升为重舌目 Diploglossata。如达氏球螋 *Forficula davidi* Burr。

蛩蠊目 Grylloblattodea 体中型、长而扁，咀嚼式口器，触角丝状，无复眼，无翅，前胸背板方形，胸与腹几等长，尾须发达，跗节5节。杂食性，生活在高寒山区。如中华蛩蠊 *Calloidiana sinensis* Wang。

螳䗛目 Mantophasmatodea 体中型，细长，下口式，咀嚼式口器；触角线状。胸部各节背板向后稍覆盖其后方背板，前胸侧板大。足基节扩大，跗节5节、基部3节愈合；前、中足具捕捉功能，后足发达，善于跳跃。多产于非洲，如巴骨螳䗛 *Sclerophasma paresisensis* Klass。

半翅总目 Hemipterodea

口器咀嚼式或吸收式，有翅或无翅，腹部多长而大，尾须有或无，跗节1～3节，渐变态(图4-8)。

缺翅目 Zoraptera 体小而软，咀嚼式口器，触角连珠状，无翅型无眼、有翅型有眼，翅脉退化，翅易脱落，胸、腹几等长，后足腿节粗壮，尾须1节，跗节2节。有群居习性，如中华缺翅虫 *Zorotypus sinensis* Huang。

啮虫目 Psocoptera 体小而软，头大、前胸小、腹渐尖，咀嚼式口器、唇基大而突出，触角丝状，有翅或无翅，翅有痣，无尾须，跗节2～3节。常群居活动，如相似单啮 *Caecilius persimilaris* (Thornton et Wang)。

食毛目 Mallophaga 体微小或小、长圆而扁，头大、胸小、腹膨大，咀嚼式口器，中、后胸愈合，无翅，攀登足，跗节1～2节。寄生于鸟兽类，取食羽毛和皮肤及其分泌物，如火鸡领鸟虱 *Menacanthus stramineus* Nitzsch。

虱目 Anoplura 体微小或小、长圆而扁，头小、胸大、腹膨大，胸节多愈合，刺吸式口器，无翅，攀登足，无尾须，跗节1节。寄生哺乳动物体外。外寄生于哺乳动物及

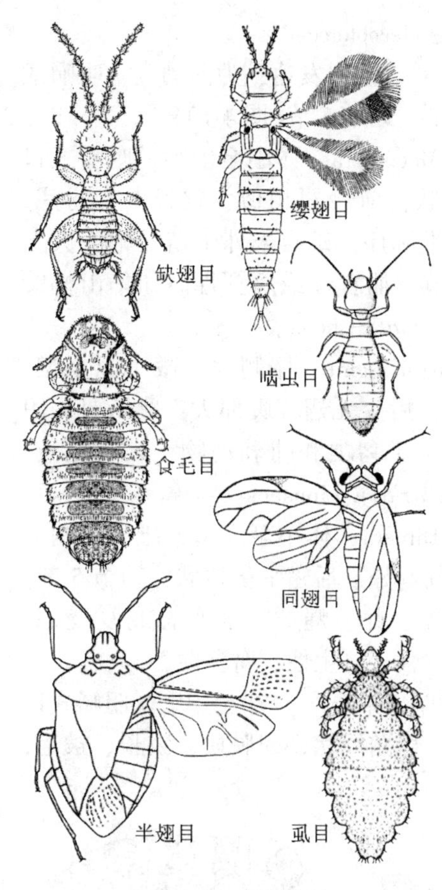

图 4-8 半翅总目

人体上，吸食血液。如猪血虱 *Haematopinus suis* (Linnaeus)。

缨翅目 Thysanoptera 体微小或小、细长而扁，锉吸式口器，触角线状，有翅或无翅或仅 1 对翅，翅狭长、边缘有长缨毛，跗节 1 ~ 2 节、端部有泡，过渐变态。植食性或捕食性。如中华管蓟马 *Haplothrips chinesis* Priesner。

同翅目 Homoptera 体小至大型，后口式、刺吸式口器由头后生出，极少数无翅、翅质地均一、静止时翅端不重叠，跗节 1 ~ 3 节，渐变态或过渐变态。植食性，包括蝉、飞虱、木虱、粉虱、蚜虫、蚧类。

半翅目 Hemiptera 体小至大型、扁平，后口式、刺吸式口器由头前端生出，前翅为半鞘翅、静止时翅端重叠，跗节多 3 节。渐变态。植食性、少数捕食性。如异色巨蝽 *Eusthenes cupreus* (Westwood)。

II. 内翅部 Endopterygata

幼期体外无翅芽。

6. 全变态类 Holometabola

鞘翅总目 Coleopterodea

咀嚼式口器，前翅鞘翅或伪平衡棒状，后动类，跗节 5 节(图 4-9)。

鞘翅目 Coleoptera 体小至大型，咀嚼式口器，触角多样，前翅鞘翅、后翅膜翅，跗节多 5 节。植食性、少数肉食性。如松褐天牛 *Monochamus alternatus* Hope。

捻翅目 Strepsiptera 体小型，咀嚼式口器，触角第 3 ~ 6 节常有一旁支，雌雄异型、雌终生幼虫状。雄前翅伪平衡棒状，后翅膜翅、扇状、脉放射状，跗节 2 ~ 5 节。寄生性，如稻虱跗蝙 *Elenchus japonicus* Esaki et Hashimoto。

脉翅总目 Neuropterodea

翅膜质、脉网状，咀嚼式口器，跗节 5 节(图 4-9)。

蛇蛉目 Raphidioptera 体小至中型，头后延长后端如颈，前胸长管状，雌产卵器细长，咀嚼式口器，触角线状，前后翅相似、有翅痣、脉网状，跗节 5 节。捕食性，如西岳蛇蛉 *Agulla xiyue* Yang et Chou。

脉翅目 Neuroptera 体小至大型，咀嚼式口器，触角线状，前后翅相似，翅脉网状、纵脉在翅边缘分叉，跗节 5 节，全变态或复变态。捕食性，包括草蛉、蚁蛉、粉蛉、褐蛉。全变态或复变态，如中华通草蛉 *Chrysoperla sinica* (Tjeder)。

广翅目 Megaloptera 体中至大型，咀嚼式口器、上颚强大，触角线状，前胸方形，翅膜翅、脉网状、纵脉在翅边缘不分叉，后翅臀区发达，跗节 5 节。幼虫水生，肉食性。如炎黄星齿蛉 *Protohermes xanthodes* Navás。

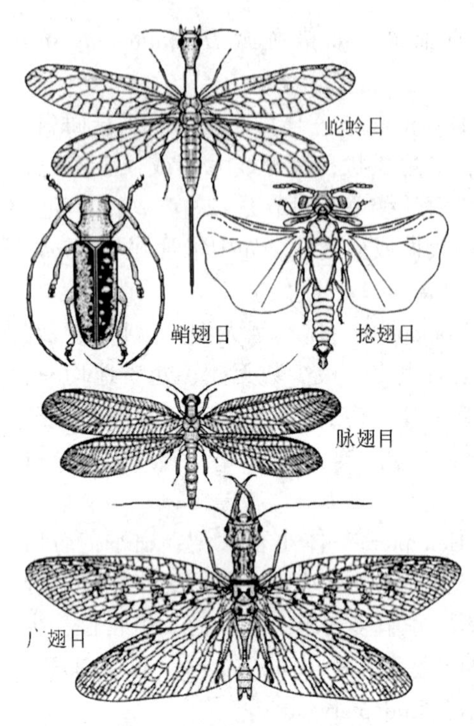

图 4-9 鞘翅总目、脉翅总目

长翅总目 Mecopterodea

翅1~2对，前翅发达、为前动类，咀嚼式或吸收式口器，跗节5节(图4-10)。

长翅目 Mecoptera 体小至中型，咀嚼式口器，触角线状，前后翅相似、狭长，有翅痣，翅脉接近标准脉序，雄腹末外生殖器常膨大上弯，跗节5节。捕食性或腐食性。如华山蝎蛉 *Panorpa emarginata* Cheng。

蚤目 Siphonaptera 体侧扁，微小至小型，刺吸式口器，后生无翅，腹部大，跳跃足、跗节5节。寄生于鸟类和哺乳动物，刺吸血液。如人蚤 *Pulex irritans* Linnaeus。

双翅目 Diptera 体小至大型，舐吸或刺吸式口器，前翅膜翅、后翅平衡棒状，跗节5节。为蚊、蠓、蚋、虻、蝇类，全变态或复变态，植食性、捕食性、寄生性、腐食性。

毛翅目 Trichoptera 体小至中型，咀嚼式口器、但退化，触角线状，翅膜质、狭长、被毛，翅之脉接近标准脉序，跗节5节。幼虫水生，植食性，肉食性。如长须长角石蛾 *Mystacides elongata* Yamamoto et Ross。

鳞翅目 Lepidoptera 体小至大型，被鳞毛，虹吸式口器，触角线状，翅为鳞翅，跗节5节。包括蛾、蝶类，少数幼虫半水生，其余均陆生，植食、少数捕食或寄生性，植食性食叶、蛀害林木树干及种实。

膜翅总目 Hymenopterodea

膜翅目 Hymenoptera 体躯微小至大型，咀嚼式或嚼吸式口器，翅为膜翅、脉很特化，前翅大而后翅小、以翅钩列连锁，跗节5节，雌虫常具发达产卵器。植食、寄生或捕食性，植食性食叶、蛀害林木树干及植物嫩茎(图4-10)。

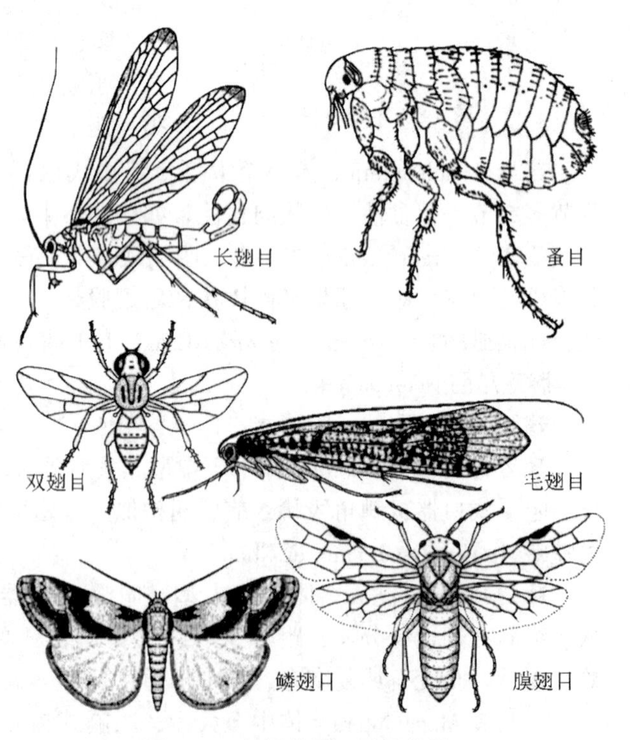

图 4-10 长翅总目、膜翅总目

第三节　与森林有关的重要目

本节主要介绍与林业生产关系密切的直翅目、等翅目、缨翅目、半翅目、同翅目、鞘翅目、脉翅目、鳞翅目、双翅目9个目和螨类等各目中常见的主要科，包括大部分害虫和益虫。

一、直翅目 Orthoptera

(一)形态特征

体中至大型，头下口式，单眼2~3个，标准咀嚼式口器，触角多呈线状。前胸背板发达、常呈马鞍形，中后胸愈合。前翅覆翅，后翅膜翅，翅脉直。后足跳跃足，腹部一般8~11节，具尾须1对，产卵器常发达。常有发音器和听器。分类上常用的重要特征如下。

发音器　以前翅基部摩擦发音(如蟋蟀、螽蟖)，或以后足与前翅刮擦发音(如蝗虫)。

听器　位于前足胫节基部两侧(如蟋蟀、螽蟖、蝼蛄)，或位于腹部第1节两侧(如蝗虫)。

中隔　胸部的小腹片在蝗虫分类上称为侧叶，基腹片向前嵌入两侧叶之间的部分则称为中隔。

中润脉　是蝗虫前翅中脉与肘脉基部之间的一条基部游离的脉。

(二)生物学特征

渐变态，有普遍的性二型现象，多数具保护色，善于跳跃，除蝗虫等外大多数不善于飞翔。大多数为植食性(常为多食、杂食性)，少数有肉食习性。陆栖，生境有3类，即土栖、草栖、树灌(林)栖。多数白天活动，蝼蛄和蟋蟀则在夜间活动。卵生，产卵于土、植物组织中，具卵鞘或数个卵集成堆分布。若虫常5~6龄，1年1~2代，或1~3年1代。

(三)亚目、重要科及其特征

全世界已知22 500多种，中国1 000余种。可分为3亚目6总科13科。

1. 蝗亚目 Locustodea

听器位于腹部第1节两侧，触角短于体长，产卵器凿状，后足跳跃式。植食性，草栖。

蝗科 Locustidae　体中型，后足腿节与中润脉摩擦发音，前胸背板发达，跗节3节，爪有中垫。产卵于土内，重要种如东亚飞蝗 *Locusta migratoria manilensis* (Meyen)、黄脊竹蝗 *Ceracris kiangsu* Tsai(图4-11)。

蚱科 Tetrigidae　旧称菱蝗科。体小型，前翅鳞状，前胸背板后伸覆盖腹部，跗节2-2-3式。如日本菱蝗 *Tetrix japonica* Bolilvar(图4-11)。

2. 蝼蛄亚目 Gryllotalpodea

听器位于前足胫节、但较退化，触角短于体长，产卵器内藏式，前足开掘式。植食性，土栖。

蝼蛄科 Gryllotalpidae　体中型，触角线状，听器闭式，前翅短，后翅长、伸出腹末如尾状，前后翅摩擦发音，前足开掘式，跗节2～3节，尾须发达。1～3年发生1代，如华北蝼蛄 *Gryllotalpa unispina* Saussure(图4-11)、东方蝼蛄 *G. orientalis* Burmeister。

蚤蝼科 Tridactylidae　体小型(仅少数大于10mm)，色暗。前足开掘式，后足跳跃式，后足胫节端部具2长片，跗节2-2-1式。腹末有尾须及1对刺突。如日本蚤蝼 *Tridactylus japonicus* De Haan(图4-11)。

3. 螽蟖亚目 Tettigoniodea

听器位于前足胫节基部，触角比体长，产卵器发达，前后翅摩擦发音。草、灌栖。

螽蟖科 Tettigoniidae　前足胫节听器开式，产卵器扁阔(刀状)，跗节4节、尾须短。多植食、少数肉食性。卵产于植物组织内，如绿丛螽蟖 *Tettigonia viridissima* Linnaeus(图4-11)。

蟋蟀科 Gryllidae　前足胫节具听器，产卵器细长(针状)，跗节3节，尾须长但不分节。夜出性，卵多产于地下，如油葫芦 *Teleogrylus mitratus* Burmeister(图4-11)、大蟋蟀 *Tarbinskiellus portentosus* (Lichtenstein)。

树蟋科 Oecanthidae　体细长，头长、前口式，后足胫节背面有两列细刺及4个大刺，产卵器细长，跗节3节。多捕食性，如台湾树蟋 *Oecanthus indicus* Saussure。

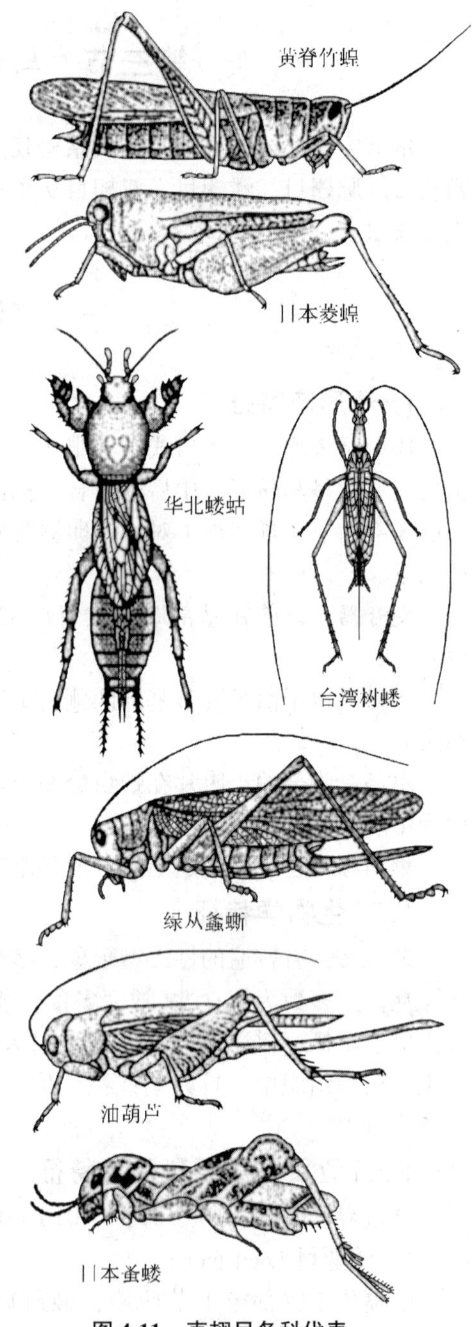

图4-11　直翅目各科代表

二、等翅目 Isoptera

(一)形态特征

体小至中型、白而柔软，头大，前口式，咀嚼式口器，复眼退化，触角念珠状。工蚁无翅、头圆，兵蚁类似工蚁、上颚发达；繁殖蚁无翅或仅有短翅芽，有翅的雌、雄前后翅脉序及形状相似，翅基部有一脱落缝，翅脱落后仅留下翅鳞。跗节4~5节，尾须1~8节。

(二)生物学特征

渐变态，生境可分为木栖型、土栖型、土木栖型。为典型的营社会性生活的多型性昆虫，产卵繁殖，一巢各具蚁后蚁王1头，群体可达180万头，但蚁群分工细致，生殖型有长翅型、短翅型、无翅型，非生殖型有工蚁、兵蚁。生活史复杂，等级明显。白蚁取食木材或植物类物质，常会造成巨大危害。

(三)重要科及其特征

全世界已知3 000多种，我国目前已记录400多种。隶属5科。多见于热带、亚热带，少数分布于温带(图4-12)。

鼻白蚁科 Rinotermitidae　头部无额腺及囟，前胸背板无前叶、扁平，前翅鳞达后翅鳞基部，尾须2节。土栖，常见的如家白蚁 *Coptotermes formosanus* Shiraki、黄胸散白蚁 *Reticulitermes speratus* (Kolbe)。

白蚁科 Termitidae　头部有额腺及囟，前胸背板有前叶、狭于头部，前翅鳞短、不达后翅鳞，尾须1~2节。土栖，如黑翅土白蚁 *Odontotermes formosanus* (Shiraki)。

木白蚁科 Kalotermitidae　头部无额腺及囟，前胸背板等于或宽于头部，前翅鳞达后翅鳞基部，尾须2~4节。木栖，常见的如铲头堆砂白蚁 *Cryptotermes declivis* Tsai et Chen。

草白蚁科 Hodotermitidae　头部无额腺及囟，前胸背板狭于头部、扁平，前翅鳞达后翅鳞，尾须1~2节。木栖，国内仅1种，即山林原白蚁 *Hodotermopsis sjostedti* Holmgren。

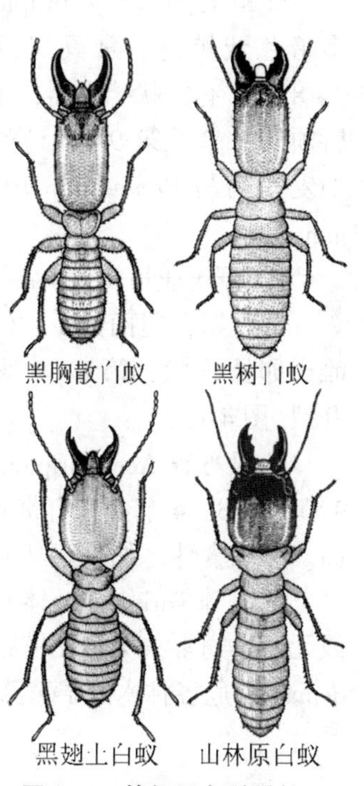

图4-12　等翅目各科兵蚁

三、缨翅目 Thysanoptera

(一)形态特征

俗称蓟马。体微小至小型(0.5~15mm)，白、黄褐、黑或红色，下口式、锉吸式口器，触角6~9节、常生有各种形状的感觉器，复眼发达，单眼2~3个，无翅型无复眼。翅狭长、膜质、翅缘具长毛，纵脉最多2~3条，为缨翅。足短，跗节1~2节，其端部有能伸缩的泡，爪退化。腹部10节，无尾须，产卵器为锯齿状或为第10腹节细缩而成。

(二)生物学特征

过渐变态，多孤雌生殖。产卵于植物组织、各种缝隙处。1年1~7代，以若虫、拟蛹、成虫越冬。若虫3~4龄出现翅芽，经历不食不动的类似"蛹期"的阶段后才蜕变为成虫。雌雄二型或多型现象较普遍。

多为植食性，喜食植物的芽、心叶、嫩梢、花器、幼果等幼嫩部位，锉吸危害或形成虫瘿，有的可传播病毒病。另有不少种类为肉食性，捕食其他蓟马、蚜虫、粉虱、介壳虫及螨类等。

(三)亚目、重要科及其特征

全世界已记载约6 000种，中国已知400多种，一般分为2个亚目。

1. 管尾亚目 Tubullifera

翅有或无，翅面无纵脉，雌雄腹末管状，无外露产卵器(图4-13)。

管蓟马科 Phlaeothripidae　体多暗色或黑色、常具斑纹。触角7~8节，有锥状感觉器，下颚、下唇须均2节，第9腹节宽大于长。如麦管蓟马 *Haplothrips tritici* Kurdjumov。

2. 锯尾亚目 Terebrantia

常有翅，翅面具1~2条纵脉。雌产卵器锯状，第8、9腹节腹面开裂(图4-13)。

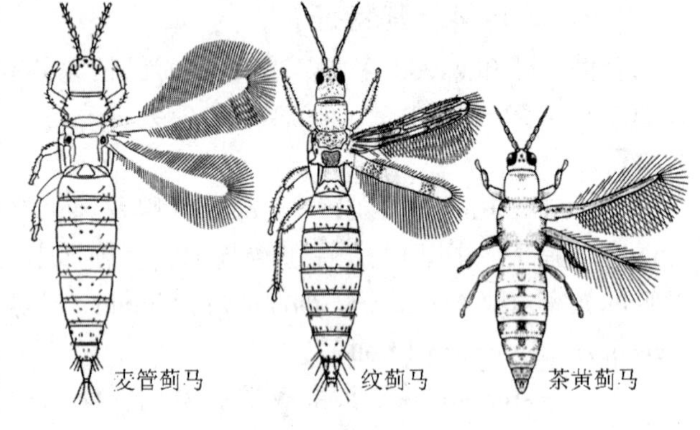

图4-13　缨翅目各科代表

纹蓟马科 Aeolothripidae　触角9节，第3、4节上常有带状感觉器。前翅端部圆、具环形纵脉及横脉，产卵器向上弯曲。多捕食性，如纹蓟马 *Aeolothrips fasciatus* (Linnaeus)。

蓟马科 Thripidae　体略扁平，触角6~9节，第3、4节上有叉状或锥状感觉器。有或无翅，翅常狭尖、无横脉。产卵器向下弯曲。多植食性，如烟蓟马 *Thrips tabaci* Lindeman 及危害林木的茶黄蓟马 *Scirtothrips dorsalis* Hood。

四、半翅目 Hemiptera

(一)形态特征

体小至大型，体壁坚硬，体较扁平。后口式，刺吸式口器从头的前端伸出，喙3~4节，触角多为线状，3~5节，复眼大，单眼0~2个。前胸背板发达，中胸小盾片也发达。前翅半鞘翅，分为革片、爪片、膜片，有些种类还有楔片、缘片；后翅膜翅，静止时翅端部相互重叠；少数无翅；跗节1~3节。中胸小盾片发达、外露，腹部9~11节。多数种类具有发达的臭腺，开口于胸部腹面，可产生浓烈的臭味。

侧接缘　腹部腹板折向腹部背面成为背板侧缘的构造。

领片与胝　前胸背板前缘一横沟划出的一个狭长区域叫领片，其后2个低的突起叫胝。

(二)生物学特征

渐变态，陆栖、水栖、水陆两栖，多数为植食性，部分为捕食及吸血型。卵聚产或散产于植物组织内、土内、水中及各种物体表面，若虫一般5龄，臭腺开口于腹节背面

（成虫开口于胸部腹面）。1年1～5代，多以卵或成虫越冬。多数为植食性，刺吸多种植物幼枝、嫩茎、嫩叶及果实汁液，少数为捕食性，如猎蝽、姬蝽、花蝽等是多种害虫的天敌。

（三）亚目、重要科及其特征

本目全世界现已知38 000多种，中国已知3 100多种。多数学者按3亚目进行分类。

1. 水栖亚目 Hydrocorisae

触角短、藏于头下的触角沟内，背面不可见。前足捕捉式，后足多为游泳足。多以腹末端的呼吸管呼吸。生活于静水中，捕食性，水栖、水陆两栖。（本亚目亦称蝎蝽型，或隐角亚目 Cryptocerata）（图4-14）。

田鳖科 Belostomatidae　体大宽扁，前胸背板呈梯形。前足捕捉式，中、后足游泳足。腹部末端的呼吸管扁而短于体长的一半。雌虫多产卵在雄虫体背上，亦称负子蝽科。如锈色负子蝽 *Diplonychus rusticus*（Fabricius）。

蝎蝽科 Nepidae　体扁而长，头小，复眼大，触角短、3节，喙3节；前胸大而长。前胸前足适于捕捉，跗节1节，腹末端呼吸管细长。如卵圆蝎蝽 *Nepa chinensis* Hoffman。

2. 两栖亚目 Amphicorisae

触角明显外露，胫节具特化毛，后足游泳足。半水生，多捕食性（显角亚目 Gymnocerata之一部分）。

黾蝽科 Gerridae　体中至大型，细长，灰黑色。前足捕捉足，中、后足细长。如细角黾蝽 *Gerris gracilicornis*（Horvath）。

3. 陆栖亚目 Geocorisae

陆生，触角发达，后足非游泳足（显角亚目 Gymnocerata之大部分，图4-14）。

网蝽科 Tingidae　体小、扁平，喙4节，触角4节，头胸背面有网纹、前翅脉网状，前胸背板常前伸覆盖头部、后伸覆盖小盾片，跗节2节。植食性，如梨冠网蝽 *Stephanitis nashi* Esaki et Takeya、茶冠网蝽 *S. chinensis* Drake。

花蝽科 Anthocoridae　体小，扁长圆型，触角4节，喙3～4节，前翅分为5区（缘片、革片、楔片、爪片、膜片），膜片无或具1～4条翅脉，跗节2～3节。多捕食性，如南方小花蝽 *Orius similis* Zheng。

盲蝽科 Miridae　体小，触角4节，喙4节，无单眼，前胸背板具领片和胝；前翅分4区（无缘片），翅脉在膜片基部围成2小翅室；跗节2～3节。多数植食性、部分捕食性。为半翅目中最大的科，已知近万种，林间常见如绿盲蝽 *Lygus lucorum* Meyer-Dür、乌毛盲蝽 *Parapantililus thibetanus* Reuter。

猎蝽科 Reduviidae　体长，中至大型。头小多有颈，有单眼，触角4～5节，喙3节、基部弯曲、向后伸至前足基节间；前胸背板有横沟，前翅膜片2大翅室、端部伸出1纵脉，前足基节间有发音器，跗节2～3节。捕食性或吸血，如环斑猛猎蝽 *Sphedanolestes impressicollis*（Stål）、松毛虫的天敌中黄猎蝽 *Sycanus croceovittatus* Dohrn。

姬蝽科 Nabidae　与猎蝽相似，区别在于触角4～5节，无单眼，喙4节、向后伸过前胸腹板，无发音器，前翅膜片基部2～3个长形翅室端部分出若干短脉。捕食性，如

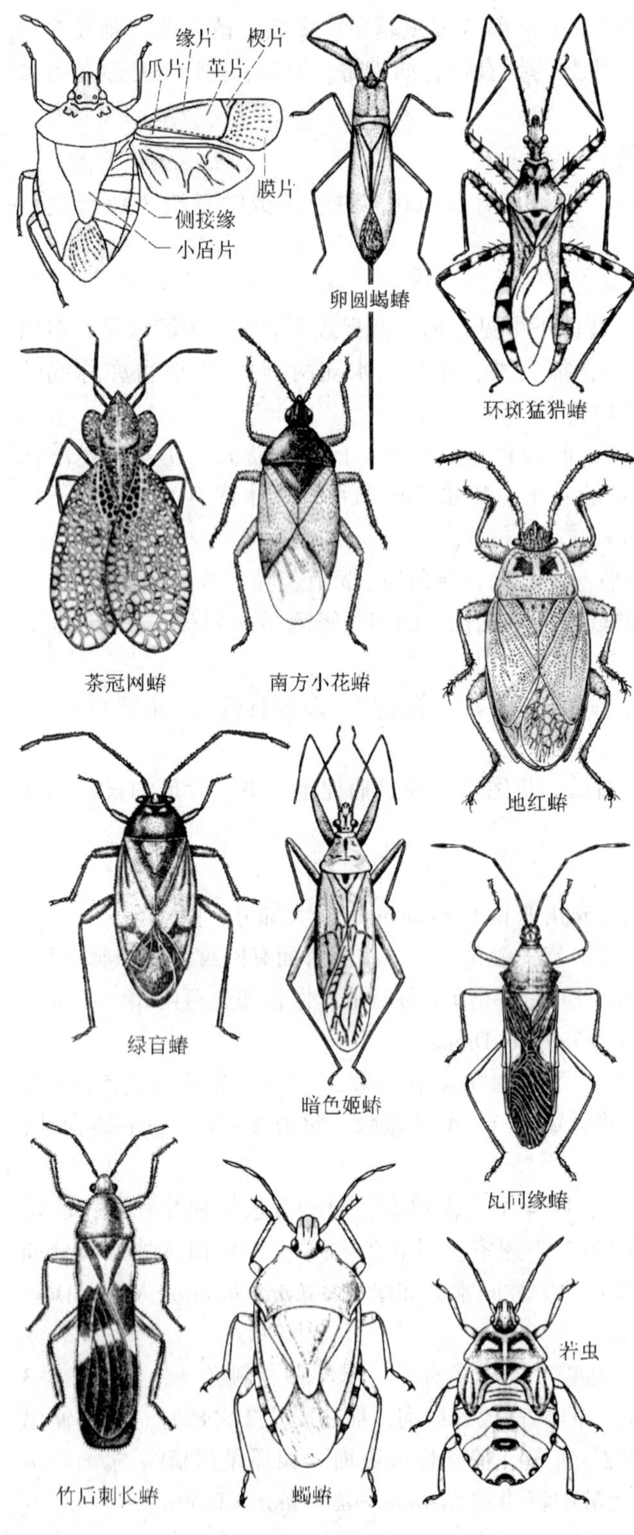

图 4-14　半翅目各科代表

暗姬蝽 *Nabis stenoferus* Hsiao。

长蝽科 Lygaeidae　体长，小至中型，触角 4 节，喙 3～4 节，有单眼；有翅或无翅，前翅膜片纵脉 4～5 条、有时基部 1 翅室；跗节 3 节。大多植食性、少数捕食性。如竹后刺长蝽 *Prikimerus japonicus* (Hidaka)、杉木扁长蝽 *Sinorsillus piliferus* Usinger。

红蝽科 Pyrrhocoridae　体长椭圆状，中至大型，多为红色或黑色；触角 4 节，喙 4 节，无单眼；前翅常有圆斑，膜片纵脉多于 5 条或呈网状，基部 2～3 翅室，跗节 3 节。植食性，如地红蝽 *Pyrrhocoris tibialis* Stål。

缘蝽科 Coreidae　体扁或狭长、中至大型，有单眼，触角 4 节，喙 4 节，前翅膜片基部一横脉上生出许多条纵脉，跗节 4 节。植食性，常见害虫如栗缘蝽 *Liorhyssus hyalinus* (Fabricius)、瓦同缘蝽 *Homoeocerus walkerianus* Lethierry et Severin。

蝽科 Pentatomidae　体长扁圆状，小至大型，单眼有或无，触角 4～5 节，喙 4 节；小盾片至少超过爪片长度，前翅膜片纵脉 5～12 条、多从基部一横脉发出；跗节 3 节。多数植食性，部分捕食性。常见如麻皮蝽 *Erthesina fullo* (Thunberg)、蠋蝽 *Arma chinensis* (Fallou)。

土蝽科 Cydnidae　体小至大型，多为黑褐色。触角 5 节。前足胫节扁平，两侧具密刺，适于掘土。土栖。如根土蝽 *Stibar-*

opus formosanus Takado et Yamagihara。

五、同翅目 Homoptera

(一)形态特征

体小至大型，后口式，刺吸式口器从头的后端伸出，喙1~3节，触角鬃、线状。复眼大，单眼0~3个。前翅质地均匀，膜质或革质，静止时呈屋脊状放置；部分无翅，少数后翅退化成平衡棒状；跗节1~3节。多数种类有蜡腺。

(二)生物学特征

渐变态，少数过渐变态(粉虱和雄蚧)。陆栖，成虫、若虫均刺吸植物汁液，造成斑点、扭曲或形成虫瘿，叶蝉、飞虱、蚜虫等还能传播多种植物病毒病，蚧和蚜虫等排泄"蜜露"，可导致煤污病，紫胶虫、白蜡虫、五倍子蚜等是重要的昆虫资源。

性二型及多型常见。多为两性生殖，也有孤雌生殖。卵聚产或散产于植物组织内及各种物体表面，若虫龄数变化大，1年1代或多代，个别种类如十七年蝉则需17年才能完成1代。以卵、若虫越冬。

(三)亚目、重要科及其特征

同翅目已知45 000多种，我国已知3 000多种。同翅目与半翅目在科级以上分类存在较大争议，部分学者将同翅目区分为头喙亚目 Auchenorrhyncha 和胸喙亚目 Sternorhyncha(喙着生于前足基节之间或之后)，部分学者将胸喙亚目的木虱总科 Psylloidea、粉虱总科 Aeyrodoidea、蚜虫总科 Aphidoidea、蚧总科 Coccidoidea 提升为4个亚目。无论采用形态学还是分子生物学等特征与方法进行甄别，木虱、粉虱、蚜虫、蚧类均可明显区别为4个自然类群，因而本教材按照5个亚目的分类系统介绍如下。

1. 蝉亚目 Cicadomorpha(头喙亚目 Auchenorrhyncha)

体中大型，触角鬃状，喙着生于前足基节之前，前翅基部至少4条纵脉、有爪片，跗节3节，雌虫3对产卵瓣。活泼善跳(图4-15)。

蝉科 Cicadidae　体大型，3单眼，前足腿节膨大，开掘足，雄虫腹部第1节常有发音器。雌虫具听器，卵产于植物组织中。1代需2年以上，林木害虫如蚱蝉 *Cryptotympana atrata* (Fabricius)、竹蝉 *Platylomia pieli* Kato。

角蝉科 Membracidae　体小，头位于体腹面，2单眼；前胸背板畸形发育、向后延伸覆盖胸、腹部，跗节3节。常见林果害虫如黑圆角蝉 *Gargara genistae* Fabricius、苹果红脊角蝉 *Machaerotypus mali* Chou et Yuan。

沫蝉科 Cercopidae　体小至中型，2单眼；前翅皮革质，后足胫节有2侧刺及端刺(1、2跗节亦有端刺)。若虫第7、8腹节具泡沫腺，能分泌泡沫。林木害虫如松沫蝉 *Aphrophora flavipes* Uhler、柳尖胸沫蝉 *A. costalis* Matsumra、白带尖胸沫蝉 *A. intermedia* Uhler。

叶蝉科 Cicadellidae　体小型，单眼0~2；前翅革质、后翅膜质、翅端有缘脉；后足基节扩展到腹侧缘，后足胫节棱脊上具3~4列刺状毛，雌虫产卵器锯齿状。如大青叶蝉 *Cicadella viridis* (Linnaeus)，俗称浮尘子。

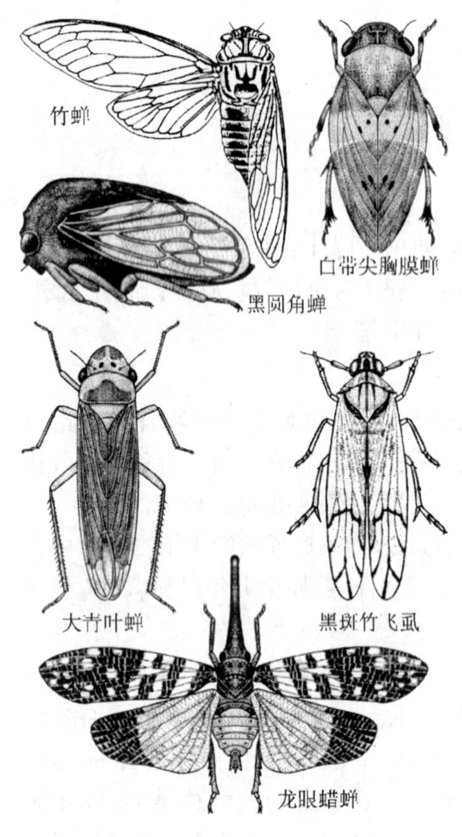

图 4-15 同翅目各科代表(一)

蜡蝉科 Fulgoridae 体中至大型，色美丽；2 单眼，触角第 2 节膨大如球状，前胸背板宽阔；前翅基部有肩板，翅脉在端部多分叉、多横脉，后翅臀区发达；中足基节远离。多数种类能分泌白色蜡粉，如斑衣蜡蝉 *Lycorma delicatula* (White)、龙眼蜡蝉(鸡) *Fulgora candelaria* (Linnaeus)。

飞虱科 Delphacidae 体小，有肩板，前胸背板宽大，中胸背板三角形，中足基节远离；后足胫节 2 大刺、端部 1 大距。主要危害禾本科植物，有些种类能迁飞，如褐飞虱 *Nilaparvata lugens* Stål 危害水稻，黑斑竹飞虱 *Bambusiphaga nigripunctata* Huang et Ding 危害竹。

2. 木虱亚目 Psyllomorpha

体小型，活泼。触角 10 节、端部 2 长毛，3 单眼，喙 3 节，前翅基部 2 条纵脉，主脉纵先分成 3 支、或再 2 分支，有爪片，跗节 2 节，雌虫有 3 对产卵瓣。仅 1 科，科的特征同亚目(图 4-16)。

木虱科 Psyllidae 常分泌蜡质和大量蜜露。如梨木虱 *Psylla chinensis* Yang et Li、梧桐木虱 *Thysanogyna limbata* Endderlein、桑木虱 *Anomoneura mori* Schwarz。

3. 蚜亚目 Aphidomorpha

体小型，多型，有翅、无翅型常见。触角 3 ~ 6 节、具原生与次生感觉孔，0 ~ 3 单眼，喙 3 ~ 5 节；前翅基部 2 条纵脉，有翅痣，R、M、Cu 从 Sc 叉出成斜脉，斜脉 3 ~ 4 支；跗节 2 节(图 4-16)。

蚜科 Aphididae 触角 4 ~ 6 节、次生感觉孔圆形，前翅 4 斜脉、M 脉 3 支，后翅 2 斜脉，第 6 或第 7 腹节背面 1 对腹管，腹末有尾片。两性蚜卵生、孤雌蚜胎生，并可传播多种病毒病，如棉蚜 *Aphis gossypii* Glover、刺槐蚜 *A. robiniae* Macchiati、松大蚜 *Cinara pinitabulaeformis* Zhang et Zhang。

绵蚜科 Eriosomatidae 触角 6 节、次生感觉孔横带形或近圆环状，前翅 4 条斜脉、M 脉 1 ~ 2 支，后翅 2 条斜脉，腹部腹管退化。两性蚜卵生、孤雌蚜胎生，体表蜡腺、分泌絮状蜡质。如苹果绵蚜 *Eriosoma lanigerum* (Hausmann)、角倍蚜 *Schlechtendalia chinensis* (Bell)。

球蚜科 Adelgidae 均产卵生殖，有翅蚜触角 5 节，感觉孔 3 ~ 4 个，前翅斜脉 3 支、后翅斜脉 1 支，无腹管。如落叶松球蚜红杉亚种 *Adelges laricis potaninilaricis* Zhang、红松球蚜 *Pineus cembrae pinikoreanus* Zhang et Fang。

瘤蚜科 Phylloxeridae 翅蚜触角 3 节、感觉孔 2 个，无翅蚜及若蚜只 1 个感觉孔；

前翅斜脉3支、后翅1支，无腹管。卵生。如柳倭蚜 *Phylloxerina capreae* Börne 及检疫害虫葡萄根瘤蚜 *Viteus vitifoliae* Fitch。

4. 粉虱亚目 Aleyrodomorpha

体小型。触角线状、7节，2单眼，喙3节，前翅仅2条、后翅1条纵脉，体与翅被白粉，跗节2节。雌虫有3片产卵瓣；第9腹节背板1凹孔称皿状孔，固定生活的大龄若虫称为“蛹”壳。过渐变态，1龄若虫可活动，2龄后营固定生活。仅1科，科的特征同亚目(图4-16)。

粉虱科 Aleyrodidae　常见如黑刺粉虱 *Aleurocanthus spiniferus* Quaintance、温室白粉虱 *Trialeurodes vaporariorum* Westwood、油茶绵粉虱 *Aleurotrachelus camelliae* Kuwana。

5. 蚧亚目 Coccomorpha

体小型，多营固定生活。雌雄二型。触角1~13节，喙1~3节；雌虫无翅，雄虫前翅仅1条2叉状纵脉，后翅平衡棒状；跗节1~2节，雌虫无产卵器；头、胸、腹三体段常愈合，体背隆起、坚韧，或被有蜡粉或特殊的介壳(图4-16)。

绵蚧科 Margarodidae　腹末有成对突起，胸腹分界明显，触角、足发达，腹部背面气门2~8对，肛无肛环及刺毛。雌虫长椭圆形、体软，体被蜡粉或棉絮状蜡丝，雄有复眼和1对单眼。如草履蚧 *Drosicha corpulenta* (Kuwana)、重要的松林害虫松干蚧属 *Matsucoccus*。

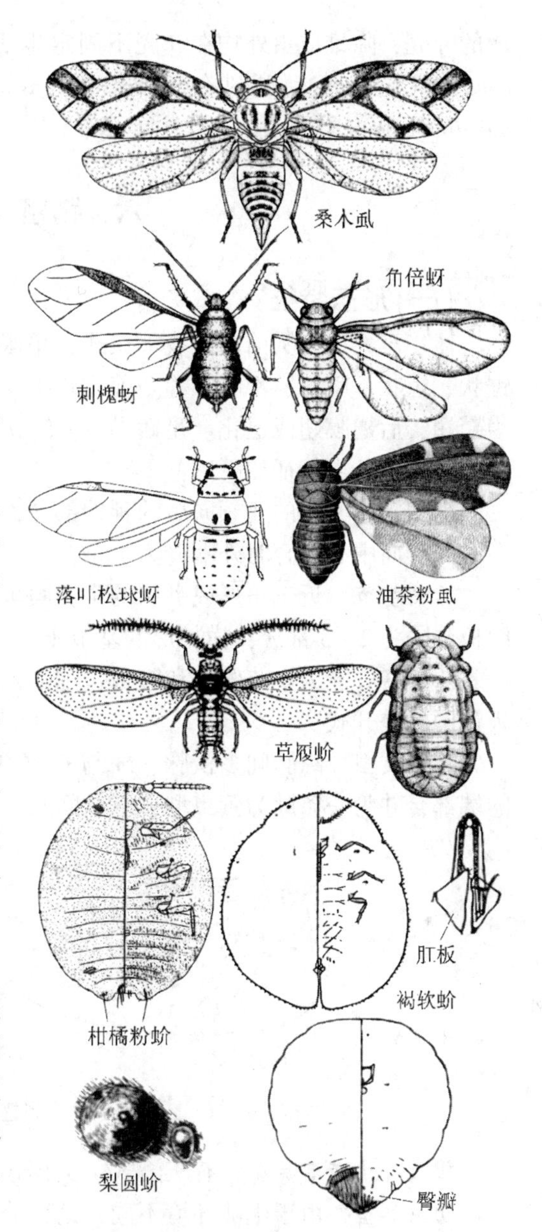

图4-16　同翅目各科代表(二)

粉蚧科 Pseudococcidae　触角5~9节、足发达，雄无复眼、只1对单眼，胸腹分界明显，无腹气门；腹部末端有突出的臀瓣及刺毛，肛有肛环及刺毛6根，体被蜡粉、体侧常具线状蜡丝。如竹巢粉蚧 *Nesticoccus sinensis* Tang、柑橘粉蚧 *Planococcus citri* (Risso)。

蚧科 Coccidae　体多半球形或圆球形、坚韧。触角6~8节，足不发达，雄虫无复眼；体分节不明显，无腹气门；腹部末端有臀裂及2块肛板。常见如蜡蚧属 *Ceroplastes*、木坚蚧属 *Parthenolecanium*、软蚧属 *Cocuss*。

盾蚧科 Diaspididae　雌成虫无触角和足，雄虫无复眼、触角10节；体分节不明显，无腹气门；头与前胸愈合、腹部末端数节愈合成臀板；若虫与雌虫有由蜕皮及分泌物组成的介壳，除雄成虫外均在介壳下固定生活终生不动。如杨白片盾蚧 *Lopholeucaspis japonica* (Cockerell)、梨圆蚧 *Quadraspidiotus perniciosus* (Comstock)、椰子盾蚧 *Diaspis boisduvalii* Signoret。

六、鞘翅目 Coleoptera

(一)形态特征

体小至大型，头前口式或下口式，单眼有或无，咀嚼式口器。触角可区分为线状、锯状、锤状、膝状、鳃叶状等。前胸背板发达，其后常有一三角形的中胸小盾片。前翅为鞘翅，后翅膜翅或退化。足跗节 3～5 节。腹末几节常退化缩入体内，腹部 10 节以下。常用的分类特征如下。

外咽片　下唇的亚颏向后的延伸部分称外咽片，外咽片与颊的结合缝为外咽缝，当左右两颊向中心愈合时外咽缝为 1 条。

后足基节　近三角形或盘状的常在腹板的中部向后延伸、与第一腹板愈合，将第一腹板分隔为 2～3 部分；横长形的基节则不延伸和分隔第一腹板。

基节窝　能为本节侧板和腹板包围的是闭式；由本节侧板、腹板及后一节腹板或侧板包围的是开式。

后翅类型　纵脉间多横脉、M 与 Cu 脉间有闭室为肉食甲型；横脉少、M 与 Cu 脉的端部合并为一条脉为萤虫型；纵脉间几乎无横脉的为隐翅甲型(图 4-17)。

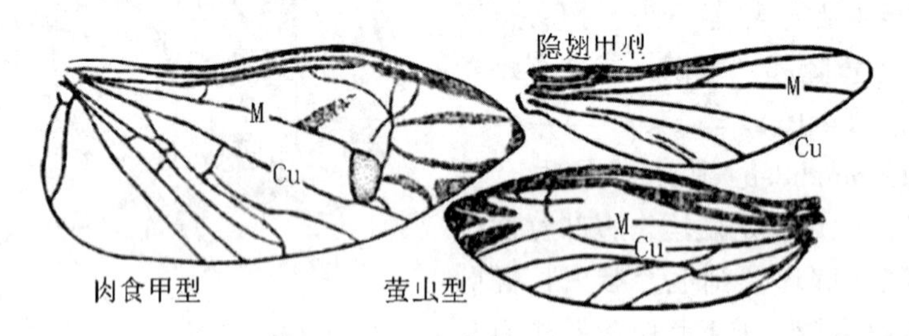

图 4-17　鞘翅目昆虫的后翅

雄性外生殖器类型　有三瓣式、关键式、套管式、具环式(见图1-20)。

幼虫类型　由于生活环境不同，幼虫分化出了肉食甲(蛃)型、金针虫型、伪蠋型、蛴螬型、叩甲型、钻蛀型、枝刺型、无头型、象虫型等。

(二)生物学特征

完全变态，少数(芫菁科、步甲科、隐翅甲科、大花蚤科和豆象科等)复变态。两性卵生，孤雌生殖等少见，卵散产或聚产。幼虫一般 3～7 龄，老熟幼虫在寄主组织间、土内或隐蔽处化蛹。1 年 1～4 代，或多年完成 1 代。多数种类的成虫具假死性。

大多陆栖，部分水栖，食性有腐食性、粪食性、尸食性、植食性、捕食性和寄生性等。植食性甲虫或生活于土中危害种子、块根和幼苗，或蛀茎或蛀干危害林木、果树等，或取食植物叶片，或危害贮藏的动植物及其产品。捕食性甲虫很多是害虫的天敌，如瓢甲、步甲、虎甲、寄甲、芫菁幼虫等。腐食性、粪食性和尸食性甲虫如埋葬甲、蜣螂等，可清洁环境。部分甲虫是重要资源昆虫。

(三)亚目、重要科及其特征

全世界已知350 000多种，中国已知约7 000种，是昆虫纲中乃至动物界种类最多、分布最广的第一大目。一般分为原鞘亚目、肉食亚目、菌食亚目和多食亚目4个亚目。绝大多数种类属于肉食亚目和多食亚目。

1. 肉食亚目 Adelphaga

下颚外叶须状，触角多丝状；后翅肉食甲型，后足基节固定并分割第1腹板，跗节5节。多为捕食性，极少数植食性，陆生或水生(图4-18)。

虎甲科 Cicindellidae 体中型而长，具彩色斑和金属光泽，头宽于前胸；触角间的距离小于唇基的宽度；后足基节不伸至腹侧缘，跗节5节。白天常静伏地面或低飞捕食小虫，重要种如中华虎甲 *Cicindela chinenesis* Degeer。

步甲科 Carabidae 体小至大型，体长型；头狭于前胸，触角间的距离大于唇基的宽度，后足基节不伸至腹侧缘，跗节5节。常栖息于砖石、落叶下或土中，昼伏夜出，捕食性，如金星步甲 *Calosoma chinense* Kirby。

龙虱科 Dytiscidae 体小至大型，扁长卵圆形；中后足游泳足，雄性前足抱握足，后足远离中足；后足基节伸至腹侧缘。水生，捕食性，如黄缘龙虱 *Cybister japonicus* Sharp。

2. 多食亚目 Polyphaga

头不呈喙状，触角具多种形式，外咽缝2条；后翅无小翅室，后足基节不固定不分割第1腹板，跗节3～5节。植食、肉食、腐食性(图4-18、图4-19、图4-20)。

水龟虫科 Hydrophilidae 体小至大型，体扁长圆形；触角7～9节、末端锤状，下唇须与触角等长或更长，中胸腹面中央有长棱脊；中、后足游泳足，跗节5节。见于水域或潮湿环境，成虫多腐食、幼虫多捕食性，如长须水龟甲 *Hydrophilus acuminatus* Motschulsky。

隐翅甲科 Staphilinidae 体小至中型，细长，体末端尖，触角线状或棒状；鞘翅短、不到腹部长度的一半，可见腹板6～7节。捕食、腐食、少数植食性。如黑足毒隐翅虫 *Paederus tamulus* Frichson。

萤科 Lampyridae 体小至中型，扁而长；触角11节、形态多样，头小、为前胸所覆盖，跗节5节，雄虫腹末端有发光器。幼虫捕食性。如窗胸萤 *Pyrococelia analis* Fabricius 等。

郭公甲科 Cleridae 体小至中型，体长而多毛；触角11节、锯齿状或棒状等，头嵌入细筒状的前胸，鞘翅比前胸宽；跗节4～5节。肉食性，如中华郭公甲 *Trichodes sinae* Chevrolat。

花蚤科 Mordellidae 体小型、侧扁，背部隆起、体末渐尖，光滑而呈流线型，被丝绒状细毛；触角11节；胫节具大端距，跗节5-5-4式，爪有齿。如皮氏花蚤 *Glipa pici* Ermisch。

芫菁科 Meloidae 体中型，触角线状、念珠状或锯齿状，头大、前胸狭，头后方急剧收缢呈颈状，鞘翅末端不切合，跗节5-5-4式，爪有长齿。复变态，植食、捕食性，

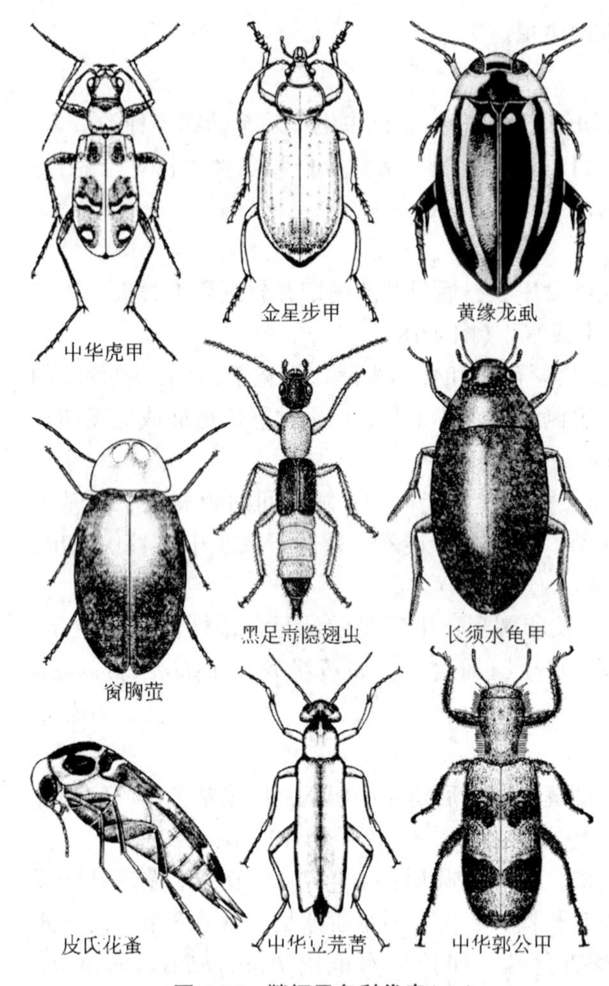

图4-18 鞘翅目各科代表(一)

如中华豆芫菁 *Epicauta chinensis* Laporte。

叩头甲科 Elateridae 体中至大型、狭长，两侧近平行，触角锯齿状或线状；胸背板后侧角尖锐，前胸腹板后缘的中突与中胸腹板的凹沟相嵌合形成一弹跳关节；幼虫金针虫形。植食性，少数捕食性，如细胸叩头甲 *Agriotes subrittatus* Motschulsky、血红沟胸叩甲 *Agrypnus davidi* (Fairmaire)。

吉丁甲科 Buprestidae 体小至中型、狭长，头嵌入前胸；前胸背板后角钝，中后胸腹面的关节不能活动。植食性，常在树皮下蛀食，如柑橘小吉丁 *Agrilus auriventris* Saunders、杨十斑吉丁 *Melanophila picta* (Pallas)。

长蠹科 Bostrychidae 体小至中型，圆柱形，褐或黑色；头下弯，触角10～11节、末3节锤状，前胸背板帽状遮盖头部；翅鞘末端倾斜、周缘具棘状或角状突起，跗节5节。常危害干燥木材、竹及仓储物，也危害活树，如双棘长蠹 *Sinoxylon anale* Lesne、双钩异翅长蠹 *Heterobostrychus aequalis* (Waterhouse)。

瓢甲科 Coccinelidae 体小至中型、半球形，头嵌于前胸；触角棒状部3节，下颚须端节阔扁；跗节隐4节(拟3节)。捕食性种如异色瓢虫 *Harmonia axyridis* (Pallas)、澳洲瓢虫 *Rodolia cardinalis* (Mulsant)，植食性种如马铃薯瓢虫 *Henosepilachna vigintioctomaculata* (Motschulsky)。

拟步甲科 Tenebrionidae 体小至大型，赤褐或黑色；触角线状、棒状或念珠状，头嵌入前胸，后翅退化，腹板5节，前足基节窝闭式，跗节5-5-4式。幼虫伪金针虫型，腐食性、部分植食性。如黄粉虫 *Tenebrio molitor* (Linnaeus)、杂拟谷盗 *Tribolium confusum* Duval、日本琵琶甲 *Blaps japonensis* Marseul。

锹甲科 Lucanidae 体大型、亮黑或褐色；触角鳃叶状，雄虫上颚突出成鹿角状，跗节5节。幼虫蛴螬形，背面无皱纹，肛门3裂状。多生活在朽木或腐殖质中，常见如褐黄前锹甲 *Prosopocoilus blanchardi* Parry、西光胫锹甲 *Odontolabis siva* (Hope et Westwood)。

蜣螂科 Scarabaeidae 也称金龟子科。体小至大型、粗壮，触角鳃叶状，前胸背板

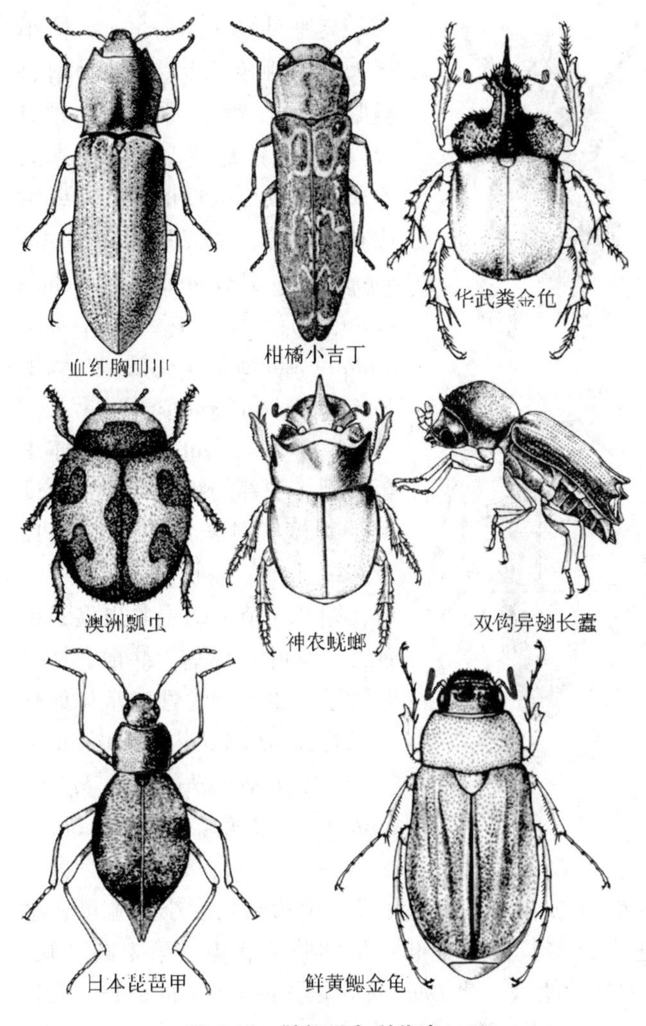

图 4-19 鞘翅目各科代表(二)

常有角状突起，小盾片常不见；前足开掘式，中后足远离、后足着生于体后部，中、后足胫节 1 端距。粪食性，常见如神农蜣螂 *Catharsius molossus* (Linnaeus)。

粪蜣科 Geotrupidae 体中至大型、粗壮，触角鳃叶状，小盾片发达；前足开掘式，中、后足远离，后足着生体后部，后足胫节 2 端距。粪食性，常见如华武粪金龟 *Enoplotrupes sinensis* Lucas。

金龟科 Melolonthidae 体小至大型，长椭圆状，色暗或美丽；触角 8 ~ 10 节，触角鳃叶状，小盾片明显；前足开掘式，后足接近中足而远离腹末，爪成对、大小相等。成虫常夜间活动取食，幼虫蛴螬型，植食性，部分腐食性，如棕色鳃金龟 *Holotrichia titanis* Reitter、鲜黄鳃金龟 *Metabolus tumidifrons* Fairmaire。

丽金龟科 Rutelidae 体形和食性与金龟科相似。体中型，具蓝、绿等光泽；鞘翅常具膜质边缘；后足胫节 2 端距，跗节的 1 对爪大小不等，后足尤其显著。常见如铜绿异丽金龟 *Anomala corpulenta* Motschulsky、斑喙丽金龟 *Adoretus tenuimaculatus* Waterhouse。

花金龟科 Cetoniidae 与金龟科相似。体小至中型，宽圆状，色艳丽并常有斑纹；中胸腹板中央具前伸的圆型突，鞘翅侧缘有凹刻、使中胸后侧片从背面可见。成虫常危害花，如白星花金龟 *Liocola brevitarsis* (Lewis)、小青花金龟 *Oxycetonia jucunda* (Faldermann)。

豆象科 Bruchidae 体小、卵圆型，额延伸成短喙状；触角 11 节，梳状、锯状、棒状；复眼圆形，在触角着生处有“V”形缺刻；鞘翅末端截形，腹末背板外露；跗节隐 5 节(拟 4 节)。危害种子，如紫穗槐豆象 *Acanthoscelides pallidipennis* Motschulsky、柠条豆象 *Kytorhinus immixtus* Motschulsky、绿豆象 *Callosobruchus chinensis* (Linnaeus)。

叶甲科 Chrysomelidae 体小至中型，长椭圆状；触角线状、短于体长，复眼圆形，腹部 5 节，跗节隐 5 节(拟 4 节)。本科有的学者将其分为 4 科。植食性，食叶，常见如白杨叶甲 *Chrysomela populi* Linnaeus、柳二十斑叶甲 *C. vigintipunctata* (Scopoli)。

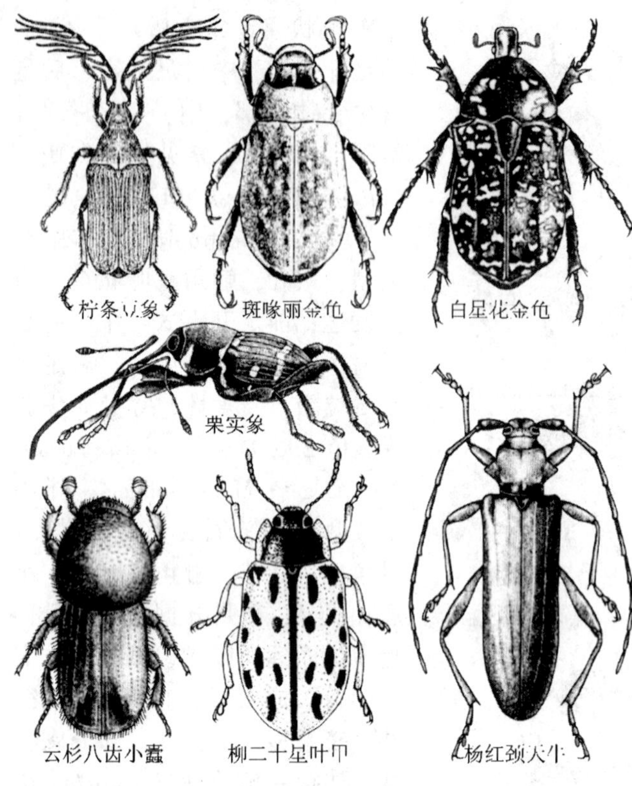

图 4-20 鞘翅目各科代表(三)

天牛科 Cerambycidae 体小至大型，触角线状、常比体长，复眼肾形，跗节隐5节(拟4节)。幼虫钻蛀型、危害树木的木质部，成虫取食植物的叶或嫩皮补充营养，如光肩星天牛 *Anoplophora glabripennis* (Motschulsky)、杨红颈天牛 *Aromia moschata* (Linnaeus)、松褐天牛 *Monochamus alternatus* Hope。

象甲科 Curculionidae 体小至中型；头部的喙状部至少长度大于宽度，触角膝状、10~12节、端部3节锤状，可见腹板5节，跗节5节。幼虫象虫型，植食性，食叶、蛀茎、蛀根、蛀果及种子，少数捕食性。常见如核桃长足象 *Alcidodes juglans* Chao、杨干象 *Cryptorrhynchus lapathi* Linnaeus、栗实象 *Curculio davidi* Fairmaire。

小蠹虫科 Scolytidae 体微小或小，色暗，长形；头部的喙状部长度小于宽度；触角端部的锤状部扁，3~4节；鞘翅周缘多具齿或突起；足的胫节有齿，第1跗节短。蛀食树干的边材及形成层，重要种如华山松大小蠹 *Dendroctonus armandi* Tsai et Li、云杉八齿小蠹 *Ips typographus* Linnaeus、光臀八齿小蠹 *I. nitidus* Eggers 等。

七、膜翅目 Hymenoptera

(一)形态特征

微小至大型。咀嚼或嚼吸式口器，触角多样；膜翅，前翅大后翅小，脉特殊(图 4-21)，以翅钩列连接，少数无翅；足1~2转节，跗节常5节；腹部常10节，多数腹部第1节并入后胸称为并胸腹节，可见第1腹节之后各腹节统称为柄腹部，柄腹部第1节基部缩小呈细腰状则称为腹柄。产卵器锯状、刺状或针状。多数寄生蜂的产卵瓣同时兼具有产卵和刺螫功能。

(二)生物学特征

完全变态，少数复变态。植食性取食植叶片或钻蛀茎干，肉食性可区分为捕食性与寄生性2类。产卵繁殖，生殖方式有两性生殖、孤雌生殖与多胚生殖3种类型。独栖与群栖生活，部分有很强的社会性生活与分工习性，多型现象及雌雄二型常见。越冬虫态

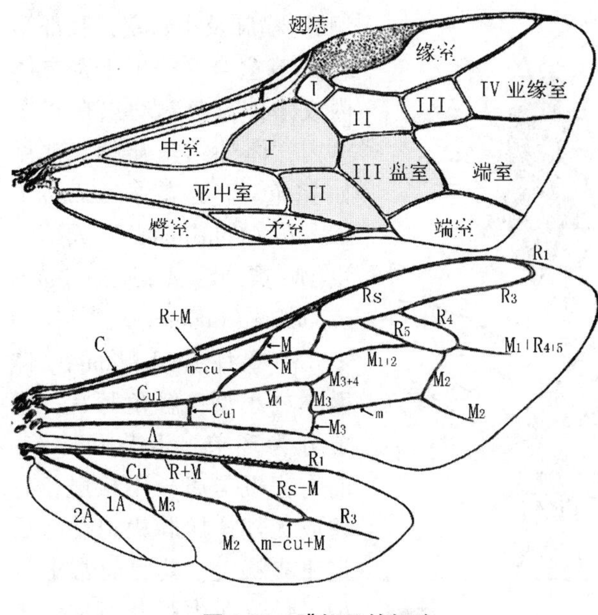

图 4-21　膜翅目的翅脉

包括卵、幼虫、蛹及成虫。

幼虫主要有原足型、伪蠋型和无足型。多数种类 1 年 1 代，少数 1 年 2 代或多代，个别种类需 2 ~ 6 年才完成 1 代。许多种类是传粉昆虫和天敌昆虫。

(三)重要科及其特征

本目全世界已知 140 000 多种，我国已知约 5 100 种。根据胸部与腹部的连接方式，一般分为广腰亚目和细腰亚目 2 个亚目。

1．广腰亚目 Symphyta

胸腹部衔接处宽阔，不收缩成细腰状，无并胸腹节；2 转节，后翅至少 3 基室，产卵器锯状。幼虫为伪蠋型，植食性，取食植物叶或蛀食植物枝干，仅少数为肉食性(图 4-22)。

叶蜂科 Tenthredinidae　体狭长，小至中型；触角丝状、棒状或羽状，前胸背板后缘深凹入，前足胫节 2 端距，爪有齿；雌虫产卵瓣锯状。幼虫伪蠋型，多数食叶，少数蛀果、蛀茎或形成虫瘿；如落叶松叶蜂 *Pristiphora erichsonii*（Hartig）、杨黄褐锉叶蜂 *P. conjugata*（Dahlbom）、小麦叶蜂 *Dolerus tritici* Chu。

树蜂科 Sericidae　体中大型，长筒形、粗壮，黑或黄色；头后缩狭、有颈；前胸背板后缘深凹入，前足胫节 1 端距；雌产卵器包藏于产卵器鞘中。幼虫钻蛀树木，如泰加大树蜂 *Urocerus gigas taiganus* Benson。

茎蜂科 Cephidae　体小而细长；前胸背板后缘平直，前足胫节 1 距；腹部侧扁，第 1、2 节间略收缩，产卵管短而明显。幼虫钻蛀草本植物茎干及木本植物的枝条，如梨茎蜂 *Janus piri* Okamota et Muramatsu。

2．细腰亚目 Apocrita

胸腹衔接处缩成细腰状，2 转节；原始第 1 腹节并入后胸，腹末腹板纵裂，产卵器外露、针状或鞘管状。后翅无臀叶，最多 2 基室。幼虫无足型，多为捕食性或寄生性。

(1)寄生部 Parasitica

雌虫腹末端数节腹板纵裂，产卵器为鞘管状，自腹末之前伸出，有产卵和刺螫功能，多为寄生性(图 4-22、图 4-23)。

姬蜂科 Ichneumonidae　体微小至大型；触角丝状、13 节以上，前胸背板与肩板接触；前翅有翅痣、2m-cu(第二迴脉)横脉及小翅室；后足 2 转节，产卵器细长。寄生性，如舞毒蛾黑瘤姬蜂 *Coccygomimus disparis*（Viereck）、松毛虫黑点瘤姬蜂 *Xanthopimpla pedator* Fabricius。

茧蜂科 Braconidae　体小型，与姬蜂科相似；触角 16 节以上，前翅无 2m-cu(第二

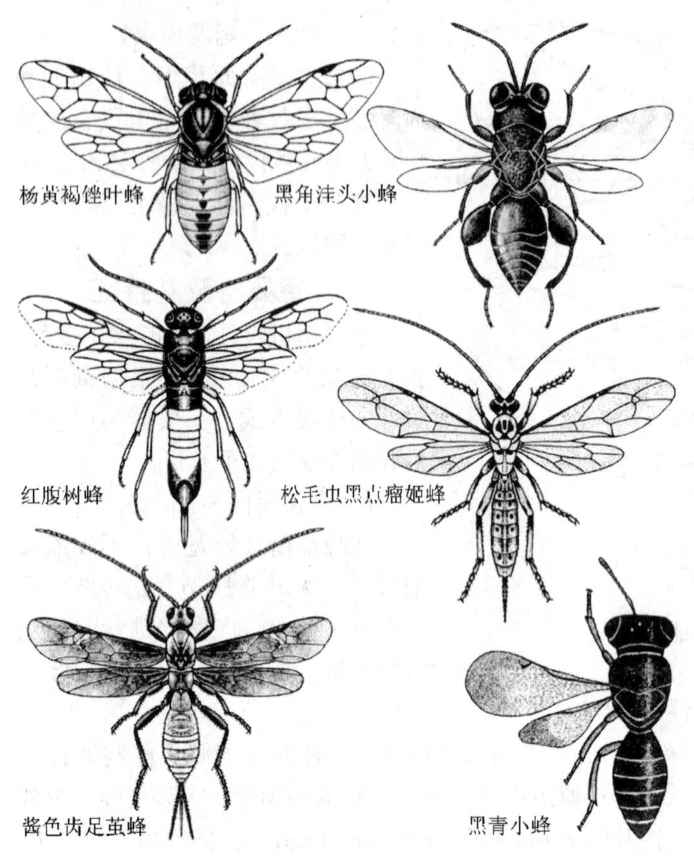

图 4-22 膜翅目各科代表(一)

迴脉)横脉及小翅室，腹部第 2、3 节愈合。寄生于寄主体内或体外，老熟幼虫在寄主体内、体外结茧化蛹，常见如酱色齿足茧蜂 *Zombrus sjostedti* (Fahriinger)、天幕毛虫绒茧蜂 *Apanteles gastropachae* (Bouche)。

小蜂科 Chalcididae 体微小或小型；触角膝状，鞭节分为环节、索节和棒节；前胸背板与肩板不接触，有翅或无翅，翅脉极退化；后足腿节膨大、其腹面常 1 排齿，胫节向内弧状弯曲、末端 2 距；跗节 5 节。寄生或重寄生于其他昆虫的幼虫和蛹，常见如广大腿小蜂 *Brachymeria lasus* (Walker)、黑角洼头小蜂 *Kriechbaumerella nigricornis* Qian et He。

金小蜂科 Pteromalidae 与小蜂科相似。体微小或小型，具金属光泽及网状刻纹；后足胫节 1 距，跗节 5 节。寄生于其他昆虫的幼虫、蛹，少数寄生于卵、成虫，常见如黑青小蜂 *Dibrachys cavus* (Walker)、蝶蛹金小蜂 *Pteromalus puparum* (Linnaeus)。

广肩小蜂科 Eurytomidae 与小蜂科相似，体微小，黑色(或有黄斑)或黄色。前胸背板方形，刻点密集；雌虫腹部侧扁、末节背板梨形上举，雄虫腹部圆球形、有长柄；跗节 4 节。寄生性或植食性，如刺槐种子小蜂 *Bruchophagus philorobiniae* Liao、落叶松种子小蜂 *Eurytoma laricis* Yano、黄连木种子小蜂 *E. plotnikovi* Nikolskaya。

长尾小蜂科 Torymidae 与小蜂科相似，体微小，有黄、黑或蓝绿色斑。胸部密布刻点、点刻间有网状或皱状刻纹，后足基节比前足大 3 倍，跗节 5 节；腹部具细刻纹，产卵器管直而长。寄生或取食植物种子，其中的大痣小蜂 *Megastigmus* spp. 危害林木种子，常见如柳杉大痣小蜂 *M. cryptomeriae* Yano、圆柏大痣小蜂 *M. sabinae* Xu et He。

蚜小蜂科 Aphelinidae 体微小，短而粗，黄、黑或褐色，有黄色斑纹，无金属光泽。触角膝状，4~9 节，痣脉极短，跗节 4~5 节。多寄生于盾蚧科，部分寄生于其他介壳虫、蚜虫或粉虱。如黄金蚜小蜂 *Aphelinus chrysomphali* Mercet、绵蚜蚜小蜂 *A. mali* Haldeman。

赤眼蜂科 Trichogrammatidae 与小蜂科相似，体微小，黑色、褐色或黄色。触角轮生细毛，复眼红色，前翅常宽阔、翅面微毛排列成放射状，后翅狭窄，跗节 3 节。寄生

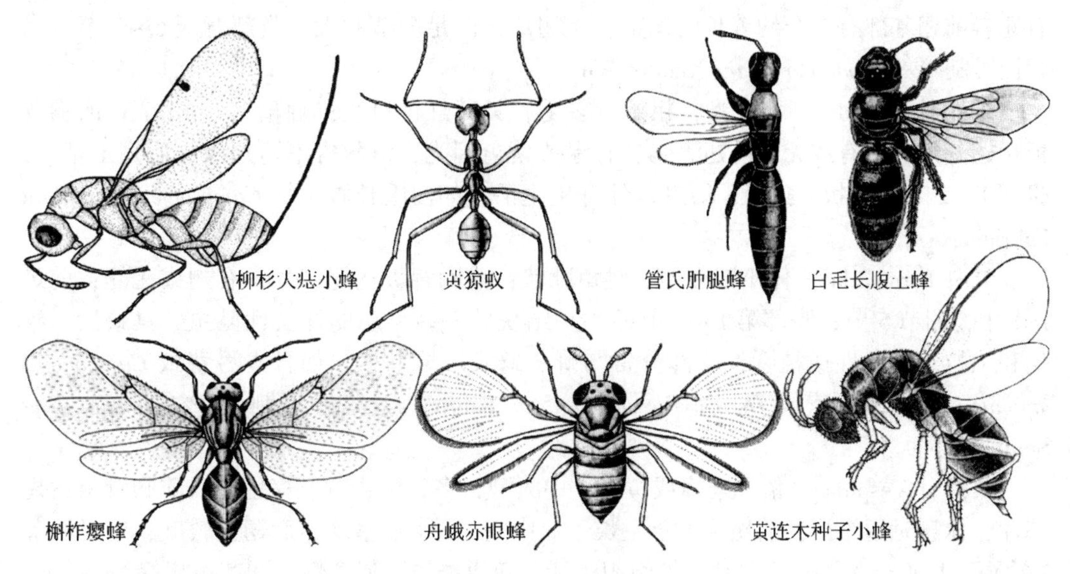

图 4-23　膜翅目各科代表(二)

于昆虫的卵，如舟蛾赤眼蜂 *Trichogramma closterae* Pang et Chen、松毛虫赤眼蜂 *T. dendrolimi* Matsumura、广赤眼蜂 *T. evanescens* Westwood。

(2)针尾部 Aculeata

胸腹衔接处细腰状，雌虫腹末端腹板不纵裂；产卵器针状，多特化为螯针，从腹末伸出(图 4-23、图 4-24)。

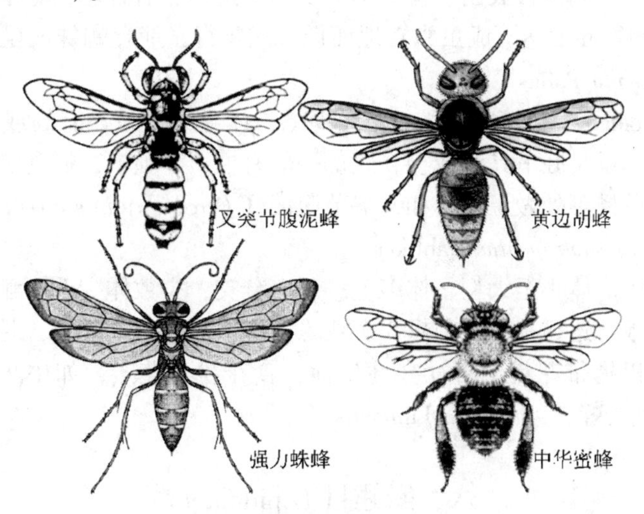

图 4-24　膜翅目各科代表(三)

瘿蜂科 Cynipidae　体微小至小型，触角线状，雌虫 13 节，雄虫 14～15 节。前胸背板伸达翅基片，前翅无翅痣，后翅无臀叶，足转节 1 节。腹部卵形或侧扁，背板 2 节占腹部的一半。多寄生于壳斗科植物，造成虫瘿，如槲柞瘿蜂 *Andricus mukaigawae* (Mukaigawa)。

肿腿蜂科 Bethylidae　微小至小型；头长大于宽，前胸背板达翅基片，有翅或无翅，有翅者前翅基部有2个约等长的翅室、无翅痣，前足腿节肿大，腹部背板6～7节。如管氏肿腿蜂 *Scleroderma guani* Xiao et Wu。

土蜂科 Scoliidae　体中型，粗壮，多毛，具黄红色斑纹；触角12～13节；前胸背板达翅基片，翅有或无，前翅黑褐、有绿或紫色闪光，纵脉常不达翅缘，后翅1基室；腹部1～2节常结状。独居，幼虫营外寄生生活。如白毛长腹土蜂 *Campsomeris annulata* Fabricius。

蚁科 Formicidae　体小至中型。触角膝状；前胸背板达翅基片，有翅或无翅；前足1大距，跗节5节；腹部第1～2节缩小呈结块状。多型态的社会性昆虫，具蚁后、雄蚁和工蚁。肉食性或植食性，部分常与蝉、蚜及木虱共栖。如日本弓背蚁 *Camponotus japonicus* Mayr、黄猄蚁 *Oecophylla smaragdina* Fabricius、双齿多刺蚁 *Polyrhachis dives* Smith。

胡蜂科 Vespidae　俗称马蜂或黄蜂。中大型，多具黑、黄、棕色斑；前胸背板达翅基片，休息时翅纵褶，前翅第1盘室长于亚中室、3个亚室缘，后翅无臀叶；中足胫节2端距，爪不分叉。营简单社会性组织生活，筑巢群居，捕食性，如黄边胡蜂 *Vespa crabo crabo* Linnaeus、普通长脚胡蜂 *Polistes olivaceus* De Geer。

蜾蠃科 Eumenidae　体中至大型。前胸背板向后伸达翅基片，前翅第1盘室长于亚基室；后翅具臀叶、有闭室。中足胫节1端距，爪分叉。腹柄长葫芦状或很短，第1、2腹节间缢缩。独栖，如细腰蜾蠃 *Eumenes arcuata* Fabricius。

蛛蜂科 Pompilidae　体小至大型，黑色、深蓝色或红褐色；触角线状、雌卷曲，前胸背板达翅基片，中胸侧板鼓出、有一斜缝；翅半透明、有虹彩，脉不达翅边缘，前翅3个亚缘室，后翅臀叶发达。成虫常在地面低飞或爬行，捕食蜘蛛或昆虫，如强力蛛蜂 *Batozonellus lacerticida* Pallas。

泥蜂科 Sphecidae　体小至大型，光滑少毛，体毛无分枝，有红或黄色斑纹；前胸背板不达翅基片，后足胫节具刺或栉，腹部一般有柄。多独栖，捕食蜘蛛与昆虫，成虫以泥土在墙角、屋檐等处做土室，如叉突节腹泥蜂 *Cerceris rufipes evecta* Shestakov、黑足泥蜂 *Sphex* (*Sphex*) *subtruncatus* Dahlbom。

蜜蜂科 Apidae　体小至大型，体多毛、毛有分支，少数体少毛；触角膝状；上唇宽大于长；前胸背板不达翅基片，前翅3个亚缘室；后足胫节常无距，胫节与第1跗节侧扁、密生细毛用以携带花粉。营社会性生活，食花粉与花蜜，如中华蜜蜂 *Apis cerana* Fabricius、意大利蜜蜂 *A. mellifera* Linnaeus。

八、鳞翅目 Lepidoptera

(一)形态特征

体小至大型，翅、体密被鳞片，形成各种斑纹。口器虹吸式或退化，触角多样。翅的连锁方式有翅缰型、翅轭型(蛾类)及翅抱型(蝶类)。腹部共10节，第1节退化，第9、10节形成外生殖器。有听器的种类听器位于腹部第1节的两侧。雄性外生殖器在分类上是用来区分种类的重要特征。

1. 成虫特殊特征

翅展即前翅后缘和体躯纵轴垂直时，两前翅顶角之间的距离。肩片即前翅基部的弯月型骨片。翼片(领片)即前胸背板前方1对薄片状骨片。毛隆位于复眼后方。

翅面有斑和纹(三斑六线)。①三斑：肾状斑位于前翅中室端部；环状斑位于中室中部；楔状斑在Cu室内、环状纹之下。此外，新月纹位于后翅中室端部；箭状纹在前翅端部。②六线：基横线是翅基部的横线，内横线是翅基部1/4处的横线，中横线在翅中部，外横线在翅端部向内1/4处，亚缘线是翅外缘内方的横线，缘线即沿外缘的横线(图4-25)。

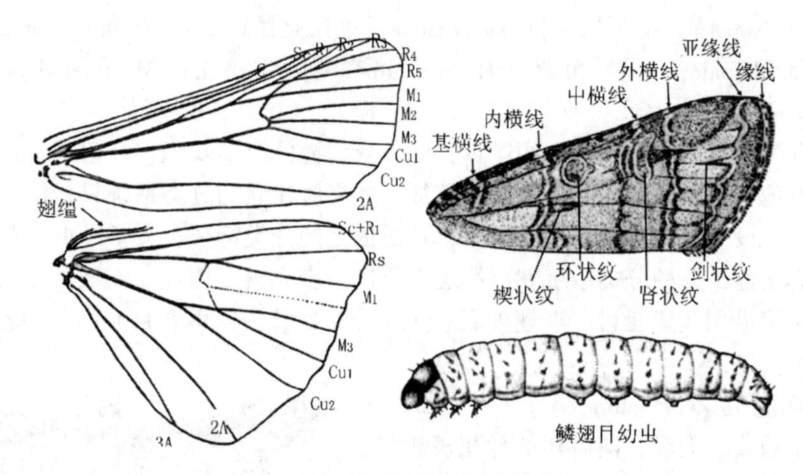

图4-25　鳞翅目的翅脉和幼虫

2. 幼虫特征

用幼虫的特征进行分类在鳞翅目应用比较普遍。幼虫蠋形，头部发达，蜕裂线明显。口器咀嚼式，有吐丝器，多能吐丝结网。胸足常发达，腹部10节，腹足通常5对，着生于第3~6腹节及第10腹节上；腹足末端具趾钩，腹末腹足称为臀足，气门一般9对，位于前胸和第1~8腹节两侧。

幼虫分类涉及的几个重要名词：头壳指数，即额(唇基)高度和冠缝(额缝)长度的比例；后颊指数，是两后颊端部之间的距离和后颊宽度的比例；趾钩，是腹足端部成列的钩状物，其长度有单序、二序、三序，排列方式有中列式、二横带式及缺环式；毛疣，是若干毛生在一个突起上；毛撮，是若干毛生在一个骨片上。原生毛是1龄幼虫就具有的体毛，在身体上有一定的位置和排列顺序(常用来作分类特征)；次生毛，是生长过程中增生的毛；毛序，是原生毛在体躯上分布的位置。

(二)生物学特征

陆栖，全变态。几乎全为植食性，食叶、钻蛀枝干、卷叶、缀叶、吐丝结网或钻入植物组织取食；极少数捕食性，捕食蚜虫或介壳虫等。1年1代或多代，或多年1代，卵散产或聚产于寄主表面或隐蔽物下。幼虫多为5龄。被蛹、且常有保护物，蝶类多在敞开环境中化蛹、不结茧，蛾类多在隐蔽处结茧或在土室化蛹。

雌雄二型普遍，蝶类白天活动，蛾类多在夜间活动、常有趋光性，食花蜜，有些种类有季节性远距离迁飞的习性，如黏虫 *Pseudaletia separata* Walker 等。部分种类是重要资源昆虫，如家蚕、柞蚕、蝙蝠蛾(冬虫夏草)、化香夜蛾(虫茶)等。

(三) 分类

全世界已知16万多种，中国已知8 000余种，该目为昆虫纲中仅次于鞘翅目的第二个大目。鳞翅目的分类系统很多，根据与见地不一、观点尚难一致，最常见的分类系统是：①轭翅亚目 Zeugloptera，无喙亚目 Aglossata(仅包括分布于澳大利亚和斐济等地的颚蛾科 Agathiphagidae 两种)，异蛾亚目 Heterobathmiina(仅包括分布于南美洲的异蛾科 Heterobathmiidae)和有喙亚目 Glossata(包括锤角亚目)。②小翅蛾亚目 Zeugloptera，蝙蝠蛾亚目 Exoporia，毛顶蛾亚目 Dacnynacha，单孔亚目 monotrysia 和双孔亚目 Ditrysia。③锤角亚目 Rhopalocera，异角亚目 Heteroneura。④大鳞翅亚目 Macrolepidoptera，小鳞翅亚目 Microlepidoptera。

昆虫分类的目的是认识和利用昆虫，向大众传播昆虫学知识，任何一个昆虫类群都可能具有其他类群所缺少的独一无二的特征，如果所建立的分类系统只能供专门研究者解释和使用，没有普及科学知识的作用，且所依据的分类特征丧失了昆虫类群在自然环境中的原本属性，这种分类系统就可能还需要进一步完善。因此，本教材不使用上述4亚目系统，仍沿用轭翅亚目、缰翅亚目(包括无喙亚目、异蛾亚目)、锤角亚目的分类系统。

1. 轭翅亚目 Zeugloptera

口器咀嚼式、无喙，前后翅的脉相极相似，都在10条以上，翅轭连锁，夜出型。幼虫腹足8对，末端均有1爪(图4-26)。

蝙蝠蛾科 Hepialidae　体小至大型，翅展20mm以上，口器退化，中脉主干在中室内分叉，前翅1A残存。幼虫腹足趾钩多行缺环，蛀食木本或草本植物的茎、根或在地下做隧道。如一点蝙蝠蛾 *Phassus signifer sinensis* Moore、虫草蝙蝠蛾 *Hepialus armoricanus* Oberthür。

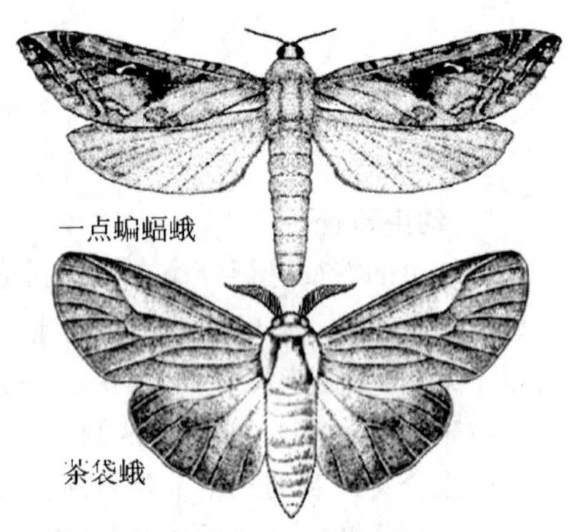

图4-26　鳞翅目各科代表(一)

2. 缰翅亚目 Frenatae

口器虹吸式(部分无喙)，后翅 $Sc+R_1$ 合并，Rs不分支，翅缰或翅贴连锁。成虫多夜间活动(图4-26、图4-27、图4-28、图4-29、图4-30)。

蓑(袋)蛾科 Psychidae　体小至大型，雌雄异型。雄成虫有翅、喙发达，翅面稀被毛及鳞片、并有透明斑，喙发达，中脉主干在中室分叉，前翅3条A脉在端部合并成1条，触角梳状；雌虫无翅，蛆状，终生匿居在幼虫所缀的巢袋中，并在袋中交尾产卵。幼虫食叶，趾钩单序环形。如茶袋蛾 *Clania minuscula* (Butler)。

细蛾科 Gracillariidae　体小型，静止时以前中、足将身体前端支起；触角丝状，无单眼，下唇须上举、3节。翅极窄、端部尖锐、缘毛长。幼虫体扁平、足退化，潜入叶、花、果和树皮内危害。如荔枝细蛾 *Conopomorpha sinensis* Bradley、梨潜皮细蛾 *Acro-*

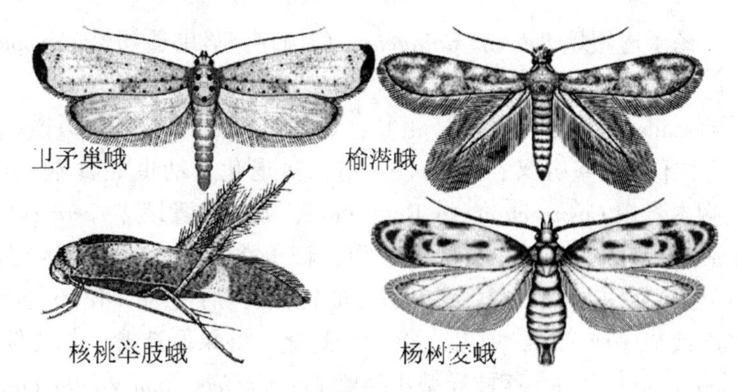

图 4-27　鳞翅目各科代表(二)

cercops astaurota Meyrick。

潜蛾科 Lyonetiidae　体小型，触角丝状、柄节“眼罩”状，头部具竖鳞。前翅极窄、指状，后翅线状、缘毛长、常有3条A脉。幼虫潜叶。如杨白纹潜蛾 *Leucoptera susinella* Herrich-Schäffer、榆潜叶蛾 *Bucculatrix thoracella* Thunberg。

麦蛾科 Gelechiidae　体极小或小型，无毛隆。前翅狭长、端部渐尖，R_4与R_5共柄；后翅菜刀状，R_S与M_1共柄或基部靠近。幼虫趾钩2序缺环或二横带，缀叶或食嫩枝。如杨树麦蛾 *Gelechia pinguinella* Trietschke、麦蛾 *Sitotroga cerealella* (Oliver)、棉红铃虫 *Pectinophora gossypeilla* (Saunders)。

巢蛾科 Yponomeutidae　体小型，触角线状、柄节有栉毛，翅较窄，常有鲜艳斑纹。前翅各脉一般分离，后R_S与M_1分离，M脉不共柄。幼虫常吐丝作巢，群居取食。如油松巢蛾 *Ocnerostoma piniariellum* Zeller、卫矛巢蛾 *Yponomeuta griseatua* Moriyti、苹果巢蛾 *Y. padella* (Linnaeus)。

举肢蛾科 Heliodinidae　体小型，前翅向端部渐窄，后翅极窄，具长缨毛。后足胫节端部、跗节上轮生刺毛，静止时后足上举。幼虫趾钩单序或双序环。如核桃举肢蛾 *Atrijuglans hetauhei* Yang、柿举肢蛾 *Stathmopoda massinissa* Meyrick。

透翅蛾科 Sesiidae　体小至中型，体形像蜂，色鲜艳。翅窄长，脉及翅缘有鳞毛、余透明，以翅钩连锁，腹末有扇状鳞簇。幼虫钻蛀木本、草本植物的干、枝、茎和根。如白杨透翅蛾 *Paranthrene tabanifor-*

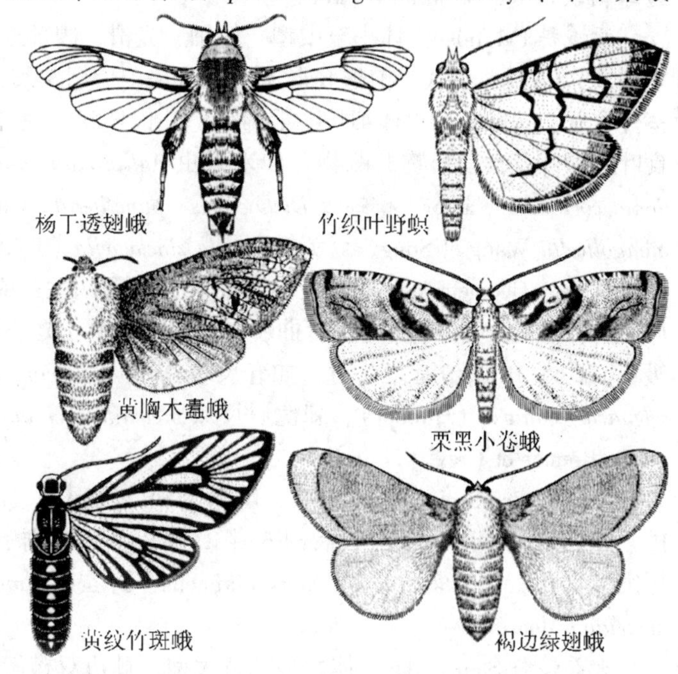

图 4-28　鳞翅目各科代表(三)

mis Rottenberg、杨干透翅蛾 *Sphecia siningensis* (Hsu), 苹果透翅蛾 *Conopia hector* Butleer。

木蠹蛾科 Cossidae　体小至大型、粗壮，翅面具斑点或不规则短横线状纹(似蜡染之布纹)。中脉主干在中室分叉，前翅有径室，喙退化。幼虫蛀食木本或草本植物的茎、根。如黄胸木蠹蛾 *Cossus chinensis* Rothschild、咖啡豹蠹蛾 *Zeuzera coffeae* Nietner。

卷蛾科 Tortricidae　体小型，头部有竖鳞，触角常丝状；前翅肩区突出、略呈长方形(静止时呈吊钟形)，R 脉不合并，1A($=Cu_2$)游离；后翅 $Sc+R_1$ 不与 Rs 接触。幼虫趾钩环状、单序或二序或三序，卷叶、潜叶、蛀茎、蛀果及造瘿，如枣镰翅小卷蛾 *Ancylis* (*Anchylopera*) *sativa* Liu、荔枝异型小卷蛾 *Cryptophlebia ombrodelta* Lower、油松球果小卷蛾 *Gravitarmata margarotana* (Heinemann)、梨小食心虫 *Grapholitha molesta* Busck、苹小食心虫 *G. inopinata* Heinrich、苹果蠹蛾 *Cydia pomonella* (Linnaeus)。

斑蛾科 Zygaenidae　体小至大型，色彩常鲜艳，昼出型。毛隆发达，喙发达；翅面常有金属色，中室有主干，前翅 R_5 脉独立或与 R_4 共柄，后翅 $Sc+R_1$ 与 Rs 间有横脉连接或愈合至中室近末端，雄性触角羽状。幼虫体具次生毛丛，食叶。如梨星毛虫 *Illiberis pruni* Dyar、茶斑蛾 *Eterusia aedea* Clerck、黄纹竹斑蛾 *Allobremeria plurilineata* Alberti。

刺蛾科 Eucleidae(Limacodidae)　体中型，粗壮，翅面斑纹简单。前翅中室中脉主干存在，$R_3\sim R_5$ 共柄；后 $Sc+R_1$ 翅从中室中部分出，Rs 与 M_1 基部接近或共柄。幼虫蛞蝓形，体多毒枝刺，食叶，结石灰质茧化蛹。如白痣姹刺蛾 *Chalcocelis albiguttata* (Snellen)、黄刺蛾 *Cnidocampa flavescens* (Walker)、窃达刺蛾 *Darna trima* (Moore)、褐边绿刺蛾 *Latoia consocia* Walker。

螟蛾科 Pyralidae　体小至中型，体细、光滑、腹部末端尖，腹部第 1 节有听器。中室闭式，Cu 脉 4 叉式，前翅 R 脉有共柄现象；后翅 3 条 A 脉，$Sc+R_1$ 与 Rs 平行或在中室外合并、接触。幼虫体细长、毛稀少，趾钩环状、缺环或横带，单序、二序或三序；食叶、缀叶及食动植物贮藏物。如米黑虫 *Aglossa dimidiata* Haworth、竹织叶野螟 *Algedonia coclesalis* Walker、桃蛀螟 *Dichocrocis punctiferalis* Guenée、樟子松梢斑螟 *Dioryctria mongolicella* Wang et Sung、豆荚螟 *Etiella zinckenella* (Treitschke)。

尺蛾科 Geometridae　体小至大型，体细，翅阔大，或无翅或翅退化。Cu 脉 3 叉式；后翅 $Sc+R_1$ 在基部近直角状弯曲，与 Rs 构成 1 小翅室。幼虫体无毛，食叶，称“尺蠖”，第 6、10 腹节有足 2 对。如春尺蠖 *Apocheima cinerarius* Erschoff、大造桥虫 *Ascotis selenaria dianaria* (Hübner)、刺槐眉尺蛾 *Meichihuo cihuai* Yang、槐尺蛾 *Semiothisa cinerearia* Bremer et Grey。

蚕蛾科 Bombycidae　体中型，触角羽状，喙退化。前翅外缘顶角处常内凹，至少 R_3、R_4 与 R_5 共柄，中室小；后翅 $Sc+R_1$ 与 Rs 间一横脉，A 脉 3 条。幼虫腹节 8 背面 1 尾突，食叶。如家蚕 *Bombyx mori* Linnaeus、野蚕 *B. mandarina* Moore、桑蟥 *Rondotia menciana* Moore。

天蚕蛾科 Saturniidae　体大型或特大型，触角双栉齿状，喙退化。前翅中室常有透明斑，R 脉 3～4 支，后翅 $Sc+R_1$ 与 Rs 间无横脉、A 脉 1 条、或有尾状突。幼虫粗壮、有枝刺或瘤状刺突，趾钩中列、二序，食叶。如柞蚕 *Antheraea pernyi* Guérin-Méneville、银杏大蚕蛾 *Dictyoploca japonica* Moore、蓖麻蚕 *Philosamia cythia ricina* Donovan。

枯叶蛾科 Lasiocampidae 体中大型、粗壮多毛。触角栉齿状，喙退化，无翅缰，前翅 R_5 与 M_1 有短柄，后翅有肩脉及亚前缘室，肩角扩大。幼虫粗壮、多毒毛，前胸常 1~2 对生长毛簇的突起，趾钩中列式、二序，食叶。如黄褐天幕毛虫 *Malacosoma neustria testacea* Motschulsky、白杨枯叶蛾 *Bhima idiota* Graeser、马尾松毛虫 *Dendrolimus punctatus*（Walker）、落叶松毛虫 *D. superans*（Butler）、油松毛虫 *D. tabulaeformis* Tsai et Liu。其中的松毛虫是我国松林的一大害虫。

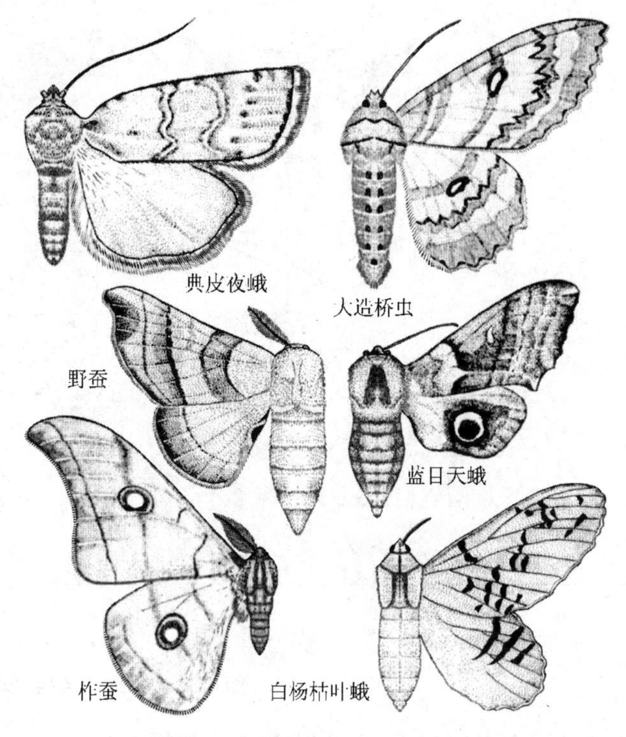

图 4-29 鳞翅目各科代表(四)

天蛾科 Sphingidae 体中大型，纺锤形，善飞翔。喙发达，触角中部粗壮、末端钩状，前翅近三角形，后翅 $Sc+R_1$ 与 Rs 间一横脉，腹部第 1 节有听器。成虫飞行迅速，能在飞停空中、取食，或有访花习性。幼虫体粗壮、无毛，各腹节具 8~9 小环，第 8 腹节背面 1 个尾角，趾钩中列式、二序，食叶。如南方豆天蛾 *Clanis bilineata bilineata*（Walker）、蓝目天蛾 *Smerinthus planus planus* Walker。

夜蛾科 Noctuidae 体小至大型，粗壮，毛蓬松，腹部第 1 节有听器。前翅 Cu 脉接近 4 叉式，后翅 $Sc+R_1$ 与 Rs 在中室近基部呈点状接触、形成一小基室。成虫夜间活动，幼虫体少毛、具各种纵条纹；腹足 3~5 对，趾钩中列式、单序或二序；幼虫食叶、幼苗、嫩茎、蛀茎或果实，夜间活动、白天潜伏于土中，少数日夜均活动。如小地老虎 *Agrotis ypsilon*（Rottemberg）、黄地老虎 *A. segetum*（Denis et Schiffermüller）、化香夜蛾 *Hydrillodes morosa* Butler、杨梦尼夜蛾 *Orthosia incerta*（Hüfnagel）、典皮夜蛾 *Sarrothripus revayana*（Scopoli）。

舟蛾科 Notodontidae 与夜蛾科相似。前翅有径室，Cu 脉 3 叉式，后翅 $Sc+R_1$ 不与 Rs 接触。幼虫具瘤突，臀足特化为枝状尾突或退化，静止时头及腹部末端上举，侧观如小舟，故称为“舟形毛虫”，食叶、有群集性。如竹蓖舟蛾 *Besaia goddrica*（Schaus）、杨二尾舟蛾 *Cerura menciana* Moore。

毒蛾科 Lymantriidae 与夜蛾科相似，成虫静止时前足向前伸出。前翅 Cu 近 4 叉式，后翅 $Sc+R_1$ 接触于 Rs 基部的 1/3 处，形成一大型基室；雌腹部末端常有毛簇。幼虫体毛色常鲜艳、长短不一、有毒，前胸两侧常有一斜前伸的毛丛，幼虫第 6、7 腹节

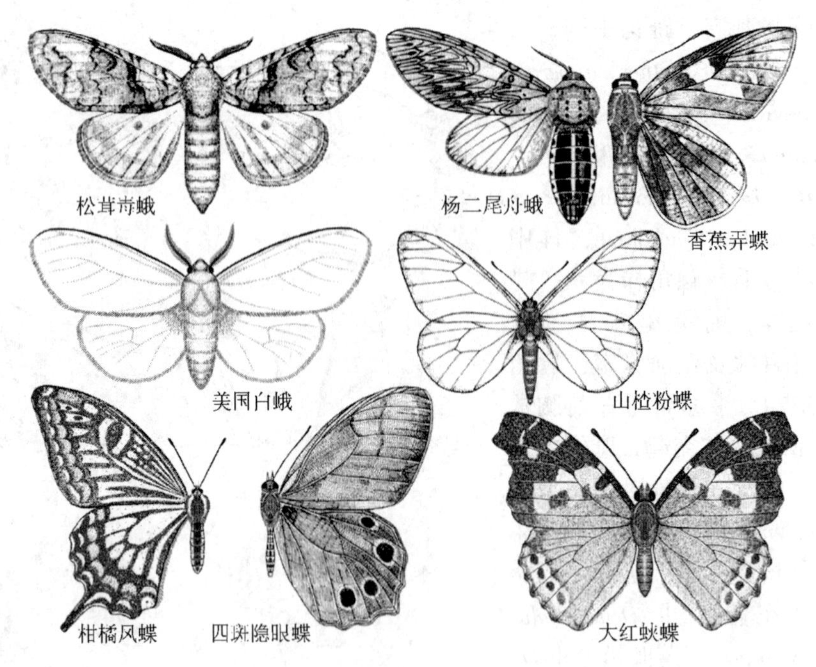

图4-30 鳞翅目各科代表(五)

背中央各1翻缩腺，趾钩中列式。如舞毒蛾 *Lymantria dispar* (Linnaeus)、杨毒蛾 *Stilpnotia candida* Staudinger、松茸毒蛾 *Dasychira axutha* Collenette、侧柏毒蛾 *Parocneria furva* (Leech)。

灯蛾科 Arctiidae　与夜蛾科相似，体色常鲜艳。前翅近4叉式，后翅 $Sc+R_1$ 与 Rs 有长距离的合并，A脉2条。幼虫体密生瘤突及有色毛丛、毛长短较一致，如检疫害虫美国白蛾 *Hyphantria cunea* (Drury)、人纹污灯蛾 *Spilarctia subcarnea* (Walker)。

3. 锤角亚目 Rhopalocera

蝶类。触角棒状、锤状，翅(抱)贴连锁，后翅 Rs 不分支。日间活动(图4-30)。

弄蝶科 Hesperiidae　体小至中型，头比前胸宽。触角棒状，基部远离，端部有钩，复眼有睫毛；前后翅R脉5分支、不共柄。幼虫体呈纺锤形，头大、前胸小略呈颈状，趾钩环式、二序或三序，食叶。如竹褐弄蝶 *Matapa aria* Moore、直纹稻弄蝶 *Parnara guttata* Bremer et Grey、香蕉弄蝶 *Erionota torus* Evans。

凤蝶科 Papilionidae　体大型。触角基部互相靠近、端部无钩；前翅径脉R脉5条、有共柄，后翅有肩脉及亚前缘室、外端常1尾突；A脉前翅2条、后翅1条，前足正常。幼虫后胸高隆，前胸背中央有1可翻出的臭"Y"腺。食叶，取食芸香科、樟科、伞形科和马兜铃科等植物。如柑橘凤蝶 *Papilio xuthus* Linnaeus、宽尾凤蝶 *Agehana elwesi* Leech。

粉蝶科 Pieridae　体中型，白色或黄色、有黑及或多或少的红色斑点。前翅近三角形、后翅近卵圆形，A脉前翅1条、后翅2条，前足正常。幼虫体具小颗粒，密生细短毛，每体节4~6小环节，趾钩中带式、二序或三序。如山楂粉蝶 *Aporia crataegi* Linnaeus、宽边小黄粉蝶 *Eurema hecabe* (Linnaeus)、菜粉蝶 *Pieris rapae* (Linnaeus)。

蛱蝶科 Nymphalidae　体中至大型，色斑鲜艳。触角端部特别膨大，翅外缘波纹状或呈不整齐的齿状；A 脉前翅 1 条、后翅 2 条，前足退化。幼虫有瘤状突、角或分枝的刺。如榆黄黑蛱蝶 *Nymphalis xanthomelas* Linnaeus、大红蛱蝶 *Vanessa indica* Linnaeus。

眼蝶科 Satyridae　体小至中型，体色暗。翅面常有眼状斑，前翅主脉基部特别膨大，前足退化。幼虫头部常分二叶或具角状突，前胸颈状，腹末 1 对尾突，趾钩中带式，单序、二序或三序。如四斑隐眼蝶 *Lethe syrcis* Hewitson。

灰蝶科 Lyeaenidae　体小型，复眼四周围及触角各节有白环。翅面有眼斑或细纹，前翅 R 脉 3 ~4 支，后翅常 1 尾状突，A 脉 2 条。雌虫前足正常，雄虫前足缩短。幼虫食叶、花或果实。如豆灰蝶 *Plebejus argus* Linnaeus、蓝灰蝶 *Everes argiades* Pallas。

斑蝶科 Danaidae　体中至大型，色彩美丽，飞行缓慢。前翅 R 脉 5 条，R_3 ~ R_5 共柄，A 脉基部分叉，前足退化。幼虫体光滑，头小，体节有许多横皱纹，并常有数对长线状肉刺，喜群栖。如金斑蝶 *Danaus chrysippus*（Linnaeus）。

九、双翅目 Diptera

(一) 形态特征

包括蝇、虻、蚋、蚊类。体微小至中型，刺吸式或舐吸式口器，触角或线状、6 节以上，或具芒状、3 节，或第 3 节末端各亚节呈刺状；仅 1 对发达的膜质前翅、翅脉简单，后翅特化为平衡棒。复眼大、占据头部的大部分，跗节 5 节，具有伪产卵器。翅及胸部结构如图 4-31，特殊特征如下。

翅基部的瓣　前翅后缘除臂叶外，还具有轭瓣(jugum)、翅瓣(alula)、腋瓣(calypter)，其中腋瓣较厚、被微毛也较多。

新月缝(fruntal lunala)　触角上方的额部一呈弧形向下弯曲的缝。

额囊(ptilinum)　初羽化或虫体受挤压时能从新月缝中翻出的泡状物。

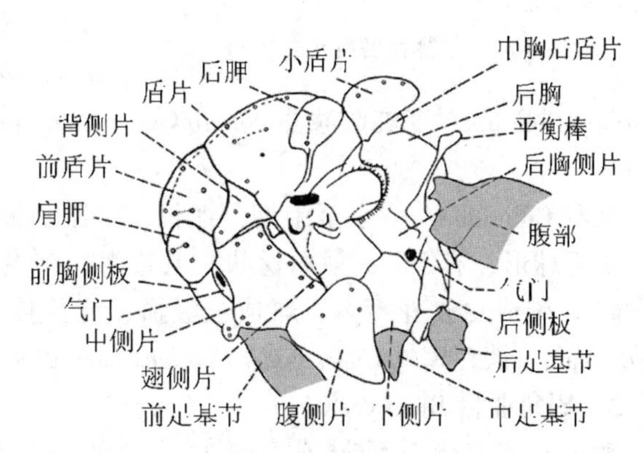

图 4-31　双翅目昆虫翅脉及胸部结构

(二) 生物学特征

完全变态。大多数两性卵生，仅少数孤雌生殖、幼体生殖、卵胎生、蛹生；雌虫将卵或幼虫分散或成堆产于寄主及其他物体表面或寄主组织中。幼虫无足型、蛆式，全头式、半头式或无头式；多水生或生活在阴湿处，植食、捕食、寄生、腐食或粪食，幼虫期蚊类4龄，虻类5~8龄，蝇类3龄，裸蛹或围蛹。其中植食性种类有的潜叶、蛀茎、食根、危害种实、造瘿等。

成虫飞翔范围较大，多在白天或黄昏活动，觅食花蜜、动植物的汁液与分泌物等液体；但蚊、蚋、蠓、虻和部分蝇类吸食人畜血液，传播各种传染病，是人与家畜的卫生害虫。

(三)亚目、重要科及其特征

本目全世界已知有150 000多种，中国已记载5 000多种。根据触角和口器类型，一般分为长角亚目、短角亚目和环裂亚目(芒角亚目)3个亚目。

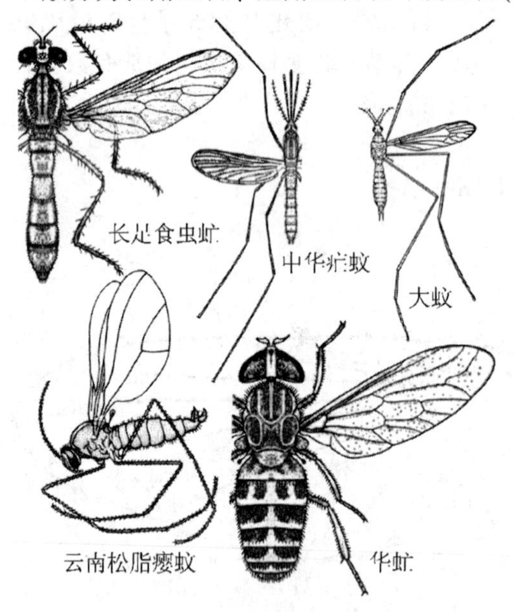

图4-32 双翅目各科代表(一)

1. 长角亚目 Nematocera

触角6节以上，鞭节间连接不坚实、各节相似；下颚须4~5节(图4-32)。

大蚊科 Tipulidae 体小至大型，体细长。无单眼，触角长，中胸背板前盾沟"V"字状，Sc端部与R_1连接，Rs分3支，A脉2条，足细长易脱落。幼虫多为腐食性。如大蚊 *Tipula praepotens* Wiedemann。

瘿蚊科 Cecidomyiidae(Itonididae) 体小或微小，细弱，刺吸式口器。触角念珠状，雄虫触角常有环状毛；翅基仅1基室，脉3~5支，Rs不分支。幼虫纺锤形，头部退化，中胸腹面1"丫"形骨(剑状骨)。多植食性，极少数肉食性；植食性可危害植物各部位，部分造瘿。如云南松脂瘿蚊 *Cecidomyia yunnanensis* Wu et Zhou、柳瘿蚊 *Rhabdophaga salicis* Schrank、麦红吸浆虫 *Sitodiplosis mosellana* Gehin、柑橘花蕾蛆 *Contarinia citri* Barnes。

蚊科 Culicidae 体小至中型，细长，口器刺吸式，体表、附肢、翅边缘和脉具鳞片。头近球形、有细颈；触角丝状、毛轮生，雄虫触角环毛状。幼虫生活于水中，称"孑孓"。雄成虫食花蜜等，雌成虫吸血、能传播疾病。如中华疟蚊 *Anopheles sinensis* Wiedemann、淡色库蚊 *Culex pipiens pallens* Coquillett。

2. 短角亚目 Brachycera

触角3节，鞭节延长或由紧密结合的亚节组成或具端刺，下颚须2节以下(图4-32)。

虻科 Tabanidae 体中大型，粗壮，头阔、半球形，复眼雌离眼式、雄合眼式，口器刺舐式，触角牛角状，体无粗刚毛。至少中足胫节有距，足三重垫，腹部阔扁。雄虫食花蜜或花粉、雌吸血，幼虫水生或半水生、腐食或捕食。如华广虻(原野虻、牛虻) *Tabanus amaenus* Walker、华虻 *T. mandarinus* Shiner。

食虫虻科 Asilidae　又称盗虻科。体小至大型，多毛；头宽、具细颈，复眼凸出，头顶凹陷，3个单眼位于凹陷部的瘤状体上，触角具端刺，口器刺吸式，足爪有垫。幼虫生活于富含有机质的潮湿场所，多捕食性、少数植食性，如中华基叉食虫虻 *Phirodicus chinensis* Shiner、长足食虫虻 *Dolichopus japonicum* (Bigot)。

3. 环裂亚目 Cyclorrhapha (**芒角亚目** Aristocera)

触角短，3节(偶见4节)，第3节背面具触角芒。下颚须2节以下。通称蝇类(图4-33)。

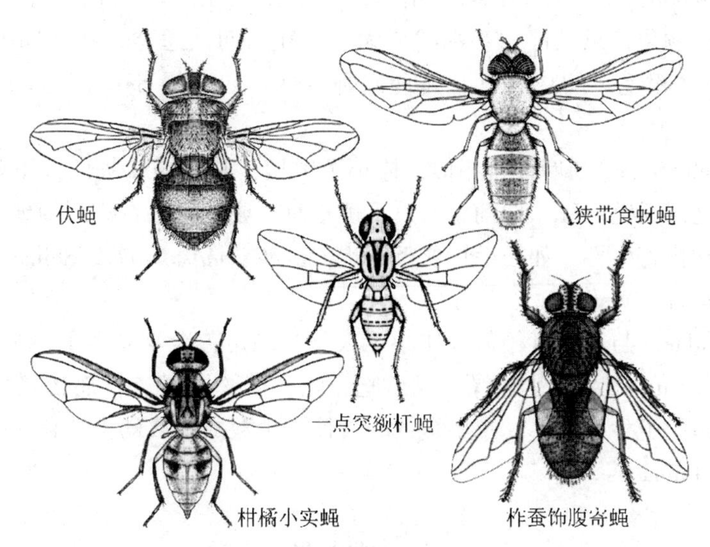

图4-33　双翅目各科代表(二)

(1)无缝组 Aschiza

触角基部无额囊缝。

食蚜蝇科 Syrphidae　体小至中型，形似蜜蜂或胡蜂，常有黑黄相间的条带。额部无新月缝及额泡、或不清晰，R与M脉之间有伪脉。成虫常在阳光下取食花蜜和花粉，幼虫捕食、寄生、腐食或植食性。如狭带食蚜蝇 *Syrphus serarius* Wiedemann。

(2)有缝组 Schizophora

触角基部有额囊缝。据有无腋瓣可分为无瓣类和有瓣类。

杆蝇科 Chloropidae　亦称黄潜蝇科。体微小至小型，具斑纹。头部有新月缝及额泡，无腋瓣；C脉有1个缘折，R脉1支，M脉2支。幼虫蛀食禾本科及杂草的茎、叶，并引起组织增生。如危害竹尖的一点突额杆蝇 *Terusa frontata* (Becker)、麦秆蝇 *Meromyza saltorix* Linnaeus。

实蝇科 Trypetidae(= Tephritidae)　体小至中型，黄或褐色，头大，头后细颈状，翅有云雾状斑或带纹，C脉有2个缘折，中足跗节有距，雌虫产卵管长而扁平。幼虫潜茎、叶、果，造瘿。如橘小实蝇 *Bactrocera dorsalis* (Hendel)。

果蝇科 Drosophilidae　体小型，浅黄，有黑斑，复眼常红色，触角芒羽状。中胸背板2~10列刚毛，C脉2个缘折。喜在腐败具发酵味的果实、叶等处生活。如黑腹果蝇 *Drosophila melanogaster* Meigen。

花蝇科 Anthomyiidae 体小至中型，常灰黑色，触角芒光裸或有羽毛。中胸背板具盾间沟，前翅 M_{1+2}脉端部不向前弯曲，Cu_2+2A 脉伸达翅后缘。常见于花草间，故名花蝇；幼虫通称地蛆或根蛆。如横带花蝇 *Anthomyia illocata* Walker。

丽蝇科 Calliphoridae 体中至大型，金蓝、绿色。头部有新月缝，触角芒全羽状，翅基有腋瓣；M_{1+2}向前急弯与 R_{4+5}形成闭室。成虫能传播痢疾和伤寒等，幼虫腐食或粪食性。如亮绿蝇 *Lucilia illustri* (Meigen)、伏蝇 *Phormia regina* Robineau-Desvoidy。

麻蝇科 Sarcophagidae 与丽蝇科相似；体中至大型，常灰色，背面有银白色云斑、或镶嵌斑。触角芒只基部一半羽状或无毛；M_{1+2}向前急弯，在弯曲处有一距状短脉(M_2)；腹部多粗毛。幼虫腐食、粪食或寄生性。如麻蝇 *Sarcophaga naemorrhoidalis* Fallen。

寄蝇科 Tachinidae 与麻蝇科相似；体小至中型，黑、褐或灰色，体有斑纹、多硬鬃毛，触角芒光滑无毛。M_{1+2}向前急弯，下侧板有1或几行垂直排列的硬毛；中胸后盾片圆形鼓起。幼虫寄生性。如松毛虫狭颊寄蝇 *Carcelia matsukarehae* Shima、柞蚕饰腹寄蝇 *Blepharipa zibina* (Walker)。

蝇科 Muscidae 与寄蝇科相似。体小至大型，触角芒全羽状；下侧板无成列硬毛，M_{1+2}向前急弯，Cu_2+2A 不达翅缘。成虫吃、吐、排粪同时进行而传播疾病、污染食物，是重要的医学卫生害虫。幼虫腐食或粪食性，少数成虫或幼虫捕食、吸血。如家蝇 *Musca domestia* Linnaeus。

十、螨 类

蜱螨 Acari(= Acarina)属于节肢动物门铗角亚门蛛形纲。成螨体长 100~200μm，幼螨和若螨则更小，许多是农林植物的害虫，部分种类是害虫的天敌。植食螨刺吸危害植物的叶、嫩茎、叶鞘、花蕾、花萼、果实、块根、块茎、农林产品的加工品。刺吸植物汁液时分泌有毒物质、传播植物病害，使植物出现褪绿、发黄或发红，严重的引起叶果凋落；或形成虫瘿、绒毛状组织，或使枝叶组织卷缩扭曲。部分螨传播人类疾病，如恙螨传播恙虫病、革螨传播流行性出血热，蜱类亦是森林脑炎、牲畜焦虫病的传播媒介。

(一)螨类的形态特征

蜱类体多为椭圆形，头、胸、腹愈合，但一般可分为前端的颚体(gnathosoma)和后端的躯体(idiosoma)两部分。雌性个体一般大于雄性。

1. 颚体

颚体包括口器、螯肢、须肢和感觉器官。原始形式的螯肢为钳状、2~3节，其功能是抓取和弄碎食物。螨类螯肢的形状变化在叶螨、细须螨和瘿螨特化成尖利的口针，能刺破植物的组织，并吮吸其营养物质。须肢位于螯肢的外侧，由基节、转节、股节、膝节、胫节和跗节6节组成，有时少于5节或发生其他的特化；其主要功能是抓住食物，摄食后清扫螯肢，雄螨在交尾时抱持雌螨等(图4-34)。

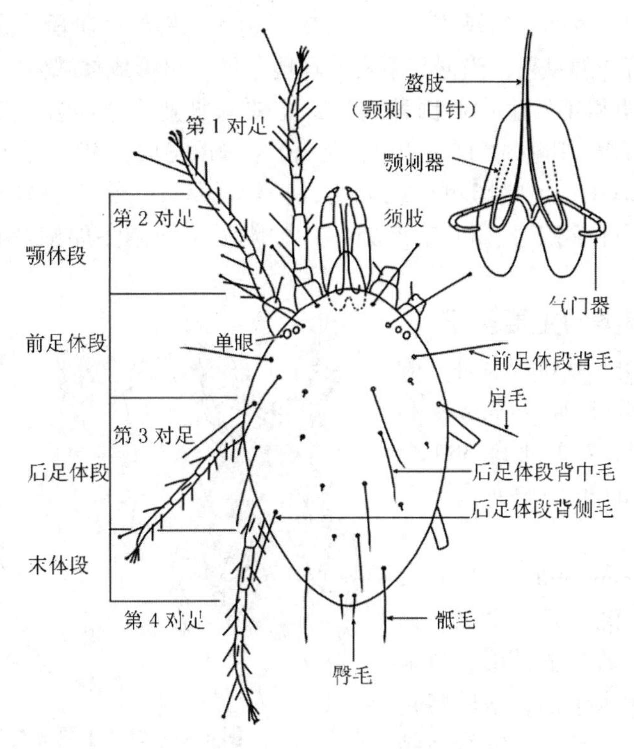

图 4-34 螨类的形态特征

2. 躯体

躯体位于颚体的后方，包括前足体、后足体和末体三部分。整体观呈囊状(背观椭圆形)、菱形、扁圆形、长囊形等。背、腹面常有骨化的盾板，细或粗的绉纹、刻点和瘤突，有各种类型的体毛如短刚毛、长刚毛、长鞭毛、分支毛、棘状毛、披针毛、刮铲状毛(或称抹刀状)、阔叶状毛、长叶和球杆状毛等。

成螨和若螨有 4 对足，幼螨足 3 对，瘿螨只有 2 对足，由基节、转节、股节、膝节、胫节和跗节 6 节组成。跗节的前端时有趾节，趾节常形成步行器(ambulacrum)；步行器由 1 对爪和 1 个爪间突组成。许多螨类的足 I(第 1 对足)常是感觉器官，或在交配时抱持雌螨，而不参与真正的步行。

螨类只有成螨有生殖孔，多数螨类在后半体背侧或腹侧有气门，有的气门位置在螯肢基部或前足体的肩角上；气门周围有气门板，自气门向前方延长的沟称为气门沟。

(二)螨类生物学

螨类分布极广，多陆生，少数生活在淡水和海水中，能通过气流、流水等自然途径及苗木运输、田间操作等人为途径远距离传播。其食性较复杂，叶螨、细须螨和瘿螨等植食性螨类刺吸植物的液汁，粉螨和蒲螨科穗螨属的腐食性螨类以腐烂的植物碎片、苔藓和真菌的菌丝体为食，植绥螨、肉食螨和长须螨等捕食其他螨和小型昆虫，跗线螨、赤螨和绒螨科等寄生在鞘翅目、鳞翅目、膜翅目、半翅目、同翅目和双翅目等昆虫的体外，寄生和捕食螨可作为天敌利用。

螨类具性二型和多型现象，多数营两性生殖，部分孤雌生殖。其个体发育阶段因种类而异，叶螨一般经过卵、幼螨、第1及第2若螨和成螨5个阶段，在进入第1、2若螨和成螨之前各有一静息期，当遇到不良的环境条件时可形成休眠体。

螨类世代历期和年发生代数因种而异，主要农林业害螨年发生3～10代，多达20多代。非越冬雌螨其寿命15～20d，常20～40d完成一代。雄螨的寿命常较雌螨短，交配之后即死亡。螨卵单产或成块，产卵量从几十到上百粒，多数螨类的卵产在其取食的寄主植物上，如叶螨产卵在叶脉附近，而越冬卵则产在枝条上或树干的裂隙中。

(三)林业螨类的主要类群

全世界有蜱螨500 000余种，蜱螨亚纲可分为寄螨目 Parasitiformes 和真螨目 Acriformes，7个亚科380个科。与林木有关的重要科如下(图4-35、图4-36)。

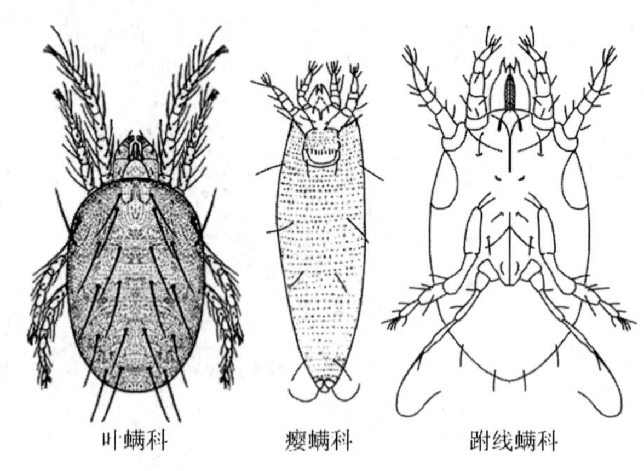

图4-35 林业重要螨类(一)

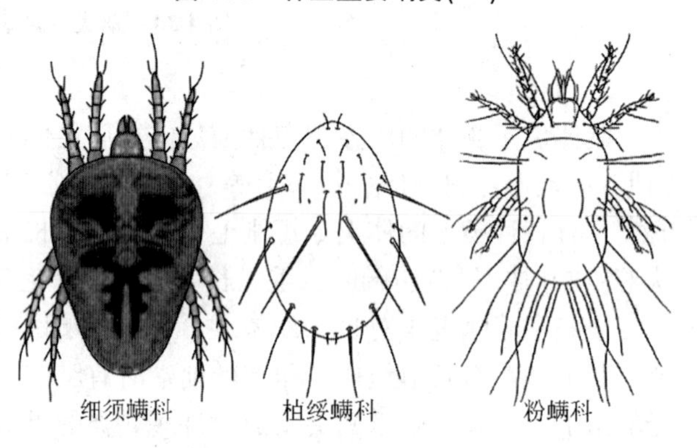

图4-36 林业重要螨类(二)

叶螨科 Tetranychiidae 体长0.2～1.0mm，柔软，黄、黄绿、橘红、红或红褐色。雌螨椭圆形，雄螨体小，呈菱形、腹末尖削；螯肢特化为口针，须肢5节、具拇爪复合体结构，跗节刚毛6～7根。多数生活在各种植物叶片背面，部分能结丝网或光洁丝膜，群集于膜下生活，如二斑叶螨 *Tetranychus urticae* Koch、山楂叶螨 *T. viennensis* (Zacher)。

瘿螨科 Eriophyidae 体狭、长0.1～0.2mm，蠕虫形，体面有横环纹，足2对。靠风力、昆虫、鸟类和寄主植物运输等扩散。多专性寄生于多年生植物，危害叶片或果实，或传播植物病毒病，在叶片上危害时常形成毛毡病。如柑橘绣螨 *Phyllocoptruta oleivora* Ashmead、杨四刺瘿螨 *Tetraspinus populi* Kuang et Hong。

跗线螨科 Tarsonemidae 体长0.1～0.3mm，椭圆形或梭形，雄虫腹末尖削，多白或黄色，颚体微小。雄螨足Ⅳ粗壮、内弯、末端1爪，雌螨足Ⅳ纤细、末端2根长鞭毛。寄生于动植物，或栖息土中及贮藏物等环境，植食、菌食、藻食、捕食和寄生。如侧多食跗线螨 *Polyphagotarsonemus latus* (Banks)。

细须螨科 Tenuipalpidae 体长0.2～0.4mm，多深红、黄褐或苍白色，卵形或梨形，螯肢特化为口针状，雌雄大小相似。须肢1～5节，无拇爪复合体。躯体多扁平、骨化，背面常有网状花纹，跗节刚毛最多3根。寄生于植物叶片、叶柄、嫩枝和幼枝上或生活在虫瘿内，如卵形短须螨 *Brevipalpus obovatus* Donnadieu。

粉螨科 Acaridae　成螨体长 0.2 ~ 0.4mm，柔软，白或灰色。螯肢钳状、有钳齿。前、后足体间盾沟明显，第 1、2 对足跗节各 1 棒状感觉毛，跗节末端有爪和爪垫。植食、菌食和腐食，危害贮粮和贮藏食品，并能引起人的皮炎和呼吸道疾病。如腐食酪螨 *Tyrophagus putrescentiae*（Schrank）。

植绥螨科 Phytoseiidae　成螨体 0.3 ~ 0.7mm，多椭圆形，活体半透明、有光泽，乳白、淡褐或红色；体背具背板 1 块，腹前端具胸叉，腹面有胸板、生殖板和腹肛板等；雄螨螯肢有各种导精趾，足细长、毛粗大。捕食叶螨、瘿螨、跗线螨、蚜虫和介壳虫等，为重要的捕食性天敌。如智利小植绥螨 *Phytoseiulus persimilis* Athias-Henriot。

复习思考题

1. 什么是命名法、双名法、三名法、优先律？
2. 昆虫分类有哪些学派？
3. 与森林有关的昆虫各目及各目中常见的科各有哪些主要特征？
4. 螨类与昆虫的形态特征有哪些异同？

推荐阅读书目

昆虫分类学. 袁锋，张雅林，等. 中国农业出版社，2006.
昆虫分类(下). 郑乐怡，归鸿. 南京师范大学出版社，1999.
农业昆虫学鉴定. 李照会. 中国农业大学出版社，2002.

第五章　昆虫生态学

【本章提要】本章主要介绍昆虫种群及其非生物和生物影响因素，昆虫种群生命表及其应用，森林昆虫群落及其演替，森林害虫的预测预报等内容。以助于全面了解森林昆虫的发生规律，探索森林昆虫利用和害虫控制途径。

生态学是人类认识生物界的发展与更替的手段和工具，该学科与其他生物学科如进化论、生理、遗传、分类、动物地理、害虫防治、益虫饲养、森林学、植物学、生物统计学等有密不可分的联系。现代生态学也称为生物系统(biosystem)，即生物与环境相互联系、相互作用所构成的统一整体。涵盖的内容包括生物群落与生境中的无机环境构成的相互联系的体系即生态系统(ecosystem)，一个生境内相互联系的各个种群所组成的体系即群落(community)，在同一时期内占有一定生存空间进行繁衍的同种个体的集合即种群(population)。与种群概念相近的是种群生命系统(life system)，即一个对象种群和影响该种群的环境所组成的系统。

昆虫生态学(insect ecology)是研究昆虫与周围环境相互关系的学科，研究的意义在于认识昆虫发生规律和动态机制，有效利用和控制森林害虫。具体讲包括害虫发生期与发生量预测，确定检疫对象，选择控制害虫措施、评价其实施效果，生物防治技术与利用，高效精准杀虫剂的使用技术，益虫的饲养和利用等。

第一节　种群及其研究内容

种群是生态学中的基本研究对象，种群的基本成分是有潜在互配能力的个体。自然种群具有3个特征：空间特征，即种群具有一定的分布区域和存在形式；数量特征，即单位面积或空间的个体数量或密度将随时间而发生变动；遗传特征，即种群具有一定的区别于其他物种基因组成。

一、种群数量动态特征

种群动态是种群研究的核心问题，种群数量特征是种群动态分析的基础，主要包括种群密度、出生率、死亡率、迁入率、迁出率、性比和年龄组配等种群结构特征。

(一)种群密度

昆虫的种群密度(population density)是指单位空间内同种昆虫的个体数量，常以单位面积、单位样本(如 m^2、叶、果等)上的实际个体数表示。可通过直接调查如抽样、标记重捕、捕获量(百网虫数)或诱捕量，间接调查如虫害指数、危害状估算法及排泄物推算获得。

绝对密度　通过总数量、抽样、标记重捕调查所得的种群密度为绝对密度。如标记重捕法调查，在一定空间内标记(如喷涂颜料、示踪原子等)、释放、捕回成虫，按释放和捕回数量比估计种群基数，种群基数 $N=(n\times m)/M$，其中，n = 捕回成虫总量，m = 释放标记成虫量，M = 捕回标记成虫量。

相对密度　单位时间内捕获量(如百网虫口数)或黑光灯诱集的上代总量作为下代的种群基数或用有虫株率表示的种群密度。

(二)种群的固有特征

出生率(natality)　是种群数量变动的固有能力，以单位时间内种群新增的个体数 $B=\Delta N/\Delta t$、或平均每个体的新增个体数 $b=\Delta N/\Delta t\cdot N$ 表示。其中，在无任何生态因子限制、只受生理因素所限制的理想条件下种群的理论出生率(内禀增长率)为最大出生率(naximum natality)，种群在某真实或特定条件下的实际出生率(生态出生率)为实际出生率(realized natality)。在特定时间及条件下种群的消长状况为净增殖率，即 $R_0=B-M$，M 为生理死亡率。

内禀增长率(intrinsic rate of natural increase)　理想条件下允许种群无限制地增长时种群的出生率为内禀增长率 r_{max}，或指稳定年龄结构的种群所能达到的最大瞬时增长率。

死亡率(mortality)　指在一定时间内死亡个体的数量除以该时间段内种群的平均大小，以生理死亡率 $M=N_d/\Delta t$ 及生态死亡率 $m=N_d/N$ 表示，对应的亦包括生理寿命与生态寿命。其中，理想条件下种群各个体都能活到生理寿命(physiological longerity)，只因年老而死亡时为最低死亡率即生理死亡率(minimum mortality)；在某特定或实际条件下种群丧失的个体数为实际死亡率(actual mortality)，即生态死亡率(ecological mortality)。

存活率(survivorship)　常以种群中某一特定年龄的个体在未来能存活的平均时间数即生命期望(life Expectancy)表示，包括生理存活率 $S=1-M$ 与生态存活率 $s=1-m$。对特定的种群，则常以存活曲线(survivorship curve)表示。以相对年龄即平均寿命的百分比 X 为横坐标、存活数 Lx 的对数为纵坐标时，3 种理想化的存活曲线模式见图5-1。其中，凸型的存活曲线表示种群在接近于生理寿命之前只有个别的死亡，对角线的存活曲线表示个体各时期的死亡率是基本相同，凹型的存活曲

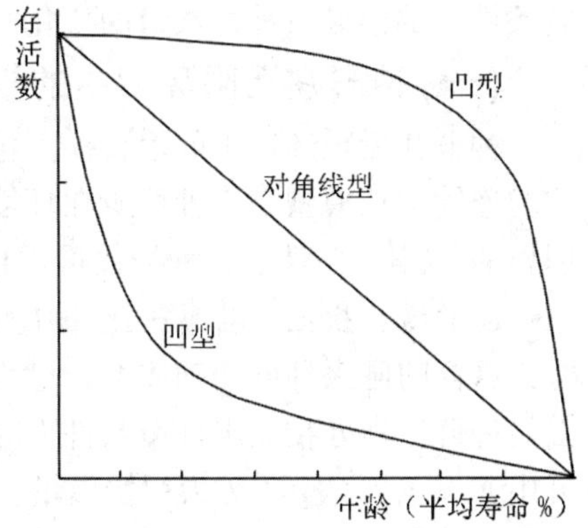

图 5-1　存活曲线类型(仿 Odum，1971)

线表示幼体的死亡率很高、年老个体的死亡率低而稳定。

(三)种群的结构特征

种群结构是在种群内生物学特性有差异的各个体群的比例，包括迁移率、性比、年龄组配、生物型、形态分化型(如翅型、性二型等)等。

迁移率(rate of transfer) 迁移率即一定时间内种群的迁出数(emigration)与迁入数(immxigration)之差占种群总体的比率。可用于描述各地方种群之间进行交流的生态过程。

性比(sex ratio) 指种群中雌雄个体数量的比值，即♀/♂，或雌虫数占种群总数的比率。受精卵的♂∶♀大致是50∶50，在从幼体发育至性成熟的过程中，因种种原因常导致♂与♀的比例发生变化，性成熟的个体也会因其他影响而发生性比变化。

年龄组配(age distribution) 指在一个自然种群中各年龄组(如卵、幼虫、蛹、成虫)的相对比例或百分率。种群的年龄组配与出生率、死亡率密切相关。如果其他条件相同，种群中具有繁殖能力年龄的成体比例越大，种群的出生率就越高；若种群中年老个体的比例越大，种群的死亡率就越高。

可用种群中从小龄到大龄级的年龄结构(age ratio)比例图，即年龄金字塔(age pyramid)表示种群的年龄结构分布(population age distribution)(图5-2)。其中，增长型种群的年龄金字塔呈锥体型，即种群中有大量的幼体、年老的个体很少、出生率大于死亡率，是迅速增长的种群；稳定型种群则大致呈钟型，种群中幼年和老年个体数量、出生率和死亡率大致相同和均衡；下降型种群则呈壶型，种群中幼体所占比例很小、老年个体的比例较大、死亡率大于出生率。

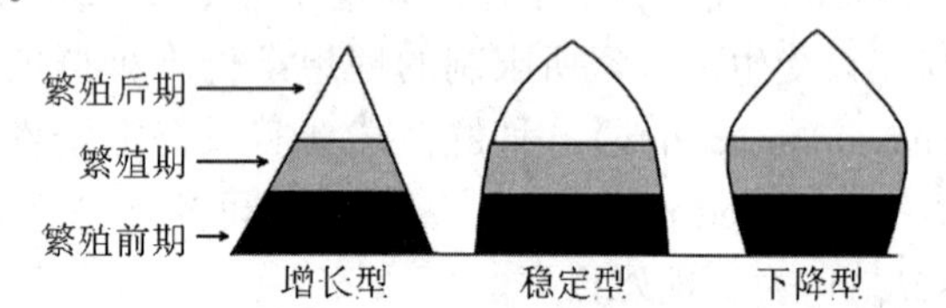

图5-2 年龄锥体的3种基本类型(仿Odum)

二、种群数量变动的基本模型

种群的数量取决于种群基数、出生率与死亡率、迁移率，所有能影响该3个因素环境条件，都会导致种群数量的变化。种群数量的变动类型如下。

(一)种群在无限环境中的指数增长

种群在无限环境中的增长模型包括世代不相重叠种群的离散增长模型、世代重叠种群的连续增长模型。当种群所在环境的空间、食物等资源丰富，气候适宜、没有天敌等理想的"无限"条件下，种群数量增长通常呈指数增长。

离散增长模型 若某种昆虫1年只生殖1次、寿命只有1年，其世代也就不相重叠，这样的昆虫种群变动或增长过程也不连续。这种世代不相重叠或世代间断明显的昆虫的种群，当处在无限环境条件下时，没有迁入和迁出，也没有年龄结构变动，其增长可用$N_t = N_0\lambda^2$表示(N_0为初始数量，t为时间，λ为年增长率)，或用$N_{t+1} = R_0 \cdot N_t$(t为世代、N_t为种群数量、R_0为净增殖率)表示。由于R_0受t世代的环境影响而变化，R_0可用$R_0 = at$、$R_0 = a + bt$等模型表示。

连续增长模型　世代重叠的昆虫其种群变动过程及曲线则为不间断的连续型(图 5-3)，当环境条件对种群的增长无限制时，种群瞬时增长率 r 恒定，则 $dN/dt = r \cdot N$，$\int_0^t (dN/N) - \int_0^t (r dt) = -rt - \ln N_0 - \ln N_t$、$\ln N_t = -\ln e^{rt} - \ln N_0$，即 $N_t = N_0 e^{rt}$。其中，r 值表示物种的潜在增殖能力，如果 $r>0$，种群上升；$r=0$，种群稳定；$r<0$，种群下降。该模型只适用于生活史很短、繁殖快、占有生存空间小的蚜、蓟马等小型昆虫和螨类。实际上因常无法判定世代数 t 而以该种群出现的天数 x 表示，r 也常难准确测定，则 $N_t = N_0 e^{a+bx}$。

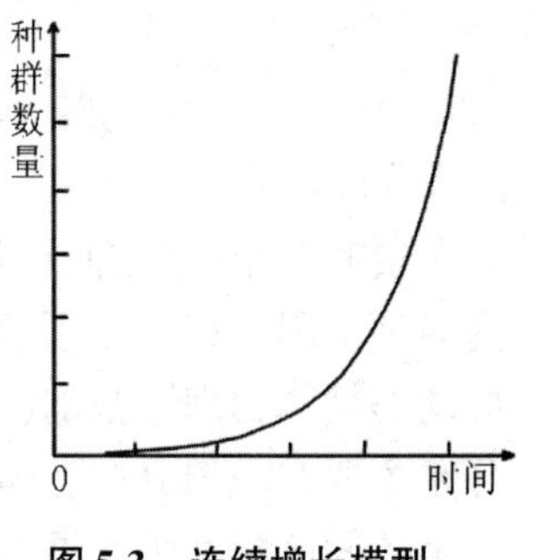

图 5-3　连续增长模型

(二)种群在有限环境中的逻辑斯蒂增长

种群在有限环境中也具有世代不相重叠的离散增长和连续增长模型。因环境资源有限，其指数增长一般仅发生在早期阶段的密度很低、资源丰富的情况下；随种群密度增大、资源缺乏、代谢产物积累等，种群的增长率 r 势必降低。

在环境中生活资源有限的条件下，当种群数量 N_t 达到该环境资源所能容纳的最大限度(饱和密度)k、即 $N_t = K$、$dN/dt = 0$ 时，种群的增长率 r 为零；种群增长率随密度的上升使增长受到阻滞而降低，即新增加的每一个体，将利用 $1/K$ 的空间与资源而对进一步增长产生 $1/K$ 的抑制影响，这样达到 N 个个体时，可供种群继续增长的剩余空间与资源只有 $(1-N/K)$；同样也将导致 r 随着密度增加而降低，即 r 也要受到阻滞，$r = hK$(h 为阻滞系数)。因而，在时间 t 时，$dN/dt = (r - h \cdot N)N = r \cdot N[(k-N)/N]$，即 $N_t = k/[1 + e^{a-rt}]$，或 $dN/dt = rN(1-N/K)$，此即用途广泛的逻辑斯蒂模型，该模型的曲线为"S"型(图 5-4)。

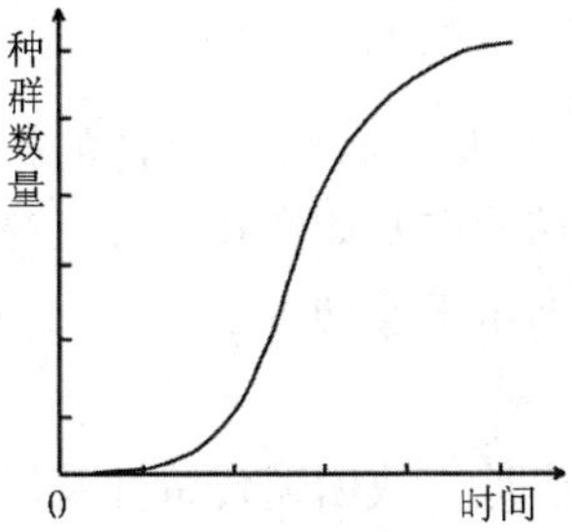

图 5-4　逻辑斯蒂增长模型

逻辑斯蒂曲线的主要特点在于：①曲线渐近于 K 值时，$N=K$，种群就停止增长、达到了饱和密度。②在指数增长方程 $dN/dt = rN$ 上增加了一个密度制约因子 $(1-N/K)$，在初期阶段因 N、N/K 均很小，$(1-N/K)$ 接近于 1，所以密度抑制效应不显著；但随着种群密度的增大，密度抑制效应逐渐凸显，因而曲线上升过程平稳。③各时段增量的累加值 $\int_0^t \Delta N_v = \Delta N_{i-1} + \Delta N_i (\Delta N_i = N_t - N_{t-1})$ 符合正态分布，因而可由正态模型经过数据的反转换求出其相应的极值与参数。④该曲线可根据正态模型的 $\pm 1\sigma$、$\pm 2\sigma$ 划分为 5 个阶段，即开始期(潜伏期)，种群数量很少、增长趋势缓慢；加速期，随种群数量的增加，增长趋势逐渐加快；转折期，当种群数量达 $K/2$ 时，增长趋势最快；减速期，种群数量超过 $K/2$ 后，增长趋势逐渐变慢；饱和期，种群数量达 K 值时而饱和。⑤参数 r 一般表示物种的潜在增殖能力，K 是环境容纳量；但 r 与 K 随环境的改变而改变，r 在不同的情况下具有不同的生物学含义。

三、种群的空间分布特征

空间分布型(空间格局 spatial pattern = spatial distribution)是种群在一定空间和时间内与环境因素相互作用所表现的个体散布形式。昆虫种群的空间分布型是抽样调查、种群动态规律的理论基础，可揭示分布型形成机制、分析其密度与时空环境的关系等。其分布主要有均匀分布、随机分布、聚集分布3大类，但均匀分布少见。昆虫的空间分布与个体间的相互关系见表5-1。

表5-1 昆虫空间分布与个体间的相互关系

个体间关系	互不干扰	相互排斥	相互吸引
空间分布	随机	均匀	聚集
数学描述	泊松分布	二项分布	负二项分布、奈曼分布
个体群	无	无	有

均匀分布(正二项分布 positive binomialdistribution) 个体间保持一定距离，在栖地内散布相对均匀，在单位样方中个体出现的概率 P 与不出现的概率 Q 几乎完全相等。

随机分布(泊松分布 poisson distribution) 种群中某个体的存在不影响其他个体的分布，个体分布常稀疏而随机。

聚集分布(aggregated distribution) 种群内个体间互不独立，总体中1个或多个个体的存在影响其他个体在同一取样单位中的出现概率。可因环境的不均匀或生物本身的行为等原因，呈现明显的聚集现象。常见的聚集分布有核心分布、嵌纹分布。

四、影响种群数量的因素

森林昆虫种群在时间、空间上的变动既有数量的增减，也有发生面积(空间)的扩大或缩小，时间结构包括种群的年、季节、世代的变动，空间结构涉及如在林分冠层与海拔高度上的垂直变动，以及如在林分或特定栖境中分布范围的水平变动。

(一)森林昆虫种群数量变动的类型

低发型 当森林害虫发生于其分布区的边缘地带或临时发生地，或因遗传特性及环境条件的影响而繁殖率低，或死亡率高、基数较小，种群数量常保持较低的水平。因此，不论环境如何，其种群数量的变幅仍不大，难以形成明显消长的现象，对森林不产生明显的危害。

偶发型 有些森林害虫在气候正常年份数量较少，属于低发型；在气候等环境发生变化的个别年份偶然出现了可促使其大量发生的有利因素，或由于人为的创造有利于其生长、发育的条件，遂猖獗危害。但扩展范围常较小、延续时间短，往往只经过少数几代种群数量即衰落。

常发型 有些森林害虫的种群密度在上升后即持续保持较高水平，经常造成严重危害，形成发生基地或虫源地。如东亚飞蝗 *Locusta migratoria manilensis* (Meyen)、杨小舟蛾 *Micromelalopha troglodyta* Graeser 等。

间发型 某些森林害虫常间隔数年才大面积发生和危害一次，形成间歇消长或周期性猖獗危害的现象。如马尾松毛虫 *Dendrolimus punctatus* (Walker)的猖獗危害间隔期为3~5年，在大发生年份虫口密度极大，在大发生后密度陡然降低至难以寻觅的程度。

在自然生态系统中，由于群落内食物链及环境因素的复杂性，害虫的低发型与常发型没有绝对性。如粗鞘双条杉天牛 *Semanotus bifasciatus sinoauster* Gressitt 在长江以南杉木散生林区或混交林带内属于低发型害虫，但在大面积的杉木纯林中则是常发型的毁灭性大害虫。此外，还可根据大发生型森林害虫的扩散能力，将其类型划分为非扩散型大发生和扩散型大发生。而周期性猖獗暴发的食叶害虫的危害过程又可区分为初始、增殖、猖獗、衰退4个阶段(详见第10章)。

(二)影响森林种群数量变动的因素

在一个生境内繁衍的种，与周围环境的联系可区分为2大类，一类是与其生存相联系的气候、土壤，水体等，即非生物因素；另一类是与该种群发生关系的各类生物如食物、天敌等，这些关系可能是相克(如天敌)、竞争(生存空间、食物、光等)、共栖、共生、共食，这些性质不同的关系是生物协同进化过程中的阶段性特征。当然也可以按照另外的区分方式对影响种群数量的因素进行归类，如气候、食物、天敌、人类活动、林分组成与结构为环境因素，种内竞争或干扰、遗传特性、密度大小为种群内部因素。

1. 非生物因素

自然界的因素对昆虫种群的作用是按照一定规律运行的，每种的昆虫生存均要求一定的环境，而该种群又是该环境的一员；昆虫种群的数量及其稳定性取决于相关因素间的平衡关系，任一因素的变动都可成为改变该种群密度大小的主要因子。

非生物因素包括温度、湿度(降水)、光、风、土壤、水体等。该类因素对昆虫种群中各个个体的影响基本一致(个别除外)，对种群所施加的影响与该种群的数量即密度无关即非密度制约因素；而昆虫种群对该因素所施加的作用只能是调整或改变自身进行适应(很少有改变环境的例子)。另一个特色是该类因素只影响到种群的死亡率而不影响出生率，其影响将作用到同一群落内的各个种群，但对不同种群所产生的影响程度不同。

天气状况同时作用于昆虫及其天敌和寄主植物，从而对昆虫产生直接或间接的影响。极端或不利的气候都会对直接影响昆虫的发育、繁殖及存活。如灾变性天气常直接造成森林昆虫死亡，森林采伐或火灾可直接引起森林昆虫死亡，或因食源和栖境的缩小而使种群缩减，但森林遭受火灾后对蛀干害虫的发生却带来有利的条件、常导致其大量发生。

2. 生物因素

包括食物，天敌，与该种群有竞争、共栖、共生、共食等关系的他种动植物及人类活动。生物因素对种群的影响常只涉及种群内的某些个体(很少涉及整个种群)，对种群施加的作用与种群的密度有关(密度大时接纳该类因素影响的概率增大)，该类因素对种群出生率和死亡率均产生影响，所以又称为密度或种群制约因素。该类因素与昆虫种群间的作用是相互的、存在互相适应的关系。此外，由于生物因素是种群和种群间的相互作用，所以除涉及两个种或种群外，也可能对群落内其他种群产生程度不一的影响。

食物 昆虫所需食物的量、营养价值的高低对其存活和繁殖的影响十分明显。寄主植物的物候与昆虫发育的吻合度、种类、分布和密度与昆虫种群数量和分布密切相关。

天敌 生境中的天敌和病原微生物的种类、数量对昆虫种群的消长常有显著影响。

人为活动 大面积的开荒造林、主伐和间伐、经营状况，以及化学防治和其他防治手段的应用都会对森林昆虫群落和种群的生存和繁荣带来直接和间接的巨大影响。

林分 组成、林龄、郁闭度、地形、地势、坡向等与森林害虫的种群动态有关。幼林阶段以食叶和嫩枝幼干害虫为主；中、壮龄林则以食叶害虫为主；成熟和过熟林的长势衰弱，对蛀干害虫的发生有利。疏林和林缘光照强、温度高、湿度低、利于喜欢温暖和强光的种类如十斑吉丁甲发生；郁闭度大的密林则适于喜荫种类如杨裳夜蛾发生。

种内竞争或干扰 种群达到一定密度后，个体间争夺食物和生存空间的剧烈竞争、甚至自相残杀的现象，在一定程度上也对种群的质量如存活、繁殖产生影响。

遗传特性 种群密度接近环境负荷极限后，常有遗传性衰退及基因型与表型的变化。

密度 种群密集时病原微生物易传播蔓延和流行，使死亡率上升；同时部分个体向外扩散而对种群密度发生影响。

上述各因素对于不同种群的影响有所不同。每种群的年发生代数、性比、繁殖力，对极端气候的忍受能力、对天敌与病原微生物的防卫力及密度的自我调节的能力等也不同。各因素是互相影响综合作用于种群的，不少情况下某因素常起着关键性的作用，但一种因素不可能成为任何情况下影响种群变动的主要原因。如猖獗性害虫发生初期，食料充足时有利的气候往往可促使其大量发生；但在害虫大暴发以后，由于食物不足，天敌制衡力强大，种群质量下降、部分个体常因饥饿而死，这时即使气候对种群十分有利也不能使种群密度上升或稳定不变。研究种群动态的目的在于掌握种群数量变动的规律，找出不同立地条件下起决定作用的主导因素，从而能准确地作好虫情预测预报工作，采取适宜的防治措施，有效地抑制森林害虫的种群数量，使其难以成灾。

(三)林分与昆虫群落间三种重要关系

物质转移与循环关系 上述昆虫种群的数量变动实质上属于生态系统中生物链的物质循环与相互转移的范畴。与其他生物生态学研究不同的是，昆虫群落内的物质转移习惯上采用计数的方式统计其转移量，而其他则常采用质量统计方式进行。

能量流动关系 由于能量在生物链中迁移的不直观性，昆虫生态学偏重于进行上述数量变动规律的观察与研究，这导致了许多有实际应用价值的生态理论与技术在害虫控制上不能应用。

信息联系 信息是能引起生物生理、行为反应的物理与化学刺激，生物种群与环境及种群间通过信息链所建立的关系即信息联系，它包括种群与种群、种群内个体与个体、种群与环境间的各类物理和化学联系。如天敌与寄主、植食性昆虫与食物间是在营养联系的基础上产生了信息联系，并通过颉颃而适应、相对独立进化而发展，云香科植物的柠檬香与柑橘凤蝶间的联系就是如此；同一寄主与不同昆虫联系的信息物质是不同

的，同一种物质对一种昆虫可能是有毒的或是其忌避剂、但却可能是另一昆虫的信息物质。昆虫种群与气候间也存在信息联系，如光周期与昆虫的滞育。昆虫种群内部的联系信息则是依靠外激素完成的。

第二节　非生物因素

在生态系统中温度、湿度和降雨、光照、风，以及地理环境如山脉、平原、土壤、水体等非生物因素，对昆虫种群的影响是直观可见的。其中的气候因子不只是影响昆虫的生长与发育，也与植被类型、土壤及其发育有关。利用这类生态因素与昆虫群落、种群间的关系调控害虫的种群数量，是害虫的生态治理即可持续控制的重要手段。

一、温度和昆虫的关系

昆虫是变温动物，本身调节体温的能力不强，其进行生命活动所需要的热量除利用新陈代谢所产生的化学能外，主要是吸收太阳辐射热。所以外界气温的变化直接与虫体的代谢水平和发育速率相关。由于气候带间温度的差异，各昆虫种类生存的适温范围又不同。温度也是决定昆虫地理分布范围的一个重要条件。

1. 温度与昆虫发育的关系

昆虫对极端温度的适应　昆虫度过夏季的高温与冬季的低温是以停止生长发育的形式(停育或滞育)越夏和越冬的。个体及种群所处的发育阶段、生理状态、栖息环境中的其他因素不同，其对温度变化的适应能力也不同，但正常季节出现持续时间较长的气温突然升高或降低，对昆虫有很强的致死作用。幼虫抗寒力弱，越冬态抗寒力强。

适温范围　将适合某昆虫生存的温度范围称为温区。据昆虫在温区内的发育及反应特点，可将温区由低到高划分为5个区，即致死低温区、亚致死停育低温区、适温区、亚致死停育高温区、致死高温区。昆虫发育较理想的是适温区，因此常将该温区细分为低适温、最适温、高适温3个亚区(图5-5)。

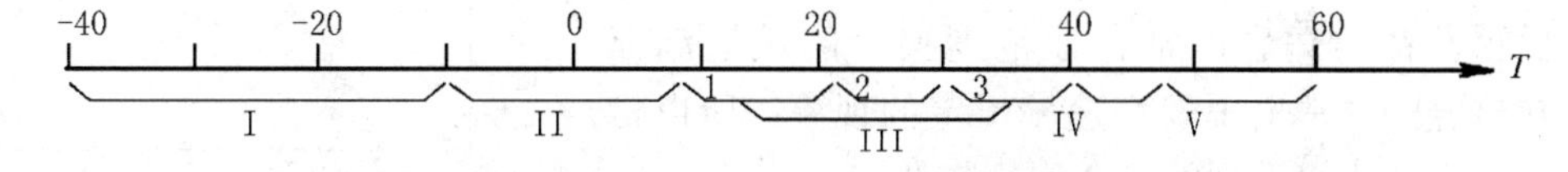

图5-5　昆虫发育的适温范围示意图

I. 致死低温区　II. 停育低温区　III. 适温区　IV. 停育高温区　V. 致死高温区

1. 低适温亚区　2. 最适温亚区　3. 高适温亚区

温度不只是影响到昆虫卵、幼虫及蛹的发育速率，也对成虫的生殖和寿命有直接的影响，也可能通过对老龄幼虫、蛹发生作用而影响到成虫的生殖。昆虫生殖与其生长发育所要求的温度范围基本一致，在适温区成虫的产卵量随温度的升高而增加，如落叶松叶蜂 *Pristiphora erichsonii* (Hartig)，见表5-2。

表5-2 落叶松叶蜂雌虫产卵率与温度的关系

温度/℃	12.5	14.1	15.1	20.0	24.6	备 注
产卵粒数	13.29	17.67	29.09	44.44	65.00	雌虫体内抱卵
产卵率/%	18.16	24.15	39.75	60.73	88.82	数73.18粒

低温引起昆虫死亡的原因主要的是代谢消耗与生理失调(也适于解释高温致死)和体液结冰。当温度下降或升高时，虫体内各类代谢系统的下降速度并不一致，因而加重了对某一物质的代谢消耗致使生理失调而死亡。当低温导致体液结冰时，细胞内的原生质失水，引起原生质、膜分离，破坏了细胞与组织的结构，而引起昆虫死亡。

昆虫度过冬季严寒的抗寒性在于冬季到来前体内积累了充分的营养物质，越冬期间降低了代谢水平、提高了低温代谢的调节能力，因而增强了耐寒性。另一方面，一些昆虫越冬前由于体内脂肪类物质的积累、游离水分减少、结合水增多，降低了体液结冰的温度，使过冷却点明显下降，耐寒性也随之提高(当虫体温度随环境温度下降至0℃以下某一温度 T_1 时，虫体的体温又突然上升并接近于0℃，而后再继续下降止于环境温度相同的 T_2 时结冰，则 T_1 为过冷却点、T_2 为体液的冰点)。而寒带地区的一些昆虫产生了忍受体液结冰和细胞内冰晶机械损伤的生理破坏的耐寒机能，适应了这些地区冬季的恶劣环境而不死亡。

2. 适温区温度与昆虫生长发育的关系

在适温区随温度的升高昆虫的生长发育速率加快，若以 V 表示某种昆虫在某一发育阶段的发育速率，N 表示完成该发育阶段所需要的天数，则一天所完成的发育进度为 $1/N$，$V=1/N$，即 V 和温度呈直线相关。由于昆虫体内代谢酶的活性要受到一个高温条件的限制，虫体的生长发育速度取决于体内的代谢机能，因而在温度偏高时发育速率的增值减慢、高温时下降，其总趋势为一近“S”型的曲线(图5-6)，即温度与发育速率符合逻辑斯蒂曲线，模式如下。

$V=K/(1+e^{a-bx})$；其中 V 为发育速率，x 为温度，K 为发育速率的上限值，a、b 为常数，$e=2.718$。图5-6中落叶松叶蜂幼虫期的发育速率与温度关系的逻辑斯蒂模型为：$V=0.0567/(1+e^{2.1141-0.2043T})$，温度和产卵的关系为：$V=1/(1+e^{5.0235-0.2846T})$。

昆虫发育的适温区常存在范围狭窄的最适温亚区，在该温区内常出现发育速率恒定的现象，所以常致使逻辑斯蒂曲线模型的符合程度降低。

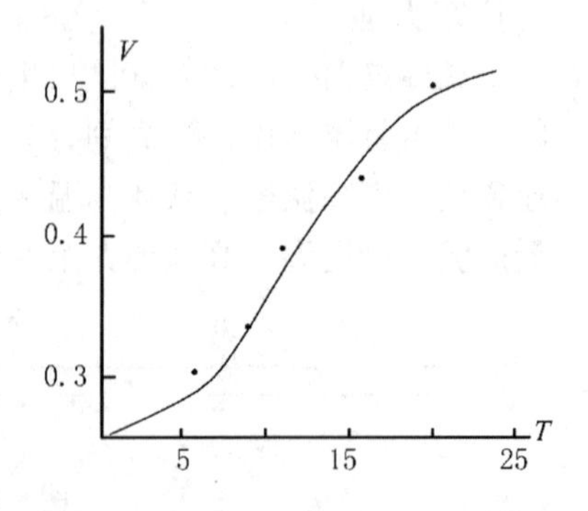

图5-6 落叶松叶蜂幼虫的发育速率 V 与温度 T(℃)的关系

3. 积温与有效积温

生物在生长发育过程中须从外界摄取一定的热量，完成某一发育阶段，所摄入的热量总数为一个常数，这个常数就是该发育阶段的积温，即 $K=T\cdot N$(K 为积温、单位是日·度，T 为平均温度，N 为发育天数)。在发育温区内，昆虫只在低适温亚区的最低限即发育起点温度以上发育，因此从日平均温度 T 内减去发育起点 C 以下的温度所得到的积温为有效积温，即 $K=(T-C)N$。

若设置 n 个温度 T_i 实验，$K=(n\sum V_iT_i-\sum V_i\sum T_i)/[n\sum V_i^2-(\sum V_i)^2]$，

$C=(\sum V_i^2\sum T_i-\sum V_i\sum V_i\sum T_i)/[n\sum V_i^2-(\sum V_i)^2]$

$S_C=[\sum(T_i-T_I')^2/n]^{1/2}$　（T'_I 是 T_i 的理论值）

据此并依据实验结果，可得到温度与落叶松叶蜂各发育阶段的发育起点温度、有效积温与发育速率，其关系如表5-3。

表5-3　落叶松叶蜂各发育阶段的起点温度与有效积温

发育阶段	卵　期	幼虫期	预蛹期	蛹　期	卵到蛹期	成虫期
发育起点/℃	4.06	2.25	0.00	4.18	0.81	4.44
有效积温/日·度	127.40	358.25	73.02	76.48	764.38	72.95
V 与 T 关系	$\frac{0.1597}{1+e^{5.0235-0.2846T}}$	$\frac{0.0567}{1+e^{2.1141-0.2043T}}$	$-0.1583+0.1375\ln X$ $-0.3451+0.1829\ln X$			$\frac{0.2949}{1+e^{1.3764-0.1038T}}$
S_{C1}	0.0131	0.0016	0.0154	0.0002		1.7107

有效积温有如下用途：确定某一昆虫在某地的发生代数，若知道该地发育起点温度以上的年总值，即可由该虫整个世代的有效积温推测出其可能完成的世代数；估计某一昆虫在地理上的分布界限，如在北半球可依据气候等温线所在地域的某昆虫发育起点以上的年积温以及该虫完成一个世代的有效积温，推测出该虫分布的地理北限；预测某害虫的发生期，即依据各发育阶段所需要的有效积温、依据当地的温度变化趋势，预测下一阶段或整个世代的发育期。还可根据发育起点温度和有效积温，在饲养益虫和害虫时选择适宜的温度、并控制发育速率。

有效积温在实践上虽有不少用途，但只在昆虫发育的适温区内才有实际意义。对于有滞育、越冬、越夏的昆虫，在其停育期不适合使用有效积温进行发育状况分析。大多数有效积温是通过室内饲养和测算得到的，而室内的恒温条件明显与外界的变温环境有较大的区别，所以在精确性和可靠性上还存在误差。

二、湿度及降雨和昆虫的关系

水是昆虫进行各种生命活动及生理代谢不可缺少的介质和成分，不同生境中的昆虫对水分的要求程度是不一样的，所以昆虫对水分要求的多少及其适应性也是导致不同种类的昆虫出现地带性分布的一个因素。环境中湿度的大小常取决于温度，因而温度、湿度对昆虫的作用是综合性的(图5-7)。不论生活在哪一类环境中的昆虫，其体内的水分需经常保持平衡，虫体本身也具有保持水分不致散失的功能，以维持其

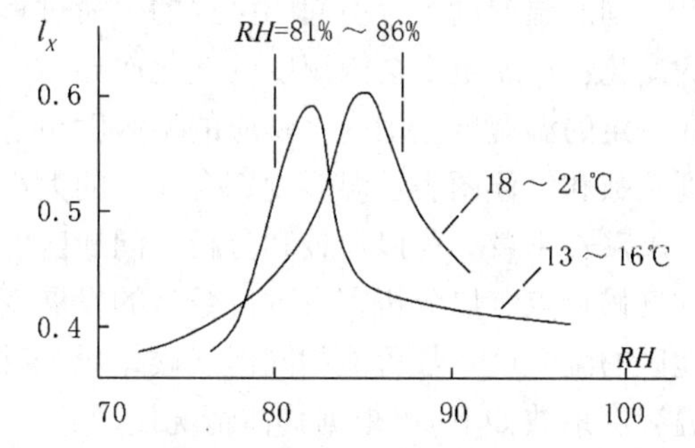

图5-7　落叶松叶蜂幼虫存活率与温度、湿度的关系

正常的生命活动。

1. 昆虫获取水分和水分散失

自然界昆虫获取水分和散失水分的方式多种多样。其获得水分的途径主要是通过取食食物、饮水及体壁渗透吸水，利用代谢水也是获得水分的一种方式。虫体水分散失的途径包括消化道、排泄系统的排水，呼吸系统及体壁以扩散方式的失水。

2. 部分昆虫对水分的特殊要求

水生昆虫主要依靠体壁吸水，在脱离水环境后极易死亡；钻蛀性昆虫、土栖昆虫，或必须在土中发育的虫态，或有钻蛀性生活期虫态，要求具有100%的相对湿度；裸露生活在植物上的昆虫，对湿度有一个要求范围；湿度的变化与温度一样，除影响昆虫的发育速率外，同样也对成虫的生殖和寿命有影响(表5-4)。

表5-4 温度与湿度的变化对落叶松叶蜂成虫产卵量及寿命的影响

温度/℃	相对湿度/%	产卵量/粒	寿命/d	温度/℃	相对湿度/%	产卵量/粒	寿命/d
12.5	92.8	5.67	3.67	20.0	93.7	36.33	3.33
	84.4	19.00			80.7	35.67	4.33
					64.0	61.33	5.33
15.0	93.3	21.25	3.25	25.0	94.5	75.33	2.67
	81.5	31.36	4.84		78.0	70.00	4.00
					72.0	54.75	3.50

高温、低湿环境常加速虫体内水分的蒸发，使其正常的生理活动产生混乱而不利于发育；同样高湿和低温条件因不利于虫体内水分的正常扩散，也影响其发育；这是昆虫发育要求一个较为稳定的温湿度环境的原因之一。另外，在高湿、低温季节寄主体内水分含量增加、营养物质减少，也对植食性昆虫的发育有一定的负作用，易使昆虫感病、发生流行病；高温、干旱季节寄主体液浓度增高，反而利于刺吸式昆虫的发育。

降水直接影响大气的湿度和土壤的含水量，间接对昆虫的生长和发育产生作用。而降雨对昆虫的直接作用取决于其强度、频率和延续的时间。暴雨能将树木上的害虫冲刷掉，积水可以淹毙多种害虫，长时间的连绵雨会影响害虫的结茧、化蛹和成虫的羽化、交尾、产卵；适时的降雨常促使虫卵的整齐发育而导致种群的增长，冬季降雨可引起许多越冬昆虫死亡、但降雪则可提高其生存率。

3. 温湿度的综合作用

不同的温湿度组合引起的昆虫的生命过程不同，如发育历期、死亡与存活率、生殖率的变化；适温范围会因湿度的变化而偏移，适宜的湿度也会因温度的变化而偏移，所以在一定的温湿度范围内，相应的温湿度组合可以产生近似的生物效应。实践上常用温湿度系数和气候图表示温湿度综合作用的大小。

温湿度系数 可以比较和分析不同地区的气候特点，或同一地区不同年份及不同月份的气候特点，以分析害虫种群数量的发展变化趋势。但是在应用上还存在缺陷，如不同地区的温湿度系数可能相同但气候差异悬殊，可能造成分析结果与实际情况不符。3种温湿度系数如下(可根据具体情况使用)。

$Q = M/\sum T$，Q 为温湿度系数，M 为降水量，$\sum T$ 为该降雨期的平均温度总和。

$Q_e = (M-P)/\sum(T-C)$，Q_e为有效温湿度系数，P为发育起点C以下期间的降雨量。

$Q_w = RH/T$，Q_w为生态温湿度系数，RH为相对湿度。

气候图　是以每月的平均温度及总降水量为变量绘制的平面坐标图，用以表示不同地区的气候特征。若两地区、或同一地区不同年份的气候图基本重合，可以认为其气候条件相似，这样在分析某昆虫在新地区有无分布的可能性，比较地区、年度、季节间某害虫发生量有无差异时可作为参考(图5-8)。

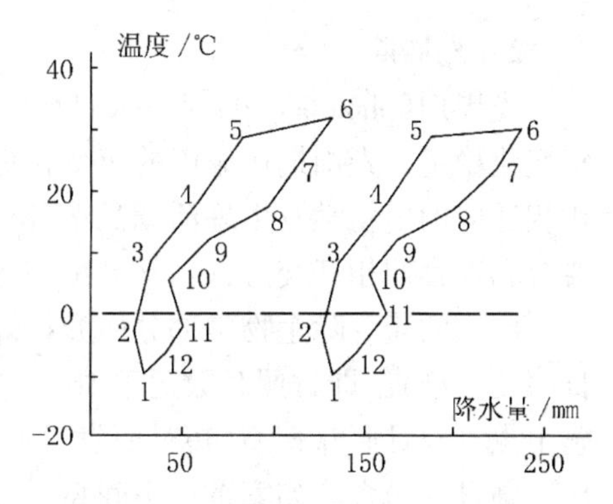

图5-8　某两地(或年份)气候图

(1～12代表月份)

部分有害生物的分布及危害除与其他因素有关外，也和地域性的温湿度综合作用关系很大。如危害花椒的7种陆栖螺类，在其他地区仅见零星分布且不成灾，但在甘肃陇南由于土壤含钙量高、夏秋季多雨冷凉、恰好适宜其繁衍，因而危害严重。

三、光照与昆虫生长和发育的关系

光照一方面直接或间接供给昆虫生长所需要的能量，另一方面对昆虫的发育具有直接和间接的刺激、诱导和调控作用。

1. 光的特性与昆虫的行为

光照具有热辐射性，寒带及气候较冷凉地区的昆虫体色灰暗，或常活动于光照充足之处借以吸收太阳的辐射热提高体温。热带地区或生活于高温季节的昆虫体色常较淡、或有强烈的反光力、或活动于阴凉处以免使体温过高。

昆虫对光照强度的变化常具有行为上的选择性，土栖性、钻蛀性、喜隐蔽生活的昆虫畏光，裸露生活的则喜光。在增加光照强度时多数昆虫的活动性也随之增强，但也因代谢加速而寿命缩短。部分昆虫的活动受光照强度的影响较为明显，如蚊虫喜在0.15～1.5 lx下活动，蚜虫在光强低时不迁飞。

同样，昆虫种类之间对光的波长也有选择性，在红—紫外光的波长范围内，偏向于紫外光区(图5-9)。昼夜光强和光色的变化使昆虫在活动习性上出现分化，即日出性、夜出性及中间性(早晨及傍晚活动)。

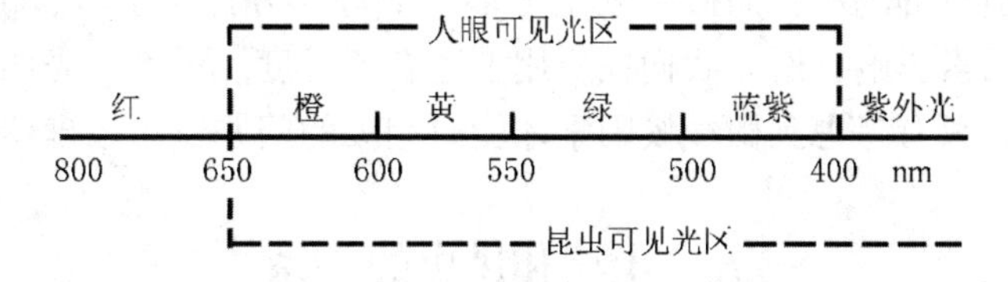

图5-9　人与昆虫视觉的感光力比较

2. 光周期

光周期(photoperiod)是一天日照时数在一年内所形成的变化序列，同纬度光周期的年变化稳定，光周期比温度的年变化更具规律性。所有生物包括昆虫形成了与光周期变化相适应的生物学及生理活动的节律，即生物“钟”。昆虫与光周期变化突出的联系是滞育和发育期相互交替，当然昆虫的滞育还与其他生态因素有关。

昆虫的滞育除生物学部分所介绍外，在这里可区分为3种类型：短日照滞育型(长日照发育型)，即日照时数短于16～17h以下种群进入滞育，反之则继续发育，如马铃薯甲虫；长日照滞育型(短日照发育型)，即日照时数短于13～15h以下种群正常发育，反之则进入滞育，如家蚕；中间型，即在日照为16～20h种群发育，低于或高于该日照范围则进入滞育状态，如黄尾毒蛾(图5-10)。

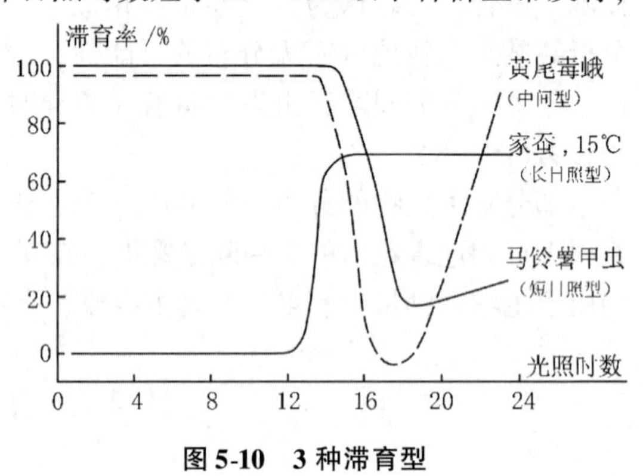

图5-10 3种滞育型

滞育的意义在于协助昆虫度过不良环境以利于种群繁衍不息。不同种的昆虫滞育时对光周期的要求不同；即使同种昆虫如分布于不同纬度，由于温度条件的改变，滞育时所要求的临界光周期也不同，低纬度的昆虫对光周期的反应常不明显。

四、风与昆虫生栖的关系

风对昆虫的迁飞、地理分布、甚至进化途径有直接影响。部分害虫常借助风力而扩大分布地域，如我国的重要害虫黏虫、飞虱常借助春、秋季风北迁南移；长期生活于强风地区的昆虫在进化上被迫产生了适应该生境的特征，如翅退化或变小。风的间接作用表现为增强寄主及土壤的蒸发量、改变大气的温湿度，而对昆虫产生相应的影响。但狂风暴雨常能导致某些昆虫大量死亡，使其种群数量急剧下降。

以上我们在讨论昆虫与环境的关系时涉及的均是大气候因素，实际上所有昆虫的生活场所都是微气候环境，如寄主体内、水体内、土壤里、植物表面，所有这些微气候环境的变化与大气候的变化常是不同步的。由于昆虫在大气环境发生变化时常主动寻找或逃遁到条件较为适宜的场所，而微气候受地形、地势、方位、土壤、植被类型和密度、植被的覆盖度等因素影响，所以我们在应用上述有关温度、湿度、光照、风等因素对昆虫影响的规律时，只有考虑到微气候因素才能对相关的问题作出较确切的判断。

五、土壤和昆虫的关系

土壤是生态体系中的特殊环境，地面上的昆虫及生物都与土壤有各种直接或间接的关系，土栖生物及地面生物也在不断改变着土壤的性质与环境；并且植被类型常与土壤的类型相关，也使昆虫的区系组成有显著的区分。

1. 土壤气候与昆虫

土壤温度由于受太阳辐射的影响有日变化和年变化规律，日变化只涉及土壤表层；年变化在低纬度区涉及土层深度 5～10m、中纬度 15～20m、高纬度区达 25m。土壤温度的日、年变化使土栖昆虫在行为上产生了在土中下迁或上升的习性，多数在土中过冬的昆虫常潜藏于一定深度的土中，或潜藏于向阳的土中。冬季土壤表面覆盖积雪时常利于表层土中的昆虫越冬，否则昆虫常难以忍受极端低温如 -20℃而大量死亡。

土栖昆虫或需要在土壤中度过某发育阶段的昆虫，其表皮保水力弱，要求土壤的湿度达饱和状态即相对湿度 100%，否则会因失水而影响正常的生命活动、甚至死亡，如卵难以孵化、幼虫难以蜕皮、滞育不能解除等。

土壤的含水量与土壤的质地有关，所以常用相对含水量测定和确定土壤的干湿状况，而绝对含水量(土壤含水量)在分析上述问题时意义不大，土壤相对含水量 =(取样时土质量 - 干土质量)/(土饱和质量 - 干土质量) ×100%。

2. 土壤的理化性质影响昆虫的分布和种群数量

土壤的理化性状取决于土壤的成土母岩、土壤颗粒、团粒结构、有机质含量、pH 值、含盐量等。土壤的理化特性及土壤的气态(即空气)与水汽、液态(主要是水)、固态(即土壤颗粒)直接与土栖昆虫的活动性和分布相关。如云斑金龟甲多分布于棕壤与黄棕壤土带，而华北金龟甲分布于垆土及褐土地带；叩头甲幼虫喜栖居于 pH 为 4～5.2 的土壤中；甚至植食性昆虫如铜色花椒跳甲和红胫花椒跳甲的分布除气候因素外，基本分布于四川西北和甘肃东南部的山地褐土、棕壤、灰化土地带；而一些土栖小型动物、昆虫、微生物的分布及活动性受土壤的酸碱度、粒度的影响更大。

3. 土壤生物与土栖昆虫

土栖性昆虫或部分生活史要在土内完成的昆虫及土栖性生物的数量相当大，如部分地区弹尾目昆虫的数量达 10 万头/m^2、金龟甲幼虫可达 10 头/m^2。土栖生物一方面能改造土壤的团粒结构及理化形状，另一方面对土栖性昆虫也有相当大的影响，如土壤中的寄生性线虫、螨类、病原微生物、病毒等均对土栖昆虫的种群数量有重要控制作用，而农林耕作及造林措施等对土栖生物的影响也不可忽视。

第三节　生物因素

昆虫栖息的生态环境内包括各种类型的生物群落，如植物群落、微生物群落、脊椎动物群落、无脊椎动物群落。所有这些生物类群都或多或少地与昆虫群落有物质和营养转移关系、能量转移关系，以及复杂的信息联系关系。这些关系是以食物链为基础建立的，上述各种关系中的因子均有可能左右昆虫的种群数量。

一、昆虫与食物

食物是对昆虫影响最大的生态因素之一，因为它直接决定该生境中昆虫的种群数量，又是昆虫生存、生长、发育、繁殖等生命活动的基础和保障。昆虫的食物也是复杂和多样化的，即使是取食同一类型食物的昆虫，在种间也存在对某食物喜好程度上的差别，所以了解这种嗜食差别尤其重要。

(一)昆虫的食性及其特化性

在昆虫的生态占位现象中，每一种昆虫都选择并确定了其食物，即使是多种昆虫选择了同一种食物，也采用生活史相互错位、取食部位不同、取食的食物成熟度(发育阶段)不同、索取的营养不同、嗜好不同的方式，以避免争夺食物资源。

按照昆虫取食物的属性即食性(feeding habits)，将昆虫分为4类：以活体植物为食的植食性(phytophagous = herbivorous)；以活体动物为食的肉食性(carnivorous)，又分为寄生性和捕食性；以动植物的尸体和排泄物为食的腐食性(saprophagous)，可再分为尸食性(carrion-breeding)与粪食性(dung-breeding)；以动植物为食的杂食性(omnivorous)。

每一种昆虫在进化过程中对食物均形成了程度不同的偏食性(或称为嗜好性)，即食性性的专门化，这种选择性是遗传所决定的，并与其对食物的识别方式有关。这种专门化包括：只取食一种植物或仅旁及该植物的某些近缘种的单食性(monophagous)；只取食一科或与该科植物相近缘的某些种的寡食性(oligophagous)；能够取食亲缘关系不同的许多科的植物的多食性(polyphagous)。该现象同样也存在于其他食性的昆虫类群中，如只有一种寄主的寄生性昆虫称为狭寄生，具有许多种不同科的寄主则为广寄生；实际上昆虫食性的专门化程度常难有严格的区分。

食物的质量对昆虫生长发育的影响是直接的。幼期进食的食料不同，为后续发育所积累的营养不同。食物质量会影响到幼虫本身的生长状态、成活率，甚至成虫期的生殖能力(表5-5)；尤其是部分对食物要求严格的植食性昆虫，当取食发育阶段不同的同一植物时，也会对其生长和发育产生较大的影响。大多数昆虫在羽化为成虫后不再取食，部分寿命长或在羽化时体内特有的器官还未发育完成或完成生殖时需要特殊补充物质的成虫还需取食，这种成虫取食的现象称之为补充营养。

表5-5 不同松树针叶饲养下的落叶松叶蜂幼虫的死亡率B(%)及体重W(g)

天数/d	冷杉		华山松		水杉		油松		云杉		落叶松	
	B	W	B	W	B	W	B	W	B	W	B	W
2	10.0	0.005	0.0	0.005	30.0	0.005	0.0	0.005	0.0	0.005	0.0	0.006
4	85.0	0.003	65.0	0.003	60.0	0.006	0.0	0.005	0.0	0.005	5.0	0.007
6	5.0	—	35.0	—	10.0	—	75.0	0.006	35.0	0.005	5.0	0.008
8	—	—	—	—	—	—	25.0	—	65.0	—	5.0	0.016
10	—	—	—	—	—	—	—	—	—	—	5.0	0.039
16	—	—	—	—	—	—	—	—	—	—	15.0	0.040
18	—	—	—	—	—	—	—	—	—	—	15.0	—

(二)昆虫与寄主的协同进化关系及寄主的抗性

自然界没有一种寄主会被所有的寄生者取食，也不存在一种寄生者会不选择地去取食所有的寄主，这是寄生者的选择性和寄主的抵抗选择性即抗性协同演化的表现。

1. 植食性昆虫对寄主的选择性表现

从昆虫的成虫开始，其建立取食过程的序列为：产卵→幼虫孵化并取食→要求营养→要求含有特殊生理物质。选择性在上述每一个环节中皆有表现。

产卵期的选择性要求　寄主植物的生境与昆虫的要求一致，其色、形、味能对昆虫产生刺激和招引作用，才能驱使昆虫进行选择、产卵或觅食。

取食期的选择性要求　当一种昆虫选择某一种植物后，其能否使该昆虫产生食欲及取食，往往与其表面的物理性状、组织结构特征、化学物质等有关。

取食后营养的选择性要求　昆虫一旦开始取食，决定其继续取食的关键是该植物的营养效应能否充分满足该昆虫生长发育的要求。

发育过程对特殊生理物质的选择性要求　当普通营养物质满足昆虫生长需求后，食料植物中是否含有虫体自身不能合成的生理必需物如特殊的维生素、合成激素的前体等，就成了能否保障其完成发育过程并继续选择该植物的决定因素。

2. 植物对付昆虫选择性的抗虫性表现

植物为保护自身不被取食，也具有相应的抗虫性，即下述抗虫三机制。

不选择性　使昆虫难以选择的主要对策为，不具备引诱昆虫产卵、取食的物理与化学性状，或具备抗拒昆虫产卵与取食的特性，或植物的物候期与昆虫的生活史不同步。

抗生性　当昆虫选择并取食后，植物的抗性可能是营养不能满足昆虫生长发育的需求，具有某种毒素，或害虫危害后产生毒素而导致其发育不良、寿命缩短、生殖力下降甚至死亡，或不具备其所需要的特殊生理活性物质如维生素类、肌醇、固醇类等。

耐害性　当某植物一旦被某昆虫确定为食物后，其抗性常表现为忍耐被害，或再生补偿力增强，仍维持一定的生物产量不致灭绝；或是在一定受害范围内能忍受昆虫的取食而不影响正常的生长，如大多数树木能忍耐食叶害虫取食其叶量的40%。

上述三类抗虫性在植物种类、品种上的表现虽然互不相同，但抗虫性是普遍存在的现象，因此提高植物的抗虫能力是治理害虫的一个重要的手段。植物的抗虫性与其形态特征、生理生化特征、发育特征有着较为密切的联系，所以通过测定与抗虫性相关的因子即可确定该植物抗虫力的强弱。如植物中低氮高糖水平常与抗蚜性相关，落叶松针叶叶丛的紧密程度与对叶蜂的抗性相关，水稻组织内硅酸盐含量高可抗螟虫危害，L-天冬氨酰酸含量低可抗飞虱危害，丁布含量与对玉米螟的抗性有关等。

二、昆虫的天敌

生态群落内具有许多捕食和寄生某一昆虫的其他昆虫、动物、微生物及植物，这些自然界的敌害称为该昆虫的天敌。昆虫的卵、幼虫、蛹及成虫期均有多种天敌，其致死率达30%～90%；天敌是抑制害虫种群的重要因素，利用天敌是控制害虫常用的手段之一。

(一)病原生物

病毒　全世界已从11个目900多种昆虫中发现了1 100余种病毒。其中DNA病毒占862种，隶属杆状病毒科477种、GV虹色病毒科128种、昆虫痘病毒科64种、细小病毒科18种；RNA病毒占331种，隶属肠孤病毒科231种、弹状病毒科6种、微核糖核酸病毒科9种、松大蚕蛾β病毒科6种、野甲病毒科3种、其他非包涵体病毒82种。

昆虫病毒中常见的是核型多角体病毒 NPV、颗粒体病毒 GV、质型多角体病毒 CPV、无包涵体病毒 ONV 等。昆虫病毒的专化性很强，是有发展前景的生物性农药之一。如利用人工繁殖的落叶松叶蜂 *Pristiphora erichsonii* (Hartig)的 NPV 病毒及茶毒蛾 *Euproctis pseudoconspersa* Strand 的 NPV 病毒，防治该两种害虫可使其种群数量下降 95%以上。当病毒粒子进入昆虫消化道后，碱性的消化液使包涵体破裂，病毒粒子侵入体腔吸附于细胞上，病毒的蛋白质与核酸分离，核酸进入细胞内开始复制、形成新的病毒粒子；新病毒充满整个细胞时细胞即破裂，放出的病毒粒子又侵入相邻的细胞，最后导致整个组织崩解引起昆虫死亡。被不同的病毒感染后昆虫的病症是有差异的，常见的是体液液化浑浊、无臭味，或腹部膨胀、排出垩白色粪便，或是体出现蓝、紫等晕色及彩虹色。

立克次体及原生动物 立克次体是介于病毒和细菌之间的革兰氏阴性生物，能引起昆虫致病的如微立克次体属 *Rickettsiella* 的金龟甲微立克次体 *Rickettsiella mellolonthae*。该病原物的寄主很广，常以节肢动物与脊椎动物为交替寄主，因而在害虫的生物防治中应慎重使用。与立克次体比较，植原体缺少细胞壁，部分能寄生于脊椎动物，部分是植物的病原，并可通过媒介昆虫而传播。植原体和立克次体一样，寄生于昆虫的多数能垂直传播而繁衍，或是使宿主的寿命缩短，或是对宿主的生殖产生不良影响。昆虫病原性原生动物以微孢子虫类最常见，如家蚕微粒子病 *Nosema bombycis* Naegeli、蜜蜂微孢子虫病 *Nosema apis* Zander 等；但有些种类则与昆虫共生，互得利益。

细菌 昆虫病原细菌包括无芽孢杆菌和芽孢杆菌。最为常见且利用较多的是无伴孢晶体芽孢杆菌，如蜡样芽孢杆菌 *Bacillus cereus* Frankland and Frankland、日本金龟芽孢杆菌 *Bacillus popilliae* Dutky，利用价值大、杀虫范围广的是伴孢晶体芽孢杆菌如苏云金杆菌 *Bacillus thuringiensis* Berliner 及其变种。

真菌 昆虫的病原真菌很多，已经生产利用的有白僵菌属 *Beauveria* 与绿僵菌属 *Metarrhizium* 的种类及其变种。白僵菌所产生的杀虫毒素为白僵菌素(beauvericin)，绿僵菌的杀虫毒素为绿僵菌素(destruxins)A 和 B。

线虫 包括索线虫 Mermithidae 及新线虫 Neoaplectanidae，新线虫是目前能人工培养并作为生物防治制剂的类群，但是利用时对环境湿度常有较高的要求。

(二)天敌昆虫

能寄生或捕食其他动物与昆虫的昆虫是天敌昆虫。昆虫纲中有 18 个目近 200 多科中均有捕食性天敌昆虫，其中以植食性昆虫为食的多属于害虫的天敌。如螳螂目，脉翅目，鞘翅目的肉食亚目、多食亚目的瓢虫等，膜翅目针尾亚目大部分，双翅目的食虫虻、食蚜蝇、寄生蝇等，半翅目的猎蝽、花蝽等。引进或人工繁殖、释放捕食性、寄生性昆虫是生物防治中常用的方法，如澳洲瓢虫 *Rodolia cardinalis* (Mulsant)被从澳大利亚引入世界各地防治吹绵蚧，小红瓢虫 *Rodolia pumila* Weise 由我国引至埃及控制吹绵蚧等。

寄生性天敌昆虫包括内寄生与外寄生两类，如按寄主的发育阶段则可区分为卵期寄生、幼期寄生、蛹期寄生和成虫期寄生；当寄生性天敌在寄主上的发育期占有寄主 2 个以上的发育阶段时则为跨期寄生。寄生性天敌昆虫的寄生现象有 4 种类型：一个寄主体内只有1个寄生物为单寄生；一个寄主体内有2头以上的同种寄生物是多寄生；一个寄主体内有2种以上的寄生物为共寄生；一个寄主被第一个寄生物寄生、第二个寄生物又寄生于第一个寄生物的现象则是重寄生。

(三)捕食昆虫的其他动物

在捕食昆虫的其他动物中以蜘蛛(包括螨)类最多，它们对害虫种群数量有较强的控制力，但其食性杂、专一性差。鱼及两栖类中蟾蜍和蛙食物的90%以上是昆虫，蜥蜴也主要以昆虫为食，鱼类则对控制孑孓有重要作用。以昆虫为食在鸟类中也相当普遍，如啄木鸟等。蝙蝠是以昆虫为食物的兽类的代表，食虫目中如鼩鼱常以在土壤中越冬、越夏或栖息的昆虫为食，其捕食率高达30%～90%。此外，热带亚热带地区某些植物需要“捕食”昆虫及其他小型动物才能完成其发育过程，这些植物的叶特化成了专门的捕食器官。

第四节 昆虫的生命表及其意义

生命表本是人寿保险公司根据不同生活环境中人类的平均寿命、年龄组、引起各年龄组死亡的因素及该因素的致死率等而制定的进行人寿系统分析的特定表格。由于该表格关心的是引起死亡的原因、死亡率及寿命，这恰好与害虫治理中所关注的目标是一致的。因此特别适合于分析整个害虫种群的生命过程，从中找到自然状态下引起害虫种群死亡的主要原因，然后将其应用于害虫种群的可持续控制；用于建立种群生命过程的数学模型，为害虫数量测报及控制模型的组建提供依据；用于选择防治对策、评价各种害虫治理措施的实施效果。

昆虫的生命表(life-table)是对昆虫种群生命过程进行系统分析的重要研究技术，是把种群在各个连续的时段或发育阶段内的死亡数量、死亡原因及繁殖数量，按照一定的格式详细列成的表格。由于该表格记载系统、细致，能清晰地反映整个种群在生活周期中的数量变化过程，具体化、数量化地描述出了各因子对种群动态的作用，因此可以明确分辨出影响种群的重要及关键因素。

一、生命表的类型及组建步骤

昆虫的生命表按其用途、内容可区分为两大类型，即特定年龄生命表(time specific life table)和特定时间生命表(age specific life table)。后一类型又有自然种群与实验种群之分。生命表的组建和研究程序包括6个步骤：①设计和制订调查及试验研究方案，这包括研究对象虫种的习性、生活史、分布状态、寄主、天敌、环境因素等；②方案的实施，其中调查取样应有稳定性、记载必须详细；③按照一定格式绘制生命表，同时对调研数据进行处理；④对生命表中的资料和数据的分析，确定各项参数及各因素对种群动态影响程度的大小；⑤对关键因子与种群数量的关系进行重复试验或调查，并建立相关模型；⑥在综合分析的基础上建立种群变动规律的最优模型。

二、特定时间与特定年龄生命表

(一)特定时间生命表

该生命表是以相等的时间为间距，调查记录各个时间间距内的种群存活数、繁殖量。建立这类生命表的主要目的是了解种群的内禀增长率和周限增长率，并可以用来建立数量预测模型。这一类型的生命表适合于描述世代较重叠、种群年龄组配比较稳定的研究对象，尤其是适用于实验种群的研究(表5-6、表5-7)。

表5-6 自然种群生命表的结构示例

单位时间间距(X')	代表年龄(X)	X期开始的数量(l_x)	$X \to X+1$的死亡数(d_X)	生态寿命(Xd_X)	X期内死亡率(q_X)	$X \to X+1$的平均存活量*(L_x)	X期后存活数累加值(T_X)	X期始时的生命期望值*(e_X)	死亡原因(F_X)
0 -	1.5	100	10	15	10.0	95.0	270	2.84	降雨
3 -	4.5	90	10	45	11.1	85.0	170	2.00	鸟食
6 -	7.5	80	10	75	12.5				天敌

* $L_x = (l_x + l_{x+1})/2$，$e_X = T_X/L_x$

表5-7 落叶松叶蜂试验种群生命表

年龄组(X')	代表年龄(X/d)	存活率(l_X)	平均每雌产卵数			预期寿命(e_X)	稳定年龄组配(P_X)	
			(Xl_Xm_X)	(m_X)	(l_Xm_X)			
0 -	1.5	1.0000				27.3678	20.7873	卵期
3 -	4.5	1.0000				24.3678	17.9398	61.9186
6 -	7.5	1.0000				21.3678	13.5073	
9 -	10.5	0.7450				25.1682	9.6842	
12 -	13.5	0.7050				23.5111	7.8678	幼虫期
15 -	16.5	0.6600				22.0118	6.2658	29.5710
18 -	19.5	0.6000				21.0630	5.1071	
21 -	22.5	0.5900				18.3946	4.2977	
24 -	25.5	0.5700				15.9874	3.3707	
27 -	28.5	0.4850				15.5264	2.6619	蛹期
30 -	31.5	0.4800				12.6725	2.2645	7.0633
33 -	34.5	0.4716				14.7509	1.9200	
36 -	37.5	0.4633				12.0675	1.6285	
39 -	40.5	0.4552				9.3296	1.2503	
42 -	43.5	0.3627				6.7217	0.9130	成虫期
45 -	46.5	0.3297	27.3421	9.0147	419.1836	4.1276	0.4505	1.4599
48 -	49.5	0.0654	14.8837	0.9734	48.1833	4.3276	0.0819	
51 -	52.5	0.0178	0.0000	0.0000	0.0000	2.0860	0.0145	

本生命表的基本参数为：净增殖率 $R_0 = \sum l_X m_X$，生态寿命 $= \sum Xd_X / \sum d_X$，世代周期长 $T = \sum Xl_X m_X / \sum l_X m_X$，内禀增长率 $r_m = \ln R_0 / T$，单位时间内的增长倍数即周限

增长率$\lambda = e^{rm}$，瞬时出生率$b = r_m \beta/(e^{rm} - 1)$、$\beta = \sum l_X e^{-r_m x}$，瞬时死亡率$d = b - r_m$，在$X \to X_{+1}$期间的个体占整个种群生命过程的比率即稳定年龄组配$P_X = 100 \beta l_X e^{-rmx}$。

其中r_m可根据$l_X R_0/T$粗略计算出。r_m的精确值按以下步骤计算：

如$r_m = l_X R_0 / T = a$，

令$\sum l_X m_X e^{-rmx} = 1$，则$\sum l_X m_X e^{-ax} = Z_1$　　①

若$Z_1 > 1$，取$r_m = b > a$（若$Z_1 < 1$，取$r_m = c < a$）

由①式再得Z_2，$r_m = b - (1 - Z_2)(b - a)/(Z_1 - Z_2)$。

（二）特定年龄生命表

按年龄或发育阶段顺序，系统地记载种群的死亡原因和死亡数量整理而成的生命表为特定年龄生命表，表中同一年龄或发育阶段内只出现该阶段的个体。本类型的表格可反映种群在各发育阶段的变动规律，用于分析影响种群数量变动的重要因素及关键因子，估计种群的发展趋势和建立预测模型。其结构见表5-8。

表5-8　马尾松毛虫第二代自然种群生命表

发育阶段 (X)	X始时存活数 (l_X)	死亡原因 (dxF)	死亡数 (dx)	死亡率 ($100qx$)	存活率 (S_X)
卵	1 000	捕食性天敌	483.60	48.36	
		寄生性天敌	2.20	0.22	
		未受精卵	5.50	0.55	
		自然损失	7.90	0.79	
		合　计	499.20	49.92	50.08
孵化期	500.8	捕食性天敌	23.80	4.75	
		胚胎死亡	2.40	0.48	
		自然损失	217.30	43.39	
		合　计	243.50	48.62	51.38
幼虫期 1～2龄幼虫	257.3	捕食性天敌	57.30	22.27	
		寄生性天敌	16.40	6.37	
		自然损失	49.60	19.28	
		合　计	123.30	47.92	52.08
幼虫期 3～4龄幼虫	134.0	捕食性天敌	48.20	35.97	
		寄生性天敌	6.20	4.63	
		自然损失	38.80	28.96	
		合　计	93.20	69.56	30.44
幼虫期 5～8龄幼虫	40.8	捕食性天敌	0.00	0.00	
		寄生性天敌	17.60	43.14	
		自然死亡	12.30	30.15	
		进入三代幼虫	7.00	17.16	
		合　计	36.90	90.45	9.55
蛹	3.9	捕食性天敌	0.00	0.00	
		寄生性天敌	2.40	61.54	
		合　计	2.40	61.54	38.46
蛾（♀∶♂＝1∶1）	1.5	性比关系	0.00	0.00	
♀蛾×2	1.5	捕食性天敌	0.60	40.00	
实际♀蛾×2	0.22	迁　移	0.68	45.33	
		合　计	1.28	85.33	

注：性比♀∶♂为50∶50；平均产卵量354；下代实际卵量39；种群趋势指数I为0.039。

如果对同一种群在相同地点进行多年、多次观察和研究，积累了多个性质相同的生命表，就可组建平均生命表。可将多年同一世代生命表中各栏目相同性质的数据平均，作为平均生命表的数据；或将若干年内所有生命表中相同性质的数据平均作为平均生命表的数据。此外，还可根据多年或多代同一因素所积累的资料作为平均生命表的资料，建立该因素对种群影响的模型。

三、生命表的分析

(一)种群发展趋势指数

种群发展趋势指数是估计未来或下一代该种群数量增减的指标值，用当代某一虫态与次代同一虫态的种群数量之比表示，即 $I=N_i/N_{i+1}$。用生命表中的数据表示时，$I=[l_x e(f/(m+f))]^x$，或 $I=S_1S_2\cdots S_nP_♀FP_F$，其中 l_x 为存活率，e 为产卵量，f 为雌虫数量，m 为雄虫数量，S_n 为存活率，$P_♀$ 为雌性的比率，F 为种群的标准产卵量，P_F 为实际产卵量/标准产卵量。

在进行生命表分析时，常要假设排除某一死亡因子，以确定种群发展趋势将会增加的倍数，即控制指数 $IPC(S_i)$，$IPC(S_i)=1/S_i$，S_i 为存活率。

(二)关键因子和关键虫期分析

K 值法　k_{ij} 值是某因子在某年份 i 的某阶段 j 引起种群死亡数的对数值，即 $k_{ij}=\lg(L_x-L_{x+1})=\lg(1/S_i)$，而 K 则是各年份同一世代相同的 k_{ij} 的和，即 $K=\sum k_{ij}$。以年份为横轴，各年份的 k_{ij} 及 K 值为纵轴绘制出坐标图，再比较各因子所对应的 k_{ij} 及 K 曲线的相似性，最与 K 相似的 k_{ij} 曲线所代表的因素即为影响种群数量的关键因子。

b 值法　以 $\lg k_{ij}$ 为自变量 X，$\lg K$ 为因变量 Y，建立 $\lg K=a_j+b_j\lg k_{ij}$ 关系，计算各因素下的回归系数 b_j。与最大 b_j 值相关的 k_{ij} 所对应的因素即为关键因素。

确定系数 r^2 值法　以生命表中同一致死因子作用下不同年份的存活率为自变量，即 $X=\lg S_i$，各年份的种群趋势指数 I 为因变量 Y，计算并比较 r^2，最大 r^2 所对应的因素即为关键因素。决定系数 $r^2=[n\sum xy-\sum x\sum y]^2/[(n\sum x^2-(\sum x)^2)(n\sum y^2-(\sum y)^2)]$。

(三)致死因子的作用与种群密度的关系

检验致死因子是否与种群的密度有关的方法如下：根据 dxF 因子的多年观察资料，建立 dxF 因子作用前种群数量 N_1 与作用后种群数量 N_2 的关系，即 $\lg N_1=a+b\lg N_2$ 与 $\lg N_2=a+b\lg N_1$。然后以年份为横轴、种群数量为纵轴作这两个关系式的图，若上两直线的延伸部在 $b=1$ 直线的同一侧，则该致死因子与种群的密度相关，否则不相关。

确定 dxF 与种群密度相关程度的方法为：建立 dxF 对应的 k_{ij} 值及 $\lg N_1$ 两个变量的关系式，$\lg N_1=a+bk_{ij}$，解出 b。$b=1$ 时为完全补偿(严格补偿)，即该因子对种群的制约能力是受密度决定的稳定值；$b>1$ 时为过度补偿，即随种群死亡数量的增加种群密度将更快地增大；$b<1$ 时不足补偿，即随种群密度的增加种群的死亡数量将快速增大。

密度制约方式的判别：在以 $\lg N_1$ 为横轴，k_{ij} 为纵轴的坐标图中，当 k_{ij} 曲线的斜率 $b>0$ 时，则 dxF 是直接密度制约因素，死亡率 dx 随密度的增加而增大。$b<0$ 时，则为逆密度制约因素，随密度的增大 dx 减少。$b=0$ 时，为延滞密度制约因子，即本世代种群数量的增大将使下一代的密度减少，其坐标图是反时针往复循环图。如 $b=0$，坐标图杂乱无章，为非密度制约因素。

(四)以生命表为基础的昆虫种群动态的数学模型

昆虫种群动态的数学模型根据其用途和所包括因素的多少，区分为回归预测模型、灰色预测模型及以生命表为基础的生命过程模型。其中回归预测模型又可分为单因子模型、多因子模型。种群生命过程模型组建步骤为：

建立理论模型 $N_{i+1}=I\cdot N_i$，式中 $I=S_1S_2S_3\cdots S_nP_{♀}FP_F$；建立与重要或关键因子 d_x 对应的 S_i 的回归模型；将次要因素 d_x 对应的 S_i 视为常数并用多年的平均数(或平均生命表中的数值)所代替；将所有的 S_i 模型或常数值代入 $N_{i+1}=I\cdot N_i$，即得到了所要组建的模型。如 S_i 的模型多而复杂，也不必将其代入 $N_{i+1}=I\cdot N_i$ 中。

第五节 森林昆虫群落及种群演替

在自然界，任何生物种的生存都不孤立，总有许多其他生物种与之同群共居，形成一个完整的生物群体，即群落(community)。群落是比种群更复杂、更高一级的生命组织层次。

森林昆虫生态系统与农业昆虫生态系统有本质的区别。森林昆虫群落的载体即植物群落相对复杂而稳定，受人为干扰程度明显较低，种群之间及其与环境的关系更为复杂，抗虫害及受害后自身恢复力较强，但一旦该关系受破坏后其恢复周期较长。农业昆虫群落则常较单纯且极不稳定，人为干扰力度大，遭受破坏后可通过耕作制度的改革在短期内得到调整和恢复。

一、森林昆虫群落及其特征

森林昆虫所涉及的宏观生态体系包括农业生态体系(可区分为纯农业与混林农业生态体系)及森林生态体系(可区分为纯森林生态体系与混农林业生态体系)。森林害虫并不在任何生态体系内都能猖獗发生成灾，只能在林分结构和环境条件对其发育极为有利时，首先形成虫源基地，再逐步猖獗成灾。

(一)森林昆虫群落的基本概念

森林昆虫群落是某一森林环境条件下昆虫种类的集合，它隶属于生物群落范畴。生物群落有主要群落(自养群落)和次要群落(异养群落)之分，作为森林生态系统中的初级生产者的植物群落，属于主要群落；而最初的起动能源来源于森林中的树木、杂灌、枯枝落叶及土壤腐殖质等的森林昆虫群落则属于次要群落。

森林昆虫群落参与森林生态系统中的物质循环和能量转换，如调节林分的组成、促进林分自然稀疏和树木的自然整枝、机械破碎枯枝落叶、加速微生物对枯枝落叶的分解和腐殖质的形成等。研究森林昆虫群落，对于合理地利用和开发森林资源，有效地实施森林害虫可持续控制具有十分重要的意义。

(二)森林昆虫群落的一般特征

森林昆虫群落并不是组成该群落的各物种的简单总和，它具有一系列可以描述和研究的、体现于群落组织水平上的如下属性。

多样性 物种的丰富度指群落由多少个物种组成，均匀度指群落中各物种个体数量的分布状况，相对多度指群落中某物种个体数与群落总个体数的比例。

优势种 那些深刻地影响甚至决定整个群落性质的物种称为优势种。优势种可能是数量最多、具有最高生物量、占据最多空间，对于能流和物流具有最大的贡献，或以某种其他方式控制或影响群落中其他物种的那些种。如果把群落中的优势种除去，必然导致群落发生重要变化。

生态位 物种在群落中的位置或功能与角色称为生态位，可区分为理论生态位和实际生态位。它对于任何一个物种来说都将是该物种能够生存于其中的所有环境变量和机能变量的上下极限。

群落的结构 包括空间结构、时间结构和营养结构，以及群落的演替特征。

二、森林昆虫群落的时空结构

昆虫群落随季节、年份、林分结构变化的时空结构，在害虫控制与森林昆虫生态学研究中，对于确定优势昆虫种类的动态规律、害虫密度的变化趋势等具有实际意义。

(一)空间结构

1. 垂直结构

不同的海拔高度以及植物群落的结构层次不同，分布的物种及其数量组成有差异的现象称为群落的垂直分层现象。昆虫群落的垂直结构与森林植物的层次结构密切相关。每一植被层次的生境小气候和食物资源间的差异，就提供了适合于多种昆虫生活的自然结构。如食叶害虫和枝梢害虫主要危害树冠，蛀茎的昆虫危害树干，腐食性、杂食性等昆虫多出现在枯枝落叶层，蛴螬等根系害虫生活在土壤层。如图5-11所示，即使在同一树干上，不同的部位，危害的种类也不一样。

2. 水平结构

昆虫群落的水平结构与各种群的分布、各物种间的竞争和取食关系有关。群落中各物种常在局部地区形成群团状分布的主要原因如下。

亲代的分布习性 很多昆虫产卵并不是将其卵均匀地产在适宜的寄主上，而是按一定的分布型产卵，使某些地块卵密度高，某些地块卵密度低，因而这些卵块孵出的幼虫在林中不同位置的密度也是不一致的。

对环境的选择 群落中的土壤、温度、湿度和植被等环境因子的水平变化是不均匀的，昆虫种群因其自身的生物学适应范围，随着栖境布局而有相应的水平分布格局。

种间相互关系的作用 植食性昆虫依赖于它所取食的植物而分布，捕食性和寄生性昆虫则依赖于它的寄主昆虫而分布。有许多物种经常趋向于一起出现，即呈正协调状

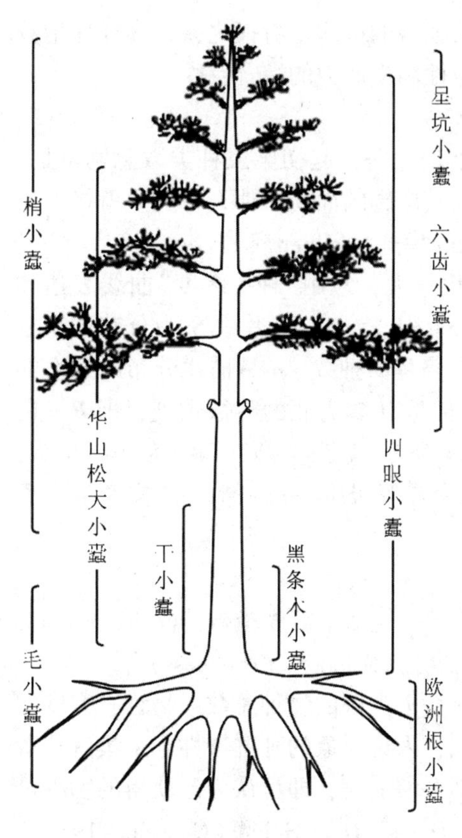

图 5-11 华山松上小蠹虫的分布

态，如蚂蚁和蚜虫；另一些物种由于竞争或对环境及资源要求有明显差异而相互排斥，即呈负协调状态，如马尾松毛虫和油松毛虫。

边缘效应　两个或两个以上的不同群落相结合的地带叫群落交错区。昆虫的多样性和密度常常在这样的地区最高，这种现象称为边缘效应。

（二）时间结构

物种由于在长期自然选择的过程中受许多环境因素如光照、温度、湿度及食物资源等的影响，生理和习性上具有了极强的周期及节律性，这种现象即种群在时间结构上的分化。

昼夜活动节律　典型的是日出型和夜出型，该节律与种群的生命过程即个体发育、发育阶段的转变、婚飞、产卵、群落内的迁移和取食等有关。但昼夜活动期的分离并不能消除有相似要求的、生活于同一群落内的种为利用环境资源而进行的竞争。

年周期变化　群落的物种组成和个体数量在一年中是不断变化的，不同年份间的这种规律能够重复（图 5-12）。这种年变化规律受非生物环境因素的直接影响（如日照长短）。非生物因素也通过影响其他因素（如寄主）而间接影响组成群落的各物种的生活史、迁移、滞育、世代交替、多型现象等。

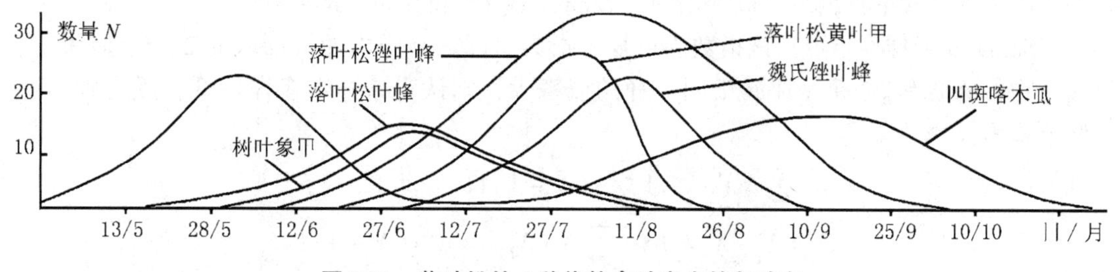

图 5-12 落叶松林 6 种优势食叶害虫的年动态

随林分发育的变化　林分有幼苗、幼林、中林、近熟林到成熟林时期。在林分生长过程中由于生物和非生物环境的变化，也使昆虫群落的种类组成和结构也出现了规律性的变化，这在不同林龄林分的各垂直分层中均能观察到。如 6 年生马尾松纯林的优势害虫为松茸毒蛾，12 年生则是松茸毒蛾和思茅松毛虫，18 年生为思茅松毛虫等。

（三）群落时空结构的常用数学表达式及其意义

依据生物多样性研究尺度的差异，物种多样性的测度可分为 3 个级别，α 为某一样方物种的多样性测度，β 为栖息地群落梯度间的多样性测度，γ 为某一地理范围内群落的多样性测度。群落的多样性是群落生态组织水平独特的可测定特征之一，多样性指数是群落中物种数及其多度的相对比例、群落的稳定性和生产力的综合反映。

1. 群落时空结构中的多度关系

种数与调查面积的关系 通常当调查面积逐渐增大时，起初昆虫种类数急剧增加，然后增加的速度逐渐减慢。如果均一的群落占着极其广阔的面积，那么种类数就接近于稳定。在群落调查中常用的有 Arrhenius 模式、Kylin 模式、Fisher 模式。

种—多度关系 群落中各物种的个体数量变化很大，常用“种—多度”曲线表达和描述。其中常用的是 Preston 的对数正态模型，即 $S_R = S_0 e^{-(aR)^2}$，其中 S_0为分布中众数倍程的种数，S_R是离众数倍程向左或向右的第 R 个倍程的种数，a 是描述分布展开度的常数(是分布宽度的倒数)，e = 2.71828。倍频程 R 是以 2 为底的对数数列，即 R = 1，2，4，8，…，其中第一等级为 1 ~ 2 头，第二等级为 2 ~ 4 头，第三等级为 4 ~ 8 头，…，具有 2 头、4 头、8 头等级个体数的种数在两交界等级中各占一半，这样产生的等级就是倍频程。

2. α 多样性

α 多样性是均质群落内物种组成状况的测度指标，包括丰富度指数(species richness index)、多样性指数(species diversity index)和均匀度指数(index of evenness)等。

丰富度指数 物种丰富度为某一特定地区某一特定类群的物种总数。物种丰富度的数值与样本数有密切关系，样本数又与样方的面积、采集对象的种群特性和采集者花费的时间相关。当采样面积超过某一数值、物种数不再增加时，即可认为已获得的物种可以代表该地区的全部现有物种。经典的公式包括：$D = S$，$D_{Gl} = S/\lg A$（Gleason，1962），$D_{Ma} = (S-1)/\lg A$，$D = (S-1)/\ln N$（Margalef，1958）；式中 D、D_{Gl}、D_{Ma}为物种丰富度指数，S 为物种数，A 为样方面积，N 为物种的总个体数。

多样性指数 物种多样性上包含丰富度和均匀度，该类指数即是将物种丰富度和均匀度用一个公式进行测度，最常用的有 Simpson 指数和 Shannon 指数。

Simpson 多样性指数：该指数为重复率指数，即从一样本随机抽取的 2 个个体属于同一物种的概率；2 个个体属于同一种的概率大，则认为该样本多样性低，反之则高。该公式为：

$$\lambda = \sum N_i(N_i - 1)/N(N-1), (i = 1,2,\cdots,S),$$

$$D = 1 - \lambda = 1 - \sum N_i(N_i - 1)/N(N-1);$$

λ 为同种个体相遇的概率，N_i为代表第 i 个物种的个体数，N 为所有物种的个体数总数，S 为物种数，D 为多样性指数。该多样性指数对稀有种作用较小，对普遍分布种作用较大，其值域为 $0 \leqslant D \leqslant i - 1/S$。

Shannon-Wiener 多样性指数：MacArthur(1955)将 Shannon-Wiener(1948)提出的度量信息含量的公式引入生态学领域，用来测度多样性。该公式为：

$$H' = -\sum P_i \lg P_i, \quad P_i = N_i/N;$$

P_i为第 i 物种的个体数在群落总个体数中所占的比例(= 比重)，N 为所有物种的个体总数，N_i(i = 1，2，…，S)为各物种的个体数，H'为多样性指数。

均匀度指数　是用来反映物种分布广泛程度（=多度 species abundance，常见和稀有物种）的均匀度指标。常用的均匀度指数是假设所有物种具有同等的多度，并以此作基准比较所有物种的多度与该基准的偏差程度，可用个体数量和生物量进行测度。物种多度的表达方式为相对多度（relative abundance）和绝对多度（absolute abundance），绝对多度常指某一地区部分或全部物种多度的实际存在量，相对多度仅为特定物种的多度相对于某一多度总量的比例。

Pielou（1966）均匀度指数：

$$E = H'/H'_{max} = -\sum P_i \lg P_i / \log_2 S, \quad H'_{max} = -\sum (1/S)\log_2 S = \log_2 S$$

式中 E 为均匀度指数，P_i 为第 i 个物种的比重，S 为物种数，H' 为实测物种多样性，H'_{max} 为多样性最大值。

Hurlbert（1971）均匀度指数：即当集合中一个种有（$N-S+1$）个个体，其他的（$S-1$）个物种各有 1 个个体时，该集合的均匀度最小，因此该均匀度指数 $R=(D_{实测}-D_{min})/(D_{max}-D_{min})$，$D$ 为丰富度指数。

3. β 多样性

β 多样性（Whittaker，1960，1967）指环境梯度变化时物种的替代程度或物种的周转率，最简单的是测度一个梯度中的丰富度或比较群落的组成，不同环境里共有的种越少则 β 多样性越高。

二元数据的β多样性的测度　Whittaker（1960）指数 $\beta_w = S/m_a - 1$；式中 S 为物种总数，m_a 为各样方中的平均物种数。Cody（1975）指数 $\beta_c = [g(H)+l(H)]/2$；式中 $g(H)$ 为在生境梯度变化时增加的物种数，$l(H)$ 则为减少的物种数。

数量数据的β多样性的测度　Bray-Curis（1957）指数即 $CN = 2j_N/(a_N + b_N)$；式中 a_N 为样地 a 中的个体数，b_N 为样地 b 中的个体数，j_N 为样地 $A(j_{Na})$ 和 $B(j_{Nb})$ 共有种中个体数较小者之和。

4. γ 多样性的测度

γ 多样性是指一个区域内各群落的 α、β 多样性集合，但各群落应均匀一致。在景观生态学中则用景观斑块代替物种为测度单位，采用 Shannon-Wiener 多样性指数进行测度。

5. 研究群落多样性的意义

群落多样性是群落稳定性的一个重要尺度　稳定性是群落在某一阶段维持物种间相互组合、各物种间的数量关系及在受到扰动的情况下恢复到原来平衡状态的能力。它包括现状过程的稳定、时间过程的稳定和变动后恢复原状的能力。当一个群落包含有较多的物种，且每个种类的个体数分布比较均匀时，它们之间就容易形成一个关系较为复杂的、对来自环境或群落内种群的变化反馈力较强的缓冲系统。多样性高的群落食物链和食物网更加趋于复杂，能流途径相对更多，如某一能流途径受到干扰或破坏时也有其他的途径来补偿；并且多样性指数年变化的极差或标准差也小。

群落的多样性还反映了群落自身的发展和演替程度　群落组建初期多样性指数较低，中期较高，终极时低而稳定，原因有空间环境异质、气候稳定、生物竞争等。昆虫多样性高时优势种常不突出；反之因物种少，种间的数量差别大，优势种突出。

多样性可以作为群落生产力和受干扰程度的指标 多样性高的群落受人为干扰后常会降低多样性，但人为干扰也能使多样性很低的群落的多样性增加；这种干扰包括森林的开发、化学农药的使用、乱砍滥伐等，干扰的关键是改变了自然环境条件、群落中的营养和能量关系，进而引起了多样性的变化。如大面积营造人工纯林，使群落结构单纯化，易导致害虫的大暴发；而封山育林、补植阔叶树等营林技术措施，可丰富林分的层次及树种的组合成分、改变环境条件和小气候，提高昆虫群落的稳定性、增加天敌的类群和数量，抑制优势害虫的大暴发。

多样性指数作为环境污染程度的生物指标 在土壤、水体、空气污染严重的地区，有毒物质直接对昆虫产生毒害或通过减少植物种类、改变食物的营养状况而间接影响昆虫的生长和繁育甚至群落结构，使昆虫多样性改变或下降。

多样性与引进、移植和释放天敌 当群落多样性和稳定性高、抵抗外界干扰和恢复原状的能力较强时，要引进或移植一种新的天敌在该群落中定居，或者在某生态系中天敌群落已发展到稳定期时再释放天敌，根据竞争排斥的原理，其成功率可能较低。

三、森林昆虫群落的营养结构

营养结构指群落内物质和能量的转化关系，其表现形式为群落内众多食物链所组成的食物网络结构。食物链数量与群落内种类的多少有关，食物网组成的复杂性、多食性昆虫的多少、食物链的可被代替性与昆虫群落营养结构的稳定性相关。如混交林与纯林比较享有更多样的食物资源，也具有更丰富的昆虫种类和食物链结构。

群落食物网结构发生变化的因素包括：各物种在不同发育时期对营养需求的变化，多食性昆虫对食物的选择，以及种类组成随时间的变化等。食物链的环节数一般为3～4个、很少超过5～7个，如在马尾松纯林的主要和次要害虫及天敌中，至少有6条比较稳定的食物链及与其相关的48条能流线。

四、森林昆虫群落的发展和演替

群落的演替显示着群落是从先锋群落经过一系列的阶段，到达中生性顶极群落。这种沿着顺序阶段向着顶极群落的演替过程称为进展演替(progressive succession)。反之，如果是由顶极群落向着先锋群落演变，则称为逆行演替(retrogressive succession)。演替是一个具有方向性的有序过程，也是群落改变物理环境的结果，最后将走向具有自我平衡(homeostasis)性质的稳态(顶极群落)，因而可以预测和控制，此即群落控制(community controlled)。

(一)群落演替的过程

了解一个群落被另一个群落所代替直至发展到顶极群落所经过的演变过程，对引进天敌、研究害虫的传播和扩散及害虫种群控制等均有重要意义。

侵入定居阶段 群落的建立首先是一些先驱物种侵入，接着这些物种中仅少数个体在很小的范围内存活定居并繁衍，初步建立的种群逐渐改造了环境，为同种或异种个体

的相继侵入定居创造了条件。这个阶段的特征是群落内物种稀少、种群密度低，对资源缺乏竞争性，因而种间常是互不干扰。

竞争平衡阶段 随着群落的发展，种群数量的增加，栖地逐渐得到改造。其特征是通过激烈竞争分摊了资源，定居的种得以继续繁殖，部分种被排斥了，种间关系渐趋平衡。

顶极平衡阶段 物种通过竞争平衡而进入了协同进化阶段，对自然资源的利用更为有效了。其特征是群落在结构上更趋完善，达到了演替的顶极状态。

(二)群落演替的特征

群落演替指一定区域内群落从较低等向较高等类型的转变过程，也是有机体和环境相互反复作用，发生在时空上的不可逆的变化过程。有原生演替和次生演替之分。

演替的方向性 大多数群落的演替都有不可逆的共同趋向。其趋势是从低等生物逐渐发展到高等的大型生物，生活史由短到长，群落层次由少到多，营养阶层从低到高、由简单到复杂，食物的利用效率不断提高；竞争从无到有，进而通过激烈竞争而在动态中稳定；并在主要群落内形成众多的、获取能源方式不同的微群落。

演替的速度 原生演替极其缓慢，次生演替虽较快但仍需很长时间。而其中微群落的异养演替所需时间短，便于观察和研究。

演替效应 群落中的物种在自身的发展过程中，经常产生不利于自身而有利于其他物种即替代种生存的环境条件。如随马尾松毛虫种群数量在马尾松林中的不断增长，其天敌数量也不断增加；但当该害虫大暴发时因食物资源短缺及天敌数量的迅速增加，而使其种群数量迅速降至最低；随树势的衰弱，优势害虫则转变为危害衰弱木的小蠹虫等。

第六节 森林害虫的预测预报

森林害虫的预测预报是根据害虫发生与发展规律，以及物候、气象预报等资料进行全面分析，预测其未来的发生动态，并为森林害虫的防治、检疫害虫管理提供虫情报告。

一、预测预报原理及方法

害虫的预测预报是以害虫自身的生物学、生理学等发生发展规律为基础，根据害虫的发生数量和发育状态、气候条件和寄主发育等资料，运用生态学、气候学、经济学及数学等知识与方法综合分析，以判断害虫未来的发生动态，并进行发生期预测、发生量预测、迁飞预测、发生范围预测、灾害程度及损失估计。

害虫预测的方法主要有统计法和实验法。统计法，即根据多年的气候学、多年观察的害虫发生规律、发生量等与植物物候等关系，运用数理统计分析方法，组建预测模型，并进行发生期、发生量以及危害程度预测；实验法，即用实验的方法获得害虫的发生与发育规律、生态条件与发生量的关系，再结合气象因子进行发生期预测。

预测预报包括预测和预报两个方面的内容。预测即在虫害发生以前，确切地推测虫害发生的可能性和未来发展的趋势。预报即及时向有关部门通报预测结果，使其对害虫的发生趋势有所了解，便于采取防治和相关准备措施。进行森林害虫发生和危害趋势的预测预报，可为经济有效地防治虫害、避免防治资源的浪费提供科学依据。因此，森林害虫的预测预报也是贯彻"预防为主，综合防治"的森林病虫害防治方针的关键环节。

二、发生期的预测

发生期预测即预测害虫某一虫期或龄期的发生期或危害期，如对卵孵化期、幼虫活动危害期、化蛹期、羽化期、成虫生殖、迁飞及危害期等，各阶段的始见期、始盛期、高峰期、盛末期、终见期进行预测。通常将最初见到某种害虫的时间称为始见期，最后见到的时间称为终见期，将发育进度的16%、50%、84%作为划分始盛期、高峰期和盛末期的数量标准。对有迁飞、扩散习性的害虫，则根据其在发生基地内的发生动态、数量及其生物、生态与生理特性，气象预测资料，以及迁出迁入地区的寄主生育期等，预测其迁飞时期、迁飞数量及发生区域等。发生期的预测常用的方法有发育进度预测法、有效积温法、物候期法等。

(一)发育进度预测法

所谓发育进度就是某虫态在某时间阶段出现的百分率，如化蛹进度 = (活蛹数 + 蛹壳数) ÷ (活虫数 + 活蛹数 + 蛹壳数) ×100%，羽化进度 = 蛹壳数 ÷ (活虫数 + 活蛹数 + 蛹壳数) ×100%。发育进度预测法主要是根据害虫在林间的实际发育进度、虫态历期、当地气温预报，准确推算以后虫态的发生期。

历期预测法 历期是害虫完成特定发育阶段所经历的天数。通过饲养观察或调查，获得预测对象害虫在不同温度下各代、各虫态的发育历期数据，然后在林间进行定点、定时系统调查，或利用灯诱、性诱、其他诱集调查法，在掌握该虫的林间发育进度如成虫的始盛期、高峰期、盛末期的基础上，根据当时气温下该虫态的发育历期，即可预测后一虫态的始盛期、高峰期与盛末期。

期距预测法 该预测法是以历期预测法为基础的短、中期预测方法。期距即昆虫两个发育阶段之间相距的时间，或在一年当中从前一个世代的某一虫态发育至后一世代同一虫态的时间，或跨虫态、跨世代的时间。可根据害虫在当地的多年发生资料，总结出其任两个发育阶段间的期距，或在不同条件下通过饲养获得任两个发育阶段间的期距。期距预测即在前一虫态的发生日期上，加上将要预测的后一虫态发生期的期距，即可推算出后一虫态的发生期；或根据前一世代的发生期，加上一个世代的期距，预测出后一世代同一虫态的发生期。如辽宁省1985年松毛虫上树始见期为3月28日，多年的资料表明上树始见期至高峰期的平均期距约20d，则可预测1985年的上树高峰期 = 3月28日 + 20d = 4月17日。

(二)有效积温预测法

在自然界，温度的高低是害虫生长发育快慢或发生期迟早的重要因素。当确定某害虫某一虫态或龄期的发育起点和有效积温后，即可根据当地常年同期的平均气温，结合害虫发生季节的气温预报，利用有效积温对该种害虫下一虫期或龄期的发生期进行预测。

例：已知槐尺蠖卵的发育起点温度 C 为8.5℃，卵期的有效积温 K 为84℃，卵产下时的日平均气温 T 为20℃，若气候无异常变化。由有效积温公式 $K=N(T-C)$，可得时间 $N=K/(T-C)=84/(20-8.5)=7.3(\mathrm{d})$，即卵的孵化期约在7d后。

(三) 物候预测法

应用物候学知识预测害虫发生期的方法称为物候预测法，物候是指在一年当中生物在不同季节出现的发育规律，自然界中害虫的生长发育阶段经常与寄主或其他植物的生育期相吻合并具有规律性，将物候学知识与害虫的发生期预测相结合即害虫的物候预测法。例如，江南一带经多年对松毛虫发生规律观察后得出“桃花红、松毛虫出叶丛，枫叶红、松毛虫钻树缝”的物候规律，可较准确地预测马尾松毛虫出蛰和入蛰期；小地老虎的物候规律是“榆钱落、幼虫多，桃花一片红、发蛾到高峰”。通过物候现象预测某些害虫的发生期，既具有科学依据，又简单易行。东北落叶松毛虫的物候期如表5-9。

表5-9 东北落叶松毛虫的物候期

发生阶段	始 见	始 盛	高 峰	盛 末
上树	—	山杏现蕾	山杏始见	山杏始盛
化蛹	酸枣盛花	酸枣花末	酸枣花末	玉米抽穗
羽化	向日葵始花	玉米穗末	谷子盛穗	谷子穗末
产卵	玉米盛穗	谷子穗末	谷子穗末	谷子落浆
初孵	向日葵盛穗	谷子落浆	谷子盛浆	谷子浆末
下树	山杏落叶	刺槐落叶	山杏叶末	柳树落叶

(四) 回归预测法

害虫的发生期与多种因素有关，因而在一定条件下可找出影响其发生期的主导因子。用相关系数 r 表示某一因子与害虫发生关系的密切程度，r 值越大表示相关性越密切，用该因子推测害虫的发生情况时准确性则越高。

例如，辽宁省北票市黄褐天幕毛虫的发生期与气象因子有着密切的联系，据此和相关数据对温度、湿度、温湿系数与天幕毛虫各虫态的发生期分析后，发现4月中下旬、6月下旬至7月上旬的平均气温，分别与天幕毛虫幼虫的始见期、羽化始盛期和产卵始盛期之间有显著相关性，相关系数均在0.8以上。其产卵始盛期的一元回归法预测回归式为 $y=66.5526-2.3404x$，$r=-0.9779$；式中 y 在6月15日取值为0，x 为6月下旬至7月上旬平均气温。根据该预测回归式，1998年6月下旬至7月上旬平均气温为24.9℃，则 $y=66.5526-2.3404\times24.9=8.28$，即在6月15日之后加上9天可得与实际观察相吻合的成虫产卵始盛期为6月24日。

三、发生量预测、危害程度预测和损失估计

根据多年资料的积累，可以进行中、长期预报，预测害虫在未来的发生量、有虫株率或林间虫口密度，较可靠地估算其虫口数量是否将会达到防治指标、造成危害，是否

需要防治并进行防治准备。但暴发性害虫的数量变动幅度大，有的年份销声匿迹，有的年份猖獗，因而对其发生量进行预测十分重要。常用的发生量预测方法包括有效基数预测法、生物气候图法、经验指数预测法和形态指标预测法等。

1. 有效基数预测法

一般根据上一代有效虫口基数、生殖力、存活率推算其下一代的发生量。该方法对一化性害虫或年生活史世代数少的害虫，尤其在营林制度、气候、天敌等影响因素稳定的情况下，预测效果较准确。

常用的发生量短期预测式为

$$P = P_0[e \times f/(f+m)) \times 1-D)] \times (1-M);$$

式中 P 为下一代发生量，P_0为当代虫口基数，f 为雌性个体数，m 为雄性个体数，$f/(f+m)$为性比，D 为下一代总死亡率，$1-D$ 为生存率，e 为平均每雌产卵量，M 为迁移率(对无迁移习性或无明显迁入、迁出的害虫，M 可忽略)。

$$\text{生存率为 } 1-D=(1-a)\cdot(1-b)\cdot(1-c)\cdot(1-d);$$

式中 a、b、c、d 分别代表卵期、幼虫期、蛹期和成虫羽化期的平均死亡率。

例：1981 年某林场 85 个林班刺蛾的平均虫口密度为 15.2 头/株，3～5 龄幼虫死亡率 33%，蛹期死亡率 81.2%，性比 0.45，每雌平均产卵量 200 粒，卵期寄生率 75.4%，越冬前 1～3 龄幼虫死亡率 82.7%，越冬期死亡率 6.5%。则

$$\begin{aligned}P &= P_0[e \times f/(f+m)) \times (1-D)] \\ &= 15.2 \times [200 \times 0.45(1-0.33) \times (1-0.812) \times (1-0.754) \times (1-0.827) \times (1-0.065)] \\ &= 6.9 \text{ 头/株}\end{aligned}$$

2. 生物气候图预测法

对于那些以气候条件中的温湿度为其数量变化主导因素的害虫，可通过比较其分布区与非分布区，或猖獗区(年份)和非猖獗区(年份)，或轻度危害、中度危害、重度危害的气候图，再与长期气象预报得到的当年气候图进行比较，即可对当年害虫发生量与危害程度进行估计(见图 5-9)。这种方法虽比较直观，但科学性差，用之已甚少。

3. 经验指数预测法

经验指数即根据资料的统计分析，所得到的某害虫的发生和危害与其他生物、气候的关系指标值，常用的经验指数有以下几类。

温雨系数或温湿系数　温雨系数 $Q = M/\sum T$ 或 $Q_e = (M-P)/\sum(T-C)$，温湿系数 $Q_w = RH/T$ 或 $RH/(T-C)$。式中 M 为月或旬总降雨量(mm)，T 为月或旬平均温度(℃)，RH 为月或旬平均相对湿度，P 为发育起点温度 C 以下期间的降雨量。例如，根据北京 7 年资料分析得出月平均气温及相对湿度是影响棉蚜季节性消长的主导因素后，进一步得到当 $Q_w = 2.5 \sim 3.0$ (RH = 5 日平均相对湿度，T = 5 日平均温度)时，对棉蚜增殖有利，会造成猖獗危害。

综合猖獗指数　将影响害虫发生量的气候因子和虫口密度进行综合分析，所得出的指数称为综合猖獗指数。如棉小绿盲蝽在陕西关中地区蕾期猖獗的预测指数为：在发生严重年，$P_4/10\,000 + R_6/S_6 > 3$；发生中等发生年份，$1 < P_4/10\,000 + R_6/S_6 < 2$；较轻发

生年，$P_4/10\ 000 + R_6/S_6 < 1$；式中 P_4 为4月中旬苜蓿田每667m²的虫口数，R_6 为6月份总雨量，S_6 为6月份日照时数，10 000为常年调查苜蓿田虫口理论数。

天敌指数　天敌是影响害虫发生量的重要生物因子，天敌指数就是害虫与天敌数量之间的关系值。如华北地区棉蚜数量的消长与天敌指数的关系式为 $P = x/\sum(y_i \times e_{yi})$，式中 P 为天敌指数，x 为每棉株的蚜虫数，y_i 为平均每棉株上的某种天敌数量，e_{y_i} 为某天敌的每日食蚜量。当 $P < 1.67$ 时，则华北棉区在4～5d内天敌可抑制棉蚜，不需防治。

4. 形态指标预测法

昆虫的形态特征、生理机能与环境条件密切相关。环境条件的变化直接影响昆虫的生理机能，并可引起昆虫的内、外部形态变化，甚至体重、脂肪量、生殖器官的形态变化，这些变化或多或少将影响昆虫的种群数量。形态指标预测法就是以某害虫形态变化和生理状况作为指标，通过相关回归预测害虫在未来的发生量。例如，槐尺蠖第4、5代产卵量 Y 与雌蛹质量 X 的关系为：$Y = -347.44 + 589.95X$。

5. 危害程度预测和损失估计

防治害虫首先要研究各类害虫对寄主植物的危害程度和产量损失，以便制定合理的防治指标，从而进行适时防治。在发生期、发生量预测的基础上，可通过调查或人工模拟试验测定不同被害程度与产量损失间的关系，以及寄主植物的生长情况等，确定回归方程，预测某害虫危害程度轻重或造成损失的大小，为划分防治对象和选择防治方法提供科学依据。

例如，对食叶害虫的危害程度估算，当按照单株进行调查时，被害率 P = 被害叶数/总叶数×100%，或被害株数/总株数×100%。当对危害程度进行分级后，被害程度 $P_i = [\sum(V_i \times n)/N(V_a + 1)] \times 100\%$；$V_i$ 为某虫害级值，n 为某等级株数，V_a 为危害最高级值，N 为调查总株数。例如，某地调查50株样树上槐尺蠖的危害程度，根据单株被害率数据得出1级为15株，2级为25株，3级10株，即 $P_i = (1 \times 15 + 2 \times 25 + 3 \times 10)/[50 \times (3 + 1)] \times 100\% = 47.5\%$。

四、种群动态监测

进行森林害虫种群动态的监测与调查，是为了及时准确地掌握监测对象的发生规律和动态信息，以便进行害虫的预测预报和防治。监测对象通常是当地曾大发生的害虫，或在其他地区大发生而本地区又是它的适生区的害虫或重大的检疫性害虫。

1. 森林害虫发生期监测

孵化进度监测　对于卵期较长的害虫种类，可从成虫开始产卵起直至全部孵化完为止，每间隔1d在所监测林分内调查一批卵，则其孵化率 = 初孵幼虫数/总卵数×100%。

越冬幼虫蛰伏与出蛰进程监测　在越冬幼虫准备越冬或复苏时，可在监测林分内选择一定数量的样株，逐日调查其上下树的数量，直至全部结束止，然后计算其始盛期、高峰和盛末期。

羽化进度监测　从结茧盛期开始直至羽化结束为止，可每天在监测林分内观察一定数量的茧，计算羽化进度。另外，可用灯光、性诱剂等监测成虫的发生进度。

2. 种群密度监测

卵密度监测　从成虫产卵始见期开始，可在监测林分内根据害虫的分布型取25～50株样株进行详细调查，统计样株及树冠投影范围内植被上的卵数。

幼虫密度监测　在幼虫暴食期，越冬前、后，采用与卵密度监测相同的方法调查幼虫数。

蛹密度监测　幼虫始见期后，用同样方法统计蛹的数量。

成虫密度监测　用同样方法或用黑灯光、性诱剂引诱，于羽化始见期开始统计成虫数量。

3. 害虫成活率监测

卵成活率监测　于幼虫孵化终见期，在监测林分内采集一定数量的卵粒，统计孵化、未孵化和被寄生的卵数，但对于卵期长的种类可在不同时期分别取样观察。

幼虫存活率监测　因很多幼虫具有较强的活动性，可在样地进行观察的同时，一般在样株上选100头以上的幼虫活枝套笼或带回室内饲养观察，统计各龄期存活头数及化蛹、羽化头数。

蛹存活率监测　在化蛹终见期直至羽化结束，在监测林分内采集一定数量的蛹，统计羽化蛹数、被寄生蛹数。

生殖力监测　在进行蛹存活监测时，可将初羽化出的成虫20～25对，每养虫笼放入1对饲养，直至成虫全部死亡，统计产卵数和遗腹卵数。

复习思考题

1. 描述昆虫种群数量变动特征与基本模型。
2. 阐述影响昆虫种群动态的非生物因素和生物因素的作用。
3. 解释积温和有效积温及其用途。
4. 光周期与昆虫滞育有何关系？
5. 简述昆虫与寄主植物间的协同进化关系。
6. 简述昆虫的生命表类型及其用途。
7. 森林昆虫群落及其种群演替有何特点？
8. 如何应用生态学原理进行森林害虫的预测预报？

推荐阅读书目

昆虫种群数学生态学原理与应用. 丁岩钦. 科学出版社，1980.

动物生态学(上、下). 华东师范大学等. 人民教育出版社，1981.

昆虫生态及预测预报. 南京农学院等. 中国农业出版社，1985.

森林害虫预测预报．薛贤清．中国林业出版社，1992.

昆虫种群生态学．徐汝梅等．北京师范大学出版社，1987.

森林生态学·2版．李景文．中国林业出版社，2001.

作物抗虫原理及应用．曹骥．科学出版社，1984.

植物上的昆虫群落格局和机制．D R STRONG，J H LARTON，等．刘绍友，作均祥等译．天则出版社，1990.

生态学研究方法．T R E 索思伍德．罗河清等译．科学出版社，1984.

第六章　森林害虫控制与森林健康

【本章提要】本章主要介绍了森林生态系统的生物多样性的类型、森林害虫发生与森林环境的关系，森林害虫控制策略，森林害虫控制的原理、技术方法和程序，森林害虫的工程治理、系统分析技术和专家系统，保持和恢复森林健康的原理和方法。

森林生态系统多样性与害虫的发生有密切关系。森林害虫的控制应在充分了解森林生态系统结构与功能的基础上，将所掌握的生态调控、林业措施、生物防治、动态监测进行最优组配，合理调节森林生态系统中植物—害虫—天敌的关系，充分发挥系统内各种生物资源对害虫的调控作用，尽可能避免使用农药，以保持和恢复森林健康。

第一节　森林环境与森林害虫

健康的生态系统是人类生存的环境基础，生态系统中物种的多样性及其环境条件直接影响其功能。森林是生物多样性最丰富的生态系统之一，森林昆虫是森林生态系统的组成部分。由于人类活动的影响，原始而自然的生态系统已消失，部分受到严重破坏的生态系统其多样性已丢失，这样的生态系统对一些植食性昆虫丧失了自控能力，导致森林害虫频繁发生、进一步破坏森林生态系统，影响和改变了原有的森林生态系统的功能。

一、森林系统多样性

生物多样性(biological diversity = biodiversity)是生态系统中的生物与其环境组成的动态功能复合体，这种动态功能复合体具有生态和生物概念上的复杂性。

1. 生物多样的类型

生物多样包括不同的层次或水平多样性，如遗传多样性、物种多样性、生态系统多样性和景观多样性等。

遗传多样性　包括一个生态系统内由所有生物的遗传资源构成的动态遗传系统，也包括种内种群间、同一种群内的遗传变异或基因多样性。种内遗传多样性与结构、物种的特征型生活史、种群动态等决定或影响一个物种与其他物种及环境的相互作用方式。系统与种内的遗传变异程度分别决定其进化和演替趋势。

物种多样性　即一个生态系统内物种的组成与结构水平，具体包括物种多样性的结构与胁迫现状、形成与演化、维持机制、濒危状况、灭绝速率与原因、区系特性、有效保护与持续利用等。

生态系统多样性　指生物圈或某区域内生境、生物群落和生态变化过程的结构与水平，包括生境、群落、生态变化过程的差异与类型等。生物群落多样性主要指群落的组成、结构、演替和波动等。生境多样性是生物群落多样性甚至整个生物多样性形成的基本条件，生境主要是指无机环境，如地貌、气候、土壤、水文等。生态过程主要是指生态系统的组成、结构与功能随时间的变化，生物群体之间及其与环境之间的相互作用与关系。

景观多样性　即一个区域内由不同类型的景观要素或生态系统构成的景观在空间结构、功能机制和时间动态方面的差异与变异。自然干扰、人类活动、植被演替或波动常导致景观多样性发生变化，因而其研究内容包括景观格局与生物多样性保护、生境及其多样性的片段化、景观的异质性、景观规划与管理等。

2. 生物多样性的评价指标

生物多样性涉及多样性的形成、现状、评价与管理对策，多样性消失的原因与后果、保护与保存方法和措施等。其中，生物多样性的评价是有效保护、合理利用、指导可持续发展的关键。

1943 年 Fisher 提出了物种多样性概念，并创用 α、β、γ 多样性指数来研究和评价群落的物种多样性，以概率论和信息论为基础的定量化生物多样性指标和数学模型达 10 余种(详见第五章)。1999 年曾志新等在遗传、物种和生态系统多样性三个层面上，提出了一套包含多样性、稀有性、濒危性、稳定性、干扰性等内容的评价指标(图 6-1)。

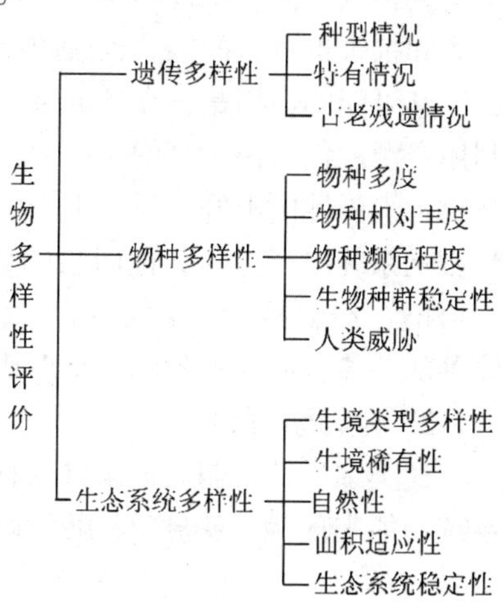

图 6-1　生物多样性评价指标体系

二、物种多样性与生态系统的功能

生态系统是由生物群落与其所在环境组成的复合结构，生物多样性的改变必然导致生态系统功能的改变，森林昆虫的多样性及森林害虫的发生与森林生态系统的功能具有密切的关系。

(一)生态系统的功能群

物种对生态系统功能的影响，常是多个物种的共同作用。具有相同生态系统功能的物种组成的种团(集合体)称为功能群(functional group)。组成同一功能群的物种其分类地位可能相近或差异很大，但生活习性、食性、生态功能与作用具有一致性。

在自然生态系统中，可按照昆虫在生态系统中的功能与作用，将其划分为植食性、肉食性(包括捕食性、寄生性子功能群)、腐食性、杂食性功能群等，这种划分不存在绝对性。有时常根据研究和调查的需要将其划分为有害的功能群如植物害虫功能群，有益的功能群如捕食性子功能群、寄生性子功能群，中性功能群如植食性子功能群、腐食性子功能群、杂食性子功能群。

(二)物种多样性与生态系统的功能

物种多样性与生态系统功能之间的关系，有许多不同的假说。由于生物群落演替至顶极群落后结构并不复杂，在演替过程中生态系统的功能或多或少都要受到物种多样性的影响或控制，生态系统的功能将随物种多样性的改变而变化，在高级群落阶段物种多样性可能与系统功能之间并不存在必然联系。因此，在解释物种多样性和生态系统功能的表现形式、相互作用机制、关系模式与形成过程、模式形成原因等问题时，提出了如下机制。

1. 统计学机制

该假说依据统计学原理认为，生物多样性对生态系统功能的影响可能和某些特定的生物学过程无关。由于生态系统的生产力来自多个物种组成的混合系统，与单作或物种丰富度很低的混合系统相比较，包含高产物种的可能性更大，这样物种丰富度越高其生产力和抗害虫危害的能力也就越高。

其可能的原因是，在环境条件较均匀的生境中，竞争能力较强的物种能够更有效地利用资源、创造出更高的生产力，在多样性高的系统中这类物种出现的概率大。这样，随物种多样性的上升，系统生产力与地域害虫危害的能力呈现上升并渐接近饱和。由于将影响系统生产力的其他因素的效应与物种多样性的效应难以区分，只能得到实际的“抽样效应”；虽然丰富度高的系统的生产力更高，但这种现象可能反映的是抽样中各物种的差异，而非物种的丰富度所致。

2. 生物学机制

这类多样性机制假说来自物种的生物学效应，或认为生态系统中可能存在一定的对系统功能表现为“多余”的冗余物种，或认为各个物种对生态系统功能均具有“独特贡献”。

冗余种假说(redundant species hypothesis)　一个生态系统中的物种数目达到一定程度后将饱和，存在可以维持正常功能的最小物种数、并具有一定数目的关键种，其他物种对生态系统的功能而言则是冗余物种；冗余过程的发生或因不同的物种可能占有相同的生态位，或因一个开放的生态系统中的一些物种依靠从系统外的迁入所致。冗余物种的移除或消失对群落结构和系统功能不会有关键影响，甚至可能为“表现优良”的物种提供更多的生存空间而改善系统的某些功能，因而物种丰富度与生态系统功能的关系并不非常密切。若将生态系统中的物种划分为不同的“功能群”，同一功能群的物种具有相互替代性，因而可鉴别出冗余物种；但当一个功能群只剩余一个物种时，如该物种从系统中丢失将使系统功能遭受无法弥补的损失。实际上冗余物种对生态系统并不多余，仍然有价值，生态系统维持一定的“冗余”是物种多样性的一种长期效应。

铆钉假说(rivet hypothesis)　每一个物种对生态系统功能的贡献都有独特性，任何物种的丢失都会使生态系统的功能受到一定的影响；即物种相当于这个复杂机器系统中的“铆钉”，物种的不断丢失将使系统的功能和结构受到影响。因此，生态系统中物种越多，其功能及对害虫的抗性必然越好。

关键种假说(keystone species hypothesis)　物种对生态系统功能的表现过程贡献不对等，那些维持群落的物种组成、生态系统的功能、物种多样性等功能的关键种不可替代，它们可能是群落中的普通种、或是稀有种、或是优势种与建群种、或是伴生种，但它们的灭绝将导致群落中大量物种的丢失、或引起整个生态系统的崩溃。如生态系统的初级生产力、分解、养分循环或者蒸腾等功能过程，大部分功能由一小部分关键种完成，其余大量的物种却仅完成了一小部分。

生态系统本身具有多样性，因而不同的机制假说，虽能较形象地描述物种数和生态系统功能间的关系，但也只是从不同角度揭示和解释了生态系统的某种特征。

(三)物种多样性与生态系统的稳定性

生态系统稳定性的含义包括稳定性(stability)、弹性(resilience)、抗性(resistance)、持久性(persistance)、变异性(variability)等几个方面。

多样性和稳定性是群落的一个重要尺度。群落的稳定性是一个相对的概念，它指的是在远离平衡状态下群落的一种有序结构，这种结构不仅与群落中的物种数目、种群比例、种群在群落中的作用、种间关系及食物网的复杂程度有关，而且与群落的发展阶段、群落所处环境的稳定程度、寄主的生长发育阶段有关。群落的多样性反映的是群落的组织水平和发展阶段，它是群落丰富度和均匀度的一种测度，多样性在一定程度上反映了群落的稳定性，但不等于、也不可能代替稳定性。生物群落在结构不断复杂化至简单化的演替过程中，并不总是增加其稳定性，在某些发展阶段复杂性增加稳定性，而在另一些发展阶段复杂性则降低稳定性。

在群落演替的早期，随着演替及物种数目的增多，多样性也将增加；这样多样性高的群落，物种之间的相互关系、食物链和食物网更加趋于复杂，当面对来自外界环境的变化或群落内部种群的波动时，群落则具有一个较强大的反馈系统，可以获得到较大的缓冲而趋于稳定、提高生产力、对害虫形成较强的抗性；从群落能量学的角度来讲，多样性高的群落能流途径更多一些，当某一条途径受到干扰被堵塞不通时，就会有其他的路线予以补充，因此多样性的增加将提高系统的稳定性和抗入侵能力，即抗性和弹性；在某些特殊情况下，多样性高的群落也可能不稳定，其原因可能是多样性高的群落，由于种间的激烈竞争和相克的作用而使群落的优势种极为突出而不稳定。因此，如将人工林作为自然生境中的一个特定层次，其稳定性则与这类林分中的多样性特征有关，可以在物种多样性与系统稳定性的角度上，依托该系统的自我调控机制探寻其自控虫害的途径。

但在群落演替的后期，当群落中出现非常强的优势种时，多样性会降低；这是系统在演替过程中，通过物种间正相互作用和生态位互补，协同进化竞争，减小冗余，提高效率的结果；因此这一阶段的多样性与稳定性并不成正比关系。

三、森林害虫与森林环境

按照生态学原理对害虫种群进行生态调控，必须了解昆虫群落和植物群落的特征及两者的相互关系。生态系统的许多特征，如空间结构、时间结构、多样性和稳定性等，都与昆虫群落的组成与种类、数量、动态有关，并且决定和影响着昆虫各种群间的相互关系。

(一)群落组成与森林虫害

在生态系统中昆虫群落是一个相对独立的类群，植物群落是昆虫的栖境及害虫的食物和庇护场所，昆虫物种多样性对植物群落稳定性的影响则与昆虫的食性和营养有关。植物的物种多样性与害虫的发生则与植食性昆虫搜寻寄主植物的难易，植物营养对植食性昆虫取食和发育的影响，植食性昆虫天敌种类与数量、天敌的捕食效率，害虫逃避非生物因素的制约能力等有密切的关系。植物种类的多样性可以导致害虫与天敌的多样化，使物种间形成复杂的网络关系，进而增加其相互制约机制、增加群落的稳定性，使得任何一种昆虫都不能大量增殖。

一般的规律是，植物群落组成越复杂，昆虫群落亦复杂，害虫大发生的机会就越少；与原始林相比较，人工群落与人工林的种类组成简单易变、动物区系较贫乏，害虫密度相对较高。因此，植物群落多样性对昆虫的影响，常可用联合抗性进行解释。联合抗性即在种类较多的植物群落中，植物受植食性昆虫进攻的机会将比单种植物群落少，原因在于天敌多寡与资源的集中程度(天敌假说和资源集中假说)。

植物多样性与害虫的营养条件 由于昆虫与植物在协同进化中建立了相对稳定的关系，植食性昆虫对植物有选择性、被择食的植物常不完全符合其营养需求，而植物对大部分昆虫又具有广谱抗性，使得害虫不能轻易发现其嗜食的植物。当森林中不同植物呈混交状态时，因食物空间与异质气味的阻隔，形成不便于害虫取食的营养环境，常使某些种类的昆虫不能在空间上无限扩展而降低其丰富度。如油松与黄栌或槲栎混交后，取食针叶的松毛虫幼虫对食物的消化利用率及生理指标均较纯林低。

植物多样性导致害虫的多样性 植物种类多样性的相对稳定可为占据不同生态位的昆虫提供充裕的营养源、栖息繁殖的良好环境，从而导致害虫种类的多样性，加剧不同种类的害虫对空间和食物资源的竞争，进而限制了某一种害虫的大发生。如在封山育林所培育的针阔叶混交林中，食叶昆虫种类达468种，为稀疏针叶纯林的1.31倍，明显制约了松毛虫的危害。

植物多样性导致天敌多样性 植物种类的丰富导致植食昆虫种类增多，为天敌提供了丰富的食物和转主寄主。丰富的植物种类可为多数寄生和捕食性天敌提供如花粉、花蜜类营养源，当其寄主害虫密度降低时仍能繁衍延续、种群不致消失。如针阔混交林中的天敌昆虫种类和松毛虫寄生率均明显较稀疏纯林高；再如农田植被多样性的增加，将使52.7%的天敌数量增加、益害比增加72.2%，导致50%的农田害虫死亡率上升。由于天敌的生存同样需要植物群落提供食物和庇护场所，因而可从植物对天敌的调控作用出发，通过调整植物群落组成形成适宜天敌群落生存的环境。

由于昆虫物种多样性对害虫的调控作用主要表现为：天敌昆虫对植食性昆虫寄生和捕食，同一营养层且食性生态位相近的其他类群的竞争，中性昆虫为中位和顶位物种提供食物，中位和顶位物种数量增加后又对害虫产生一定的调控作用，因此，要通过调节植物群落中昆虫物种的多样性，影响目标害虫的种群数量，既要维护其天敌类群的稳定，也要使与害虫处于同一营养层次的其他植食性昆虫有足够的多样性，甚至也要保护和利用中性、中位及顶位昆虫。

(二)群落结构与森林虫害

当群落结构较合理时，群落中包含的种类相对较多，各个种间的个体数分布比较均衡，种间易于形成较为复杂的相互联系，群落具有相对强的缓冲能力，能够自我调节因环境变化引起的群落内种群数量的波动。

1. 群落的时空结构与森林害虫的关系

空间结构特别是垂直结构复杂的群落，更能提供多样化的空间生态位，易形成复杂稳定的环境，有利于昆虫群落多样性的形成，抑制个别植食性优势种群的大发生；复杂的群落垂直结构能够改变微气候，提高天敌的生存能力而影响虫害发生。如，封山育林对昆虫群落垂直结构有明显的影响，稻田田埂杂草的高度和密度是影响田埂昆虫群落的主要因子，森林中蜘蛛群落具有明显的分层特征。

生物群落的空间结构和外貌具有时间属性，群落在空间的扩张与收缩总是与一定的时间过程如季节、昼夜变化相联系，植物群落和昆虫群落的生命周期都有一定的时间展示序列性，害虫的发生和危害与植物群落的兴衰变化难以分割，季节常是影响害虫、害虫的寄主植物、天敌的群落组成等变化的决定性因素，防控害虫、确定防治措施时必须给予足够的重视。

2. 群落的营养结构与森林害虫的关系

群落的营养联系是自然界各种生物之间相互依存、相互作用，天敌与寄主、群落反馈调节关系的综合反映，若某一环节发生变化，将会影响群落食物网的结构和物种间的相互关系。

植物营养与害虫的发生　植物的营养条件关系到其生长势和抗性的强弱，营养条件好、生长健壮的植物抗虫性强，反之则弱，如立地条件较好生长迅速的杨树受天牛危害轻微。但也有例外，如干旱胁迫对取食针叶林的昆虫表现为抗性增强，而在草本植物中则表现为抗性降低。

中性昆虫与害虫的发生　生态系统中与寄主植物没有直接关系，既非害虫又非天敌的昆虫常被称为中性昆虫。该类昆虫常是天敌的中间寄主，能够增强天敌对害虫的调控作用，并对许多植食性昆虫上升为害虫具有间接的控制作用。

天敌与害虫的发生　天敌在食物链中属于营养层次较高的类群，其种类与数量的稳定性主要受制于营养层次较低的植食性昆虫、害虫及中性昆虫。由于高一级营养层不能决定低一级营养阶层的发展和生产力，因此营养层次较低昆虫及害虫的生产力越高，其所支持的营养层次较高的天敌类群的总个体数和生产力越多。但天敌也易受气候变化和有害生物的影响，因此对天敌的利用不应只注意保护和盲目引进，而应着眼于增加天敌的多样性，为天敌提供复杂多样的栖境和食物，建立稳定的天敌群落。

3. 群落演替与森林害虫的关系

群落的演替阶段及其发育年龄直接体现群落内部的结构和功能状态，不同演替阶段的植物群落对昆虫群落的影响不同。一般讲，演替早期林木消耗在生长上的能量必然大于抵抗害虫的能量，易受各种害虫危害；而处于演替晚期或发育时间较长植物群落与林木，消耗在保护自身的能量常大于生长，故生长缓慢，其昆虫种类也较丰富，害虫发生频率较低、危害也较轻。但人工群落中昆虫演替还会受防治措施的影响。如，同龄的天然林与人工林相比，人工林节肢动物群落中的捕食者、腐食者的物种多样性和丰富度明显较低，而自然林则较高。

4. 纯林和混交林与森林害虫的发生特点

纯林和混交林是两个结构不同的森林生态系统，其森林昆虫群落结构也不同。纯林树种单一，昆虫群落结构简单，天敌数量少；害虫一旦发生，增殖快，容易造成灾害。混交林树种较多，昆虫群落结构复杂，阻碍害虫食物信息传递的因素多，制衡害虫的自然力强，不易形成虫源基地；害虫一旦发生，天敌的控制力强，不易造成灾害；混交林还有阻碍单食性害虫蔓延扩散的作用。

对天敌的寄主而言，树种愈杂、害虫的种类及其发生期愈杂、天敌的中间寄主和食源愈丰富。如已知马尾松毛虫有寄生性天敌110多种，在纯林中仅见十几种，而混交林内常超过纯林内的数倍。另外混交林内蜜源植物丰富，有补充营养习性的天敌其食源充足，有利于该类天敌的存活和繁衍。

灌木林生态系统中的食叶害虫种类和危害情况很少引起人们的重视。这类林分昼夜温差较大，阳光充足，害虫种类较多、食性较杂，具有向附近森林、果园迁移危害的趋向；但也是各类天敌的补充食物源和栖息场所，对降低某些害虫种群数量、抑制虫灾有积极作用。在乔灌混交林中当灌木种类多、郁闭度大时，对抑制虫灾有明显的作用。

(三)人为活动对生物群落及害虫发生的影响

害虫防治措施对群落的影响 针对目标害虫进行的采取防治措施对昆虫群落特别是天敌群落的数量结构影响显著，这种影响既包括直接杀灭害虫和天敌，也包括通过食物网中的相互作用对昆虫群落关系的间接破坏，其中杀虫剂对群落多样性的影响是决定群落结构与水平的重要因素。如综防果园天敌数量、多样性和均匀度均高于化防果园，化防果园的优势度高于综防果园、且多样性与均匀度的季节变化最不稳定，自然果园的天敌数量、多样性指数最大，优势度最低。

栽培管理措施对群落的影响 栽培管理措施往往决定着人工群落的植物组成、结构，进而对昆虫群落施加重要影响。如，封山育林可以使林内昆虫群落的种类与数量，尤其是天敌类群的种类数量显著增加，昆虫群落的垂直结构更为丰富；随着时间的延续，封山区昆虫种类、数量及多样性增加幅度较大，个体数量逐渐趋于平缓，群落的稳定性增强。此外，中耕除草、灌溉施肥、整枝、修剪等措施，可增强植物的生长势，使之不利害虫而有利于天敌的发生。

破坏活动对群落的影响 人为破坏环境资源的行为，对生物群落有着特殊的影响。如由于过度砍伐常使林分抗风性能下降、风倒木增多，伐区及附近地区林间的环境状况

恶化，导致某些次期害虫个体数量上升，形成局部危害。此外，环境污染可引起昆虫群落的结构、种类与数量发生变化，如受 SO_2 污染的森林，林中鳞翅目害虫数量明显增加，除了个别单食性小蠹虫外，小蠹虫的种类和数量在空气污染林区明显增加。

四、昆虫的生态对策

昆虫在进化过程中，经自然选择获得的对不同生境的适应方式或能力称为生态对策(bionomic strategy = 生活史对策 life history strategy)。生态对策反映在昆虫体型的大小、繁殖周期(世代数)、生殖力、寿命、躲避天敌能力、迁飞与扩散能力、分布范围等方面，其具体形式在于最大限度地适应环境、合理地利用环境资源与体源。昆虫和其他生物一样，在能量利用的分配上也有一定的协调性，若在生殖上耗去的能量较多，在生存机能上耗去的能量将相对减少。如某种昆虫有很好的照顾后代的能力，则其本身繁殖能力就相对较小；昆虫迁飞型个体具有远距离迁飞能力，则其繁殖能力也相对较小。

昆虫种群的大小和变化速度主要取决于昆虫种群的内禀增长率 r 和环境容量 K，r 反映了昆虫种群的增长速率，K 反映了昆虫种群发展的最大范围。所以，当 K 值保持一定时，r 值越大、种群增长速率越快、种群越不稳定；当 r 值保持一定时，K 值越大、种群发展的范围越大、种群越趋向稳定。根据 r 值与 K 值的大小，可将昆虫种群基本上分为 2 个生态对策类型。

1. *r* 对策

对适应生境而采取 r 对策的种群，r 值较大，K 值相应较小，完成世代发育的时间 T 与环境有利期 H 的 $T/H \approx 1$，前一世代的种群对资源的消耗常对后代无影响，以高繁殖率及较多的群体参与生存空间的竞争。该类物种适应于在短暂的有利环境中栖息，体型常较小、寿命及世代周期较短、繁殖力强，一年发生的代数常较多，食性较广，无完善的保护后代的机制，扩散与迁移力较强，每次迁移必伴随大量个体的死亡，每年或每代需重新组建集群，死亡率高、引起种群死亡的因素多为非密度制约因素。因此，种群数量经常处于不稳定状态，易于突然上升或突然下降，当种群数量下降后，易在短期内迅速恢复。较典型的如蚜虫类、螨类、沙漠蝗、棉铃虫、小地老虎等。

r 对策的害虫常有暴发性，天敌在其大发生前的控制作用常比较小。故对此类害虫应采取以林业防治为基础、生物防治与化学防治并重的综合防治策略。此类昆虫繁殖能力强、种群易于在短期内迅速恢复，单纯的化学防治易导致其产生抗药性；在大发生的情况下，仅依靠生物防治措施常难以迅速压低其种群数量，生物防治应着眼于保护、利用和释放 r 对策型的天敌昆虫或生物制剂。

2. *K* 对策

K 对策类种群的栖境较稳定，r 值较小、K 值较大，$T/H<1$，种群数量超过环境负荷后将对下一代不利，常以延长寿命、提高取食与繁殖效率占有生存空间。适宜生存于较为持久的栖境中。体型常较大、寿命与世代周期较长、繁殖力小，一年发生代数较少，食性较为专一，常有较完善的保护后代的机制，扩散与活动能力较弱，常以荫蔽性生活方式躲避天敌，死亡率较低、死亡原因多是密度制约因素所引起。种群数量比较稳

定，常不需重新组建集群，群数量一旦下降至平衡水平以下时，在短期内不易迅速恢复。典型的昆虫如金龟类、天牛类、十七年蝉等。

*K*对策型害虫的防治，应注重使用生态调控措施，化学防治时应采用高效精确的局部性施药方法，以压低其种群密度；在其种群密度降低阶段，应利用天敌等生物防治技术，以达持续控制之效果。

生态对策从*K*至*r*是一个连续的变化系统，除极端的*K*和*r*对策型外，存有许多过渡的中间型，*r*、*K*对策具有相对性。如天牛类与脊椎动物相比较，脊椎动物肯定是*K*对策型，天牛类则为*r*对策型；蚜虫属于极端*r*的对策型，但杏蚜和松蚜体型大、繁殖力小，相对就倾向于*K*对策型。因此，在控制害虫时，应根据具体种类的危害与特性，选择经实践检验、且控制效果好的方法与技术。

第二节　森林害虫控制原理与方法

森林虫害既是一个害虫问题，又是一个生态问题，森林虫害的控制既涉及经济效益又涉及环境资源保护，所以，害虫防治应摒弃以破坏环境为代价的短期行为，注重生态与生物等无害化措施对虫害的长期控制效果。

一、害虫控制策略

人类控制害虫的策略以及治理害虫技术的发展经历了5个阶段，即早期朴素综合防治、化学防治、协调防治、综合治理、可持续控制等阶段，不同历史阶段的治虫思想是当时对害虫的认识水平、控制水平、技术水平的综合反映。

1. 朴素的综合防治阶段

1940年前在合成农药未诞生时，人类被动地依靠生态体系自有的调控能力控制害虫的危害。当时农林业生产集约化程度低，农林生态体系生物群落多样性较高，制约害虫的自然因素未受人为破坏。人类对各种有害生物持以纵容态度，除非其危害达到不能容忍的程度时才采取原始的措施防治，其中并没有十分“高效”的、对环境和生态体系产生破坏性的措施。虽然当时并未提出明确的害虫防治策略，但做法上是使有害生物处于一定密度或数量水平上的综合防治。随着农林业生产的发展、科技的进步，人类在观察和研究的基础上逐渐认识了害虫，利用了杀虫植物、有毒矿物质制剂和天敌、并研制原始的治虫器械等，进而提出了适合当时生产条件的防治措施，但这个阶段最先进的害虫控制方式仍是以生物学为理论基础的单一防治(一种植物、一种害虫、一种防治方法)。

2. 化学防治阶段

1874年由德国化学家O·蔡德勒合成了二氯二苯基三氯乙烷(DDT)，1939年才被瑞士化学家P·H·米勒发现DDT具有杀虫特性，1943年美国农业部用DDT进行了杀灭马铃薯甲虫实验，1944年1月在意大利那不勒斯战役中用DDT杀灭人虱后，DDT即作为一种农药广泛应用于农业生产，成为了神速战胜虫害、名扬全球的“杀虫英雄”。

1945年英国卜内门化学工业公司生产了杀虫作用更广泛的六六六。与其他防治方法相比，化学农药的价格低、使用简单、效果好，能最大限度地减轻害虫的危害、提高产量，使人们形成了“农药万能”的观念，人类掀起了开发、生产、广泛使用杀虫剂控制农林害虫的热潮。受当时的社会、科技发展条件的限制，人类过份信赖和依赖了有机农药，主张消灭害虫，提出的化学治虫策略(Inpest control = IC，1940—1963)是：当害虫种群数量发展到有危害威胁的趋势时，应该及时采取措施进行防治，以保护生产免受损失。

3. 协调防治阶段

随生态学的发展和人类对化学农药认识的加深，为减少农药的使用量，1963—1970年提出的协调防治策略(integrated contorl，ITC)为：防治害虫时化学防治要与生物防治相协调，避免主要害虫产生抗药性和再猖獗以及次要害虫的大量发生，以保护农林生产不受损失。这一策略(并没有在林虫的治理当中得到很好的贯彻)虽然强调了害虫防治要重视混交林、营林措施、抗虫树种、天敌的作用，但仍然是倚重于利用杀虫剂消灭害虫。

4. 综合治理阶段

由于协调防治策略在害虫防治过程中难以操作，继续长期大量使用化学农药已酿成了威胁人类的重大社会问题，人们认识到必须科学地利用综合防治措施来控制害虫。于是20世纪60年代初提出了新的害虫防治思想，即害虫综合防治(integrated pest control，IPC = 害虫种群数量控制 integrated pest management，IPM)，经过1966—1972年的完善，1975年后开始普遍实施，成为了以后指导害虫防治的科学策略，即综合治理策略(IPM)，并针对卫生害虫派生出了害虫全部种群管理(TPM)、农林害虫大面积种群治理(APM)等。

其核心思想是：依据生态学的原理和经济学的原则，选取最优的技术组配方案，将有害生物的种群数量较长时间地稳定在经济损害水平以下，以获取最佳的经济、生态和社会效益。IPM的产生是生态学研究的深入及生态学与害虫防治学进一步融合而发展起来的理论，是较完善、实践性较强的治虫策略。该策略的特点在于运用害虫生态系统管理害虫，允许害虫存在，充分发挥农林生态系统对害虫的控制作用，强调多种防治措施的协调与配合及自然控制，企图改变和消除单独依靠杀虫剂所产生的副作用。但该策略过于强调坚持控制害虫危害的威胁，这使得常将防治指标订得过于严格，多数情况下的治理措施还离不开杀虫剂。

5. 可持续控制阶段

20世纪末，可持续发展观已成为指导人类社会发展的普遍思想，森林虫害的防治步入了新里程。1995年在海牙召开的第13届国际植物保护大会以“可持续的植物保护造福于全人类”为主题，确立了害虫可持续控制(sustainable pests management，SPM)的新策略。但该策略在实际操作上仍延续了IPM的思路和方法，实质上是IPM的高级阶段，是对有害生物进行生态管理。

害虫的可持续控制实质上是生态调控，其核心是：害虫的可持续控制就是以森林生态体系为基础，通过对该体系的维护与调控借以增强该体系结构和功能稳定性，充分发挥其对有害生物的自然制衡作用，必要时在不破坏该体系的功能及结构稳定性的前题下引入外部因素削弱害虫的危害，将害虫的种群密度控制在该生境、社会及经济效益可容许的范围内。IPM强调从生态角度出发，SPM则强调以生态体系为基础，这并不是说其他过去行之有效的治虫技术措施及杀虫剂无用了，只是杀虫剂的使用应首先考虑对生境是否有影响或能否留下隐患。此外，还有以生态学、经济学为基础的害虫生态控制论ERMP，ERMP与IPM的实质一致。

二、森林害虫防治指标

森林生态系统中的害虫治理方式与农业害虫不同，可以区分为社会受益型，即国土整治林、生态环境建设林、城乡景观林的害虫防治工程，以及营利性用材林和经济林害虫治理。林型不同，控制害虫时的指标与要求也不同。

1. 害虫防治指标

经济损害水平(economic injury levels，EIL)是实施人工防治时的成本恰好等于防治后所得到的经济(或生态或社会)效益时的临界虫口密度，即$EIL=(P_i+A+B)/P_0 IE$。其中A为人工成本、B为机械成本、P_i为消耗的物资成本、P_0为产出物的单价、I为每头害虫引起的产量损失、E为防治效果。经济阈值(防治指标 economic thresholds，ET)为防止害虫种群的密度超过*EIL*，根据多方面因素及保险系数所确定的、进行防治时的一个害虫的种群密度值。种群数量平衡位置(general equilibrium position，EP)指自然条件下害虫在较长时间内种群的平均密度值。如果*EP*处于*EIL*以上或徘徊于其附近，则该害虫为主要害虫，*EP*偶然达到*EIL*则为偶发性害虫，*EP*长期处于*EIL*之下则为潜在害虫或有危害但不造成明显损失的害虫。

害虫的防治指标是害虫控制论中的关键。如果防治指标值确定得不恰当、远离真实指标值时，既会给防治工作带来意想不到的困难，还会使治理效益难以达到预期的目标。

2. 防治指标的类型

经济林、用材林、生态工程林(包括水源涵养、防风固沙、水土保持、农田及道路防护林)、混农林、混林农、景观林、古树名木各有其独特的生态和经济及社会价值，因而防治指标应根据防治林分的自然与社会属性，按林分的实际用途及所担负的功能区分类别，参照林分特有的生态、社会与经济效益的权重及害虫本身的发生危害特点，各循其原则来确定。

农、林生态林的防治指标　以生态效益为主导的森林体系中，对害虫治理的主要目标是维护或增强该体系的生态和社会效益，而不是谋求某种形式的经济利益，采用的任何治虫方式都不应以降低或破坏其生态功能为代价。所以害虫防治指标应该是，对害虫实施治理后重新获得的或增强的生态效益≥[害虫危害所造成的损失+防治措施所带来的生态效益损害(污染等)+防治费用)]时的虫口密度值。

景观工程林木的防治指标　道路、城区、市内公园、森林公园、景点林木及古树名木其主要价值在于观赏和创造游憩环境，部分地兼具调节气候的社会及生态效益。所以防治指标是害虫本身及其危害后的美观损失水平、人类的恶感程度、该类林木对害虫虫口的承载力等综合水准所对应的虫口密度值。

用材林的害虫防治指标　培育用材林的主要目的是获取经济或经营效益，因害虫种类及其在林木上的危害部位、发生季节、树龄或生长阶段、轮伐期、立地条件及人们对材质的要求等，均和确定这一类型林分的防治指标有关系，多适宜用动态阈值模型来表示防治指标。多数情况下食叶害虫的防治指标是林木叶系损失量达40%～45%时的虫口密度值；确定蛀干害虫的防治指标时，应兼顾害虫危害导致树势衰退及死亡的程度、木材的直接损失及材质降低所造成的损失等多个因素，才能保证防治指标不出现大的偏差。

经济林的害虫防治指标　这类林木包括工业及农副加工业消耗的轮伐或采割周期很短的原料型林木及果品林。由于人们对期望产物及其品质的要求不同，使得这类害虫的防治指标有着显著的差异，一般该类林分的害虫防治指标较为严格。

三、森林害虫控制的可能性与途径

可持续控制策略为森林害虫的无害化防治提供了理论基础，能否利用生态学技术与生物技术防治林木害虫，关键在于摈弃百十年来人们所依赖的化学药剂杀虫观念，回归更加科学的朴素的综合防治理念。

(一)害虫种群数量控制的可能性

在害虫可持续控制思想的指导下，能否实现林木害虫的无公害防治，避免使用农药产生“3R”(残留 residue、抗性 resistance、再度猖獗 resurgence)问题？成功的事例如下。

改造东亚飞蝗的栖息生境实现了对该害虫发生数量的控制　据记载，我国历年来发生的蝗灾达900余次，而蝗区的形成主要是有大面积的适于其产卵、取食、活动的湖滩地、内涝地、河泛地等荒滩区。1964年以来我国对该类害虫实施了综合治理，通过修造农田、植树造林、增加林木覆盖度，改变了蝗区的生态面貌、生态体系，减少了蝗虫的食物来源，实现了对蝗害的综合控制。

封山育林增加物种多样性实现了对松毛虫的可持续控制　松毛虫是我国人工松林的重要害虫，1950年国家就开始进行大量投资，先后进行了化学防治与综合防治。1980年后对生态、群落、天敌与松毛虫发生量的研究表明，人工纯林生物组成简单、天敌种类及数量少、食物链组成较少、松毛虫的食料集中丰富、林分的多样性差，是导致该类害虫连年不断发生的主要原因。因此通过封山育林、补植阔叶树种、种草植灌等提高人工林多样性的营林措施，控制了该害虫的种群数量。

引进澳洲瓢虫控制了吹绵蚧　吹绵蚧是我国南方柑橘、木麻黄等果树和林木的重要害虫，采取化学及其他治理措施均不能达到理想效果。自1955年引进繁殖、释放澳洲瓢虫，1958年其危害即得到了控制，1960年以后该害虫的危害问题已被解决。

改变栽培制度控制了三化螟的危害　三化螟是我国南方稻区的重要害虫，1950年前多采用在早稻行间插晚稻，在同一地区内的早、中晚稻连作，该害虫各世代的食料都很充足，种群数量持续增长，对晚稻造成了严重危害。经过改变栽培制度，即早稻收获

后才种植晚稻，在早、晚两季稻之间由于该害虫缺乏食物而引起种群数量下降，对晚稻的危害减轻。

使用抗天牛危害的毛白杨等控制杨树天牛 杨树蛀干害虫黄斑星天牛、光肩星天牛1975—1990年分别在我国西北的陕、甘、宁及华北地区猖獗危害，使近千万亩人工杨树林被毁。研究证实该虫大面积暴发危害的主要原因是造林时大量使用了不抗虫的由国外引进的品种或携带该类基因的杨树品种。通过淘汰感虫品种、更换树种，正在实现对该害虫的控制。

(二)害虫种群数量控制的途径

依据害虫的可持续控制理论，现阶段的森林害虫控制可采取以下生态或生物学等对环境无害化的技术与方法。

使用有选择性的杀虫剂及选择性的施药方法 使用广谱性杀虫剂有导致控制对象虫种再猖獗、大量杀伤天敌、次要害虫发生的问题，连续使用性质相同的药剂还会增强害虫的抗药性，会导致进一步增加用药量等不良后果。因此，在使用杀虫剂时应筛选并使用有针对性的药剂或特异性杀虫剂，在用药方法上选用对环境影响小、对天敌杀伤力弱的方法，如注射、涂茎、根埋、深施等局部施药方法，是解决上述问题的一个途径。

引进外地(国外)天敌和保护当地的天敌 天敌是生态体系内抑制害虫种群数量的重要因素，保护当地的天敌、移殖或助迁天敌、人工繁育及释放协助天敌种群数量的增长，或营造混交林、改造人工纯林以丰富天敌的多样性，提高天敌对害虫控制能力。如我国繁育释放美国白蛾周氏啮小蜂、管氏肿腿蜂、松毛虫病毒等已分别用于美国白蛾、天牛小幼虫和松毛虫的治理。

当地天敌是其生态体系的成员，即使人为增大其数量，对害虫的控制也只是暂时的，随害虫数量的减少其数量也会减少，且自然状态下天敌对害虫的控制均有滞后现象。而成功地引进外地天敌，改变了原有生态系统中的食物链关系及天敌区系，使害虫和天敌间的关系发生永久性的变化，可对害虫种群产生持续性的抑制性，甚至可以持续控制害虫的危害，如2000年我国从欧洲引进大唼蜡甲控制红脂大小蠹就是一例。

培育抗虫品种或以营林(栽培)措施提高林木(作物)的抗虫性 一个感虫品种在小范围内使用时只表现为被害率增高，但在大范围内使用使则会因害虫数量的持续积累引起灾害性虫灾，如1965—1980年在北方地区大面积栽植欧美杨系列品种导致了星天牛暴发成灾。而大面积使用抗虫品种，不仅能降低害虫的种群数量及危害程度，而且能较长时间地降低害虫的平衡位置，甚至控制其危害。随基因工程技术的成熟和发展，抗虫品种的培育和使用已经成为了害虫研究与防治中的重要手段。

通过营林、管理措施提高现有林分的抗虫性，也是减轻害虫危害的一个途径。不同的生长环境下林木的抗虫能力有较大的差别，这一抗虫能力的差别常与栽植密度、营养状况、林龄、轮伐期、林分内植物的多样性等有关。

创造不利于害虫种群数量发展的环境 害虫栖息的环境包括食物环境、活动环境、繁殖环境等。各种害虫对环境的适应能力及要求并不完全相同，当某一害虫发生危害时首先应分析是何种类型的环境所造成的结果，这样才能通过人为地改变环境而控制该害虫的种群数量，不一定非得使用农药等措施进行防治。如上述对东亚飞蝗、松毛虫种群

数量的控制就是通过改变生境条件来实现的。

四、森林害虫控制的措施

森林害虫防治的方法有多种，针对某一害虫无论采取何种措施，都应注意一个前提，即对有害生物实行生态管理，使森林生态环境保持可持续发展，维护森林生态系统的健康和活力，即生物多样性、生态过程和生态平衡。森林害虫防治的主要措施如下。

植物检疫　森林植物检疫是一个国家或一个地区以法律、法令的形式阻止危险性的植物病虫害人为传播、蔓延，保护本国、本地农林业健康发展的方法。确定检疫对象的原则是，危害严重、不易防治、局部分布、主要由人为传播。检疫对象的发生区划定为疫区，未发生区则为保护区。植物检疫分为对外检疫和对内检疫，检疫机构的工作包括产地检疫、调运检疫、关卡检疫、禁运、除害处理等。凡从疫区调运的各类农林植物、植物繁殖材料、植物产品、木材及植物性制品、相关物品的包装材料、运输工具等均属检疫对象。处理方式有销毁、消毒、退货、改变用途等。所有检疫必须出具相应的检疫证书。

林业技术防治　林业技术措施是林木害虫治理中的基本方法。包括营林中的选种、整地、育苗、林地选择、造林、经营管理、采伐、运输、贮藏，以及林地改造、人为对林分进行更新以改变生境等，能助于林木生长、减少虫害、控制害虫种群数量的方法。

生物防治　森林生态系统具有自然制衡害虫种群数量、抑制害虫危害的能力，这种能力来源于该生态体系中害虫的天敌、寄主的抗虫性、食物资源的限制、不适宜的异质信息及与害虫竞争生存资源或空间的其他生物。因此人工培殖、引进、利用天敌，有目标地培育和使用抗虫品种，营造混交林，使用有扰乱害虫生活习性的信息物质，及生物制剂如 BT 乳剂、病毒等，均有抑制和降低害虫种群数量的效果。

化学防治　化学防治是利用有毒物质控制害虫的方法，其特点是作用快、效果好、使用方便、费用低、能在短时间降低大范围内的虫口密度，缺点是易污染环境、杀伤天敌、使次要害虫数量上升导致被抑制了的害虫重新发生危害，因此化学防治应与生物防治方法相互协调使用。在使用化学农药时应依据下述原则：根据害虫种类和生态环境选择农药，在害虫敏感期用药，农药应合理混用及交替使用，使用选择性农药，尽量采用局部施药的方法以避免药害，不使用残效期长的农药，注意保护天敌和人畜、环境的安全，化学农药与生物防治技术相结合等。

物理机械防治　使用器械、声、光、电、热、射线等防治害虫的方法为物理防治。如捕杀、诱杀、阻隔、高温或低温处理、超声波或次声波处理、红外线或放射性射线杀虫等。

第三节　森林害虫控制与管理

针对某一森林生态系统害虫的控制，是一项与营林生产、经济学、环境学、统计分析与设计等密切相关的系统性工作，这项工作即森林害虫的工程治理。需要充分考虑昆虫群落与植物群落的关系、被保护资源的价值、该生态系统的状况、靶标害虫的危害及其生物学、已具备的技术条件、经济条件、人力、物力等，从而做出科学的判断和决策，采取最优化的措施，在一定时期内有目标、有计划、有步骤地落实对靶标害虫进行防治。

一、害虫控制的技术程序

森林害虫防治有一定的技术程序，这个程序重在制订科学性强、设计严密、便于操作、易于分析治理效果、并能对治理成效进行监控和巩固的治理方案。该方案的主要内容应包括靶标害虫、林分状况(林龄、密度等)、天敌、气候因素、地形地势等，具体有5个步骤。

主要控制对象及其防治指标的确定 以生态意义重大的防护林、特种用途林和经济价值高的用材林、经济林为重点，防治对象应具备危害严重、发生面广、具有扩散危险性、种群保持上升势头，并具有有效的防治技术和措施的种类。防治指标确定的方法有多因素动态指标模型法、经验估计法、种群数量标准差法，这3种方法的差异实质上是人们对害虫种群数量大小的允许程度。只有那些种群数量在防治指标以上的才能被确定为有害种类并实施控制。

害虫种群动态监测 害虫种群数量在一定的时间和空间范围内具有动态变化特征，这种变化与气候、天敌林分环境有关，如果严重危害期处于种群数量较大阶段，当要采取措施进行防治时其种群数量因林间环境的变化而降低至防治指标之下时，就没有必要进行防治。因此，在采取措施进行防治前、后都应对其进行监测，以避免工作失误。害虫种类与危害特性不同，森林害虫种群动态监测的方式也不同，在时间上可为1个月至数年，在空间上可为一个栖息单元、一个林分或一片森林。监测的核心仍是监测害虫种群在时间和空间上的分布与数量变化过程，害虫对林分生物量和生长量的影响，并对种群数量的发展水平、危害状况、危害时间和地点进行测报。

制订压低主要害虫平衡位置的方案 制订森林害虫的控制方案的原则是，根据所要达到的控制目标，确定降低害虫种群数量至防治指标以下的具体方法与技术。对经常性发生危害的种类，其目标应是直接降低害虫的平衡位置；对偶发性害虫，则应考虑缩小其种群数量的变动幅度；对频繁发生的害虫应减少其大发生的频率。实施方法首先应在下述措施当中进行选择，即改变害虫的环境、破坏害虫繁殖、取食、栖息的场所，增加天敌的抑制能力、或引进建立新的天敌种群，提高林分的抗虫能力或使用抗虫品种。危急情况下，应采用对生态体系综合破坏力较小的化学防治措施。在使用化学措施时应对杀虫剂的种类、使用剂量、使用方法及时间进行详细研究，尽量减少其对害虫天敌及环境质量所产生的影响。

计划方案的组织实施 目前，我国对森林害虫的治理采用工程项目管理的办法进行，即森林害虫的工程治理，任何一项森林害虫的治理工程均需严格按照相应的实施办法组织执行。

控制效果的监测 一个好的害虫防治方案包括控制后的继续监控技术与措施，这样

才能巩固控制效果，阻止控制对象在短期内再次发生。调查及监控的内容包括害虫的密度变化、林分的发育状态、天敌类群动态及气象资料分析等，要依据调查资料及时对虫情动态进行预测预报，为持续稳定地控制害虫的危害提供依据。

二、森林害虫的工程治理

森林害虫的工程治理方式与农业害虫不同，包括社会受益型和经济型两类。我国从1998年开始执行森林害虫治理的工程项目化管理，该概念认为森林害虫的治理有别于其他类型的害虫防治，是一项对森林害虫进行管理的系统工程。森林害虫治理工程的主要环节按顺序包括：提出并确认治理对象→治理方案的设计和论证→治理任务的组织和落实→治理措施的实施和完成→治理效果的检查与评定→治理效果稳定性的监测。其技术程序已如前所述，其组织管理如下。

组织管理　我国所建立的国家级、省级森林病虫害工程治理项目管理体系，主要实行分级管理、分级审批、执行实施、设计与审查、确定检查验收办法和标准的问责管理制度。高层主管部门以政策和行政为手段实施宏观调控，有目标、有重点地优化配置财力与物力。

工程治理区的划定　森林害虫工程治理区域由国家和省林业主管部门分级确定。国家林业局根据宏观控灾减灾要求，以主要森林害虫为重点，从害虫发生的区域性特点和开展联防联治的实际需要出发，确定国家级森林害虫工程治理区。省级林业主管部门应结合实际情况，确定省级工程治理区，并与国家级工程治理区配套和作为国家级工程治理区的补充。

工程治理规划的制订　森林害虫工程治理项目应进行科学的规划和设计，并应该在系统分析和科学决策的基础上完成。国家级工程治理规划由国家林业局负责组织编制，各有关省林业厅局负责编制本行政区工程治理项目设计任务书或可行性报告，省级所属有关行政区林业主管部门组织编报相应的工程治理项目设计任务书或可行性报告。

资金来源　森林害虫工程治理经费的筹集以地方投入为主，国家支援为辅，中央财政投入资金与省级财政配套拨款比例应为1∶1。工程治理专项经费实行专款专用，建立严格的使用检查和专项审计制度。提倡害虫治理工程与其他林业建设工程有机结合，在治理方案中需要大面积更新改造现有林时应有造林工程或其他方面的资金来源与之配套。

效果的检查与验收　各级林业主管部门应将工程治理项目纳入本地营林生产和森防年度计划，在治理季节应派人进行督察，掌握规划、计划执行进度，解决工程实施过程中存在的问题。在工程治理任务的完成后，林业主管部门应组织有关单位和人员进行全面检查与验收，专项考核工程进度、质量指标、经济技术指标、经费管理指标等。若指标与设计要求不相符，应责令项目实施单位自筹资金限期达标。

三、森林害虫控制中的系统分析

系统（system）是由相互作用和相互依赖的若干组分按一定规律结合成的、具有特定功能的有机整体，如森林生态系统、害虫管理系统等。

(一)系统及系统分析

系统具备整体性、有序性、关联性、目的性及适应性等特征，如果将森林害虫防治视为一个完整的管理系统，利用系统分析方法进行管理，将能确保防治效果、并为提高防治水准积累经验。森林害虫管理系统属于生态管理系统，该系统中的害虫与环境有着物质、能量、信息等交换，其主要特征如下。

可测性　通过对系统的某些特征进行测量，根据数据判断和确定系统的状态，即系统的可测性。若系统在任何时候都可以观测，则称之为全可测系统。森林害虫管理系统即具有全可测性。

可控性　即对系统施加预先已知道因果关系的可控条件，将使系统达到预期的运行状态。若在每种状态下系统都可控，则为全可控系统。森林害虫管理系统不具全可控性。

稳定性　即随时间的推移，当系统处于平衡态时其状态变化趋于0，当系统受到外部干扰而使平衡态发生变化时，系统有恢复到原来状态的能力。

最优控制与最优化　最优控制是采取最优措施而使系统达到最优期望行为，系统的最优化即使系统的某些经济、性能或参数指标达到类似于极值的最大或最小值，以使系统的结构达到最佳状态。

系统分析(system analysis)是一种广义的研究工作策略，是用系统而科学的数学技术与方法对复杂问题求解，以提供旨在帮助决策人选择一种合理、最佳路线的思路，预测一种或多种合乎决策人意图的行动路线的后果。在森林害虫防治中，系统分析就是根据预定目标，将害虫的发生实情划分为系统与环境、再细分为若干成分，然后进行调查和研究、形成并验证模型，根据模型获得控制害虫的最佳方案或途径。

系统分析是依据数据和资料有次序、有逻辑地组建通过有效性检验的可用模型，其主要步骤包括：确定模型的功能→明确系统和环境的时、空边界→确定最小功能单位→系统辨识、建立模型→模型的验证→灵敏度分析→模型的应用。

(二)系统分析实例——马尾松毛虫综合管理系统分析

中国林业科学研究院等单位建立的马尾松毛虫综合管理系统，包括马尾松毛虫预测预报、针叶及材积生长预测、综合管理优化决策3个子系统。

预测预报子系统模型　①根据松毛虫生物学特性，将其生命过程划分为卵孵化为幼虫、1龄至4龄幼虫、4龄幼虫至蛹、蛹羽化为成虫、成虫产卵5个生命阶段，将影响松毛虫种群动态的因子归纳为林相、植被、食料、天敌和气候，天敌的作用则用林相、植被和气象条件来体现。②子系统模型建立的背景信息和变量包括历史虫情、林相、植被、郁闭度、平均单株针叶荷载量、松林密度、光照、平均温度、平均相对湿度、平均降水量、突发性气候变化、针叶损失率、虫口密度共13个因子。③在分别建立5个生命阶段的存活率估计模型的基础上，组建了种群数量随时间延伸的动态模型；根据成虫迁飞情况，建立种群在一定空间的迁移扩散模型。④将种群动态模型与迁移扩散模型相结合，即可预测松毛虫在一定时间后的发生量和发生面积。

针叶及材积生长预测子系统模型　①分别建立针叶生长模型、自然落叶模型、正常情况下针叶总量的估计模型，以及二次抽梢和修枝等特殊情况下针叶总量的估计模型、松毛虫危害时的针叶量估计模型。②模拟针叶损失与材积损失的关系。③组建总材积损失率的估计模型，以估计材积的损失量。

松毛虫综合管理优化决策子系统模型 ①根据防治指标(或防治阈值)确定最佳的管理组合(防治、不防治、防治时间等)。②确定管理决策时涉及的因子包括防治密度界限、杀虫剂、药量、防治方法等。③根据林分背景与气象条件、木材价格等，对管理策略实施后的影响进行预测，预估防治的成本和挽回的损失，计算其净效益。

模型的求解和验证 根据各个模型的求解方法，在安徽省潜山县试验区对各模型的预测和模拟结果进行了验证，结果与实际情况相符合。

松毛虫综合管理系统模型合成 利用计算机技术将各子系统模型联结成松毛虫综合管理系统模型，用户仅需提供基本虫情信息即可预测虫害的发生量、发生面积以及对松林的危害，并据此做出综合管理优化决策。

四、森林害虫控制中的专家系统

(一)专家系统

专家系统(expert system，EXS)起源于 1965 年 E. A. Feigenbaum 等开发的一个推断化学分子结构的计算机系统。专家系统就是通过模拟人类的思维推理过程(推理机)，利用经过实践检验并成熟的专门化的知识系统(知识库)，将规则、推理框架、结果等打印成图表，或以人机对话方式解答用户的问题 2 种形式，为用户提供切实可行的选择方案，以解决复杂的特定问题。

专家系统不同于一般的计算机应用程序，它处理的不是数据，而是非结构化的知识，是对研究者、专家积累的知识与经验进行汇集和总结，因而该系统具有启发性、透明性和灵活性。启发性是指用判断性知识进行的推理；透明性指能合理地解释自身的推理过程；灵活性指能应用实践中不断增加自身的知识。

害虫综合治理中的专家系统多使用规则化推理系统，即使用易于理解、近于人类思维和会话形式的知识结构，表示形式一致、易于操控制和修改、高度模块化的编码规则，能根据事实正向推理而推出结论(前推)，或由假设逆向推理而推出条件或证据(后推)。因此，建立有明确使用目的、运行稳定、结果可靠的专家系统，应经过 6 个步骤，即确定目标和问题，进行系统的设计，广泛获取知识，使用计算机程序对问题和知识进行推理化、逻辑化、模块化编码处理，系统的模拟检验和正确性检测，通过用户反馈对系统进行修正和完善。

(二)森木害虫控制中的专家系统

森林害虫防治中成熟的专家系统较少，其主要原因在于该类系统的发展受到了网络技术的冲击、并落后于森林害虫防治的需要，但其应用主要体现在以下几个方面。

害虫诊断 认识和了解目标害虫，有针对性地进行研究和管理，是害虫综合治理的前提。由于森林昆虫种类很多，非专业人员常难以对其进行分类和鉴定，因而发展害虫诊断专家系统显得尤为重要，但这种诊断系统应条目清晰、图文结合、便于使用。

预测预报　用于测报的专家系统包括定性和定量两种类型。定性预测可根据用户的输入进行判断，只能作简单的趋势预测或管理咨询，难以对害虫的未来动态作比较准确的判断。定量测报与测报模型相结合，有数据输入和将处理结果输出的功能，用户可利用交互式界面获得运行结果。

害虫管理决策　进行害虫管理的目的是通过采取适当的措施和技术，使害虫的种群数量保持在经济损害水平之下。这个管理决策过程可归纳为：确定目标害虫及其数量→为害程度及未来风险性评估→选择管理方式(防治或不防治)，该三个主要过程均涉及害虫的监测→预测→预控。其中，监测害虫数量在于确定其是否达到防治指标，预测和评估在于通过模拟害虫动态、以确定现在或将来某个时段是否需要防治，最后则要确定现在或未来是否需要采取预控措施。因此，建造这种专家系统时必须考虑害虫、天敌、环境因子等众多的关系复杂的不确定因素。

设计　设计型专家系统就是按照给定的要求，为待确定的问题构造一个有多种选择的模式，其目的是为测报、防治时间选择、天敌利用、生物防治技术、农药的使用、抽样方案的确定等提供参考。

人员培训　人员培训专家系统不同于一般的多媒体技术，它能够根据用户提出的各种具体问题分别予以解答，但也可以与多媒体技术相结合，以解释害虫控制当中的用户提出的"为什么"和"怎样"等之类的问题。

第四节　森林健康的保持与恢复

生态学家、环境学家借鉴和使用人类健康中的术语"健康"后，相应地产生了环境健康学、环境医学、森林健康(森林生态系统健康、森林保健，forest health)、景观健康等。其中，森林健康已成为森林状况评估和森林资源管理的标准和目标。

一、森林健康的概念与原理

20世纪90年代初，在可持续林业思想的影响下，美国在森林病虫害综合治理的基础上提出了森林健康的理念，将森林病虫火等灾害的防治上升到融合生态学观念的森林保健的高度。早期的森林健康主要研究森林所受的各种胁迫(物理、化学、生物、社会)及其相应的反应与变化；1992年美国国会通过了"森林生态系统健康和恢复法"，并对其东、西部的森林、湿地等进行了评估；1993年后提出森林健康是一种状态，即森林生态系统是向人类提供需要并维持自身复杂性的一种状态。此后，维持森林健康已被作为森林可持续经营的主要指标。

有关森林健康的概念很多，关键在于所处的立场、观点、认识不同，因森林健康本身就是一个生态、环境、信息及资源管理与利用的复合问题，因而较难在认识标准上进行统一。

利用学观点　该概念以人类经营森林的目标、人类的价值趋向为核心，认为森林生态系统理想的健康状态是生物和非生物(如病虫害、污染、经营活动、收获等)对森林的影响不会威胁现在和将来对森林的经营目标。这意味着在健康森林中并非就一定没有病虫害、没有枯立木、没有濒死木。只要满足了管理目标，森林没有病虫害、枯立木、濒死木就是健康，反之则不健康。但是如果只从人类的经营目标出发，将林中灌、草等植被也视为“不健康”并加以清除，就可能对森林生态系统、多样性、物质循环等造成严重的破坏。

生态学观点　①所谓森林健康，是指森林在承受自然或人为的应力或自然及人为破坏之后，具有恢复的能力。即在一个健康的森林中，不仅容许病虫害滋生和流行，而且强调森林的恢复能力。②森林健康是指森林具有较好的自我调节并保持其生态系统稳定性的能力，能够最充分地持续发挥其生态、社会和经济效益。③健康的森林是充分发挥植物、动物和物理环境的功能的群落，是平衡的生态系统，有抵御变化的弹性。此类概念不是首先关心木材产量，而是关心森林能否提供符合自然和人类需求的生态服务；强调森林的生态过程与状态，以保证实现对森林的多种需求；强调森林生态系统内部的秩序和组织的稳定状况，能量流动和物质循环的健康，关键生态成分的完整性，及自我调控能力(抵抗力和恢复力)。但该类概念比较抽象，常难以进行定量化的评价。

综合观点　认为森林健康是森林在能够维持其复杂性的同时，又能满足人类需求的一种森林生态系统状态。该概念强调森林生态系统不仅能够保障正常的生态服务功能、满足人类的需求，并具有维持自身发展的能力和状态。由于人类需求即包括商业产品，还包括森林游憩、野生动物保护、木材资源、放牧和水源涵养等。因此，其实质就是森林具有较好的自我调节并保持其系统稳定性的能力，并能最大、最充分地持续发挥其经济、生态和社会效益。

森林健康的特征　健康的森林生态系统的的关键资源(水、养分、光、生长空间)及更新率的供需平衡，具备多样性的演替阶段和林分结构，动植物群落多样性适宜，至少在某些阶段具有稳定的生产力；物质(水、碳、矿物质)及能流循环渠道通畅，水文体系有一定的结构；地表具有结构良好的“地皮”，具有一定群体和结构的森林动物；环境美观优雅(气象、生物、大气的物理特性和景观要素)；对病虫害爆发、剧烈的气候变化、空气污染等灾害具有持续的抵抗力与恢复力。相反，不健康的森林常表现为植物群落衰败或林分单一、砍伐过度而难以恢复、微气候恶化、资源枯竭、水匮乏、生物与自然灾害不断等。

二、森林健康评价指标与方法

由于生态系统的复杂性，生态系统健康的评定很难简单地概括为一些易测定的具体指标。对不同状态的森林生态系统进行健康评估要根据具体的社会经济因素、生物物理环境、森林生态系统的自然属性做出具体的判断、选择合适的指标体系。

1. 评价的原则与标准

从生态系统观出发，评价森林健康应当在森林景观—群落—种群—个体多个层次上进行。一个健康的生态系统应该远离危困综合症(distress syndrome)，即第一性生产力降低、营养物流失、生物多样性损失、关键种群波动增加、生物结构衰退(正常演替逆转)。因此评价森林生态系统是否健康可以从活力、组织结构和恢复力三个方面来进行。Costanza 等(1992) 提出系统健康指数 $HI = V \times O \times R$; V 表示系统活力, O 是系统组织指数, R 是系统恢复力指数, 并要求使用权重因素去比较和综合系统中不同组分。

由于生态系统是多变量的动态体系, 生态系统健康标准也应是多尺度的动态指标, 不同经营目的、不同类型的森林生态系统其健康标准应不一样, 因而选择合适的健康指标及其标准是系统健康评价的关键。①用材林、商品林生态系统经营目的是提供高产、优质的林产品, 实现可持续性经营及生态系统健康的标准应该是保证森林生态系统的稳定性、保持提高森林的长期生产力。②生态防护林、公益林经营的目的主要是实现森林的环境功能, 其健康的标准是应该保证生态系统稳定地维持生态环境功能的发挥。③生态系统恢复与重建的目的是恢复系统合理的结构和完善的功能。④Schaffer et Cox (1992)提出了生态系统功能的阈值, 认为人类对环境资源开发利用和对环境的胁迫不能超过此阈值, 但该阈值很难用统一的标准或指标进行测量。因此评价一个具体生态系统健康与否不应采取某一特定生态系统的标准。

2. 评价因子与指标

森林生态系统健康评价是一个综合、全面的评价过程, 其评价内容和要素包括组织结构(生态要素、环境要素和气象要素)、抵抗力与恢复力(胁迫要素)、活力(生理要素)。森林生态系统健康评价框架主要包括评价标准、评价要素、评价专题和评价指标体系等4部分(图6-2)。

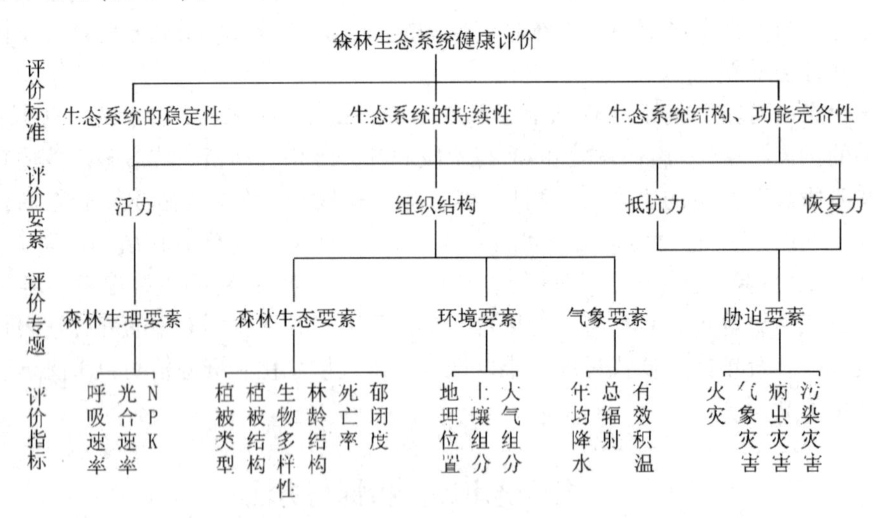

图6-2 森林生态系统健康评价概念模型(引自肖劲风, 2004)

3. 评价方法

森林生态系统活力测量方法 森林生态系统的活力可用光合速率、呼吸速率及森林第一性净生产力 *NPP* 等指标来度量。光合速率和呼吸速率主要是通过光合作用测定仪来测量, 第一性净生产力可通过试验、调查方法测定, 或用各种生产力模型如 Miami 模型、Thomthwaite 模型、Chikugo 模型、CASA 模型及遥感估算模型等模拟计算森林生

产力。

森林生态系统组织结构的测量方法　生态系统的组织结构是指反映物种多样性与系统复杂性的物种组成结构、物种间关系等。因此，可通过调查用多样性指数如 Gleason 指数、Margalef 指数、Menhinick 指数、Simpson 指数和 Shannon-Wiener 指数等测定和描述。

森林生态系统恢复力和抵抗力的测定方法　直接测量恢复力和抵抗力比较困难，一般采用间接的方法进行测定。在一定程度内，健康程度高的森林生态系统对病虫害的抵抗能力强，病虫害发生频度和强度都小，而健康程度较低的森林生态系统则易受病虫害的危害、其抵抗病虫害就弱，因而可选用研究区域森林生态系统对病虫害的抵抗能力作为森林生态系统的抵抗力。若设病虫害的发生强度为 $P(0 \leqslant P \leqslant 1)$，则定义其抵抗力 $R=(1-P)\times 100(0 \leqslant R \leqslant 100)$。

三、森林健康的保持与恢复

森林健康的保持与恢复关键在于对现有森林的健康状况进行分析和区划，确定威胁不同区域森林危险因子，并制定出相应的健康对策。但不同地区、不同林分，甚至同一地区的山顶与山坡或山洼的林分情况也有区别，因此保持森林健康需要采取的措施和方法是各不相同。

(一)森林健康的生态风险源

森林健康的风险源可分为自然风险源和人为风险源两大类。自然风险源也就是森林的自然胁迫因素，包括森林火灾、生物灾害(病虫害等)、气象灾害、污染灾害和地质灾害等。人为风险源是指干扰和危害森林生态系统的人为活动，如森林的过度采伐、林区内工程建设、环境污染等。根据其发生的概率、强度、范围以及对森林生态系统的干扰和危害程度，又可划分为主要和次要风险源。

虽然人为风险源对森林的干扰和影响很大，但由于其干扰的随意性和不确定性，很难进行定量研究。研究表明，在自然风险源当中森林火灾概率为 6.37%，森林病虫害的概率为 87.71%，酸雨的概率为 6.62%。

森林火灾　森林火灾是我国的首要风险源，且多集中在东北和西南林区。森林火灾受森林类型、森林的发展演替阶段、气候和人类活动等诸多因素的影响。1950—2000 年全国年平均发生森林火灾 1.35×10^4次，年平均受害森林面积 $82.2\times 10^4 hm^2$，大约占世界每年火灾次数的 14%，年均森林火灾受害面积为世界的 20%。

森林病虫害　森林病虫害也是我国森林的主要风险源，已成为制约我国林业可持续发展的重要因素。全国森林病虫害的发生面积 20 世纪 50 年代每年为 $1.0\times 10^6 hm^2$，60 年代为 $1.4\times 10^6 hm^2$/年，到了 90 年代上升至 $1.1\times 10^7 hm^2$/年，平均年递增 25%，每年因森林病虫害造成的经济损失超过 50 亿元。全国森林病虫害的发生面积占总森林面积的 8.2%，占人工林面积的 23.7%。对我国森林造成重大危害的森林害虫主要是松毛虫、松材线虫、杨树害虫。

酸雨　酸雨是我国森林健康的重要风险源，我国是继欧美之后的第三大酸雨沉降

区，主要分布在长江以南地区，降水年均pH小于5.6的地区覆盖了全国大约40%的面积。长江以南绝大部分地区降雨pH小于4.5，成为我国酸雨重污染区，酸雨每年对南方等11个省森林危害所造成的经济损失就高达180.32亿元。酸雨对森林的直接影响包括对植物的叶片表层结构和膜结构的伤害，干扰植物的正常代谢过程；间接影响是通过改变土壤性质使土壤酸化，引起盐基离子的淋溶造成养分的缺乏；土壤的铝毒作用，导致森林病虫害危害加剧等。

(二)我国生态风险区的区划

一级生态风险区　主要是我国天然林基地的东北林区和四川省，该风险区威胁森林健康和安全的主要风险是森林火灾、酸雨(四川)、蛀干性林木害虫，其中以森林火灾最为严重，所造成的损失巨大。

二级生态风险区　主要是我国的三北防护林地区，包括内蒙古中西部、新疆、甘肃、宁夏、山西、陕西、青海等地区。该风险区多是以杨树为主的人工林，主要风险源是杨树食叶害虫、蛀干害虫以及森林鼠害。该类型区气候干燥、风沙侵蚀大、生境脆弱，森林一旦遭到破坏常难以恢复。

三级生态风险区　主要分布在我国的亚热带地区，包括湖南、云南、福建、广东、广西等地区。该类型区多为马尾松、杉木人工纯林，主要风险源是病虫害、松毛虫危害尤其严重，该区也是酸雨重发生区。

四级生态风险区　主要分布在我国东部暖温带和亚热带地区，包括山东、安徽、河南、湖北、江西、浙江等省。主要风险源是森林病虫害，山东、河南等省主要以杨树害虫为主，湖北、江西、安徽等省以松毛虫为主，松材线虫也是该类型区威胁松林安全的重要风险源。

五级生态风险区　主要分布在贵州、海南、北京和天津等地区，这些地区由于风险源相对较少，其危害程度也相对够弱，因此其风险相对小，但该区林木食叶害虫危害甚猖獗。

六级生态风险区　分布在青藏高原林区，风险源类型少而且发生的概率小，风险值也最小。

(三)森林健康与风险管理

对危害森林的自然和人为风险，关键在于预防，预防在于监测。因此，森林健康与风险管理的主要任务是确定在过去一段时间内森林健康所发生的有害或有益的变化，提供威胁林分健康风险的基本情况及其变化趋势，为防控提供基本信息。监测时应将将现代化的监测系统与地面的定位监测网相结合，以便于森林的整体健康情况进行质量和数量分析。

主要监测内容　察看监测，监测风险源、树木生长、树木更新、树冠、树木受害情况、树木死亡率、地衣群落、土壤地理学和化学、植被生物和植物密度等，尤其要注意病虫害等生物灾害对林分的危害。评价监测，根据监测资料，确定森林健康状况发生变化的范围、严重度和原因，找到可能的因果关系，确定森林健康与森林逆境因子间的联系。立地生态系统监测，系统地监测指示物以获得有关森林生态系统的关键组分及变化过程的详细信息。

坚持预防为主、综合防控　建立完善的森林病虫害监测、预警、防治体系，在防控威胁现有森林安全的病虫害的基础上，加强植物检疫，严防外来威胁性或毁灭性病虫害的入侵、蔓延和扩展。

高风险人工林改造　通过研究天然林的树种组成、树龄结构、林分密度和蓄积量等，以天然林的系统结构指导现有林的营建和改造高风险人工林，以使高风险林逐渐获得类似于天然林的多样性和对害虫的制约关系，形成持续稳定的健康森林生态系统。

同时，注重大气环境污染的综合整治，净化大气环境，以减少酸沉降对森林和其他生态系统的危害。提高公民的防火意识，建立完善的防火体系；在林火发生后，密切监视林木害虫的发生动态，以避免火灾后、林木长势衰弱，导致蛀干害虫大面积暴发。

复习思考题

1. 森林环境与森林害虫的发生有何关系？
2. 简述害虫控制策略的发展。
3. 解释害虫的防治指标？
4. 简述森林害虫控制的可能性与途径。
5. 控制森林害虫的措施与方法有哪些？
6. 在影响森林健康的因素中森林害虫有何作用？

推荐阅读书目

森林害虫生物防治. 东北林业大学. 中国林业出版社，1989.
昆虫学研究进展与展望. 刘同先，康乐. 科学出版社，2005.
农药使用技术指南. 袁会珠. 化学工业出版社，2004.
害虫综合治理. 张宗炳. 上海科学技术出版社，1986.
害虫综合治理导论. M·L·弗林特，R·范德博希. 曹骥，赵修复，译. 科学出版社，1985.

第七章　中国森林害虫的地理分布

【本章提要】本章在初步介绍我国各个不同气候带的森林类型的基础上，概述了森林昆虫分布的特点和害虫危害区的类型。同时描述了我国各气候区与林型中的主要森林害虫种类，我国检疫害虫及危险性害虫的分布。

森林植物和森林类型的分布具有随地理与气候特点发生相应变化的特征，每种昆虫只选择某些植物或树木作为食物，昆虫对食物的依赖和跟踪形成了昆虫的地理分布与其相应的植物类群的地理分布的高度一致性。植物和森林的地理分布形成后，森林昆虫的地理分布也就被确定了。

第一节　中国的气候与森林类型

森林昆虫食物源于林木，森林类型与气候带有关，林木的质和量、林分的组成、林分的生长发育与演替阶段、林分中的微气候环境等，均与森林昆虫种类的组成和种群大小密切相关。我国位于北纬3°～53°，跨越了热带到寒温带等几个气候带，不同的气候带的水、热条件决定了该区域内的植被与森林类型，也决定了森林昆虫与害虫的种类和分布；我国又是一个多山的国家，地形地势特别复杂，因而我国的森林类型与森林昆虫的多样性十分丰富。

大陆性季风气候和雨热同季，由南向北包括热带、亚热带、温带、寒温带是我国气候的基本特征。我国的年降水量自东南向西北递减，热量由南往北递减，这种水热分布规律使我国从北到南形成了寒温带针叶林带、温带针阔混交林、暖温带落叶阔叶林带、热带常绿阔叶林带、热带季雨林、雨林带地带性植被。从南沙群岛至黑龙江，从东到西大体形成内陆高原和东部季风区两部分，这两部分的分界即自大兴安岭西坡南行向西经燕山、吕梁山、子午岭、六盘山岭到青藏高原东缘为年降雨量400mm的等雨线；分界线东南属于湿润区；分界线西北年降水量不足400mm，属干旱区。森林的地带性分布、内陆高原和东部季风区的气候均决定了我国森林昆虫区系的特点。

由于海拔每升高100m气温约下降0.5℃，森林类型也随高山海拔的升高呈垂直地带性分布，不同纬度上的森林垂直地带性分布也不同(图7-1，图7-2)，各地林木种类的变化也很大。所以，我国不同地区森林昆虫的垂直地带性分布也有所不同，森林害

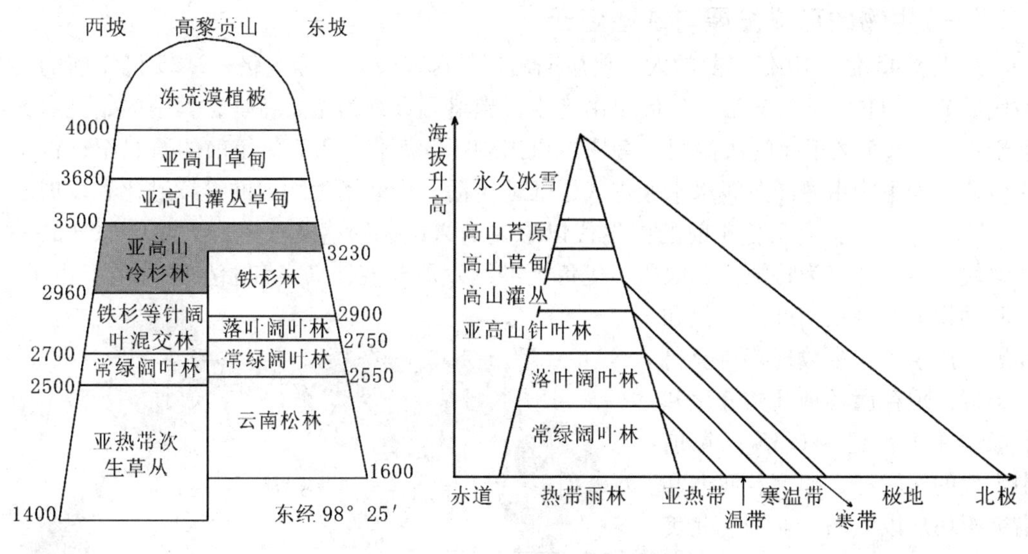

图 7-1　滇西高黎贡植被垂直分布　　**图 7-2　植被垂直带与水平带的相关性**

虫种类的差异也较大。

我国森林从北到南分属 7 个水平带、25 个林区，即寒温带针叶林带，温带针阔叶混交林带，暖温带落叶阔叶林带，亚热带常绿阔叶与落叶阔叶林带，南亚热带及热带季雨和雨林带，青藏高原林区、蒙新林区。

各林区的气候、地形、海拔、建群树种、次生林地树种等各不相同，栽培的人工林、经济林更不同。因而，了解我国的森林类型，对于认识我国森林昆虫与害虫、经济林害虫的分布特征很有必要。

第二节　森林昆虫的地理分布

生物地理学 biogeography 是一门关于生物过去和现在在陆地分布范围的科学。地球上的每一种昆虫都占有了适合其生存、繁衍后代的空间和领地，即都有一定的地理分布范围。分布于同一个地理范围内的种，常常在食物、生活规律、生栖环境、生态信息等方面具有区别于与他种的特征，因而每一地区都有由一定昆虫种类组成的区系，昆虫区系研究的是某地区内的昆虫种类组成、结构和演化。昆虫这一地理分布格局和特征的形成，除与起源和进化历程有关外，还和地球板块的运动、物种所在地的气候、地理特征、植物群落的变化及人类活动有关。

一、世界陆地动物地理的形成及区划

生命被孕育后曾经在地球上生存过的许多生物已经灭绝，现在只能看到在那个年代地层中所形成的部分种类的化石。反映生物发展和分化的化石学研究表明，生物的进化趋势具有从无到有、由简单到复杂、由低级到高级的规律。

(一)生物的形成发展与陆地变迁

在距今45亿~10亿年前的太古代后期出现了菌藻类。距今6亿~2.25亿年前的古生代以节肢动物形成和发展，三叶虫由产生、繁盛到灭绝为主要特征；其中原始昆虫诞生于4亿~3.5亿年前的泥盆纪，有翅昆虫出现于3.5亿~2.7亿年前的石炭纪；古生代后期不少生物由海洋及淡水水域进入了陆地生活，推动了生物界的继续进化和发展。

距今2.25亿~0.7亿年前的中生代以恐龙的兴起、繁盛及灭绝，大陆由原来的一个整块发生了分离为特征。本地质年代鱼类继续发展演变，鸟类和胎生哺乳类产生了。节肢动物中的昆虫纲继续分化和发展，产生了大多数现存目及科级类群，现存属及种开始分化和形成。在1.8亿~1.35亿年前中生代的侏罗纪，印度、澳洲和南极板块从以欧洲、亚洲、北美及格陵兰为基础连接非洲、印度、澳洲与南美的大陆分离，从而确定了澳洲板块上生物独立发展与进化的地位；同时北美与欧亚、南美与非洲两组板块也相互分离，开始了互有区别的生物进化历程(图7-3)。

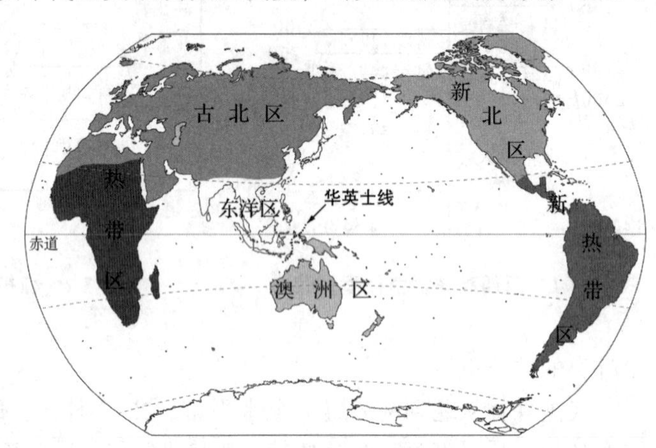

图7-3 动物地理区划示意图

从0.7亿年前开始的新生代是哺乳类继续发展、部分种类灭绝，0.3亿年前人类祖先出现，陆地板块再次合并与分离的继续变迁时代。在0.65亿年前的第三纪南美首先与非洲板块分离，在生物演化进程中形成了一些独特的目、科级类群；南极与澳洲也在这一时期分离，同时印度板块并入了亚洲大陆，由于这两个板块上生物的互相扩散和渗透，兼有喜马拉雅山的天然阻隔作用，除生物区系有相似性外，各自在个别目及科级的类群上均保留了差别。0.3亿年前的第四纪北美与欧亚大陆分离，因分离的年代相对较晚，所以其生物组成上互相接近，只在生物的属、种级别上有明显差别。

如果没有陆地板块的运动、分离与合并，整个世界陆地上的生物组成应该是基本相同的。所以现存生物在地理分布上出现的差别除与其进化方式、历程有关外，也与地理阻隔、扩散与渗透道路上存在的天然屏障如海洋、高山、沙漠等有直接的关系。

(二)世界陆地动物区系的划分

动物地理区按照动物区系的特点而划分，动物区系的形成与大陆的移动历史有关，也与生物起源和演化的历史有关。地球的动物区系包括大陆动物区系和海洋动物区系，大陆动物区系依据脊椎动物主要类群的分布而划分，海洋区系则是根据距离陆地的远近而划分。大陆动物区系包括三个基本区划，南陆界只有一个区即澳新界，新陆界只包括新热带界，北陆界包括古热带界、东洋界、新北界和古北界(图7-3)。

古北界(palaeoarctic) 欧洲全部，非洲撒哈拉沙漠以北，亚洲的喜马拉雅山向东至黄河与长江之间地带以北地界，可分为北极亚区、欧洲—西伯利亚亚区、地中海亚区、中亚亚区和中国东北亚区。面积在六个界中最大，但物种不及古热带界和东洋界丰富，本界与新北界也被全称为全北界(holarctic)。

新北界(neoarctic realm) 包括墨西哥高原以北的整个北美及格陵兰。本界在气候上与古北界相似，有相当多的动物与本界古北界相同。

东洋界(oriental realm) 也称印度—马来西亚界，包括亚洲的喜马拉雅山向东至黄河与长江之间地带以南地区。可分为印度亚区、中国缅甸亚区、马来西亚区、菲律宾亚区等4个亚区。

热带界(tropical realm = ethiopian realm) 也称非洲界、古热带界、埃塞俄比亚界，包括撒哈拉沙漠以南的整个非洲及阿拉伯半岛的南部。该界在陆地板快运动中一直与古北界有联系，与东洋界的距离较接近。

新热带界(neotropical realm = new tropical realm) 墨西哥的北回归线以南的中、南美及其所属岛屿。昆虫区系十分丰富、与其他界别较大。

澳洲界(australasian region = australian region) 也称澳新界，包括澳洲及接近澳洲大陆的岛屿。包括澳洲大陆、塔斯马尼亚、新西兰、新几内亚及其临近各岛。澳洲界从中生代就与其他大陆分离(南极洲除外)，因此目前还保存许多古老类型的、比较特殊的岛栖昆虫。

一些资料将南极洲列为一个独立的界(区)，但其他观点认为该区的陆地动物只有企鹅类，企鹅类与海洋动物关系密切，没有必要放在陆地动物区系中进行讨论。

二、中国森林昆虫区系的组成

昆虫区系的地理区划隶属于动物地理区划的范畴。我国的昆虫地理区系分属于古北区与东洋区，在东部古北区与东洋区是一个连续的地带、无明显的地理隔离，因此两大区物种的相互渗透使我国的昆虫区系更为丰富。

(一)我国自然地理对森林昆虫分布的影响

我国地势西高东低，中部具有由东北向西南斜伸的大兴安岭—燕山—太行山—巫山—云贵高原东缘—南岭相接的山脉，将整个大陆分成东南、西北两半，形成了一条阻挡来自海洋潮湿的夏季季风屏障，将我国分成干旱、高寒和湿润的蒙新高原区、青藏高原区和季风区。

季风区 位于我国东南半壁，随纬度不同温度有明显的变化，可分成自然植被与昆虫区系互不相同的寒温带、温带、暖温带、亚热带和热带。该区受夏季季风的影响显著，降雨量大、湿润程度较高，夏季南北温度差别小、冬季南北温度差别大，使某些南方种类北扩时因冬季的严寒、北方种类南进时因夏季高温高湿而受阻，因而该地域的昆虫属于耐高温高湿的类型。除了少数种类外，该区的昆虫大多可跨越两个或以上的温度带，某些古北区种类从寒温带可一直分布至亚热带或热带，东洋区的也有从热带分布至温带的种类。

蒙新高原区 位于我国西北部和北部，包括新疆全部、青海的柴达木盆地、内蒙古的大部(除东部大兴安岭山地外)以及甘肃、宁夏、陕西和山西的北部，本区大致以河套地区为界分东西两大部分。东部为半干旱区、年降水量在450mm以下，植被为草原；西部为干旱区、年降水量在150～100mm以下，植被向西渐变为半荒漠以至荒漠。区内森林极少，且多分布于阿尔泰山、天山、祁连山、贺兰山的亚高山、中山地带，伊犁河谷、额尔齐斯河谷以及盆地边缘的绿洲平原。昆虫种类不丰富，分布于山地针叶林内的昆虫为寒温带山地种类、与东北地区北部昆虫区系基本相似，生活在沙生灌木上的则为适应于干旱气候的中亚区系，属于耐干旱的类群。

青藏高原区　北起阿尔金—祁连山山地，南至喜马拉雅山脉，是世界上最大的草原，平均海拔在4500m以上。这一地区空气稀薄、温度很低、风力强烈，无森林，昆虫种类相当贫乏，但该地域的昆虫属于耐寒的类群。

(二)我国昆虫区系的地理区划

昆虫的地理区划与动物的地理区划基本上一致，我国动物地理地跨古北区和东洋区，但我国东部在古北区与东洋区之间是一个连续的地带，没有明显的隔离或屏障，因而两大区之间的种类互相渗透，昆虫区系更是丰富多彩。

我国昆虫区系的起源分属5个系统，我国昆虫的总区系是由起源于这5个不同的区系互相渗透而成。即：①中国—喜马拉雅区系范围，包括喜马拉雅山脉向北延伸至沙漠，向东延伸至燕山以东。②中亚西亚区系由西部向东部扩展包括新疆，内蒙及青藏高原。③欧洲—西伯利亚区系包括东北全部，及北部与西北边境地带。④马来亚区系从云贵高原南部及广西西南山区向东南发展，包括两广、云南、福建南部及台湾等地。⑤印度区系起源于印度，扩展及渗透于我国的云南、两广一带。我国森林害虫生态地理区划包括2区、3亚区7个地区(表7-1)。

表7-1　中国森林昆虫地理区划

<table>
<tr><td rowspan="4">古北区</td><td rowspan="2">东北亚区</td><td>I 东北地区</td><td>IA 兴安岭北部山地省　IB 长白山地省
IC 松辽平原省　ID 大兴安岭南部山地省</td></tr>
<tr><td>II 华北地区</td><td>IIA 辽东和山东山地丘陵省
IIB 黄淮平原省　IIC 黄土高原和燕山太行山山地省</td></tr>
<tr><td rowspan="2">中亚亚区</td><td>III 蒙新地区</td><td>IIIA 东部草原省　IIIB 西部荒漠省
IIIC 高山山地省　1. 阿尔泰山，2. 天山，3. 祁连山，4. 贺兰山，5. 阴山</td></tr>
<tr><td>IV 青藏地区</td><td>IVA 羌塘高原省　IVB 青海藏南省</td></tr>
<tr><td rowspan="3">东洋区</td><td rowspan="3">中国缅甸亚区</td><td>V 西南地区</td><td>VA 喜马拉雅省　1. 中段，2. 东段
VB 横断山脉省</td></tr>
<tr><td>VI 华南地区</td><td>VIA 滇南山地省　VIB 闽广沿海省　VIC 南海诸岛省
VID 海南岛省　VIE 台湾省</td></tr>
<tr><td>VII 华中地区</td><td>VIIA 西部山地高原省　VIIB 东部丘陵平原省</td></tr>
</table>

我国昆虫的生态地理类型大致有3类：①北方型，属于古北区中国东北亚区以及部分欧洲—西伯利亚亚区的耐寒种类，主要分布于我国东北、华北地区及其他自然区的山地针叶林和落叶阔叶林内。种群个体数较多，体色多深暗，体常较小，多数种类1年1代或2年1代，有越冬习性。影响种群消长的主要因子是气候。②西北型，属古北区中亚亚区耐干旱的种类，主要分布于我国北部和西北部干旱和半干旱地区，生活在沙生灌

木和耐旱阔叶乔木上。体色多深暗，体型多较小，地栖性种类占优势，食叶种类危害期较短，常很快完成发育周期即进入滞育或休眠状态。③南方型，属东洋区中国缅甸亚区或源于印度区系耐高温高湿的种类，主要分布于我国东南部和西南部亚热带和热带雨林内，种类较多，食性较杂，但种群个体数较少，体色多艳丽，多无越冬习性，一年发生多代。影响种群消长的主要因子是天敌。

(三)我国主要森林害虫的分布

地形条件、高山、沙漠和气候往往成为森林害虫由原产地向外渗透的障碍，植物、食料的分布又决定了其分布范围。上述2亚区、7地区森林害虫的分布特点如下。

1. 古北界

东北区　包括北部的大兴安岭和小兴安岭、张广才岭、长白山地、松辽平原，温带针阔叶混交林带。①本区山地昆虫多为耐高寒的种类，如落叶松球蚜 *Adelges laricis* Vallot、落叶松毛虫 *Dendrolimus superans* (Butler)、落叶松鞘蛾 *Coleophora laricella* (Hübner)、红松球蚜 *Pineus cembrae pinikoreanus* Zhang et Fang、红松切梢小蠹 *Tomicus pilifer* (Spessivtsev)、松六齿小蠹 *Ips acuminatus* (Gyllenhal)等。②平原害虫主要属中国—喜马拉雅种类，主要有杨笠圆盾蚧 *Quadraspidiotus gigas* (Thiem et Gerneck)、山杨卷叶麦蛾 *Anacampsis populella* (Clerck)、杨二尾舟蛾 *Cerura menciana* Moore、杨毒蛾 *Stilpnotia candida* Staudinger、白杨透翅蛾 *Paranthrene tabaniformis* Rottenberg、芳香木蠹蛾东方种 *Cossus cossus orientalis* Gaede、白杨叶甲 *Chrysomela populi* Linnaeus、杨干象 *Cryptorrhynchus lapathi* Linnaeus、青杨楔天牛 *Saperda populnea* (Linnaeus)、青杨脊虎天牛 *Xylotrechus rusticus* (Linnaeus)等。

华北区　北界东起燕山、张北台地、吕梁山、六盘山北部，向西止于祁连山脉东端，南抵秦岭、淮河，东临黄河、渤海，包括黄土高原、冀热山地及黄淮平原，属暖温带落叶—阔叶林带。①天然赤松林中的主要害虫有日本松干蚧 *Matsucoccus matsumurae* (Kuwana)、赤松梢斑螟 *Dioryctria sylvestrella* Ratzeburg、夏梢小卷蛾 *Rhyacionia duplana* (Hübner)、赤松毛虫 *Dendrolimus spectabilis* Butler 等。②人工杨树林中的害虫区系与东北地区松辽平原基本上相同，但主要还有杨白片盾蚧 *Lopholeucaspis japonica* (Cockerell)、突笠圆盾蚧 *Quadraspidiotus slavonicus* (Green)、草履蚧 *Drosicha corpulenta* (Kuwana)、白毛蚜 *Chaitophorus populialbae* (Boyer de Fonscoloube)、蚱蝉 *Cryptotympana atrata* (Fabricius)、杨干透翅蛾 *Sphecia siningensis* (Hsu)、光肩星天牛 *Anoplophora glabripennis* (Motschulsky)、桑天牛 *Apriona germari* (Hope)等。③泡桐该区常见的速生经济树种，主要害虫为大袋蛾 *Clania variegata* Snellen 等。④ 油松分布最广泛，主要害虫有松大蚜 *Cinara pinitabulaeformis* Zhang et Zhang、松梢小卷蛾 *Rhyacionia pinicolana* Doubleday、松果梢斑螟 *Dioryctria pryeri* Ragonot、油松毛虫 *Dendrolimus tabulaeformis* Tsai et Liu 等。

蒙新区　大兴安岭以西，大青山以北，南界为青藏高原，属于干旱、半干旱草原荒漠区。本区蛀干性害虫居多。①东部草原昆虫区系是典型的中亚型东部成分，代表为草天牛族 Dorcadionini 种类，如红缝草天牛 *Eodorcadion chinganicum chinganicum* (Suvorov)。②西部荒漠中的杨、柳、榆是本地平原区主要造林树种，主要种类有小板网蝽 *Monosteira unicostata* (Mulsant et Rey)、杨十斑吉丁 *Melanophila picta* (Pallas)、五星吉丁

Capnodis cariosa(Pallas)、白杨透翅蛾、榆兴透翅蛾 *Synanthedon ulmicola* Yang et Wang、沙棘木蠹蛾 *Holcocerus hippophaecolus* Hua et al。③高山山地主要害虫有落叶松毛虫、天山重齿小蠹 *Ips hauseri* Reitter、云杉八齿小蠹 *I. typographus* Linnaeus、光臀八齿小蠹 *I. nitidus* Eggers、云杉大小蠹 *Dendroctonus micans*(Kugelann)、云杉四眼小蠹 *Polygraphus polygraphus* Linnaeus、松树皮象 *Hylobius haroldi* Faust、泰加大树蜂 *Urocerus gigas taiganus* Benson、云杉蛀果斑螟 *Assara terebrella*(Zincken)、云杉梢斑螟 *Dioryctria reniculellodies* Mutuura et Munroe、云杉尺蛾 *Erannis yunshanvora* Yang、光胸幽天牛 *Tetropium castaneum*(Linnaeus)、长角灰天牛 *Acanthocinus aedilis*(Linnaeus)、云杉大墨天牛 *Monochamus rosenmuelleri*(Cederhjelm)、贺兰腮扁叶蜂 *Cephalcia alashanica* Gussakovskij 等。

青藏区 包括柴达木盆地、青藏高原、昆仑山地和藏南山地。本区昆虫大多数属中国—喜马拉雅区系的东方种、中亚细亚及本地特有种。蝗虫种类在本区非常丰富，主要种类有西藏牧草蝗 *Omocestus tibetanus* Urarov、柴达木束颈蝗 *Sphingonotus tzaidamicus* Mistshenko 等，草原毛虫 *Gynaephora alpherakii*(Grum-Grshimailo)常在部分牧场上成灾。青海藏南寒温带性针叶林及温性针叶林(油松、华山松、柏类)森林害虫区系基本上与华北区相同，但中重要种如云杉粉蝶尺蛾 *Bupalus vestalis* Staudinger、青缘尺蛾 *Bupalus mughusaria* Gumppenberg、杉针黄叶甲 *Xanthonia collaris* Chen 等。

2. 东洋界

东洋区位于喜马拉雅—秦岭—淮河一线以南，在我国只有中国缅甸亚区，森林昆虫的热带成分从南向北由丰富到贫乏的逐渐变化。

西南区 包括四川西部，北起青海、甘肃南缘，南抵云南中北部(大抵以北纬26°为南界)。向西直达藏东喜马拉雅南坡针叶林带以下山地，属中南亚热带常绿阔叶林带。本区昆虫最丰富，半数以上是东洋区系的印度—马来亚种类，古北区系的中国—喜马拉雅种类也有一定数量，还有少数中亚区系及本地特有种。喜马拉雅山地森林害虫有喜马拉雅松毛虫 *Dendrolimus himayanus* Tsai et Liu、材小蠹属 *Xyleborus*，锉小蠹属 *Scolytoplatypus* 等。横断山脉山地有高山小毛虫 *Cosmotriche saxosimilis* De Lajonquiére、云南松干蚧 *Matsucoccus yunnanensis* Ferris、思茅松毛虫 *Dendrolimus kikuchii* Matsumura、云南松毛虫 *D. houi* Lajonquière、模毒蛾 *Lymantria monacha* Linnaeus、南华松叶蜂 *Diprion nanhuaensis* Xiao 等。

华南区 本区包括广东、广西和云南的南部、福建东南沿海、台湾、海南及南海各岛，属中南亚热带常绿阔叶林带，植被为热带雨林。本区属于典型的东洋区，昆虫以印度—马来亚种占明显优势，其次为古北区系东方种类中的广布种。①滇南山地生态平衡尚未完全被破坏，未发现周期性大发生的食叶性害虫，但可见众多危害木材的白蚁，如截头堆沙白蚁 *Cryptotermes domesticus*(Haviland)、铲头堆砂白蚁 *Cryptotermes declivis* Tsai et Chen、家白蚁 *Coptotermes formosanus* Shiraki 及树白蚁类如山林原白蚁 *Hodotermopsis sjostedti* Holmgren 等。②在西双版纳的竹林具有特有的飞虱，如秃额飞虱 *Arcofrons arcifrontalis* Ding et Yang、景洪竹飞虱 *Bambusiphaga jinghongensis* Ding et Hu 等。③该地区常绿阔叶林主要有尖尾材小蠹 *Xyleborus andrewesi* Blandford、茶材小蠹 *X. fornicatus* Eichoff、光滑材小蠹 *X. germanus* Blanford 等。④海南岛尖峰岭主要害虫有海南松毛虫 *Dendroli-*

mus kikuchii hainanensis Tsai et Hou、马尾松毛虫 *D. punctatus*（Walker）、杨扇舟蛾 *Clostera anachoreta* van Eecke、龙眼蚁舟蛾 *Stauropus alternus* Walker、桑天牛、瘤胸天牛 *Aristobia hispida*（Saunders）、双钩异翅长蠹 *Heterobostrychus aequalis*（Waterhouse）、日本双棘长蠹 *Sinoxylon japonicum* Lesne、吹绵蚧 *Icerya purchasi* Maskell、松突圆蚧 *Hemiberlesia pitysophila* Takagi 等。

华中区　西部北起秦岭、四川盆地及长江流域各省，为北亚热带常绿阔叶—落叶阔叶林带。本区昆虫种类繁多，多数与华南区和西南区相同，中国—喜马拉雅种类、东洋区系的种类各占一定比例，极少西伯利亚成分，绝无中亚细亚成分。①该区亚高山针叶林中的主要害虫有云杉粉蝶尺蛾、蜀云杉松球蚜 *Pineus sichuananus* Zhang、落叶松球蚜红杉亚种 *Adelges laricis potaninilaricis* Zhang 等。②华山松主要害虫有华山松大小蠹 *Dendroctonus armandi* Tsai et Li、松巨瘤天牛 *Morimospasma paradoxum* Ganglbauer、新渡户树蜂 *Sirex nitobei* Matsumura、松树皮象等。③桤木害虫有桤木叶甲 *Chrysomela adamsi ornaticollis* Chen、红黄半皮丝叶蜂 *Hemichroa crocea*（Geoffroy）等。④马尾松林害虫主要有马尾松干蚧 *Matsucoccus massonianae* Yang et Hu、松针蚧 *Fiorinia japonica* Kuwana、马尾松毛虫、松茸毒蛾 *Dasychira axutha* Collenette、微红梢斑螟 *Dioryctria rubella* Hampson、松果梢斑螟、松瘤象 *Hyposipalus gigas* Fabricius、松褐天牛 *Monochamus alternatus* Hope、横坑切梢小蠹 *Tomicus minor* Hartig、纵坑切梢小蠹 *T. piniperda*（Linnaeus）、红腹树蜂 *Sirex rufiabdominis* Xiao et Wu、黄缘阿扁叶蜂 *Acantholyda flavomarginata* Maa 等。⑤竹类害虫主要有短翅佛蝗 *Phlaeoba angustidorsis* Bolivar、黄脊竹蝗 *Ceracris kiangsu* Tsai、青脊竹蝗 *C. nigricornis* Walker、竹巢粉蚧 *Nesticoccus sinensis* Tang、竹织叶野螟 *Algedonia coclesalis* Walker、竹小斑蛾 *Artona funeralis* Butler、淡竹夜蛾 *Kumasia kumaso*（Sugi）、刚竹毒蛾 *Pantana phyllostachysae* Chao、大竹长蠹 *Bostrychopsis parallela*（Lesne）、日本竹长蠹 *Dinoderus japonicus* Lesne、竹绿虎天牛 *Chlorophorus annularis*（Fabricius）、竹红天牛 *Purpuricenus temmincki* Guérin-Méneville、长足大竹象 *Cyrtotrachelus buqueti* Guérin-Méneville 等。⑥樟树害虫主要有樟巢螟 *Orthaga achatina* Butler、樟叶蜂 *Mesoneura rufonota*（Rohwer）等。⑦油茶害虫主要有油茶绵粉虱 *Aleurotrachelus camelliae* Kuwana、油茶尺蛾 *Biston marginata* Shiraki、茶袋蛾 *Clania minuscula*（Butler）、茶斑蛾 *Eterusia aedea* Clerck、茶毒蛾 *Euproctis pseudoconspersa* Strand 等。⑧油桐害虫主要有桑白盾蚧 *Pseudaulacaspis pentagona*（Targioni-Tozzetti）、油桐尺蛾 *Buzura suppressaria* Guenée、薄翅锯天牛 *Megopis sinica* White、橙斑白条天牛 *Batocera davidis* Deyrolle、云斑天牛 *B. horsfieldi*（Hope）等。⑨乌桕害虫主要有乌桕大蚕蛾 *Attacus atlas* Linnaeus、乌桕黄毒蛾 *Euproctis bipunctapex*（Hampson）、乌桕木蛾 *Odites xenophaea* Meyrick 等。⑩花椒害虫主要有碧凤蝶 *Papilio bianor* Cramer、花椒跳甲 *Podagricomela shirahotai*（Chûjo）、花椒窄吉丁 *Agrilus zanthoxylumi* Li、白芒锦天牛 *Acalolepta flocculata flocculata*（Gressitt）、花椒虎天牛 *Clytus validus* Fairmaire 等。

三、影响昆虫地理分布及害虫危害地带形成的条件

地球上大陆的移动、海洋的扩张或缩小、山脉升起或侵蚀、海岛出现或消失，及地

球在历史上曾经历过的巨大的气候变化，均对地球上植物、包括昆虫在内动物的分布产生了影响。因此，影响昆虫的分布与害虫形成危害地带的条件相同，但昆虫的分布主要取决于环境条件和生物群落形成的历史条件，害虫的危害地带主要取决于生态条件。

影响昆虫分布的内因主要涉及具有遗传性的生物学特性，外因主要是环境因素的影响。在随风、水流及交通工具等向各地扩散时，昆虫本身的扩散能力起重要作用。在亚热带和温带区，大气温湿度、光和气压，以及卵巢未发育前的食料缺乏、种群过密等，均可诱发昆虫的迁移。影响昆虫的地理分布及害虫危害地带形成的条件包括地形、气候、土壤、生物因素及人类活动的影响。

1. 地形条件

海洋、沙漠、高大的山脉、大面积的不同植被等自然障碍，阻隔或屏障了昆虫自原产地向周围扩散和蔓延，使昆虫不能跨越两地之间的不良环境，因此在地理上明显隔离的地方常形成不同的区系。气候条件极其相似的两个独立地区，自然屏障限制了交互传播，经过长期独立的演化、其昆虫区系与种类组成也将是不同的结果；但当这两个地区之一的昆虫传入另一地区后，则将能够在该地生存、繁衍。地形还对风、雨、寒流和暖流发生影响，在高山地区植物的垂直分布，这些环境条件都会对昆虫的分布发生影响。如，广州与古巴两地的柑橘介壳虫有不少种类相同，这些种原产于东洋区系的种类是随柑橘苗木而传入美国南部，后又随着柑橘苗木传到了古巴；云南的高海拔地区分布不少古北区的昆虫种类，而低海拔地区却属于典型的东洋区系。

2. 气象因子

在气候条件中，限制昆虫扩大分布范围的气候因素主要是环境的温度和湿度，当某昆虫迁移至新地区时，首先要求其温、湿度条件必须满足生长和繁育需求，如果温湿度条件不能全面满足其发育要求或超出了其可能适应的范围，则该昆虫在这个地区内就不能生存，或该地只能作为临时的栖居地(详见第五章　有效积温)。

我国源于东洋区区系的昆虫向北扩展时受到制约主要是低温限制，古北区昆虫南扩主要受到高温、高湿的限制。如栗瘿蜂在气候干燥的秦岭东段株均虫瘿 1187 个，而在潮湿的中、西段则发生很少。

温度　害虫所能忍耐最低或最高温度的程度，依种类不同而异，按其对温度忍耐程度可区分为广温性、狭温性昆虫。此外，同种昆虫又因其发育阶段、生理状况和所处的季节不同，对温度的适应范围也不同。①昆虫对低温适应机制的体现是，产生特化构造的卵、蛹以抗寒冷，增加束缚水使体液能忍受过冷却低温，进行冬眠以抵抗低温。②对高温的适应机制是，通过生理机能自调即皮肤蒸发水分而使体温下降，体内脂肪溶点高、可抵抗高温，夏眠遏制体温升高；习性上自适应，如转移至荫凉场所、迁移等。

湿度和降水　湿度可直接影响昆虫的生长发育、繁殖力和死亡率。低湿常抑制虫体新陈代谢而延滞发育，高湿则促进新陈代谢而加速发育。降水对昆虫的直接影响取决于降水的强度(详见第五章)，降水还间接改变环境湿度，影响植物的含水量、光照与温度，以及通过对害虫天敌的影响而对害虫种群产生影响。

光照　各种昆虫的发育均对光照强度和照射时间有一定的要求，否则其发育必受影响。白天和夜间活动的昆虫如蝶、蛾类常常对光表现出正趋向性，隐蔽活动的昆虫如白蚁则常表现为负趋向性。光所产生的辐射热，有时也能直接杀死害虫，如太阳的辐射能被物体吸收而转变为热能，对其温度超过20～25℃时，栖息于该物体下的幼虫就可能被热死。

风　风能影响水分蒸发和增大热量的散失，改变空气中温度和湿度，从而影响昆虫体内的水分和热能代谢。空气流动能帮助具有嗅觉的昆虫找寻食料和逃避敌害，大风能将某些体形小的昆虫携带至很远的地方、帮助其迁移和扩散。

3. 生物因素

植物或其他动物对昆虫的栖息、生活、扩散常形成一定的限制，如食物不足、中间宿主的缺乏、敌害的存在、种间竞争等。因气候条件的差异，使植物产生了明显的地域性分布特征，从而也间接影响了昆虫的地理分布，如某些狭食性昆虫虽能适应广泛的气候，但因缺乏食物，仅能栖息于局部地区。

种间竞争有时对昆虫的分布限制作用也较明显，尤其是在一个新种侵入一个新地区的初期，常与当地种产生了包括食物、空间和寄生、捕食关系等竞争，使新侵入种被消灭淘汰或获胜而建立稳定的种群。

4. 土壤因素

不同的成土母岩、气候、地形造就不同的土壤，植被及其演替历史的差别又对土壤的发育及其理化性质的形成有较重要的作用。所有这些均能直接影响到土栖昆虫的地理分布，并通过对植物群落的作用而间接的影响到昆虫群落(详见第五章)。

各种与土壤有关的害虫及其天敌，各有其最适于栖息的土壤环境条件。掌握昆虫生活习性与土壤环境的关系，即可通过垦复、施肥、灌溉等各种措施，改变土壤条件，达到控制害虫的目的。

5. 人为活动

自然状态下昆虫的地理分布范围是环境与生物群落相互作用演化过程的历史产物，具有相对稳定性，一种昆虫很难借助自然力的扩散而开辟新的栖地。人类活动对昆虫及害虫的影响如下。

帮助或限制昆虫的传播和蔓延　在现代条件下，许多昆虫在过去难以扩散到达的地区，都可以借助人类有意或无意的帮助而获得扩大其地理分布范围提供机会，使其扩大分布区或占据新的“殖民”地，所以实施检疫以限制有害种类的入侵及扩散、抵御外来害虫危害必不可少手段之一。如湿地松粉蚧由美国随优良无性系穗条传入广东省台山市红岭种子园并迅速蔓延；相反，有目的的引进和利用益虫，又可抑制某种害虫的发生和危害。

造成有利或不利昆虫栖息的环境条件　人类也可能造成不利于或有利于某种昆虫生栖的环境。如人类的植树、栽植草坪、兴建公园、引进推广新品种等生产活动，可能改变一个地区的生态系统，进而改变一个地区昆虫种类的组成，引起当地生态系统中某一昆虫种群的兴衰。

直接杀死害虫或限制其繁殖　采取各种措施防治害虫(详见第六章)。

四、森林害虫的危害区

在自然群落中，生物种群之间有较为稳定的相互协调及平衡生栖的关系，很少出现因某一种群的过度增大而使该群落的稳定性失去均衡状态的局面。但是当人类生产及生活活动干扰了自然生境后，其原有生态系统的关系就被改变了，原有的种间、种群与环境间的物质与能量结构的平衡也被改变了，结果可使某些植食性昆虫的种群数量成倍扩增、而其天敌及其他制衡因素削弱，那么这一种昆虫就成为了害虫。即使是已成为害虫的昆虫，其自然分布区内很少形成全面危害，只有在环境最适宜的局部地区危害较重。因此，将能满足昆虫可持续正常生存的空间称为昆虫的分布地带。分布区指可以发现害虫的所有区域，包括下述3个区域。

危害区 分布区内种群密度大，能对农林牧生产及生态环境造成直接损失的地区，依其危害的不同又可分为下述两类。

严重危害区 在危害区内种群密度最大，对农林牧生产及生态环境造成严重危害威胁的地区。该地区经常性地保持有大量的害虫群体，是向周边地区扩散和蔓延的虫害中心，也称猖獗基地。

间歇性严重危害区 在危害区内条件适宜的年份种群发生量大、造成的危害重，一般年份发生量少、危害轻。

昆虫的分布并非一成不变，会随环境情况的变化而改变；比如随全球气候变暖，各类昆虫的分布区无疑将会渐次向北推进。更为重要的是，随人类社会的物流的大幅增加，许多昆虫及害虫被人为地扩散到了新的区域，部分害虫在新区免遭淘汰而建立了种群，并迅速扩张、形成危害。

确定昆虫的分布区和害虫的危害地带，可以对比分析害虫造成严重危害所需要的条件，为制订可持续控制策略及准确引进天敌提供依据，也是正确确定检疫对象、采取检疫措施的基础。如，由于仓库环境在任何地方都比较相似，仓库害虫随粮食或贮藏物运输传播的机会更多，因而许多仓库害虫现已经成为世界性分布的昆虫，由于我国采取了严格的检疫措施，虽多次在进口货物中查获了谷斑皮蠹，该虫仍未印度从及南亚侵入我国。

第三节 中国林木害虫主要种类

森林害虫种类很多，习性与危害特征复杂，对林木害虫的类型进行划分和科学归类，便于认识森林害虫和进行防治。根据森林害虫在林木上的危害部位和生活方式，可将森林害虫区分为地下(根部)害虫、蛀干害虫、枝梢害虫、食叶害虫、种实害虫及木材害虫，若按照森林害虫所危害的林型则可区分为生态林、用材林与经济林害虫，按其分布和危害区的地形及林分用途又可分为平原绿化与防护林、山地林、高原林等。

一、平原绿化及防护林害虫

按地理林型归类，我国平原绿化及防护林主要分布于北方地区，包括三北地区的防风固沙防护林、东北地区的三江平原和华北平原地区的农田防护林，树种结构以杨树品种为主，此外还有榆树、栗类、国槐、泡桐、白蜡等落叶阔叶树种。该类型区以蛀干害虫危害最为严重，其次是食叶害虫，重要种类如下。

1．三北防护林主要害虫

蛀干害虫 桑天牛、云斑天牛 *Batocera horsfieldi*（Hope）、青杨楔天牛、光肩星天牛、白杨透翅蛾 *Paranthrene tabaniformis* Rottenberg、杨干透翅蛾 *Sphecia siningensis*（Hsu）、榆兴透翅蛾 *Synanthedon ulmicola* Yang et Wang、沙棘木蠹蛾 *Holcocerus hippophaecolus* Hua et al、杨十斑吉丁、五星吉丁等。

食叶害虫 杨小舟蛾 *Micromelalopha troglodyta* Graeser、杨扇舟蛾 *Clostera anachoreta* van Eecke、分月扇舟蛾 *Clostera anastomosis* Scopoli、杨二尾舟蛾 *Cerura menciana* Moore、春尺蠖 *Apocheima cinerarius* Erschoff、大袋蛾 *Clania variegata* Snellen、柳兰叶甲 *Plagiodera versicolora*（Laicharting）、杨毒蛾 *Stilpnotia candida* Staudinger、柳毒蛾 *Stilpnotia salicis*（Linnaeus）、灰斑古毒蛾 *Orgyia ericae* Germar、榆紫叶甲 *Ambrostoma quadriimpresscum* Motschulsky、黄褐天幕毛虫 *Malacosoma neustria testacea* Motschulsky、舞毒蛾 *Lymantria dispar*（Linnaeus）等。

2．东北三江平原主要害虫

蛀干害虫 栗山天牛 *Massicus raddei*（Blessig）、青杨楔天牛、柳蝙蝠蛾 *Phassus excrescens* Butler、旋木柄天牛 *Aphrodisium sauteri*（Matsushita）等。

食叶害虫 栎毒蛾 *Lymantria mathura* Moore、舞毒蛾、黄褐天幕毛虫、栓皮栎尺蛾 *Erannis dira* Butler、栎粉舟蛾 *Fentonia ocypete* Bremer、栎褐舟蛾 *Phalerodonta albibasis*（Chiang）、栎黄枯叶蛾 *Trabala vishnou gigantina* Yang 等。

其他害虫还包括杨树介壳虫、白杨潜叶蛾、蒙古栗实象虫等。

3．华北平原主要害虫

蛀干害虫 光肩星天牛、白杨透翅蛾、桑天牛、云斑天牛、锈色粒肩天牛 *Apriona swainsoni*（Hope）等。

食叶害虫 杨小舟蛾、杨扇舟蛾、大袋蛾、柳兰叶甲、银杏大蚕蛾 *Dictyoploca japonica* Moore、杨黄卷叶螟 *Botyodes diniasalis* Walker、黄刺蛾 *Cnidocampa flavescens*（Walker）等。

其他害虫还包括草履蚧、双棘长蠹 *Sinoxylon anale* Lesne、枣大球坚蚧 *Eulecanium giganteum*（Shinji）、日本龟蜡蚧 *Ceroplastes japonicus* Green 等。

二、经济林害虫

经济林种类繁多，以长江为界可将其害虫粗略划分为南北两大类型。北方地区经济林木主要包括核桃、板栗、枣树、柿树、苹果、梨、桃、杏、花椒、花红、沙果等；南方地区经济林木主要包括竹类、咖啡、茶、杜仲、黄柏、厚朴、花椒、橡胶、柑橘类、樟类、龙眼、荔枝、枇杷、李、葡萄、石榴、肉桂、樱桃、乌桕、油茶、桑树、漆树、油桐等。

1. 北方地区经济林木主要害虫

主要种实害虫　核桃举肢蛾 *Atrijuglans hetauhei* Yang、核桃长足象 *Alcidodes juglans* Chao、栗雪片象 *Niphates castanea* Chao、栗实象 *Curculio davidi* Fairmaire、桃蛀螟 *Dichocrocis punctiferalis* Guenée、桃小食心虫 *Carposina niponensis* Walsingham、柿举肢蛾 *Stathmopoda massinissa* Meyrick 等。

主要枝梢、蛀干害虫　云斑天牛、花椒虎天牛、黄带黑绒天牛 *Embrikstrandia unifasciata* (Ritsema)、白芒锦天牛 *Acalolepta flocculata flocculata* (Gressitt)、星天牛，核桃小吉丁 *Agrilus lewisiellus* Kerremans、花椒窄吉丁、花椒长足象 *Alcides sauteri* Heller、黄须球小蠹 *Sphaerotrypes coimbatorensis* Stebbing、芳香木蠹蛾东方亚种 *Cossus cossus orientalis* Gaede，栗瘿蜂 *Dryocosmus kuriphilus* Yasumatsu、栗兴透翅蛾 *Synanthedon tipuliformis* Clerck、朝鲜球坚蚧 *Didesmococcus koreanus* Borchsenius、柿长绵粉蚧 *Phenacoccus pergandei* Cockrell、棉蚜 *Aphis gossypii* Glover 等。

主要食叶害虫　银杏大蚕蛾、枣镰翅小卷蛾 *Ancylis* (*Anchylopera*) *sativa* Liu、枣飞象 *Scythropus yasumatsui* Kôno et Morimto、日本龟蜡蚧、黄刺蛾、花椒跳甲、柑橘凤蝶 *Papilio xuthus* Linnaeus 等。

2. 南方地区经济林木主要害虫

主要种实害虫　茶籽象 *Curculio chinensis* Chevrolat、桃蛀螟 *Dichocrocis punctiferalis* Guenée、梨小食心虫 *Grapholitha molesta* Busck 等。

主要枝梢、蛀干害虫　日本双棘长蠹、竹绿虎天牛、咖啡豹蠹蛾 *Zeuzera coffeae* Nietner、木麻黄豹蠹蛾 *Zeuzera multistrigata* Moore、榆木蠹蛾 *Holcocerus vicarius* Walker、一字竹象 *Otidognathus davidis* Heller、大竹象 *Cyrtotrachelus longimanus* Fabricius 等。

主要食叶害虫　六点始叶螨 *Eotetranychus sexmaculatus* (Riley)、茸毛材小蠹 *Xyleborus armipennis* Schedl、杨(杜仲)梦尼夜蛾 *Orthosia incerta* (Hüfnagel)、波纹杂毛虫 *Cyclophragma undans fasciatella* (Menetries)、银杏大蚕蛾、茶毒蛾 *Euproctis pseudoconspersa* Strand、竹织叶野螟 *Algedonia coclesalis* Walker、刚竹毒蛾 *Pantana phyllostachysae* Chao、竹笋禾夜蛾 *Oligia vulgaris* (Butler)、黄脊竹蝗、青脊竹蝗 *Ceracris nigricornis* Walker。

其他害虫还有竹红天牛、竹长蠹 *Dinoderus minutus* (Fabricius)等。

三、山地森林害虫

我国山地森林的主要建群树种是松、杉、柏类，竹类、桦木及栎类。由于所处地理环境不同，各地山地森林的害虫种类常有差别，但从全国范围讲，其主要害虫种类如下。

1. 杉类主要害虫

主要种实害虫　杉木球果麦蛾 *Dichomeris bimaculatus* Liu et Qian、杉木扁长蝽 *Sinor-*

sillus piliferus Usinger、柳杉蒴长蝽 *Pylorgus colon*（Thunberg）、柳杉大痣小蜂 *Megastigmus cryptomeriae* Yano 等。

主要枝梢、蛀干害虫　双条杉天牛 *Semanotus bifasciatus bifasciatus* Motschulsky、粗鞘双条杉天牛 *Semanotus bifasciatus sinoauster* Gressitt、星天牛、杉棕天牛 *Callidium villosulum* Li，Chen et Lin、松褐天牛。

主要食叶害虫　杉梢小卷蛾 *Polychrosis cunninghamiacola* Liu et Pai、大造桥虫 *Ascotis selenaria dianaria*（Hübner）、云南松毛虫 *Dendrolimus houi* Lajonquière、柳杉长卷蛾 *Homona issikii* Yasuda、鞭角华扁叶蜂 *Chinolyda flagellicornis*（F. Smith）等。

2. 松类（包括云、冷杉）主要害虫

主要种实害虫　微红梢斑螟 *Dioryctria rubella* Hampson、松果梢斑螟 *Dioryctria pryeri* Ragonot、云南松梢斑螟 *D. yuennanella* Caradja、桃蛀螟 *Dichocrocis punctiferalis* Guenée、松实小卷蛾 *Retinia cristata* Walsingham、油松球果小卷蛾 *Gravitarmata margarotana*（Heinemann）、球果花蝇 *Strobilomyia* spp.、球果瘿蚊 *Cecidomyia* spp. 等。

主要枝梢、蛀干害虫　云南松木蠹象 *Pissodes yunnanensis* Langer et Zhang、萧氏松茎象 *Hylobitelus xiaoi* Zhang、松褐天牛、松幽天牛 *Asemum amurense* Kraatz、华山松大小蠹 *Dendroctonus armandi* Tsai et Li、红脂大小蠹 *Dendroctonus valens* LeConte、光臀八齿小蠹 *Ips nitidus* Eggers、松六齿小蠹 *Ips acuminatus*（Gyllenhal）、纵坑切梢小蠹 *Tomicus piniperda*（Linnaeus）、松大蚜等。

主要食叶害虫　油松毛虫 *Dendrolimus tabulaeformis* Tsai et Liu、赤松毛虫 *Dendrolimus spectabilis* Butler、德昌松毛虫 *Dendrolimus punctctatus tehchangensis* Tsai et Liu、马尾松毛虫 *Dendrolimus punctatus*（Walker）、云南松梢小卷蛾 *Rhyacionia insulariana* Liu、冷杉芽小卷蛾 *Cymolomia hartigiana*（Ratzeburg）、云杉黄卷蛾 *Archips oporanus*（Linnaeus）、松针小卷蛾 *Epinotia rubiginosana*（Herrich-Schäffer）、模毒蛾 *Lymantria monacha* Linnaeus、祥云新松叶蜂 *Neodiprion xiangyunicus* Xiao et Zhou、松阿扁叶蜂 *Acantholyda posticalis*（Matsumura）、黄缘阿扁叶蜂 *Acantholyda flavomarginata* Maa 等。

3. 栎、桦类主要害虫

主要蛀干害虫　栗山天牛、小灰长角天牛 *Acanthocinus griseus*（Fabricius）、栎红天牛 *Dere thoracica* White、双簇污天牛 *Moechotypa diphysis*（Pascoe）、小木蠹蛾 *Holcocerus insularis* Staudinger et Romanoff 等。

主要食叶害虫　舞毒蛾 *Lymantria dispar*（Linnaeus）、木橑尺蠖 *Culcula panterinaria* Bremer et Grey、栎粉舟蛾、黄褐天幕毛虫、小齿短肛棒䗛 *Baculum minutidentatum* Chen et He、白桦尺蠖 *Phigalia djakenovi* Moltrecht、中带齿舟蛾 *Odontosia arnoldiana* Kardakoff 等。

第四节　国内检疫性林木害虫的分布

我国林木检疫性害虫包括食叶害虫 5 种、蛀干害虫 6 种、种实害虫 6 种、枝梢与根部害虫 4 种、环境害虫 1 种（即红火蚁 *Solenopsis invicta* Buren），其中多数为外来林木害虫。

一、国内检疫性林木害虫的种类与分布

我国林木检疫害虫的地理分布，可初步划分为4类分布区，即东北区、蒙新区、华北与华中区、华南、西南及东南沿海区。但下述检疫害虫的分布并不是在这4个区内普遍分布，只分布在局部地区或很有限的小范围内。

东北区　蛀干害虫，包括杨干象 *Cryptorrhynchus lapathi* Linnaeus、青杨脊虎天牛 *Xylotrechus rusticus*（Linnaeus）。

蒙新区　种实害虫，包括枣大球坚蚧、苹果蠹蛾 *Cydia pomonella*（Linnaeus），及小范围分布的外来入侵种枣实蝇 *Carpomya vesuviana* Costa。

华北与华中区　食叶害虫，包括美国白蛾 *Hyphantria cunea*（Drury），小范围分布的外来入侵种刺槐叶瘿蚊 *Obolodiplosis robiniae*（Haldemann）。蛀干害虫，包括红脂大小蠹、杨干象。种实害虫，包括枣大球坚蚧。枝梢与根部害虫，包括苹果绵蚜 *Eriosoma lanigerum*（Hausmann），以及小范围分布的外来入侵种葡萄根瘤蚜 *Viteus vitifoliae* Fitch。

华南、西南及东南沿海区　食叶害虫，包括椰心叶甲 *Brontispa longissima*（Gestro）、松突圆蚧，小范围分布的外来入侵种为曲纹紫灰蝶 *Chilades pandava*（Horsfield）。蛀干害虫，包括双钩异翅长蠹，小范围分布的外来入侵种为红棕象甲 *Rhynchophorus ferrugineus*（Olivier）、蔗扁蛾 *Opogona sacchari*（Bojer）。种实害虫，包括小范围分布的外来入侵种杧果果肉象甲 *Sternochetus frigidus*（Fabricius）、蜜柑大实蝇 *Bactrocera tsuneonis*（Miyake）、西花蓟马 *Frankliniella occidentalis*（Pergande）。枝梢与根部局部入侵种害虫，包括小范围分布的外来入侵种刺桐姬小蜂 *Quadrastichus erythrinae* Kim。

二、林型与检疫害虫

山地森林检疫害虫　危害山地林木的检疫害虫有10种。其中，食叶害虫包括椰心叶甲、刺槐叶瘿蚊、松突圆蚧、曲纹紫灰蝶，应警惕传播的害虫包括湿地松粉蚧 *Oracella acuta*（Lobdell）。蛀干害虫包括红脂大小蠹、红棕象甲。种实害虫包括枣大球坚蚧 *Eulecanium giganteum*（Shinji）、西花蓟马 *Frankliniella occidentalis*（Pergande）。枝梢与根部害虫为刺桐姬小蜂。

经济林检疫害虫　经济林木检疫害虫有13种。其中，食叶害虫包括椰心叶甲、曲纹紫灰蝶。蛀干害虫包括红棕象甲、蔗扁蛾。种实害虫包括枣大球坚蚧 *Eulecanium giganteum*（Shinji）、苹果蠹蛾、芒果果肉象甲、蜜柑大实蝇、枣实蝇、西花蓟马。枝梢与根部害虫包括苹果绵蚜、葡萄根瘤蚜、非洲大蜗牛 *Achatina fulica*（Bowditch）。

防护林检疫害虫　防护林检疫害虫有7种。其中，食叶害虫包括椰心叶甲、美国白蛾、刺槐叶瘿蚊。蛀干害虫包括杨干象、青杨脊虎天牛。枝梢与根部害虫包括刺桐姬小蜂、非洲大蜗牛。

三、外来检疫害虫

在22种检疫林木害虫当中，外来害虫达19种。只有杨干象、青杨脊虎天牛及枣大球坚蚧 *Eulecanium gigantean*（Shinji）产于我国本土。

已传入的食叶害虫包括椰心叶甲、美国白蛾、刺槐叶瘿蚊、松突圆蚧、湿地松粉蚧、曲纹紫灰蝶。值得警惕并有可能传入我国的重要种有木薯单爪螨 *Mononychellus tanajoa*（Bondar）、苹天幕毛虫 *Malacosoma americanum*（Fabricius）等。

已传入的蛀干害虫包括红脂大小蠹、双钩异翅长蠹、蔗扁蛾。有可能传入我国的重要种类包括欧洲大榆小蠹 *Scolytus scolytus*（Fabricius）、美洲榆小蠹 *Hylurgopinus rufipes*（Eichhoff）、山松大小蠹 *Dendroctonus ponderosae* Hopkins、紫棕象甲 *Rhynchophorus phoenicis*（Fabricius）、红棕象甲、亚棕象甲 *Rhynchophorus vulneratus*（Panzer）、棕榈象甲 *Rhynchophorus palmarum*（Linnaeus）、暗梗天牛 *Arhopalus tristis*（Fabricius）等。

已传入的种实及枝梢害虫包括苹果绵蚜 *Eriosomalanigerum*（Hausmann）、葡萄根瘤蚜、苹果蠹蛾、芒果果肉象甲、蜜柑大实蝇、枣实蝇、刺桐姬小蜂、西花蓟马、红火蚁。有可能传入我国的重要种类包括柑橘大实蝇 *Bactrocera minax*（Enderlein）、咖啡果小蠹 *Hypothenemus hampei*（Ferrari）、杧果果核象 *Sternochetus mangiferae*（Fabricius）、椰蛀梗象 *Homalinotus coriaceus*（Gyllenhal）、苹果实蝇 *Rhagoletis pomonella*（Walsh）、地中海实蝇 *Ceratitis capitata*（Wiedemann）、橘小实蝇 *Bactrocera dorsalis*（Hendel）、墨西哥按实蝇 *Anastrepha ludens*（Loew）等。

复习思考题

1. 世界陆地动物区系有哪些？
2. 我国昆虫来源自哪几个部分？
3. 影响昆虫地理分布的因素有哪些？
4. 简述森林昆虫的危害区。
5. 我国现行森林害虫检疫对象有哪些种类？其分布有何规律？

推荐阅读书目

中国昆虫生态地理概述. 马世骏. 科学出版社，1959.
中国森林害虫生态地理分布. 方三阳. 东北林业大学出版社，1993.
中国农林昆虫地理分布 . 章士美，赵泳祥 . 中国农业出版社，1996.
中国农林昆虫地理区划. 章士美. 中国农业出版社，1998.
昆虫生物地理学. 陈学新. 中国林业出版社，1997.
森林动植物检疫学. 李孟楼，张立欣. 中国农业出版社，2008.

第八章 地下害虫及其防治

【本章提要】本章主要介绍我国分布广泛、危害严重的地下害虫种类、分布状况、危害特点，对一些生产上危害严重的种类进行了描述，提出适合于生产的综合治理措施、技术和方法。

地下害虫又称根部害虫，是指生活在土壤中，以成虫或幼虫取食发芽的种子、幼林与苗木的幼根、嫩茎及幼芽的害虫，危害严重时常常造成缺苗、断垄等。该类害虫种类繁多，我国地下害虫约有9目38科320余种，包括等翅目的白蚁，直翅目的蝼蛄、蟋蟀，鞘翅目的金针虫、蛴螬、伪步行虫、芫菁、象甲、根叶甲、根天牛，鳞翅目的地老虎，同翅目的根蚜、根蚧、蚱蝉及双翅目的种蝇、根蛆等。严重危害且数量最大的是地老虎、蛴螬、蝼蛄和金针虫。

第一节 我国林木地下害虫的地理区划

我国南北气候差异很大，地理环境与地形地势、土壤类型及理化性质情况更不同，因而各地的地下害虫类群有较大的差异。土壤是地下害虫栖息、繁殖和生存的场所。土壤的理化性状如土壤粒子大小、团粒结构情况、pH、有机质和盐的含量等因素，对地下害虫的种群组成、地理分布和数量变动都有直接影响。因此，根据我国土壤地理及气候类型，将我国林木地下害虫区分为东北酸性土区、西北草原荒漠区、华北碱性土区、青藏高原草甸区、南方酸性土区5个类型区(图8-1)。其中，我国西北以地老虎、蛴螬为主；秦岭、淮河以北以蝼蛄、蛴螬为主，以南以地老虎为主；江浙一带蝼蛄、蛴螬、地老虎均危害较重；华南则以大蟋蟀危害较突出。

东北酸性土区　主要种类包括：①小地老虎、大地老虎、八字地老虎。②东北大黑鳃金龟、暗褐金龟、黄褐金龟、铜绿异丽金龟、拟异丽金龟、灰胸突鳃金龟、小云鳃金龟、苹毛丽金龟、白星花金龟。③东方蝼蛄、华北蝼蛄。④沟金针虫、细胸金针虫。⑤蒙古土象、灰种蝇、网目拟地甲等。

西北草原荒漠区　主要种类包括：①小地老虎、黄地老虎、警纹地老虎。②华北大黑鳃金龟、暗褐金龟、拟毛黄金龟、黑皱金龟、小云鳃金龟、白云鳃金龟替代亚种、斑驳云鳃金龟、马铃薯鳃金龟中亚亚种、塔里木鳃金龟、苹毛丽金龟、白星花金龟。③东

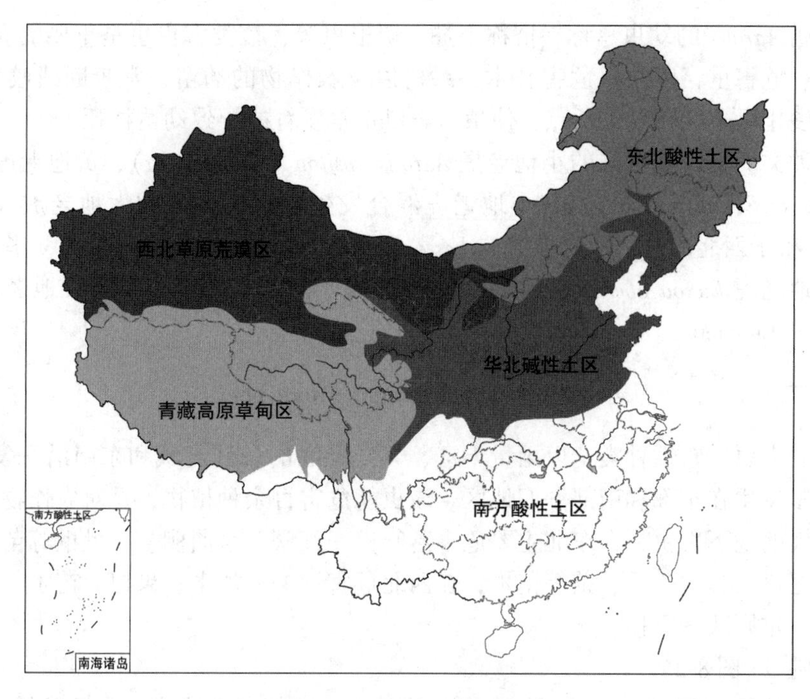

图8-1　地下害虫的地理区划

方蝼蛄、普通蝼蛄。④宽背金针虫。⑤蒙古土象、灰种蝇等。

华北碱性土区　主要种类包括：①小地老虎、黄地老虎、大地老虎。②华北大黑鳃金龟、东北大黑鳃金龟、铜绿金龟子、暗褐金龟子、小云鳃金龟、云斑鳃金龟、黑绒鳃金龟、阔胫金龟、灰粉金龟、黄褐丽金龟、苹毛丽金龟、白星花金龟。③东方蝼蛄、华北蝼蛄。④沟金针虫、细胸金针虫、褐纹金针虫。⑤油葫芦、蒙古土象、大灰象、灰种蝇等。

南方酸性土区　主要种类包括：①小地老虎、大地老虎、八字地老虎。②华南大黑鳃金龟、江南大黑鳃金龟、小云鳃金龟、大云鳃金龟、黄褐丽金龟、黑绒鳃金龟、红脚异丽金龟、褐带异丽金龟。③东方蝼蛄、华北蝼蛄。④沟金针虫、细胸金针虫。⑤大蟋蟀、灰种蝇、黄翅大白蚁、黑翅土白蚁等。

青藏高原草甸区　主要种类有警纹地老虎、四川大黑鳃金龟、宽背金针虫、灰种蝇等。

第二节　重要的地下害虫及其防治

我国各地苗圃用地及其周围环境、地势、土壤理化性质、茬口、施肥、苗木覆盖物等管理情况不同，各地的地下害虫种类有很大差异。

一、地老虎类

地老虎类是鳞翅目夜蛾科 Noctuidae 切根夜蛾亚科 Agrotinae 中的切根夜蛾属 *Euxoa*

和地老虎属 *Agrotis* 的幼虫总称，俗称土蚕、切根虫等，该类害虫也是重要的农业害虫。其食性杂、危害重，以幼虫危害林木、果树以及农作物的幼苗，常咬断或咬食幼苗根茎，主茎硬化后也能咬食生长点，使植株难以正常发育或导致幼苗枯死。

重要种类的有遍布全国的小地老虎 *Agrotis ypsilon*（Rottemberg）、黄地老虎 *A. segetum*（Denis et Schiffermüller）；与小地老虎混合发生于长江流域的大地老虎 *A. tokionis* Butler；分布于西北的八字地老虎 *Amathes c-nigrum* Linnaeus；分布于东北、华北以及西南的白边地老虎 *Euxoa oberthuri* Leech；主要分布于新疆、内蒙古的警纹地老虎 *E. exclamationis*（Linnaeus）。

小地老虎 *Agrotis ypsilon*（Rottemberg）

小地老虎属广布性种类，以雨量丰富、气候湿润的长江流域和东南沿海发生量大，东北地区多发生在东部和南部湿润地区。该虫能危害百余种植物，是对农作物、林木幼苗危害很大的地下害虫，在东北主要危害落叶松、红松、水曲柳、核桃楸等苗木，在南方危害马尾松、杉木、桑、茶等苗木，在西北危害油松、沙枣、果树等苗木。轻者造成缺苗断垄，重则毁种重播。

形态特征(图8-2)

成虫　体长17～23mm、翅展40～54mm。头、胸部背面暗褐色，足褐色，前足胫、跗节外缘灰褐色，中后足各节末端有灰褐色环纹。前翅褐色，前缘区黑褐色，外缘以内多暗褐色；基线浅褐色，黑色波浪形内横线双线，黑色环纹内1圆灰斑，肾状纹黑色具黑边、其外中部1楔形黑纹伸至外横线，中横线暗褐色波浪形，双线波浪形外横线褐色，不规则锯齿形亚外缘线灰色、其内缘在中脉间有3个尖齿，亚外缘线与外横线间在各脉上有小黑点，外缘线黑色，外横线与亚外缘线间淡褐色，亚外缘线以外黑褐色。后翅灰白色，纵脉及缘线褐色，腹部背面灰色。

卵　馒头形，直径约0.5mm、高约0.3mm，具纵横隆线。初产乳白色，渐变黄色，孵化前卵一顶端具黑点。

幼虫　圆筒形，老熟幼虫体长37～50mm。头部褐色，具黑褐色不规则网纹；体灰褐至暗褐色，体表粗糙、布大小不一而彼此分离的颗粒，背线、亚背线及气门线均黑褐色；前胸背板暗褐色，黄褐色臀板上具2条明显的深褐色纵带；胸足与腹足黄褐色。

蛹　体长18～24mm、宽6～7.5mm，赤褐有光。口器与翅芽末端相齐，均伸达第4腹节后缘。腹部第4～7节背面前缘中央深褐色，且有粗大的刻点，两侧的细小刻点延伸至气门附近，第5～7节腹面前缘也有细小刻点；腹末端具短臀棘1对。

生物学及习性

年发生代数随各地气候不同而异，越往南年发生代数越多；长江以南以蛹及幼虫越冬，南亚热带地区无休眠现象，从10月到第2年4月都见发生和危害。西北地区1年2～4代，长城以北一般1年2～3代，长城以南黄河以北1年3代，黄河以南至长江沿岸1年4代，长江以南1年4～5代，南亚热带地区1年6～7代。无论年发生代数多少，在生产上造成严重危害的均为第1代幼虫。南方越冬代成虫2月出现，全国大部分地区羽化盛期在3月下旬至4月上、中旬，宁夏、内蒙古为4月下旬。成虫多在

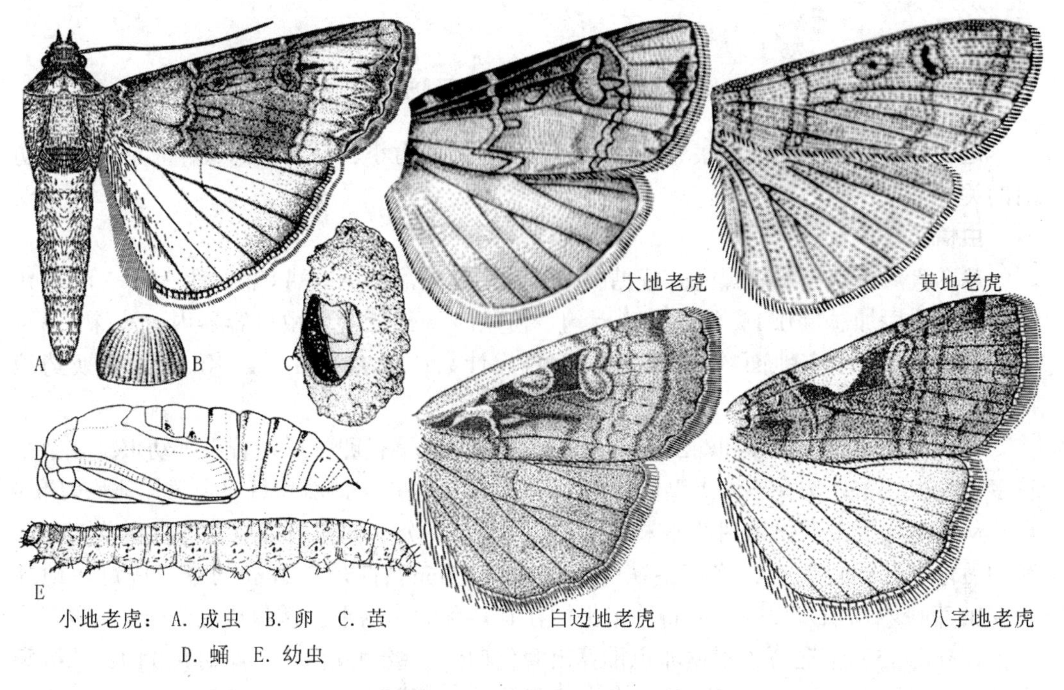

图8-2　5种地老虎的区别特征

15：00～22：00羽化，白天潜伏于杂物及缝隙等处，黄昏后开始飞翔、觅食，3～4d后交配、产卵。卵散产于低矮叶密的杂草和幼苗上、少数产于枯叶、土缝中，近地面处落卵最多，每雌产卵800～1 000粒、多达2 000粒；卵期约5d。幼虫6龄、个别7～8龄。幼虫期在各地相差很大，但第1代为30～40d。幼虫老熟后在深约5cm土室中化蛹，蛹期9～19d。

高温对其发育与繁殖不利，夏季数量较少，适宜温度为15～25℃；在春季夜间气温达8℃以上时即有成虫出现，但10℃以上时数量较多、活动强；因分布区气温不同，成虫的产卵量和卵期在各地也不同。成虫对黑光灯极为敏感，有强烈的趋化性，特别喜欢酸、甜、酒味和泡桐叶。成虫具有远距离南北迁飞习性，春季由低纬度向高纬度、由低海拔向高海拔迁飞，秋季则沿着相反方向飞回南方。微风有助于其扩散，风力在4级以上时很少活动。幼虫的危害习性表现为，1～2龄幼虫昼夜均可群集于幼苗顶心嫩叶处取食危害；3龄后分散，幼虫行动敏捷、有假死习性、对光线极为敏感、受到惊扰即卷缩成团，白天潜伏于表土的干湿层之间，夜晚出土从地面将幼苗植株咬断拖入土穴、或咬食未出土的种子，幼苗主茎硬化后改食嫩叶和叶片及生长点，食物不足或寻找越冬场所时，有迁移现象。

土壤含水量在15%～20%时产卵多、危害重，因而地势低湿、雨量充沛区发生较重，前一年秋雨多、土壤湿度大、管理粗放、杂草丛生利于成虫产卵和幼虫生存，来年可能大发生；若降水过多、湿度过大则初龄幼虫很易被淹而死亡；易透水、排水迅速的沙壤土适于小地老虎繁殖，重黏土和沙土区则发生较轻；此外，苗木种类、生育状况、前茬作物以及蜜源植物等都影响小地老虎的发生量和危害程度。天敌有知更鸟、鸦雀、蟾蜍、鼬鼠、步行虫、寄生蝇、寄生蜂及细菌、真菌等。在杭州寄生蜂和小茧蜂的寄生率达10%。

地老虎的预测预报及防治

地老虎幼虫在3龄前群集于杂草或幼苗上，抗药力小，是防治的最佳时期。适时防治的关键是做好测报。

虫情调查

越冬代成虫调查 用黑光灯或糖醋液诱测。糖醋液按糖：醋：酒：水=6：3：1：10的比例配置后加总量0.1%的杀虫剂混匀。使用时将药液盛入敞口容器内，液深3.3～5cm，黄昏时置于离地面约1m高处，第2天计数；5d加液1次，第10天更换药液1次。

卵和幼虫调查 查卵和幼虫可结合进行，前期着重查卵，后期着重查幼虫。在杂草较多、发生较重处选择不同类型的样地1～3块，按每点$1m^2$面积每次在每样地均匀取9点，从越冬代成虫羽化始到产卵末期止，3～5d查一次。可利用小地老虎喜在草茎上产卵的习性进行数量调查，将草茎从一端捆成长15cm、直径0.5cm的束，按每块地插50～10束用木棒插入田间，或将草束平插在其喜食的作物上，诱集成虫产卵，并统计。

在气温15℃情况下可根据卵色推算出孵化期。一级卵乳白色，距孵化11d；二级卵米黄色，距孵化8.5d，三级卵浅红色，距孵化6d，四级卵红紫色，距孵化3d；五级卵灰黑色，距孵化0.5d。

预测预报

发生期预测 越冬代蛾高峰出现后的第8～14天百株卵量最高，为除草灭卵适期。越冬代主蛾峰出现后的第20～25天为3龄前的幼虫防治适期；或于发卵高峰日起加上卵的历期和1龄幼虫历期，即为2龄幼虫盛期；或从越冬代第一蛾峰起后推29～31d即防治适期，一般在主蛾峰后1个月左右是3龄后的危害盛期。在新疆黄地老虎越冬代的物候为：苦豆子嫩头出土始期为化蛹始期，杏花败谢、梨花盛开为化蛹盛期，马蔺花、刺槐花初开期为羽化始期，马蔺花、刺槐花盛期为羽化盛期。

发生量预测 发生量预测要依据越冬代蛾迁入数量，结合春季气候条件具体分析。江苏省用上年9～12月诱蛾量X，预测当年1代幼虫密度Y头/m^2的预测式为$Y = 6.0092X - 0.3659 \pm 0.7615$。在甘肃省以3月小地老虎雌蛾发生量预报发生程度，轻度发生缺苗率低于10%，全月1灯1器诱蛾低于500头；中度缺苗率10%～20%时，诱蛾501～2 000头；大发生缺苗率大于20%时，诱蛾2 000头以上。河北省用虫源与气候条件综合分析预测黄地老虎的发生程度，如3～4月平均有幼虫0.1头/m^2为小发生，0.2～0.5头/m^2为中发生，0.5头/m^2以上为大发生。

防治技术

地老虎的防治一般应以压低第一代幼虫密度为重点，要采取管理和营林措施为主、与药剂防治相结合的方法进行综合治理。

压低越冬虫口密度 秋耕、冬灌、铲埂灭蛹。

调整播期 春季早播，秋季晚播，春季苗木提早木质化，秋季适当晚出苗，可以有效地减轻其危害。

诱杀成虫　在发蛾期用黑光灯或糖醋液诱杀；也可将新从泡桐树摘下的老桐叶于傍晚在苗圃地每亩放60～80张，清晨进行检查捕杀，如连续实施3～5d效果可达95%，或将桐叶浸以药液后直接诱杀。

苗地管理　杂草是地老虎产卵的主要场所及幼龄幼虫的食料，清除田间杂草对防治地老虎危害有一定作用。也可将嫩草散布在地面诱捕3龄以上幼虫，或用毒饵诱杀。用大水漫灌可杀死产在地面杂草上的卵及大量初龄幼虫。同时注意保护天敌。

人工捕杀　清晨巡视圃地如发现断苗时，刨土捕杀幼虫；地老虎老熟幼虫多在田埂上化蛹越冬，在其化蛹率达90%时，铲松田埂表土即可杀死大量蛹。

病毒防治　应用黄地老虎颗粒体病毒粗制剂75g/hm^2，掺入22.5kg嫩草屑制成毒饵，防治幼虫效果好。

药剂防治　用2.5%溴氰菊酯25mL喷拌细土50kg配成毒土，撒于幼苗根际附近。或25～40kg嫩草屑加10%吡虫啉可湿性粉剂0.5kg混匀，于傍晚撒于苗床上防治4龄以上幼虫，或每公顷用10%的溴氰菊酯300～450mL喷雾。还可按种子重量的0.1%用40%甲基异柳磷拌种、晾干后播种，或按照种子重量的0.3%～0.7%使用70%噻虫嗪粉剂拌种(种子∶噻虫嗪有效成分=1∶0.003)。

二、蛴螬类

蛴螬是鞘翅目金龟甲总科 Melolonthoidea 幼虫的统称，其中对林木有危害的属于鳃金龟科 Melolonthidae、丽金龟科 Rutelidae 和花金龟科 Cetoniidae。

蛴螬种类最多，分布最广，食害多种农、林、果、牧草、药用和花卉植物的幼苗和环剥大苗、幼树的根皮。幼虫食量大，在土内取食萌发的种子，咬断根、茎，轻则缺苗断垄、重则毁圃绝苗，食害幼苗后断口整齐平截，易于识别；成虫出土取食叶、花蕾、嫩芽和幼果，常将叶片食成缺刻和孔洞，残留叶脉基部，严重时将叶全部吃光。除本节介绍的种类外，其他重要的种类如下。

①鳃金龟科，包括分布于东北、内蒙古、华北、华东，以及四川、贵州等地的灰胸突鳃金龟 *Hoplosternus incanus* Motschulsky，分布于东北、内蒙古、河北、甘肃的东北大黑鳃金龟 *Holotrichia diomphalia* (Bates)，除西藏外遍布全国的暗黑鳃金龟 *H. parallela* Motschulsky 及黑绒鳃金龟 *Serica orientalis* Motschulsky，分布于新疆南部塔里木盆地边缘各地的塔里木鳃金龟 *Melolontha tarimensis* Semenov，分布于西北、山西、河北、四川等地的小云鳃金龟 *Polyphylla gracilicornis* Blanchard，分布于新疆的白云鳃金龟替代亚种 *P. alba vicaria* Semenov、斑驳云鳃金龟 *P. irrorata* Gebler 及马铃薯鳃金龟中亚亚种 *Amphimallon solstitialis* (Linnaeus)，分布于华南的中华褐栗金龟甲 *Miridiba sinensis* (Hope)。②丽金龟科，包括分布于东北、西北、华北、华东、华南的四纹丽金龟 *Popillia quadriguttata* (Fabricius)，分布于东北、华北、华东、内蒙古、西北等的苹毛丽金龟 *Proagopertha lucidula* (Faldermann)，以及分布于新疆的褐带异丽金龟 *Anomala vittata* Gebler。③花金龟科，包括分布于东北、华北、华中、华南、陕西的白星花金龟 *Liocola brevitarsis* (Lewis)，分布于东北、华北、华东、华南、西南及陕西的小青花金龟 *Oxycetonia ju-*

cunda (Faldermann)。

华北大黑鳃金龟 *Holotrichia oblita* (Faldermann)

分布于东北、华北、西北等地。成虫取食杨、柳、榆、桑、核桃、苹果、刺槐、栎等多种果树和林木叶片,幼虫危害阔叶树、针叶树的根部及幼苗。与其习性和形态近似的种有东北大黑鳃金龟 *H. diomphalia* (Bates)、华南大黑鳃金龟 *H. gebleri* Faldermann、四川大黑鳃金龟 *H. szechuanensis* Chang。

形态特征(图8-3)

成虫　长椭圆形,体长21~23mm、宽11~12mm,黑色或黑褐色有光泽。胸、腹部生有黄色长毛,前胸背板宽为长的2倍,前缘钝角、后缘角几乎成直角。每鞘翅3条隆线。前足胫节外侧3齿,中后足胫节末端2距。雄虫末节腹面中央凹陷、雌虫隆起。

卵　椭圆形,乳白色。

幼虫　体长35~45mm,肛孔3射裂缝状,前方着生一群扁而尖端呈钩状的刚毛、并向前延伸到肛腹片后部1/3处。

蛹　预蛹体表皱缩无光泽。蛹黄白色,椭圆形,尾节具突起1对。

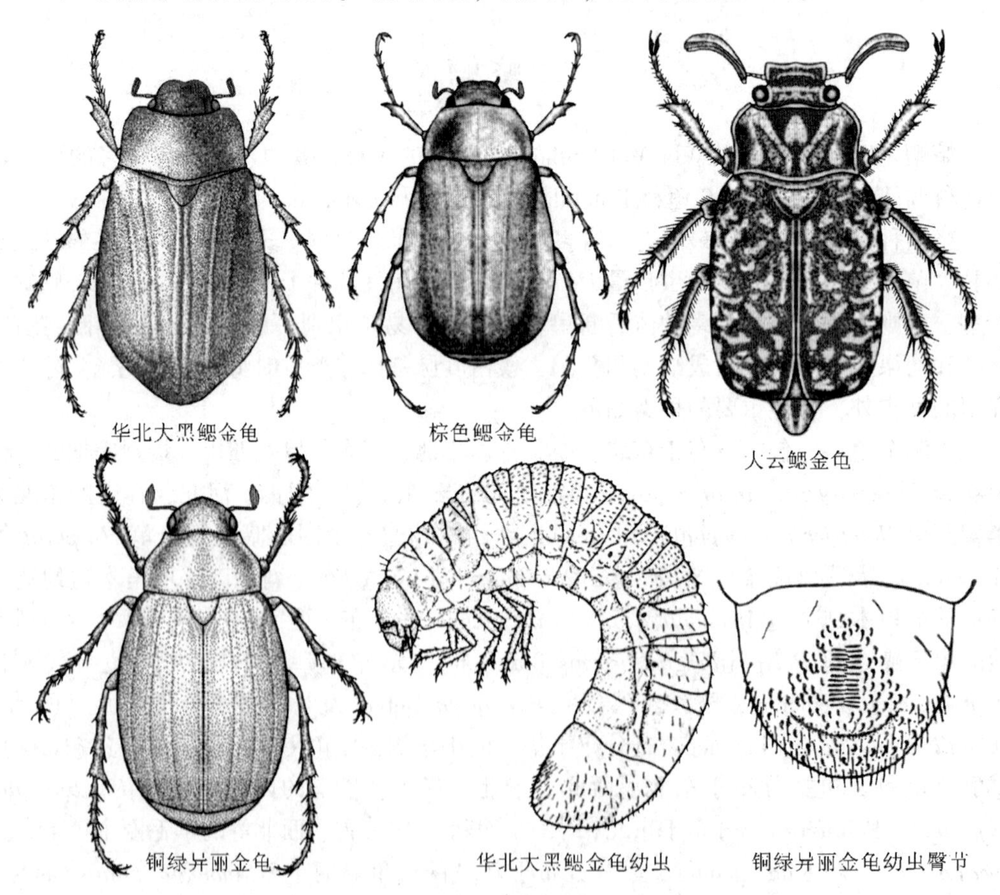

图8-3　4种金龟甲

生物学及习性

西北、东北和华东2年1代，华中及江浙等地1年1代，以成虫或幼虫越冬。在河北，越冬成虫约4月中旬左右出土活动直至9月入蛰，前后持续达5个月，5月下旬至8月中旬产卵，6月中旬幼虫陆续孵化，危害至12月以第2龄或第3龄越冬；第2年4月越冬幼虫继续发育危害，6月初开始化蛹、6月下旬进入盛期，7月始羽化为成虫后即在土中潜伏、相继越冬，直至第3年春天才出土活动。东北地区的生活史则推迟约半月余。

成虫白天潜伏土中，黄昏活动，20：00～21：00为出土高峰，有假死及趋光性；出土后尤喜在灌木丛或杂草丛生的路旁、地旁群集取食交尾，并在附近土壤内产卵，故地边苗木受害较重；成虫有多次交尾和陆续产卵习性，产卵次数多达8次，雌虫产卵后约27d死亡。多喜散产卵于6～15cm深的湿润土中，每雌产卵32～193粒、平均102粒，卵期19～22d。幼虫3龄，均有相互残杀习性，常沿垄向及苗行向前移动危害，在新鲜被害株下很易找到幼虫；幼虫随地温升降而上下移动，春季10cm处地温约达10℃时幼虫由土壤深处向上移动，地温约20℃时主要在5～10cm处活动取食，秋季地温降至10℃以下时又向深处迁移，越冬于30～40cm处。土壤过湿或过于干燥都会造成幼虫大量死亡，幼虫的适宜土壤含水量为10.2%～25.7%，当低于10%时初龄幼虫会很快死亡；灌水和降雨对幼虫在土壤中的分布也有影响，如遇降雨或灌水则暂停危害、下移至土壤深处，若遭水浸则在土壤内作一穴室，如浸渍3d以上则常窒息而死，故可灌水减轻幼虫的危害。老熟幼虫在土深20cm处筑土室化蛹，预蛹期约22.9d，蛹期15～22d。

棕色鳃金龟 *Holotrichia titanis* Reitter

分布于东北、华北、西北、华中、华南等地及朝鲜和前苏联。幼虫取食多种植物根系，成虫取食榆、刺槐等叶。

形态特征(图8-3)

成虫　体长17.5～25.5mm，宽14～15mm，长卵形，棕黄略有丝绒光泽。唇基、额、前胸背板、鞘翅均密布刻点。唇基短宽，其前缘中央凹入，卷边明显。触角10节，鳃叶部扁阔、3片，雄鳃片长度等于柄部，雌鳃片长度等于第3～7节长度之合。前胸背板与鞘翅基部等宽，其中央1隆线、侧缘中部外扩处1小黑斑略辨，鞘翅较薄软，肩疣明显；每翅纵隆线4条，第1～2条明显；小盾片色较深，约一半为前胸背板后缘淡黄长毛所覆盖；胸部腹板密生淡黄色长绒毛。前胫节外侧3齿，内侧1长刺，后胫节细长其端部喇叭形膨大、内端侧端齿长短不一；后跗第1节明显短于第2节，爪1对，爪下各1短齿。

卵　乳白色，椭圆形，长2.8～4.5mm，宽2～2.2mm。孵化时体略膨大，略呈球形。

幼虫　乳白色，老熟幼虫体长45～55mm，头宽约6.1mm。头部前顶刚毛每侧多为2根。臀节腹面复毛中区短锥状刺毛列2纵行、每行16～26根，仅少数个体刺毛列排列整齐且常具副列，刺毛列伸达臀节腹面前区约1/4处。

蛹　黄白色，体长23.5～25.5mm、宽12.5～14.5mm。腹末端具2尾刺、刺端黑色；前胸背中部至腹末有1条色比体深的纵隆线。

生物学及习性

在陕西武功2年1代。越冬成虫于3月中旬开始出土活动，4月中、下旬产卵，5月中、下旬孵化，11月中、下旬2龄末期或3龄初期幼虫潜入深约30cm处越冬，翌年3月中旬幼虫又上迁到表层土壤危害，6月末幼虫老熟，下潜至30cm深处营蛹室化蛹。蛹期约32d，7月底8月初成虫羽化，并静伏于蛹室内直到第3年3月中旬才出土活动。

成虫出土活动与温度、光线有密切关系。当温度达10.3℃以上时成虫于傍晚出土觅偶交尾，仅贴地低飞、很少高飞，交尾约20～30min、天黑后又潜入土中。雄虫不取食，于交尾后即死亡，雌虫可食少量榆、槐、月季叶片等。交尾后雌虫约于27d后将卵散产于土壤20～30cm深处，产卵20～44粒，卵期约27d，幼虫期约406d。

土壤中幼虫的活动与土温有密切关系，春季土温上升时幼虫即迁至表土层危害，夏季如土壤表层高温、干燥时即向下移动，秋季温度适宜时又上迁继续危害，11月中旬土温下降则下迁至深层土中越冬。卵和幼虫的发育与土壤湿度有关，以含水量达15%～20%时最为适宜，在5%以下则卵和幼虫死亡较多，达30%时卵与幼虫均溺死。幼虫喜生活于较疏松湿润的土壤中，干旱高原的砂性土、滩地或灌溉黏重土区很少发生；此虫在荒草地密度最大，其次为小麦地、苜蓿地及果园，因此新建设苗圃地时应特别注意。乌鸦、喜鹊喜啄食成虫、幼虫，为此虫的主要天敌。

大云(云斑)鳃金龟 *Polyphylla laticollis* Lewis

国内除西藏、新疆外，各地均有分布，近似种为小云鳃金龟 *P. gracilicornis* Blanchard。危害松、云杉、杨、柳、榆等林木和多种农作物。

形态特征(图8-3)

成虫　全体黑褐色，前翅布满不规则云斑，体长36～42mm，宽19～21mm。头部有刻点，密生淡黄及白色鳞片；唇基长方形，前缘及侧缘上翘；触角10节，雄虫柄部3节、鳃片7节长而弯曲，雌虫柄部4节、鳃片6节短而小。前胸背板宽大于长的2倍，不规则的刻点浅而密，3条淡黄或白色纵带连接成“M”状。黑色小盾片半椭圆形，被白色鳞片。胸部密生褐色长毛。前足胫节外侧雄虫有2齿，雌虫有3齿。

卵　椭圆形，乳白色，长约4mm。

幼虫　老熟幼虫体长50～60mm。头部棕褐色，背板淡黄或棕褐色，前顶毛5～7根，后顶长毛每侧1根、短小毛2～3根。胸足发达，腹节上有黄褐色刚毛，气门棕褐色。臀节腹面刺毛2列，每列9～13根，排列不甚整齐。

蛹　棕褐色，体长45mm。

生物学及习性

3～4年1代，以幼虫在土中越冬。春季土温回升至10～20℃时幼虫开始活动，6月老熟幼虫在土中10cm处作土室化蛹，7～8月成虫羽化。成虫白天静伏，黄昏时飞出活动、求偶、取食，趋光性强。多产卵于林间砂土空地中腐殖质丰富的地段，每雌虫产卵10多粒至数十粒。初孵幼虫以腐殖质及杂草须根为食，稍大后即能取食树根，对幼苗危害很大，致被害株生长衰弱、甚至死亡。

红脚异丽金龟 *Anomala cupripes* Hope

又名大绿金龟等。国内主要分布于华中、华南、西南，国外分布于东南亚。成虫主要取食桉、榕、凤凰木、油茶、石栎、荔枝、龙眼、杨桃、橄榄、杨梅、黄麻等叶片，幼虫危害幼苗根部。

形态特征

成虫　椭圆形，体长18～26mm。体背绿色、腹面紫红色，具金属光泽；触角褐红色，前胸背板两侧边缘、小盾片后缘及鞘翅边缘紫红色光泽。触角柄节基部细小，前端肥大，外缘1列黄绒毛。前胸背板前缘呈半圆形，小盾片钝三角形。鞘翅满布小圆刻点，边缘稍向上卷起，末端各有一突起。足具黄色绒毛，前足胫节扁宽，外缘2锐齿，内侧棘状距1枚；中足各节细长，后足腿节扁宽大、侧生黄毛1列，胫节外缘横生2列刺，内侧2距。腹部2节露出翅鞘外，臀板三角形。雄虫第6腹板后缘1黑褐色带状膜。

幼虫　3龄乳白色，老熟时呈黄色，体长40～50mm。臀节腹面复毛区刺毛列后段略宽，前段短锥状刺毛尖端微向中央弯曲、每列11～16根，后段长针状刺毛尖端相遇或交叉、每列13～19根、并常散布短锥状刺毛。

生物学及习性

在广东湛江及海南1年1代，以3龄幼虫在20～30mm土中越冬。翌年3～4月作蛹室化蛹，如破坏蛹室则可导致大量蛹的死亡。4～8月成虫羽化出土，成虫具有假死性、弱趋光性，黎明及黄昏短时间飞行后随即落回寄主，昼夜取食嫩叶或花，约1个月后在树叶浓密处交尾1次、少数2次，交尾后3～7d于白天散产卵于土中，最喜产卵于新腐熟的堆肥中，每雌可产卵60～80粒，产卵后4～7d死亡。成虫期50～80d，卵期约11～16d。幼虫期3龄，1龄30～40d，2龄40～60d，3龄200～280d，蛹期9～12d。

铜绿异丽金龟 *Anomala corpulenta* Motschulsky

又名铜绿丽金龟等。除西藏、新疆外遍及全国各地，国外分布于朝鲜、蒙古和日本。成虫危害柳、榆、松、板栗、乌桕、油茶、油桐、核桃、果树、豆类等几十种树木和植物的叶部，幼虫则食害植物及苗木的根部。

形态特征(见图8-3)

成虫　为中型甲虫。体长卵圆形，背腹扁圆，体长15～21mm，宽8～12mm，体背铜绿色有金属光泽，前胸背板及鞘翅侧缘黄褐色或褐色。唇基褐绿色且前缘上卷；复眼黑色；触角9节，鳃片部3节，黄褐色。前胸背板大，前缘凹入，侧缘略呈弧形，最阔点在中点之前，前侧角前伸尖锐，后侧角钝角形，后缘边框宽，前缘边框有显著膜质饰边。小盾片近半圆形。鞘翅黄铜绿色且3条纵隆脊略见，合缝隆较显，翅面上密布刻点，翅缘有膜质饰边。雄虫腹面棕黄且密生细毛、雌虫乳白色且末节横带棕黄色，臀板黑斑近三角形。足黄褐色，胫、跗节深褐色，前足胫节外侧2齿、内侧1棘刺，2附爪不等大、后足大爪不分叉。初羽化的成虫前翅淡白，后渐变黄褐、青绿到铜绿具金属光泽。

卵 白色，初产时长椭圆形，长1.65～1.94mm，宽1.30～1.45mm；后逐渐膨大近球形，长2.34mm、宽2.16mm。卵壳光滑。

幼虫 寡足型，一般有3龄。3龄幼虫体长29～33mm、头宽约4.8mm。暗黄色头部近圆形，头部前顶毛排各8根，后顶毛10～14根，额中侧毛列各2～4根。前爪大、后爪小。腹部末端两节自背面观为泥褐色且带有微蓝色。臀腹面具刺毛列多由13～14根长锥刺组成，两列刺尖相交或相遇、其后端稍向外岔开，钩状毛分布在刺毛列周围，肛门孔横裂状。

蛹 离蛹，略呈扁椭圆形，长约18mm、宽约9.5mm，土黄色。气门黑色，体背中央1纵沟，腹部背面有6对发音器。雌蛹末节腹面平坦且具1细小的飞鸟形皱纹，雄蛹末节腹面中央阳基呈乳头状。临羽化时前胸背板、翅芽、足变绿。

生物学及习性

1年1代，以3龄或少数以2龄幼虫在土中越冬。次年4月越冬幼虫上升表土危害，5月下旬至6月上旬化蛹，6～7月为成虫活动期、9月上旬停止活动；成虫高峰期开始见卵，7～8月为幼虫活动高峰期，10～11月进入越冬期。如5、6月雨量充沛，成虫羽化出土较早、盛发期提前，一般南方的发生期约比北方早月余。

成虫趋光性强，寿命约30d，具假死、群集危害习性，对未腐熟的厩肥有强烈趋性，有多次交尾行为；白天隐伏于地被物或表土，黄昏出土后多群集于杨、柳、梨、枫杨等树上先交尾、再大量取食。气温25℃以上、相对湿度为70%～80%时活动较盛，闷热无雨、无风的夜晚活动最盛，低温或雨天较少活动；21:00～22:00为活动高峰，在次日黎明前飞离树冠的中途如遇到高大的杨树防护林带，有猛然落地潜伏习性；食性杂、食量大，群集危害时林木叶片常被吃光。

卵多散产于果树下或农作物根系附近5～6cm深的土壤中，每雌产卵约40粒、卵期10d。土壤含水量在10%～15%、土壤温度为25℃时孵化率几乎达100%。幼虫3龄，多发生在土壤疏松、厩肥多、保水力强的林地，1龄幼虫期25d、2龄23.1d、3龄27.9d。初孵幼虫先取食土壤中有机质，后取食幼根，幼虫多在清晨和黄昏由土壤深层上升至表层咬食植物根系，使被害苗木根茎弯曲、叶枯黄、甚至枯死；1、2龄食量较小，9月3龄后进入暴食期，越冬后的3龄幼虫又继续危害至5月，常将根茎咬断食尽后再转移危害，因此春秋两季均为危害盛期。老熟幼虫在土深20～30cm处作土室经预蛹期化蛹，预蛹期13d，蛹期9d。

蛴螬类的防治

田间虫情调查

掌握蛴螬种类、分布、发育阶段、虫口密度等，是防治和预测的依据。

种类调查 在调查地块设1m×1m×0.8m样方，以每20cm为1层分4层取土，分别统计、记录昆虫的种类和数量。土壤昆虫很多，其中有步行虫、拟步甲等，区分种类后分别记录统计。

危害损失调查　主要掌握蛴螬的危害、造成的损失、苗木受害程度，判断虫口数量及发展趋势，为防治提供依据。

测报预报

发生趋势预测　根据上年虫量与发生期的气候预测下年的发生趋势。如大黑鳃金龟成虫、幼虫交替越冬的习性决定了其危害有一年轻一年重的规律，所以上年越冬幼虫比例占90%以上时，翌春幼虫危害严重、秋季幼虫危害则轻，否则情况相反；但是决定发生程度的重要因素是具体地块3龄幼虫量和幼虫孵化期的雨量和气温，即若干旱无雨则发生严重。不同省份幼虫孵化期是有差异的，西北为5月上旬至6月中旬、华北等地为5月上中旬、东北6月中下旬。

短期预测　在幼虫危害期前进行调查，预测发生高峰期，为防治适期找依据。从幼虫化蛹开始，在大田内挖蛹调查，每次调查不少于30头。当化蛹率达60%以上时，再加蛹历期和成虫蛰伏期后即为成虫防治适期；如再加上产卵前期和卵历期即为孵化高峰期或幼虫防治适期。其中关键是根据雌虫卵巢的发育级别确定成虫出土后的天数(表8-1)；在成虫发生期采用随机取样法隔日捕捉雌虫20头，解剖雌虫检查卵巢发育级别。一般当卵巢发育到4级时，成虫已进入产卵后期，所产的卵多数已孵化，此时即为幼虫防治适期。

表8-1　大黑鳃金龟卵巢发育分级标准

发育级别		发育特征	成虫出土后天数/d
1级	乳白透明期	卵巢尚未发育，小管无色透明	12
2级	卵黄沉淀期	小管内可见乳黄、长椭圆卵细胞	18
3级	卵待产期	卵巢管内有成熟卵粒，管柄膨大	27
4级	产卵始盛期	管内有1～2粒成熟卵	30～32
5级	产卵高峰期	成熟卵少，排列松，有空段	40
6级	产卵盛末期	卵巢管萎缩，管内无卵或残存少量卵细胞	60

防治技术

蛴螬类的防治应成虫、幼虫防治相结合，在成虫出土活动期防治以减少其数量特别是雌虫数量，可以有效地减少幼虫数量。播种期与生长期防治相结合。因蛴螬在植物的苗期、生长期甚至生长后期均产生危害，应依据各虫种的发育和危害规律，贯彻播种期与生长期防治相结合的原则进行治理。化学与其他方法相结合，化学药剂是防治蛴螬的主要手段之一，但改变蛴螬的栖居环境、耕作制度、苗地和农事管理方式、利用成虫的趋性可直接或间接地减少虫口数量。因此要根据具体情况进行综合治理。

林业技术防治　在蛴螬密度大的宜林地，造林前应先适时整地，以降低虫口密度；精耕细作，合理轮作，以减少或消灭蛴螬的滋生繁殖场所；秋末深耕可增加蛴螬的越冬死亡率；蛴螬喜在腐殖质中生活，施厩肥时要充分腐熟，追施厩肥时避开蛴螬活动盛期，肥料要掩埋好；在蛴螬危害高峰期灌水，可溺死部分幼虫；秋末大水冬灌可减轻翌春的危害；金龟子喜在地边杂草处活动，及时清除田间及地边杂草可减少虫口数量；在成虫产卵期及时中耕也可消灭部分卵和初孵幼虫。

人工防治　利用成虫的假死习性于傍晚振落并捕杀上树的成虫；秋季耕翻时人工捕

捉幼虫，可适当减少其发生数量。

生物防治　保护和利用捕食性天敌及寄生性天敌，如茶色食虫虻、步行虫、金龟子黑土蜂、大黑臀土蜂、福腮钩土蜂、白僵菌、苏云金芽孢杆菌、蛴螬乳状杆菌乳剂等，甚至可以用昆虫病原线虫来防治。利用金龟子性腺粗提物或未交配的雌活体或糖醋液诱杀成虫，种植蓖麻引诱成虫取食，借蓖麻毒素毒杀成虫，利用金龟子的趋光性使用黑光灯和频振式杀虫灯直接诱杀。

化学防治　用有效成分为1.25mg/L的25%吡虫啉可湿性粉剂药液，与500kg种子混合搅拌，堆闷4h，摊开晾干拌种防治蛴螬；或用烟碱类杀虫剂如噻虫嗪粉剂拌种。于成虫盛发期在其喜食植物上每10d喷吡虫啉乳油或4.5%氯氰菊酯等药剂1次；或取50~70cm长的新鲜榆、杨、槐等带叶枝条，将基部泡在25%噻虫嗪水分散粒剂1 000倍液或40%氧化乐果500倍液中，10h后取出，以3~5枝捆成一把，插入或堆放在林间诱杀。

三、蝼蛄类

蝼蛄属直翅目蝼蛄科 Gryllotalpidae，是常见的地下害虫之一。该虫喜居于温暖、潮湿、多腐殖质的壤土或砂土内，昼伏夜出。成虫、若虫均喜食刚发芽的种子，危害林木、果树及农作物的幼苗根部、接近地面的嫩茎，被害部分呈丝状残缺，致使幼苗枯死；同时成虫、若虫在表土层内钻筑隧道，使幼苗根土分离失水而枯死。除本节介绍的种类外，我国常见蝼蛄还有分布于新疆的普通蝼蛄 *Gryllotalpa gryllotalpa* (Linnaeus)，分布于广东、广西、台湾等地的台湾蝼蛄 *G. formosana* Shiraki。

东方蝼蛄 *Gryllotalpa orientalis* Burmeister

分布于全国各地；朝鲜、日本、东南亚、澳大利亚和非洲。以辽宁及长江以南等地发生量大。食性杂，对针叶树播种苗、多种农作物和经济作物苗期危害甚重。

形态特征(图8-4)

成虫　体长29~35mm，近纺锤形，浅茶褐色，密生细毛。卵圆形前胸背板长4~5mm，中央1暗红色心脏形长斑。前翅超过腹部末端，前足腿节下缘平直，后足胫节背内侧棘刺3~4个。

卵　椭圆形，长2.0~2.4mm，宽1.4~1.6mm，初产灰白有光。后渐灰黄褐色，孵化前暗褐或暗紫色。

若虫　初孵若虫乳白色，复眼淡红色，体长约4mm。头、胸及足渐变暗褐色、腹部淡黄色。2~3龄以上同成虫，6龄若虫体长24~28mm。

生物学及习性

西北、华北以南1年1代，东北2年1代。西北以成虫或6龄若虫越冬，翌年3月下旬越冬若虫开始上升至表土取食活动，4~5月是危害盛期，5~6月羽化为成虫，5月中旬至6月下旬产卵，若虫7、8月孵化。越冬成虫4~5月在土深5~10cm深处作扁椭圆形卵室产卵，5月下旬至6月上旬为产卵盛期、6月下旬为末期，每雌每室产卵

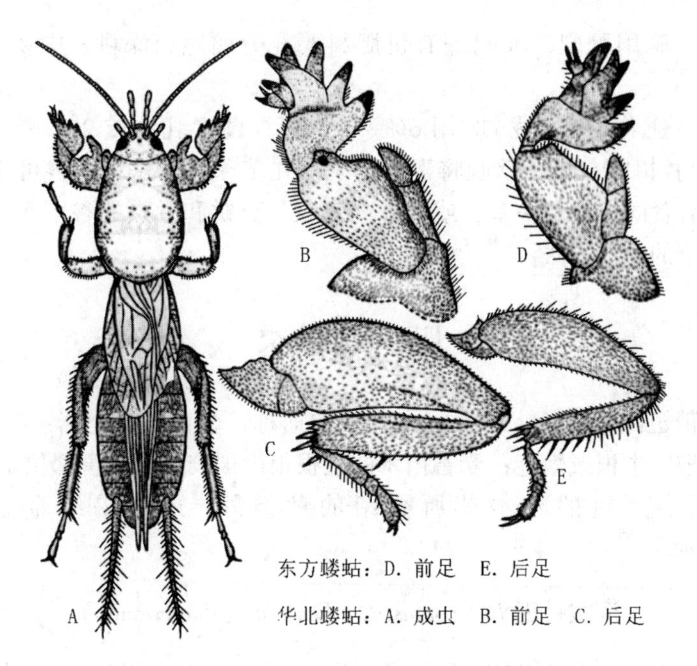

东方蝼蛄：D. 前足 E. 后足

华北蝼蛄：A. 成虫 B. 前足 C. 后足

图 8-4 2 种蝼蛄

30～60 粒；9 月中、下旬为第二次危害高峰。若虫孵出 3d 后能跳动，渐分散危害，昼伏夜出，以21：00～23：00为取食高峰，共 6 龄。11 月上旬陆续潜至 60～120cm 土中越冬。

有较强的趋光性，嗜食有香、甜味的腐烂有机质，喜马粪及湿润土壤。土壤质地与虫口密度也有关系，在轻盐碱地虫口密度最大，壤土次之，黏土地最少。

蝼蛄的防治

预测预报

挖土调查法 在蝼蛄即将进入越冬休眠前，选择有代表性地块挖土调查。样点根据具体情况设置，每个样点 $1m^2$、深 60～120cm，根据样点内虫量推算目标区的虫量。

隧道估测法 成虫出土前在田间查看新隧道数量，无洞口隧道为新隧道、有洞口表示蝼蛄已转移；一般是 2 条隧道 1 头蝼蛄，其中一条虚土圆堆而短宽为顶土、排淤、通气道，另一条长而时弯曲为活动取食道；宽 3cm 以下的隧道为若虫，3cm 以上的为成虫。也可将隧道表土铲去，凡洞口为扁圆形、直径 2cm 的为雌虫，洞口为圆形、直径 1.5cm 的为雄虫。

防治技术

诱杀 蝼蛄的趋光性很强，在羽化期间，19：00～22：00可用灯光诱杀；或在苗圃步道间每隔约 20m 挖一小坑，将马粪或带水的鲜草放入坑内诱集，再加上毒饵更好，次日清晨可到坑内集中捕杀。

保护天敌 鸟类是蝼蛄的天敌。可在苗圃周围栽植杨、刺槐等防风林，招引红脚隼、戴胜、喜鹊、黑枕黄鹂和红尾伯劳等食虫鸟以利控制虫害。

林业措施 施用厩肥、堆肥等有机肥料要充分腐熟；深耕、中耕也可减轻蝼蛄危害。

化学防治 ①作苗床(垅)时用6% ~8%阿维菌素乳油或25%噻虫嗪水分散剂0.5kg加水5kg拌饵料50kg，傍晚将毒饵均匀撒在苗床上诱杀；饵料可用多汁的鲜菜、鲜草以及蝼蛄喜食的块根和块茎，或炒香的麦麸、豆饼和煮熟的谷子等。②拌种方法，见地老虎、蛴螬的防治方法。

四、金针虫类

金针虫是鞘翅目叩头甲科 Elateridae 幼虫的通称。金针虫为土居、杂食性，危害幼芽、幼苗的须根、主根或嫩茎；受害苗木的主根很少被咬断，被害部位呈丝状。金针虫种类众多，危害严重的除本节所介绍的种类外，还有褐纹金针虫 *Melanotus fortnumi* Candézé。

沟金针虫 *Pleonomus canaliculatus* (Faldermann)

为亚洲特有种，主要分布于河北、山西、山东、河南、陕西、甘肃、青海、内蒙古、辽宁西部、江苏北部、安徽北部、湖北北部等的平原旱作区。

形态特征(图8-5)

成虫 体长14~18mm，体宽3.5~5mm，扁长形、深黑色，密被金黄色细毛。头部扁平，密布刻点，头顶凹陷三角形。雌虫触角11节、为前胸长度的2倍，前胸背板呈半球状隆起、后缘角外突、中央1细纵沟，鞘翅约为前胸长度的4倍。雄虫12节、长及鞘翅末端，鞘翅长度为头胸部长度的5倍。腹部可见腹板6节。足浅褐色。

卵 近椭圆形，0.7mm×0.6mm，乳白色。

幼虫 老熟幼虫体长25~30mm，扁长，金黄褐色、被黄色细毛。口器、头部前端褐色，上唇前缘突起三齿状；胸腹背面中央1细纵沟；尾节末端分叉，各叉内侧有1小齿。

蛹 长纺锤形，乳白色，雌体长16~22mm、雄15~19mm。前胸背板前缘细刺1对、后缘角突出部1细刺、其两侧具小刺列；腹部末端纵裂，其两侧的角状向外略弯、尖端细齿黑褐色。

生物学及习性

2~3年1代，以成虫和幼虫在土壤越冬。河南南部越冬成虫翌年于2月下旬当15cm处地温约达8℃时出蛰活动，3月中旬至4月中旬为活动盛期。成虫有假死习性，白天静伏土中，晚上活动交尾、产卵。雄虫善飞有趋光性；雌虫无飞翔力，产卵于苗根附近的土中，每雌产卵32~166粒，最高可达400多粒，卵期平均42d。5月上旬幼虫大量孵化，幼虫期长达1 050d，第3年8月下旬至9月中旬在土内15~20cm深处作土室化蛹，蛹期12~20d，9月中、下旬成虫羽化后在原土室内越冬。

沟金针虫随季节在土内上下迁移。6月底表层土温超过24℃时迁入深层越夏，9月中旬至10月上旬10cm土温约达18℃时又迁到表层危害，11月下旬土温下降后又至深

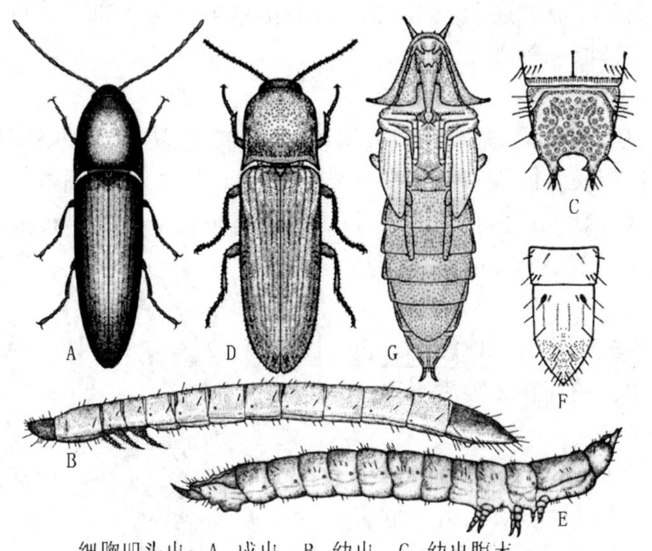

细胸叩头虫：A. 成虫　B. 幼虫　C. 幼虫腹末
沟叩头虫：D. 成虫　E. 幼虫　F. 幼虫腹末　G. 蛹

图 8-5　2 种金针虫

层越冬；翌年 2 月底至 3 月上旬土温约达 7℃时又上升活动危害。该虫生栖要求温度较低、湿度较高，春季干旱常是限制该虫上升活动的主要因素，7 ~ 9 月降雨多有利于幼虫化蛹，反之土壤过干就会影响化蛹和蛹的发育。

金针虫的防治

苗圃地精耕细作，通过机械损伤或将虫体翻出土面让鸟类捕食，以减低金针虫密度。加强苗圃管理，避免施用未腐熟的草粪等以免诱来成虫。

化学防治时，按噻虫嗪 210g/hm^2 或吡虫啉 15 ~ 30g/hm^2 有效成分，掺干燥细土 380kg 混匀成毒土，均匀撒施并翻入 10 ~ 20cm 深的土层里处理土壤；或苗木出土或栽植后如发现金针虫危害，可逐行在地面撒施该毒土，随即用锄掩入苗株附近的表土内。也可用 3% 亚砷酸钠浸泡禾本科杂草后诱杀，药剂拌种见地老虎、蛴螬防治方法。

五、蟋 蟀 类

蟋蟀属直翅目 Orthoptera 蟋蟀科 Gryllidae，全世界已知约 2 500 种，中国已知约 150 种。主要以成虫、若虫危害叶片和顶芽，或咬断刚出土的嫩茎。危害苗木的蟋蟀种类除大蟋蟀 *Tarbinskiellus portentosus*（Lichtenstein）外，还有几乎遍布全国的油葫芦 *Teleogrylus mitratus* Burmeister（异名 *Gryllus testaceus* Walker），广泛分布于黄河以南各地的棺头蟋 *Loxoblemmus doenitzi* Stein。

大蟋蟀 *Tarbinskiellus portentosus*（Lichtenstein）

分布于西南、华东、华南、东南沿海、台湾；日本、印度和东南亚。杂食性，常咬断农林植物幼苗茎部，有时还爬上1～2m高的苗木或幼树上部，咬断顶梢或侧梢，造成严重缺苗、断苗、断梢等现象。

形态特征(图8-6)

成虫　体长30～40mm，暗黑色或棕褐色，头部较前胸宽，复眼间具"Y"字形纹沟，触角丝状，比虫体稍长。前胸背板中央1纵线，两侧各1横向圆锥状纹。后足腿节强大，胫节粗、具两排刺、每排有刺4～5枚。腹部尾须长，雌虫产卵器短于尾须。

卵　近圆筒形，长约4.6mm，稍弯，表面平滑，浅黄色。

若虫　外形与成虫相似，体较小，色较浅。若虫共7龄，翅芽在2龄后出现。

生物学及习性

1年1代，以3～5龄若虫在土穴中越冬。次年2～3月恢复活动、出土危害各种苗木和农作物幼苗，5～7月羽化，6月成虫盛发，7～8月为交尾盛期，7～10月产卵，8～10月孵化，卵期20～25d。10～11月若虫仍常出土危害，11月初若虫越冬。若虫期7～9个月、共7龄，成虫寿命2～3个月，于8～9月陆续死亡。

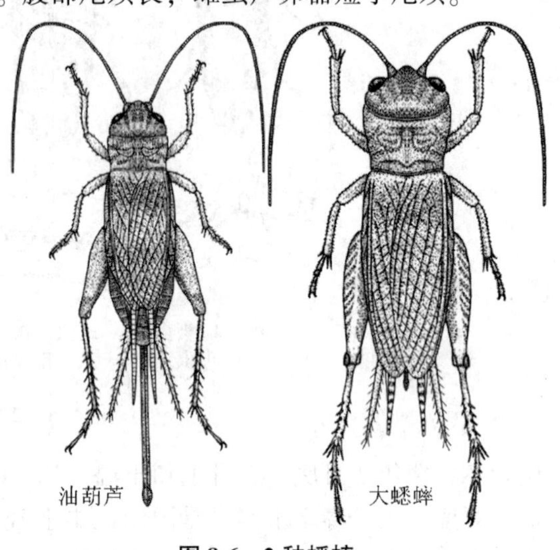

图8-6　2种蟋蟀

大蟋蟀喜在疏松的砂土地里营造土穴而居，洞穴弯曲，深度因虫龄、土温、土质而异，1龄若虫的洞深3～7cm、2龄深10～20cm，老龄及成虫洞穴可深达80cm以上、在砂质土壤上可深达1.5m。常一穴1虫，不群居，性凶猛，能自相残杀，雌雄交尾期间才同居一穴。雌虫产卵于洞穴底部，一次可产卵150～200粒，20～30粒一堆。初孵若虫常20～30头群居于母穴中，取食雌虫储备于洞中的食料，稍大后即分散营造土穴独居。大若虫及成虫多昼伏夜出，傍晚外出咬食嫩苗、将嫩茎切断或连枝叶拖回洞内贮藏，白天穴居于洞中取食。成虫、若虫喜干燥，喜食霉、酸、甜物质，通常5～7d出穴一次，19:00～20:00出洞较多，每逢雨后或久雨不晴即移居于近地面的洞穴上段、出穴频繁，阴雨、风凉的夜晚则很少出穴，7～8月交尾盛期外出也较频繁，如遇惊扰即迅速缩回洞内，回穴后用洞内泥土在洞穴口堆积一堆松土堆塞洞口。

土质疏松、植被稀少或低洼、撂荒的砂壤旱地，或山腰以下的苗圃和全垦林地、沿海台地等发生量大。秋旱冬暖利于幼龄若虫的生长发育、危害重，春旱及3～6月气温偏高利于越冬后的若虫和成虫活动，6～7月为成虫交尾产卵前的大量取食期、危害严重。

蟋蟀的防治

毒饵诱杀　可选用炒香的谷皮、米糠、油渣、麦麸等50kg，再将2.5%高效氯氟氰菊酯0.3kg溶于15kg水中拌成毒饵，于傍晚前撒布于有松土的洞口附近诱杀。也可在苗圃内每隔4～5步堆放禾本科植物鲜叶，堆内放少量毒饵诱杀。

坑诱捕杀　每666m²挖0.3m×0.5m的坑3~4个，坑内放入加上毒饵的新鲜畜粪，再用鲜草覆盖，可以诱集大量蟋蟀成虫、若虫，次晨进行捕杀。

挖洞捕杀　根据洞口有松土的标志，挖掘洞穴，捕杀成虫、若虫。或直接往洞穴中灌药水。

喷药毒杀　傍晚用有效成分为2~6g/L的阿维菌素，或0.03~0.05g/L虱螨脲药液喷施于树体周围的土壤上；或用25%吡虫啉300mL加适量水与20kg细土拌匀，傍晚撒在苗木周围毒杀。

六、其他地下害虫

除下述种类外，还有双翅目、花蝇科在我国北、中部分布较广泛的葱种蝇 *Delia antiqua* (Meigen)、萝卜种蝇 *D. floralis* (Fallén)。鞘翅目象甲科分布于东北、华北、西北、华中、内蒙古等地的蒙古土象 *Xylinophorus mongolicus* Zumpt T.，分布于陕西、河南、福建、四川、云南、甘肃等地的核桃根颈象 *Dyscerus juglans* Chao，分布于我国南方的蔗根土天牛 *Dorysthenes granulosus* (Thomson)。等翅目白蚁科广泛分布于南方的家白蚁 *Coptotermes formosanus* Shiraki、黄翅大白蚁 *Macrotermites barneyi* Light 等。

蚱蝉 *Cryptotympana atrata* (Fabricius)

又名黑蝉、黑蚱蝉，俗名"知了"，国内各地基本都有分布。成虫用产卵器刺破林木枝条表皮，将卵产在髓心部，使枝条开裂，破坏输导组织，使产卵部位以上枝条萎蔫死亡；若虫在土壤中吸取根系汁液，破坏根系，使根系老化，影响林木正常发育，果树受害后引起落花落果。危害的林木达144余种，受害较重的有杨、榆、柳、法桐、苹果、梨、桃、丁香等。

形态特征(图8-7)

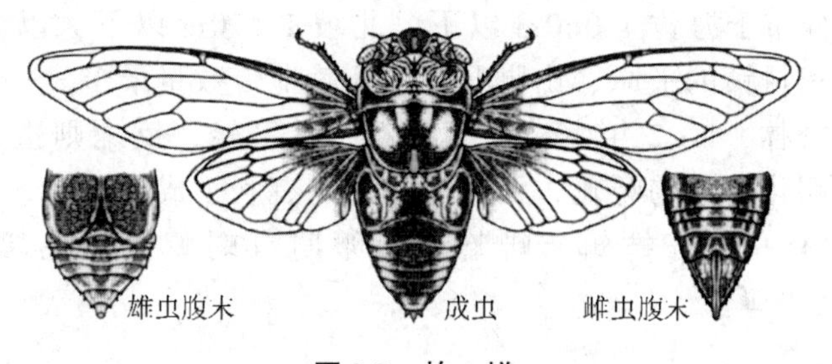

图8-7　蚱　蝉

成虫　体长38~48mm、翅展116~125mm，黑色、有光泽，密生淡黄色绒毛。复眼与触角间斑纹黄褐色，中胸背板宽、中央"X"形隆起黄褐色。翅基1/3均烟褐色、余透明，脉红褐色、端半部黑褐色；足黑色但具不规则黄褐斑。腹侧缘及其各节后缘、雌9~10节黄褐色，雄虫腹部第1、2节有发音器，雌虫产卵器长矛形。

卵　长梭形，3.3~3.7mm×0.5~0.9mm，微弯，一端圆、一端尖，乳白色。

若虫 共4龄，1龄若虫乳白色，头部密生黄褐色绒毛、触角前区红棕色、头冠后缘“人”形纹黄褐色；2龄若虫前胸背板“W”形斑微弱；3龄若虫前胸背板前区“W”形斑黑褐色，翅芽前半部灰褐色、后半部黑褐色，腹部棕黑色，产卵器黄褐色；4龄体长20.2～38.6mm，棕褐色。

生物学及习性

多年发生1代，在山西南部、山东北部4年1代，陕西关中5年1代，以卵和若虫分别在被害枝的木质部和土壤中越冬。老熟若虫6月底7月初出土羽化，7月中旬至8月中旬达盛期。成虫于7月中旬开始产卵，7月下旬至8月中旬为盛期，9月中、下旬产卵结束；越冬卵于6月中、下旬至7月初孵化。

老熟若虫20:00～次日6:00出土，21:00～22:00出土的约占78%，大雨后3～5d出土最多。若虫出土后爬到附近杂草、禾苗、灌木、立木主干等处羽化，在树干上羽化的约占89.7%；羽化初期雌虫少、末期雄虫少，雌雄总比为1:1；成虫飞翔能力很强，具群居性和短距离群迁性，夜晚受惊扰后具一定的趋光性和趋火性，寿命45～60d；雄成虫善鸣，从6月下旬到10月初当气温在20℃以上时始鸣、26℃以上多群鸣，单蝉鸣声76dB，群鸣时87dB。成虫羽化后，先刺吸树木汁液补充营养、喷雾状排泄，性成熟后始交尾、产卵，羽化至产卵需15～20d。每雌虫怀卵量500～800粒，卵产于枝条髓心部；产卵刻槽多呈梭形，卵窝在槽内互生排列；每枝有产卵槽1～11个，每槽有卵窝1～51个、空窝率6.3%，每窝有卵1～18粒，每枝产卵153～358粒、最多634粒；枝条落卵处以上很快萎蔫。

湿度对卵的孵化影响极大，降雨多且湿度大则孵化早、孵化率高，气候干燥时孵化期推迟、孵化率低，孵化率75.2%～92.7%，卵期260～345d。若虫孵化后在枝上停留30～40min落地，约70%的若虫选择自然孔洞和缝隙处入土；入土后在根系吸食危害，0～30cm深处分布最多，最深可达80～90cm；在靠近根系做土室越冬，1室1虫。翌年6～9月进入2龄、再建新室越冬，每年进1龄、历时4年。1、2龄多附着于侧根及须根，3、4龄多附着于较粗的根系分叉处。

在秦岭南坡分布于海拔1 060m以下、北坡1 270m以下，以海拔400～600m的江河流域及远离村镇的平原、山脚及低山丘陵地带数量最多。一般幼林受害重于成林、疏林重于密林，1～2年生枝条直径粗、受害轻，反之则重。多雨高温有利于蚱蝉若虫出土羽化和卵的孵化，而晴天高温则有利于成虫交尾、产卵和鸣叫等活动。成虫期天敌有鸟类、螳螂、蜘蛛等，卵期有蚂蚁、异色瓢虫及寄生率达4.6%～13%的寄生蜂。

防治技术

人工防治 结合剪枝，剪去产卵后的枯枝并集中烧毁。在成虫羽化盛期捕捉若虫、刚羽化的成虫。

药剂防治 每10d喷施1次40%增效氧化乐果乳油1 000倍液、或25%的高效氯氰氰菊酯1 000倍液保护苗木；孵化入土盛期地面喷施10%的吡虫啉、10%氯噻啉粉剂。

第三节　地下害虫的调查与研究

地下害虫调查与研究，主要是了解当地害虫种类、分布、虫口密度、危害特性等，以掌握其发生规律，为预防和防治提供科学依据。

一、调查原理

无论对哪类地下害虫进行调查和研究，需要进行的内容或得到的结果可能包括年发生代数、发生与危害季节、繁殖习性、活动与迁移规律、寄主或植被类型与取食习性、各虫态的发育历期、土壤特性与危害关系、发育及活动规律与土壤气候的关系、栽培和土壤处理与危害的关系、物候规律、趋性、天敌、预测预报技术、需要采取的防治措施等。

土壤与地下害虫的调查只有如土壤样方等人为抽样单位，而地面植被上的害虫调查多使用如样枝、叶片等自然抽样单位。因此，对地下害虫进行调查和研究时既要考虑地下害虫的种类与其在土壤中的分布特性，也要考虑土壤类型、地势、植被、气候等，以决定取样方式。一般在进行地下害虫发生的概况调查(踏查)时，主要应进行土地管理与土壤状况、苗木与害虫种类、危害程度、发生面积等调查；进行详细调查时，应在明确种类的前提下，确定其危害导致的损失程度、发生与发展趋势、生物学与生态学规律。

二、调查方法

地下害虫调查和研究，关键是科学地设计取样方法。种类及其生活与活动行为是设计调查取样的依据，应根据调查对象生活行为的季节规律进行调查设计；若调查种类的季节性变化规律不清，则应按季节的不同，间隔一定的时间进行连续的调查和研究，以查清其年变动规律。地下害虫的种类、发育期、季节和入土深度有较大关系，在确定特定种类的季节性活动规律、特别是其在土壤中的上下迁移习性后，就可根据具体的调查和研究时间去确定调查时的土壤取样深度。

挖土调查　调查时间应根据调查目的确定，取样时应按不同土质、地形和地势恰当设置样点。样点的布局方式取决于调查种类在田间的分布型，如蛴螬、金针虫多属聚集分布，应以采用“Z”字形或棋盘式布置样点。样点的设置数量应在土壤类型与地形、地势基本一致的调查区，$1hm^2$ 的调查地内设 8 个样点，每增加 $1hm^2$ 增加 2 个样点；每样点 50cm×50cm，以深度为 10cm 土层作为一个取样层，逐层取样，详细记载各样层的种类、虫态与数量，取样深度约至 80cm 为止，但冬季调查时取样深度要达 1m 以上。对于蝼蛄类，可先目测其隧道数量和分布规律，然后取土样进行调查；3～4 月地面可见华北蝼蛄约 10cm 长的新鲜虚土隧道，东方蝼蛄隧道则短或洞顶有一堆新鲜虚土。若在危害期进行危害习性等调查，应每间隔 5d 调查一次，直至其停止危害活动为止。

诱集调查　对有趋光性的种类如地老虎、蝼蛄、金龟、金针虫等成虫，从越冬成虫开始至各代成虫羽化期，均可进行灯光诱集调查；对具有趋化性的地老虎和根蛆类成虫，可用糖醋液等诱集。对夜晚活动的种类应在傍晚开始诱集，第2天清早检查并记载种类和数量，该全部时间段即可视为一个诱集调查样本；对在白天活动的则应在清早开始诱集、傍晚检查并记载数量。使用诱集法进行调查，诱集调查样本之间的间隔天数(时间)应根据需要确定。但若要确定某一种类在一天当中的详细活动情况，则应在一天的24小时内划分时间段进行诱集和记载。调查结果记入表8-2。

表8-2　地下害虫野外调查表

调查日期　　地点　　调查人　　地形与地势　　土壤特性　　样地类型或编号

样点序号	样层序号	害虫种类	虫态与数量					
			卵	1龄幼虫	2龄幼虫	…	蛹	成虫
1	1-1 1-2 ⋮							
2	2-1 2-2 ⋮							

注：每样层深度单位为cm。

三、数据分析

通过对地下害虫的种类、发生面积、危害程度及寄主受害程度等各项情况的调查，要掌握其规律，应调查所获得的数据资料进行统计分析和比较。数据整理时常用的有平均数，表示平均数变异程度的极差、方差、标准差、变异数系数等。如果要分析和比较不同地域、样地间地下害虫分布或危害的差异，则要进行相关的方差分析或统计检验。其他常见的数据处理如下。

田间药效试验　田间药效试的结果常用害虫的死亡率、虫口减退率等表示杀虫剂对害虫的防治效果。①当能准确地查清样点内所有防治对象的死虫和活虫时，死亡率(%)=(死亡个体总数/供试总虫数)×100%。②当只能确定样点内的活虫而不能找到全部死虫时，且不施药对照区的自然死亡率很低，一般用虫口减退率表示防治结果，虫口减退率(%)=(防治前的活虫数－防治后的活虫数)/防治前的活虫数×100%。③死亡率和虫口减退率包含杀虫剂所造成的死亡和自然因素所造成的死亡，如自然死亡率较高或大于5%时，则常用校正死亡率表示结果，校正死亡率(%)=(处理区死亡率－对照区死亡率)/(1－对照区死亡率)×100%，或校正死亡率(%)=$(x-y)/x\times100\%$(x为对照组生存率，y为处理组生存率)。

寄主受害情况调查　①若不考虑每株寄主的受害轻重，只考虑寄主的受害普遍程度，则被害率(%)=(被害株数/调查总株数)×100%。②如果既考虑每株寄主的受害轻重，也要考虑寄主的受害普遍程度，则常用被害指数表示调查结果。但在调查前应先按寄主的受害轻重区分不同等级，然后分等级进行调查和统计。被害指数 =（各级值 × 相应级的总株数）/（调查总株数 × 最高等级数值）× 100%。

损失估计　为了可靠估计害虫所造成的损失，需要计算害虫危害所造成的产量和质量损失。但产量和质量损失受害虫的发生数量、发生期、危害方式、危害部位等多种因素的综合影响。①损失系数 $Q = (a - e)/a \times 100\%$，其中 Q 为损失系数、a 为未受害植株单株平均产量、e 为受害植株平均产量。②产量损失百分率 $C(\%) = Q \times P/100$，P 为被害率。③实际损失率 $L(\%) = a \times M \times c/100$，其中 M 为单位面积总植株数。对 Q、C、L 值均应计算标准差。

复习思考题

1. 我国常见地下害虫有哪几类？其危害各有何特点？
2. 主要地下害虫有哪些防治方法？
3. 试述地下害虫的发生与环境的关系，并分析原因。
4. 如何对地下害虫的虫情进行调查？

推荐阅读书目

森林害虫及其防治．中南林学院．湖南人民出版社，1978.
农业昆虫学．仵均祥．中国农业大学出版社，2002.
农业昆虫学．袁锋．中国农业出版社，2001.
农业昆虫学(上、下册)．2 版．浙江农业大学．上海科学技术出版社，1982.

第九章　枝梢害虫及其防治

【本章提要】危害林木的枝梢害虫主要包括刺吸类和钻蛀类害虫。主要危害幼树的顶芽、嫩叶、嫩梢以及幼干，导致树干分叉、枝芽丛生、卷叶等畸形症状，严重影响林木的生长。本章介绍主要的枝梢害虫种类、寄主、形态特征、生活史及发生规律和防治策略。

枝梢害虫指危害林木枝梢及幼茎的种类。其中，一类为咀嚼式口器害虫，以幼虫钻蛀和啃食枝梢、嫩茎、幼芽，通常在木质部或髓部钻蛀隧道，造成嫩梢枯萎、甚至死亡，影响主梢、枝条的生长和主干的形成，部分种类还在嫩梢头吐丝缀叶取食或蛀入幼果危害。常见如鳞翅目的螟蛾类、麦蛾类、卷蛾类等，鞘翅目的象甲类、天牛类及某些叶甲类，膜翅目的瘿蜂类、茎蜂类，双翅目的蝇类和瘿蚊类等。另一类为刺吸式口器害虫，主要包括同翅目蚧类、蚜虫类、叶蝉、木虱，半翅目的蝽类等，部分种类还可传播病毒病害。该类害虫在取食时，常使寄主植物产生病理或生理变化，如受害部位呈现褪色的斑点、叶片卷曲或皱缩、枝叶丛生等畸形、局部膨大或虫瘿，危害严重时可使被害植物营养不良、嫩梢干枯、树势衰弱甚至整株死亡。

第一节　我国林木枝梢害虫的地理区划

林木枝梢害虫对于所处的环境条件，都有一定的适生范围。某一地区的枝梢害虫种类组成和发生数量的多寡，在一定程度上可以反映这个地区林业生态系统的特点。因此，根据林木枝梢害虫的地理区划，能够较全面的认识其与地形、地貌、气候、土壤以及植物组成的关系，明确每种枝梢害虫的分布范围、当地枝梢害虫的区系组成，据此可以掌握防治对象的发生特点，有利于确定防治方案和措施。

虽然我国林木枝梢害虫的分布从南到北兼有热带、亚热带、暖温带、温带、寒温带等不同的气候带，并具有古北与东洋两大动物区系的特征，但各种林木害虫都有一定的自然分布范围，每一林区的枝梢害虫种类组成也各有差异。由于我国的昆虫区系受到了长达数千年人为活动的干扰，因此根据我国枝梢害虫的分布现状，可将其大致划分为7个分布区，具体如下(图9-1)。

东北山地林区　主要种类包括松大蚜 *Cinara pinitabulaeformis* Zhang et Zhang、秋四

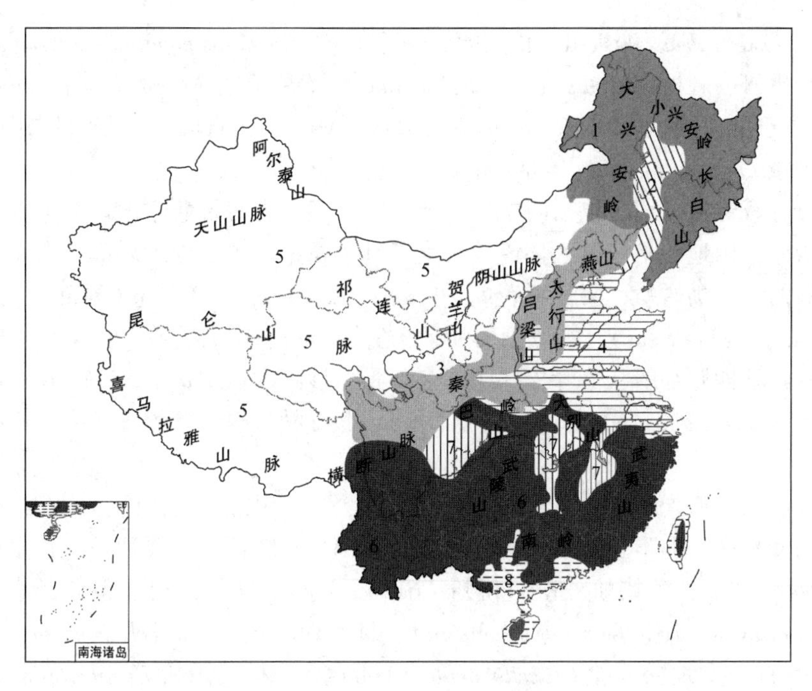

图 9-1　中国林木枝梢害虫地理区划

脉绵蚜 *Tetraneura akinire* Sasaki、落叶松球蚜指名亚种 *Adelges laricis laricis* Vallot、栗大蚜 *Lachnus tropicalis*（Van der Goot）、柏大蚜 *Cinara tujafilina*（del Guercio）（辽宁）、微红梢斑螟 *Dioryctria rubella* Hampson、赤松梢斑螟 *Dioryctria sylvestrella* Ratzeburg、青杨楔天牛 *Saperda populnea*（Linnaeus）、山杨楔天牛 *S. carcharias*（Linnaeus）等。

东北平原与丘陵林区　主要种类包括大青叶蝉 *Cicadella viridis*（Linnaeus）、梨冠网蝽 *Stephanitis nashi* Esaki et Takeya、桃蚜 *Myzus persicae*（Sulzer）、槐花球蚧 *Eulecanium kuwanai* Kanda、扁平球坚蚧 *Parthenolecanium orientalis* Borchsenius、柳蛎盾蚧 *Lepidosaphes salicina* Borchsenius、杨笠圆盾蚧 *Quadraspidiotus gigas*（Thiem et Gerneck）、吹绵蚧 *Icerya purchasi* Maskell、朝鲜球坚蚧 *Didesmococcus koreanus* Borchsenius、卫矛矢尖盾蚧 *Unaspis euonymi* Comstock、梨圆蚧 *Quadraspidiotus perniciosus*（Comstock）、枣大球坚蚧 *Eulecanium giganteum*（Shinji）、角蜡蚧 *Ceroplastes ceriferus*（Fabricius）、楸蠹野螟 *Omphisa plagialis* Wileman 等。

华北西部山地林区　该区包括燕山、太行山、吕梁山、秦岭及四川西部山地。主要种类包括栗红蚧（栗绛蚧）*Kermes castaneae* Shi et Liu、松针蚧 *Fiorinia japonica* Kuwana、松大蚜、柏大蚜、栗大蚜、秋四脉绵蚜、落叶松球蚜指名亚种、微红梢斑螟、赤松梢斑螟、栗瘿蜂 *Dryocosmus kuriphilus* Yasumatsu、山杨楔天牛等。

华北平原与丘陵林区　该区包括河北、山东、山西、陕西（关中）、河南及安徽和江苏平原与丘陵林区。主要种类包括枣大球坚蚧、榆蛎盾蚧 *Lepidosaphes ulmi*（Linnaeus）、梨圆蚧、桑白盾蚧 *Pseudaulacaspis pentagona*（Targioni-Tozzetti）、卫矛矢尖盾蚧、朝鲜球坚蚧、草履蚧 *Drosicha corpulenta*（Kuwana）、吹绵蚧、突笠圆盾蚧 *Quadraspidiotus slavonicus*（Green）、杨笠圆盾蚧、扁平球坚蚧、日本龟蜡蚧 *Ceroplastes japonicus* Green、

红蜡蚧 *Ceroplastes rubens* Maskell、柏大蚜、白毛蚜 *Chaitophorus populialbae* (Boyer de Fonscoloube)、桃蚜、刺槐蚜 *Aphis robiniae* Macchiati、苹果绵蚜 *Eriosoma lanigerum* (Hausmann)(局部分布)、槐豆木虱 *Cyamophila willieti* (Wu)、大青叶蝉、梨冠网蝽、楸蠹野螟、桃条麦蛾 *Anarsia lineatella* Zeller 等。

蒙新与青藏林区 该区包括内蒙古、新疆、甘肃、青海及西藏山地与平原林区,由于该区地域广,山地与平原林区环境差别大,林木枝梢害虫多数为局部分布类型。主要种类有角蜡蚧、榆蛎盾蚧、蒙古杉苞蚧 *Physokermes sugonjaevi* Danzig(局部)、柳雪盾蚧 *Chionaspis salicis* (Linnaeus)、突笠圆盾蚧、杨笠圆盾蚧、柳蛎盾蚧、日本龟蜡蚧、白毛蚜、刺槐蚜、秋四脉绵蚜、落叶松球蚜指名亚种、沙枣木虱 *Trioza magnisetosa* Loginova、小板网蝽 *Monosteira unicostata* (Mulsant et Rey)、微红梢斑螟、青杨楔天牛、山杨楔天牛等。

华中、华南、西南山地林区 该区包括云南及横断山脉、巴山、大别山、武陵山、武夷山及南岭林区,但不少林木枝梢害虫具有局部分布特征。主要种类有竹巢粉蚧 *Nesticoccus sinensis* Tang、角蜡蚧、松白粉蚧 *Crisicoccus pini* (Kuwana)、栗红蚧(栗绛蚧)、蠕须盾蚧 *Kuwanaspis vermiformis* (Takahashi)、日本松干蚧 *Matsucoccus matsumurae* (Kuwana)、松针蚧、湿地松粉蚧 *Oracella acuta* (Lobdell)、松突圆蚧 *Hemiberlesia pitysophila* Takagi、柏大蚜、秋四脉绵蚜、微红梢斑螟、赤松梢斑螟、栗瘿蜂等。

华中、华南平原丘陵林区 该区包括四川盆地、陕西汉中盆地、湖南、湖北及广东、广西平原与丘陵林区,该类型区林木枝梢害虫也具有局部分布特征。主要种类有竹巢粉蚧 *Nesticoccus sinensis* Tang、竹秆红链蚧 *Bambusaspis rutilan* Wu、梨圆蚧、桑白盾蚧、卫矛矢尖盾蚧、朝鲜球坚蚧、草履蚧、吹绵蚧、扁平球坚蚧、红蜡蚧、半球竹链蚧 *Bambusaspis hemisphaericus* (Kuwana)、柏大蚜、桃蚜、槐豆木虱 *Cyamophila willieti* (Wu)、大青叶蝉、梨冠网蝽、可可盲蝽 *Helopeltis fasciaticollis* Poppius、竹卵圆蝽 *Hippotiscus dorsalis* (Stål)、杉梢小卷蛾 *Polychrosis cunninghamiacola* Liu et Pai、桉小卷蛾 *Strepsicrates coriariae* Oku、竹笋禾夜蛾 *Oligia vulgaris* (Butler)、咖啡豹蠹蛾 *Zeuzera coffeae* Nietner、油茶织蛾 *Casmara patrona* Meyrick、竹笋泉蝇 *Pegomyia kiangsuensis* Fan、一字竹象 *Otidognathus davidis* Heller、大竹象 *Cyrtotrachelus longimanus* Fabricius 等。

第二节 重要的林木枝梢害虫及其防治

危害林木枝梢的害虫种类甚多,重要种类及常见的类群包括蚧类、蚜虫类、蛾类等。本节主要介绍各类枝梢害虫的分布与寄主范围,生活史与发生规律,各类群的防治策略与方法。

一、蚧 类

蚧类是林木的重要害虫。这类害虫刺吸树木汁液,引起植物组织褪色、死亡;该类害虫个体小,数量多,繁殖力强,在危害过程中还排泄大量蜜露诱发煤污病,影响寄主的光合作用而导致树势衰弱，少数种类还能传播植物病毒病；若对林木常年危害，常造成整株或成片枯死，甚至引发毁灭性的森林虫灾。如检疫害虫日本松干蚧 *Matsucoccus matsumurae*（Kuwana），在我国东南沿海等地严重危害赤松、油松、马尾松等，松林被害后大面积枯死，被迫伐除的达 13.3hm²。杨盾蚧属 *Quadraspidiotus* 的一些种类，在我国北方的发生区内常造成杨树林成片枯死。但蚧类中也有一些种类属于资源昆虫，如闻名世界的我国特产种白蜡虫 *Ericerus pela*（Chavannes）、紫胶虫 *Laccifer lacca*（Kerr）。

危害枝梢的蚧类除下述所介绍的种类外，常见的还有分布于华中、华南的竹巢粉蚧、竹秆红链蚧，分布于国内各地的角蜡蚧 *Ceroplastes ceriferus*（Fabricius）。分布在辽宁、河南、陕西、甘肃、宁夏、青海、新疆、山东、安徽的枣大球坚蚧(瘤大球蚧) *Eulecanium giganteum*（Shinji），广泛分布的榆蛎盾蚧，分布于东北、华北、华东、华中的梨圆蚧，分布于蒙新地区的蒙古杉苞蚧，分布于吉林、辽宁、内蒙古、华北、华中、东南沿海等地的桑白盾蚧，分布于西北、华北的柳雪盾蚧 *Chionaspis salicis*（Linnaeus)分布于华北、辽宁、山东、广东、广西、四川的卫矛矢尖盾蚧 *Unaspis euonymi* Comstock，分布于华北、华中、华南的松白粉蚧 *Crisicoccus pini*（Kuwana)，分布于华东、华中、西南、华北、西北、东北的朝鲜球坚蚧，分布于华东、华中、西南的栗红蚧，以及在竹产区分布广、危害大的蠕须盾蚧 *Kuwanaspis vermiformis*（Takahashi)等。

草履蚧 *Drosicha corpulenta*（Kuwana）

广泛分布于国内各地；朝鲜、韩国、日本、俄罗斯。危害泡桐、杨、悬铃木、柳、楝、刺槐、栗、核桃、枣、柿、梨、苹果、桃、樱桃、柑橘、荔枝、无花果、栎、桑、月季等。以若虫、雌成虫密集于树干、细枝、芽基刺吸危害，使树木营养和水分损失过大、芽不能萌发，或幼枝、枝条甚至树干干枯死亡。

形态特征(图 9-2)

成虫　雌成虫赭色，长 7.8～10mm、宽 4.0～5.5mm，触角 8 节、少数 9 节，背部皱折隆起、扁椭圆形，似草鞋。体周缘和腹面淡黄色，触角、口器和足均黑色，体被白色蜡粉。雄虫紫红色，长 5～6mm，翅展约 10mm；头胸淡黑色，1 对复眼黑色；前翅淡黑色，有许多伪横脉；后翅平衡棒状，末端曲钩 4 个；触角黑色、丝状、10 节，第 3～9 节各有 2 处收缩、膨大处各有刚毛 1 圈。腹部末端树根状突起 4 根。

卵　产于白色绵状卵囊内，椭圆形。初产时黄白色，渐呈赤黄色。

若虫　形似雌成虫，略小。各龄触角节数不同，1 龄 5 节，2 龄 6 节，3 龄 7 节。

雄蛹　预蛹圆筒形，褐色，长约 5mm。蛹长约 4mm，可见触角 10 节，翅芽明显。

茧　长椭圆形，白色，蜡质絮状。

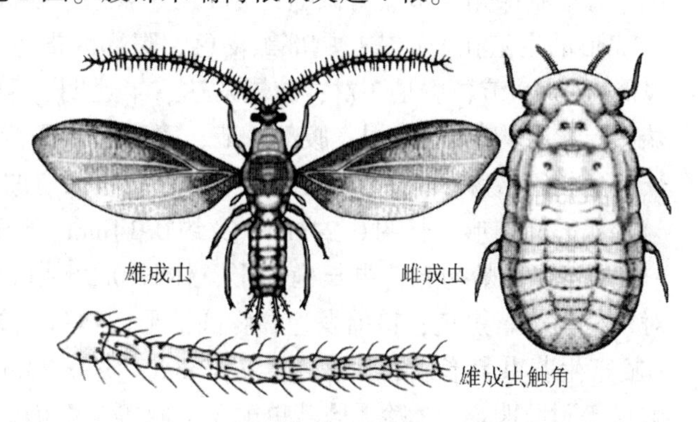

图 9-2　草履蚧

生物学及习性

1年发生1代，大多以土中的卵囊越冬。越冬卵于翌年2月上旬到3月上旬孵化，孵化后的若虫仍停留在卵囊内，越冬后孵化的若虫耐饥、耐干燥能力极强。2月中旬后随气温升高，若虫开始出土上树，2月底达盛期，3月中旬基本结束；个别年份冬季气温偏高时，头年12月即有若虫孵化，1月下旬开始出土。初龄若虫行动不活泼，喜在树洞、树叉、树皮缝内或背风处等处隐蔽群居，10:00～14:00在树干的向阳面活动，顺树干爬至嫩枝、幼芽等处取食。3月底至4月初第1次蜕皮，蜕皮前体呈暗红色、白色蜡粉增多，蜕皮后虫体增大、活动力增强，开始分泌蜡质。4月中、下旬第2次蜕皮，雄若虫不再取食，潜伏于树缝、皮下或土缝、杂草等处，分泌大量蜡丝缠绕化蛹。蛹期约10d，4月底至5月上旬羽化为成虫，雄成虫不取食、寿命约3d、有趋光性，白天少活动，傍晚飞行或爬至树上寻找雌虫交尾，阴天可整日活动。4月下旬至5月上旬雌若虫第3次蜕皮后变为雌成虫，并与羽化的雄成虫交尾，5月中旬为交尾盛期，雄虫交尾后即死去。雌虫交尾后仍需吸食危害，至6月中、下旬开始下树，钻入树干周围石块下、土缝等处，分泌白色绵状卵囊产卵其中；产卵期4～6d，产卵量与取食时间长短有关，产卵后逐渐干瘪死亡。卵囊5～8层，每层有卵20～30粒，每囊有卵100～180粒、最多达261粒；卵囊初形成时为白色，后转淡黄至土黄色，卵囊内绵质物亦由疏松到消失，所以夏季土中卵囊明显可见，到冬季则不易找到。

日本松干蚧 *Matsucoccus matsumurae*（Kuwana）

分布于东南沿海；日本、朝鲜。危害油松、赤松、马尾松、黑松和黄松等。1950年初见于山东崂山，后在辽宁、江苏、浙江、安徽和上海等地相继发现。5～15年生松树受害最重，20～30年生被害较轻，老龄大树和4年生以下的松苗亦能受害。被害松生长不良、树势衰弱、针叶枯黄、芽梢枯萎，皮层形成污烂斑点，树皮增厚硬化、卷曲翘裂；生长旺盛的幼龄树受害严重时，易发生软化垂枝和树干弯曲现象，并引起次期性病虫害如松干枯病、切梢小蠹、象甲、天牛、吉丁等的入侵。

形态特征(图9-3)

成虫　雌成虫卵圆形，体长2.5～3.3mm，橙赤或橙褐色，体分节不明显；口器退化，念珠状触角9节、有微毛；眼1对，黑色；胸足3对，腹部末端钝圆，有一纵裂呈“∧”形的生殖孔。雄成虫胸部黑褐色，腹部淡褐色；复眼大而突出、紫黑色，无口器；线形触角10节，胸足3对；前翅发达、半透明、羽状纹明显，后翅特化成平衡棍、其端部有丝状钩刺3～7根；腹部9节，第7节背面隆起成马蹄形硬片、上生有分泌白色长蜡丝的管状腺10余个；腹部末节有一向腹面弯曲的钩状交尾器。

卵　椭圆形，长约0.24mm，宽约0.14mm。暗黄色。包被于卵囊中。

若虫　1龄初孵若虫长椭圆形，体长0.26～0.34mm，橙黄色；触角6节，单眼1对、突出、紫黑色；口器发达，喙圆锥形，口针卷缩于腹内；腹末有长短尾毛各1对。1龄寄生若虫梨形或心脏形，长0.42mm，宽0.23mm，橙黄色；体背白色蜡条，触角、胸足等附肢明显。2龄无肢若虫触角、眼等全部消失，口器发达，虫体周围有长的白色蜡丝。3龄雄若虫体长1.5mm、橙褐色、长椭圆形，口器退化，触角和胸足发达；外形

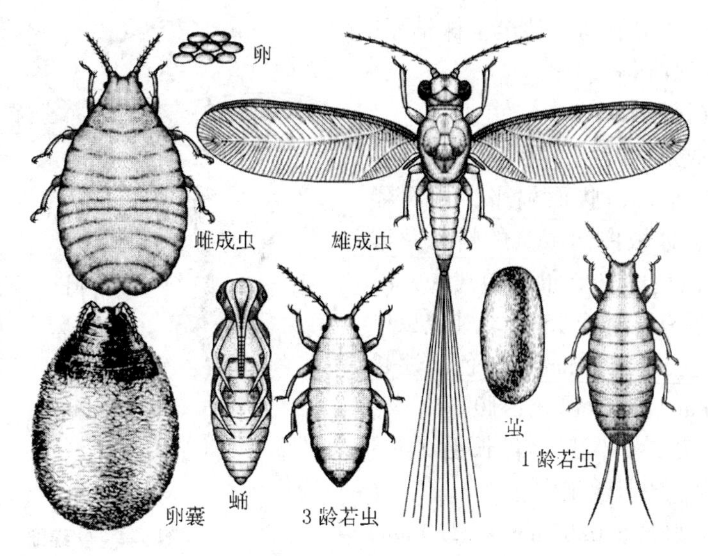

图9-3　日本松干蚧

与雌成虫相似，但腹部狭窄，腹末无“∧”形臀裂。

雄蛹　包被于椭圆形白色小茧中，长1.8mm。预蛹与雄若虫相似，但胸部背面隆起，具翅芽。蛹为裸蛹，长1.4～1.5mm，头、胸淡褐色，眼紫黑色，附肢和翅灰白色。

生物学及习性

1年2代，以1龄寄生若虫越冬或越夏，发生时间因南北气候而有差异。南方越冬代成虫发生期比北方提早1月余，但由于夏季长，第1代1龄寄生若虫越夏期也较长，因而第1代成虫期比北方晚出现1个月。如浙江越冬代成虫期为3月下旬至5月下旬，而山东为5月上旬至6月中旬；山东的第1代成虫期为7月下旬至10月中旬，而浙江为9月下旬至11月上旬。

3龄雄若虫经结茧、化蛹，羽化为成虫，雌若虫蜕皮后即为成虫。成虫羽化后即交尾，第2天开始产卵于轮生枝节、树皮裂缝、球果鳞片、新梢基部等处，雌虫分泌丝质包裹卵形成卵囊。每雌平均产卵200余粒、多者达500粒，第1代卵期9～12d，第2代13～21d。孵出若虫沿树干上爬活动1～2d后，即潜于树皮裂缝和叶腋等处固定寄生，成为寄生若虫；此时虫体很小、隐蔽，很难发现和识别，即“隐蔽期”；寄生若虫蜕皮后，触角和足等附肢全部消失，雌、雄分化，虫体迅速增大而显露于皮缝外为“显露期”，这是危害最严重的时期。2龄雄若虫蜕皮后爬行于粗糙的树皮缝、球果鳞片、树根附近分泌白色蜡丝结茧化蛹，蛹期越冬代为8～15d，第1代5～6d。已知捕食性天敌100多种，如异色瓢虫、蒙古光瓢虫、盲蛇蛉、松干蚧、花蝽等。

吹绵蚧 *Icerya purchasi* Maskell

原产澳洲，现广布于热带和暖温带地区，我国除西北外各地均有发生。在浙江黄岩危害芸香科、蔷薇科、豆科、葡萄科、木犀科、天南星科及松杉科等几十种植物，在广东主要危害木麻黄、台湾相思等造林树种。群集在树木叶背、嫩梢及枝条上危害，使受害木枝枯叶落、树势衰弱、甚至全株枯死，并排泄蜜露诱发煤污病。

形态特征(图9-4)

成虫 雌成虫橘红色，椭圆形，长4～7mm，宽3～3.5mm，腹面扁平，背面隆起，呈龟甲状；体被白而微黄的蜡粉及絮状蜡丝；腹末白色"U"形卵囊初甚小，随产卵而增大，囊有隆脊线15条。雄成虫体小细长，橘红色，长2.9mm，黑色前翅长而狭、翅展6mm，口器退化；腹部8节，末节具肉质状突2个，其上各长毛3根；黑色触角10节，各节轮生刚毛。

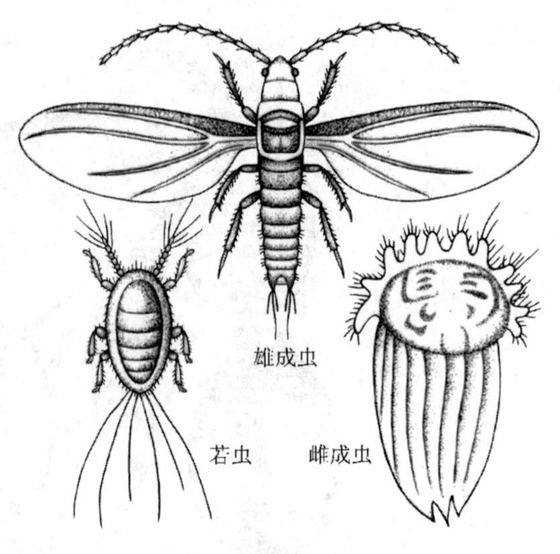

图9-4 吹绵蚧

卵 长椭圆形，0.65mm×0.29mm，初橙黄、后橘红色。

若虫 初孵若虫卵圆形、橘红色，长0.66mm，附肢与体多毛，体被淡黄色蜡粉及蜡丝；黑色触角6节，足黑色。2龄后雌雄异形，雌若虫椭圆形、深橘红色，长1.8～2.1mm，背面隆起、散生黑色小毛，蜡粉及蜡丝减少；雄若虫体狭长，体被薄蜡粉。3龄雌若虫长3～3.5mm，体色暗淡，仍被少量黄白色蜡粉及蜡丝，触角9节，口器及足均黑色。

蛹 3龄雄虫为预蛹，长3.6mm，色淡，口器退化，具附肢和翅芽。椭圆形蛹橘红色，长2.5～4.2mm，腹末凹入呈叉状。白色茧长椭圆形，外窥可见蛹体。

生物学及习性

在我国南部年发生3～4代，长江流域2～3代，以若虫、成虫或卵越冬。浙江1年2代，第1代卵3月上旬始见、少数早至上年12月，5月为产卵盛期，卵期13.9～26.6d。若虫5月上旬至6月下旬发生，若虫期48.7～54.2d；成虫发生于6月中旬至10月上旬，7月中旬最盛，产卵期达31.4d，每雌产卵200～679粒。7月上旬至8月中旬为第2代卵期，8月上旬最盛，卵期9.4～10.6d；若虫7月中旬至11月下旬发生，8、9月最盛，若虫期49.2～106.4d。

初孵若虫颇活跃，1、2龄向树冠外层迁移，多寄居于新梢及叶背的叶脉两旁。2龄后，渐向大枝及主干爬行。成虫喜集居于主梢阴面、枝叉、枝条及叶片上，吸取树液并营囊产卵，不再移动。2龄雄若虫在枝条裂缝、杂草等处结茧化蛹，雄虫数不及雌虫的1%，因此吹绵蚧既营两性生殖，又可孤雌生殖。温暖高湿气候有利于该虫发生，过于干旱及霜冻天气对其不利；在木麻黄林内多发生在林木过密、潮湿、通风透光性差的地方。由于其若虫和成虫均分泌蜜露，常导致被害林木发生煤污病。天敌有澳洲瓢虫、大红瓢虫、红缘瓢虫等。

湿地松粉蚧 *Oracella acuta* (Lobdell)

原产美国，1988年随湿地松无性系繁殖材料从美国的佐治亚州传入广东台山，到

1994年，已扩散蔓延至广东多个县市。该虫的寄主植物为松类，受害松林材积生长量较健康林减少25%～30%，由于可忍受冬季低温，危害区有继续北扩的可能性。

形态特征(图9-5)

成虫　雄成虫有翅或无翅，有翅型体长0.88～1.06mm，翅展1.5～1.66mm，粉红色，触角基部和复眼有一朱红色；中胸大、黄色，前翅白色；腹末1对长约0.7mm的白蜡丝；无翅型浅红色，第2腹节一白色质环，腹末无蜡丝。雌成虫体长1.52～1.90mm，浅红色，梨形；复眼半球状，口针长度为体长的1.5倍；触角7节、具有细毛，端节为基节长度的2倍，并具数根感觉毛；气门2对，胸足3对，体背面后端1对背裂唇，腹面第3、4腹节交界处1脐斑。第8腹节的肛环有刚毛6根。

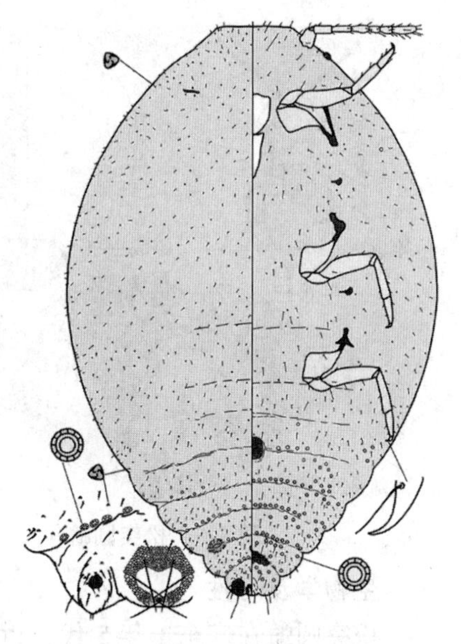

图9-5　湿地松粉蚧雌成虫

卵　长椭圆形，0.32～0.36mm×0.17～0.19mm，浅黄色至红褐色。

若虫　圆形至梨形，体长0.44～1.52mm，浅黄色至粉红色，足3对，腹末3条白蜡丝，中龄若虫体被颗粒状白蜡质，高龄若虫固着生活、蜡包覆盖虫体。

雄蛹　体长0.89～1.03mm，粉红色。触角可动，复眼朱红色，足3对、浅黄色。头、胸、腹具2～3倍于体长的白蜡丝。茧白色、蜡质、绒团状。

生物学及习性

在广东1年4～5代，世代重叠，冬季发育迟缓，以初龄若虫在母体蜡包内，或以中龄若虫在针叶基部及叶鞘内度过低温期。雌成虫寄生在松针基部或叶鞘内取食，在所分泌蜡包内产卵，产卵期达20～40d。越冬代产卵量213～422粒，其他世代52～372粒，卵期8～10d。初孵若虫在蜡包内停留2～5d，天气适宜时爬至2年生梢头、嫩梢、针叶、新鲜球果上取食，并可随气流向外扩散，4月中旬至5月中旬、9月中旬至10月下旬为扩散高峰期，扩散距离可达22km。1龄若虫期10～13d，2龄若虫期7～10d，而后雌雄分化。雌若虫爬向嫩梢，固定于新针叶基部取食并形成蜡包。雄若虫于2龄末期聚集在老针叶叶鞘内或枝条、树干的裂缝等隐蔽处，虫体变长，分泌白绒团状蜡茧，并化蛹和羽化其中。成虫寿命1～3d。越冬代可见无翅型雄成虫。

松突圆蚧 *Hemiberlesia pitysophila* Takagi

主要分布于广东、福建、台湾、香港、澳门；日本。寄主为松属植物，在松树的针叶、叶鞘内、嫩梢和球果上吸食汁液，使被害处黑变、缢缩或腐烂，针叶枯黄或脱落，新抽的枝条黄变、短缩，严重时可导致全株枯死。

形态特征(图9-6)

成虫　雌成虫体略呈宽梨形，淡黄色，体前端最宽，腹部第2～4腹节侧缘稍突出，疣状触角具刚毛1根，口器发达，体背于口器前在近体缘处有一个圆突，胸气门2对，

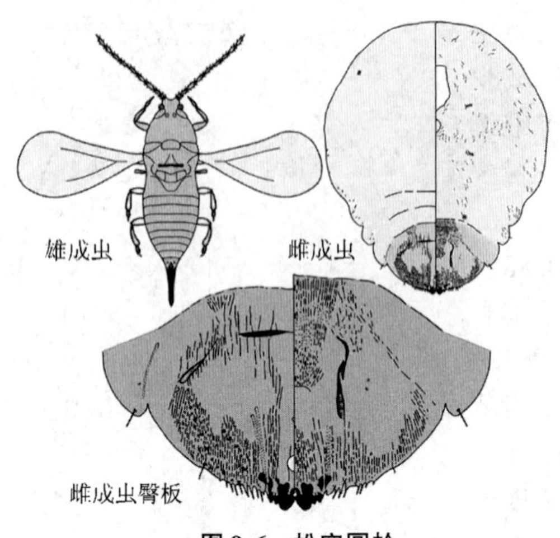

图9-6 松突圆蚧

臀板较宽。雄成虫体长约0.78mm，触角10节、各节散生数根细毛，单眼2对，胸足3对，前翅展约1mm。后翅棒状、棒端刚毛1根，腹部末端交尾器稍弯曲。雌介壳呈圆形或椭圆形隆起，直径约2mm，白色或浅灰黄色，被蜕皮壳2个；雄介壳长椭圆形，前端稍宽、后端略狭、尾端扁平，淡褐色，白色蜕皮壳1个、位于介壳前端中央。

若虫　初孵若虫椭圆形，长0.2~0.3mm，淡黄色。单眼1对，触角4节、端节最长，口器发达，足3对，臀叶2对，中臀叶发达、间生有长、短刚毛各1对。

生物学及习性

松突圆蚧在广东1年5代，世代重叠，主要以雌蚧虫在老叶鞘内、新针叶中下部、嫩梢基部、新球果的果鳞吸食汁液危害。该蚧为卵胎生，卵产出后数分钟内即孵化，产卵前期是雌成虫大量取食和严重危害阶段。3月中旬至4月中旬、6月初至6月中旬、7月底至8月上旬、9月底至11月中旬为若虫涌散高峰期，若虫孵出涌散后即沿针叶爬动、取食，固定生活后5~19h开始泌蜡，再经2~3d形成圆形介壳。2龄若虫后期雌雄分化，部分寄生在叶鞘外、球果和嫩梢上的若虫，蜡壳颜色加深、尾端伸长、体前端显眼点，发育为预蛹、蜕皮变成蛹，进而羽化为雄成虫。另一部分虫体和蜡壳继续增大、无眼点，蜕皮后成为雌成虫。

雄成虫羽化后常在介壳内蛰伏1~3d，出壳后寻找雌虫多次交尾，数小时后即死亡。雌成虫交尾后10~15d后产卵，产卵期1~3个月以上，第1、5代产卵量64~78粒，第3代约39粒。气温是影响松突圆蚧种群数量消长的主要因子，其自然传播主要靠气流和风。天敌有20余种，捕食性天敌以红点唇瓢虫为优势种，寄生性天敌以花角蚜小蜂为优势种。

突笠圆盾蚧 *Quadraspidiotus slavonicus* (Green)

又称杨盾蚧、杨齿盾蚧。分布于陕西、甘肃、宁夏、青海、新疆、内蒙古、山西等北方地区；中亚细亚、伊朗和伊拉克。危害杨、柳，以箭杆杨受害最重，严重时介壳布满枝、干，使树木长势衰弱、逐渐干枯。

形态特征(图9-7)

介壳　橙黄色，雌介壳圆形高突，灰白色，直径1.2~2.0mm，壳点略偏、被白蜡壳。雄介壳鞋底形、灰白色，长1.0mm，宽0.7mm，壳点居端。

成虫　雌虫老熟时由橙色变为褐色，卵圆形，体壁硬化；臀叶3对，中臀叶大而长，各臀叶间1对小臀刺或缺；臀板缘密集细长背腺。雄虫淡黄色，体长0.7~0.86mm，丝状触角10节，交尾器细长。

卵　长椭圆形，淡黄色。

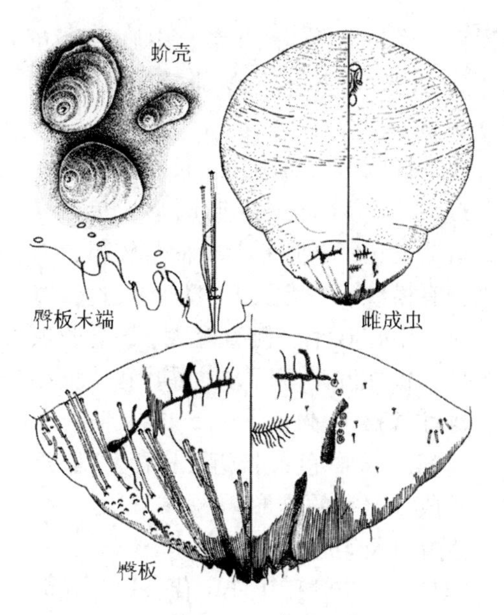

图 9-7　突笠圆盾蚧

若虫　初孵若虫体扁长圆形，体背具对称的深点，足发达；腹末 2 根长尾毛，间生 1 对细臀刺。2 龄期若虫触角和胸足消失，雌雄分化。

雄蛹　预蛹淡黄至黄褐色，具触角、胸足和翅芽。蛹触角和足可见分节，交尾器尖锥状。

生物学及习性

新疆石河子 1 年 1 ~2 代，1 代者以 2 龄若虫在寄主枝干越冬，第 2 代仅发育至不能越冬的 1 龄若虫，至翌年 3 月树液开始流动时越冬若虫出蛰危害。雄虫 4 月下旬始化蛹，5 月上旬 4 ~5d 内成虫羽化；6 月初 1 代若虫孵化，部分发育到 2 龄进入休眠状态并越冬，部分发育快的于 7 月中旬羽化为成虫；8 月上旬为 2 代若虫活动高峰，但该代若虫发育缓慢、不能越冬。

雌虫胎生或产卵生殖，卵期很短，单雌怀卵 14 ~15 粒(新疆)。先孵若虫常在母体介壳尾部固定取食，后孵若虫则爬出母体寻找光滑的枝干固定取食，若虫固定 1 ~2d 后即分泌蜡壳。第 1 代若虫常危害叶片，第 2 代仅危害枝干。

受害程度与树种有关，箭杆杨被害株率常达 95%，1cm^2 树皮常有虫 27 头，加杨、小叶杨、合作杨、胡杨、垂柳、旱柳受害较轻，白杨派中的新疆杨、银白杨等未见受害，混交林内虫害少而轻。虫口密度与树龄、树高、树皮的粗糙、老化程度密切相关，随着树龄和树高的增加、树皮粗糙老化，该虫逐渐向树皮光滑的上部转移。寄生天敌有寡节长缨跳小蜂、斑腿花翅蚜小蜂，捕食性天敌有红点唇瓢虫、多毛原花蝽、方头甲等。

柳蛎盾蚧 *Lepidosaphes salicina* Borchsenius

又称柳蛎蚧。分布于黄河以北各地；东北亚。危害杨、柳、核桃、白蜡、忍冬、卫矛、丁香、枣、银柳、胡颓子、桦、椴、稠李、榆、蔷薇、茶藨子、红瑞木和多种果树。以若虫和雌成虫在枝、干上吸食危害，引起植株枝、干畸形和枯萎，幼树被害后常在 3 ~5 年内全株死亡，以致成片幼林枯死。

形态特征(图 9-8)

介壳　雌介壳牡蛎形、直或弯曲，长 3.2 ~4.3mm，栗褐色、边缘灰白色，被灰色蜡粉；背部突起，表面有片状横轮纹；淡褐色壳点突出于前端，第 1 蜕皮壳椭圆形，第 2 蜕皮壳小、椭圆形。雄介壳似于雌介壳、较小，壳点 1 个。

成虫　雌虫黄白色，长纺锤形、后端宽；体长 1.45 ~1.80mm，第 2 ~4 腹节两侧具叶状突，1 ~4 腹节每侧各 1 硬尖齿、背侧缘具数量不等的锥状腺，臀板具臀叶 2 对、中臀叶大。触角粗短，先端呈锯齿状、具长毛 2 根。雄虫黄白色，长约 1mm，头小，

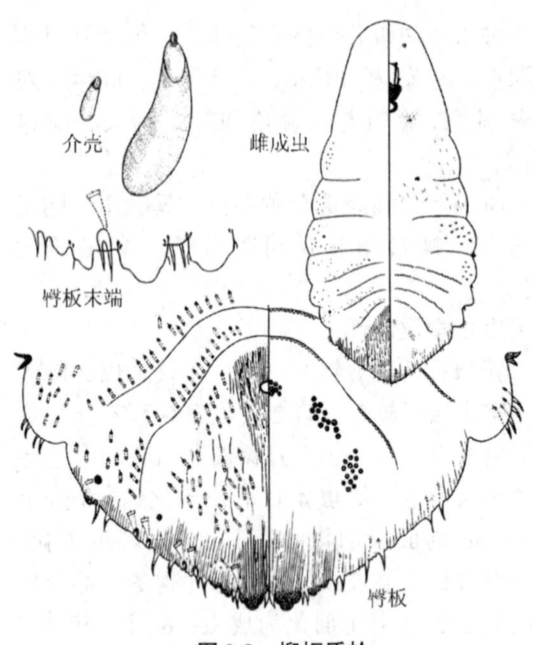

图 9-8 柳蛎盾蚧

眼黑色，念珠状触角10节，中胸盾片五角形，翅长0.7mm，腹部狭，交配器长0.3mm。

卵 椭圆形，黄白色，长0.25mm。

若虫 1龄若虫扁椭圆形，单眼1对，口器发达；触角6节，柄节较粗，末节细长有横纹、生有长毛；胸足发达，臀叶2对、中臀叶小、侧臀叶大。2龄若虫纺锤形，板在肛门侧后方，臀叶和成虫相似，雄性常狭于雌性。

雄蛹 黄白色，长近1mm，口器消失，具成虫器官的雏形。

生物学及习性

宁夏、辽宁沈阳1年1代，以卵在雌介壳内越冬。在宁夏翌年5月中旬卵始孵化，5月中、下旬为盛期，孵化率常达100%。先孵化的少数若虫固定在雌介壳下，后孵化的若虫壳沿树干、枝条向上迁移，于1~2d后固定危害，6月上旬虫体被白蜡丝、中旬蜕皮进入2龄，若虫期30~40d。2龄雌若虫于7月上旬蜕皮成为雌成虫，雄若虫蜕皮变为预蛹、7~10d后进入蛹期，7月上旬雄成虫羽化，雌雄性比为7.3∶1。雄虫羽化后在树干上爬行寻找雌成虫交尾，以傍晚交尾最多，雌雄成虫均能多次交尾。雌成虫于8月初开始产卵于体下的蜡状囊膜中，虫体渐向前端收缩、卵藏于介壳下的后部，卵期长达290~300d。每雌虫产卵77~137粒，卵的越冬存活率达98%以上。

纯林受害重于混交林，杨树重于其他树种，青杨重于黑杨，树干上部重于下部，枝条重于主干，阴面重于阳面。5月下旬至6月上旬若遇大雨或暴雨，大量若虫会被冲落地面，降低虫口密度。该虫主要借助苗木远距离调运传播，天敌有桑盾蚧黄金蚜小蜂、蒙古光瓢虫、方斑瓢虫等。

松针蚧 *Fiorinia japonica* Kuwana

又名日本单蜕盾蚧。分布于福建、广东、四川、河南、山东、江苏、北京、陕西等地。寄主有油松、马尾松、樟子松、黑松、雪松、云杉等。该虫在针叶上刺吸危害，受害叶初现黄色斑点，再扩大使针叶呈现黄绿相间的段斑，继而使整个针叶变黄脱落；雪松受害后常致枝条萎缩枯死。

形态特征(图9-9)

介壳 雌第1壳点淡黄褐色，第2壳点形成长卵形隆起、黄褐或暗褐色的介壳，介壳被薄蜡层、具白蜡缘，1.0~1.5mm×0.4~0.5mm。雄介壳0.8~1.0mm×0.25mm，白色，黄色壳点位于前端。

成虫 雌虫长卵形，0.78~0.85mm×0.39~0.45mm，第3~4腹节两侧突出，臀

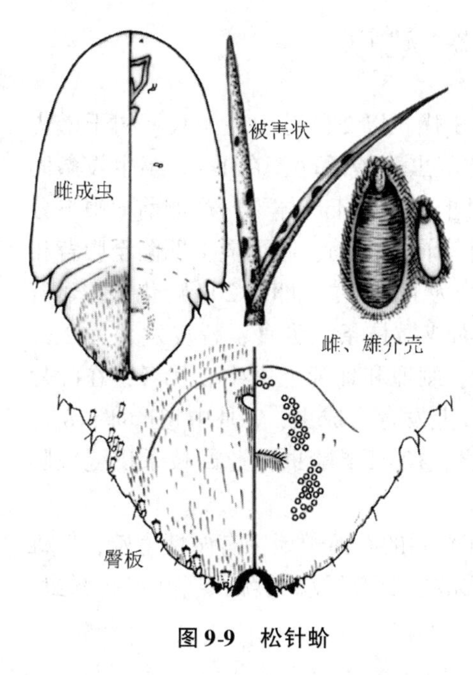

图 9-9　松针蚧

板淡褐色；2 对臀叶，中臀叶扼连呈拱状凹入臀板内，第 2 臀叶 2 裂、内叶大、外叶尖小。雄虫长 0.77mm，橘红色，单眼黑色，触角和足发达，前翅透明，交尾器细长。

卵　椭圆形，长约 0.1mm，深黄色。

若虫　卵圆形，1 龄体长 0.2 ~ 0.4mm，浅黄色，单眼红色，触角 5 节，末节长而有螺纹。2 龄体长约 0.7mm。

生物学及习性

北京、山东、河南 1 年 2 代，世代不整齐。以雌成虫和若虫在针叶上越冬，越冬若虫死亡率很高。翌年 4 月底至 5 月下旬产卵，每雌产卵数 10 粒。第 1 代若虫 5 月中旬至 6 月底孵化，6 月中旬为孵化盛期，初孵若虫爬行约 1d 后在两叶间针叶基部固定吸食。5 月下旬雄成虫始羽化，7 月下旬至 9 月第 2 代若虫孵化、10 月仍有个别孵出，7 月下旬至 8 月第 2 代雄成虫羽化。发生严重时几乎所有针叶遍布虫体，致使叶黄脱落，树势衰弱，易招致小蠹虫等弱寄生性害虫的危害。该蚧喜在隐蔽、潮湿的树冠内膛下部危害。

扁平球坚蚧 *Parthenolecanium orientalis* Borchsenius

扁平球坚蚧又名糖槭蚧、水木坚蚧、东方盔蚧等。分布于东北、华北、西北、华东、华南；朝鲜。危害糖槭、白蜡、榆、槐、金银木、杨、柳、桑、青桐、橡、核桃、文冠果、杏属、李属、紫穗槐、树莓、合欢、玫瑰、葡萄、木槿等 100 余种双子叶植物。主要危害叶片和枝条，使其长势衰弱、叶黄而小，分泌蜜露污染招致煤菌寄生。

形态特征(图 9-10)

成虫　雌虫体红褐色、椭圆形、头盔状隆起，长 3.5 ~ 6.5mm、宽 3.0 ~ 5.5mm；背中央 4 纵列断续的凹陷、中间 2 列较大，背边缘横皱褶列整齐；具臀裂、肛板。雄虫体长 1.2 ~ 1.5mm、翅展 3.0 ~ 3.5mm，红褐色，头黑色，前翅土黄色、外缘色淡，触角丝状，腹末长蜡丝 2 根。

卵　长椭圆形，两端略尖。0.2 ~ 0.5mm ×0.1 ~ 0.15mm。初乳白、后黄褐色。

若虫　1 龄若虫扁椭圆形，长 0.4 ~ 0.6mm，淡黄色，眼黑色；丝状触角 6 节，腹末白尾毛 2 根。2 龄若虫形同 1 龄，长 0.8 ~ 1.0mm，臀裂明显。

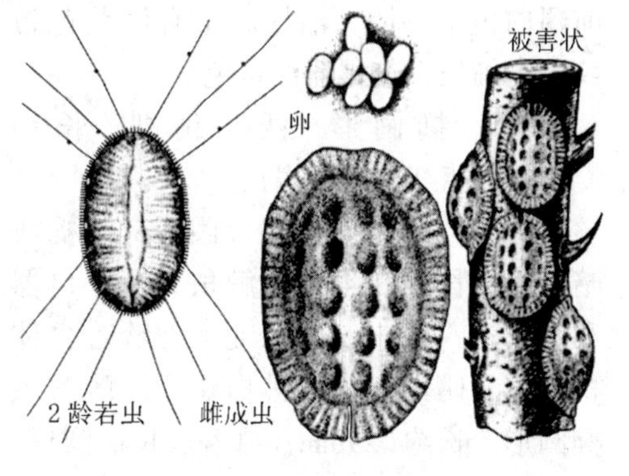

图 9-10　扁平球坚蚧

雄蛹 体长1.2～1.7mm，暗红色，腹末交尾器“叉”字形。

生物学及习性

北方1年1～2代，在南方和新疆吐鲁番1年3代。以2龄若虫在嫩枝、树干嫩皮或树皮裂缝内越冬。日平均气温达9.1℃时，越冬若虫开始活动，在1～2年生枝条固定吸食，并排出大量蜜露。雌成虫4月中旬至5月上旬产卵于母体下，产卵前向腹下分泌白色蜡粉以粘结卵粒成块，随着产卵量增多虫体渐向前皱缩，腹面向上凹陷至腹背相接、体下充满卵粒；单雌产卵867～1 653粒，平均为1 260粒。卵约20d孵化，孵化若虫经2～3d陆续从母壳臀裂处爬出，迁移于叶背面或嫩枝条上吸食，蜕皮发育为2龄后、于10月迁到枝条皮缝等处固定越冬。在糖槭、刺槐和葡萄上发生2代者，在叶片寄生的若虫于6月中旬蜕皮为2龄，并迁回至嫩枝上发育为成虫，7月中旬产卵，8月中旬二代若虫盛孵，该代若虫亦爬到叶片背面危害，10月2龄虫再迁回枝干皮缝等隐蔽处越冬。

扁平球坚蚧在东北、华北地区营孤雌生殖，在新疆的石河子地区有两性生殖，但雄虫量只是雌虫的3.5%，大多数仍为孤雌生殖。天敌主要有黑缘红瓢虫、红点唇瓢虫、蒙古光瓢虫、寄生蜂、小黄蚂蚁、瓢虫、草蛉等。

红蜡蚧 *Ceroplastes rubens* Maskell

又名红龟蜡蚧。主要分布于华南、华东、华中、西南、华北；日本、东南亚、印度、美国、大洋洲等地。危害构骨、杜英、山茶、石榴、桂花、火棘、白玉兰、苏铁、月季、桂花、南天竹、栀子花、石榴、柑橘、枇杷、柿等35科100余种植物。成虫和若虫密集于植物枝杆上和叶片上刺吸汁液，诱发煤污病，使植株长势衰退、树冠萎缩，甚至整株枯死。

形态特征(图9-11)

成虫 雌虫近椭圆状隆起，紫红色，长1.5～5.0mm，在针叶树上的个体较小、阔叶树上的则较大；触角6节，第3节最长，口器发达，足短小；体背厚蜡被暗红至紫红色，中部凹陷呈脐状，边缘翻卷成厚缘褶；腹面4条白蜡带卷至厚缘褶，头、尾和气门处在蜡带处突出，缘褶与背壳交接处具蜡芒8个。雄虫长椭圆形，暗紫红色，长约1mm；单眼6个，触角淡黄色、10节。前翅白色半透明，沿翅脉常有淡紫色带纹。足细长，交尾器淡黄色。

卵 椭圆形，两端稍细，长约0.3mm，淡红至淡红褐色。

若虫 初孵时体扁椭圆形，淡褐或暗红色，长约0.4mm。触角6节，口器和足发达，腹末2根长毛。2龄若虫体稍突起，暗红色，体被白蜡质。雌若虫椭圆形，长约0.9mm；雄若虫长椭圆形，长约1.5mm。

图9-11 红蜡蚧

生物学及习性

在华南 1 年 1.5 ~ 2 代，无明显的越冬现象。在其他地区 1 年 1 代，以受精雌成虫在枝条上越冬，翌年 4 月下旬至 5 月上旬越冬成虫开始孕卵，5 月下旬产卵(产卵习性似与扁平球坚蚧)，每雌产卵 100 ~ 500 粒，卵期 2 ~ 4d。卵孵化盛期在 6 月中旬，初孵若虫多在晴天中午爬离母体，如遇阴雨天则在母体介壳下约爬行半小时后陆续移至新梢，群集于树冠外侧新叶正面主脉和嫩枝上固着危害，但雌虫多在枝杆和叶柄上、雄虫多在叶柄和叶片上。若虫定居取食后即分泌蜡质，蜡质随着虫体逐渐长大而增厚。雌若虫 3 龄，各龄期分别为 20 ~ 25d，23 ~ 25d，30 ~ 35d；雄若虫 2 龄，1 龄 20 ~ 25d，2 龄 40 ~ 45d；预蛹期 2 ~ 4d，蛹期 3 ~ 5d。8 月中、下旬成虫羽化，雄成虫寿命 1 ~ 2d、雌成虫约 250d，9 月上中旬成熟雌成虫交尾后越冬。

捕食性天敌有黑缘红瓢虫，寄生性天敌主要有黑色食蚧蚜小蜂、夏威夷食蚧蚜小蜂、日本食蚧蚜小蜂、赛黄盾食蚧蚜小蜂、蜡蚧啮小蜂、双带无软鳞跳小蜂、红蜡蚧扁角跳小蜂、蜡蚧花翅跳小蜂、红帽蜡蚧扁角短尾跳小蜂、枝霉菌等，应注意保护和利用。

槐花球蚧 *Eulecanium kuwanai* Kanda

槐花球蚧又名皱大球蚧、皱球坚蚧，分布于中国北方、西北、西南；日本。危害杨、槐、柳、合欢、悬铃木、栾树、紫穗槐、榆、复叶槭、紫薇、栎类、桃、杏、苹果、紫叶李、榛子、玫瑰、山杏等，行道树受害株率达 95% ~ 100%，受害株长势衰弱、甚至死亡。

形态特征(图 9-12)

成虫　雌虫半球形，体光滑，红褐色，长 12.5 ~ 18.0mm，宽 11.0 ~ 15.0mm；触角 7 节，臀裂浅，三角形肛板 2 块，肛环有孔纹，肛环毛约 8 根；产卵前灰黑色背中带和锯齿状缘带间具 8 个灰黑色斑，蜡被绒毛状；产卵后体硬化、黄褐至棕褐色、无斑纹和蜡被，体为 6.0mm × 6.7mm。雄虫头黑褐色，胸腹部褐色，体长 1.8 ~ 2.0mm，腹末 2 条白蜡丝，触角 10 节，单眼 5 对，前翅膜质乳白色，棍棒状后翅端部 2 条弯钩状毛，交配器细长。

卵　长圆形，乳白色或粉红色。

若虫　初孵若虫椭圆形、肉红色，长 0.3 ~ 0.5mm。触角 6 节，足发达，臀末 2 根长刺毛，肛环毛 6 根。固定若虫扁草履形、淡黄褐色，长 0.6 ~ 0.72mm；蜡被透明。2 龄若虫椭圆形、黄褐至栗褐色，长 1.0 ~ 1.3mm；被蜡龟裂状、灰白色、散布少量白蜡丝，体缘刺白色。2 龄雄若虫蜡被污白色。

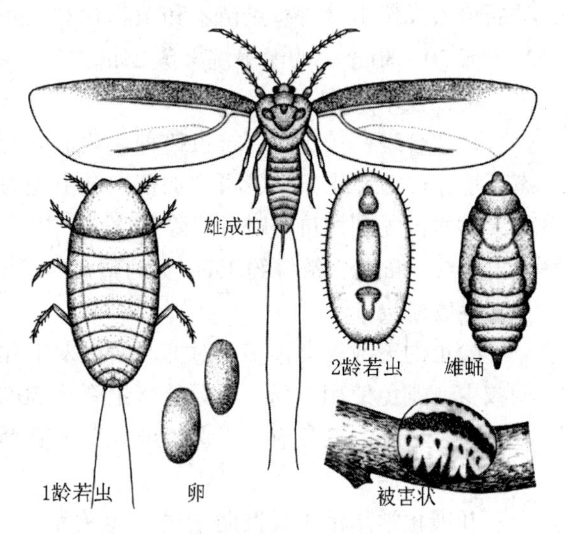

图 9-12　槐花球蚧

雄蛹 预蛹近梭形，长1.5mm，黄褐色，具触角、足、翅芽雏形。蛹长1.7mm，触角和足可见分节，翅芽和交配器明显。

生物学及习性

在宁夏、甘肃、山东1年1代，以2龄若虫固定在当年生枝条上群聚越冬，翌春继续危害。宁夏4月中旬2龄若虫雌雄分化，雌虫蜕皮为成虫；雄虫经预蛹和蛹期于5月初羽化为成虫，在光照差或高温低湿时不羽化，寿命约2d。雌虫交配后于5月中、下旬产卵(产卵习性似于扁平球坚蚧)；光滑型母体产粉红色卵3 241～6 367粒、最多达9 000余粒，孵化率高；皱缩型产乳白色卵885～3 250粒，孵化率较低。5月下旬至6月中旬卵孵化。初孵若虫迁移到叶片的正反面和嫩枝上刺吸危害，10月再转移到新枝上、多固着于细枝基部的芽腋附近越冬。全年危害严重期在4月中旬至5月下旬。天敌主要有寄生若虫、蛹和雌成虫的球蚧蓝绿跳小蜂，捕食雌蚧腹下卵的北京举肢蛾，以及捕食卵和若虫的黑缘红瓢虫。

蚧类的防治

蚧类体外有一层蜡壳，单一防治措施效果较差。应在虫情监测和测报的基础上，积极开展各种防治措施相结合的综合防治。

预测预报

调查越冬后的虫口数量作为有效虫口基数，预测下代种群的消长趋势。5月初在林间选几个有代表性的小枝，剔留3～5个雌虫，在小枝两端涂凡士林以防外来虫源爬入；发现样枝上有初孵若虫后，逐日统计数量，并观察天敌的作用以进行发生情况测报。6月上旬调查叶片上的若虫数，与上年同期虫口数比较，分析种群演变规律。当种群数量足以造成危害时应防治。

植物检疫

强化检疫措施，严禁从疫区携带有虫苗木、接穗、原木外运和引进，防止检疫性蚧类的传入或传出。对有虫苗木和植物材料，可用6.6g/m^3、52%磷化铝片剂熏蒸1.5～2d，或20～30g/m^3的溴甲烷熏蒸24h。

林业技术措施

采取合理密植、选育抗虫树种、营造混交林、封山育林等营林措施，可改善林区生态环境；改善肥水条件，可增加植株抗虫能力。在虫量少时，可剪去带虫枝条，虫量较大、林木已无利用价值时可清除受害株，以清除虫源。对早春有上树习性的蚧类，在树干离地约6cm处，缠绕约25cm宽的塑料薄膜带或涂2cm宽的粘虫胶，以阻止若虫上树。

生物防治

蚧虫的天敌种类很多，对抑制蚧虫发生和危害有重要作用。因此，应在天敌发生盛期减少或避免使用农药；当天敌寄生率达50%或羽化率达到60%时严禁化学防治；对效果已经明确的天敌应加以保护或人工饲养释放。

化学防治

开展化学防治时掌握防治适期至关重要，幼小若蚧未形成蜡壳时是防治效果最佳期。常用的化学防治主要有喷雾、灌根、涂干、注射等。

喷雾　按噻嗪酮有效成分 800 ~ 1 000g/hm^2 防治大若虫，或用 40% 氧化乐果乳油 800 ~ 1 000 倍液防治。防治小若虫可用噻嗪酮有效成分 8 ~ 16g/hm^2，按哒幼酮有效成分 0.05g/L，吡嗪酮有效成分 38 ~ 75g/hm^2。春季喷施 0.5 ~ 1°Be 石硫合剂，冬季可用 1 ~ 3°Be、夏季 0.3 ~ 0.5°Be，或 8 ~ 10 倍松脂合剂。或用乐果原油 30 份 + 敌敌畏原油 25 份 + 一缩乙二醇溶剂 67.5 份配成的溶液，每公顷用量 3kg（农药有效成分 600g）超低容量喷雾。

树干涂药环或涂胶　树木萌芽时在粗糙树干刮约 15cm 环带（不伤及韧皮部），用 25% 杀虫脒 20 倍液或 40% 氧化乐果乳油 50 倍液涂环。对在土壤越冬、有上树习性的蚧类可用废机油、柴油 1 份充分熬煮后加入压碎的松香 1 份配制粘虫胶，在树干涂 3cm 宽的环带阻止若虫上树。

灌根　除去树干根际泥土，用 25% 杀虫脒 40 倍液或 40% 氧化乐果乳油 100 倍液浇灌并覆土。涂环及灌根后要及时浇水 1 次，以促使药液输导，提高杀虫效果。

树干注药　将 1 份吡虫啉与 2 份敌敌畏混合，再配置成 10 倍液，在受害树干斜向下 45°钻深 7cm × 1.5cm 的孔，按胸径 10 ~ 20cm 打 1 孔、21 ~ 30cm 打 2 孔、31 ~ 40cm 打 3 孔、50cm 以上打 4 孔注药，每孔注药 6 ~ 7mL，注药后用黄泥或胶带堵孔。

二、蚜虫类

蚜虫俗称腻虫、蜜虫，属同翅目蚜总科。种类繁多，世界已知约 3 000 种，主要分布于温带地区。蚜虫刺吸植物汁液，绝大多数种类是农林尤其是园林植物的重要，少数如五倍子蚜等为资源昆虫。危害常引起枝叶变色，叶卷曲皱缩或形成虫瘿，影响林木生长；还大量分泌蜜露、粘污叶面，影响正常的光合作用，常诱发煤污病的发生，使叶片变黑；一些种类是植物病毒病的传播媒介，常造成严重的间接危害。蚜虫生活周期短，发育速度快，一年可发生几代至 30 代不等，一旦气候条件适宜，常对林木造成严重危害。重要种类除下述外还有云杉大蚜 *Cinara alba* Zhang et Zhong、马尾松大蚜 *C. formosana*（Takahashi）、山核桃刻蚜 *Kurisakia sinocaryae* Zhang、桃粉大尾蚜 *Hyalopterus amygdali*（Blanchard）、竹蚜 *Melanaphis bambusae*（Fullaway）、苹果瘤蚜 *Myzus malisuctus* Matsumura、杏瘤蚜 *M. mumecola*（Matsumura）、蜀云杉球蚜 *Pineus sichuananus* Zhang 等。

蚜虫的年生活史

在蚜虫的年生活史当中具有世代交替现象，即春、夏两季为孤雌生殖，秋末冬初为两性生殖。因此，不同季节和生活阶段个体的形态及其作用常有差别。

干母　由越冬卵孵化出的第 1 代无翅蚜均为雌性即“干母”。

干雌　干母开始进行孤雌生殖，胎生若虫，产生的有翅或无翅蚜均为雌性，称“干雌”。

迁移蚜　干雌在越冬寄主上繁殖若干代后，所产生的有翅蚜，称迁移蚜。

侨蚜　迁移蚜迁移到中间寄主后，繁殖的后代叫“侨蚜”。夏季高温干旱时侨蚜发育加快，4 ~ 5d 即可繁殖 1 代，此时由于虫口密度增大、引起食料不足，在侨蚜中出现一批能向周围扩散的有翅蚜。

性母　到秋季后由于气候和寄主营养的影响，侨蚜已不适在中间寄主存留，便又产生有翅雌蚜飞回越冬寄主，该有翅雌蚜即“性母”。

有性蚜　性母产下无翅雌蚜和有翅雄蚜，两性交尾后在越冬寄主上产越冬卵。

蚜虫生活周期的类型

蚜虫是与寄主植物有协同进化关系的典型昆虫，对寄主具有强的倚赖特性，因而其年生活习性和年生活过程与寄主植物的季节性变化相当密切。

侨迁型　在1年中必须经过2个寄主，即春季在越冬(第1)寄主上繁殖危害，然后在中间(第2)寄主上繁殖多代，秋季又迁回原越冬寄主。越冬寄主一般是木本植物，第2寄主多是草本植物。如棉蚜夏天在棉花上，秋季、冬季和春初在花椒上。

留守型　终年只在1种或近缘种的寄主上完成生活周期，无中间寄主和迁飞现象。如苹果绵蚜、松大蚜等。

复迁型　在生活周期中有2个寄主，经过几年完成1次寄主交换过程，所以每年既有迁移蚜，也有留守蚜，如落叶松球蚜、油松球蚜等。

蚜虫与环境的关系

温湿度　蚜虫繁殖比较适宜的温度为15~22℃，相对湿度80%，因而高温干旱季节蚜虫的种群数量常很大，但大暴雨常导致蚜虫数量急剧降低。

对光的反应　蚜虫对580~600nm的橙黄色光有趋性，因此黄色诱蚜器可用于诱集蚜虫、测报蚜虫的迁移和季节变化规律。

风　在有翅蚜迁移时期风对蚜虫迁飞和扩散起重要作用，但强大的风雨冲击可导致蚜虫种群数量的突然下降。

天敌　蚜虫的捕食性天敌有瓢虫、步甲、草蛉、食蚜蝇、螳螂等；寄生性天敌有蚜茧蜂、小蜂、细蜂等。对蚜虫种群起抑制作用的天敌主要是瓢虫，如异色瓢虫、七星瓢虫、龟纹瓢虫等。

松大蚜 *Cinara pinitabulaeformis* Zhang et Zhang

分布于辽宁、内蒙古、华北、安徽及华南等地；日本、朝鲜、欧洲。危害红松、油松、赤松、樟子松、马尾松等。以成虫、若虫在松树干、枝上刺吸危害，引起树木生长衰弱。

形态特征(图9-13)

成蚜　体较大。触角6节，第3节最长。复眼黑色，突出于头侧。有翅孤雌蚜体长2.8~3.0mm，黑色，生有黑色刚毛、足上最多，腹末端稍尖，翅膜质透明，前缘黑褐色。无翅孤雌蚜体较粗壮，腹部散生黑色颗粒，被有白蜡粉，腹末端钝圆。雄成虫与无翅孤雌蚜极为相似，仅体略小，腹部稍尖。

卵　长椭圆形，1.8~2.0mm×1~1.2mm，黑色。

若蚜　与无翅成虫相似。干母胎生若虫淡棕褐色，体长1mm，4~5d后黑褐色。

生物学及习性

松大蚜1年发生多代，以卵在松针上越冬。在辽宁，4月下旬或5月上旬卵孵化为若虫，5月中旬出现无翅雌成虫即干母，1头干母能胎生30多头雌性若蚜，若虫长成后

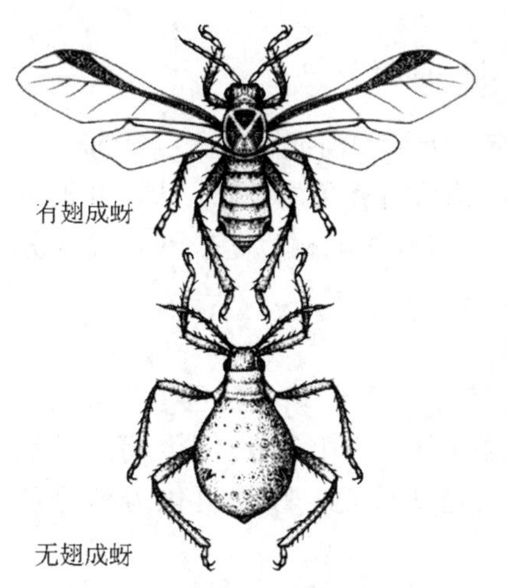

图9-13 松大蚜

继续胎生繁殖，5月中旬产生有翅胎生雌蚜(侨蚜)并进行迁移和繁殖。10月中旬出现有翅雌、雄性蚜，性蚜交配后产卵越冬，越冬卵多8～10粒成行排列于松针上。若虫共4龄。第1代发育历期为19～22d，到5月由于气温升高，发育历期缩短为16～18d，若虫长成后，3～4d即可进行繁殖。5～10月间可同时看到成蚜和各龄若蚜的群集危害。松大蚜的天敌很多，捕食性天敌主要有异色瓢虫、灰眼斑瓢虫、七星瓢虫、大灰食蚜蝇等，寄生天敌有1种蚜小蜂。

栗大蚜 *Lachnus tropicalis* (Van der Goot)

分布于国内各栗区。春及初夏成虫、若虫聚集在新抽嫩梢、嫩叶上吸食汁液，此后聚集在栗苞、果梗处危害，使嫩梢枯萎、果实不能成熟、幼树生长衰弱，衰弱木常招致板栗材小蠹的寄生，造成幼林成片枯死。

形态特征(图9-14)

成蚜　体形肥大，长卵形，黑色或赭黑色。无翅孤雌蚜体长3.1mm，宽1.8mm，腹部第1节具断续横带，第2～6节有灰色斑，第8节具横带；触角有鱼鳞纹，第3、4节端部圆形感觉圈2～5个；腹管截断状，尾片末端圆形。有翅孤雌蚜体长3.9mm，宽2.1mm，与无翅孤雌蚜的区别是腹节无灰色斑，触角第3节圆形感觉圈9～21个、第4节4～5个，翅黑色，前翅2个透明斑。

图9-14 栗大蚜

卵　长椭圆形，长约1.5mm，黑色有光泽，被白色粉状物。

若蚜　初孵时体黄褐色、渐变黑色，体前部窄长、后部宽圆。有翅若蚜胸部两侧有翅芽。

生物学及习性

1年发生10代以上，以卵聚集排列于枝干背阴处越冬，树干近基部处常见成千上万粒密集成黑块。翌年3月下旬越冬卵孵化，若蚜聚集在嫩梢危害，4月危害最重。5月上旬有翅蚜迁飞、繁殖危害，8～9月聚集在栗苞、果梗处危害，11月上旬产生性蚜，交尾后集中产卵越冬。春季活动期若遇寒流可引起若蚜大量死亡，雨季气温高可致蚜群数量明显下降，暴风雨天气蚜群下降更快。

苹果绵蚜 *Eriosoma lanigerum* (Hausmann)

原产北美，现已传到世界各国。国内分布于辽宁、天津、河北、山东、江苏、云南、西藏。以成蚜、若蚜密集在苹果、山荆子、花红、海棠等寄主的枝干、果实和根系处吸取汁液，使树势衰弱、树龄缩短、形成瘤状虫瘿，严重影响树木生长和花芽的分化，降低产量及品质。

形态特征(图9-15)

有翅孤雌蚜　体椭圆形，体长2.3~3.0mm，被白粉，腹部长蜡丝白色。头及胸部黑色，腹部橄榄绿色，腹管、尾片、尾板、足黑色。触角6节，第3节至少约等于末端3节长度之和，感觉圈横带或环状。翅透明，翅脉及翅痣棕色。腹管退化为黑色环状孔。

无翅孤雌蚜　体卵圆形，长1.7~2.2mm，宽0.9~1.3mm，黄褐色至赤褐色，被棉絮状长蜡毛，体背纵列4条花瓣形蜡腺，棉状蜡絮堆积其上，暗红色复眼只3个小眼。灰黑色触角粗短、6节，第3节长度超过第2节的3倍、近于末端3节之和，第5、6节等长，各生1个感觉圈。腹管黑色、稍隆起，馒头状尾片灰黑色、生短刚毛1对，尾板末端圆形。

生物学及习性

该蚜在我国的年生活史为不完全型，1年8~16代，以1~2龄若虫在树干、枝条的伤疤处、粗皮裂缝、土表下根颈部与根蘖、根瘤皱褶及不定芽中越冬，少数以成蚜、若蚜越冬。翌年当气温回升至约8℃越冬若虫开始活动，约11℃迁移到背光的伤口、嫩梢、叶腋、嫩芽、果实、地下根部或露出地表的根际等处吸取汁液危害，产生孤雌胎生无翅雌蚜。5~7月上旬为繁殖盛期，11月以若虫进入越冬状态；5~6月有翅蚜虫量较少，8~10月则较大，其后代即胎生有性雌雄蚜死亡率极高。虫量大时白蜡丝布满全树，枝干和根部圆滑肿瘤累累，肿瘤破裂后造成大小、深浅不一的伤口，叶柄被害后叶早落，果实受害后易脱落，侧根受害形成肿瘤后不生须根、并逐渐腐烂；近地表的根上及根蘖基部发生多，树龄大、土层薄、沙地林木受害率高。

1月-4℃等温线是该蚜虫分布的极限。该虫其自然传播能力弱，有翅孤雌蚜只能在近距离内扩散，调运中的苗木、接穗、果实及其包装材料携带无翅孤雌蚜或1、2龄若虫时则造成远距离传播，因而加强检疫是防止该害虫传入新区的关键。

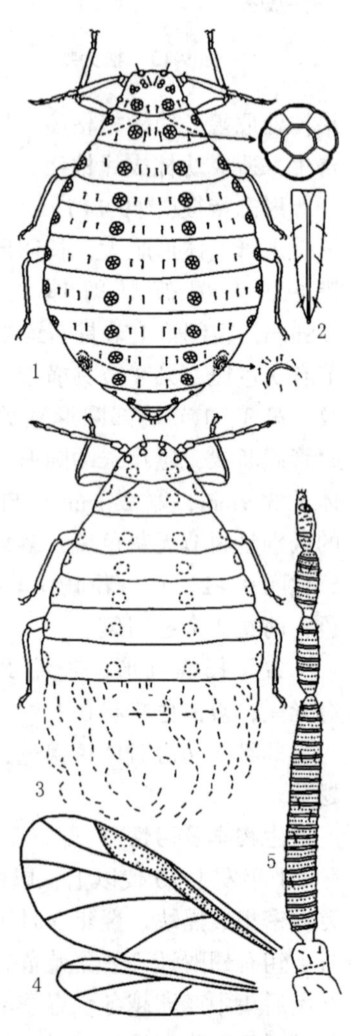

图9-15　苹果绵蚜

1~3. 无翅孤雌蚜
4~5. 有翅孤雌蚜

落叶松球蚜指名亚种 *Adelges laricis laricis* Vallot

分布于大兴安岭、山东省泰安地区、陕西、新疆天山山脉及四川西北部。若虫在云杉及落叶松枝干、嫩梢上吸食汁液，在枝芽处形成虫瘿，致使被害部以上枝梢枯死，影响树木生长。

形态特征(图 9-16)

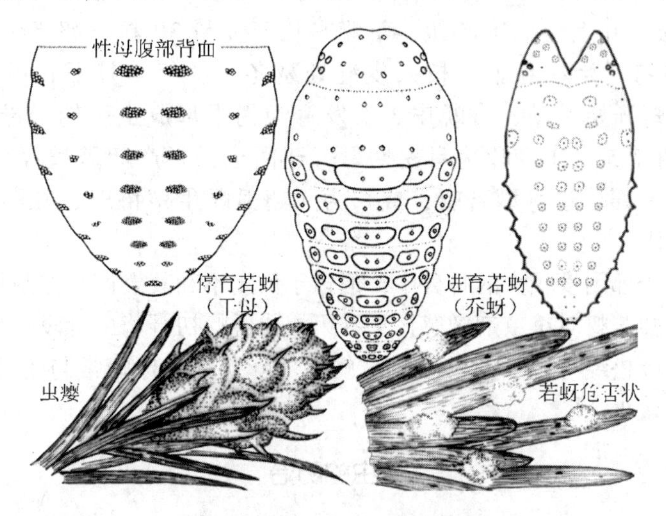

图 9-16　落叶松球蚜指名亚种

干母　越冬干母幼蚜(停育若蚜)长椭圆形，被白蜡粉，竖立 6 列小蜡棒，长约 0.5mm，棕黑至黑色。头部骨片沿中线分开，单眼生于眼板单上，触角 3 节、第 3 节最长。胸、腹部蜡片如图 9-16，胸气门 2 对，但第 2～6 腹节的极不显著。前、中、后足基节具无蜡片的蜡孔群。干母成虫淡黄色，被白色厚蜡粉层。

伪干母　越冬若蚜黑褐至黑色，无蜡被，仍以第 3 触角节最长。中、后足基节有蜡孔(无骨化蜡片)，刚毛明显。头与前胸盾片中央具 1 缝，盾片具 6 列亮点。腹面各节中央各 1 对小突、上生刚毛 1 根，胸部 2 对气门，腹部气门消失。成虫棕黑色，长 1～2mm，半球形，体背 6 纵列亮疣粒，只末端 2 节有蜡被。所产的卵分别孵为性母、侨蚜，部分卵孵化后成为停育型若虫。

性母　初孵若蚜至 2 龄无蜡被；3 龄后亮棕褐色，胸部两侧微隆；4 龄体色更淡，胸部两侧具翅芽，体背 6 纵列疣粒。成虫黄褐至褐色，腹部背面蜡片行列整齐。所产卵橘黄色，表面被蜡粉，孵化后即干母。

侨蚜　初孵若虫暗棕色，长 0.6mm，宽 0.25mm，无蜡被和蜡孔；单眼板独立，触角第 3 节约占全长的 2/3，头及前胸中线两侧各 1 骨片。其蜡孔处生 1 短毛，中胸向后 6 列小疣隆上各 1 短毛，第 7 腹节无侧片、第 8～9 腹节仅具缘片；2 龄具蜡被，3 龄后蜡被覆盖虫体。成虫长椭圆形，棕褐色，长 1.4mm，宽 0.66mm，被直径约 1.5mm 的棉花团状蜡被，体背蜡片排列整齐。所产卵初孵化后即伪干母。

生物学及习性

在黑龙江小兴安岭林区，性蚜所产受精卵 8 月初开始孵化，9 月上旬初孵干母在云杉冬芽上越冬。次年4月中、下旬越冬干母幼蚜开始活动，虫体由黑转绿，体具蜡长丝，继而蜕皮。蜕皮后虫体迅速增大，色泽变浅，蜡被增多，再蜕皮直至成虫。6月上旬云杉冬芽萌动时在新芽基部逐渐形成虫瘿，虫瘿表面常可见暗黄褐色初孵若蚜，6月中旬后虫瘿增大、直至开裂。虫瘿小球状，长约15mm，初为浅绿色，渐变乳白色，阳面粉红色或淡紫色，开裂前玫瑰色。

虫瘿8月初开始破裂，中旬盛裂。具翅若蚜出瘿后在附近针叶上羽化，随即飞离云杉至落叶松针叶上营孤雌产卵，每雌平均产卵量30粒，卵于8月中旬孵化为伪干母，9月中旬开始在芽腋、枝条皮缝处越冬。次年4月下旬日平均气温约达6℃时，越冬若蚜开始活动，常蜕皮3次发育为伪干母成虫。伪干母所产的卵孵化后的一部分若蚜于5月末羽化为具翅性母，迁回至云杉产卵繁殖停育型若蚜(越冬干母幼蚜)；另一部分进育型若蚜，成长为无翅孤雌生殖侨蚜，在落叶松上每年可繁殖危害4～5代。

该虫多发生于郁闭度较大的林分中，但过于郁闭不利其繁衍，控制林分的郁闭度可抑制其危害。幼龄若蚜对杀虫剂敏感，早春第1代侨蚜初孵若虫阶段防治最为有利。我国东北地区，落叶松绿球蚜、落叶松梢球蚜、落叶松红瘿球蚜常与落叶松球蚜同时发生，但个体数量较少。

蚜虫的防治

蚜虫的防治关键是第1代若虫危害期及危害前期。鉴于蚜虫繁殖快，世代多，经常成灾的可能性大，因此，蚜虫的测报显得十分重要。

预测预报

越冬卵孵化期的预测预报 虫情调查应定点调查和普查相结合。定点调查时在历年蚜虫重发地选越冬卵200～300个，每1～2d查一次孵化情况，当卵孵化率到50%～70%时，即可预报第1代若虫的药剂防治期。

发生量调查和预报 调查发生量的目的，是了解危害程度。蚜虫发生量的调查多用叶片分级法，目测分级标准为(也可根据具体情况调整)：0，叶片上无蚜虫；Ⅰ，每叶有蚜虫20头以下；Ⅱ，每叶有蚜虫20～50头；Ⅲ，每叶有蚜虫50～100头；Ⅳ，每叶有蚜虫100头以上。叶片有蚜率在30%左右时即需进行防治。

防治技术

蚜虫的防治，应重视早期即种群增殖期的防治，控制无翅胎生雌蚜，减少有翅迁飞蚜的数量。

林业技术防治 加强抚育管理，冬季剪除有卵枝叶，集中刮除枝干上的越冬卵。

注意保护和利用天敌 避免在天敌羽化期、寄生率达到50%的情况下使用农药。

植物源杀虫剂防治 如用2.5%鱼藤酮乳油、25%硫酸烟碱乳油800倍液喷雾，或用0.3%苦参碱水剂、0.3%印楝素乳油1 000倍液喷雾。

化学防治 在危害期可用10%吡虫啉可湿性粉剂3 000倍液，20%氰戊菊酯乳油3 000倍液，或25g/hm^{2}噻嗪酮有效成分、30g/hm^{2}唑蚜威有效成分喷雾。也可用50%氧化乐果乳油5～10倍液树干注射或在树干涂5～10cm宽的药环防治。

三、木虱、蝉、蝽类

木虱科 Psyllidae 害虫刺吸树木汁液，使枝、干、叶枯萎，树势衰弱，许多种类还分泌白色蜡质物，污染叶片，影响光合作用，并招致煤污病发生，也传播多种植物病害。

除下述种类外，重要种类还有如梧桐木虱 *Thysanogyna limbata* Enderlein、枸杞木虱 *Paratrioza sinica* Yang et Li、梨木虱 *Psylla chinensis* Yang et Li、蚱蝉 *Cryptotympana atrata*（Fabricius）、小绿叶蝉 *Empoasca flavescens*（Fabricius）、葡萄斑叶蝉 *Erythroneura apicalis*（Nawa）、麻皮蝽 *Erthesina fullo*（Thunberg）、小皱蝽 *Cyclopelta parva* Distant、硕蝽 *Eurostus validus* Dallas、淡娇异蝽 *Urostylis yangi* Maa、长角岗缘蝽 *Gonocerus longicornis* Hsiao 等。

沙枣木虱 *Trioza magnisetosa* Loginova

沙枣木虱国内分布于陕西、甘肃、宁夏、青海、新疆及内蒙古。主要危害沙枣，但在越冬前可迁入果园危害沙果、梨、李、枣或杨柳属等。沙枣被害后，梢叶卷曲干枯，当卷叶率达50%以上时，全部嫩梢和叶片即枯萎，不能形成花蕾。

形态特征（图9-17）

成虫　雌虫体长2.6~3.5mm，雄虫体长2.2~3.0mm，初羽化时草绿色，后黄绿或麻褐色。头浅黄色，颊锥三角形突出并稀具长毛；触角丝状，浅黄色，末端2节黑色，触角端部具黑色叉状刚毛2根。复眼灰褐色，大而突出，单眼鲜红色。胸背隆起，前胸背板弧形，前后缘黑褐色，中央具橘黄色纵带2条。中胸背板长：宽=2：1，具4条黄色纵带。后胸腹板近后缘中央1对小锥突；足浅黄色，爪黑色。腹部腹面黄白色，背面各节纵纹褐色。雌虫腹末急缩，弯向背前方的背产卵瓣尖出；雄虫腹部近末端处收缩，端部数节膨大并弯向背面。

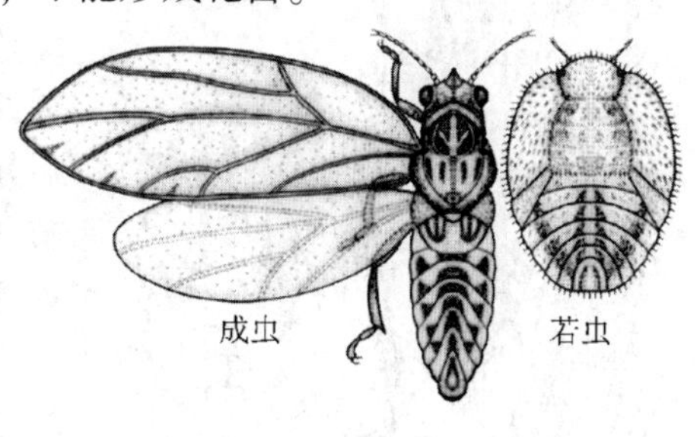

图9-17　沙枣木虱

卵　略呈纺锤形，约0.3mm×0.1mm，光滑透明，端部稍尖，有短附属丝1根。

若虫　体长2.0~3.4mm，扁椭圆形。初孵化白色、后淡绿色，老熟时灰绿色，复眼红色。体和翅芽密被刚毛。

生物学及习性

1年1代，以成虫在树上卷叶内、老树皮下、地面杂物内越冬。翌年3月气温达5℃以上时越冬成虫活动取食，4月上旬沙枣萌芽时至6月上旬密集产卵于树芽和叶片上，4月下旬为产卵盛期，卵期8~30d。卵的孵化期与沙枣嫩叶萌发期一致，5月上旬若虫孵出，中旬沙枣大量发叶时为若虫孵出盛期，但6月中旬仍可见初孵若虫。若虫共5龄，历期约30~50d。6月中旬成虫羽化，6月底7月初成虫羽化盛期，10月底11月初即以成虫越冬。

初孵若虫群集嫩梢叶背取食，使局部叶片组织畸变呈筒状弯背卷，若虫则在卷叶内取食、分泌白色蜡质，虫口密度大时白蜡散落遍地。至3~4龄叶片卷曲更烈，嫩梢亦开始弯曲，6月中旬后卷叶逐渐脱落。5龄若虫因食料不足常从卷叶内爬出，整齐排列于叶背和枝梢上猖獗吸食。成虫羽化后半小时即跳跃、取食危害，白天多栖于叶背，傍晚跳跃迁移，天黑后渐停止活动。成虫寿命很长，几乎常年可见，并有向密林迁移聚集习性，树冠中、下层多于上层。当气温降至0℃以下时即进入越冬场所。天敌有蜘蛛、啮小蜂、二星瓢虫等。

大青叶蝉 *Cicadella viridis* (Linnaeus)

广泛分布于世界各国，我国各地均有分布。危害杨、柳、槐、榆、桑、枣、竹、臭椿、核桃、圆柏、梧桐、构树、沙枣、桃、李、苹果、梨等多种林木，以及农作物和花卉。以成虫、若虫刺吸植物汁液，产卵时造成机械损伤，对幼树和苗木损害较大。

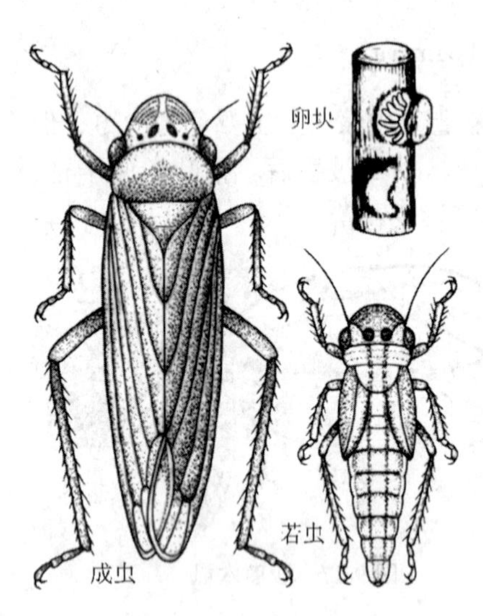

图9-18 大青叶蝉

形态特征(图9-18)

成虫 雌体长9.4~10.1mm，雄体长7.2~8.3mm，头部颜面淡褐，两颊微青，颊区近唇基缝处左右各1小黑斑，两单眼间1对黑斑，复眼绿色。前胸背板淡黄绿色，其后半部深青绿色；小盾片淡黄绿色，中央横刻痕短而不达边缘。前翅青蓝绿色，前缘淡白，端部透明，脉青黄色，具淡黑色窄边。后翅烟黑色，半透明。腹部背面蓝黑色，两侧及末节灰黄色。胸、腹面及足橙黄色，跗爪及后足胫节内侧细条纹、刺列的每刺的基部黑色。

卵 长椭圆形，1.6mm×0.4mm，白色微黄，中间微弯，一端稍细，表面光滑。

若虫 初孵化时灰白色微带黄绿，头大腹小，复眼红色。2龄色略深、头冠部2黑斑，3龄后出现翅芽。老熟若虫体长6~7mm，头冠部2黑斑，胸背及两侧4条褐色纵纹直达腹端。

生物学及习性

甘肃、新疆、内蒙古1年2代。各代发生期为4月下旬至7月中旬、6月中旬至11月上旬。河北以南各地1年3代，各代发生期为4月上旬至7月上旬、6月上旬至8月中旬、7月中旬至11月中旬。均以卵在树木枝条皮层内越冬。

初孵若虫喜聚集取食，寄主叶面或嫩茎上常见10~20头若虫群聚危害，受惊后由叶面斜行或横行向叶背逃避，或跳跃而逃。若虫孵出3d后大多由原来产卵寄主植物上转移到矮小的寄主如禾本科植物上危害。成虫遇惊如同若虫一样或跃足振翅而飞，趋光性很强，喜集中在潮湿背风、生长茂密、嫩绿多汁的寄主上昼夜刺吸危害，经1个多月的补充营养后才交尾产卵。

雌虫交尾后1d即可产卵。产卵刻痕月牙形、卵块成排分布于表皮下，每次产卵2~15粒，每雌产卵3~10块，夏、秋季卵期9~15d、越冬期达5个月以上。夏季卵多产于禾本科植物的茎秆和叶鞘上，越冬卵则产于木本寄主苗木、幼树及树木3年生以下的第一轮侧枝上，以直径1.5~5cm枝条着卵密度最大，着卵枝条常在冬季枯死。天敌有蟾蜍、蜘蛛、小枕异绒螨、华姬猎蝽、2种卵寄生蜂及1种瘿蚊。

梨冠网蝽 *Stephanitis nashi* Esaki et Takeya

又称梨网蝽、梨军配虫，广泛分布于梨、苹果产区，危害梨、苹果、海棠、沙果、桃、李、杏等。以成虫、若虫在叶背刺吸汁液，使叶片出现失绿斑点，严重时叶苍白甚至早落。虫体分泌和排泄的黑点状物，使叶背呈黑褐色，常招致煤污病发生。

形态特征(图9-19)

成虫　体长3.5mm，宽约1.2mm，黑褐色。前胸两侧呈扇状扩张并具网状花纹，前翅平覆、布满网状花纹，静止时翅上的花纹构成1“X”状斑纹。腹部金黄色，具黑斑。足黄褐色。

卵　产于叶肉内，仅在下表皮上留一用胶质封闭的圆形孔口。卵长椭圆形，长约0.6mm，黄褐色，向孔口的一端稍弯曲。

若虫　与成虫相似，5龄，第5龄头、胸、腹侧缘有淡色刺突。

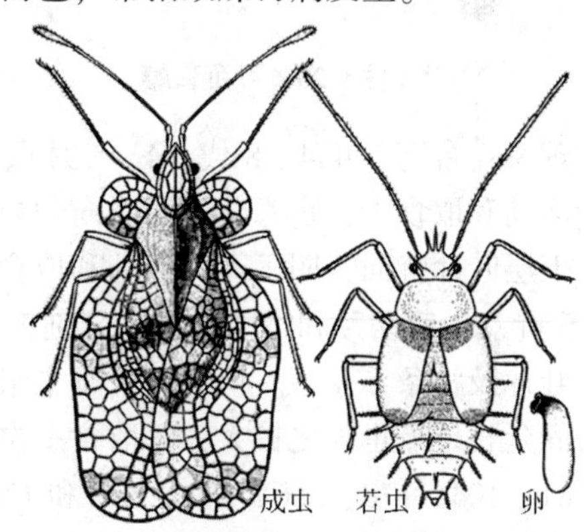

图9-19　梨冠网蝽

生物学及习性

陕西关中1年4代，以成虫在杂草、落叶、土块下和树皮裂缝、翘皮下越冬。翌年4月上旬越冬成虫开始活动，4月下旬为活动盛期。成虫出蛰后不久即交尾产卵，5月中旬为第1代卵孵化盛期，6月初孵化末期。以后出现世代重叠现象，危害至9月上、中旬以成虫越冬。

成虫在叶背活动取食，卵数粒至数十粒相邻产于主脉两侧叶肉内，每雌产卵15~60粒，卵期约15d。初孵若虫群集，不善活动；2龄后渐扩散，喜聚集于叶背主脉附近。被害处叶面出现黄白色斑点，随着不断地取食，斑点也随之扩大，同时叶背和下部的叶片常落有黑褐色黏性分泌物和排泄物。1年中以7~8月危害最重。

可可盲蝽 *Helopeltis fasciaticollis* Poppius

又称茶角盲蝽，分布于广东、广西、海南、台湾等地。危害可可、咖啡、腰果、茶树、油梨、杧果、鸡蛋果、番石榴以及园林花卉等。成虫、若虫刺吸寄主幼嫩组织汁液，使被害后的嫩梢或幼果凋萎、皱缩、干枯，严重时被害果园呈火烧状，果实被害后表面出现黑褐色斑块货物硬疤。

形态特征(图9-20)

成虫　体长5~7.9mm，羽化初黄绿、后黄、再黄褐色，斑点黑褐色。复眼突出，触角细长4节、长度为体长的2倍，中胸小盾片后缘具竖状突略向后弯曲、其端部棒状。翅半透明，足黄褐色，散生黑褐色斑点。雌虫前胸背板橙黄色，后缘斑点三角形，雄虫前胸背板全黑色。

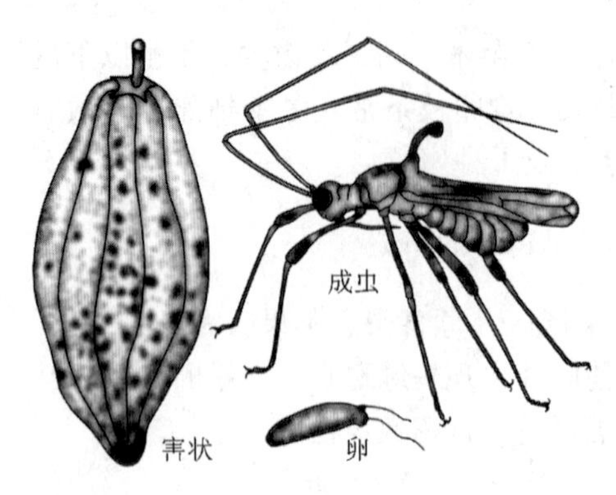

图 9-20 可可盲蝽

卵　初产时乳白色、后黄至黄褐色。长圆筒形略弯，卵盖的两侧附长短不一的2根丝状物。

若虫　共5龄。1龄乳白色，体长约1mm，无翅芽。2龄体长2～2.3mm，翅芽微露。3龄体长约2.8mm，翅芽显露。4龄体长3～4mm，翅芽达腹部第1节。5龄体长4～5mm，翅芽达腹部第4节。

生物学及习性

在海南1年10～12代，世代重叠，无越冬现象；台湾1年4～8代，4～5月虫口密度最大，以成虫越冬。冬季气温低于18℃时，活动和取食少，喜隐蔽于温暖向阳处，反之则活跃。该虫畏光，白天阳光直射时转移至下层叶片背面，阴雨天仍活动和取食；成虫和若虫主要取食幼嫩组织内汁液，第2、1、3叶及未萌幼芽和嫩茎被害率分别占80.7%、14.5%、3.77%、0.79%和0.19%，老化叶片及枝条不受害。口针刺入寄主组织3～5s后周围显半透明水渍状近圆斑，随取食时间延长斑点也随之扩大；每取食一次需1～3min，1～5龄及产卵前期和产卵期日均取食81、104、178、266、281、299和175次；每头在24h内可危害2～3个嫩梢，14:00至次日9:00前为取食活跃期。

成虫羽化后3～4d交尾，24h内雄虫可交尾2～4次、雌虫只1次，交尾时间40min至3.5h、多数约60min，寿命28～40d；产卵前期5～8d，主要在夜间产卵，产卵处表面具2根白丝，每雌产卵32～139粒；气温在26.4℃时卵的历期5～9d，多数7d。5月气温26℃、相对湿度88.8%时完成一世代需25.5d，但12月气温19.7℃、相对湿度87%时完成一世代需40d。

竹卵圆蝽 *Hippotiscus dorsalis* (Stål)

分布于浙江、江西、福建；印度等。以成虫、若虫在竹类枝梢、竹秆上刺吸危害，影响下年度出笋及竹材质量，严重危害时使被害竹枯死。

形态特征(图9-21)

成虫　体卵圆形，长14～16mm、宽7～8mm，黄褐色，密布黑刻点及白粉。单眼红色，头钝三角形，中叶短于侧叶。触角5节、黄褐或黑褐色，第5节基半部黄白色。前胸背板向后隆起、侧缘弓形，其前侧缘及前翅外缘基部黑色，近前缘2黄色月牙形斑；小盾片基缘1黄色横线，两基角处各1小黄色斑，末端1黄白色月牙形斑。翅膜片淡褐色，气门黑色。

卵　桶形，高1.4mm，直径0.9～1.1mm，黄白色。近孵化前卵盖一侧见三角形黑线、并被1黑垂线分割，两底角下方各1个椭圆形红点。

若虫　老熟若虫体长9.5～14mm，黄棕或青褐色，体两侧除边缘外深黑色。触角4节，灰黑色。前、中胸侧缘及翅芽黑色，翅芽及腹背形成"V"型黑斑。其余特征同成虫。

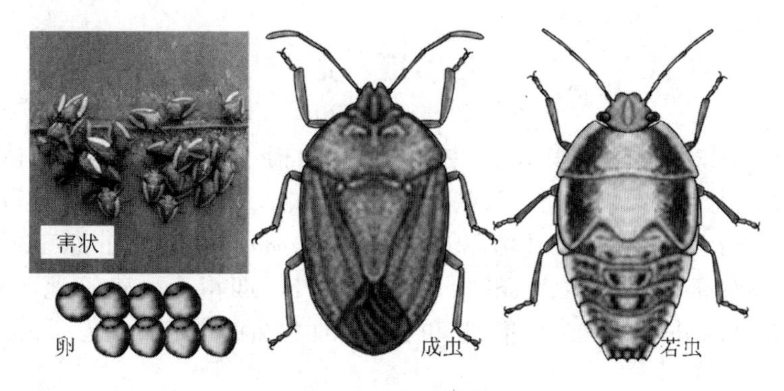

图 9-21　竹卵圆蝽

生物学及习性

1 年 1 代，以 4 龄、少数以 3 龄若虫于地面落叶下越冬。在浙江翌年 4 月上中旬活动，晴天上午多选择 3 年生以上的老龄竹秆上爬至小枝节取食，故老龄竹被害重。遇气温下降、起风落雨则跌落地面隐蔽于落叶下，天气转好后再上爬取食；被害小枝节枯死后渐群集转至大枝及竹秆危害。若虫 5 龄，5 月下旬至 6 月上旬老熟羽化，上午羽化多，晚上次之。

成虫有假死性，群集于竹节处取食，10d 后交尾，雌雄均可多次交尾。6 月中旬至 7 月中旬成虫产卵，8 月底卵终见。每雌产卵 30 ~ 60 粒，卵块多分布于新竹叶背及竹秆上，每块卵 8 ~ 28 粒(少者 1 ~ 2 粒)、呈 2 行排列。卵经 4 ~ 7d 孵化，7 月上旬出现若虫，初孵若虫围集在卵壳四周，2 ~ 6d 后蜕皮为 2 龄、再爬至小枝节或枝叉交界处取食，3 龄可转到竹秆节下取食，11 月下竹越冬。天敌主要有黑卵蜂，8 月上旬卵的被寄生率高达为 76. 50% 。

木虱、蝉、蝽类的防治

对上述几类刺吸式害虫，要根据种类、有针对性的采取有效措施防治。但应以营林技术防治为基础，加强检疫、做好虫情测报工作，积极创造有利于林木生长而不利于害虫发生的条件，充分发挥自然天敌的制衡作用。

营林技术防治　选择(育)抗虫品种，合理营造混交林；调整栽植密度，科学整形修剪，改善树冠通风透光条件(台湾角盲蝽等)；冬季清除林内枯枝落叶和杂草，消除虫源(蝽、蝉、木虱等)；及时砍除竹林中的衰老、濒死和倒伏竹(卵圆蝽)，集中剪除有卵枝条及若虫群集的嫩枝梢，以清除虫源。

化学防治　在防治关键期选择安全、无公害、最有效的农药进行防治。在农药选择上，应尽量选择植物源、特异性、生物制剂杀虫剂等。如 1. 2% 苦参碱烟碱乳油、30% 松脂酸钠水乳剂 800 ~ 1 000 倍液喷洒，噻嗪酮有效成分 40g/hm^2、哒幼酮有效成分 0. 05g/L、20% 速灭菊酯乳油 5 000 倍液(木虱、网蝽、蝽)、2. 5% 溴氰菊酯乳油 2 500 倍液(叶蝉)、40% 乐果乳油 800 ~ 1 000 倍等。

四、蛾 类

危害树木枝梢的蛾类主要以幼虫蛀食枝条及嫩梢，造成枝梢畸形、枯死、生长衰弱、干形不良，主干分叉或多梢，某些种类也可以蛀入果实危害。除下述种类外，重要蛾类还包括分布于西北地区的云杉梢斑螟 *Dioryctria reniculelloides* Mutuura et Munroe 和柠条坚荚斑螟 *Asclerobia sinensis* Caradja，分布于浙江、四川、福建等地的柳杉长卷蛾 *Homona issikii* Yasuda，分布于华北和东北的松梢小卷蛾 *Rhyacionia pinicolana* Doubleday 等。

微红梢斑螟 *Dioryctria rubella* Hampson

又名松梢螟，分布于东北、华北、西北、西南、南方及东北亚、欧洲。幼虫蛀害松类主梢，在韧皮部及边材上蛀道，使侧梢丛生、树冠畸形；被害木当年材积增长减少60%，如连年受害则减少更多。幼虫也危害球果。

形态特征(图9-22)

成虫 雌蛾体长10～16mm，翅展26～30mm，灰褐色，雄蛾略小，触角丝状。前翅灰褐色，灰白色波状横带3条，中室1灰白色肾形斑，后缘近内横线内侧1黄斑，外缘黑色；径脉分4支，R_3、R_4基部合并。后翅灰白色，M_2、M_3共柄。足黑褐色。

卵 椭圆形，长约0.8mm，一端尖，黄白色，有光泽，将孵化时樱红色。

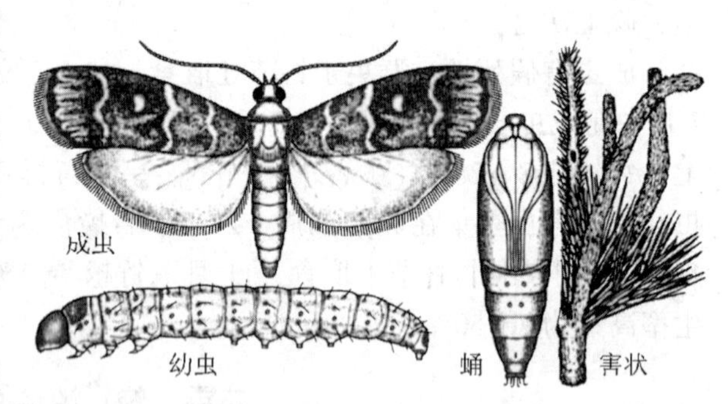

图9-22 微红梢斑螟

幼虫 老熟幼虫体长约20.6mm，淡褐色、少数淡绿色。头、前胸背板褐色，中、后胸及腹部各节有生短刚毛的褐色毛片4对，中胸及第8腹节背面的褐色毛片中部透明。腹足趾钩双序环式，臀足趾钩双序缺环。幼虫5龄，各龄幼虫头宽分别为0.3mm、0.6mm、1.1mm、1.7mm、2.0mm，体长分别为2.8mm、6.4mm、12.7mm、17.9mm、20.6mm。

蛹 长11～15mm，宽3mm，黄褐色，羽化前黑褐色；腹部末节背面横纹粗糙，末端深色狭横骨条1块、上生3对钩状臀棘(中央的1对较长)。

生物学及习性

吉林1年1代，辽宁、北京、河南、陕西1年2代，南京1年2～3代，广西1年3代，均以幼虫在被害枯梢及球果中越冬，部分幼虫在枝干伤口皮下越冬。南京生活史极不整齐、世代重叠，越冬代成虫见于5月中旬至7月中旬，第1代8月初至9月下旬，第2代9月中旬至10月下旬。越冬幼虫于3月底4月初在被害梢内继续下蛀至2年生枝条内、并发育至老熟幼虫。老熟幼虫化蛹于被害梢蛀道的蛹室作丝茧化蛹，羽化孔由丝缀连的木屑封闭，2d后化蛹，蛹期约15d，羽化率达90%以上。成虫羽化后白天静伏于梢头的针叶基部，19：00～21：00飞翔，有趋光性，并需补充营养。雌蛾怀卵16～88粒，卵散产于被害梢已枯黄针叶的凹槽处、每梢有卵1～2粒，少部分产卵于被害球果鳞脐处或树皮伤口处。成虫寿命3～4d，卵期约6d，卵孵化率约81%。

初孵幼虫迅速爬至被害枯梢的旧蛀道内取食碎屑、粪便等；3～4d后蜕皮进入2龄、爬出旧蛀道、吐丝下垂随风飘荡，常爬行于主梢、侧梢或球果危害，在危害部位形成约0.8cm^{2}凝有松脂的疤痕，大多从直径0.8～1cm嫩梢的中部蛀入髓心，蛀口外及蛀道中有大量蛀屑及粪便堆积，新梢被蛀后钩状弯曲，3龄幼虫约47%迁移危害、因而无虫梢率约48%。部分地区幼虫蛀食幼干韧皮部及边材、坑道与天牛幼虫相似，部分地区华山松枝杈轮生处常被穿蛀成有排粪孔的肿疣。国外松及郁闭度小、4～9年生生长不良的幼林受害比重，火炬松受害最重。天敌主要有寄生于幼虫的长距茧蜂，寄生于蛹的广大腿小蜂等。

赤松梢斑螟 *Dioryctria sylvestrella* Ratzeburg

分布于黑龙江、辽宁、河北、江苏；意大利、芬兰、日本。幼虫钻蛀红松、赤松球果及幼树梢头轮生枝的基部，致使被害部以上梢头枯死、侧枝代替主梢、形成分叉；危害主梢顶芽基部，致顶芽枯死，不能抽生新梢，严重影响其正常生长。

形态特征(图9-23)

成虫　体长15mm，翅展28mm，丝状触角密生褐色短小茸毛。银灰色前翅具黑白相间的鳞片，亚基线和内横线白色、其后缘基部相连，中横线和外横线白色波纹状，白色肾形斑斜后方在靠外横线处有一白色鳞片区，黑色外缘线内侧密覆白色鳞片，缘毛灰色。后翅灰白色，腹部背面灰褐色。足黑色，被黑白相间的鳞片。

图9-23　赤松梢斑螟

卵　椭圆形，长约0.7mm，暗红色。

幼虫　体长21mm，头宽1.2mm。淡灰褐色或灰黑色。头暗棕色，胸、腹部蜡黄而亮、生长刚毛1圈；前胸背板黑亮，背中线灰白，前胸气门前毛片刚毛2根，每节黑色毛瘤3对，近背中线的4个毛瘤上各生刚毛1根，气门线下的毛瘤生前短、后长的刚毛2根。腹足趾钩2序环式。

蛹　长椭圆形，长15mm，宽3mm。黄褐色，腹末臀棘6根。

生物学及习性

黑龙江1年1代，以幼虫越冬。4月开始活动，5月下旬幼虫老熟开始化蛹，6月中旬到7月上旬成虫羽化，6月下旬为产卵盛期，7月上旬幼虫孵化，危害至10月越冬。

4月气温上升，幼虫始危害嫩梢基部的轮生枝干及球果，蛀害干部时均从各种伤口侵入，使被害部流脂形成瘤苞；危害球果者从球果中、下部蛀入，被害部具透明松脂和褐色虫粪。5月下旬老熟幼虫啃食枝梢木质部，咬筑蛹室及其上方的羽化孔、吐丝黏结木屑封闭羽化孔、作丝茧化蛹，预蛹期1d，蛹期17d。6月中旬成虫开始羽化、羽化期约20d，6月下旬为交尾、产卵盛期。7月幼虫危害，7月底、8月上旬天热少雨时受害球果大量流脂、约74%幼虫被松脂粘死；如连续几次降雨，则停止排脂，球果被害重。10月气温下降，幼虫在瘤苞下方作茧越冬。

该虫喜光，在郁闭度0.7的阔叶树下营造的红松幼林多不被害；郁闭度在0.3时造林，红松幼林被害株率0.1%；透光度加大时受害加重，全透光时被害株率达45%。

竹笋夜蛾 *Oligia vulgaris* (Butler)

异名 *Atrachea vutgaris* Butler。分布于秦岭淮河以南、西南；日本。幼虫蛀害竹笋，引起退笋或竹株畸形，少数成竹者也断头折梢，虫孔累累，心腐质脆。

形态特征(图9-24)

成虫　雌虫体长17～21mm，翅展36～44mm；雄虫体长14～19mm，翅展32～40mm。体灰褐色，触角丝状、灰黄色，复眼黑褐色，下唇须向上翘；足深灰色，跗节各节末端1个淡黄色环。雌虫翅褐色，缘毛锯齿状，外缘线黑色，外缘线内7～8个黑点成列；亚外缘线、楔状纹与外缘线在顶角处组成灰黄色斑；翅基深褐色，后翅灰褐色。雄虫翅灰白色，外缘线由7～8个黑点组成。顶角倒三角形斑深褐色、肾状纹淡黄色。

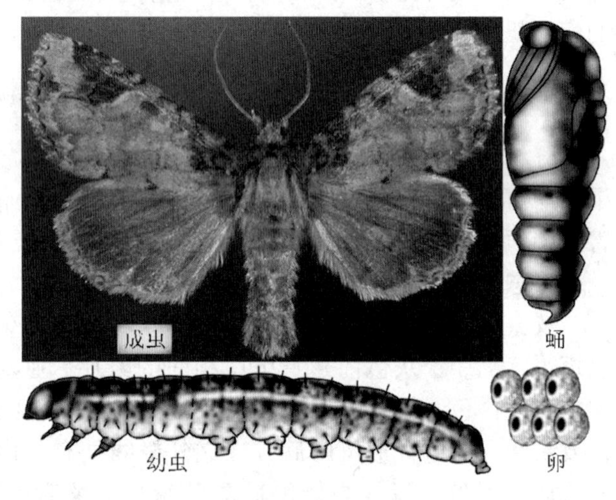

图9-24　竹笋夜蛾

卵　近圆球形，长0.8mm，乳白色。

幼虫　初孵幼虫体长1.6mm，淡紫褐色。老熟幼虫体长36～50mm，头橙红色，体紫褐色；白色背线很细、亚背线较宽，前胸背板及臀板黑色、橙红色纵线较宽，臀板前方背线两侧各3个小黑斑、近背线的2个斑大。

蛹　长14～24mm，初化蛹翠绿色，后为红褐色，臀棘4根、中间2根粗长。

生物学及习性

1年1代，以卵越冬。浙江1月底2月初卵始孵化，四川1月上、中旬孵化，幼虫6龄。初孵幼虫取食禾本科、莎草科植物，蜕皮2～3次后隐于其根部停止发育。4月上、中旬竹笋出土时幼虫爬上竹笋，从其顶端小叶处蛀入取食、蛀孔圆形，蜕皮1次后下爬至笋撑最嫩处蛀入笋内纵横取食危害；随竹笋生长，幼虫咬穿竹笋节隔、上爬取食幼嫩部分。1株毛竹笋中常有幼虫2～3条、多者达22条，3条幼虫即可致死竹笋。老熟幼虫从笋侧咬1个直径5mm的圆孔爬出，坠落地面，在疏松土中做蛹室或将地面枯叶、松土黏结成茧化蛹。预蛹期10～15d，蛹期19～29d。

成虫羽化多集中在19:00～22:00，成虫羽化后白天静伏于林间杂草、落叶下，夜晚活动，有趋光性，21:00～24:00扑灯量占75%，当晚或次日晚交尾，雄成虫有多次交尾现象。交尾后当晚或次日晚产卵于枯死草叶边缘，草叶枯死自然卷曲后卷包卵块；产卵期4～6d，第1、2天产卵最多，约占50%，产卵9～30次，每次产卵8～48粒，每雌可产卵112～525粒。雄成虫寿命3～8d、雌成虫5～13d。林地禾本科及莎草科杂草多、竹笋受害严重，反之受害轻或不被害。捕食性天敌有蜘蛛、蚂蚁、蜈蚣，寄生性天敌有变异温寄蝇、绒茧蜂。

咖啡豹蠹蛾 *Zeuzera coffeae* Nietner

分布于我国华中、东南沿海、西南、华南等地。危害刺槐、悬铃木、核桃、水杉、乌桕、咖啡、枫杨、黄檀、柑橘、板栗、马褂木、越橘等多种植物。幼虫可先环绕枝条蛀食一圈，再向上蛀食，严重发生时大枝枯死或树冠出现大量枯梢。

形态特征(图9-25)

成虫　体长11～20mm，翅展30～46mm。体灰白色，具青蓝色斑点；雌蛾触角丝状，雄蛾触角基半部羽毛状、端半部丝状。胸部背面3对青蓝色斑点，灰白色翅面散生大小不等的青蓝色斑点，胸足胫节及跗节被青蓝色鳞片。腹部第3～7腹节背面及侧面各5个青蓝色毛斑，第8腹节背面几乎全为青蓝色。

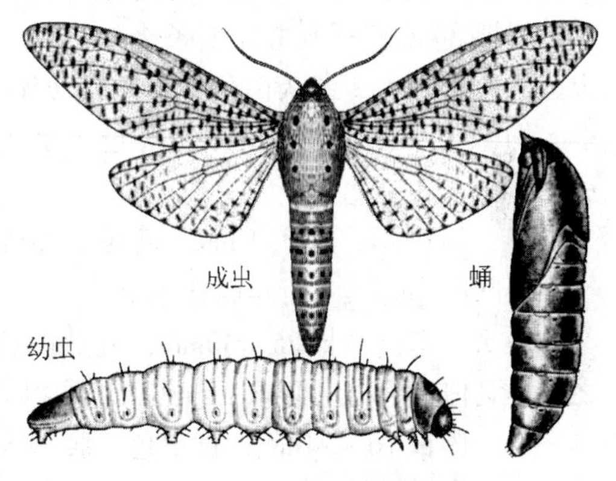

图9-25　咖啡豹蠹蛾

卵　椭圆形，0.9mm×0.6mm，表面无饰纹。淡黄色，孵化前为紫黑色。

幼虫　初孵幼虫紫黑色。老熟幼虫暗紫红色，体长约30mm；前胸背板黑色，后缘1排锯齿状小刺；中胸至腹部各节均横列黑褐色小粒突。

蛹　体长14～27mm，褐色。头端1尖突，腹部第3～9节有小刺列，末端6对臀棘。

生物学及习性

在河南和江苏北部1年1代，江西和云南1年2代，以幼虫在被害枯枝的虫道内越冬。在河南和江苏，越冬幼虫3月中旬开始取食，4月中旬后化蛹，5月中旬至7月上旬成虫羽化、产卵，卵期9～27d。幼虫可多次转枝危害，10月下旬至11月初吐丝缀合虫粪和木屑封闭虫道两端后越冬。在云南，越冬代和第1代成虫分别于4～6月和8～10月交尾产卵，5～7月和9～11月为幼虫蛀害枝条的高峰期。

雌虫羽化后白天静伏，夜晚活动并产卵，趋光性较弱。在云南澳洲坚果上卵常产于苗木、幼树嫩梢或腋芽处，卵多聚集成块或链条状；在其他寄主上卵多单粒散产，罕呈块状分布于树皮裂缝、伤口、旧虫孔、新抽嫩梢或芽腋处。初孵幼虫取食卵壳2～3d后扩散蛀食，幼虫自刺槐复叶总柄中部叶腋处蛀入，或多从石榴等植物嫩梢端部的腋芽处蛀入。转枝危害时在蛀入孔附近皮层内侧环蛀1周，使蛀入孔以上枝条枯死后再向上蛀害，随虫龄增大、转移危害的枝条更粗大。老熟幼虫吐丝缀合木屑堵塞蛀道两端成蛹室化蛹，羽化孔下通气孔直径约2mm。捕食性天敌有蚂蚁。小茧蜂对幼虫的寄生率为9.1%～16.8%，串珠镰刀菌的寄生率为16.6%～29.5%，在云南斑痣悬茧蜂的寄生率可达55.3%。

油茶织蛾 *Casmara patrona* Meyrick

分布于秦岭以南、西南油茶与茶叶产区，国外分布于日本、印度。以幼虫蛀食油茶及茶树枝条，使被害枝中空、凋萎、枯死，株被害率30%～40%。

形态特征(图9-26)

成虫　体长12～20mm，翅展32～42mm，灰褐色。下唇须镰刀形上弯并超过头顶，第2节粗，第3节细尖、黑色。前翅黑褐色，前翅沿前缘基部2/5至顶角处1条土红色带。翅面土黄色大斑杂生3条灰白色带，基部竖鳞3丛、中区白纹处3丛，后翅灰黄褐色。足、腹部褐色。

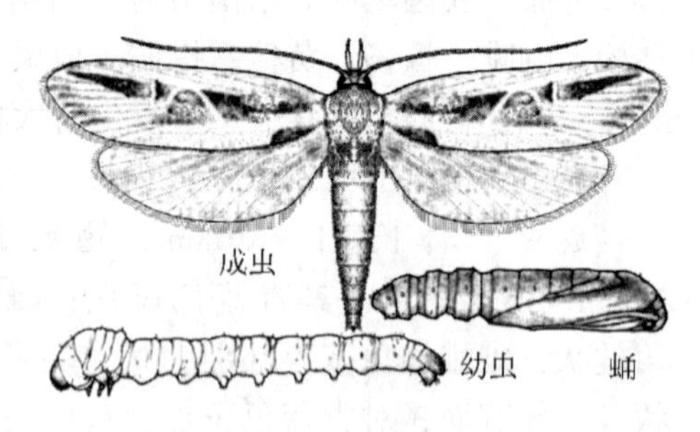

图9-26　油茶织蛾

卵　扁圆形，长1.1mm，赭色。卵壳有花纹，略凹的中部具7行鱼鳞状小坑。

幼虫　末龄体长25～30mm，乳黄白色。头部、前胸背板黄褐色，前胸与中胸背板之间1乳白色肉瘤。腹末2节黑褐色，趾钩三序缺环。

蛹　体长16～24mm，黄褐色，腹部末节腹面1对小凸起。

生物学及习性

1年1代，以幼虫在被害枝干内越冬。次年3～4月开始化蛹，4～5月为化蛹盛期；5～6月为成虫羽化盛期，6月中、下旬幼虫大量发生。卵期10～23d，蛹期约1个月，成虫寿命4～10d。成虫夜间活动，有趋光性，卵散产于嫩梢上，以顶端2、3片叶的节间居多，每处产1粒，每雌产卵30～50粒。幼虫孵化后自叶腋蛀入嫩梢，而后由上而下蛀食木质部，每隔一定距离于枝上的背阴面咬1圆形排泄孔，在排泄孔下方可见黄棕色颗粒状粪便。蛀食40～50d后，20～40cm长的顶梢全部枯死。如果被害枝下方的排泄孔稍大而呈椭圆形、外部被丝结封闭，则幼虫已化蛹。

蛾类的防治

对危害枝梢的蛾类害虫，应适地适树，营造混交林，合理密植、加强幼林管理、避免乱砍滥伐，以创造适于树木生长而不利于蛀梢蛾类发生的环境；禁牧，修枝时留桩短，切口平，减少枝干伤口，以防止成虫在伤口产卵。对局部发生的蛾类害虫，实施检疫以防止其进一步蔓延。

生态措施　保护各种天敌，如繁殖释放跳小蜂防治桃条麦蛾幼虫等。对楸螟尽可能截干造林，去除带虫苗木；对以卵块在枯枝上越冬的蛾类，可在冬季剪除干枯枝以减少越冬卵；清除竹林杂草，及早挖除不能成竹的退笋可以减轻竹笋夜蛾危害。对有趋性的蛾类害虫，在成虫羽化期采用灯光、糖醋液诱杀可显著降低如油茶织蛾的虫口基数。

化学防治　对初孵幼虫、幼龄幼虫可喷洒20%氰戊菊酯乳油5 000～6 000倍液，或有效成分为15～30g/hm^{2}的吡虫啉、有效成分为38～75g/hm^{2}的吡嗪酮(吡蚜酮)。也可树干注药防治。

五、瘿蚊、瘿蜂及蝇类

瘿蜂、茎蜂、瘿蚊和蝇类枝梢害虫主要钻蛀嫩梢、幼芽甚至枝条等，常造成不抽新梢，影响开花结实、最终影响产量。除下面要介绍的种类外，还有分布于我国梨产区和朝鲜的危害梨、棠梨和沙果的梨茎蜂 *Janus piri* Okamota et Muramatsu；分布于秦岭淮河以南竹产区的竹广肩小蜂 *Aiolomorphus rhopaloides* Walker；分布于新疆吐鲁番、河北、山东、山西、河南等地枣产区的枣瘿蚊 *Contarinia* sp.；分布于甘肃陇南、陕西宁强等地的花椒波瘿蚊 *Asphondylia zanthoxyli* Bu et Zheng 等。

栗瘿蜂 *Dryocosmus kuriphilus* Yasumatsu

分布于秦岭以南板栗产区；日本、朝鲜。主要危害板栗、茅栗和锥栗。幼虫由寄主芽侵入，于春季形成瘤状虫瘿，使树势衰弱，不抽新梢、甚至枝条枯死，不仅当年无果、产量也不易恢复。

形态特征(图9-27)

成虫　体长2.5～3.0mm，形似小蜂，体黄褐色至黑褐色，具有金属光泽，头横阔，与胸等宽。颅顶、单眼、复眼之间及后头上部密布细小圆形纹，唇基前缘呈弧形。触角褐色，丝状，14节，着生稀疏细毛，柄节和梗节较粗，鞭节第1节较细，其余各节粗细相似。胸部光滑，中胸背板侧缘略具饰边，背面近中央有2条对称的弧形沟。小盾片近圆形，隆起，略具饰边，表面有不规则刻点，并被有疏毛。后腹部光滑，背面近椭圆形隆起，腹面斜削。产卵管褐色。足黄褐色，末跗节及爪深褐色。翅透明，翅面有细毛，呈黄褐色。

卵　椭圆形，乳白色，长0.1～0.2mm。表面光滑，末端有长约0.6mm的细柄，柄的末端略膨大。

幼虫　老熟幼虫体长2.5～3.0mm，乳白色，近老熟时黄白色。头部、口器茶褐色，体光滑肥胖，无足，略呈“C”形弯曲。

蛹　长2.5～3.0mm，体较圆钝，胸部背面圆形突出，腹部略呈钝椭圆形。初乳白色，复眼红色，渐变为黄褐色，近羽化时为黑褐色，腹部略显白色。

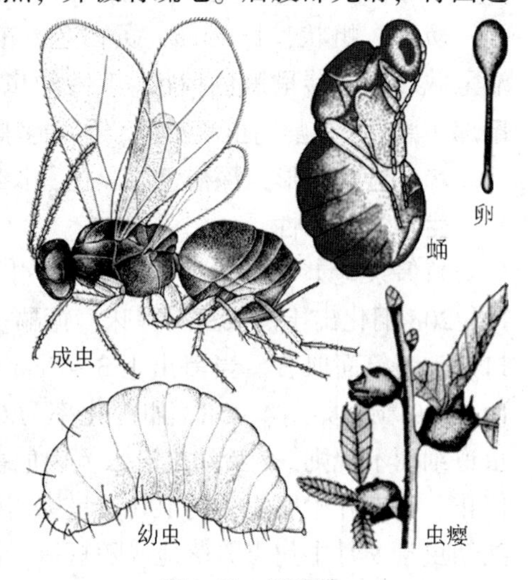

图9-27　栗瘿蜂

生物学及习性

1年发生1代，以初孵幼虫在芽内越冬。幼虫在瘿内生活30~70d，于次年4月中、下旬越冬幼虫开始活动。4月下旬逐渐老熟，5月上旬初见蛹，5月下旬为化蛹盛期。成虫最早于6月上旬羽化，中旬为羽化高峰期，大部分个体6月下旬出瘿，不久即行产卵，8月下旬大部分幼虫孵出，10月下旬进入越冬期。

次年春季栗芽萌动时，幼虫活动取食，被害芽逐渐形成虫瘿，略呈圆形，一般长1.0~2.5cm，宽0.9~2.0cm。其颜色初翠绿色，后逐渐变为赤褐色。每瘿内幼虫1~16头，以2~5头为多。幼虫老熟后即在虫室内化蛹。成虫羽化后在瘿内停留10~15d，咬宽约1mm的虫道外出。成虫出瘿后大部分时间在树上爬行，飞行能力较弱。成虫寿命平均约3.1d，无趋光及补充营养的习性，行孤雌生殖。每次产卵2~4粒，每雌怀卵量约200粒。

竹笋泉蝇 *Pegomyia kiangsuensis* Fan

又名毛笋泉蝇、笋蛆。分布于华东一带竹产区，以幼虫蛀食竹笋，使其内部腐烂、造成退笋，以毛竹受害最重。

形态特征(图9-28)

成虫　体暗灰色，长5~7mm，额灰黑色，复眼紫褐色，橙黄色单眼3个。胸部背面3条深色纵纹，体两侧纵带呈断续状，翅透明、脉淡黄色；中、后足黄褐色，后足腿节及节胫节橙黄色，基节及跗节灰褐色。各节生1列粗刺毛，每列5根。腹末尖削，产卵管针状，黑褐色。

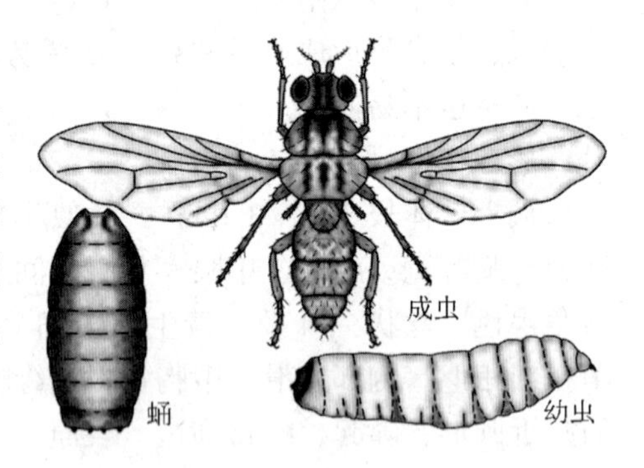

图9-28　竹笋泉蝇

卵　长1.5mm，亮乳白色，排列呈块状。

幼虫　蛆状，长9mm，黄白色，前端细末端呈截形，口器呈黑色钩状。1龄幼虫乳白色，尾部2黑点；2龄幼虫淡黄色、尾端多黑色，老熟幼虫尾部全黑色。

蛹　近纺锤形，深褐色或黑色，长约7mm。

生物学及习性

竹笋泉蝇1年1代或2年1代，以蛹在土中越冬，越冬蛹于次年3~4月出笋前15~20d羽化出土。成虫对腥味、糖醋、鲜笋汁等具很强的趋性，在林间常群集于笋伤口处和断笋面取食。当笋出土3~5cm时，成虫即成块产卵于笋箨内壁，每笋可产卵10~300粒，卵期4~5d，卵孵化率为66%。初孵幼虫群集于卵壳周围取食笋肉表皮，虫道细而不规则。2龄幼虫潜入笋肉危害3~4d、笋即褪色黄变，笋尖不吐水、高生长停止、笋肉开始腐烂，约10d笋呈锯屑烂糊状、笋箨干枯、退笋。幼虫期15~25d，老熟幼虫于5月中旬出笋落地或随短笋一同落地，在笋周围25cm范围内入土1~6cm，筑薄土室，经2~4d化蛹越冬。

竹林卫生状况差、郁闭度大发生较重，林内比林缘、老竹林比新栽竹林发生重，地势平缓、陡坡、山顶林发生重；骤然的天气变化会引起竹笋泉蝇的大量死亡，卵和初孵幼虫的死亡率可高达95%。天敌主要有蛹期的寄生蜂，捕食卵的蜘蛛、蚂蚁、露尾甲等。

瘿蚊、瘿蜂及蝇类的防治

加强营林管理，在春秋两季摘除虫瘿，剪去虫害枝以减少越冬虫源。栗瘿蜂是以幼虫在芽内越冬，新发展板栗区应避免在害虫发生地采集板栗接穗；根据栗瘿蜂不产卵于休眠芽的习性，对于被害严重的栗林，冬季可将1年生枝条休眠芽以上部分剪去，1年后即可恢复结果。对于受毛笋泉蝇危害的竹笋，则直接挖除受害的退笋，切去被害部分、杀死幼虫。对有人为传播和危害的瘿蚊、瘿蜂及蝇类，应杜绝带虫或未经处理的苗木出圃或运输。

诱杀　用糖醋或鱼肠、死蚯蚓、鲜竹笋等为饵料，饵料内可加入阿维菌素、吡虫啉、吡嗪酮等少量农药以诱杀成虫。

保护利用天敌　减少或避免在天敌发生盛期使用农药，保护天敌的越冬场所，为天敌的生长和繁育提供良好的条件。对效果已经明确的天敌应加以保护利用、或人工饲养释放。

化学防治　瘿蚊、瘿蜂及蝇类常用的化学防治主要有喷雾、涂干、注射等施药方式。①应用2.5%溴氢菊酯5 000～6 000倍液、或40%氧化乐果乳剂1 500～2 000倍液进行喷雾可防治瘿蚊类、瘿蜂类害虫。用25%223乳剂150～200倍液、0.05g/L有效成分的哒幼酮喷雾可防治泉蝇类害虫。在一些郁闭度较大的林地，可在成虫出现期施放敌敌畏烟剂或741插管烟剂进行防治。②用40%氧化乐果乳油2倍液在树干打孔注药(孔径0.5～0.8cm、深达木质部3cm)可以毒杀瘿瘤内幼虫。③3月下旬用40%氧化乐果原液兑水2倍涂刷瘿瘤及新侵害部位，可彻底杀死幼虫、卵和成虫；或春季在成虫羽化前用机油乳剂或废机油仔细涂刷瘿瘤及新侵害部位，可杀死未羽化的老熟幼虫、蛹和羽化的成虫。

六、象甲及天牛类

危害林木枝梢的象甲及天牛类害虫，其种群数量虽较其他枝梢小，但其所造成的危害性常较大，危害轻者使被害林木枝条枯死、重者导致死亡。重要种类如下。

大竹象 *Cyrtotrachelus longimanus* Fabricius

又名直锥象，分布于南方竹产区；东南亚和印度。成虫、幼虫蛀食竹笋，造成腐烂退笋，成竹腐烂倒折、秃顶、节间缩短、竹材变形、纵裂等，严重影响竹材的产量和质量。

形态特征(图9-29)

成虫　体长20～34mm，初羽化鲜黄、出土后渐褐色，体表光滑有光泽。前胸背板后缘中央1黑斑。鞘翅外缘截形，臀角钝圆，肩部略显1黑斑，刻点沟9条。前足与后

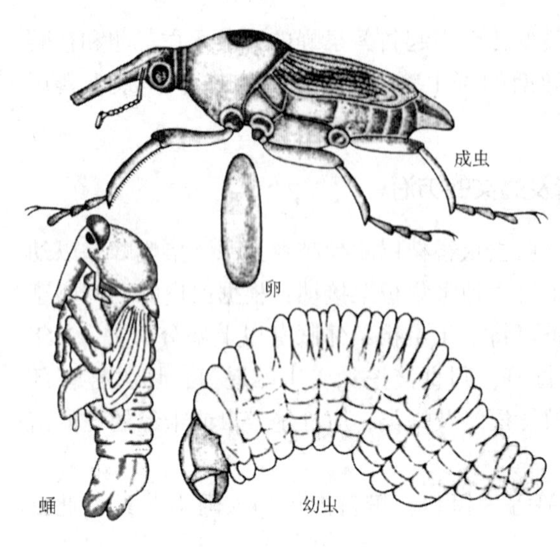

图 9-29 大竹象

足的腿胫节等长。

卵 长椭圆形，长约 3mm，初产乳白、后乳黄色。

幼虫 初孵白色。老熟乳黄色，长 35～48mm，头棕色、口器黑色，背线淡灰色。

蛹 黄白色，长 34～45mm。茧长椭圆形，53～67mm。

生物学及习性

在各地均 1 年 1 代，以成虫在土内蛹室中越冬。浙江 6～9 月下旬出土，6 月下旬至 9 月下旬产卵，6 月下旬至 10 月上旬为幼虫期，7 月中旬至 11 月上旬化蛹，7 月下旬至 11 月下旬越冬；广东的生活史提早约 1 月。

日均气温达 24～25℃时越冬成虫始出土，有假死性，雌、雄成虫在竹笋上取食 2d 后交尾。雌虫产卵前在离笋尖 10～30cm 处蛀 1 产卵孔，多 1 笋产卵 1 粒，每雌产卵 25～30 粒。约 7d 后卵孵化，幼虫啃食竹笋外的苞叶，并向下蛀食竹笋。约半月后幼虫老熟，在被害处咬 1 个大孔脱出，钻入土内约 10cm 深处筑土室化蛹。12～20d 成虫羽化，并留在土室内越冬。幼虫老熟后常咬断笋梢边缘，致使笋梢坠落；幼虫脱笋而出后亦拖部分笋梢纤维于土中，或将断笋梢拖至洞内、使笋梢竖于洞口。该虫多危害出笋早、直径 1～2cm 的竹笋。

青杨楔天牛 *Saperda populnea* (Linnaeus)

又名青杨天牛。分布于东北、西北、华北；欧洲、北非南部及俄罗斯。主要危害杨树，以幼虫钻蛀幼树枝干和大树枝梢，被害部位形成纺锤状瘿瘤，使枝梢干枯、易遭风折，幼树主干畸型、秃头、甚至死亡。

形态特征(图 9-30)

成虫 体长 11～14mm，黑色，密被金黄色绒毛，并杂有黑色长绒毛。触角黑色，鞭节各节基部 2/3 灰白色，余为黑色。前胸背板两侧各 1 金黄色宽纵带。鞘翅满布黑色粗点刻，生淡黄色短绒毛，两鞘翅各有金黄色绒毛斑 4～5 个。

卵 长卵形，约 2.4mm×0.7mm，一端稍尖，中间略弯曲。

幼虫 初孵幼虫乳白色，渐变浅黄色，老熟时深黄色，体长 10～15mm。头黄褐色、缩入前胸很深，前胸硬皮板黄褐色，气门褐色，体背 1 条明显中线。

蛹 长 11～15mm，褐色，腹部背中线明显。

生物学及习性

1 年 1 代，以老熟幼虫在虫瘿内越冬。翌春，河南在 3 月上旬、北京 3 月下旬、山西雁北 4 月中旬、沈阳 5 月上旬、哈尔滨 5 月中旬化蛹，蛹期20～34d。成虫在河南于3

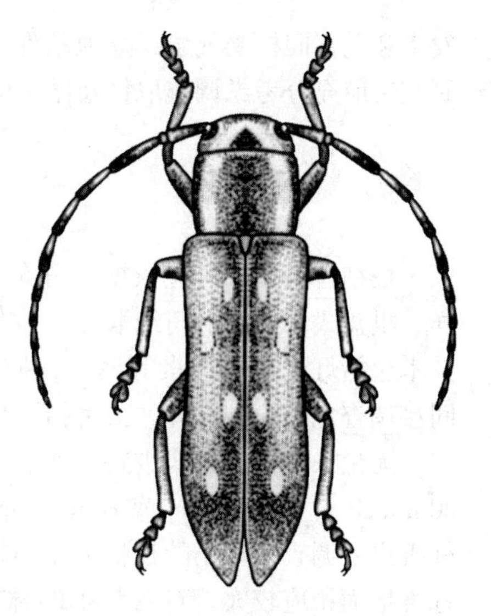
图 9-30　青杨楔天牛

月下旬、北京 4 月中旬、山西雁北 5 月上旬、沈阳 5 月下旬、哈尔滨 6 月上旬开始出现。在北京 5 月上旬发现卵，5 月中、下旬幼虫相继孵出并蛀入枝干内危害，至 10 月上、中旬开始越冬。

成虫从开始羽化出孔至结束 7～10d，圆形羽化孔直径约 3.5mm。成虫补充营养取食叶片 2～5d 后交尾，交尾后 1～3d 产卵于 1～3 年生的幼干和枝条，产卵刻槽倒马蹄形(随树木长大，刻槽形成明显的深色伤疤)，每刻槽产卵 1 粒。产卵期 5～14d，每雌产卵 14～49 粒，卵期 4～15d。幼虫孵出后先蛀食边材和韧皮部，然后绕枝干环形蛀食，被害处逐渐肿大形成纺锤形瘿瘤，排泄物堆集在坑道内。9～10 月，老熟幼虫在坑道内做蛹室越冬。温暖、阳光充分的孤立木、稀疏林、林缘、树冠周围及上部枝条受害重，长势旺盛的植株较少受害。天敌有寄生于幼虫和蛹的青杨天牛蛀姬蜂，寄生于幼虫的管氏肿腿蜂对青杨楔天牛控制作用较大。

竹象、青杨楔天牛的防治

加强检疫，严把苗木关，逐株检查祛除苗木上的虫瘿，阻止带虫苗木进入新栽植区。对青杨楔天牛应选择适地及抗虫树种营造混交林；对于已发生危害且水分条件较好的林分，可于冬春季截去干部 1.3～1.5m 以上部分，使其萌芽更新恢复树冠；在每年幼虫活动以前集中剪除被害枝条并烧毁，或在成虫羽化期，于清晨或傍晚，突然摇动树干，捕杀落下的成虫。对危害甚轻的林分可释放肿腿蜂，在幼虫危害期可用吡虫啉 10 倍液涂干或采用树干注药的方法防治(见其他枝梢害虫的防治)。对竹象类可采取以下方法防治。

劈山松土　在秋冬两季，结合竹园抚育对受害严重的竹林劈山松土，仔细挖掘以破坏竹象蛹室和土茧使成虫死亡，挖除被害笋以消灭笋内幼虫，促进竹林多生鞭孕笋。如能每年或隔年挖掘 1 次，可逐渐降低害虫数量。

人工捕捉及护笋　竹象成虫有假死及行动迟缓、极易被发现的特点，可人工捕捉卵、幼虫或成虫。将粗 4～5cm、长 30cm 的竹段纵劈成刷状(不要劈得太细)，做成简易护罩套在笋尖上，可起一定保护作用。

药剂防治　用 2.5% 溴氰菊酯或 20% 杀灭菊酯 1 000 倍液在出笋前喷 1 次，出笋后每隔 7d 喷 1 次，连喷 2～3 次，对杀虫保笋可起良好作用。

第三节　林木枝梢害虫的调查与研究

枝梢害虫的调查与研究，包括害虫种类、分布、危害习性、生物学、气候与发生关系、天敌及其控制、防治方式与效果、调查取样方法、测报技术等基本内容。枝梢害虫发生和危害同样受气候、立地条件、林木组成、林分的疏密度及林龄级的影响，调查和研究时应充分考虑调查取样及结果的可靠性和代表性。

一、调查原理

枝梢害虫调查时应依据其分布方式、危害部位与特性，采取随机取样中的五点取样、棋盘式取样、对角线取样、“Z”字形取样、平行线取样等方式进行调查。直接调查技术包括灯光、信息素等诱测，捕捉，阻隔(利用上树习性)，标准枝与标准树干等；间接调查包括模型推算、虫害指数推算等技术。

无论采用何种方式进行调查，一般都要设立标准地，标准地面积常为25m×25m、20m×20m、15m×15m或10m×10m。标准地的大小取决于树龄、立地环境和调查的靶标害虫。调查体型小的枝梢害虫如蚜虫、蚧虫等时，标准地面积应小且量大；体型大的标准地面积应较大。对树龄小的林分，在保障调查精确度的基础上，标准地面积一般小；大龄林分标准地面积应较大。

二、调查方法

枝梢害虫的调查关键是科学设计调查与取样方法，能否准确而精确地获得科学的调查数据。必须有一个简单、合理、明晰、便于调查者而不是设计者理解的调查表格，调查表格是否科学必须经过试调查的检验和修正。

取样方法 对大面积分布、组成一致的林分每$10hm^2$至少应设立5个标准地。标准地的设立要随机，以使标准地内林木的受害程度能够代表林分的整体被害情况。每标准地应有幼树100株，或30~50穴(簇插、点播者)，或成龄立木50株以上。在标准地内应根据调查时靶标害虫的危害部位，正确确定取样方式；如属于幼树枝、干害虫的调查，应采取整株取样，取样数不少于30株；成龄木枝梢害虫的调查，应取25株以上，每株应选取至少3个标准枝。对于稀疏林或行道林的成龄木，应在至少25株以上立木的不同方位各选取1个标准枝进行调查。对于钻蛀性枝梢害虫，标准枝的长度至少包含靶标害虫的全部危害部位；对于蚜虫、蚧虫等危害嫩梢的害虫，可根据其危害部位的差异将标准枝的长度控制在20~40cm的范围内。

种类调查 调查时间应自林木春季恢复生长至秋季逐渐停止生长为止，一般应每1~2月调查1次。对结构不同的林分，每一类型林分应设置3~5个标准地，每标准地内的取样方式和方法如上述。对于遇干扰即飞或逃离的种类，应先用套网封套标准枝、然后剪取，剪取后应将套网装入大塑料袋内，毒杀靶标害虫后，再拿出所剪取的标准枝，然后统计套网内的种类与数量；对无逃离行为的调查对象，则可直接剪取进行统计。对在当场不能确定种类的标本应编号、标记其数量，并将标本带回室内进行种类鉴定，或将幼虫饲养至成虫期后再行鉴定。

发生动态调查 ①进行同种害虫在不同树种、不同林龄、不同立地环境间发生动态的比较调查与研究，只需要在靶标害虫发生的各个时期同时间进行一次同步调查，记录

各种条件下靶标害虫的虫态及其数量。②调查特定林分靶标害虫的季节数量动态时，则要选定林分组成相对均一、面积为50m×50m标准地定期进行调查，在调查过程中应尽量不破坏标准枝、不干扰害虫的生长发育和繁殖。调查时间及其间隔期应根据靶标害虫的生活周期确定，对蚜虫、蚧虫等发育期短的害虫，应至少间隔7d调查1次；对发育期较长的害虫，可选择候或旬为时间间隔单位。

危害程度调查　在标准地内选择有代表性的林木逐木调查，分别统计健康株数、被害株数。其中，如使用虫害指数法进行调查，大龄立木的受害分级可采用以下分级标准：0，主、侧枝无受害；Ⅰ，侧枝受害率10%；Ⅱ，侧枝受害率11%～20%；Ⅲ，侧枝受害率21%～40%；Ⅳ，侧枝受害率41%以上。虫害指数在20%以下者为轻微，在20%～50%为中等受害，在50%以上者为严重。

同种害虫不同条件下数据处理与比较分析，均应采用方差分析和多重比较，但注意将整个数据的单位进行统一和规范。进行某种害虫的季节数量动态分析时，可以调查时间为横坐标、以害虫密度数据为纵坐标作图，即可直观地看出害虫的季节动态。

复习思考题

1. 林木刺吸性和钻蛀类枝梢害虫主要有哪些类群？其危害状有哪些形式？
2. 蚧虫的个体发育史、蚜虫的年生活史各有何特点？其危害症状有哪些？
3. 蚧虫、蚜虫、木虱类枝梢害虫如何防治？
4. 枝梢害虫中常见的螟蛾及卷蛾类害虫有哪几种？怎样防治？
5. 如何进行枝梢害虫的调查？

推荐阅读书目

经济林昆虫学．中南林学院．中国林业出版社，1987.
中国动物志(昆虫纲)．第二十二卷：同翅目 蚧总科．王子清．科学出版社，2000.
湖南森林昆虫．湖南林业厅．湖南人民出版社，1992.
园林植物病虫害防治．宋建英．中国林业出版社，2005.

第十章　食叶害虫及其防治

【本章提要】本章主要介绍鳞翅目所属的枯叶蛾、毒蛾、舟蛾、灯蛾、尺蛾、刺蛾、袋蛾、潜叶蛾、斑蛾、鞘蛾、卷蛾、天蛾类等十多类常见林木食叶害虫；其中松毛虫是我国松林最严重的常发性害虫，美国白蛾是需要重点监测和防治的害虫之一。其次介绍了鞘翅目的叶甲、象甲、金龟甲类，膜翅目的叶蜂，双翅目的潜叶蝇，直翅目的蝗虫，竹节虫目的竹节虫，以及螨类等当中的重要种类。

食叶害虫是危害针叶树、阔叶树中最为常见的重要害虫类群之一。其中，以鳞翅目所属的枯叶蛾、毒蛾、尺蛾、舟蛾、刺蛾、蓑蛾、潜叶蛾、斑蛾、鞘蛾、卷蛾、天蛾等害虫危害最重；鞘翅目的叶甲、象甲、金龟甲类，膜翅目的叶蜂、双翅目的潜叶蝇、直翅目的蝗虫、竹节虫目的竹节虫等常暴发危害。部分食叶害虫对林木的危害具有灾害性，如常年危害面积多达数百万公顷的松毛虫类，每年所造成松林材积损失达百万立方米以上，而其中的主要种类为马尾松毛虫、油松毛虫和落叶松毛虫。

第一节　我国林木食叶害虫的地理区划

森林昆虫的分布服从动物分布的地理区划，也服从于林分的地理分布。林分的分布受气候、地形、人类活动的综合影响。我国森林食叶害虫的地理区划应该与我国的森林地理分布相符合。按照我国森林、人工林的分布特点及林木食叶害虫的分布特征，我国林木食叶害虫应划分为 11 个地理分布类型(图 10-1)。

东北林区　包括山地针阔叶林区、平原防护与绿化林区。①山地针阔叶林区，包括大兴安岭、小兴安岭和长白山的山地森林。本区林木主要是兴安落叶松林、樟子松林、红皮杉林及部分白桦、蒙古栎、山杨和黑桦林。食叶害虫以落叶松毛虫 *Dendrolimus superans* (Butler)为主，还包括兴安落叶松鞘蛾 *Coleophora dahurica* Falkovich、落叶松尺蠖 *Erannis ankeraria* Staudinger、松茸毒蛾 *Dasychira axutha* Collenette、模毒蛾 *Lymantria monacha* Linnaeus、舞毒蛾 *Lymantria dispar* (Linnaeus)、桦尺蠖 *Biston betularia* Linnaeus、落叶松叶蜂 *Pristiphora erichsonii* (Hartig)、栎粉舟蛾 *Fentonia ocypete* Bremer 等，局部地区还分布有油松毛虫 *Dendrolimus tabulaeformis* Tsai et Liu、赤松毛虫 *D. spectabilis* Butler。

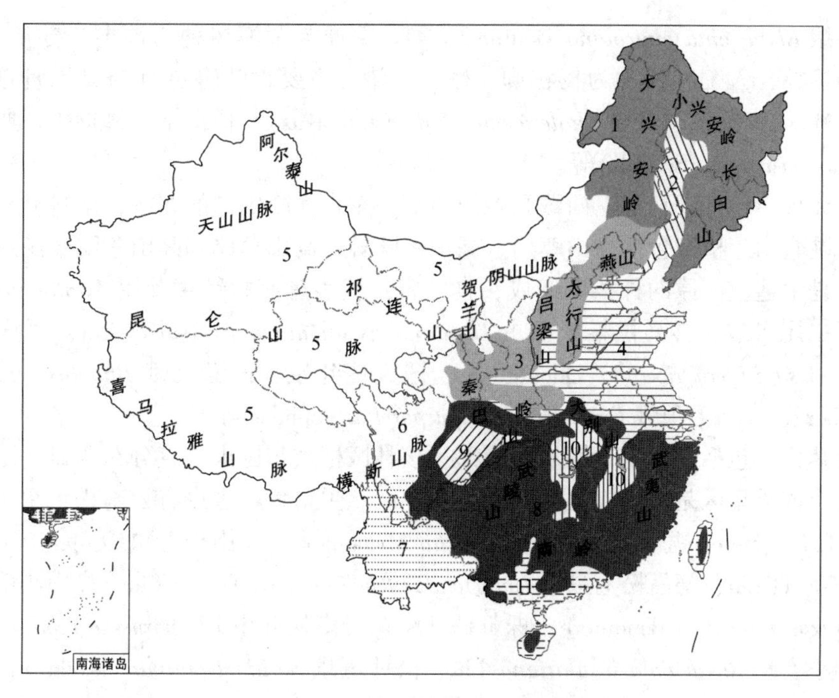

图 10-1 中国森林食叶害虫的地理区划

②平原防护与绿化林区，食叶害虫以杨树舟蛾为主，包括杨小舟蛾 *Micromelalopha troglodyta* Graeser、杨扇舟蛾 *Clostera anachoreta* van Eecke、黑带二尾舟蛾 *Cerura vinula felina* (Bulter)、美国白蛾 *Hyphantria cunea* (Drury)、杨毒蛾 *Stilpnotia candida* Staudinger、柳毒蛾 *Stilpnotia salicis*(Linnaeus)、榆紫叶甲 *Ambrostoma quadriimpresscum* Motschulsky、白杨枯叶蛾 *Bhima idiota* Graeser、黄褐天幕毛虫 *Malacosoma neustria testacea* Motschulsky 等。

华北林区 北临蒙新区与东北区，南抵秦岭与河南、安徽、江苏南缘，西起甘肃，东临黄海和渤海，包括山地针阔叶林区、平原防护与绿化林区。该区山地、丘陵的原始植被已被破坏怠尽，仅存少量的次生阔叶林、油松林和华北落叶松林，阔叶林树种主要以栎、杨等为主，其余为油松、侧柏、落叶松、杨、柳、榆、刺槐人工林。③山地针阔叶林区，以油松毛虫为主，还包括栎黄枯叶蛾 *Trabala vishnou gigantina* Yang、侧柏毒蛾 *Parocneria furva* (Leech)、刺槐眉尺蛾 *Meichihuo cihuai* Yang、栎掌舟蛾 *Phalera assimilis* Bremer et Grey、松阿扁叶蜂 *Acantholyda posticalis* (Matsumura)、落叶松叶蜂，南部地区还有赤松毛虫等。④平原防护与绿化林区，主要树种为杨、柳、槐树和泡桐，食叶害虫以杨树舟蛾为主，主要害虫包括杨小舟蛾、杨扇舟蛾、槐尺蛾 *Semiothisa cinerearia* Bremer et Grey、槐羽舟蛾 *Pterostoma sinicum* Moore、大袋蛾 *Clania variegata* Snellen、泡桐叶甲 *Basiprionota bisignata* (Boheman)等。

蒙新林区 包括⑤内蒙古东北部高平原、鄂尔多斯高平原和阿拉善高平原，青海的柴达木盆地，新疆塔里木和准噶尔盆地、祁连山与河西走廊。山地森林树种主要以云冷杉林、落叶松林、柏及桦灌丛为主，主要食叶害虫有云杉阿扁叶蜂 *Acantholyda piceacola* Xiao et Zhou、云杉尺蛾 *Erannis yunshanvora* Yang、云杉小卷蛾 *Epinotia aquila* Kuznetsov、

松梢小卷蛾 *Rhyacionia pinicolana* Doubleday 等。草原与荒漠树种为沙枣、柠条、柽柳、沙柳、胡杨林，人工林树种为杨、柳、榆、白蜡，主要食叶害虫有杨二尾舟蛾 *Cerura menciana* Moore、圆黄掌舟蛾 *Phalera bucephala* (Linnaeus)、杨毒蛾、柳毒蛾、典皮夜蛾 *Sarrothripus revayana* (Scopoli)等。

青藏林区　包括⑥青海、西藏和四川西部，东自横断山脉的北端，南自喜马拉雅山脉，北自昆仑山。植被包括高山草甸、高山针叶林、高山草原和高山荒漠。昆虫区系贫乏，主要是由适应高原的种类所组成，食叶害虫代表种有杉针黄叶甲 *Xanthonia collaris* Chen、杨二尾舟蛾、喜马拉雅松毛虫 *Dendrolimus himalayanus* Tsai et Liu、西藏云毛虫 *Hoenimnema sagittifera tibetana* Lajonquiére、栎黄枯叶蛾、青缘尺蛾 *Bupalus mughusaria* Gumppenberg、高山毛顶蛾 *Eriocrania semipurpurella* Stephens 等。

西南林区　包括⑦云南及四川西南部。该林区植被与昆虫垂直分布明显，昆虫种类比较丰富。该类型区是多种松毛虫的混合发生区。主要食叶害虫有云南松毛虫 *Dendrolimus houi* Lajonquière、思茅松毛虫 *D. kikuchii* Matsumura、文山松毛虫 *D. punctatus wenshanensis* Tsai et Liu、德昌松毛虫 *D. punctctatus tehchangensis* Tsai et Liu、高山小毛虫 *Cosmotriche saxosimilis* De Lajonquiére、栎黄枯叶蛾、云南松叶甲 *Cleoporus variabilis* (Baly)、云南松梢小卷蛾 *Rhyacionia insulariana* Liu、松针斑蛾 *Soritia leptalina* (Kollar)、细角榕叶甲 *Morphosphaera gracilicornis* Chen、南华松叶蜂 *Diprion nanhuaensis* Xiao、广西新松叶蜂 *Neodiprion guangxiicus* Xiao et Zhou、祥云新松叶蜂 *N. xiangyunicus* Xiao et Zhou 等。

华中—华南山地林区　包括⑧巴山、大别山、武夷山、武陵山、南岭、四川盆地南部、台湾及海南岛山地及丘陵。为马尾松毛虫 *Dendrolimus punctatus* (Walker)与松叶蜂混合发生区，主要种类还有德昌松毛虫、云南松毛虫、阿里山松毛虫 *D. arizana* Wileman(台湾)、海南松毛虫 *D. kikuchii hainanensis* Tsai et Hou、波纹杂毛虫 *Cyclophragma undans fasciatella* (Menetries)、鞭角华扁叶蜂 *Chinolyda flagellicornis* (F. Smith)、黄缘阿扁叶蜂 *Acantholyda flavomarginata* Maa、马尾松吉松叶蜂 *Gilpinia massoniana* Xiao、浙江黑松叶蜂 *Nesodiprion zhejiangensis* Zhou et Xiao、六万松叶蜂 *Diprion liuwanensis* Huang et Xiao、北方栎黄枯叶蛾、蜀柏毒蛾 *Parocneria orienta* Chao、松茸毒蛾、舞毒蛾、马尾松点尺蛾 *Abraxas flavisinuata* Warren、焦艺夜蛾 *Hyssia adusta* Draudt、栎棒䗛 *Baculum irregulariter-dentatum* Wattenwyl 等。

华中—华南平原林区　本区包括⑨四川盆地主要食叶害虫有蜀柏毒蛾、油桐尺蛾 *Buzura suppressaria* Guenée、黄脊竹蝗 *Ceracris kiangsu* Tsai、柳杉云毛虫 *Hoenimnema roesleri* Lajonquiére、柑橘凤蝶 *Papilio xuthus* Linnaeus、两色绿刺蛾 *Parasa bicolor* Walker、刚竹毒蛾 *Pantana phyllostachysae* Chao、分月扇舟蛾 *Clostera anastomosis* Scopoli 等。⑩华中平原林区，包括湖南、湖北及江西平原。主要食叶害虫有油茶枯叶蛾 *Lebeda nobilis* Walker、杉梢小卷蛾 *Polychrosis cunninghamiacola* Liu et Pai、茶毒蛾 *Euproctis pseudoconspersa* Strand、竹镂舟蛾 *Loudonta dispar* Kiriakoff、黄刺蛾 *Cnidocampa flavescens* (Walker)、竹织叶野螟 *Algedonia coclesalis* Walker、柳杉毛虫 *Dendrolimus houi* Lajonquiére、黄脊竹蝗、青脊竹蝗 *Ceracris nigricornis* Walker 等。⑪华南平原林区，包括广东、广西、海南及台湾平原。主要食叶害虫有黄脊竹蝗、椰心叶甲 *Brontispa longissima* (Gestro)、

刺桐姬小蜂 *Quadrastichus erythrinae* Kim、黄刺蛾 *Cnidocampa flavescens* (Walker)、大茸毒蛾 *Dasychira thwaitesii* Moore、葡萄天蛾 *Ampelophaga rubiginosa* Bremer et Grey、八角叶甲 *Oides duporti* Laboissier、八角尺蠖 *Dilophodes elegans sinica* Prout、油桐尺蛾、刚竹毒蛾 *Pantana phyllostachysae* Chao、黛袋蛾 *Dappula tertia* Templeton、白裙赭夜蛾 *Carea subtilis* Walker、桉树枝瘿姬小蜂 *Leptocybe invasa* Fisher et LaSalle、乌桕黄毒蛾 *Euproctis bipunctapex* (Hampson)、木毒蛾 *Lymantria xylina* Swinhoe、桉袋蛾(小袋蛾) *Acanthopsyche subteralbata* Hampson、樟巢螟 *Orthaga achatina* Butler 等。

第二节 食叶害虫的危害特点

食叶害虫直接危害健康林木。当树木严重受害后，尤其是在不良的气象因子的影响下，长势衰退，易招致小蠹、天牛、树蜂等钻蛀性害虫及病菌的侵染而导致死亡。因而食叶害虫常被称作“初期性害虫”，而后一类群被称作“次期性害虫”。食叶害虫的大发生取决于害虫“种”的生物学特性和外界环境条件，只有那些种群正处于兴盛阶段，并具有强大繁殖力及适应力的种类在有利的环境因素配合下才有大发生的可能性。

一、危害特征

食叶害虫危害后的症状常较易发现和识别。叶片被食后常留下残叶、叶柄或叶脉，严重时整株立木光秃无叶；潜叶性种类则使被害叶显现各种潜痕、污斑；卷叶、缀叶或褶叶危害的种类常使叶片卷曲或缀合；袋蛾、鞘蛾则缀叶形成各种形式的袋囊，黄褐天幕毛虫、美国白蛾等则结成大丝幕。树木一旦受害，林地往往布满虫粪、残叶断梗，树间挂有虫茧、丝迹等。不少食叶害虫种类产卵集中，产卵量大，并能主动迁移和扩散。绝大多数食叶害虫营裸露生活，易受气候、天敌等外界环境条件的影响，因而食叶害虫虫口密度的变动幅度较大，具有一定的突发性、潜伏性和周期性。因此，进行食叶害虫的防治，虫情测报显得尤其重要。

二、种群动态

多数食叶害虫营裸露生活，某些种类生殖潜能较大，由于受环境因子的调节作用，其种群经常保持在较低的数量水平。某些重要害虫不仅具有强大的生殖和生存潜能，且对环境适应力强，能保持十分巨大的种群数量，经常猖獗成灾。另一些种类则偶尔或数年1次达到猖獗成灾的数量，这类害虫受种种不利因素的制约，使猖獗呈现间歇性有规律的波动状态，其间歇周期的长短取决于害虫的种类、天敌、寄主植物及物理环境等因素的相互作用，因此其猖獗周期常表现为4个阶段。

初始阶段 又称始发期。害虫种群处于增殖最有利的初始状态。此时食料充足(质和量)，物理环境因素适宜，天敌跟随现象尚不明显，具备了充分发挥其生殖潜能的良

好基础，但种群仍处于潜在的增殖初期、多不外迁，林木受害不明显。该阶段的长短随气候及其他条件而异。

增殖阶段　又称征兆期。种群已达猖獗数量的前期，在上述有利条件下种群数量显著增多且继续上升，林木已显被害征兆、但种群数量仍不大，虽有局部严重受害现象、但仍易被忽视，害虫已向四周扩散，天敌也相应增多、但还不足以抑制害虫种群的继续增长。

猖獗阶段　又称猖獗期。害虫的增殖潜能得到了最大的发挥，种群数量急剧升高、危害猖獗、并迅速扩散蔓延，林木受害严重，大面积林地片叶无存、状似火焚。继而出现食料缺乏，幼虫被迫迁移造成大量死亡、或提前成熟致生殖力大为减退(雌性比减少、产卵量降低、后代存活率降低、完成发育的个体变少等)；天敌显著增多、流行病蔓延，自然抑制作用明显。

衰退阶段　又称衰退期。该阶段是上一阶段的必然结果。由于种群数量得到调整、急剧减少，天敌也随之他迁，或部分被重寄生而死亡，或伴随衰退的种群而数量大减，预示一次大发生过程基本结束。

上述阶段性发生过程常重复而呈现周期性，这种周期性的间隔期及持续时间因虫种和环境因素而异，在两个猖獗期之间害虫的种群密度常较小，一旦条件适宜又会再度猖獗。一般年发生代数多的猖獗周期较短，反之则较长。初始阶段往往历时1年，增殖阶段1~3年，猖獗阶段1~2年，衰退阶段1~2年，但1年1代的其持续期约7年、2年1代的14年、1年2代约为3.5年。如马尾松毛虫在四川、湖南、江西等省1年2~3代，3~4年大发生1次；落叶松毛虫在我国东北及前苏联1年1代或2年1代，多8~13年大发生1次。由于食叶害虫的突发性很强，虫灾一旦形成即使采取应急控制措施控制了局面，也会造成巨大的经济损失，对生态环境产生不良影响，因此掌握食叶害虫的这一危害规律，对于监测、预报其种群的发展趋势、进行预防十分必要。

三、发生及其指标

食叶害虫大发生的指标可区分为直接指标与间接指标。直接指标是绝对虫口密度，如1m^2落叶层下或表土层内越冬幼虫或蛹的平均数，一株树上越冬卵平均数等。相对虫口密度，即林分内害虫分布状况的平均值，如所调查的样方或标准木中被害虫寄居的样方或标准木的百分数。

繁殖系数　当年绝对虫口密度与去年绝对虫口密度之比叫繁殖系数。如这一系数小于1就意味着害虫种群数量在缩小，大于1则害虫数量在增长。如舞毒蛾在大发生的第1、2阶段，繁殖系数可达10~30，在第3阶段低于10，而衰退阶段则小于1。

分布系数　当年相对虫口密度与去年相对虫口密度之比为分布系数。若小于1，即林分内害虫的分布范围在缩小，反之则扩大。

猖獗增长系数　当年繁殖强度(或绝对虫口密度)与大发生前一年的繁殖强度(或大发生前一年的绝对虫口密度)之比。在大发生期内每年所求得的害虫猖獗增长系数可以说明害虫种群的增长速度、以及对林分的威胁程度。如较干旱的1959年舞毒蛾大发生时平均每株树上有健康卵为40粒，但1958年只有2粒，1960年则急剧增长到了800粒，那么1959年的猖獗增长系数为20，1960年为200。

害虫大发生时的质化指标即间接指标。它包括天敌的种群数量与活动程度，害虫的雌雄性比，蛹的质量与产卵量等。雌雄幼虫龄期相同的种类，通常有固定的雌雄性比；雌性幼虫龄期较长的种类如舞毒蛾、松毛虫等在大发生初始阶段雌性占优势，末期雄性占优势。某些害虫的产卵量在大发生前期常显著大于末期，产卵量常是用解剖虫体或称雌蛹质量的方法进行估算。

四、林木对食叶害虫的抗性

林木对食叶害虫的抗虫性表现往往与树木的种类、树龄、立地条件、生长状况、受害季节与受害频次，当时的气候条件，次期性害虫及病害侵染程度等因素有关。

一般情况下林木叶量损失30%甚至45%对其生长并不产生大的影响。但连续2年或多年的中等程度失叶，即损失50%～70%以上的叶量，径生长将减少70%～100%，如受害后害虫随即消退，第2年树木的生长将会恢复到失叶前期的水平。连续2年严重失叶达75%以上时，可能使树木对次期性害虫或病害浸染的敏感性增强，严重的会引起树木的死亡。生长在贫瘠立地条件下的树木，在异常的气候条件下，如干旱或水涝等，都会增加因虫害造成的失叶而带来的不利影响。松毛虫猖獗成灾后，继之而来的干旱天气往往是引起松树大量枯死的重要原因。

就树种而言，正常条件下由于阔叶树在受害后能较多地供应其所积累的营养，萌生第2茬新叶，其耐害性较针叶树为强；但失叶的时间是其受害严重性的关键，展叶早期及中期受害要比晚期严重，同一年份因两种害虫在萌叶早期和晚期的严重危害常可导致树木死亡。对于针叶树如云杉属、铁杉属的树木，如在仲夏针叶被食尽会导致树木死亡，仲夏后由于下一年的叶芽已全部形成，即使当年的针叶被全部取食也不会死亡，但如果连续2年严重受害就难免不死亡，但落叶松等落叶针叶树则有较大的耐害性。

第三节 重要的鳞翅目类食叶害虫及其防治

鳞翅目中枯叶蛾科的多种松毛虫是我国松林最严重的害虫，每年在许多地方常暴发成灾，使局部地区的松林成片枯死。危害阔叶树种的还有尺蛾类、天蛾类、舟蛾类、毒蛾、袋蛾、灯蛾及刺蛾类等。该类中的检疫害虫为美国白蛾。

一、枯叶蛾类

枯叶蛾科有7属82种(亚种)，包括只危害针叶树种的松毛虫属29种(包括亚种)、以及危害阔叶树种的枯叶蛾类，以松毛虫的危害性最大。

(一)松毛虫类

我国的松毛虫以马尾松毛虫危害最为严重，其次是落叶松毛虫、赤松毛虫、油松毛虫、云南松毛虫、思茅松毛虫 *Dendrolimus kikuchii* Matsumura。我国松毛虫的危害及分布区如下。①落叶松毛虫危害区，包括东北三省、内蒙古、河北北部、新疆阿尔泰林区。与油松毛虫、赤松毛虫分布北界接连，危害树种包括红松、落叶松、红皮云杉、冷杉等。②油松毛虫危害区，呈岛状分布于河北、山西、陕西、甘肃南部的黄土高原海拔800m以上的山地。危害松树种类有油松、华山松、白皮松和马尾松等。③赤松毛虫危害区，河北燕山、辽东努鲁儿虎山以南临近勃海、黄海沿岸至江苏灌云山地。主要危害赤松和黑松，局部地区有油松毛虫、柏松毛虫发生。④马尾松毛虫危害区，本种是典型的东洋区种类，分布于秦岭、长江以南山地及丘陵。海拔500m以下该虫林地猖獗，而在海拔较高的林地还有黄山松毛虫、天幕松毛虫、室纹松毛虫、思茅松毛虫、海南松毛虫和云南松毛虫等。⑤云南松毛虫危害区，西至昌都东部、北起四川北部山地、南至云南南部，包括云、贵、川海拔1 600～4 000m的地带，该虫常伴随思茅松毛虫在云南松和思茅松林内猖獗危害，也危害柳杉。局部地区德昌松毛虫、文山松毛虫、西昌松毛虫猖獗，海拔较高的林地还发生高山松毛虫、丽江松毛虫、双波松毛虫等。

马尾松毛虫 *Dendrolimus punctatus* (Walker)

成虫　灰褐、黄褐、茶褐、或灰白，雌蛾体色较浅。雄成虫翅展36.1～62.5mm，触角羽状；雌成虫42.8～80.7mm，触角栉齿状。前翅近长圆形的亚外缘斑列深褐或黑褐色，其内侧有3～4条不很明显而向外弓起的褐色横纹，中室端1白色小斑；后翅无斑纹(图10-2)。

卵　椭圆形，约1.5mm×1.1mm。初产淡红色，近孵化时紫褐色。

幼虫　3龄前体色变化较大。老熟幼虫体长38～88mm，棕红或灰黑色，纺锤形倒伏鳞片银白或金黄色。头黄褐色，胸部2～3节间背面簇生蓝黑或紫黑色毒毛带，带间银白或黄白色。腹部各节毛簇杂生的片状毛窄而扁平、先端突起刺状、成对排列，体侧生有许多灰白色长毛、近头部处特别长。中胸至腹部第8节气门上方的纵带上各1白色斑点。

蛹　长22～37mm，纺锤形，栗褐或棕褐色，密布黄色绒毛。黄褐色臀棘细长，末端钩状卷曲、排成小圈。茧长椭圆形、30～46mm，灰白色、羽化前污褐色，被覆稀疏黑褐色毒毛。

发生代数　1年2～3代，少数地区1年4代，温度高的地区年发生世代多，幼虫越冬现象不明显。完成1世代最短约50d，最长约310d。

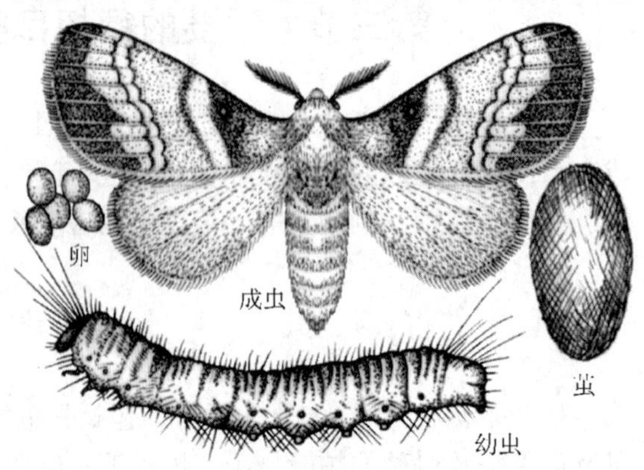

图10-2　马尾松毛虫

油松毛虫 *Dendrolimus tabulaeformis* Tsai et Liu

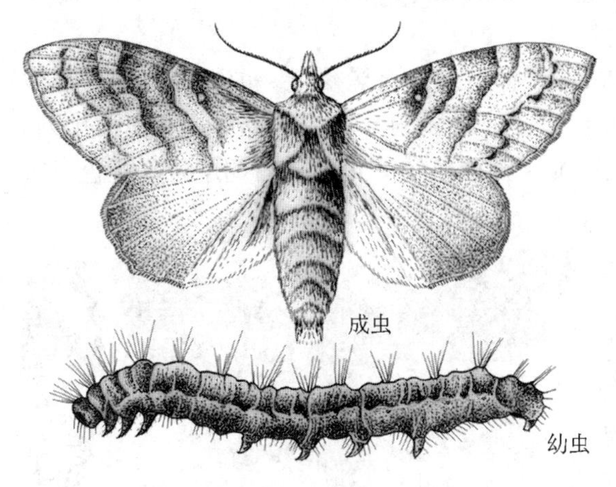

图 10-3　油松毛虫

成虫　翅展雌 57～75mm、雄 45～61mm，淡灰褐至深褐色，花纹清楚。雌蛾前翅中横线内侧和锯齿状外横线外侧 1 颇似双重的浅线纹，中室端白斑小，后翅中央弧形斑微弱。雄虫色深，前翅亚缘斑列内侧具淡褐色斑纹(图 10-3)。

卵　椭圆形，1.75mm × 1.36mm。精孔一端淡绿色，另一端粉红色。

幼虫　老熟时体长 55～72mm，灰黑色，体侧具长毛，花纹明显。头褐黄色，额区中央 1 深褐色斑；胸背毛带明显，腹背无纺锤形鳞毛，各节前亚背毛簇的片状毛窄而扁平、纺锤形，毛簇基部有短刚毛。体两侧各 1 时有间断的纵带，丛带上白斑不显，每节前方自丛带向下 1 斜斑。

蛹　长 20～33mm，栗褐或棕褐。臀棘末端卷曲成近圆形。茧灰白或淡褐色，被黑毒毛。

发生代数　1 年 1 代为主，四川 1 年 2～3 代、2 代为主。

赤松毛虫 *Dendrolimus spectabilis* Butler

成虫　翅展雄蛾 48～69mm、雌 70～89mm，灰白、灰褐或赤褐色。前翅中横线与外横线白色，亚外缘斑列黑色呈三角形，雌蛾亚外缘斑列内侧和雄蛾亚外缘斑列外侧的斑纹白色，雄蛾前翅中横线与外横线之间具深褐色宽带(图 10-4)。

卵　椭圆形，长 1.8mm × 1.3mm。初淡绿色，后粉红色、紫褐色。

幼虫　初孵体长 4mm，体背黄色、头黑色，体毛不明显。2 龄体背现花纹，3 龄后体背花纹黄褐、黑褐或黑色。老熟幼虫体长 80～90mm，体背第 2、3 节丛生黑毒毛，毛片束较明显。

蛹　纺锤形，长 30～45mm，暗红褐色。茧灰白色，附有毒毛。

发生代数　1 年 1 代，辽宁有 1 年 2 代。

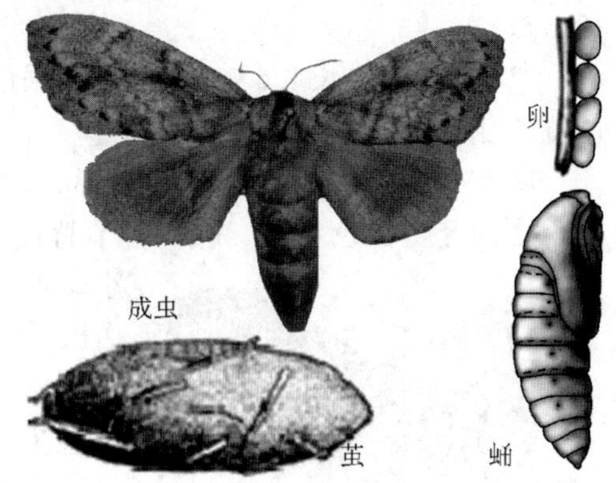

图 10-4　赤松毛虫

落叶松毛虫 *Dendrolimus superans* (Butler)

成虫　翅展雌70～110mm、雄55～76mm。体色灰白至黑褐色。前翅较宽而外缘波状，内、中及外横线深褐色，外横线锯齿状，亚外缘线的8个黑斑略呈"3"字形排列、最后两斑常连成一直线，中室端白斑大而明显，翅面斑纹变化大；后翅中区具淡色斑纹(图10-5)。

卵　近圆形，1.8～2.5mm×1.6～1.8mm，淡绿色至粉黄、红色。

幼虫　老熟时体长55～90mm，体色烟黑、灰黑或灰褐色杂有黄斑，被毛银白或金黄色。头褐黄色，额区及额傍区暗褐色，额中区1三角形深褐斑。中、后胸背面各1蓝黑色横毛带，胸、腹部毛片束中呈纺锤形的毛长而尖，腹背毛黑色，腹侧毛银白色，斑纹常不明显，第8腹节背面1对暗蓝色毛束。

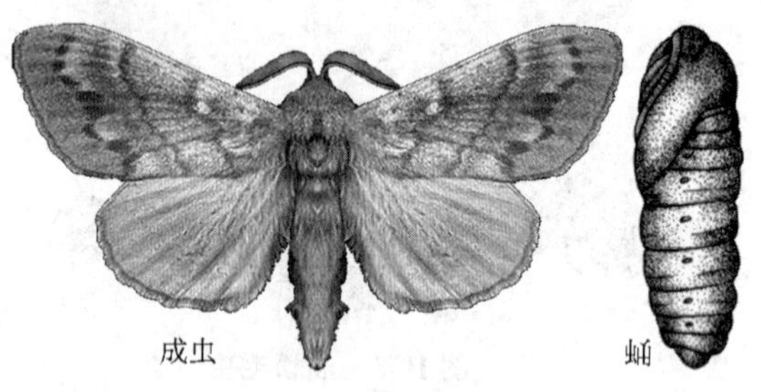

图10-5　落叶松毛虫

蛹　长40～60mm，黄褐或黑褐色，密被金黄色短毛。茧灰白或灰褐色，缀毒毛。

发生代数　1年1代或2年1代(跨3年)。

云南松毛虫(柳杉毛虫)*Dendrolimus houi* Lajonquiere

成虫　翅展雌110～120mm，雄70～87mm。体、翅灰褐、黄褐、棕褐等色。雌虫前翅较宽，有深褐色弧形线4条，外缘呈现弧形凸出，亚外缘斑列褐色，5、6斑最大，外横线呈稀齿状，中室下部色浅，中室端白斑明显；后翅外半部色深。雄虫体色较雌虫深，一般前翅4条横线不明显，亚缘斑列黑褐色较清楚。中室端白斑较雌虫清楚(图10-6)。

卵　椭圆形，长1.5～1.7mm，灰褐色，表面具有黄白色环状带纹3条，中间环带两侧各有1灰褐色圆点。

幼虫　老熟幼虫体长90～116mm，体黑色，中、后胸背面有黑色毒毛带，两毒毛带之间竖生白色毛片。腹部各节背面有2丛发达的黑色毒毛束，每节有4个白色小斑点、排列成四方形，第4～5节之间有1个灰白斑。

图10-6　云南松毛虫

蛹　纺锤形，长33.5～50.5mm，各节疏生淡红色短毛，腹末具钩状臀棘。茧长椭圆形，长60～80mm，枯黄色，表面杂有黑色毒毛。

发生代数　1年1～2代，云南1年2代，幼虫和卵同时越冬，贵州1年1代，以卵越冬。

(二)松毛虫、枯叶蛾的生物学特性

松毛虫及枯叶蛾一生经过卵、幼虫、蛹、成虫4个发育阶段。每一世代所需天数、一年发生的世代数因种和分布地区而异。

1. 卵期

卵主要产在针叶上或小枝上，数十至数百粒成块状或串珠状。孵化前如变黑，则表明多已被天敌寄生。

2. 幼虫期

虫龄、历期、食性、取食量、结茧及越冬等随虫种而异，低龄与大龄习性也有较大差别，一般6龄。

1~4龄　1~2龄群栖、受惊即吐丝坠落，便于调查，3龄后则分散。初孵幼虫有食卵壳习性，幼龄仅食针叶边缘，被害针叶稍后即干枯弯曲、易识别。4龄前食量小、抗逆能力弱、成活率低，并常可随风飘移，暴风骤雨可使死亡率达75%~95%。

5龄以上　5龄进入“壮龄”阶段、取食量剧增，末龄食量约占幼虫期总食量的60%~70%，雌性食量大于雄性。取食时常从针叶中部咬断、使端部掉落，加大林木针叶的损失量。当食料不足时，常大量爬行数十或数百米至他处继续取食；若食料严重缺乏则多数不能存活，6龄断食时存活率约33%，但雄性较多、雌性产卵量亦下降一半。

取食与排粪　松针酸性强、幼虫则衰弱、抗病力低。低温阴雨天，土壤肥沃的松林针叶酸性增高、不利幼虫生长；干燥暖和时，瘠薄土壤上的松林针叶酸性低、糖分含量高，幼虫体内脂肪含量增高、抗性强。幼虫的排粪量虽随龄期而增加，各龄幼虫一昼夜所排粪粒数量大致为70粒，但颗粒大小在各龄期不同，这一参数可用于调查和估测高大树体上的幼虫数量。

幼虫越冬　松毛虫和枯叶蛾多以幼虫越冬，少数以卵或蛹越冬。越冬和出蛰的数量和质量直接影响当年的种群数量。以3~5龄幼虫越冬者，虫龄、滞育情况、生活力强弱、冬前脂肪积累量、越冬和出蛰期参差不齐，但多数在晚秋气温连续数日下降至3~8℃时即开始潜藏越冬，早春日平均气温连续数日达8~10℃时开始上树取食。越冬场所随地区、冬季气温而不同，在气温较高的南方潜藏和蛰伏不甚严格，北方则需在树皮下、甚至潜藏至土壤中越冬。越冬死亡率一般约为20%，但在气候异常的年份、特别是早春气温连续数日达8~10℃、越冬幼虫出蛰后气温又突然下降，死亡率可高达90%以上。

3. 茧蛹期

老熟幼虫多2~10头群集于树上、地面杂灌等处结茧化蛹，虫茧附有幼体毒毛、触之可诱发炎症。在南方马尾松毛虫越冬代多于地面草丛、第1、2代多在树冠上结茧，落叶松毛虫、赤松毛虫多数在树冠针叶丛中结茧，油松毛虫在陕西北部多在地面隐蔽物下、河北和辽宁则主要在树冠上结茧，思茅松毛虫多在松针丛和树下阔叶灌木杂草叶背结茧。云南松毛虫在云南省多结茧于小枝条、很少见于针叶丛中，在浙江柳杉林中则结茧于针叶丛、地被灌木。蛹期15~20d，雌、雄比常为1∶1。但在松毛虫种群数量上升或消退期间，蛹的存活率，雌蛹比及蛹重变幅较大。

4. 成虫期

成虫口器退化、不再取食，其行为基本围绕羽化、交配、产卵、扩散等繁殖活动。

羽化 7～8月间成虫多在19:00～22:00羽化，雄蛾一般提早数日羽化。

释放性外激素与交尾 雌虫羽化后分泌性外激素引诱雄虫交尾，马尾松毛虫夏季第1代多在24:00至次日2:00分泌，羽化当晚80%即交尾，多只交配1次、少数2～3次，交尾多在19:00至次日5:00。常需交尾7h以上才能完成受精过程，凡交尾8h以上者，卵的孵化率可达90%以上；如少于6h则不能孵化。采用引诱等干扰其交配活动可降低下一代的数量。

寿命与产卵 卵多产于健康或受害较轻林分的松树上，产卵量随种类、世代和环境条件而变，一般产卵300～400粒，少者几十粒、多者900余粒。成虫寿命4～5d、最长约15d，寿命长则产卵次数多。如，落叶松毛虫成虫平均寿命10d、产卵2～10次，云南松毛虫与思茅松毛虫约10d，产卵2～5次，赤松毛虫6d、产卵2～5次，油松毛虫6d、产卵3～4次。但第一次产卵最多，达总产卵量的60%～70%。未交配的雌成虫产卵期推迟1d，产卵量很少，2～3d后卵干瘪死亡。

迁飞和扩散 幼虫在缺食的情况下被迫爬行迁移觅食、距离相当有限。雄蛾飞行能力较强、羽化较早，灯诱初期多系雄性。雌成虫迁飞距离受其腹中卵粒多少、风、食物、光源等因素的影响，在满腹怀卵时仅能作短距离滑翔飞行，如腹中部分卵已产出则飞行距离较远，如其所在松林松叶稀少则常迁飞至较远的健康或受害轻的松林产卵，但喜趋向于疏林、林缘或中龄林产卵，因而靠近光源的林分易受害。

(三)松毛虫灾害的发生特点

松毛虫灾害的发生，受其增殖能力、食物、天敌、气象、地理环境及人为因素的综合作用。气象因子直接影响松毛虫的生长发育，并通过对林分、天敌的影响而间接影响松毛虫的发育。

1. 立地类型

林分位置和类型如山势的高差、坡向、坡位、坡度等，常导致林分的温湿度、土壤和植被出现较大差异，进而影响松毛虫种群在林间的分布和发育，阳坡的种群密度常高于阴坡、西坡高于东坡，但坡度的大小可加强或减弱坡向的作用。如，湖南常德向阳南坡的马尾松毛虫幼虫可完成第2代发育的为18.1%，北坡仅0.45%。

2. 林分结构

松毛虫先在环境条件有利的林分中形成虫源地，经增殖、蔓延，而后逐步猖獗成灾。

纯林和混交林 纯林树种单一，林分结构和昆虫群落较为简单，害虫种类少、优势种突出；松毛虫种群一旦增殖，天敌的制约作用小、易猖獗成灾。混交林的林分结构和昆虫群落复杂，害虫、天敌间的食物网络较为稳定，对松毛虫种群的自控潜能大。如马尾松毛虫的寄生性天敌在纯林内一般不过10余种，在混交林内则是纯林中的数倍；在松、阔、灌多层结构的林分内，害虫、天敌昆虫、蜘蛛、鸟类的种群数量较单层纯马尾松林、复层松—阔混交林高出1～2倍以上。松林的混交类型、树种和比率不同，对抑制松毛虫猖獗的作用各异，马尾松与栎类混交、且覆盖率达90%时对松毛虫的抑制效

果最好。

树龄与树势　大部分食叶害虫在猖獗危害时几乎与树龄无关，但食料充足时则有偏嗜性。如马尾松毛虫在树龄不整齐的松林内，喜危害8～20年生、树高1～5m的松树；在10年生以下松林大部分幼虫越冬于树冠针叶丛中，在10～20年生的松林中部分越冬于树冠、部分越冬于树皮缝隙，在20年生以上的松林中大部分越冬于树皮裂缝中。

蜜源植物　林分中的蜜源植物是寄生性天敌成虫补充食料的主要来源，对延长其寿命、促进性成熟、提高产卵量等具有重要作用，较复杂的混交林中蜜源植物较丰富、天敌数量也较多。

3. 海拔高度

林分的海拔高度与林分的微气候、害虫及其寄主植物分布有关。如，马尾松毛虫在海拔400m以下低山丘陵区最易猖獗，其亚种德昌松毛虫则发生于500～1 000m的中山丘陵区，而另一亚种文山松毛虫的发生区则高达1 200m。因此，可将马尾松毛虫及其亚种的危害区划分为：海拔500～700m以上，低温多湿，日照短，一般不成灾的深山弱害地带；海拔400～500m，植被与林相复杂，天敌种类多，个别年份猖獗成灾，但持续时间短、发生面积小的浅山偶发地带；海拔200～300m，植被少，人畜活动频繁，天敌较少，马尾松纯林多、长势较差而稀疏的丘陵猖獗地带。

4. 天敌的影响

松毛虫类的天敌是调控松毛虫种群数量的重要因素。如，马尾松毛虫的天敌达250余种(1986)，其中寄生蜂61种、寄蝇11种、捕食性昆虫58种、鸟类91种、蜘蛛18种、其他捕食性动物6种、病原真菌5种、病原细菌5种及病毒3种。

各种天敌对松毛虫的危害有着明显的抑制作用。如，广西钦州某林场马尾松毛虫第3代卵期的被寄生率达81.6%(1986)。湖南浏阳封山区第2、3代马尾松毛虫卵的被寄生率分别为45%、68%和56%，越冬代及第1代蛹期寄生与捕食率分别为53%和44%(1985)。吉林辽源落叶松林中赤眼卵蜂、落叶松毛虫黑卵蜂及平腹小蜂等对落叶松毛虫卵期的寄生率为53.6%，幼虫期寄生率为44.6%，幼虫—蛹的寄生率达79.3%(1981)。蜘蛛、螳螂、蚂蚁、胡蜂、鸟类等捕食性天敌对松毛虫也有明显的控制作用，在广西，双齿多刺蚁对马尾松毛虫1～3龄幼虫的捕食率达95%以上，斜纹猫蛛捕食1～3龄幼虫12头/d、最高可达25头/d，1只大山雀在育雏期间可捕食幼虫2 000～3 000头，1只杜鹃可捕食300头/d。

此外，大面积营造的人工纯松林是松毛虫繁衍和危害的基础，林地贫瘠、松林生长不良、采樵、放牧，常致使松毛虫猖獗危害。防治决策及采取的措施不当或贻误防治时机，将坐视虫灾形成和发展；在虫灾已明显形成的情况下大面积应用杀虫剂突击防治，虽能使虫灾急剧消退、避免危害，但却大量杀伤了天敌、恶化了生态环境，将使限制松毛虫种群的自然因素丧失，导致松毛虫灾害形成恶性循环。

二、其他食叶蛾类

除松毛虫外，危害林木的蛾类还包括天蛾类、尺蛾类、舟蛾类、毒蛾类、灯蛾类、夜蛾类、刺蛾类、小蛾类、卷蛾类、螟蛾类、蚕蛾类与蝶类，重要种类如下。

(一)天蛾类

天蛾为大型种类，当环境条件适合其繁衍时仍能大量发生造成较重危害。重要的种类有分布于华北、华中、华南等地危害泡桐、梓、梧桐等树种的霜天蛾 *Psilogramma menephron* (Cramer)，分布于新疆、宁夏、甘肃等地的合目天蛾 *Smerinthus kindermanni* Lederer，分布于新疆、内蒙古、宁夏、山西和河南等地危害沙枣的沙枣白眉天蛾 *Celerio hippophaes* Esper，分布西北地区危害胡杨的弧目大蚕蛾 *Neoris haraldi* Schawerda 等。

(二)尺蛾类

尺蛾类幼虫又称尺蠖，突发性强，常常在短期内将植物叶片吃光。除下述种类外，重要种类还有分布于河南等地危害刺槐的刺槐尺蠖 *Napocheima robiniae* Chu，分布于华北、华中、台湾、广西、四川、云南等地危害木橑、核桃、榆、桑等的黄连木尺蛾(木橑尺蠖) *Culcula panterinaria* Bremer et Grey，分布于华中、华南危害油桐、油茶、肉桂、板栗等的油桐尺蛾 *Buzura suppressaria* Guenée，分布于广西等地危害马尾松等松树的松尺蠖 *Ectropis bistortata* Rebel，分布于河南、陕西等地危害栎类植物的栓皮栎波尺蠖 *Larerannis filipjevi* Wehrli 和栓皮栎尺蠖 *Erannis dira* Butler，分布于河北、山西、浙江、安徽、山东、河南、陕西等地危害枣树、苹果的枣尺蠖 *Chihuo zao* Yang，分布于甘肃冷杉林上的冷杉尺蠖 *Bupalus vestalis* Staudinger 等。

春尺蠖 *Apocheima cinerarius* Erschoff

分布于西北、华北、山东前苏联。危害沙枣、桑、榆、杨、柳、槐、核桃、苹果、梨、沙果等，是我国北部地区主要食叶害虫之一。

形态特征(图10-7)

成虫　雄成虫翅展28～37mm，体灰褐色，触角羽状。前翅淡灰褐至黑褐色，有3条褐色波状横纹，中间1条常不明显。雌成虫无翅，体长7～19mm，触角丝状，体灰褐色，腹部背面各节有数目不等的成排黑刺、刺尖端圆钝，臀板上有突起和黑刺列。因寄主不同体色差异较大，可由淡黄至灰黑色。

卵　椭圆形，长0.8～1mm，有珍珠光泽，卵壳刻纹整齐；灰白或赭色，孵化前深紫色。

幼虫　老熟时体长22～40mm，灰褐色。腹部第2节两侧各1瘤突，腹线白色，气门线淡黄色。

蛹　长12～20mm，灰黄褐色，臀棘分叉，雌蛹体背有翅痕。

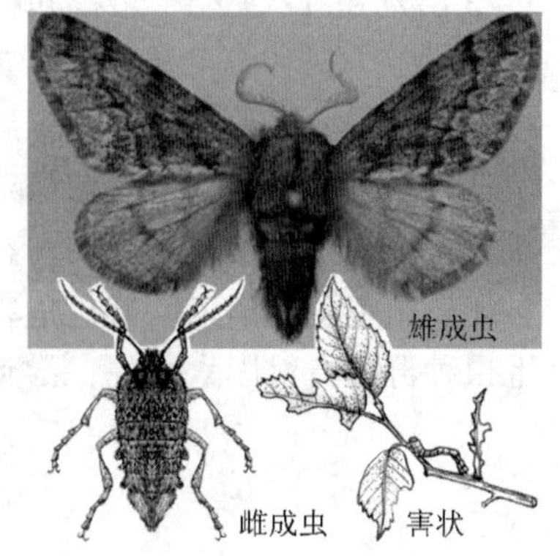

图10-7　春尺蠖

生物学及习性

1年1代，以蛹在干基周围土壤中越夏、越冬。2月底3月初当地表3～5cm处地温达0℃时开始羽化出土，3月上、中旬见卵，4月上旬至5月初孵化，5月上旬至6月上旬幼虫开始老熟，入土化蛹越夏、越冬。雌蛾寿命约28d，雌蛾发生高峰与孵化高峰期距20～

39d，卵块始孵期至孵化峰期为6～9d，预蛹期4～7d，蛹期9个月，卵的发育起点温度为1.74℃，有效积温为235.4日·度，幼虫5龄。蛹重和幼虫期的营养有关，正常时为0.205g/头，食料不足时0.097g/头。

成虫多在下午和夜间羽化出土，雄虫有趋光性，白天多潜伏于树干缝隙及枝叉处，夜间交尾，卵成块产于树皮缝隙、枯枝、枝杈断裂等处，每雌产卵200～300粒。初孵幼虫取食幼芽和花蕾，较大则食叶片；4～5龄虫耐饥能力强，可吐丝借风飘移传播到附近林木危害，受惊扰后吐丝下坠，随即又收丝攀附上树；老熟后下地，在树冠下土壤中分泌黏液硬化土壤作土室化蛹，入土深度16～30cm者约占65%，最深达60cm，多分布于树干周围，低洼处尤多。幼虫期蛀姬蜂的寄生率为27%，春尺蠖NPV病毒对防治幼虫很有效。

(三)舟蛾类

舟蛾科(天社蛾科)多是林木害虫，少数危害禾本科农作物。除下述种类外，重要的还有分布于河南等地的栎褐舟蛾 *Phalerodonta albibasis* (Chiang)，分布于东北、河北、山东、湖南、四川等地的栎粉舟蛾 *Fentonia ocypete* Bremer，除西藏外分布全国危害杨、柳的杨扇舟蛾 *Clostera anachoreta* van Eecke，分月扇舟蛾 *Clostera anastomosis* Scopoli，主要分布于山东的莒南、临沭的腰带燕尾舟蛾 *Furcula lanigera* (Butler)，分布于华东、华南及西南等地的竹镂舟蛾 *Loudonta dispar* Kiriakoff，分布于浙江、江西、台湾、湖北的山核桃舟蛾 *Quadricalcarifera cyanea* (Leech)，分布于黑龙江的带岭、吉林长白山的中带齿舟蛾 *Odontosia arnoldiana* Kardakoff，分布于广东、云南、台湾、香港等地的龙眼蚁舟蛾 *Stauropus alternus* Walker 等。

竹篦舟蛾 *Besaia goddrica* Schaus

分布于陕西及长江以南各地，危害竹类，在浙江、安徽等地具有暴发危害性。

形态特征(图10-8)

成虫　雌体长20～25mm、翅展50～58mm，雄体长19～23mm、翅展43～51mm；体灰黄至灰褐色、前毛簇、基毛簇及翅基片具密毛。雌虫前翅黄白至灰黄色，斑纹色浅、缘毛色深，顶角至外横线下1灰褐色斜纹，臀角区灰褐色。雄虫前翅灰黄色，前缘黄白色，中区1暗灰褐色的纵线具浅黄白色边，外缘线脉间黑点5～6个，亚外缘线由10余个黑点组成；缘毛及外缘线处灰黄色，余为深灰褐色。

卵　卵圆形，1.4mm×1.2mm，乳白、平滑、无斑纹。

幼虫　初孵幼虫体长3mm，淡黄绿色。老熟幼虫体长48～62mm，粉绿色；粉青色背线、亚背线、气门上线各1黄色狭边，气门下线黄色，上颚、触角处至单眼下方以及气门线深棕色。前胸气门处棕红色，气门黄白色其后方各1黄点。

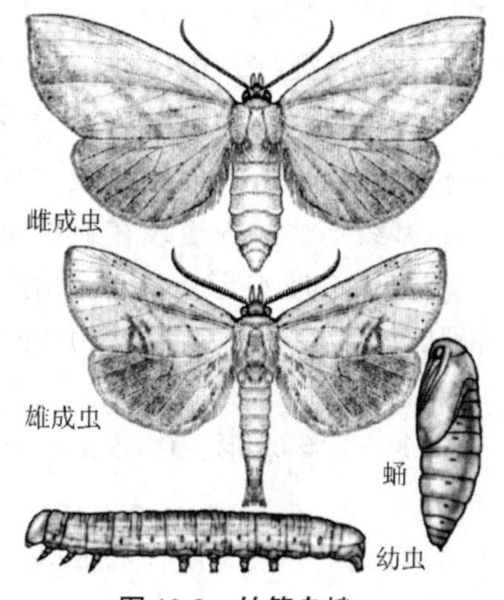

图10-8　竹篦舟蛾

蛹　体长20~26mm，红褐至深褐色。臀棘8根，分成6根、2根两列。

生物学及习性

浙江1年4代，以幼虫在竹株上越冬，冬季气温高时仍继续取食，3月份食量增大，4月上旬幼虫老熟。成虫期为4月初至6月上旬、6月上旬至7月中旬、8月上旬至9月中旬、9月中旬至11月上旬。幼虫期为4月底到7月初、6月下旬到8月底、8月中旬到10月中旬、10月初到下年5月上旬。各代发生期与当年气温关系密切，常提前或退迟约20d。

各代幼虫龄数为1代5~6龄，3代6龄，第2、4代为6~7龄；幼虫历期24~32d、25~35d、26~40d、167~188d；预蛹期为1~3代2~5d，4代3~9d；蛹期5~14d、6~18d、14~18d及14~23d；各代幼虫食叶量412cm^2、390cm^2、336cm^2、325cm^2；各代产卵量300粒、157.6粒、210.2粒、289.2粒，卵期6~10d；成虫寿命雄3~10d，雌5~14d、产卵期4~12d。

19:00~1:00羽化的成虫占85%以上。雄成虫羽化较早。交尾1次，次日下半夜及清晨交尾最多；白天静伏、夜间活动，有趋光性，常成群飞迁吸水；散产或聚产卵于竹叶背面，每卵块4~10粒，中、下部竹叶上着卵多。雌虫怀卵多达300粒，产卵后即死、但有遗腹卵。初孵幼虫约食去大半卵壳后分散静伏4~12h再在竹叶边缘取食，未取食卵壳者不能化蛹而死，其食量为幼虫期的0.18%~0.29%；以后每龄食量约递增2~3.5倍，最后两龄食叶量递增4.8~6倍，末龄占幼虫总食量的72%~83%、每天可食叶15~20片即120.13cm^2。2龄幼虫排粪为食物干重的45%，4龄约52%，老熟幼虫65%以上。老熟幼虫后坠地或下地于土层疏松处入土2~3cm作土室化蛹。松毛虫赤眼蜂寄生率5%~15%、舟蛾黑卵蜂寄生率15%~56%，幼虫期天敌有茧蜂、瘦姬蜂、伞裙追寄蝇、蚂蚁、蜘蛛、黄足猎蝽及鸟类；幼虫至蛹期舟蛾啮小蜂、细颚姬蜂寄生率5%~15%。

杨小舟蛾 *Micromelalopha troglodyta* Graeser

分布于东北、华北、华东、华中、陕西、四川等地，是危害杨、柳的主要害虫之一。

形态特征(图10-9)

成虫　翅展24~26mm。体黄褐、红褐、暗褐色。前翅3条灰白色横线，每线两侧均具暗边；基线不清，内横线在亚中褶下分叉，外横线波浪形，波浪形亚外缘线由脉间黑点组成、横脉处1小黑点。后翅臀角1赭色或红褐色小斑。

卵　半球形，0.65mm，初黄绿色，渐褐色。

幼虫　共5龄，各龄体长为2.15mm、4.92mm、8.50mm、14.72mm、22.27mm，头宽

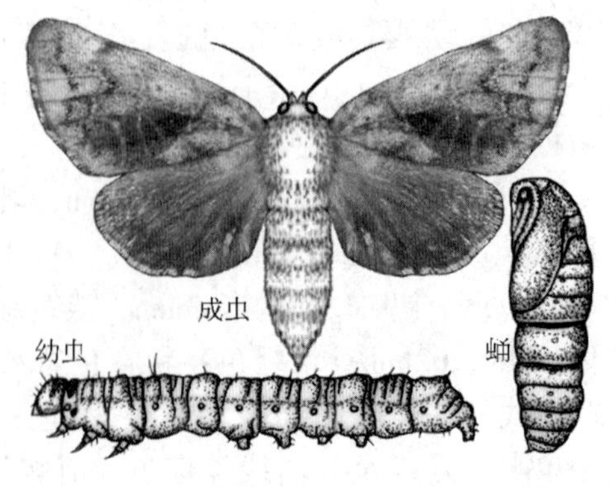

图10-9　杨小舟蛾

0.39mm、0.65mm、1.22mm、1.75mm、2.74mm。1龄体鲜黄色或黄褐色、头黑色；2龄黄绿色、头黑色，腹背第1、3、7、8节红斑中具黑色毛片；3龄黄绿色、头顶单眼区黑色，腹部仍具红斑；4龄黄色、头黄绿色但头顶具“八”字形黑纹，各节毛瘤和毛片显著，前胸2对黑纹，腹部仍有红斑，体侧色带灰黑色；5龄灰褐色、头顶具“八”字形黑纹，体侧黄色纵带中具黑色纵纹，前胸2对黑色横斑，腹部具黑色月牙形、“V”形斑及斜纹，各节毛瘤和毛片增大；腹部第1、8节背面肉瘤较大。

蛹 黑褐、红褐、褐色，近纺锤形，长12.44mm、宽4.39mm；背纵脊略见、胸部背板具横皱纹及短纵纹；腹部节间缢缩明显，第4~8节基部具刻点，腹末臀刺短而平截。

生物学及习性

吉林1年2代，河南1年3~4代，陕西1年4~5代，江西1年5代，以蛹越冬。在陕西关中以2~3代危害严重，次年4月中旬成虫开始羽化，预蛹期1~2d，蛹期6~10d，产卵前期1~4d，卵期5~6d，幼虫期17~24d，成虫寿命3~12d。各代幼虫发生期为4月下旬至6月上旬、5月下旬至7月下旬、6月下旬至8月上旬，越冬代7月下旬至10月中旬缀叶或在树皮缝或地面杂物下结薄茧化蛹越冬，局部世代8月中旬至10月上旬。成虫发生期5月下旬至6月下旬、6月下旬至7月下旬、7月下旬至8月下旬，局部世代8月中旬至9月中旬。

成虫昼伏夜出，趋光，白天隐藏，有多次交尾习性，20:00后多卵产于叶上；每雌产卵70~410粒，卵块单层、有卵70~329粒，散产卵多不孵化。幼虫5龄，初孵幼虫在叶背群集取食、被害叶具箩网状透明斑，稍大后分散蚕食、仅留叶脉，4龄后进入暴食期，7、8月高温多雨季节危害最烈。幼虫行动迟缓，白天隐伏于树皮缝隙或枝杈间、夜出取食、黎明又潜伏；老熟后下树化蛹。各虫态发育起点为卵6.18℃、幼虫6.54℃、蛹7.67℃、成虫14.37℃，有效积温卵为80.27日·度、幼虫379.96日·度、蛹143.56日·度、成虫57.79日·度。各代种群消长指数为5.47、2.35、1.24、0.39、0.13。该虫嗜食黑杨派树种，白杨派受害轻微，青杨派几乎不受害；大龄树受害重于小树，树皮粗糙者受害重，树下杂物、杂草多者受害重。天敌有蜘蛛、蠋蝽、毛虫追寄蝇，而舟蛾赤眼蜂、杨扇舟蛾黑卵蜂与扁股小蜂在第四代的混合寄生率可达85%~96%，广大腿小蜂对越冬蛹的寄生率达70%以上。

(四)毒蛾类

毒蛾类是鳞翅目害虫中另一大类群，除下述种类外，重要的种类还有分布于东北、西北及山东等地的灰斑古毒蛾 *Orgyia ericae* Germar，分布于河南及长江以南各地的乌桕(枇杷)黄毒蛾 *Euproctis bipunctapex* (Hampson)，分布于台湾、华南及西南等地的棉古毒蛾 *Orgyia postica* (Walker)，主要分布于云南红河州地区的褐顶毒蛾 *Lymantria apicebrunnea* Gaede，分布于新疆、黑龙江的缀黄毒蛾 *Euproctis karghalica* Moore，分布于江西、江苏、浙江等地的雀茸毒蛾 *Dasychira melli* Collenette，分布于东北、华北、西北等地的茸毒蛾 *Calliteara pudibunda* Linnaeus 等。

茶毒蛾 *Euproctis pseudoconspersa* Strand

又名茶毛虫。分布于国内茶产区及日本。危害油茶、茶、乌桕、油桐、柿、枇杷、柑橘、玉米等。先食嫩梢后食叶、嫩枝皮及果皮。使茶籽减产，影响树木生长。

形态特征(图10-10)

成虫　翅展雄20~26mm，雌30~35mm。雄成虫翅棕褐色，布黑色鳞片；前翅橙黄色，中部2黄白色横带，顶角和臀角各1黄色斑，顶角黄斑内2黑色圆点；内、外横线橙黄色。雌成虫腹末有黄毛簇。春秋季体翅黑褐色。

卵　扁圆、淡黄色，0.6~0.8mm。卵块覆盖黄色绒毛。

幼虫　老熟幼虫体长18~25mm，体、头黄棕色，头部具褐点；气门上线褐色，具1白线，第1~8腹节亚背线上的黑褐色毛瘤上生黄白色长毛。

蛹　长18~20mm，亮黄褐色，被黄褐色细毛，臀棘细钩状，20余根。茧土黄色。

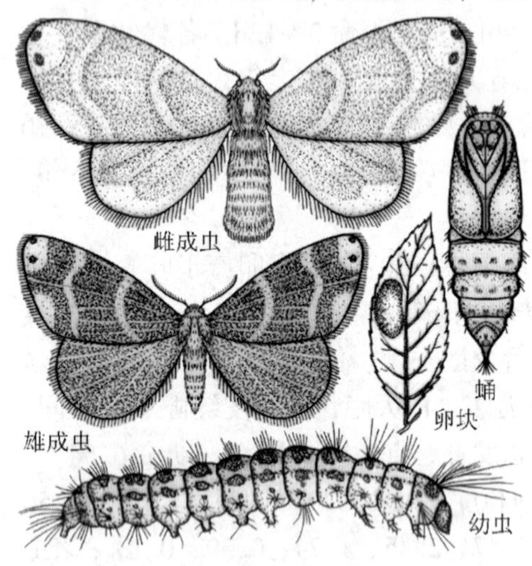

图10-10　茶毒蛾

生物学及习性

在江苏、浙江、安徽、四川、贵州及陕西1年2代，江西、湖南、广西1年3代，福建1年3~4代，台湾1年5代；以卵在树冠中、下层萌芽条上或叶背越冬。在湖南，卵期分别为：越冬代115~120d、12~15d、7~13d，幼虫期49~52d、24~34d、31~35d，幼虫6龄，蛹期10~14d、12~21d、23~31d，成虫寿命2~11d。

成虫夜间活动，有趋光性，性诱能力强烈；交尾当天或次晚产卵，喜产于生长茂盛的茶林及较矮的植株、萌条上，卵块椭圆形，覆体毛，2~3层排列，有卵30~200粒。3龄前幼虫群集取食叶肉，被害叶呈网状而枯萎，受惊即吐丝下坠；3龄后成群迁至树冠食叶，常群集结网；老熟幼虫群集下树于枯落物下、树干间缝及表土层下结茧化蛹，以阴暗潮湿处为多。幼虫怕光及高温干旱，中午及蜕皮前常吐丝下坠或迁至树冠下阴凉处，约16:00又上树危害。天敌以核多角体病毒最有利用价值。寄生天敌卵期有黑卵蜂、赤眼蜂，幼虫期有绒茧蜂、日本黄茧蜂、3种姬蜂、2种寄蝇，及捕食天敌有步甲、螳螂、蜘蛛、两栖类等。

舞毒蛾 *Lymantria dispar* (Linnaeus)

分布于除西藏外全国各地，为世界性林木大害虫，取食500余种植物，栎、杨、柳、榆、桦、槭、楸、油松、云杉、柳杉、柿及蔷薇科受害重。

形态特征(图10-11)

成虫　翅展雄37~57mm，雌58~80mm。雄虫头黑褐色，触角栉齿褐色；胸、腹及足褐棕色。前翅灰褐色，翅基及中室处1黑点，横脉上具黑褐色弯月纹，波浪形内、中横线及锯齿形外横线与亚外缘线黑褐色；后翅黄棕色，缘毛棕黄色；前后翅外缘各1列黑褐色点，翅反面黄褐色。雌虫前翅黄白色，中室横脉1“<”形黑褐色斑，腹末毛丛黄褐色；其他同雄成虫。

卵　扁圆形，直径1.3mm，初期杏黄色，后紫褐色，卵块被黄褐色绒毛。

幼虫　1龄黑褐色，刚毛长、并具泡状毛；2龄黑褐色，胸腹2黄斑；3龄黑灰色，斑纹增多；4～5龄褐色，头面2黑条纹；6～7龄黄褐色，淡褐色头部散生黑点、“八”字纹宽大；老熟幼虫体长50～70mm，头黄褐色，体黑褐色，亚背线、气门上线与下线处的毛瘤成6列，第1～5和第12节背毛瘤蓝色，第6～11节橘红色，体侧小瘤红色；足黄褐色。各龄头宽为0.5mm、1.0mm、1.8mm、3.0mm、4.4mm、5.3mm、6.0mm。

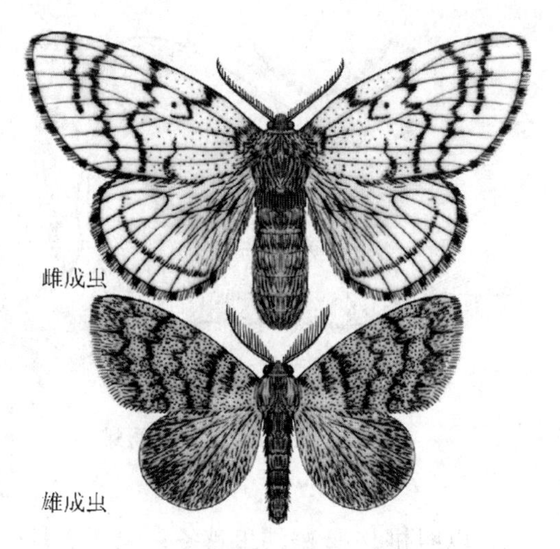

图10-11　舞毒蛾

蛹　长19～34mm，红褐或黑褐色，各腹节背毛锈黄色。臀棘钩状。

生物学及习性

1年1代，以完成胚胎发育的幼虫在卵内越冬。4月下旬至5月上旬孵化，初孵幼虫群集食卵壳，后上树取食嫩芽及叶，并可吐丝下垂，随风传播较长距离、体毛起“风帆”作用。2龄后白天潜伏于落叶、树缝等处，黄昏后上树危害；食料缺乏时大龄幼虫成群爬迁。6月中旬至7月上旬老熟幼虫在枝叶间、树干缝隙与孔洞、地面杂物等隐蔽处吐薄丝化蛹，6月底开始羽化，7月中、下旬为盛期。幼虫期约45d，雄幼虫5龄、雌6龄，食物不良时7龄，蛹期12～17d。

雄虫活跃，白天于林间飞舞觅偶，故称舞毒蛾；雌虫较呆滞，以性信息素吸引雄虫，交尾后在化蛹场所甚至墙壁、屋檐下、树干等处产卵；每雌可产卵400～1 500粒。该虫多发生在郁闭度0.2～0.3、无林下木的通风透光或新砍伐的阔叶林中，郁闭度大的复层林很少成灾。其猖獗周期约为8年(准备期1年、增殖期2～3年、猖獗期2～3年、衰亡期3年)。舞毒蛾核型多角体、质型多角体病毒有利用价值；其他寄生性天敌有3种寄蝇、2种寄生蜂、1种线虫；以及步甲、蜘蛛、鸟等捕食性天敌。

刚竹毒蛾 *Pantana phyllostachysae* Chao

分布于四川、华南、西南，危害竹类。严重时食尽竹叶，使竹节积水，被害竹死亡、竹笋减少。浙江、江西常暴发成灾。

形态特征(图10-12)

成虫　翅展雌32～35mm、雄26～30mm，体黄色，复眼黑色，触角栉齿灰黑色。雌成虫前翅浅黄色，雄成虫前翅后缘中央1橘红色斑。足黄白色，后足胫节距1对。

卵　鼓形，高0.8～0.9mm。淡黄色。顶中略凹处1浅褐斑，顶缘1浅褐环纹。

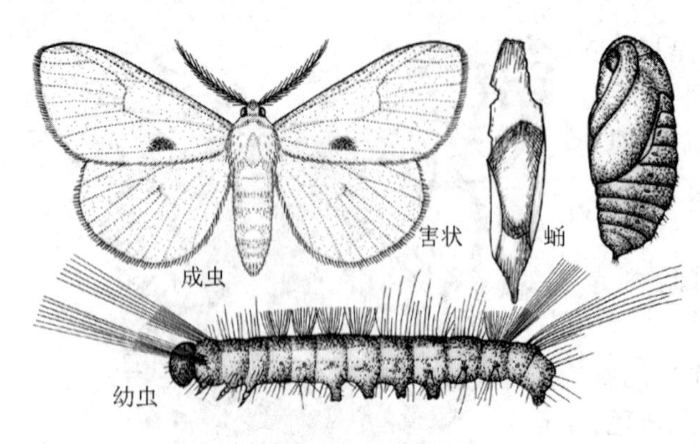

图 10-12 刚竹毒蛾

幼虫 老熟幼虫体长 20～25mm，灰黑色，被短黄毛和黑长毛。前胸背板两侧各 1 束前伸的灰黑色羽状毛；第1～4、8 腹节背中央红棕色毛束长刷状。

蛹 体长 9～14mm，黄棕或红棕色，各节被黄白色绒毛，臀棘钩刺 30 余根。薄丝茧椭圆形，长 15mm，土黄色，附毒毛。

生物学及习性

浙江和福建 1 年 3 代、江西 14 代，以卵和 1～2 龄幼虫越冬；翌年 3 月中旬越冬幼虫开始活动、取食，越冬卵 4 月上旬孵化结束。浙江幼虫期为 3 月中旬至 6 月上旬、6 月下旬至 8 月上旬、8 月中旬至 10 月上旬；成虫期 5 月下旬至 7 月上旬、7 月下旬至 9 月上旬、10 月上旬至 11 月上旬。江西幼虫期3 月中旬至5 月上旬、5 月下旬至6 月上旬、7 月上旬至8 月上旬、8 月上旬至 10 月上旬、11 月上旬以 1～2 龄越冬；成虫期 5 月上旬至 6 月上旬、6 月下旬至 7 月中旬、8 月中旬至 9 月上旬、10 月上旬至 11 月上旬。

成虫多在清晨和傍晚羽化，白天静伏于竹枝叶丛，夜晚活动，趋光性强。羽化不久即交尾，约半天即产卵、约持续 2～3d。每卵块约 40 粒、单双行纵列，每雌产卵 120～160 粒，雌虫寿命 5～10d。卵期 6～12d，初孵幼虫食卵壳后群集叶背取食，3 龄后分散、食量渐增，5 龄在竹梢叶部取食、食量最大；各龄幼虫均有吐丝下垂、转移取食及假死习性，遇惊即弹跳坠地；冬季气温达 8℃以上时越冬幼虫可继续取食，低温致死率 70%～90%；夏季中午酷热时即避于阴凉处，后复上竹取食。老熟幼虫多在竹秆上部及叶丛或林下草灌及笋箨内结茧，前蛹期 2～3d，蛹期 6～15d。

该虫多发生于山洼、阴坡密林处，再向山脊阳坡蔓延。春天低温、夏日高温、秋天干旱不利其发生，暴风雨能使虫口密度急剧下降。捕食性天敌有蚂蚁、猎蝽；卵期寄生性天敌有黑卵蜂、旋小蜂及跳小蜂；幼虫期有绒茧蜂、黑瘤姬蜂、日本追寄蝇、白僵菌等。旋小蜂寄生率达 50.3%，黑卵蜂 73.6%，绒茧蜂 10%，寄生蝇 32.6%。

蜀柏毒蛾 *Parocneria orienta* Chao

又名柏毛虫、小柏毛虫等。主要分布于浙江、湖北、四川等地，以幼虫取食柏科植物鳞叶尖端、新萌嫩叶，大发生时常将鳞叶食尽、仅留枝条，致使枝条枯死。与该种近似的为分布于陕西、华北、华中的侧柏毒蛾 *Parocneria furva*（Leech）。

形态特征(图 10-13)

成虫 雄虫体长 12～15mm，翅展 29～35mm。触角淡褐、栉齿黑褐色。头和胸部灰褐色，有白毛。足灰褐色，有白斑。前翅白色或褐白色，中区和外区密布褐色或黑褐色鳞片；斑纹较模糊，褐色或黑褐色；基线不清晰；亚基线斑点状；内横线和中横线锯齿状，外横线、亚外缘线深锯齿形；外缘线由一列点组成；缘毛白色、褐色或黑褐色相

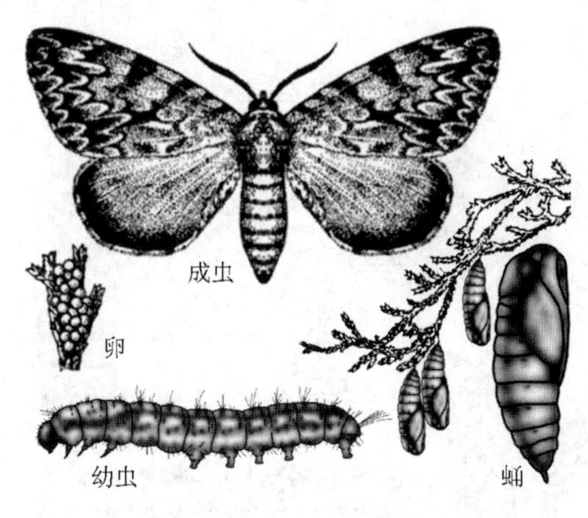

图 10-13　蜀柏毒蛾

间。雌虫体长 18～20mm，翅展 33～45mm。颜色较浅，斑纹较雄蛾清晰；后翅灰白色，外缘褐色或黑褐色。

卵　扁圆形，直径 0.6～0.8mm，背面中央有一凹陷。初产时暗绿色，随发育逐变为灰黄色、灰褐色，孵化前为黑褐色。

幼虫　体长 22～42mm。头部褐黑色，体绿色，背面和侧面有灰白色和灰褐色斑纹，瘤红色，瘤上生白色和黑色毛。

蛹　长 12～20mm，绿色或灰绿色，腹部有黄白色斑。

生物学及习性

在四川 1 年 2 代，以第 2 代幼虫或卵越冬。次年 2 月上旬越冬代出蛰危害，幼虫暴食期在 4 月下旬到 5 月中旬，成虫羽化盛期在 6 月上旬至 6 月中旬。5 月下旬第 1 代幼虫危害、暴食期在 8 月中旬至 9 月中旬，10 月上旬至 10 月下旬为成虫羽化盛期。第 2 代卵 10 月至 12 月陆续孵化，而后越冬。

成虫多在黄昏羽化、活动，趋光性强烈，越冬代寿命 8.1d、第 1 代 10.9d；白天静伏于枝叶间，多在树冠、树干上交尾。卵多聚产于树冠中或下部鳞叶背面、小枝及小枝分叉处，卵块几粒至上百粒。越冬代产卵量 240～320 粒、最多 613 粒，第 1 代 180～260 粒。第 1 代卵期 14.3d，发育起点温度为 18.78±0.18℃，有效积温 72.54±2.56 日·度；卵在 22.2～26.2℃条件下，淡绿色期为 2.66±1.1d，灰黄色期为 2.3±0.45d，灰褐色期为 5.50±1.27d，黑褐色期为 3.89±0.46d。幼虫 6 龄，越冬代 2 龄 18.6d、3 龄 16.0d、4 龄 13.5d、5 龄 11.8d、6 龄 12.5d，第 1 代 1 龄 12.3d、2 龄 11.8d、3 龄 13.9d、4 龄 14.1d、5 龄 12.9d、6 龄 14.0d。老熟幼虫常吐少量丝缀叶或倒悬于枝叶上化蛹，越冬代蛹发育起点温度为 17.97±1.65℃，第 1 代为 12.23±0.94℃，越冬代有效积温为 68.91±22.7 日·度、第 1 代为 115.53±15.89 日·度。

初孵幼虫多集中取食卵壳、食树叶者少，遇风干扰则吐丝下垂、随风传播；而后取食幼嫩鳞叶及小枝顶芽、使枝叶停止生长，大龄取食老叶甚至嫩枝，使其枯黄甚至死亡。该虫常在海拔 400～600m 的林区成灾，纯林受害重于混交林；幼虫的空间分布型为均匀分布，在虫口密度大时有向随机分布转化的趋势。卵期天敌主要有黑卵蜂，越冬代寄生率达 74%、第一代寄生率达 80%；幼虫期有寄生率为 20%～30% 的毒蛾绒茧蜂，以及寄生蝇、蜀柏毒蛾颗粒体病毒。

木毒蛾 *Lymantria xylina* Swinhoe

又名木麻黄毒蛾、黑角舞蛾，分布于福建、浙江、广东、台湾；日本、印度。幼虫取食木麻黄、相思、刺槐、栎、柳、枫杨、杧果、荔枝、龙眼、木波罗、番石榴等 30 余种植物叶和嫩枝，严重影响其生长乃至枯死。

形态特征(图10-14)

成虫　雌成虫体长22～23mm，翅展30～40mm；黄白色，头顶鳞毛红白色。前翅亚基线、内横线短，外横线呈1黑棕色宽带状，外缘毛具8个近方形灰棕斑，后翅的外缘毛亦具方形斑。足黑色、仅基节端部及腿节外侧红色，中后足胫节各2距。腹部黑灰色、第1～4节背板后半部红色。雄蛾体长16～25mm，翅展21～31mm，灰白色，触角羽状、黑色，前翅前缘近顶角处3黑点，中横线、外横线明显，内横线明显或部分消失。

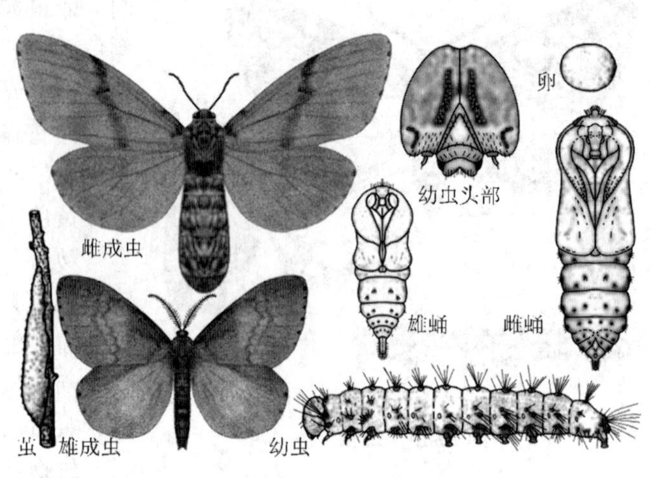

图10-14　木毒蛾

卵　扁圆形，1.0～1.2mm×0.8～0.9mm，灰白至微黄色。卵块长牡蛎形，灰褐至黄褐色。

幼虫　体长38～62mm，头宽5.2～6.5mm，黑灰或黄褐色。冠缝两侧具“八”形黑斑，单眼区具“C”形黑斑，胸、腹部各节毛瘤3对；亚背线毛瘤在胸部第1～2节蓝黑色、偶紫红色，腹部第3节黑色、第4～11节紫红色，腹末节毛瘤长牡蛎形、红褐至黑褐色。趾钩单序中列式。翻缩腺圆锥形、红褐色。

蛹　雌蛹长22～36mm、雄蛹17～25mm，暗红褐色。前胸背1大撮黑毛及数小撮黄毛，中胸两侧各1个黑圆毛斑，腹部各节数小撮白毛、两侧棘刺12～31根，腹端臀棘19～27根。

生物学及习性

1年发生1代，以完成发育的幼虫在卵内越冬。翌年3～4月孵化，初孵幼虫群集于卵块表面，阳光强烈或风大时躲于卵块背阴或背风面；1至数天后，爬离卵块或吐丝下垂随风扩散，初取食小枝，3龄后从小枝中下部向上啃食皮层至顶端、再从顶端向基部啃食另半边，4龄后当食料缺乏时即下树向阳光迁移、上树觅食，4龄幼虫停食6～10d死亡、5～6龄7～14d死亡。幼虫多7龄、少数6或8龄，历期45～64d，耐饥能力很强。老熟幼虫于5月中、下旬在木麻黄枝条上、枝干分叉处或树干上吐丝，以臀棘固定虫体进入预蛹期，经1～3d化蛹，蛹期5～14d。成虫5月底至6月上旬羽化。

雌、雄蛾多在12:00～18:00、18:00～24:00羽化，傍晚活动，飞舞寻偶时间长，趋光性强，寿命2～9d。羽化14～33h后多在20:00～2:00交尾，雄蛾可与2～3只雌蛾交尾，雌蛾常只交尾1次。交尾20min～17h后多在夜间产卵于枝条或树干上，每雌产1卵块、有卵354～1 517粒、平均1 019粒。当年9月卵完成胚胎发育、而后越冬。天敌有卵跳小蜂、松毛虫黑点瘤姬蜂、红尾追寄蝇、日本追寄蝇、七星瓢虫、澳洲瓢虫，以及木毒蛾核型多角体病毒、芽孢杆菌、白僵菌等。其中，病毒最有利用价值。

(五)灯蛾、夜蛾类

灯蛾科、夜蛾科成虫趋光性强，以幼虫食叶危害。除下述种类外，重要的种类还有花布灯蛾 *Camptoloma interiorata* Walker、褐点粉灯蛾 *Alphaea phasma*（Leech）、人纹污灯蛾 *Spilarctia subcarnea*（Walker）、星白污灯蛾 *Spilosoma menthastri* Esper、八点污灯蛾 *Creatonotos transiens*（Walker）、杨裳夜蛾 *Catocala nupta* Linnaeus、躬妃夜蛾 *Drasteria flexuosa*（Ménétriés）、旋皮夜蛾 *Eligma narcissus* Cramer 等。

美国白蛾 *Hyphantria cunea*（Drury）

为世界性检疫害虫，1922 年记录于加拿大，1940—1976 年传至美洲及欧洲，1945—1979 年传至亚洲的日本、朝鲜及我国。我国现分布于辽宁、山东、河北。幼虫食害 200 余种植物，喜食糖槭、白蜡、桑、泡桐、臭椿、樱花树、蔷薇科植物、杨、柳、悬铃木等。幼虫耐饥饿能力较强，利于人为传播和扩散。发生量大时幼虫所至之处植物片叶无存。

形态特征(图 10-15)

成虫　翅展雌 34 ~ 42.4mm、雄 25.8 ~ 36.4mm，体白色，雄触角双栉齿状、雌锯齿状。复眼黑色，前足基节及腿节端部橘红色，前胫节 1 对短齿、后胫节 1 对短距。翅白色，但雄蛾前翅常有黑斑点，前翅 R_2 ~ R_5、两翅 M_2 ~ M_3 共柄。雄性外生殖器爪突钩状下弯，抱器瓣端部细，阳具端有许多小刺。

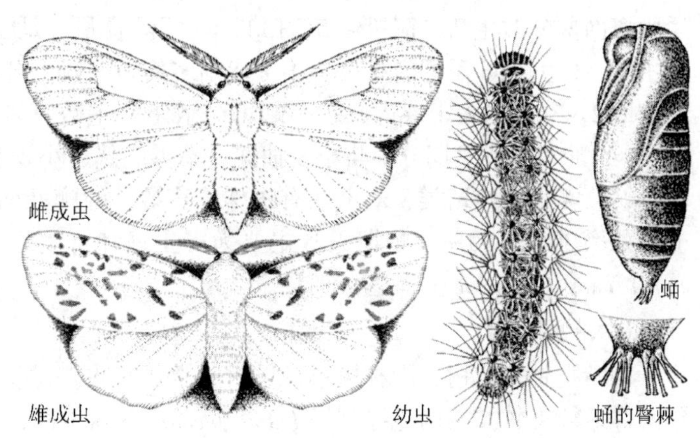

图 10-15　美国白蛾

卵　球形，0.4 ~ 0.5mm，浅黄绿、灰绿、灰褐色，凹纹规则。卵块行列整齐、被鳞毛。

幼虫　分红头与黑头 2 型，我国多为黑头型。老熟幼虫体长 28 ~ 35mm，黄绿至灰黑色；背部色深、体侧和腹面色淡，背线、气门上线、气门下线浅黄色，背部毛瘤黑色、体侧毛瘤多橙黄色，毛瘤生黑白 2 色刚毛。趾钩单序中列式、中部的长。

蛹　长 8 ~ 15mm，暗红褐色，腹部布满凹陷刻点。臀棘 8 ~ 17 根、排成扇形，其端部呈喇叭口状，中间凹陷。茧薄，灰色杂有体毛。

生物学及习性

辽宁 1 年 2 代，南部偶 1 年 3 代。陕西 1 年 2 代、有不完全的第 3 代，以蛹在墙缝、7 ~ 8cm 浅土层内、枯枝落叶层等处越冬，辽宁约晚发生 30 ~ 40d。翌年 4 月初至 5 月底越冬蛹羽化，4 月中旬到 6 月上旬为卵期；4 月下旬到 7 月下旬为幼虫期，盛期 5 月中旬至 6 月下旬，6 月上旬到 7 月下旬为蛹期。第 2 代成虫 6 月中旬至 8 月上旬、盛期 7 月中下旬，幼虫 6 月下旬至 9 月中旬、盛期 7 月中旬至 8 月中旬；该代 8 月上旬开始下树化蛹，大多数以蛹越冬，少数羽化。第3代成虫8月下旬至9月下旬发生，9月初出现幼虫并造成一定的危害，但到4～5龄时因不能化蛹越冬而死亡。各代卵期为12.9d(6～19d)、7.8d(6～11d)、12d；幼虫期6龄的35d、7龄的42d，龄期为5d、4～5d、5d、5d、7～10d、7～10d，预蛹期2～3d，蛹期9～20d，越冬蛹8～9个月。越冬蛹发育起点温度13.34℃，有效积温170.02日·度。各代产卵量729～1 742粒、584～1 242粒、360粒。雌蛾寿命6～8d、雄蛾4～6d。

成虫羽化、卵及幼虫发育的最适温湿度分别为19.5～24℃、RH 75%～83%，23～25℃、RH 75%～80%，24～26℃、RH 70%～80%。成虫白天静伏，可远飞约1km、借助风力可扩散20～22km，趋光性弱、灯诱者多为雄虫。0:30～1:00交尾并持续8～36h，不久即产卵，每雌产1卵块历时约3d，嗜食树冠下部落卵最多。卵多在阴天或夜间湿度较大时孵化、孵化率常达98%以上，同一块卵在1d内孵化。初孵幼虫在叶背吐丝缀叶1～3片成网幕、食叶的下表皮和叶肉使其透明，2龄后分散为2～4小群再结新网，3～4龄食量和网幕不断扩大，网幕可长达1～3m，常有1～4龄幼虫数百头；5龄后脱离网幕分散生活、耐饥饿5～13d，6～7龄食量占幼虫期的56%以上、蚕食叶片只留主脉，树上无叶后即转移食。第1代蛹多集中在树干老皮缝隙、部分在枯枝落叶层或杂物或2～3cm的表土层内，越冬蛹可分散距寄主数百米的隐蔽处。越冬代成虫羽化，1、4～5龄幼虫盛发期分别与小麦抽穗、桑椹成熟、小麦收割期吻合。捕食性天敌卵期有草蛉、瓢虫和姬蝽类；幼虫期有蜘蛛、草蛉、螳螂及蝽类，1～3龄幼虫由蜘蛛引起的致死率30%～90%；蛹期天敌主要为寄生蜂和寄生蝇类，白蛾周氏啮小蜂 *Chouioia cunea* Yang对蛹的寄生率达80%以上。

(六)刺蛾类

刺蛾类是行道树、园林树木及果树的常见害虫。除下述种类外，还有分布于华中、华南等地危害竹类的两色绿刺蛾 *Latoia bicolor* (Cramer)，分布于辽宁、吉林、河北、华东、华南、西南等地危害核桃、苹果、梨、乌桕等的扁刺蛾 *Thosea sinensis* Walker，分布于河北、华中、西南等地危害杨、柳、榆、槐等的丽绿刺蛾 *Latoia lepida* (Cramer)，分布于除西藏、新疆、青海外各地危害柿、桑、油桐、梧桐等的中国绿刺蛾 *Latoia sinica* (Moore)，分布于福建、江西等地危害杉树的建宁杉奕刺蛾 *Phlossa jianningana* Yang et Jiang。

黄刺蛾 *Cnidocampa flavescens* (Walker)

遍布国内除宁夏、新疆、贵州、西藏之外的其他地区；日本、朝鲜、前苏联(西伯利亚)。危害杨、核桃、苹果、石榴、枫杨、乌桕、槭类、梧桐、桤木、楝、油桐、柿、枣、板栗、茶、桑、柳、榆、梨、杏、桃、枇杷、柑橘、山楂、杧果等。

形态特征(图10-16)

成虫　雌蛾翅展35～39mm、雄蛾翅展30～32mm，体橙黄色。前翅黄褐色，顶角1细斜线伸向中室，其内方黄色而外方褐色，褐色中1深褐色细线由顶角伸至后缘中部，中室1黄褐色圆点。后翅灰黄色。

卵　扁椭圆形，端部略尖，1.4～1.5mm×0.9m，淡黄色，具龟状刻纹。

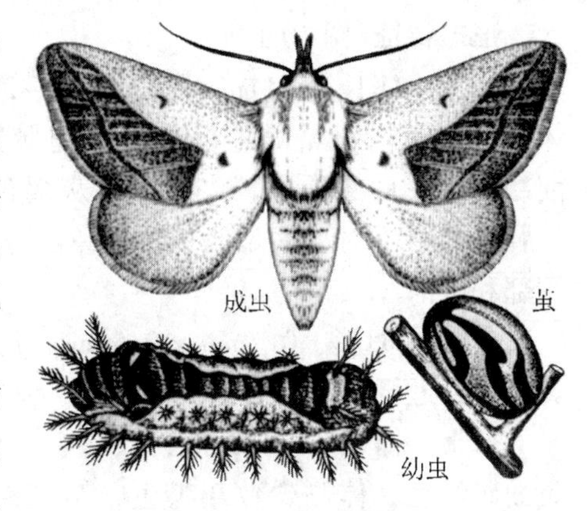

图 10-16 黄刺蛾

幼虫 老熟幼虫体长 19～25mm，粗大。头黄褐色、隐于前胸下，胸黄绿色；体自第 2 节起各节背线两侧 1 对枝刺，第 3、4、10 节的刺大，枝刺生黑色刺毛；体背大斑纹紫褐色、其前后宽大而中部狭细，末节背 4 个褐色小斑；体两侧各 9 个枝刺，其中部 2 条蓝色纵纹，气门上线淡青、下线淡黄色。

蛹 椭圆形，粗大。体长 13～15mm，淡黄褐色，头、胸部背面黄色，腹部各节背板褐色。茧椭圆形，黑褐色，纵条纹灰白色、不规则，极似雀卵。

生物学及习性

陕西、辽宁 1 年 1 代，北京、安徽、四川 1 年 2 代，以老熟幼虫在树干和枝丫处结茧过冬。陕西 5 月下旬化蛹，6 月中旬至 7 月上旬羽化、产卵；幼虫 7 月上、中旬孵化，9 月下旬越冬。合肥翌年 5 月中旬化蛹，5 月下旬见成虫。5 月下旬至 6 月为第 1 代卵期，6～7 月为幼虫期，6 月下旬至 8 月中旬为蛹期，7 月下旬至 8 月为成虫期；第 2 代幼虫 8 月上旬发生，10 月结茧越冬。

17：00～22：00为羽化盛期，夜间活动、趋光性弱。卵多散产叶背或数粒聚集，每雌产卵 49～67 粒，成虫寿命 4～7d。幼虫多在白天孵化，初孵幼虫先食卵壳、再食叶下表皮和叶肉、形成圆形透明小斑或大斑，4 龄叶片被吃成孔洞，5、6 龄仅留叶脉。幼虫食性杂，江苏太湖地区以危害枫杨、朴树为主，哈尔滨以苹果为主，青岛以苹果、梨、桃为主，江西中部以桃为主，安徽以苹果、石榴为主；合肥第 1 代多危害枫杨与核桃，第 2 代危害梨和栎类。幼虫 7 龄，第 1 代各龄期为 1～2d、2～3d、2～3d、2～3d、4～5d、5～7d、6～8d；1 年 2 代的第 1 代茧小而薄，第 2 代则大而厚。天敌有上海青蜂、刺蛾广肩小蜂、姬蜂、螳螂、核型多角体病毒。

(七)小蛾类

小蛾类又称小鳞翅类。除下述外，重要的种类还有分布于南方柑橘产区的柑橘潜叶蛾 *Phyllocnistis citrella* Stainton，分布于华中、华南及西南的重阳木斑蛾 *Histia rhodope* Cramer，分布于华东、湖南、陕西南部、四川及台湾的茶袋蛾 *Clania minuscula* (Butler)，分布于新疆、山西的榆潜叶蛾 *Bucculatrix thoracella* Thunberg，分布于新疆的杨细蛾 *Lithocolletis populifoliella* Trietschke，分布于北方果区的梨星毛虫 *Illiberis pruni* Dyar，分布于吉林、新疆、青海、河北、甘肃祁连山的松线小卷蛾 *Zeiraphera griseana* (Hübner)，分布于吉林、新疆、青海、河北、甘肃祁连山的云杉线小卷蛾 *Zeiraphera canadensis* Mutuura et Freeman 等。

竹小斑蛾 *Artona funeralis* Butler

分布于华中以南竹产区。幼虫危害毛竹、青秆竹、青皮竹及刚竹等，严重时竹叶被食尽。

形态特征(图10-17)

成虫　体长9～11mm、翅展20～22mm，体青黑蓝色，翅黑褐色、翅缘及翅脉黑色。前翅狭长，后翅顶角较尖，缘毛灰褐色。前足胫节端距1对，后足胫节端距2对、位于端部和中部。

卵　长卵形，0.7mm×0.5mm。初产亮乳白色，近孵化时淡蓝色。

幼虫　体长16～19mm，头褐色，体背、腹面砖红色，体侧少数灰黑色，结茧前黑红色。初龄幼虫前胸大，各体节背面均横列毛瘤4个，瘤上生灰白色长毛束。

蛹　长9～10mm，体扁。亮鲜黄色，近羽化时灰黑色，体背10节，各节前半部生黄色刺突。茧扁椭圆形，长约13mm，黄褐色，被白粉。

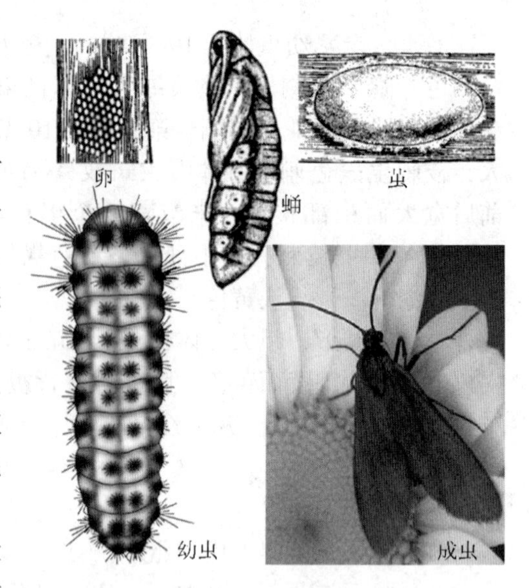

图10-17　竹小斑蛾

生物学及习性

浙江1年3代、广东1年4代，以老熟幼虫结茧越冬。次年4月下旬至5月上旬化蛹，5月中、下旬成虫羽化、产卵。浙江第1代幼虫危害期在6月、第2代为8月、第3代在10月；广东第1代为4、5月，第2代7月，第3代9月，第4代11月。成虫羽化后白天交尾、产卵，夜间栖息，15：00～18：00多在竹林上空、道旁飞舞，在金樱子、野茉莉、细叶女贞等花丛吸食花蜜。卵多单层成块产于1m以下小竹嫩叶、大竹下部竹叶背面，每雌可产卵300～400粒。初孵幼虫喜群集，整齐排列取食叶肉，被害处显现白斑或全叶枯白；3龄后食全叶，老龄虫可食尽竹叶仅剩残枝；幼虫老熟后下竹在枯竹筒、竹壳或其他枯落物下结茧化蛹。5月的降水量较少对其繁殖有利，阳坡、坡度较小、山腰及山麓、稀疏透光、下木与地被少、林缘及路边的竹林发生严重。其危害多呈局部性，多发生于阳面坡度在25°以下、郁闭度小于0.7的竹林。

大袋蛾 *Clania variegata* Snellen

又名大蓑蛾、大避债蛾。分布于华东、中南、西南、陕西等地，山东、河南等地发生严重。危害悬铃木、泡桐、刺槐、榆、重阳木、垂柳、月季、海棠及各种果树等600余种植物，大发生时食尽树叶，仅留树枝，致使枝条枯萎。

形态特征(图10-18)

成虫　雌虫体长22～30mm，肥大呈蛆状，淡黄或乳白色，腹部第7、8节间饰环状黄色茸毛。雄虫体长15～20mm，翅展35～44mm，黑褐色，前翅M_2与M_3脉之间、R_5与M_1间外缘、R_4～R_5脉基部之间各1透明斑。

卵　椭圆形，0.8mm×0.5mm，黄白色，产于雌蛾袋囊内。

幼虫　初龄时黄色，斑纹很少。3龄后可区分雌雄。雌幼虫头部深棕色，头顶有环状斑，胸、腹背面黑褐色，各节表面有皱纹、并具深褐和淡黄相间的斑纹，腹足趾钩呈缺环。雄虫体小，黄褐色，蜕裂线及额缝白色。袋囊丝质、坚硬、纺锤形，雄长约52mm，雌长约62mm，粘连树叶大碎片或小枝条。

蛹　雌蛹体长22~23mm，头、胸部附器均消失，枣红色。雄蛹体细长，17~20mm，赤褐色，第3~8节背板前缘各1列横刺，腹末臀棘1对、小而弯曲。

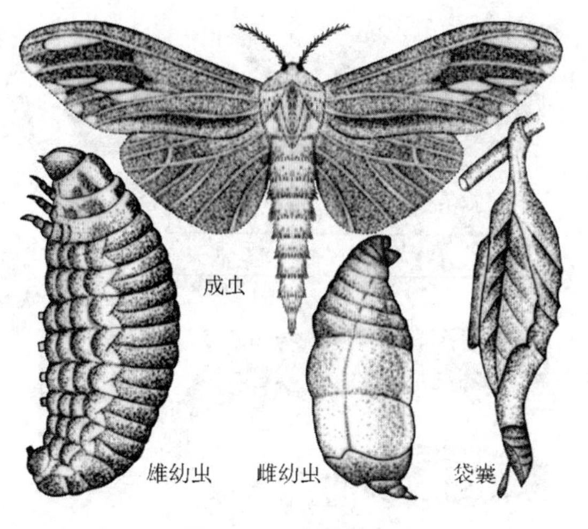

图10-18　大袋蛾

生物学及习性

在华南1年2代、其余1年1代，老熟幼虫以丝将袋囊束于小枝上越冬，南方部分年份发生的第3代幼虫不能过冬。陕西4月下旬始化蛹，5月底始羽化、产卵，5月下旬卵开始孵化，至10月下旬越冬。合肥等地的发生期约早15d，越冬期约后移半月。卵期、幼虫期、雄蛹期、雌蛹期及雌、雄成虫寿命为15~21d、210~240d、24~33d、13~26d、12~19d、2~3d，蛹重1.08~1.45g，产卵量1 400~4 500粒，幼虫自然死亡率32%~72%，孵化与羽化率在90%以上，雌雄性比0.33∶1~0.49∶1。在泡桐上各虫态历期约缩短20%，雌性比较高，雌蛹增重14%~26%，产卵量增大15%~23%，幼虫自然死亡率降低45%以上。

老熟幼虫化蛹前体倒转，多在晴天羽化，雌虫羽化时袋囊排粪孔外塞有绒毛，羽化1~2d后20∶00~21∶00交尾，雌成虫聚产卵于蛹壳内、卵覆黄毛。多在14∶00~15∶00孵化，初孵幼虫先食卵壳、约滞留2d，晴天中午出袋、吐丝下垂并随风飘移、爬行，吐丝围绕中后胸缀成丝环，咬取叶屑粘于丝环，历时85~120min成袋囊，随即食树叶表皮和叶肉，使其显透明枯斑。2龄后蚕食叶片，袋囊随虫体增长而增大；4~5龄食量约占幼虫期的90%，1头幼虫可食泡桐叶18.013g即4.7片叶，虫口较多时食尽叶继而剥食枝干皮层、芽梢及花果。该虫喜光，向光枝条、稀林、林缘虫口较多，初孵幼虫及大幼虫如逢大风雨、连阴雨常大批死亡，冬季低温和温差较大时越冬幼虫死亡率20%~72%。初孵幼虫捕食天敌有瓢虫、蚂蚁、蜘蛛，大幼虫时有5种鸟类天敌；幼虫期有大袋蛾杆状病毒(CVSHPV)，近老熟时寄蝇的寄生率常达40%~90%。

桉(小)袋蛾 *Acanthopsyche subteralbata* Hampson

分布于华中、华南等地。危害悬铃木、重阳木、白杨、刺槐、三角枫、柳、榆、樟、杏、梨、紫荆、山茶等。

形态特征(图10-19)

成虫　雌虫蛆形，体长6~8mm，头部咖啡色，胸、腹部黄白色。雄体长约34mm，翅展11~13mm，前翅黑色，后翅银灰色。

幼虫　老熟幼虫体长约8mm，乳白色。中、后胸背板具4块色斑，腹部第10节背

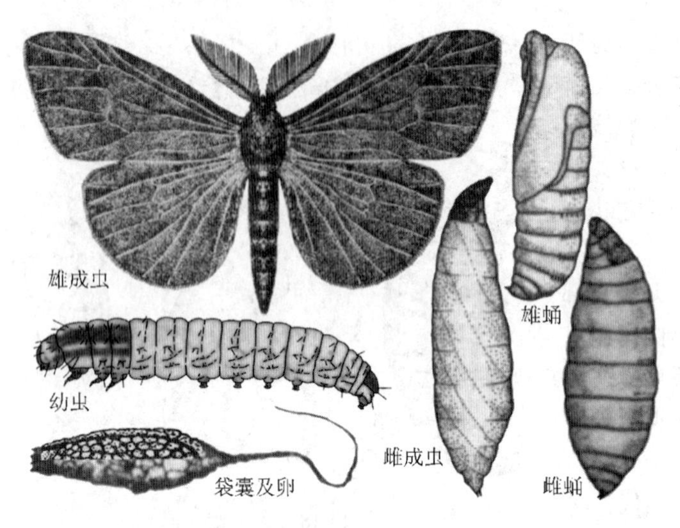

图 10-19 桉袋蛾

板深褐色。袋囊长 7 ~ 12mm，粘附碎叶片和小枝皮，幼虫老熟、化蛹后囊端 1 细丝索与枝条相连。

蛹 雌体长 14 ~ 20mm，纺锤形褐色，头小、胸节略弯，臀棘分叉、叉端各 1 短刺。雄蛹体长 15 ~ 20mm，褐至黑褐色，腹末稍向腹面弯曲，翅芽达第 3 腹节后缘，臀棘同雌。

生物学及习性

在江苏、上海、浙江、安徽 1 年 2 代，在广西 1 年 3 代，以 3 ~ 4 龄幼虫在袋囊内越冬。在杭州，越冬幼虫第 2 年 3 月活动取食，5 月中旬开始化蛹，5 月下旬至 6 月中旬成虫羽化，6 月下旬开始产卵。每雌产卵 109 ~ 266 粒。第 1 代幼虫 6 月中旬至 8 月中旬危害，第 2 代幼虫 9 月出现、冬前危害较轻；卵期 12 ~ 17d，幼虫期 50 ~ 60d、越冬代 253 ~ 289d。雌蛹期 10 ~ 22d、雄蛹 8 ~ 14d，雄成虫寿命 2 ~ 5d、雌虫 12 ~ 15d 以上。老熟幼虫化蛹时吐长约 10mm 的丝索 1 根，将袋囊一端黏悬于枝叶下，吐丝封闭囊口，虫体头尾倒转、化蛹。

枇杷瘤蛾 *Melanographia flexilineata* Hampson

又名枇杷黄毛虫。分布于湖北、湖南、江苏、浙江、江西、福建、西南；印度。幼虫食害枇杷嫩芽、嫩叶，也食老叶、嫩茎表皮和花果。重害时整株叶片仅剩叶脉，影响结果。

形态特征(图 10-20)

成虫 雌体长 9 ~ 9.5mm、翅展 20 ~ 22.5mm；雄体长 8.5 ~ 10mm、翅展 19 ~ 20mm，银灰色。前翅中室 1 小丛褐色突起鳞毛，内、外线黑色，亚外缘线为浓黑色不规则锯齿状横纹，外、亚端线间杂生黑色鳞片，外缘毛 7 个黑色锯齿形斑。后翅淡灰色，外缘和后缘镶灰色缘毛。

卵 扁圆形，0.6 ~ 6.65mm。淡黄色，壳面有纵刻纹。

幼虫 5 ~ 6 龄。老熟幼虫体长 22 ~ 23mm，体背黄、腹面草绿、头部黄色。腹部第 2 ~ 11 节各 3 对毛瘤，第 3 节的较大、亮蓝黑色，其余毛瘤黄色，毛瘤生黄色长毛。

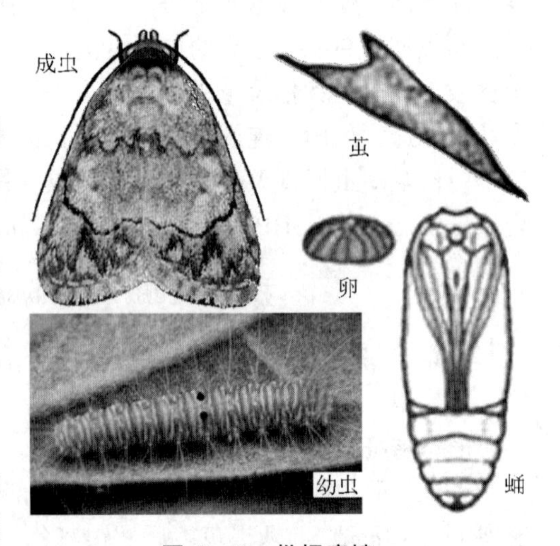

图 10-20 枇杷瘤蛾

腹足4对，腹足趾钩双序中带。

蛹　体长8～11mm，淡褐色，第7节两侧瘤状凸起。茧长15mm，土黄色，前端有角突，底面平坦。

生物学及习性

浙江1年3代，第1代发生在枇杷春梢抽生后至采收前的5～6月，第2代在夏梢抽生后的7～8月，第3代发生在秋梢抽生后花苞吐露前的9～10月。福建1年5代，以蛹在树皮缝隙或老叶背面越冬，翌年4～5月陆续羽化，第1代幼虫于4月上旬至5月下旬危害枇杷春梢；7月中旬至9月上旬的第3、4代危害夏、秋梢嫩叶，发生量最大。幼树受害较严重。

雌虫散产卵于枇杷嫩叶背面，每雌产卵19～90粒、平均30粒，成虫寿命2～10d，卵期3～7d，幼虫期15～31d，蛹期12～30d。初孵幼虫群集于新梢、嫩叶正面毛丛下取食，被害叶呈褐色斑点，2龄后分散，3龄后用头部推开叶背绒毛取食、食量增大、被害嫩叶仅剩一薄膜和叶背绒毛，严重时全树嫩叶被害殆尽，随即转害老叶、嫩茎、表皮和花果。幼虫多在傍晚至清晨期间取食、其余多栖于老叶背面，老熟幼虫多在叶背主脉附近、枝条背面的荫蔽处，吐丝缀合叶片绒毛、枝条皮屑成茧化蛹，越冬代多在树干基部皮缝等处结茧化蛹。

(八)螟蛾类

螟蛾类是林木重要的害虫类群之一，钻蛀或缀叶危害，暴发时常食尽叶片。除下述种类外，重要种类还有几乎分布于全国各地均危害枫香、合欢、女贞等的缀叶丛螟 *Locastra muscosalis* Walker，分布在秦岭以南桑蚕区的桑绢野螟 *Glyphodes pyloalis* Walker 等。危害竹类的有10余种，主要种类有竹绒野螟 *Sinibotys evenoralis* Walker，竹金黄绒野螟 *Circobotys aurealis* Leech，竹淡黄绒野螟 *Demobotys pervulgalis* Hampson，竹大黄绒野螟 *Eumorphobotys obscuralis* Caradja 等。

竹织叶野螟 *Crypsiptya coclesalis* Walker

误名 *Algedonia coclesalis* Walker。分布于秦岭、河南、山东以南至西南等地。危害竹类，新竹受害严重后可以枯死。

形态特征(图10-21)

成虫　雌虫翅展24～30mm、雄翅展25～30mm，黄至黄褐色，复眼与额面交界处银白色，腹面银白色。前翅外横线下半段内倾与中横线相接，后翅仅有中横线，前、后翅外线均有褐色宽边，后翅色浅。足银白色、外侧黄色。雌虫后足胫节内距1长1短，雄虫1根可见、另1根弱。

卵　扁椭圆形，0.84mm×0.75mm。初产时蜡黄色。

幼虫　老熟幼虫体长16～25mm，暗青、黄褐、橘黄至乳白色等。前胸背板6黑斑，中、后胸背板各2褐斑(由背线分割为4块)，腹部每节背面2褐斑，气门斜上方1褐斑。

蛹　体长12～14mm，橙黄色。尾端两分叉，各叉生臀棘4根、内侧2根略长。茧椭圆形，长14～16mm，灰褐色、内壁灰白，外粘小土粒或小石粒。

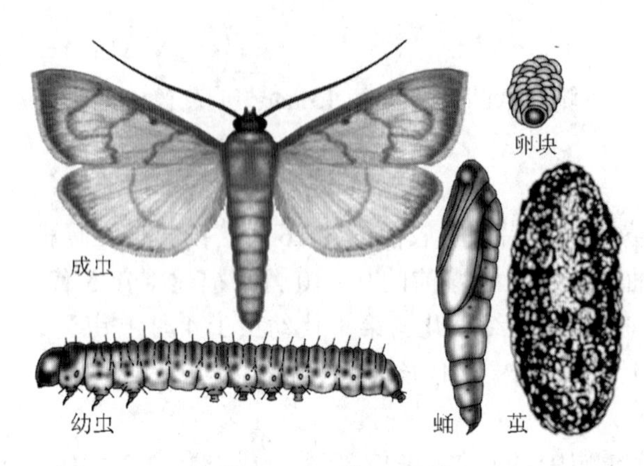

图 10-21 竹织叶野螟

生物学及习性

在浙江1年1～4代，世代重叠，以老熟幼虫越冬。翌年4月底化蛹，5月中、下旬出现成虫，6月上旬为羽化高峰。各代成虫期分别为5月中旬到6月下旬、7月中旬到8月下旬、8月下旬到9月中旬、9月下旬到10月上旬，各代幼虫危害期分别为5月底到7月下旬、7月下旬到9月上旬、8月下旬到10月中旬、9月下旬到11月上旬。

成虫羽化多在晚上，羽化气温20℃以上，在25℃以上时集中在20:00～23:00羽化，干旱很少羽化或不羽化，雨天则当晚集中羽化，白天静栖，趋光性强。羽化后展翅5～8min，30min后飞行、扑灯；扑灯高峰依次为20:00～23:00、1:00～2:00，1灯1晚最多诱蛾1万～7万余只，灯下初期多为雄虫、后期雌虫渐多；灯下迁出竹林雄虫多、迁入者雌虫多，出笋无大小年的竹林该现象不明显；群集于栎林或分散于其他蜜源植物叶背吸蜜，未取食者不交尾、产卵、寿命短，取食10%蜜水者寿命长达15d；取食7d后多在清晨3:00左右交尾，交尾后多产卵于成年竹林新竹梢头的叶背，1株新竹有卵22～65块、最多达200块，若产于刚竹新竹秆的中、上部，每竹最多有卵21块；卵块有卵7～152粒、平均30粒，每雌产卵92～152粒。

卵期约7d，幼虫7～8龄，7龄者历期26d、8龄者31d。幼虫多于夜间孵出，初孵幼虫爬至放叶期的喇叭叶、吐丝缠叶成苞爬入取食上表皮，每苞有虫2～25条、平均8～9条，当苞内叶片被食50%以上时即弃旧苞再卷新苞；2龄幼虫分散、再卷2叶、每苞有虫1～3条，1～2龄虫苞两端略有空隙；3龄幼虫卷3～4叶、每苞有虫1条，4龄后换苞较勤、卷苞较紧、以虫粪阻塞空隙；老熟幼虫天天换苞、每苞有叶8张以上，虫口密度大时亦有卷1～2叶者。1～2龄幼虫卷苞需4～6h，大幼虫卷1苞需1h以上，吐丝卷苞不成者则丝尽虫死。初龄幼虫多危害上部竹叶，换苞时逐步向下转移，因此竹林虫苞由上至下逐渐增多；第2代初孵幼虫多钻入第一代残留的虫苞中取食，7龄幼虫食叶量为91cm²、8龄117cm²。幼虫老熟后多于半夜3:00吐丝下垂，多在毛竹、杂草根基土壤疏松处入土2～5cm结茧，积水地及砂砾土中虫茧很少；第1代约6%化蛹于虫苞中，第2、3、4代全部入土结茧；各代大部分幼虫不化蛹，滞育至下代或次年再化蛹、羽化，因此越冬代成虫口密度最大、第1代危害最重。

毛竹、刚竹、淡竹及青皮竹、撑篙竹等受害最重，山顶、丛生竹、夏季月月出笋、新竹月月有嫩叶、易成虫苞的竹林被害重，出笋有大小年的毛竹林在大年被害、小年不被害，竹叶老化不易卷苞的竹林受害较轻。一般危害年份，1株毛竹常有幼虫300～500条，严重危害年份2 000～4 000条、最多达万余条，致竹林一片枯白。天敌较多，成虫期有鸟类，卵期有赤眼蜂，幼虫期有鸟类、蛙、蜘蛛、蚂蚁、捕食性昆虫、寄生蜂和白僵菌。赤眼蜂最高寄生率为82%、竹螟绒茧蜂为9.4%～22.2%、长距茧蜂为10%，白僵菌对结茧幼虫的寄生率为14.1%～44%。

樟巢螟 *Orthaga achatina* Butler

分布于华东等地。以1～2幼虫取食樟树、小胡椒叶片，3～5龄吐丝缀合小枝与叶片成鸟巢样的虫巢。常将整株叶片食尽、影响生长和景观。

形态特征（图10-22）

成虫　体长8～13mm，翅展22～30mm，褐色。头部淡黄褐、触角黑褐色，雄蛾体背面淡褐、雌黑褐色，腹面淡褐色。前翅基部暗黑褐色，翅面密布深色的杂斑，翅面3条绿色的横带，外横带最细、波浪状外凸，褐色缘毛基部1排黑点。后翅除外缘具淡褐色带外，其余灰黄色。

图10-22　樟巢螟

卵　扁圆形，直径0.6～0.8mm，中央有不规则的红斑，卵壳有点状纹。卵块不规则。

幼虫　初孵幼虫灰黑色，2龄后棕色。老熟幼虫体长22～30mm，褐色，头及前胸背板红褐色，体背1褐色宽带、其两侧各2黄褐色线；胳节背面细毛6根。茧长12～14mm，黄褐色，椭圆形。

蛹　体长9～12mm，红褐色或深棕色，腹节有刻点，腹末粗钩刺2根、短刺4根。

生物学及习性

在湖北孝感1年2代，以老熟幼虫入土结茧越冬，翌年4月中、下旬化蛹，5月中、下旬羽化。第1代幼虫期5月下旬到7月下旬，7月上、中旬为盛期，第2代8月上旬到10月上旬（少数发育迟的到10月底），以老熟幼虫入土越冬。成虫夜间羽化，无趋光性，卵产于两叶相叠的叶片之间。幼虫5龄，初孵幼虫群集取食叶片、仅剩表皮，2龄后分巢危害，每巢有虫5～20头，5龄期巢内有长条状茧袋，每袋1条幼虫，昼躲夜出，行动敏捷，受害严重的树木挂满虫巢。

（九）蚕蛾、蝶类

蚕蛾是蛾类中个体最大的一类，其中有若干种已人工饲养或放养，如柞蚕、樟蚕、樗蚕等，部分种类则因幼虫食量大对林木常有较大的危害，还有部分蝶类也是常见的害虫。除下述种类外，较重要的还包括遍布全国的野蚕 *Bombyx mandarina* Moore、柑橘凤蝶（黄波罗凤蝶、花椒凤蝶）*Papilio xuthus* Linnaeus，分布于福建和江西、危害竹类的竹褐弄蝶 *Matapa aria* Moore 等。

银杏大蚕蛾 *Dictyoploca japonica* Moore

又名白果蚕、漆毛虫、核桃楸大蚕蛾等。分布于东北、华北、华东、华中、华南、西南、陕西南部；日本、朝鲜、俄罗斯。食害银杏、核桃、漆树、枫杨、栗、栎、楸、榛、榆、樟、柳、柿、李、梨、苹果、枫香等。暴食银杏、漆树、核桃叶，使其产量锐减或枯死。

形态特征(图10-23)

成虫　翅展雌95～150mm、雄90～125mm。灰褐至紫褐色。前翅紫褐色内横线与外横线相接于后缘处，两线间区色淡；月牙形透明斑眼珠状，顶角处1半圆形黑斑，臀角月牙形纹白色。后翅基部至外横线间的红色区较宽，亚外缘线区橙黄色，外缘线灰黄色，中室端1大眼斑，眼珠黑色(翅反面无珠形纹)，后角1个月牙形白斑。前、后翅亚缘线2赤褐色波纹。

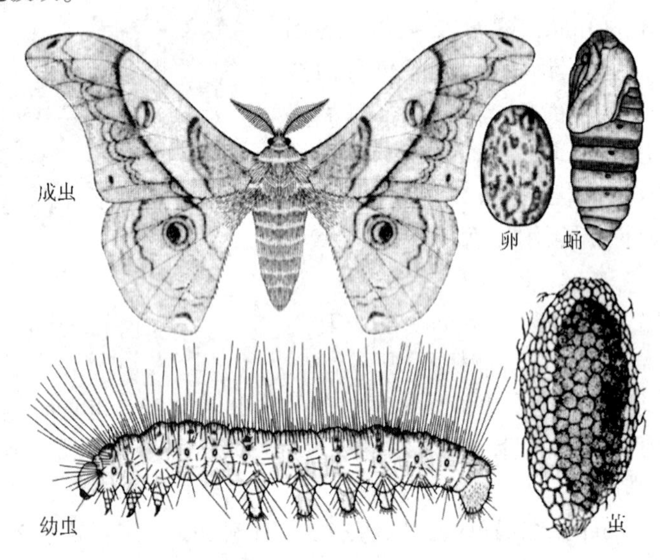

图10-23　银杏大蚕蛾

卵　椭圆形，被黑褐色胶质，2～2.5mm×1.2～1.5mm。初鲜绿、后灰白或灰褐色。

幼虫　老熟幼虫体长65～110mm。黑色型气门上线至腹中线两侧均为黑色，其间具有褐黄色小点；亚背部至气门上部各节毛瘤生黑色长刺毛3～5根和褐色短刺毛。绿色型上述部位淡绿色，毛瘤有黑色长刺毛1～2根，余为白色短刺毛；趾钩双序中带。

蛹　黄褐色，雌长45～60mm、雄30～45mm，第4～6腹节后缘具暗褐色环带，腹末两侧的臀棘束各具刺7枚。茧长椭圆形，40～70mm，黄褐色，大网眼状。

生物学及习性

1年1代，以卵越冬。辽宁越冬卵5月上旬孵化，幼虫5～6月危害，6月中旬至7月上旬化蛹，8月中、下旬羽化、产卵。纬度减少6°，发生期约提前1个月，越冬期约推迟1个月。成虫寿命5～7d，卵期5～6个月，幼虫期36～72d，预蛹期5～13d，蛹期115～147d。幼虫5～6龄，历期为12～17d、4～9d、6～12d、5～16d、5～17d、6～18d。

成虫多在17:00～20:00羽化，白天静伏于羽化处、傍晚活动，飞翔力弱，但可借助风力飘散，趋光性不强；雌蛾腹部沉重、活动力弱。羽化当晚或次晚交尾，约半天后产卵，产卵量100～600余粒；卵多产于茧内或蛹壳及树干的各种隐蔽处，卵块疏松，每块数十粒至300粒不等。初孵幼虫栖息于孵化地，白天温度适宜时爬上枝条取食新叶；1～2龄常群集于叶背，头向叶缘排列取食，耐寒力较强；3龄较分散，食量增加、被害状显现，蜕皮时亦常数条或十余条排列于叶背；4～6龄分散蚕食，常将树叶食尽，中午炎热时多停息于树冠下部阴凉处；老熟时多在树冠下部或地被植物的枝叶间成串缀叶结茧化蛹，蛹于6月下旬进入滞育期，直到8月中旬后才羽化、交尾、产卵，临界光周期约13.67h。卵期天敌有赤眼蜂、黑卵蜂、平腹小蜂、白趾平腹小蜂、柞蚕绒茧蜂。赤眼蜂寄生率在80%以上。幼虫期天敌有家蚕追寄蝇、寄生率达15%，捕食幼虫的鸟类约33种。蛹期有松毛虫黑点瘤姬蜂及核型多角体病毒，该病毒对幼虫的致死率很高。

鳞翅目害虫的防治

鳞翅目害虫的危害多从局部开始，再向四周扩散、逐步积累虫口数量，当虫口密度达一定水平后暴发成灾。因此，防治应以测报为基础，及早发现虫源地，并采取相应的应对措施。鳞翅目害虫的测报和防治技术以松毛虫类较为系统，其他类型的害虫防治可借鉴之。但凡涉及检疫性害虫，应严格执行各项检疫措施。

预测预报

食叶害虫的防治指标一般是林木叶部被害量达40%～45%的虫口密度，因此进行测报调查时应对所有林分进行较全面的检查，根据树高、树龄、坡向、林型、郁闭度、植被类型、害虫的危害和习性等设计调查方案和方法，在幼虫期进行地面或林灌调查，在成虫期可采用灯诱和信息素引诱调查。

查越冬幼虫　越冬幼虫上树以前，根据每株树的越冬虫数和有虫株率对越冬代的危害情况进行预测。一般10～15年生松林，如果有虫株率在30%以下，株虫数少于10条，春季不致成灾。应在不同类型松林内随机抽查20株以上的松树，并根据林分的立地条件提出相应的测报意见和防治措施。危害期的幼虫数量可根据地面落粪量估测，如各代各龄松毛虫在24h内排粪粒数为70粒/头，虫口密度＝粪粒总数/70。

查茧、蛹、卵块　幼虫结茧化蛹盛期，调查每株树的虫茧密度和有茧株率，并任意采集100～150个蛹测出雌性比。如果有茧株率在50%以下，株有茧数少于10个，雌性比低于40%，下一代不致成灾。在松毛虫产卵盛期，调查每株树的卵块数和卵块的平均卵粒数，以及卵块的孵化率。如果株有卵0.3块以下，每块卵少于150粒，孵化率约50%时当代常不成灾。

积温与物候预测法　根据卵的发育起点温度和有效积温预测幼虫的发生期、危害期及防治适期。应依据害虫的发育与寄主或特征性指示植物的物候预测发生与防治期。

发育进度预测法　根据实际情况，可依据前一虫态与后一虫态高峰的期距，或该虫态其始期与高峰期的期距对发生期及防治期进行预测。对其他鳞翅目害虫可利用发蛾高峰预测卵期、幼虫危害期和防治适期。

营林及人工防治

①营造混交林、合理密植、恰当抚育与间伐、封山育林。如松毛虫多在纯林、疏林、中—幼林猖獗成灾，在针阔叶混交林区不易成灾，可选用壳斗科、木荷、木楠、樟、檫、木莲、杨梅、相思树、旱冬瓜等作为混交林树种，采用株间、带状或块状混交造林；并采取封山育林以逐步增植和保护蜜源植物、改变林分组成、保护天敌、丰富森

林生物群落、抑制松毛虫的发生。②选育优良树种，火炬松、湿地松、长叶松、短叶松、晚松对马尾松毛虫有一定抗性，并对有拒降落、拒产卵和拒食性的高抗植株，应进行选育利用。③对经济林或危害面积小或小虫源基地的食叶害虫，可采取中耕以破坏蛹、幼虫的隐蔽场所；对有上下树习性的可在树干上缠绕塑料薄膜带阻止其上树，或在树干基部绑扎草环诱其入内、集中处理；对幼虫期有群集结网、形成虫袋与虫苞和虫叶、个体大、茧与卵块显见者可人工捕杀及摘除，但最好将所收集的卵放入寄生蜂保护器中能使寄生蜂飞出；如在松毛虫产卵期、结茧化蛹盛期，每4~5d摘除1次，连续进行2~3次，可控制松毛虫对松树幼林的危害。④有电源或虫口密度较大的林区可用高压灭虫灯诱杀，1灯可控制20~26hm^2，但必须专人负责、注意安全，诱杀兼测报时可用管状8W、20~30W黑光灯或太阳能黑光灯。

生物防治

各种害虫的有效天敌不一，应合理保护和利用。如松毛虫卵期赤眼蜂寄生率约达30%，若1hm^2湿度与郁闭度大、植被多的松林里有1窝双齿多刺蚁种群使松毛虫不易成灾，胡蜂、螳螂、食虫鸟类对控制毛虫也具有控制作用。还可人工繁殖周氏啮小蜂控制美国白蛾，对趋光性强或对特殊物有趋性的或用性诱剂均可诱杀以保护天敌。白僵菌、苏云金杆菌、青虫菌及其变种及病毒对鳞翅目食叶害虫很有效，但使用适期在广东、广西、福建、浙江南部为11月中、下旬或2~3月，黄淮以南、长江流域为梅雨或多雨季节，黄淮以北为阴雨天。

病毒 早晨或黄昏采用间隔12m条带式喷洒50~200亿/mL质型多角体病毒CPV悬浮液，3~6龄松毛虫死亡率51%~100%，舞毒蛾核型多角体病毒防治毒蛾幼虫，0.13亿/mL油桐尺蠖核多角体病毒NPV防治油桐尺蛾。如春尺蠖的防治阈值为2龄幼虫4~6头/50cm枝，1~2龄或2~3龄幼虫占85%时为防治适期，用春尺蠖多角体NPV进行防治时，当树高大于6m时用1.75×10^6~2.00×10^6/mL喷洒，375kg/hm^2；当树高小于6m时用1.50×10^6~2.00×10^6/mL喷洒，150kg/hm^2，但均需按150g/hm^2加入活性炭作为光保护剂。

苏云金杆菌 对3~4龄松毛虫幼虫可用0.5亿~1亿孢子/mL的松毛虫苏云金杆菌液，及0.35亿~1亿孢子/mL武汉变种104，15亿孢子/g粉剂，1亿孢子/mL天门变种7216，3亿孢子/mL菌液7402；0.5亿~0.7亿孢子/mL可防治尺蛾、舟蛾、毒蛾类幼虫，100亿孢子/g的600倍菌液防治榆黄黑蛱蝶、天蛾幼虫。

青虫菌 1亿~2亿孢子/mL的菌液可防治松毛虫、尺蛾、毒蛾、袋蛾类幼虫，100亿孢子/g的菌粉1 000倍液防治刺蛾、600倍液防治榆黄黑蛱蝶幼虫，0.5亿/mL菌液防治枣镰翅小卷蛾幼虫。

白僵菌 防治松毛虫时常规喷洒20亿/g粉剂或0.5亿~2亿/mL菌液(加0.01%洗衣粉)，飞机喷洒用3.75~7.5kg/hm^2菌粉或约1万亿/g孢子粉，超低量喷雾用15万亿孢子/g的白僵菌孢子粉油剂、或50亿~100亿孢子/mL乳剂2 250~3 000mL/hm^2。防治尺蛾、舟蛾、毒蛾类幼虫时用100亿/g的白僵菌粉剂、1亿/1mL的白僵菌液。

信息素 不少鳞翅目食叶害虫的信息素已人工合成，如美国白蛾、枣镰翅小卷蛾等，均可用其进行测报和防治。

合理使用化学农药

①24.5%甲维盐·噻嗪酮73.5～88g/hm^2，2.5%溴氰菊酯乳油15～30mL/hm^2，20%氰戊菊酯乳油30～60mL/hm^2，20%氯氰菊酯乳油30～45mL/hm^2，20%灭幼脲Ⅲ号胶悬剂240～300mL/hm^2，用20～40g/hm^{2}茚虫威有效成分、用0.7～9g/L阿维菌素有效成分等喷雾防治1～5龄幼虫。②或每公顷用柴油3L加2.5%溴氰菊酯75mL(或20%氯氰菊酯、20%氰戊菊酯75～150mL)用喷烟机喷烟防治3～4龄幼虫。③对有下树习性的种类，在树干胸径部涂上30cm宽的毒环以阻止其上树；也可采取用拟除虫菊酯类药剂制成的毒笔、毒纸、毒绳等在树干上划毒环、缚毒纸、毒绳，毒杀下树越冬和上树危害的幼虫。④树干注药防治对食叶害虫的控制期可达3个月。⑤如CPV与Bt或1/200 000氯氰菊酯混用、0.2亿孢子/mL青虫菌武汉变种菌液中加入1%的阿维菌素防治松毛虫效果更好，但化学药剂在使用时加入为宜。若春尺蠖虫口密度为10～19头/50cm枝，在施用NPV时可添加正常用量5%～10%的化学农药；虫口密度>19头/50cm枝，可使用以化学农药为主的措施进行防治。但防治桑树害虫时应在喷药后7d方可采桑喂蚕。

第四节　其他食叶害虫及其防治

鳞翅目以外的其他食叶害虫还包括鞘翅目、膜翅目、直翅目的一些类群。鞘翅目和直翅目食叶害虫的成虫、幼虫均可危害，某些种类成虫的危害程度还要大于幼虫。

一、叶甲、象甲类

鞘翅类食叶害虫包括叶甲科和象甲科，成、幼期均危害针、阔叶树，严重时常将树叶食尽，造成枯梢。除下述种类外，其他常见种类还有分布于东北、华北、华中、华南等地危害榆树的榆黄毛萤叶甲(榆黄叶甲)*Pyrrhalta maculicollis*(Motschulsky)，分布于东北、河北、山东、河南、贵州等地危害家榆的榆紫叶甲*Ambrostoma quadriimpresscum* Motschulsky，分布于四川、甘肃及陕西毗邻山区危害花椒的铜色潜跳甲*Podagricomela cuprea* Wang，分布于东北、华北、西北、华中、华南、西南等地危害核桃的核桃扁叶甲*Gastrolina depressa* Baly，分布于陕西、甘肃、华北、华中、华南、西南等地危害泡桐、楸、梓的泡桐叶甲*Basiprionota bisignata*(Boheman)，分布于内蒙古、新疆、甘肃等地危害柽柳林的柽柳条叶甲*Diorhabda eongata deserticola* Chen，分布于内蒙古、宁夏、新疆、河北、山东、福建、四川等地危害枸杞的枸杞负泥虫*Lema decempunctata* Gebler等。

杨毛臀萤叶甲东方亚种 *Agelastica alni orientalis* Baly

又称杨蓝叶甲，主要分布于西北，危害杨、柳、榆、苹果、巴旦杏等。新疆杨、银白杨、牛津杨、波兰15A有抗虫性。

形态特征(图 10-24)

成虫　体长 6.6～6.8mm，蓝色，前胸背板和鞘翅蓝紫色。头顶具中凹，皱纹细、刻点细密，触角约为体长之半。前胸背板宽为长的 2 倍，四边具框，两侧缘圆形，刻点稠密。三角形小盾片无刻点，鞘翅刻点较大。臀板有毛，基部刻点细而稀、端半部则粗大而稠密。后足胫端有刺。

幼虫　大龄 11～12mm，黑亮、细长而较扁。胴部背面各节隆起呈横形，两侧黑色疣突 3 个，其上生黄毛 3～4 根。臀足吸盘状。

蛹　体长 6～7mm，橙黄色，长椭圆形。

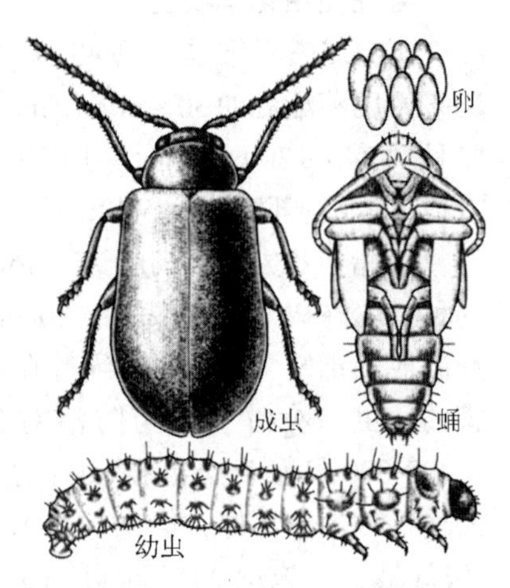

图 10-24　杨毛臀萤叶甲东方亚种

生物学及习性

新疆 1 年 1 代，以成虫在枯枝落叶下或 2～4cm 土中越冬。翌年 3 月下旬至 4 月上旬当气温达到 8～10℃时 1～3d 内全部出蛰，4 月中旬杨、柳萌叶时上树危害。成虫飞翔能力弱、有假死性、翌年的寿命约 50d，出蛰后取食 3～4d 即交配产卵，卵聚产于叶背呈块状竖立，每雌产卵 170～200 粒。卵 5 月上旬开始孵化、中旬为盛期，卵期 7～11d。初孵幼虫群集取食卵壳表面的黏液，1～2d 后群集于叶背，5d 后分散取食；5 月下旬为危害盛期，幼虫期约 44d。幼虫 3 龄，1 龄幼虫仅取食局部叶肉，2 龄后食叶成网眼状并排出黑色粪便粘于叶面，受惊扰时体侧乳突分泌有臭味的深黄色液体。6 月上旬老熟幼虫开始下树入土，约经 3d 筑长 6～7mm 土室化蛹，中旬为化蛹盛期，蛹期 20～25d，7 月上中旬为羽化盛期。7 月上中旬以后当气温超过 25℃时，潜伏于落叶下或土层中越夏，9 月中旬复出蛰取食，当年不交配，至 10 月下旬开始下树隐伏越冬。

椰心叶甲 *Brontispa longissima* (Gestro)

分布于广东、海南、香港和台湾等地；东南亚、澳大利亚、太平洋岛国及岛屿。危害棕榈科如椰子类、葵类、槟榔类等 18 种经济林木，幼虫和成虫均取食未展开的心叶，严重时致其枯萎下垂、坏死，甚至顶枯、树势衰弱或死亡。

形态特征(图 10-25)

成虫　体长 8.0～10.0mm，宽约 2.0mm，扁平狭长。头红黑色，前胸背板、鞘翅或基部、足黄褐色，部分鞘翅或仅后部黑色。触角 11 节、第 1～6 节红黑色、第 7～11 节黑色、被绒毛。前胸背板方形、具刻点，两侧缘略内凹，前侧角圆而外扩，后侧角具 1 小齿。鞘翅基部两侧平行、中后部最宽、端部收窄、末端稍平截，中前部刻点 8 列，中后部 10 列。足粗短。腹面刻点细小、光滑。

卵　椭圆形，1.5mm×1.0mm。褐色，两端宽圆。表面有细网纹。

幼虫　体白至乳白色。触角 2 节，单眼前 3 后 2 排列。1 龄体长 1.5mm，体表具刺，胸部两侧各具毛 1 根、腹侧突毛 2 根，尾突内角 1 大弯刺，背、腹缘刚毛各 5～6 根。2 龄幼虫腹侧突毛 4 根，前胸毛 8 根、两侧各 4 根，中后胸侧毛前 2 根后 1 根。老

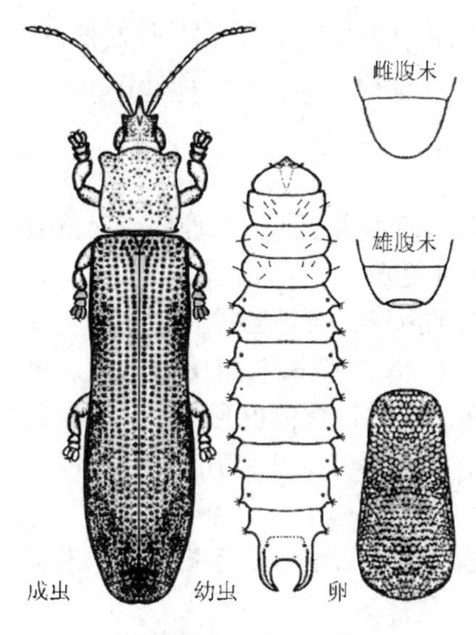

图 10-25　椰心叶甲

熟幼虫体长 9.0mm，扁平，两侧近平行，前胸和各腹节两侧各有 1 对侧突，腹末端 1 对钳状尾突，末节腹面有肛门褶。

蛹　长约 10.0mm，浅黄至深黄色。头部 1 突起，腹部第 2～7 节背刺突 2 横列、8 个，第 8 腹节刺突 2 个，腹末 1 对钳突。

生物学及习性

在海南 1 年 4～5 代，世代重叠。卵期 3～4d，幼虫 5 龄 30～40d，预蛹期 3d，蛹期 5～6d，成虫期可达 200d 以上。雌成虫产卵前期 1～2 个月，每雌产卵约 100 粒；卵产于寄主心叶虫道内，或 2～5 个纵列黏着于叶面、常被虫粪覆盖。若 10 头以上成虫聚集，则大量产卵，卵孵化率高；若仅有 2～3 只成虫聚集，产卵极少或仅产 2～3 粒，孵化率很低。

成虫惧光，具假死性，白天多爬行、不飞行，早晚飞行。成虫和幼虫均取食寄主未展开的心叶表皮薄壁组织，被害心叶展开后出现褐色坏死条斑，或皱缩、卷曲，破碎枯萎或仅存叶脉，被害叶表面常有破裂虫道和排泄物。成年树受害后树冠整体褐变至死亡，幼树及衰弱木易受害，成虫危害期大于幼虫。幼虫、蛹寄生蜂天敌有椰心叶甲啮小蜂，幼虫有椰甲截脉姬小蜂，卵寄生有椰心叶甲刺角赤眼蜂与爪哇分索赤眼蜂和跳小蜂等，捕食性天敌有蚂蚁等，病原有绿僵菌等。

枣飞象 *Scythropus yasumatsui* Kôno et Morimto

又名食芽象甲、小灰象鼻虫等。分布于河北、陕西、河南、山西、山东、江苏等地，危害枣、桃、苹果、梨、杨、泡桐等的嫩芽、幼叶，严重时食尽枣叶，影响正常生长和产量。

形态特征（图 10-26）

成虫　体长约 4mm（头管除外），灰白色，前胸背中部灰棕色，雄虫色较深。喙粗，在两复眼间深陷；鞘翅弧形，各有细纵沟 10 条，沟间鳞毛黑色，翅面褐色晕斑模糊，腹面银灰色。

卵　长椭圆形，初产时乳白色，后变棕色。

幼虫　乳白色，长约 5mm，略弯曲。

蛹　灰白色，长约 4mm。

生物学及习性

1 年 1 代，以幼虫在 5～10cm 土中越冬。翌年 3 月下旬至 4 月上旬化蛹，4 月中旬至 6 月上旬羽化、交尾、产卵。成虫有假死性，5 月前成虫在无风天暖的中午前后群集上树危害幼芽和幼叶，早晚则多在近地面潜伏；5 月以后成虫喜在早晚活动，雌虫寿命约 43.5d、雄虫 36.5d。产卵于枣树嫩芽、叶面、枣股翘皮下或脱落性枝痕裂缝内，每卵块 3～10 粒，1 雌约产卵 100 余粒。卵

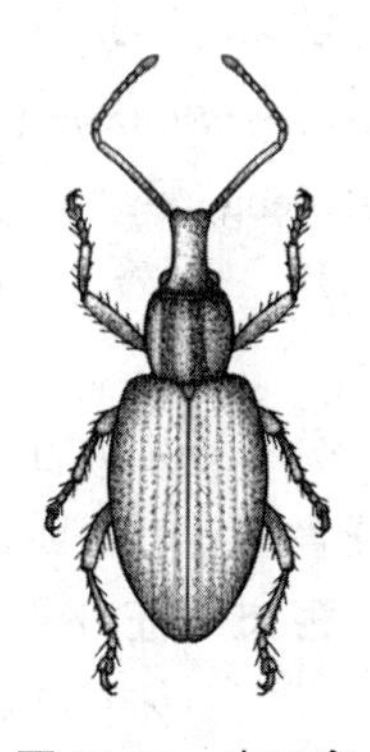
图 10-26　枣飞象

期约12d，幼虫孵出后沿树干下树潜入土中取食植物细根，9月后下迁至更深处越冬；翌年春气温回升时，再上迁至10~20cm处活动，化蛹时在距地面3~5cm深处作土室。

鞘翅目害虫的防治

加强苗木管理　调运造林苗木时应进行检疫，对有虫苗木实施药剂处理。或起苗造林时采用低截干措施除去有虫枝叶，并注意选用抗虫苗木造林。

管理控制措施　如对喜光性强且只危害疏林和幼树的种类，可适当提高造林密度或营造针阔叶混交林，加速林分郁闭等以缩短虫害危害期；反之则采取相反的措施。对成、幼虫群集性强的种类，可采取摘除虫、卵枝叶捕杀之，并注意保护利用天敌。在老熟幼虫下树化蛹或在树冠下越冬期，翻耕树冠下土壤，如同时在土中施用210g/hm^{2}的噻虫嗪有效成分可有效杀灭幼虫及蛹。

生物防治　对部分种类在湿度较大的季节施用白僵菌、苏云金杆菌等微生物杀虫制剂，可防治上树成虫和地下越冬老熟幼虫和成虫。

药剂防治　危害期喷洒2.5%溴氰菊酯乳油5 000~8 000倍液，郁闭度较大林分可施用杀虫烟雾剂，或用“吡虫啉+敌敌畏”在树干基部打孔注药，每株注药3~8mL，或用拟除虫菊酯: 防雨剂: 水: 石膏粉: 滑石粉 =1 : 2 : 42 : 40 : 5制成毒笔、毒绳等涂扎于树干基部，阻杀上树及下树的成虫、幼虫。

二、叶 蜂 类

膜翅目叶蜂类食叶害虫种类较多，对针阔叶树均产生危害。大多为裸露生活，扁叶蜂则织网结巢，潜叶类潜食叶肉、部分可形成虫瘿，其种群增长不稳定、具突发性。除下述种类外，重要的还有分布于河北丰宁、甘肃天水的丰宁新松叶蜂 *Neodiprion fengningensis* Xiao et Zhou，分布于新疆、东北、内蒙古等地的杨黄褐锉叶蜂 *Pristiphora conjugata* (Dahlbom)，分布于西北主要发生于新疆的杨扁角叶蜂 *Stauronematus compressicornis* (Fabricius)，分布于广东、福建、浙江、江西、湖南、广西及四川等地的樟叶蜂 *Mesoneura rufonota* (Rohwer)，主要分布于辽宁、吉林、内蒙古、华北、陕西、四川等地危害柳树的柳厚壁叶蜂 *Pontania bridgmanii* (Cameron)，仅分布于内蒙古赤峰市的白音阿扁叶蜂 *Acantholyda peiyingaopaoa* Hsiao，分布于浙江德清等县的毛竹黑叶蜂 *Eutomostethus nigritus* Xiao；分布于重庆、四川松树林区的马尾松腮扁叶蜂 *Cephalcia pinivora* Xiao et Zeng 等。

松黄新松叶蜂 *Neodiprion sertifer* (Geoffroy)

分布于黑龙江、辽宁、陕西等。危害油松、红松、华山松等。幼虫食害叶肉留下中脉或食尽针叶，致其长势衰弱、蛀干害虫入侵。

形态特征(图10-27)

成虫　体长7~11mm、翅展15~22mm，黄褐色。雌触角23节、单栉齿状，基部2节红、余黑色，头与胸红褐、上颚基部黑红色；痣淡黄褐、脉暗黄、腹部黄褐色，中、后胸盾板后缘黑色，足褐色。雄触角27节、双栉齿状，头、翅基片、翅痣、脉褐色，下颚及下唇须黄褐色，足基节基部、腹部黑褐色，胸黑色。小盾片前缘缺口狭倒“V”形。各足胫节2端距。

卵　香蕉形，长1.8mm，白色、紫色。

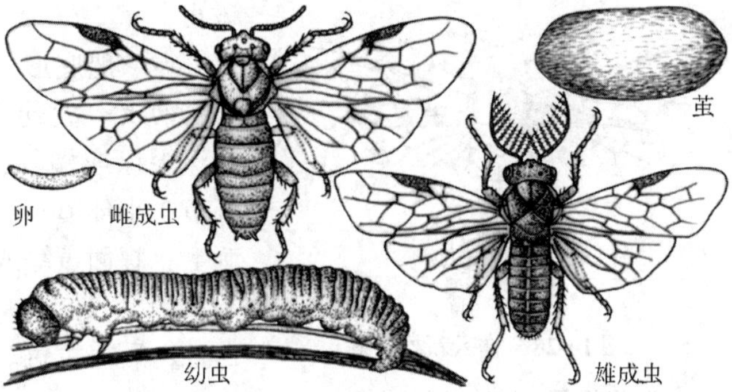

图10-27　松黄新松叶蜂

幼虫　初孵时头乳白、体黄白色，胸足黑色。老熟时体长25～28mm，头深黑有光，胴部淡黄绿色，背部暗色纵纹条数，气门线浅绿色，首尾2节多黑色；体壁多褶皱，褶顶1横列带刚毛之黑点。腹足8对。

蛹　预蛹灰绿色、体宽扁，背部2土灰色纵带。蛹淡黄色，体长约10mm，触角达前足基节，前翅达后足基节，后足达腹部第6节末端。茧圆筒形，灰褐色，长8.0～10mm。

生物学及习性

1年1代，以卵在当年生针叶内越冬。4月上、中旬幼虫孵化，5月上、中旬为危害盛期，幼虫6龄，5～6月初幼虫老熟潜入枯落物中结茧以预蛹越夏，9月上、中旬化蛹，9月底至10月初成虫羽化产卵、越冬。雌蜂寿命4～7d，雄2～6d。

初孵幼虫群集于针叶顶部向下食害针叶，3龄后渐自树冠外围向内部及中下部扩散取食，5龄每叶有幼虫1～2头，当全株针叶被食尽时则成群转株危害；如遇惊扰即将尾部翘起，吐出黄绿色液体以示警戒。老熟幼虫主要在树冠垂直投影下的枯枝落叶层内结茧化蛹，少数在干基树皮缝内化蛹。成虫多在11:00～15:00羽化、交尾、绕树冠飞翔，早晚则静伏于针叶内。卵多成排产于树冠阳面枝梢顶端的枝叶中，1针叶有卵5～23粒，每雌产卵约31粒。郁闭度小、阳坡、林缘、坡上位及树冠阳面受害严重。

祥云新松叶蜂 *Neodiprion xiangyunicus* Xiao et Zhou

分布于四川、云南、贵州等地，严重危害10～60年云南松，林分针叶常被食尽而呈火烧状，有虫株率达100%，幼虫达4 000～5 000头/株。

形态特征(图10-28)

成虫　雌虫体长9.5mm，黄褐色，触角27节。上颚前端，中胸盾片前、侧缘，腹2～7节背板及第8背板小部分、第9～10腹节背面黑褐色，腹部第3～8节侧面白色，足胫节除基端外与跗节均暗褐色；翅透明具暗黄色云斑、脉和翅痣暗黄色。刻点额区粗而密皱，胸背则稍小，小盾片较稀，第1～8节腹以第1背板中部及第5～7背板两侧较密。唇基前缘弧形凹入，中窝长圆形，头、胸部黄柔毛密。雄虫体长9mm，亮黑色，触角32节；触角1～2节，上唇、唇基前缘、上颚基部、须、前中足除基节外、后足、腹部背板侧缘及腹板红褐色，翅脉和痣亮黑褐色；其余如

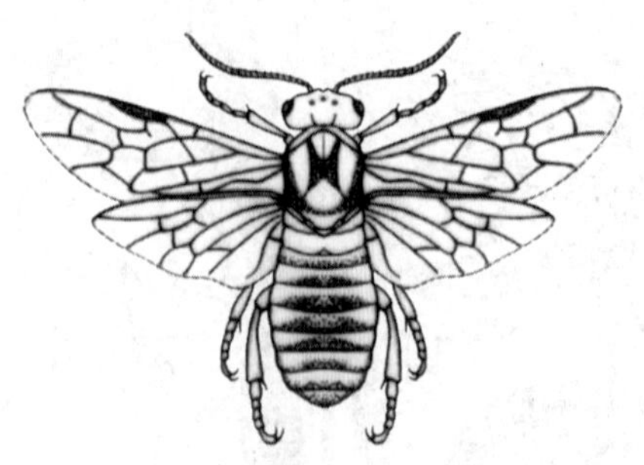
图 10-28 祥云新松叶蜂

雌虫。

卵 船底形，0.20mm×0.80mm，初鹅黄色。

幼虫 大幼虫体长 20～25mm，头亮深褐色，体深墨绿或橘红、黄色，两侧具暗纵纹，背线狭，各节 3 小环节、每小环具成列刺毛，足基部 2 组黑刺毛；腹面黄绿或红色，腹足绿或红色。

蛹 长 7.0～10.0mm、宽 4.0～5.0mm。茧初白色，后褐黄色。

生物学及习性

四川西昌地区 1 年 1 代，以预蛹越冬。越冬预蛹在茧中约 130d 进入蛹期，蛹期约 20d。5 月下旬至 8 月中旬成虫始羽化、高峰在 7 月上旬；6 月下旬至 8 月中旬产卵、7 月下旬为高峰期，卵期 15d，7 月中旬至 9 月初幼虫孵化、8 月中、下旬为高峰期，9 月上、中旬为幼虫下树高峰。幼虫 8 龄，幼虫期约 160d。在云南楚雄无明显越冬现象。

成虫10:00～15:00羽化最盛，中午常在树冠上层飞翔，早晚伏于松针丛中，对糖醋有趋性。卵成 2 列产于针叶刻槽中，落卵处叶面呈黄褐色泡状鼓起，多产于郁闭度 <0.5的疏林、孤立木、林缘及林冠上层针叶内、落卵处先受害，每雌产卵 120～250 粒。1～4 龄9:00～18:00聚集当年生嫩针叶基部食表皮和叶肉、食量占幼虫期的 20%，傍晚及早晨的食量占一天的 75%，受惊时释放白色黏液；5～8 龄分散且食整个针叶，栖所无食料时成群迁至邻枝或邻树，受害林分常呈团块状或片状，老熟幼虫沿树干下爬或落地后在树冠投影区落叶层至 6cm 土中结丝茧越冬。海拔 1800m 以上的林分常成灾，孤立木、林缘、山顶、山脊林受害重。低龄幼虫期、茧期降水多即湿度 60% 以上、温度小于 12℃或大于 25℃时死亡率高。幼期天敌有蚂蚁、僵菌、蝽、猎蝽和病毒；蛹期有霉菌、寄生蝇 2 种、小蜂 1 种，寄生率高达 41.84%；成虫期天敌有蜘蛛、蚂蚁及鸟类。

浙江黑松叶蜂 *Nesodiprion zhejiangensis* Zhou et Xiao

分布于浙江、江西、湖南、湖北、四川及西南等地，幼虫食害湿地松、马尾松等松叶。严重危害时仅留叶基部，翌年萌芽短小、长势衰弱。

形态特征(图 10-29)

成虫 雌成虫体长 6.5～7.8mm，黑色。触角第 1、2 节及下颚、下唇须暗黄色；前胸背侧后缘，中胸小盾片前缘之后，第 7、8 腹节背板两侧缘斑，足基节、腿节尖端，转节，胫节(后足胫节顶端除外)与附节均黄白色；翅痣、脉黑褐色，腹部微蓝色。头、胸粗刻点密，第 1 腹节背板中部刻点粗。雄成虫体长 5.8～7.5mm；中胸小盾片黑色，中胸小盾片刻点较密，其余同雌虫。

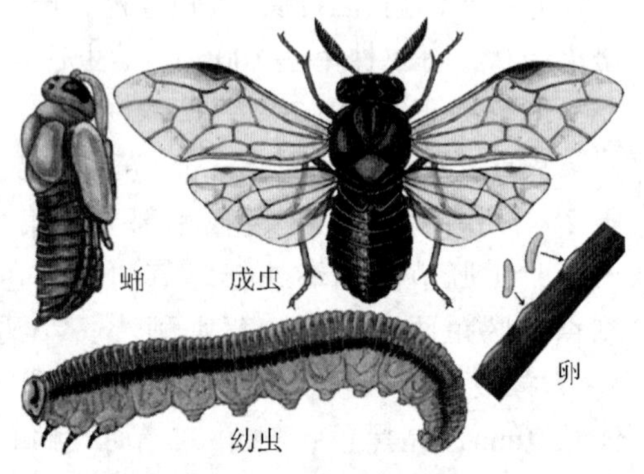

图 10-29 浙江黑松叶蜂

卵　船底形，长1.2～1.5mm，淡黄色。

幼虫　老熟幼虫体长20～25mm；头亮蓝色，触角3节、黑色，单眼区、胸足基节及转节基部、腿节、胫节、附节外侧亮黑色，头、胸部黄绿色，背线近白色、亚背线褐色、气门上线黑色。胸部各节4小横褶，腹部第1～9节各6小横格。初孵幼虫体黑褐色，3龄幼虫头部眼区1黑色倒"U"纹。丝茧圆筒形，初乳白色、后棕黄色。

蛹　黄白色。触角、足为白色。雌蛹体长约7mm，额区3个近三角形深色突起。雄蛹体长5～6mm，额区突起4个、对称排列。

生物学及习性

在长沙1年3～4代，以预蛹越冬。翌年4月下旬出现成虫，各代幼虫期为5月上旬、7月、8月、9月下旬，10月中旬老熟幼虫在针叶上结茧越冬，世代重叠，有孤雌生殖现象。成虫以夜间羽化为多，次日8:00可见交尾，交尾后即产卵。雌成虫以产卵器刺破针叶、产于针叶表皮的锯痕内，1叶产卵2～3粒，5～6d后落卵处膨大、8～10d后开裂、可见将孵化的黑褐幼虫。成虫寿命3～5d，每雌产卵14～18粒，幼虫5～6龄、历期24～40d，蜕皮时死亡率约20%，老熟幼虫1～2h即完成结茧，夏季高温时幼虫停食约10d而越夏。幼虫喜食2～3年生火炬松，1～2年生湿地松、火炬松、黑松苗木与幼林嫩针叶，虫量大、虫龄增大时食尽其针叶。第1、2代危害严重，第3、4代虫口密度显著下降。蛹期第2代天敌寄生率为27.8%～54.7%，天敌主要有青蜂和2种姬蜂。

落叶松叶蜂 *Pristiphora erichsonii* (Hartig)

分布于东北、陕西、甘肃、内蒙古、山西等地，危害落叶松。失叶率达50%以上时胸径增长下降16.6%，失叶率70%～100%时材积损失4.65～6m^3/hm^2。

形态特征(图10-30)

成虫　雌虫体长8.5～10.0mm。头部刻点小、被白短毛，上唇黄、上颚深褐色，触角褐色具短毛；前胸背板两侧、翅基片黄褐色，中后胸黑色，翅黄、痣黑色；腹部第2～5、6节背板前缘、第2～7节腹板中央橘黄色，第1、6节大部及第7～9节背片黑色。足黄色，前、中足基节、中足胫节端部、后足基节基部和胫节端部及跗节黑色，爪褐色、内齿小；锯鞘黑褐色有长毛。雄虫体长7.5～8.7mm，腹部第3～6节缩狭，足基节、中足胫节、后足腿节及胫节端部、跗节黑色，余同雌。

卵　梭形，0.4mm×1.3mm。初产黄白色，渐变黄色，孵化前黄绿色。

幼虫　1龄幼虫体长2.4～3.1mm。老熟幼虫体长12.0～20.9mm，黑褐色；前胸背板、气门线至足基灰黄色，胸、腹背面黑绿色，腹面浅灰色，除臀节外各体节均2浅灰色具毛的横纹及3小环节，胸足黑褐、腹足黄白色，气

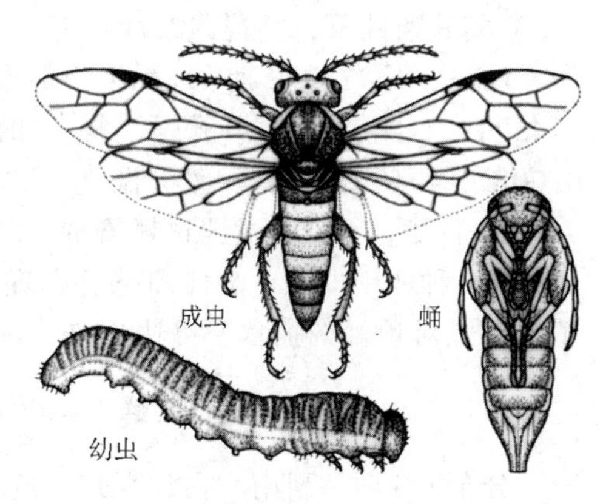

图10-30　落叶松叶蜂

门扁椭圆形。

蛹　体长9～10mm，初乳白色，羽化前棕黑色。茧长椭圆形，5mm×11mm，棕黑色。

生物学及习性

1年1代，以老熟幼虫结茧于落叶层下越冬。在秦岭翌春当平均气温达0℃以上时越冬幼虫开始化蛹。在海拔1 600m处4月下旬为化蛹盛期，蛹期16.7～40d；成虫羽化高峰期为5月上旬，羽化后3～4h产卵，卵期10～20d，5月下旬孵化。幼虫期18～25d、5龄，6月中旬后为落地结茧盛期。山西、东北的发生期比秦岭约晚1个月。

雌成虫营孤雌生殖，雄虫的作用不清。初羽化的雌成虫爬行约1h后、多在11:00～14:00飞翔于阳光处，阴雨天静伏于针叶；卵成纵列集产于落叶松当年生嫩枝一侧的表皮下，落卵新梢弯卷或枯死；每枝卵量2～110粒、平均12.9粒，卵量的多少和新梢长度有关；每雌产卵52粒，预蛹重<0.02g、0.03～0.04g、0.05～0.06g、0.06～0.07g、>0.07g时产卵量分别为0、15、22～50、44～70、70～130粒；同一林分中初发种群的蛹重均>0.07g，连续发生至第4年时蛹重0.07g的占60%、0.04～0.06g占20%、0.03g占18%。1龄幼虫咬食针叶成缺刻、使其干枯变黄，2龄以后食尽针叶，4龄后食量剧增，5龄后分散取食，老熟幼虫下树在落叶层中结茧休眠；各龄食量分别占幼虫期总食量的0.69%、2.16%、5.64%、21.19%、70.32%，100头幼虫的总食量为14.0999g。当年茧从高山移至低山时部分可化蛹、羽化，整个群体中约5%个体为2年1代，海拔每升高100m、发育期推迟2～4d；郁闭度为0.5、0.6、0.8时蛹历期分别为11d、15d、17d。

土壤含水量<6%时预蛹死亡率达18.6%，幼期持续高温干旱可致虫口数量明显下降，但促使成虫产卵量增加，日本落叶松对该蜂的抗性>华北落叶松>朝鲜落叶松。该虫在林内为均匀分布，卵期的序贯抽样式为 $T_0(N)_l = 0.9273N \pm 1.96(1.6072N - 0.0272)^{1/2}$，$T_0(N)_2 = 1.5975N \pm 1.96(1.4284N - 0.0277)^{1/2}$，$T_0(N)_3 = 0.2437N \pm 1.96(0.0775N - 0.0135)^{1/2}$。海拔1 600～2 200m为发生中心区，季节消长符合斜坡型，内禀增长力 $r_{mmax} = 0.03563$；种群数量达平衡时直径0.4～0.8cm枝条有卵梢1.3167～1.6607个，饱和状态时3.8736卵梢/枝。在15±1℃实验条件下，种群内禀增长力 $r_m = 0.04914$，平均世代周期长 $T = 46.7924$d，卵、幼虫、蛹、成虫期的稳定年龄组配为61.9186%、29.5710%、7.0633%、1.4599%。卵、幼虫、预蛹、蛹期的发育起点温度分别为4.06℃、2.25℃、0.00℃、4.18℃，其有效积温为127.40日·度、358.25日·度、73.02日·度、76.48日·度。天敌有黄腿透翅寄蝇、2种姬蜂、核型多角体病毒、白僵菌、日本弓背蚁、2种叩甲幼虫、6种蜘蛛、鼩鼱和鸟类。其中以核多角体病毒最具利用价值，鼩鼱对预蛹的捕食率可达89%。

油茶史氏叶蜂 *Dasmithius camellia* (Zhou et Huang)

分布于江西、湖南、福建等地，危害油茶。突发性强，严重时幼虫400～3 000条/株，油茶叶被食殆尽、茶籽颗粒无收、枯枝满树、长势衰弱。

形态特征(图 10-31)

成虫　雌虫体长 6.5 ~ 8.5mm，亮黑色。触角、足基节、腿节黑色，下唇须及下颚须尖端 3 节、胫、跗节褐色，前胸背板后缘、翅基片、淡膜叶、翅黄色，痣、脉黑褐色，转节白色；触角尖端稍扁，单眼后区凸出，无额脊，侧、横缝明显，中窝深；唇基刻点粗，头其余部位及腹部无刻点。雄虫体长 5.8 ~ 7.5mm，体较细瘦。

卵　长 1 ~ 1.2mm。长卵形，初乳白、后淡黄色。

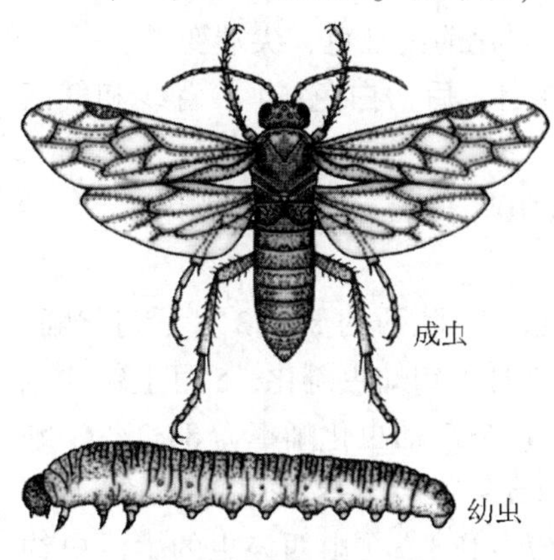

图 10-31　油茶史氏叶蜂

幼虫　初孵淡黄色，3 龄后绿色。老熟幼虫体长 20 ~ 22mm，蓝灰色，头部额至单眼区蓝黑色，气门线及足白色。

蛹　长 6 ~ 8mm，初淡绿色，后淡黄色至黄褐色。

生物学及习性

1 年 1 代，以预蛹在土室中越冬。翌年 2 月底至 3 月初始羽化、3 月上旬为盛期，雌雄比约 1∶1。3 月上旬卵开始孵化、中旬为盛期，卵期 6 ~ 12d，孵化率达 95% 以上。幼虫期 22 ~ 29d、5 龄，取食盛期只有 9 ~ 11d；老熟后于 4 月下旬至 5 月中旬下树入土筑土室越夏，12 月中旬到翌年 1 月化蛹，少数幼虫有滞育现象。

成虫羽化后如遇阴雨及大风天则停留在土室中，出土成虫8∶00 ~ 18∶00活动、交尾、产卵，偶交尾 2 次，后栖息于枝叶、枝芽或芽叶的交叉处及叶背，天气不良则不活动，飞翔距离多不足 10m。卵只产于萌动膨大的芽苞中，1 芽有卵 1 ~ 5 粒、1 粒者占 60%，严重时 82% 新芽均被产卵。幼虫仅白天取食，晴热天中午、傍晚及雨天均不取食，有假死性。初孵幼虫在芽苞内取食并常将新叶吃穿、排出红或黄褐色粪便，1 ~ 2 龄均在未开放的叶芽内食心叶；3 龄时嫩叶初展、外露幼虫食嫩叶尖端，并常在尚未脱落的苞片中栖息；4 龄时新叶全展、食叶量大增、尽食叶肉仅留主脉；嫩叶食尽时幼虫基本老熟，虫口数量大时少数幼虫也食老叶但发育不良。老熟幼虫在树冠垂直投影范围内越冬，以树冠下坡为多，入土 7 ~ 20cm 者占 90%。

松阿扁叶蜂 *Acantholyda posticalis* (Matsumura)

分布于黑龙江、山东、山西、河南、陕西等地。危害油松、赤松、樟子松，常成灾。

形态特征(图 10-32)

成虫　雌虫体长 13 ~ 15mm，黄色。唇基大部、触角侧区上部、中窝 2 侧斑、侧缝斑、眼内上侧斑、眼后区横纹、额与后颊之小部、前胸背板侧后角、翅基片、中胸盾片侧斑与部分小盾片、后胸小盾片之部分、腹部背板两侧黄色，中胸前盾片后部、颈片腹面、前胸背板侧下部、中

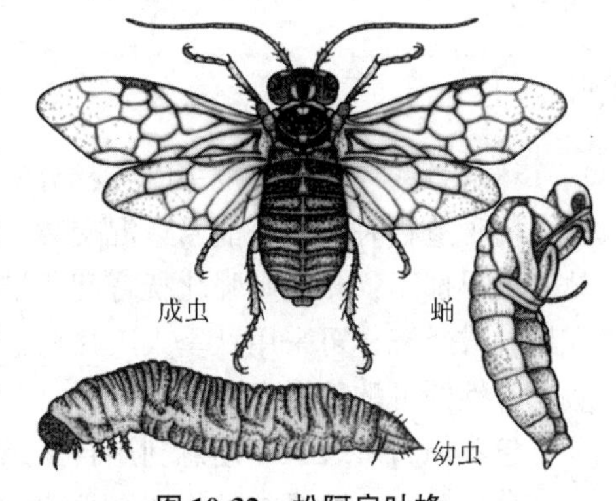

图 10-32　松阿扁叶蜂

胸前侧片大部、足基节大部、腹板均淡黄白色，触角柄节与尖端数节、足基节、转节、腿节后部、头、胸、腹其余均亮黑；翅淡灰黄而透明，痣黄而脉黑褐色，顶角及外缘凸饰暗紫色。额脊突起，中窝深圆，具横缝、冠缝、侧缝，后颊有脊，头部、盾片刻点疏浅、触角侧区、中胸前盾片与前侧片几光滑。雄虫体长10~11mm；抱器黄色，眼内上侧斑无狭线，侧缝无斑，触角柄节背面、中胸盾片及小盾片黑色；头、中胸前侧片刻点稍密而粗，触角33~36节，其余同雌虫。

卵　长3.5~4mm，半月形，初乳白、后污白色，孵化前肉红色，尖端变黑。

幼虫　体长15~23mm。初孵头黄绿，胸腹部乳红白、后污白色；4龄背线和气门线紫红色，老熟时为浅黄至褐黄色，肛下板大。

蛹　雌蛹褐黄色，长15~19mm。雄蛹浅黄色，长10~11mm，羽化前黑色。

生物学及习性

在陕西秦岭北坡及山西壶关县1年1代，以预蛹越冬。陕西的翌年3月下旬化蛹、4月中旬为盛期，同时羽化并产卵、5月上旬为盛期；4月下旬幼虫孵化，5月上旬为危害盛期，6月上、中旬老熟幼虫下树入土结茧越夏越冬。越冬幼虫化蛹率为84.1%，蛹期14~17d；卵期15~17d，孵化率68%~90%；幼虫5~7龄(在黑龙江为6龄)，历期约40d；雌蜂寿命10~15d、产卵期3~4d，雄寿命7~13d。在山西该虫的生活史约晚1个月，黑龙江则比山西约晚10d。

成虫多在晴天羽化，出土约半天后多在晴天10:00~16:00在树冠中上部飞翔、多次交尾产卵，阴雨天停息于枝条上，受惊后跌落地面飞跑。卵散产于1~2年生针叶背面、极少产于在3年生针叶；每雌约产卵23粒、最高51粒，有孤雌生殖能力。初孵幼虫在叶基部吐丝3~5条结网，半天后咬断针叶拖回网内取食；3龄后转移至当年生新梢基部吐丝作27mm×3~4mm的圆筒形巢、其大口为取食口而小口为排粪口，每巢1虫，4龄后期食量大增；1幼虫一生约取食2.5g即25束鲜针叶，受惊后即退入巢内或吐丝下垂。老熟幼虫从巢的大口爬出落地，在树冠投影下5~15cm的土中作10~15mm×5~8mm土室变预蛹越冬。在黑龙江1~3龄死亡率16.5%、老熟幼虫13.9%，樟子松人工林失叶率为40%即50cm长标准枝幼虫达4头时为防治阈值。林相整齐、生长势旺盛、郁闭度大的林分发生轻，反之则重，白皮松不受其害。卵期赤眼蜂的寄生率为2.3%，蚂蚁食卵率达21.3%；幼虫期寄蝇的寄生率达21.6%，宫氏凹头蚁捕食成虫、幼虫。

叶蜂的防治

林业措施　叶蜂的危害既与林分的郁闭度有关，也和林分的结构有关，所以在选用抗虫树种造林时应尽可能营造混交林。对喜光性强的种类应采取相应的管理措施，促使林分提早郁闭；相反则强化抚育间伐措施，减轻其危害。对在林冠下土层中结茧化蛹的零星林或经济林可采用秋季人工搂树盘，破坏越冬或化蛹场所的方法防治。对有群集或假死习性的可酌情考虑震落捕杀。

保护和利用天敌　注意利用自然感染或寄生或捕食效果明显的天敌及微生物。

化学防治　叶蜂类幼虫对化学药剂常十分敏感，因此防治时应待卵全部孵化后进行。用有效成分为 $210g/hm^2$ 的噻虫嗪毒杀下树结茧幼虫及羽化出土成虫有效，防治幼虫时2.5%溴氰菊酯或2.5%高效氯氟氰菊酯3 000倍液甚有效，可参考选用。郁闭度大的林分用741或林丹烟剂防治效果显著。

三、蝗　虫

蝗虫是禾本科植物及牧草等的重要害虫类群之一，对林业上造成的损失相对的较少。但竹蝗等近年在一些地区已造成灾害。除下述种类外，重要的还有分布于广东、广西、湖北、湖南、台湾、福建等地区危害竹类的异歧蔗蝗 *Hieroglyphus tonkinensis* Carl。

黄脊竹蝗 *Ceracris kiangsu* Tsai

分布于我国华东、华中、华南及西南地区。危害20余种竹类，常在毛竹林猖獗成灾，致使竹林成片枯死、竹材利用价值降低。

形态特征(图10-33)

成虫　雄虫体长29~35mm，雌虫31~40mm，绿或黄绿色。头背中央、前胸背板常具淡黄色中纵纹，后足腿节端部、胫节基部暗黑色，腿节近端部处有黑色环。侧观头较前胸背板高，颜面倾斜，头顶略前突；触角丝状，末端淡黄色；前胸背板上中隆线低、无侧隆线，具横沟3条。前翅顶端超过后足腿节顶端，前缘及中域暗褐色，臀域绿色。后足胫节有刺2排，外排14个、内排15个，刺基浅黄、端部深黑。

卵　长椭圆形，6~8mm×2~2.5mm，略弯曲，赭黄色，有网纹。卵囊筒形，长19~28mm，宽6.5~8.7mm，有卵22~24粒。

若虫　共5龄，3~5龄若虫体赭黄或黑黄色，将羽化时翠绿色。

生物学习性

1年1代，以卵于土中越冬。在浙江，卵于5月下旬至6月上旬孵化，5月下旬至8月中旬为若虫期，7月中旬至11月上旬为成虫期，8月上旬开始产卵越冬。初孵跳蝻多群集于小竹及禾本科杂草上，于次日开始取食，多在1龄末至2龄初上大竹取食，3龄后全部上竹危害；初集中梢头取食，后渐分散活动，天黑至晨露未干前不活跃，天气炎热时常于8:00下竹栖息、17:00后再上竹活动。成虫也有群集性，多在性器官成熟前喜飞翔。

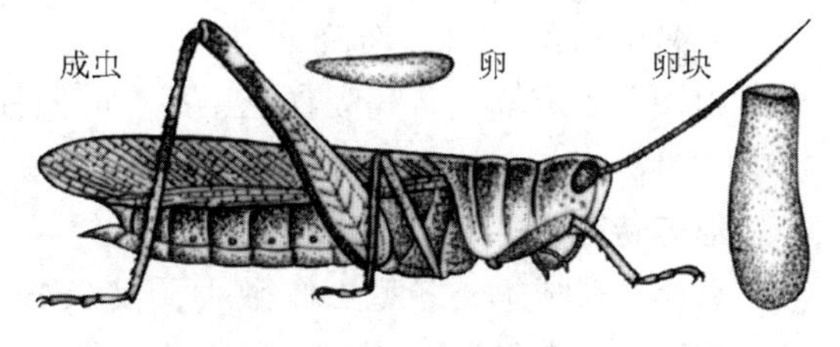

图10-33　黄脊竹蝗

卵多成块产于柴草稀少、土质较松向阳的山腰或山窝斜坡，土壤含水约20%时适宜产卵；卵块覆圆形黑色卵盖，产卵场所地面常见卵盖及成虫尸体。

竹蝗的调查及防治

查卵　成虫喜产卵的场所、地面存成虫残骸，小竹及杂草被害严重及竹梢叶片被害处，有红头芫菁活动的地方都可能有卵块。查卵后应对有卵地块进行标记，以便查蝻。

查蝻　定期检查标记地点(室内可设对照)的卵块，卵壳外见到眼点后约2周孵化，跳蝻孵出后10d左右及上竹危害前是施药适期。

查成虫　及时掌握虫口密度及产卵场所，以便来年准确查卵。

防治方法　林间栽植泡桐利于竹蝗卵期天敌红头芫菁的繁殖，对控制该虫有效果。根据竹蝗产卵后地面上的标志，可在小满时节挖除卵块、并处理。可喷150mL/hm^{2}的2.5%高效氯氟氰菊酯2 000倍液，有效成分为75～200g/hm^{2}的噻嗪酮，有效成分为15～30g/hm^{2}的吡虫啉。防治成虫可用飞机施药或施用烟剂。

四、螨　类

螨类属蛛形纲蜱螨目，危害林木及果树的害螨多属于真螨目和蜱螨目。害螨以成螨、若螨在寄主的叶、芽、嫩茎、花及幼果上吸食危害，被害处初显褪绿小斑点，后出现褐或红褐色斑块或叶面卷曲，严重时造成叶、花、果脱落，影响严重。部分害螨如竹缺爪螨 *Aponychus corpuzae* Rimando还传播病毒病害，造成竹叶枯黄、脱落、竹冠稀疏，重则使竹叶呈火烧状焦枯脱落、秃枝、秃梢、竹秆部灰变、枯死，出笋量减少。除下述种类外，重要的还有南京裂爪螨 *Schizotetranychus nanjingensis* Ma et Yuan、竹裂爪螨 *Schizotetranychus bambusae* Reck、竹缺爪螨 *Aponychus corpuzae* Rimando、枣瘿螨 *Tegolophus zizyphagus* (Keifer)、果苔螨 *Bryobia rubrioculus* (Scheuten)、李始叶螨 *Eotetranychus pruni* (Oudemans)、枸杞瘿螨 *Eriophyes macrodonis* (Keifer)、杨始叶螨 *Eotetranychus populi* (Koch)等。

山楂叶螨 *Tetranychus viennensis* (Zacher)

又名山楂红蜘蛛。分布于华北、华东、西北部分地区，危害苹果、梨、桃、杏、李、山楂等。成螨、若螨吸食花、芽、叶液汁，造成果树焦叶、烧膛、二次开花，严重影响产量。

形态特征(图10-34)

成螨　雌成螨，冬型虫体微小，仅0.4mm，体色鲜红；夏型体长约0.7mm，椭圆形，体色红或深红。背两侧有黑色纹，背面隆起、有皱纹，后半体纹横向无菱纹；须肢端感器锥形、其长与基部宽略等，背感器小枝状，于口针鞘两侧形成数室；背毛序为2、6、4、4、4、2根，背长刚毛具绒毛、不生在疣突上。雄性体菱形，末端略尖，浅绿色，长0.31～0.43mm，体背两侧有褐斑纹。

卵　圆球形，半透明。初黄白或浅黄色、后橙红色具2红斑。

幼虫　初孵体近圆形，长约0.19mm，足3对；未取食前淡黄白色，取食后黄绿色；体侧颗粒斑深绿色，单眼红色。2龄若螨体长约0.4mm，足4对，似于成螨。

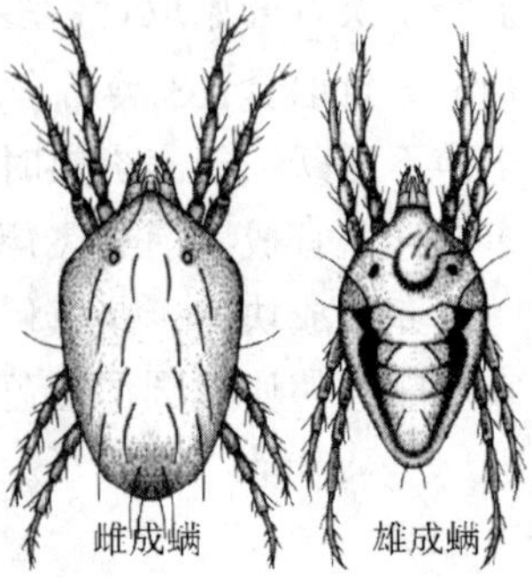

图10-34　山楂叶螨

生物学及习性

年发生代数受气候、营养影响大，在辽宁1年3~7代、甘肃4~7代、陕西关中5~6代、山东7~8代、济南9~10代、河南12~13代，以交配滞育雌螨群集于树干缝隙、树皮、枯枝落叶内等缝隙内越冬，抗寒能力很强、在-30℃下1d死亡。翌年春平均气温9~11℃、树芽膨大时出蛰危害嫩叶，遇阴雨或倒春寒则潜回树缝内；4月上、中旬陆续产卵，卵产于叶背主脉两侧或蛛丝上，产卵高峰与苹果、梨的盛花期吻合；在18~20℃时雌成螨的寿命约40d，产卵历期13.1~22.3d，平均产卵43.9~83.9粒、最多146粒。卵期8~10d，第2代卵出现于6月上旬，7~8月繁殖最快、危害最严重，9月下旬至11月上旬进入越冬态。卵期、幼若螨及世代的发育起点温度为13.41℃、16.6℃、9.2℃，有效积温为78.3±16.9日·度、12.3±6.72日·度、250.8±42.8日·度。

该螨属长日照发育型，在短日照低温下产生鲜红色的能交尾的滞育雌螨。以两性生殖为主，雌雄比3∶1~5∶1，部分为孤雌生殖、其后代全为雄性。初孵幼螨较活泼，前若螨吐丝结网，雌幼螨4龄、雄3龄；雄成螨羽化后守候在雌性旁待其羽化后即与之交尾，雄螨可交尾5~68次。为聚集型分布，在树冠上、中、下及内膛各占10%、17.7%、40%、32.3%。喜高温干旱，降水对螨类除有直接冲刷作用、也制约其发育历期和繁殖；6月上旬前种群增长缓慢、中旬激增，进入雨季后数量骤降，雨季后出现危害第2次小高峰，传播方式有爬行、风力及人、畜活动传带等。天敌在中、后期可有效地抑制该螨的繁殖，束管食螨瓢虫、深点食螨瓢虫食量分别为20.7~22.6头/d、20.8~21.8头/d，此外还有陕西食螨瓢虫、肉食蓟马、小花蝽、草蛉、粉蛉和捕食螨等。

针叶小爪螨 *Oligonychus ununguis* (Jacobi)

分布于宁夏、陕西、山西、河北、山东、湖南、安徽、江苏、浙江等；其他各国。危害杉木、水杉、云杉、落叶松、多种松类、侧柏、栎类等。被害杉木针叶初见褪绿斑点、后黄褐或紫褐色，如炭疽病斑；受害栗叶主脉两侧显苍白斑点，严重受害叶黄褐而干枯。

形态特征(图10-35)

成螨　雌椭圆形，长0.42~0.55mm、宽0.26~0.32mm，褐红色；须肢跗节端感器略长方形，背感器小枝状，气门沟末端膨大，背刚毛具绒毛，背毛序为2、4、6、4、4、4、2根。足Ⅰ跗节双刚毛1对、其腹面刚毛1根，条状爪各具粘毛1对；爪状爪间突的腹侧基5对针状毛。雄体菱形，长0.32~0.35mm。

卵　圆球形，约0.10mm。初淡黄、后紫红色。半透明。

幼、若螨　幼螨近圆形，取食后淡绿色。若螨微红褐色。

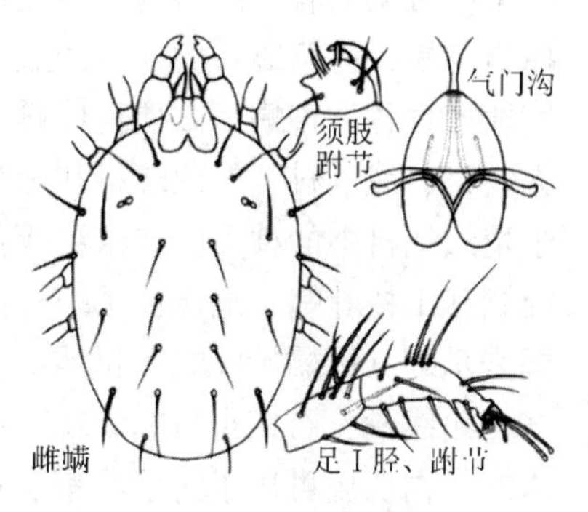

图10-35　针叶小爪螨

生物学及习性

湖南1年20~22代，河北4~9代，以紫红色越冬卵在寄主的针叶、叶柄、叶痕、小枝条及粗皮缝隙等处越冬，极少数以雌螨在树缝或土块内越冬。翌年气温达10℃以上或栗芽萌发时越冬卵孵化，若螨上爬嫩叶吸食危害直至成螨产卵繁殖；越冬雌螨出蛰至新叶吸食产卵。南方杉木林危害区的防治适期是春末，北方板栗林的防治适期为6~7月。

该螨喜在叶面吸食、繁殖，螨量大时也在叶背危害和产卵。以两性生殖为主，其次为孤雌生殖；雌螨羽化后即交尾，1~2d后产卵，每螨产卵19~72粒、平均43.6粒。成螨、若螨均具吐丝习性。温暖、干燥有利于其发育和繁殖，久雨或暴雨能使螨量下降。危害与坡向、树龄、郁闭度、海拔、品种密切相关，阳坡比阴坡、中坡比下坡、东西坡比南北坡发生早、危害重，4~5年生的杉木受害重；郁闭度及海拔低的杉林比郁闭度与海拔高、油杉比芒杉和灰枝杉的受害重。

螨类的防治

防治螨类应合理使用农药，保护利用天敌，充分发挥生态系统的自然控制作用。

严格检疫 对苗木、接穗、插条等进行严格检查和除螨处理。处理时可用75%益赛昂1 000~2 000倍液、25%杀虫脒600~1 000倍加0.1~0.5°Be的石灰硫磺合剂，其杀螨率达90%，而杀卵率也达80%以上，如隔周再施药1次就能基本消灭害螨。用45~50℃的热水浸渍虫瘿或卷叶5min即能杀死其内的害螨。

栽培管理 选栽抗螨品种对控制害螨种群很有效。①越冬期剪除病、虫枝条，树干束草诱集越冬雌成螨、翌春收集烧毁，冬季灌水，及时清除枯枝落叶和杂草。②生长期不施高氮化肥，增施有机肥、增强树势，提高植株的抗虫能力；及时摘除和处理虫瘿和卷叶，高温干旱季节及时灌水，可减轻螨类的危害。③对有趋嫩性的害螨，如适时除净无效或多余的嫩叶、萌生枝芽，可大幅度降低害螨的密度。

天敌利用 螨类天敌很多，包括寄生性的病原微生物和捕食性天敌。①已知100余种食螨昆虫中重要的有10余种食螨瓢虫，但以深点食螨瓢虫的捕螨效果最好，其1头幼虫一生能捕食各种虫态的个体136~830头，成虫的日食量为20.8~21.8头；肉食蓟马类中常见的有六点塔蓟马，花蝽类最常见的小花蝽和暗花蝽，当食料缺乏时草蛉类才捕猎害螨，但草蛉科的末龄幼虫、粉蛉科的啮粉蛉、小黑隐翅虫*Oligota* sp. 均可不同程度地捕食各种害螨。②捕食性螨类是近20多年来新开发利用的天敌，包括赤螨科、大赤螨科、绒螨科、长须螨科和植绥螨总科等中的许多种类，但目前的研究和利用还局限于植绥螨科中的种类，如植绥螨捕食各种叶螨和瘿螨，西方盲走螨捕食榆全爪螨、李始叶螨和山楂叶螨，尼氏钝绥螨、纽氏钝绥螨、德氏钝绥螨和拟长毛钝绥螨等用于防治柑橘全爪螨、柑橘始叶螨、柑橘皱叶刺瘿螨、朱砂叶螨、斯氏尖叶瘿螨、卵形短须螨、侧多食跗线螨、石榴小爪螨和咖啡小爪螨。③病原微生物中虫生藻菌和牙枝霉感染柑橘全爪螨，白僵菌可用于防治叶螨、苔螨和跗线螨，其对普通叶螨的致死率可达85.9%~100%，与农药混用后可显著提高杀螨率。

化学防治 害螨的化学防治，应把握防治时机，选择并合理使用药剂、以保护害螨

的天敌。①杀螨效果很好、且不产生抗性的杀菌剂如硫磺粉、石硫合剂等，保幼激素类似物如 JH－388，灭幼脲类，来自链霉菌的抗生素如杀螨素 Tetranatin 和 Avermectin 也有良好的杀螨活性，这类药剂对人、畜安全，对茶、果无害。②碳桥联二苯类如三氯杀螨醇、乙酯杀螨醇、杀螨酯、溴螨醇、灭螨醇和乙氧杀螨醇等，其残效期常达半月之久，杀螨效果多在 95% 以上；硫桥联二苯类如螨卵酯、氯杀、三氯杀螨砜、杀螨好、敌螨死和敌螨丹等，只杀螨，故对天敌昆虫较安全；含胺基、硝基或其他烷基的如杀螨醇、杀螨胺、杀螨特、杀螨醚、苯螨特、丁螨酯、乐杀螨等，对多种螨如枣树锈瘿螨等各虫态均有效；甲氟菊酯和氯氰菊酯对部分害螨有较好的杀死效果，苯硫威(Panocon)杀螨效果虽不如有机磷但能杀抗性螨，杂环化合物如灭螨猛、噻螨酮对抗药性螨类有效，无交互抗性，对捕食螨也较安全。上述杀螨剂的使用浓度和方法参见其说明。③冬季可选喷 3～5°Be 石硫合剂，早春发芽前喷晶体石硫合剂 50 倍液，成螨出蛰盛期喷 0.3～0.5°Be 的石硫合剂；危害期喷 3～5°Be 石硫合剂，或 40% 三氯杀螨醇乳油 1 000～1 500 倍液，或 50% 三氯杀螨砜可湿性粉剂 1 500～2 000 倍；如螨害严重，每隔 10～15d 喷 1 次，连续喷 2～3 次，对成螨、若螨、幼螨和卵均有效。此外，对受螨害的球根，在收获后用 40% 三氯杀螨醇乳油 1 000 倍液浸泡 2min。多数杀螨剂在连续使用数年之后，害螨就能产生抗性品系。如山楂叶螨对三氯杀螨醇、杀虫脒、对硫磷和乐果比较抗性分别为 99、15、28、11 倍；克服抗性的办法是合理使用农药，更换农药品种，混用和添加增效剂等。

第五节　食叶害虫的调查与研究

食叶害虫的调查和研究，包括种类与分布、危害习性、生物学、气候与危害关系、发生区的环境特征与范围、各种天敌及其控制作用、防治技术与效果、调查取样方法、测报技术等基本内容。进一步的调查和研究还包括幼虫对寄主的选择与寄主的抗性、取食行为、食量变化规律及其对寄主生长的影响、对环境温湿度变化的反应、迁移与活动特性、排粪规律与密度估计、越冬特点等，化蛹场所与环境的关系，成虫羽化与行为及释放性外激素与交尾、趋性、寿命、产卵场所与规律、迁飞和扩散规律等，以及林分结构、树龄与种群密度、立地与危害的关系，发育起点温度与有效积温、分布型、滞育特性、生命表等。

一、调查原理

食叶害虫的调查与研究应依据其生活史、分布方式、危害特性，采取随机取样的方式进行调查，标准地的设置基本与枝梢害虫相同。但因种类和习性的不同，取样时直接调查技术包括灯光、信息素等诱测，人工捕捉如利用在树皮缝结茧阻隔调查、幼虫危害期标准枝与标准叶调查、利用在土壤中化蛹取土样调查等；间接调查包括排粪量、模型、虫害指数推算等。

二、调查方法

常用的调查包括灯光与信息素等诱测、幼虫危害性调查、茧蛹期和卵期调查、标准枝与标准叶调查等，土壤中化蛹调查方法见地下害虫的调查。

出蛰期调查　例如，对越冬雌成螨，在有代表性的林内选择3株被害较重的树木，每株标定10个顶芽，逐一登记编号。从标定样株开始，1d观察、记载1次上芽的雌螨数量，并随即剔除上芽的雌螨。当发现有雌螨开始上芽时，立即发出蛰预报。上芽雌螨数量剧增时即可发出蛰盛期预报，并根据虫口数量调查结果酌情组织防治。

灯光与信息素等诱测　①灯光诱集成虫。如在松毛虫羽化期，根据地理类型设置黑光灯诱捕，灯光一般要设置于地势开阔处、距林缘30～100m，不宜设于山顶、林内和风口。用于虫情测报的黑光灯需数年固定于一个位置，在发蛾季节，应每天在天黑时开灯、次日凌晨闭灯，逐日统计雌、雄蛾数、雌蛾怀卵数。②性外激素诱集。成虫羽化期应在不同的林地设置诱捕器若干，诱捕器应悬挂于1.5m高度处、四周也应较空旷，每日清晨检查记载各个诱捕器中的数量。

幼虫危害期调查　例如，①凡发觉有松毛虫危害时，可分别选择有代表性的林地，随机取样25株，调查虫口密度和有虫株率。松毛虫各龄幼虫一昼夜所排的粪粒数量大致为70粒，在调查高大树木虫口密度时，只需在树下铺以一定面积的白塑料收集虫粪即可估算出，需要精确时应考虑到枝干截留和其他因素对排粪量的影响。在全面掌握发生地的分布和面积后，可依地势地形和虫口密度等，建立25m×25m～40m×40m大小的标准地，在其中取样20株，依次编号，每间隔3d观测1次幼虫的发育状态和危害特性；若1年发生多代，各代均应进行观察。②对山楂叶螨在苹果树开花前，采用对角线取样法在调查地中选定5株，3d调查1次；每株在树冠内膛、主枝中段各随机取10个样点，每样点调查10个芽，统计上芽的越冬雌成螨数。在果树落花后，每间隔2d再调查1次，在每样株的东、西、南、北、中方位随机各取叶4片，调查叶螨种类与数量，当活动螨数平均达4～5头/叶时即可进行防治。进入7月中旬以后，山楂叶螨已扩散到树冠外围，取样部位应移到主枝中段和外围枝条上；这时树体的花芽分化基本结束，害螨的种群量已进入下降阶段，防治指标可放宽到7～8头/叶。

标准枝与标准叶调查　需要以标准枝为取样单位行调查时，小叶树种如针叶树食叶害虫的标准枝长度应为50cm、大叶树种的标准枝不应小于30cm，应根据害虫在嫩枝或老枝条上的分布行为，正确选取标准枝。如需要以标准叶为取样单位时，应根据害虫对新老叶的嗜好选择样叶，针叶树种应以叶簇为基本调查单元，每样株应选取不少于30簇样叶，阔叶树每样株应选取不少于50个样叶。调查和取样的注意事项见枝梢害虫调查方法。

茧、蛹和卵期调查　例如，①茧蛹和卵期是松毛虫静止时期，取样和调查较方便。可将调查株、标准枝与叶、其他取样单元上的茧、蛹或卵全部收集，统计数量，饲养观察寄生与死亡率、雌雄比、雌蛹重(100枚)、羽化率和产卵量，以及寄生天敌种类和数量。卵期调查可将卵块置于玻管或纸袋内，观测卵期寄生性天敌的种类和数量数。对于松毛虫，如果有茧株率在50%以下、株有茧数少于10个、雌性比低于40%，则下一代将不致成灾；如果株有卵0.3块以下，每块卵少于150粒，孵化率约50%时，当代常不成灾。②越冬螨卵孵化期调查，可选择有代表性的易感品种或主栽品种，标定不少于500粒的越冬卵后用细针挑除灰白色的死卵，然后在所标定的螨卵周围涂以虫胶或凡士林，以免幼螨孵出时爬失。从越冬卵孵化开始，1d观察1次、并及时剔除所孵化的幼螨，直至孵化结束。日孵化率$y_i(\%)=[X_i/a]\times 100$，累计孵化率$Y=\sum y_i$；$X_i$为调查日孵化幼螨数，$a$为标定卵数。当螨卵进入孵化盛期后应立即发出预报，并根据虫口数量调查结果酌情组织防治。

航天航空监测技术　在松林面积辽阔、山高路远人稀的林区，可采用卫星遥感(TM)图像监测技术和航空摄影技术进行监测，然后进行地面调查和核实，可比较及时而准确地确定虫情。

复习思考题

1. 我国食叶害虫的地理分布有何特点？
2. 食叶害虫的发生分哪几个阶段，特点是什么？
3. 我国重要的食叶害虫有哪几类？重要种各有哪些？
4. 食叶害虫的防治有哪些方法？
5. 蛾类食叶害虫的测报方法有哪些？

推荐阅读书目

中国经济昆虫志. 第十一册：鳞翅目卷蛾科(一). 刘友樵，白九维. 科学出版社，1977.

中国经济昆虫志. 第三、六、七、三十三册：鳞翅目夜蛾科(一)、(二)、(三)、(四). 朱弘复，陈一心，等. 科学出版社，1963，1964，1985.

新农药研究与开发. 陈万义，薛振祥，王能武. 化学工业出版社，2001.

中国经济昆虫志. 第十二、二十四册：鳞翅目 毒蛾科(一). 赵仲苓. 科学出版社，1978，1994.

中国经济昆虫志. 第十六册：鳞翅目 舟蛾科. 蔡荣权. 科学出版社，1979.

第十一章　种实害虫及其防治

【本章提要】本章简要介绍了我国林木种实害虫的地理区划及其在各气候带及林区内的分布；重点介绍了卷蛾类、螟蛾类、象虫类、小蜂类中重要林木种实害虫的分布、形态特征及其生物学特性，并提出了相应的预测预报及防治方法，最后对林木种实害虫的调查方法、数据分析作了介绍。

种实害虫是指危害各种林木的花、果实和种子的害虫和螨类。该类害虫大多属于鳞翅目的卷蛾科、螟蛾科、麦蛾科、举肢蛾科；鞘翅目的象甲科、叶甲科；双翅目的瘿蚊科、花蝇科、实蝇科；半翅目的缘蝽科、长蝽科；同翅目的球蚜科、蚧总科；膜翅目的小蜂总科、叶蜂总科等。种实害虫一般体小色暗，幼虫绝大多数营隐蔽性钻蛀危害，不易引起人们的注意；同时种实害虫的成虫羽化高峰期和幼虫的孵化期基本上与被害寄主的花期、幼果期同步，一旦大发生则往往造成较大的危害。

由于大多数种实害虫是躲在花蕊或钻蛀种、果危害，与其他森林害虫相比其防治难度较大，防治必须建立在预测预报的基础上，我国种实害虫的测报工作自 1980 年后已逐步开展。种实害虫的防治策略应根据其生物学特性和林分实际情况区别对待，如在种子园和母树林，为确保种子的质量和产量，防治措施应以化学防治和生物防治为主，以营林技术措施为辅；而大面积人工纯林和天然林，采取营林技术和生物措施效果较理想。

近年来，种实害虫的生物防治研究也有了较大进展。如利用松毛虫赤眼蜂防治油松球果小卷蛾等针叶树种实害虫均取得较好效果，利用黑光灯诱杀鳞翅目的蛾类、利用高频加热设备杀死种子内的小蜂幼虫、利用黄色胶板诱杀落叶松花蝇、利用油松球果小卷蛾性信息素诱杀防治等。在营林技术防治方面，主要是通过选种、育苗、造林、施肥、抚育间伐、种子贮藏等一系列林业技术措施，为林木生长创造有利条件，抑制种实害虫的大发生和危害。加强植物检疫工作也是防治种实害虫的有效途径，随着我国农林业生产和国际贸易的不断发展，种子、苗木、接穗、包装材料、果品等农林产品进出口的种数量也在不断增加，所有这一切都为种实害虫的远距离传播创造了有利条件，只有重视和加强植物检疫工作，才能防止局部分布的危险性种实害虫扩散蔓延。

第一节　我国林木种实害虫的地理区划

我国林木种实害虫较多，仅危害针叶树的种实害虫已记载约 120 种。由于林木害虫的地理分布与森林环境尤其是林分结构、树种组成关系密切，林分类型的形成取决于气候带及地理特征，因而根据我国气候带及昆虫的地理区划，按照林分的分布可将林木种实害虫区分为北方针阔叶种、北方局域分布种、东南针阔叶种、南方局域种、中低山阔叶种；按照分布区的气候可区分为广适种、热带种、暖温种、温性种、耐寒种。我国常见林木种实害虫的地理区划及气候区划如表11-1、表11-2。

表11-1　33种林木种实害虫的地理区划

区划类型	种类	区系属性	地理分布					
			蒙新	东北	华北	华中	华南	西南
北方针阔叶种	松果梢斑螟	古北区	+	+	+	+	+	
	桃小实心虫	古北区	+	+	+	+		
	油松球果小卷蛾	古北区	+	+	+	+		+
	落叶松实小卷蛾	古北区	+	+	+			+
	柞栎象	古北区	+	+	+			
	紫穗槐豆象	古北区	+	+	+			
	落叶松球果花蝇	古北区	+	+	+			
	云杉球果小卷蛾	古北区	+	+	+			
	落叶松种子小蜂	古北区		+	+			
北方局域种	核桃举肢蛾	古北区			+	+		+
	柠条豆象	古北区	+		+			
	苹果蠹蛾	古北区	+					
	花椒蛀果叶甲	古北区			+			
	槐树种子小蜂	古北区			+			
东南针阔叶种	杉木扁长蝽	东洋区				+	+	+
	柑橘小实蝇	东洋区				+	+	
	柑橘大实蝇	东洋区				+	+	+
	山茶象	东洋区				+	+	+
	枇杷瘤蛾	东洋区				+	+	
	杉木球果麦蛾	东洋区				+	+	
	马尾松角胫象	东洋区				+	+	
	球果角胫象	东洋区			+			+
	松实小卷蛾	东洋区		+	+	+	+	+
南方局域种	槟榔红脉穗螟	东洋区					+	
	柏木丽叶蜂	东洋区				+		
	核桃长足象	东洋区				+		
中低山阔叶种	桃蛀螟	跨　界	+	+	+	+	+	+
	豆夹螟	跨　界	+	+	+	+	+	+
	微红梢斑螟	跨　界		+	+	+	+	
	柿举肢蛾	跨　界		+	+	+	+	
	剪枝栗实象	跨　界		+	+	+	+	
	栗实象	跨　界		+	+	+	+	

表11-2 22种林木种实害虫的气候区划

类型	种类	热带	南亚热带	中亚热带	北亚热带	暖温带	中温带	寒温带
广适种	松果梢斑螟	+	+	+	+	+	+	+
	桃蛀螟	+	+	+	+	+	+	+
	柑橘大实蝇	+	+	+	+	+		
热带种	柑橘小实蝇	+	+	+				
	杉木扁长蝽	+	+	+				
	枇杷瘤蛾	+	+	+				
	槟榔红脉穗螟	+	+					
暖温种	山茶象		+	+	+			
	球果角胫象		+	+	+			
	马尾松角胫象		+	+	+			
	核桃长足豆象		+	+	+	+	+	
	剪枝栗实象		+	+	+	+	+	
	杉木球果麦蛾		+	+				
	柏木丽叶蜂			+				
温性种	桃小实心虫			+	+	+	+	
	核桃举肢蛾			+	+	+	+	
	油松球果小卷蛾			+	+	+	+	+
	柿举肢蛾			+	+	+		
	栗实象			+	+	+		
耐寒种	落叶松球果花蝇					+	+	+
	云杉球果小卷蛾					+	+	
	落叶松实小卷蛾						+	+

第二节 重要的林木种实害虫及其防治

20世纪60年代以来，我国相继开展了落叶松、樟子松、马尾松、油松、华山松、杉木等主要针叶树造林树种和部分阔叶树种实害虫的研究，共记述了我国针叶树种实害虫117种，约占全世界针叶树种实害虫种类的1/3；有27个新种及新亚种。主要类群有卷蛾类、螟蛾类、象虫类、蝽类、花蝇类、小蜂类及蚧虫类等。

一、蛾 类

蛾类种实害主要危害嫩梢和球果，对树种常有较严格的选择性和专一性，部分种类同时危害同一种林木的果实或种子而混合发生，危害严重时常致使种子产量锐减、品质下降。除下述种类外，重要的种类还包括分布于华北、东北、西北、西南、华东、华南的微红梢斑螟 *Dioryctria sylvestrella* Ratzeburg，分布于北方地区及江苏、江西等地的梨小食心虫 *Grapholitha molesta* Busck，分布于国内诸多省份以及朝鲜、日本、蒙古、俄罗斯等的桃小食心虫 *Carposina niponensis* Walsingham，分布于北京、陕西、山西、河北、四川等地的核桃举肢蛾 *Atrijuglans hetauhei* Yang，分布于北京、河北、山东等地的柿举肢蛾 *Stathmopoda massinissa* Meyrick，以及广布国内外危害豆科的豆荚螟 *Etiella zinckenella* (Treitschke)等。

油松球果小卷蛾 *Gravitarmata margarotana* (Heinemann)

分布于陕西、甘肃、河南、山西、河北、安徽、江苏、浙江、江西、广东、四川、贵州、云南等地；日本、朝鲜、俄罗斯、欧洲等。以幼虫危害油松、赤松、马尾松等多种松树球果和枝梢。该种常与松果梢斑螟混合发生，导致种子严重歉收。

形态特征(图 11-1)

成虫　体长 6~8mm、翅展 16~20mm，体灰褐色。下唇须细长前伸、末节长而略下垂；丝状触角各节密生灰白色短绒毛、具环带。前翅有灰褐、赤褐、黑褐 3 色鳞毛相间的不规则云状斑，顶角处 1 弧形白斑纹；灰褐色后翅的外缘暗褐色，缘毛淡灰色。

卵　扁椭圆形，0.9mm×0.7mm。初产乳白色，孵化前黑褐色。

幼虫　初孵污黄色。老熟幼虫体长 12~20mm。头及前胸背板暗褐色，胸、腹肉红色。

蛹　赤褐色，长 6.5~8.5mm，腹部末端呈叉状、具钩状臀棘 4 对。丝质茧黄褐色。

生物学及习性

各地均 1 年 1 代，以蛹在枯枝落叶层及杂草下越夏过冬。陕西乔山林区成虫 4 月中旬羽化、产卵，4 月下旬至 5 月上旬为盛期；5 月上、中旬幼虫孵化；6 月上旬至 7 月初开始老熟吐丝坠地结茧化蛹，6 月中、下旬为盛期。四川的发生期约比陕西早 1.5 个月，贵州则早 1 个月。

卵散产于球果、嫩梢及头年生针叶上，每雌产卵 3~125 粒、多为 50 粒，每果常有卵 2~3 粒、多达 19 粒，卵期 14~22d；初孵幼虫裸露、取食嫩梢表皮、针叶及当年生球果，2~5d 后蛀入先年生球果、嫩梢皮层和髓心危害，老熟后坠地在枯枝落叶层及杂草丛等处结茧，6~14d 后化蛹，蛹期约达 310d，幼虫由孵出至老熟坠地历时约 30d。当年生球果被害后会提早脱落，2 年生球果被害后多干缩枯死；嫩梢被害后成枯梢，幼虫蛀入松梢期与春季抽梢期一致、对树木生长发育影响较大。在海拔 1 900m 以下的松林内，低海拔重于高海拔、山下重于山的中上部、纯林重于混交林、幼中林重于成熟林、人工林重于天然林。天敌有松毛虫赤眼蜂、悬腹广肩小蜂、白翅扁股小蜂等。该虫的信息素已人工合成。

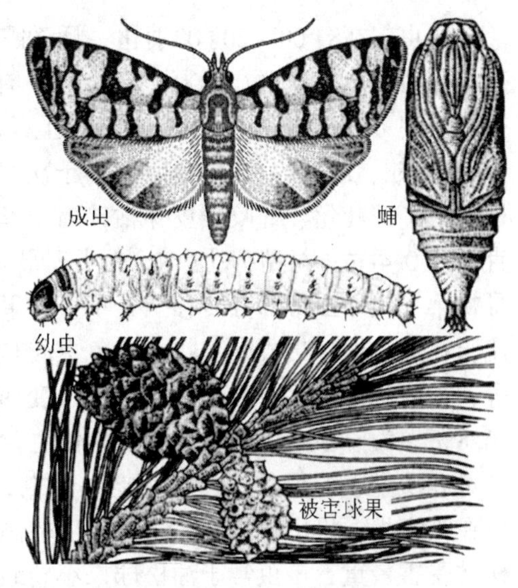

图 11-1　油松球果小卷蛾

松实小卷蛾 *Retinia cristata* Walsingham

又名松梢小卷蛾。分布于西南、华南、华中、东北、华北、陕西；朝鲜、日本。危害松类及侧柏。春季第1代幼虫蛀食当年嫩梢，使芽梢钩状弯曲、逐渐枯死、影响高生长，夏季第2代后的幼虫蛀食球果，使大量球果枯死、种子减产。

形态特征(图11-2)

成虫　体长4.6~8.7mm，翅展11~19mm，黄褐色。头深黄色、冠丛土黄色；复眼赭红色，下唇须黄色，前翅黄褐色，中央1银色宽横斑，臀角处1肾形银色斑内有小黑点3个，翅基1/3处银色横纹3~4条，顶角处短银色横纹3~4条。后翅暗灰色，无斑纹。

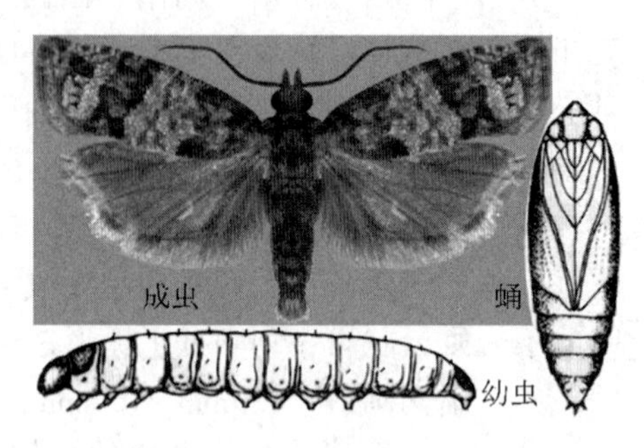

图11-2　松实小卷蛾

卵　椭圆形，长约0.8mm，黄白色，半透明，将孵化时红褐色。

幼虫　老熟时长约10mm，淡黄，光滑，无斑纹。头与前胸背板黄褐色，趾钩单序环式。

蛹　纺锤形，长6~9mm，宽2~3mm，茶褐色，腹末3小齿突。

生物学及习性

辽宁1年2代，结薄茧以蛹在枯梢和球果中越冬，翌年5月上旬至6月上旬为成虫期，5月中旬始见第1代幼虫危害松梢和刚膨大的2年生球果，在被害梢基部凝结松脂成套并越夏其中；6月下旬至8月上旬发生第1代成虫，7月中旬始见越冬代幼虫危害膨大后期至成熟期的球果，9月中旬始见化蛹越冬。南京地区、浙江1年4代，各代成虫出现时期分别为3月上旬至4月下旬、5月下旬至7月中旬、7月下旬至8月下旬、9月初至9月下旬。

成虫多在8:00~20:00羽化，蛹壳露出于羽化孔外；夜晚活动、白天隐伏，飞翔迅速，阴而闷热时成群在林冠上空飞翔，有趋光性，寿命3~9d；羽化当天傍晚就交尾，交尾时间可长达20h。卵散产在针叶上及球果基部的鳞片上，每球果有卵数粒，每雌产卵30多粒、最多约80粒；卵四周于次日显红斑、5d后孵化。初龄幼虫爬至当年生嫩梢的上半部吐丝、蛀咬表皮并粘碎屑于丝上，3~4d后渐向内蛀髓心，蛀道长约10cm、直径约0.4cm；每梢有幼虫1~3头、最多8头，被害梢自蛀孔以上黄萎并钩状弯曲。5月初第1代幼虫常部分转移至2年生球果、蛀入取食果轴和种鳞，虫丝、碎屑、虫粪和流脂在蛀孔处粘集成漏斗状，褐色虫粪与白色凝脂充塞蛀道，每球果有幼虫1~3头不等，被害球果自蛀入后3~4d开始变黄、后枯死。第1代幼虫期约30d，蛀果率达26.8%、为侵害球果严重期；第3代主要蛀食球果的种鳞，第4代蛀食球果后对种子的产量和质量影响很大。1~3代老熟幼虫在果轴中结茧化蛹，10月中旬后第4代老熟幼虫在被害梢、果中化蛹越冬。在温度较高、发育不良的林分中发生较严重，并以南方的松林受害最重；该虫常于油松球果小卷蛾、微红梢斑螟、芽梢斑螟等相伴发生，使松林嫩梢大量枯死。天敌对控制该虫的种群数量有重要作用，其中茧蜂的寄生率高达26.4%。

松果梢斑螟 *Dioryctria pryeri* Ragonot

又名球果螟。分布于东北、华北、西北、安徽、江苏、浙江、四川和台湾；朝鲜、日本。危害油松、马尾松、华山松、白皮松、落叶松、云杉等多种松类球果及嫩梢，导致球果畸形扭曲、干缩枯死，枝梢枯死，影响树木生长和种子产量。

形态特征(图11-3)

成虫 体长9~13mm，翅展20~26mm，体灰色具鱼鳞状白斑。前翅赤褐色，近翅基1灰色短横线，波状内、外横线银灰色，两横线间有暗赤褐色斑，中室端部1新月形白斑，缘毛灰褐色。后翅浅灰褐色，前、外、后缘暗褐色，翅中灰白色。

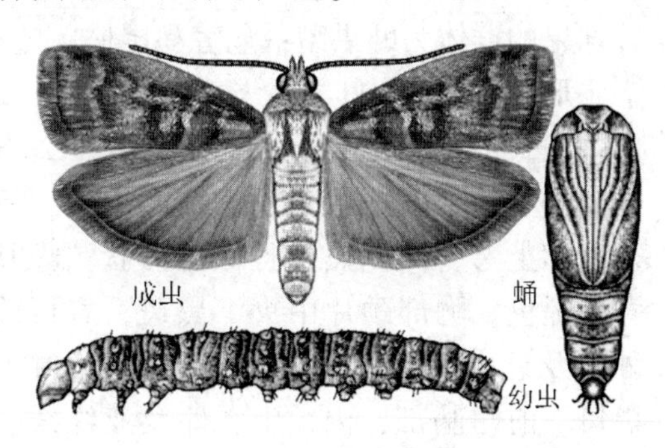

图11-3 松果梢斑螟

卵 扁椭圆形，1.0mm×0.7~0.8mm。初产卵乳白、后黑褐色，具不规则的橙红色弯曲条纹。

幼虫 1、2、3、4、5龄幼虫头宽为0.6mm、1.0mm、1.1mm、1.2mm、1.45mm。老熟幼虫体长14~22mm，体漆黑或亮蓝黑色，头部红褐色，前胸背板及腹部第9~10节背板黄褐色，体生刚毛。腹足趾钩为双序环，臀足趾钩为双序缺环。

蛹 赤褐或暗赤褐色，体长9~14mm。复眼黑色，尾端6根钩状臀棘排成弧形。

生物学及习性

1年1代，初龄幼虫在雄花序内、有少数在被害果或梢或树皮缝内越冬。在陕西和辽宁，越冬幼虫翌年5月中旬前后(浙江4月中旬)始转移危害当年生嫩梢、幼果及渐膨大的2年生球果，5月中旬至6月初为盛期；6月中旬在被害组织内化蛹，蛹期14~28d、平均20d；6月底或7月初成虫羽化、产卵，7月中旬当年幼虫孵化后主要取食雄花序，发育至2龄时于9月下旬越冬。浙江的发生期比陕西约提早1个月。成虫多在白天8:00~12:00羽化，静止约3d后飞翔、取食花蜜补充营养、交配；交配4d后单产卵于嫩梢叶鞘的基部、针叶凹面、球果鳞片、树皮或皮缝里，每雌产卵22~201粒、平均61粒，雌蛾寿命4~14d、雄蛾3~12d。

多数越冬幼虫4~5月从被害雄花序基部蛀入嫩梢基部、继而多自嫩梢向下取食，由于雄花序发达，被害状不易发现，蛀孔外有丝与雄花序粘连；5月幼虫发育至4龄后转移危害主梢、有雌花的侧梢、2年生球果(球果外有薄丝网松脂虫粪黏着)，1梢或1果1虫、极少2虫；蛀果者从球果基部呈螺旋型上蛀、再下蛀、最后整个球果被蛀空或仅余中轴；发育至5龄后微受惊即吐丝跳离寄生部位，老熟后停食5~9d即化蛹。先年生球果受害后，轻者局部组织枯死致果形弯曲，严重时球果被毁；当年生球果受害后，干缩枯死、提前脱落；当年生嫩梢受害后大量枯死。40年以上及21~40年、21年以下树龄的球果被害率分别为43.7%、30.1%、4.6%，原因在于大龄树进入了生殖生长期、雄花序增多、为其取食和越冬提供了条件，当结实情况好时该虫主要危害球果、反之才危害嫩梢。天敌主要有松毛虫赤眼蜂、姬蜂，以及多种茧蜂、小蜂、寄蝇等。

桃蛀螟 *Dichocrocis punctiferalis* Guenée

分布于东北南部、华北、华中、华南、西北、西南；日本、朝鲜、东南亚、印度、巴基斯坦、澳大利亚、巴布亚新几内亚。危害农作物、果树的种子及柳杉、雪松、云杉等球果的群体为蛀果型；危害马尾松、黑松等松科针叶的为食叶型。

形态特征(图11-4)

成虫　体长9～12mm，翅展20～26mm，体翅均黄色。丝状触角长达前翅之半，下唇须发达上弯、两侧黑色且似镰刀状，喙基段背面黑色。胸部颈片中央1黑斑，肩板前端外侧及近中央处各1黑斑，胸部背面中央2黑斑。前翅基部，内、中、外及亚缘线、中室端部分布黑点23～28个，后翅黑点约10～16个，缘毛褐色。腹部背面第1、3、4、5节各3个黑斑，第6节常只1黑斑，第2、7节无黑斑，第8节末端有时黑色。

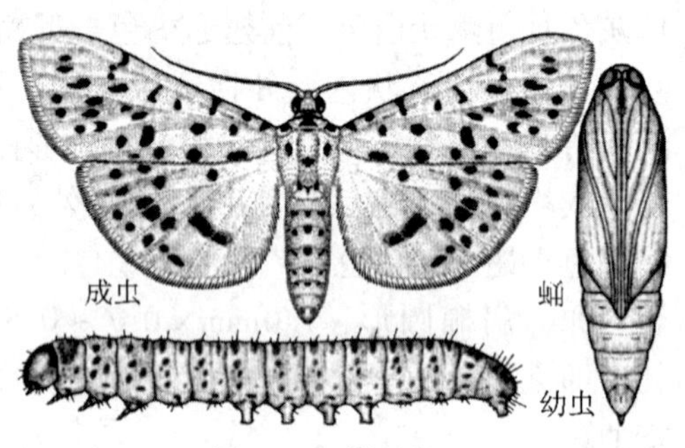

图11-4　桃蛀螟

卵　椭圆形，0.6～0.7mm×0.5mm。初产乳白色，最后鲜红色。

幼虫　老熟幼虫体长22～25mm，体色淡灰褐或淡灰蓝色、背面紫红色。头暗褐色，前胸背板、臀板褐色，中、后胸及第1～8腹节具两排前6后2的褐色毛片，腹足趾钩双序缺环。3龄后腹部第5节背面灰褐色斑下具2暗褐色性腺者为雄性，否则为雌性。

蛹　长13mm，宽4mm，褐色。中足及触角长度超过第5腹节的1/2，下额略较中足长，而中足又略长于触角。腹部末端6根卷曲的臀棘。茧白色。

生物学及习性

由北到南年代数逐增，世代重叠严重；辽宁、山东1年2代，华北1年3～4代，陕西关中1年3～5代，江浙1年4代，湖北和江西1年5代。在武昌1年4～5代，越冬代幼虫4月中旬至6月上旬化蛹，成虫从4月下旬至6月上旬羽化，盛期在5月中下旬。第1代卵产于5月上旬至6月上旬、盛期在5月中下旬，幼虫自5月上旬至6月下旬出现、盛期5月下旬至6月上旬，5月下旬至7月中旬化蛹、盛期6月中下旬至7月上旬，成虫6月上旬至7月下旬发生，盛期6月上旬至7月上旬。第2代产卵盛期6月中下旬至7月上旬，幼虫发生盛期7月中下旬至8月上旬，8月上中旬为化蛹、羽化盛期。第3代产卵盛期为8月中下旬，幼虫发生盛期8月中旬至9月上旬，8月下旬至9月上旬为化蛹盛期，9月上中旬羽化盛期。第4代产卵盛期为9月上中旬，9月中下旬为化蛹盛期，9月中旬至10月上旬为羽化盛期，其中少数幼虫老熟后即开始越冬。第5代产卵(越冬代)盛期为9月下旬至10月下旬，幼虫始于9月中旬，后以中、老龄幼虫在各种堆积物、缝隙内、秸秆内越冬，少数以蛹越冬。

成虫大多于夜间20:00~22:00羽化，白天静伏于叶背、清晨活动、取食花蜜补充营养，有趋光性。雌虫补充营养后交尾，卵散产于(或2、3、5粒相连成块)枝叶茂盛处的果面、两果连接处、向日葵腺盘或萼片尖端、松梢上、栗类球果针刺间等处。初孵幼虫短距离爬行后即蛀入果、梢等内危害，随即从蛀孔排出粪便；桃果受害后蛀孔处具虫粪及黄色透明胶质，松梢受害后渐枯萎死亡，受害板栗于采收后7~10d多数幼虫才蛀食种子。天敌有黄眶离缘姬蜂等。

槟榔红脉穗螟 *Tirathaba rufivena* Walker

分布于海南；马来西亚、印度尼西亚、斯里兰卡。以幼虫钻蛀槟榔花穗、果实和心叶，影响产量。幼虫钻食心叶，蛀坏生长点，约引起5%槟榔树死亡。也危害椰子和油棕等棕榈科植物。

形态特征(图11-5)

成虫 雌虫体长约12mm，翅展23~26mm。前翅灰绿色，中、肘、臀脉和后缘具玫瑰红色鳞片，中室1白色纵带，外缘1列小黑点，中室端、中部各1大黑点，翅面微见小黑点散生。后翅、腹部背面橘黄色，腹面灰白色。雄虫体长约11mm，翅展21~25mm。

图11-5 槟榔红脉穗螟

卵 椭圆形、略扁，0.5~0.7mm×0.4~0.5mm，表面有网状纹，初产乳白色、后淡黄至橘红色。

幼虫 体长18~23mm，灰褐色，头及前胸背板黑褐色，臀板黑褐至黄褐色。中、后胸背板各3对，腹部各节亚背线、背线、气门上下线处各1对黑褐色大毛片，其上生刚毛1~2根。腹足趾钩为双序环，臀足三序横带。

蛹 长9~14mm，棕黄色，背面密布黑色颗粒，背中线1褐色纵脊；前后翅分别抵腹部第4、3节后缘，腹末臀棘4枚。雄蛹生殖孔两侧各1乳状突起，雌蛹则无。

生物学及习性

1年8~9代。成虫于18:00~21:00羽化、羽化率95.2%，雌雄性比1.25:1，羽化2~3d后多于3:00~5:00、少数于当夜交尾，交尾持续20~90min。交尾后次日晚多于21:00~24:00产卵，产卵期3~9d。卵初产于槟榔佛焰苞基部缝隙或伤口处，开花结果期产于花梗、苞片、花瓣内侧等缝隙、皱折处，果期产卵于果蒂部，收果后可产卵于心叶(箭叶)处。卵多为数粒、几十粒聚产，产卵量为81~220粒、平均125粒。卵约在29℃、相对湿度90%下昼夜孵化，但尤以9:00~11:00孵化最盛，孵化率为86.2%~98.3%。幼虫行动敏捷、畏光，老熟幼虫在被害部位吐丝结缀虫粪作茧，1~2d后化蛹。

初孵幼虫佛焰苞开放前钻入花穗、危害持续至幼果至中果期，一个花苞内幼虫多至几十头、百头幼虫，被害花苞常在未开放前即发黑腐烂；幼果和中等果受害尤重，一个被害果常有1头幼虫、偶2头，幼虫食尽种子和部分内果皮、而易使被害果脱落；果实长大后幼虫常啃食果皮，造成流胶或形成木栓化硬皮，影响其质量；秋季收果后至春季开花前，幼虫食害心叶和邻近的羽状复叶，严重影响其生长或导致植株秃顶或死亡。

杉木球果麦蛾 *Dichomeris bimaculatus* Liu et Qian

分布于湖南、湖北、安徽、福建、贵州、浙江、广东、广西、江西等地。以幼虫危害杉木球果及种子，球果被害率7% ~50%。

形态特征(图11-6)

成虫　体长4 ~7mm，翅展10 ~13mm，灰褐色。触角黄褐色，具暗褐色环。下唇须向前直立、超过头顶，外侧暗褐、内侧黄褐色。胸部暗褐色，前翅灰黑色，中室处2互相分离的小黑斑，内侧黑斑斜下方1较小的黑斑。后菜刀形，缘毛暗灰色。

卵　椭圆形，半透明，0.6mm×0.4mm。

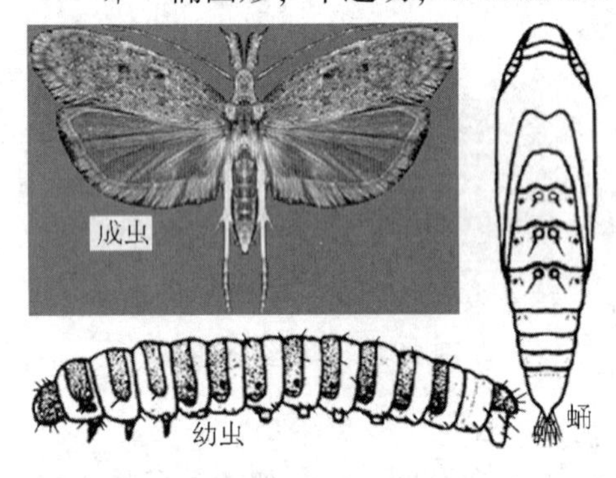

图11-6　杉木球果麦蛾

幼虫　老熟幼虫体长8 ~ 12mm，头宽0.8mm。头部棕褐、前胸背板及臀板褐色，胸腹各节近前缘的硬皮板红褐色，其余部位白色，致虫体具红白相间环状。腹足趾钩单序环，臀足趾钩单序半环。

蛹　长4.5 ~6.2mm，黄褐色。腹背第1 ~3节后缘中部波形凹入，边缘密生黄色短毛；第2 ~4节前缘中部具成对突起，密生短黄毛。腹末节近肛门孔两侧各2根黄色细棘，黄色臀棘8根。

生物学及习性

1年1代，以幼虫在当年生枯萎的雄花序及被害球果内越冬。翌年3月老熟幼虫在越冬场所化蛹，蛹期平均14d。3月下旬至6月下旬为成虫发生期，羽化多在傍晚前后，羽化2d后于凌晨交配，而后雌虫于当天散产卵于针叶背面、雄花序及幼果基部短针叶等处；成虫多白天活动，晚上及阴雨天常静伏针叶背面，飞翔能力不强，有趋光性，平均寿命6d。4月幼虫孵化、蛀害雄花序使其枯萎，6 ~7月转钻蛀球果；4 ~5月尚有部分越冬幼虫自上年枯萎的雄花序转至当年枯萎的雄花序中化蛹，11月幼虫在被害球果及当年枯萎雄花序中越冬。幼虫危害时自球果苞鳞缝隙处蛀入，先危害苞鳞基部，后围绕果轴危害苞鳞及种子。被害果初无害状，而后苞鳞局部变红褐色、再后全部褐变，进而球果变色、畸形弯曲、停止发育、形成小枯果，苞鳞缝隙可见少量褐色虫粪外露。杉木无性系之间球果被害率无差异，一般山坡下部球果虫害率高于上部。

苹果蠹蛾 *Cydia pomonella* (Linnaeus)

分布于新疆、甘肃等地。该虫原产欧亚大陆，现已传至北纬30° ~60°除中国东部、日本和朝鲜半岛以外的北半球及南半球30°纬带以南的大部分苹果产区。危害苹果、核桃、樱桃、杏、石榴、山楂、榅桲、李及梨。

形态特征(图 11-7)

成虫　体长 8mm，翅展15～22mm，灰褐色、有紫光。下唇须外侧淡灰褐、内侧黄白色。前翅臀斑大、深褐色，具 3 条青铜色条纹以及 4～5 条褐条纹；翅基斑褐色，该斑外缘三角形突出，斑内具斜行波状纹；翅中部淡褐色、杂有褐色的斜纹。雄成虫前翅反面中室后缘 1 黑褐色条纹，后翅黄褐色。雌成虫翅僵 4 根、雄 1 根。

卵　扁椭圆形，1.1～1.2mm ×0.9～1.0mm，卵壳细皱纹不规则。

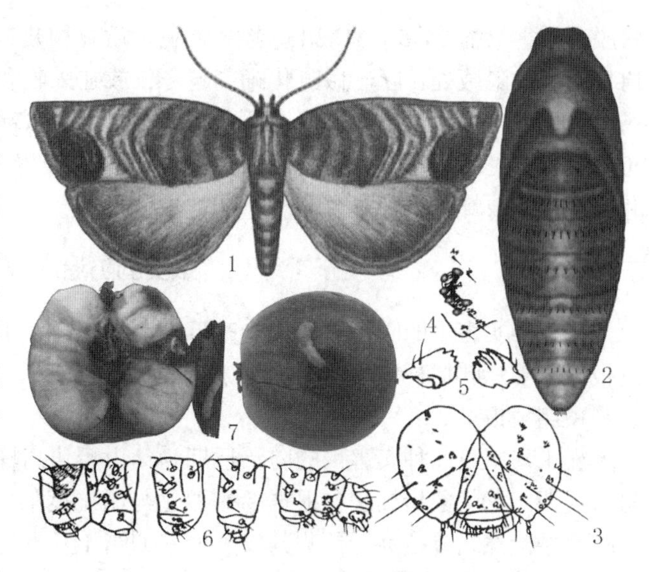

图 11-7　苹果蠹蛾

1. 成虫　2. 蛹　3. 幼虫头部　4. 幼虫单眼
5. 幼虫上颚　6. 幼虫体节　7. 害状
(2～6 仿张学祖)

幼虫　老熟幼虫体长 14～20mm，淡红色。头部黄褐、单眼区深褐色，每侧单眼 6 个，上颚 5 齿；体红色、但背面色深，前胸盾淡黄、斑点褐色，前胸气门前毛片刚毛 3 根(桃小食心虫 *Carposina niponensis* Walsingham 刚毛 2 根)，胸部其余无毛片；臀板具淡褐色小斑点，无臀栉[梨小食心虫 *Grapholitha molesta* Busck、苹小食心虫 *G. inopinata* Heinrich、杏小食心虫 *G. prunivora* (Walsh)、樱小食心虫 *G. packardi* (Zeller)、桃白小卷蛾 *Spilonota albicana* (Motschulsky)具臀栉]；腹足趾钩单序缺环，尾足趾钩单序新月形。雄幼虫第 5 腹节背面体内 1 对紫红色丸状组织。

蛹　黄褐色，体长 7～10mm。雌蛹触角未达中足末端，雄蛹触角接近中足末端，体末端肛门两侧各 2 根钩状刺，末端腹面 4 根、背面 2 根钩刺。

生物学及习性

新疆 1 年 2～3 代(南疆阿克苏 1 年 3 代、并具不完整的第 4 代，北疆伊犁等地 1 年 2 代、具不完整的第 3 代)。南疆 3 月下旬气温超过 9℃时化蛹，蛹期 22.3～30.6d，5 月中下旬羽化并产卵、卵期 5～24d，5 月下旬至 6 月初幼虫孵化，6 月底至 7 月初化蛹；7 月上旬第 2 代成虫羽化，7 月初至 7 月中旬产卵、卵期 5～10d，7 月中旬幼虫孵化，8 月中、下旬化蛹；9 月下旬第 3 代成虫羽化，9 月底至 10 月初产卵，10 月上旬幼虫孵化、下旬越冬。在北疆伊犁、伊宁完成 1 代需 45～54d，各虫态的发育期比南疆约晚 20d，第 1 代幼虫结束时 50% 以上的幼虫即滞育。

成虫有趋光性，羽化 3～6d 后多散产卵于果面或靠近果实的叶正、反面，树冠上层落卵最多、中层次之、下层较少，雌蛾平均产卵量约 40 粒、最多可达 140 余粒。初孵幼虫在果面上爬行后蛀入果内(在苹果上多从果面、香梨上多从萼洼、杏果上多从梗洼处蛀入)、并将果皮碎屑排出蛀孔，蛀入果心后偏嗜种子；苹果被蛀食后堆积于蛀孔外的粪便和碎屑呈褐色，香梨为黑色，杏果为黄褐色、但多留在杏果内。幼虫从孵化至老熟脱离被害果需25.5～31.2d，老熟后脱果后在树皮、枝干等缝隙、隐蔽处，或树干、树根附近的隐蔽处，吐丝做茧化蛹、越冬，或在采收和运送果品的包装材料、果品贮藏场所、蛀果内做薄茧越冬；但在野外越冬幼虫以在离地面0～50cm处的树干最多、达50%～60%，50～100cm处占25%～30%，100cm以上占10%～15%。新疆伊犁幼虫和蛹期有赤眼蜂等5种寄生蜂。

蛾类的防治

蛾类种实害虫的防治以测报为基础，测报包括发生期测报、发生量测报、危害程度测报。危害针叶树种实害虫的测报方法如下，其他林木种实害虫的测报可参考之。

预测预报

发生期测报　种实害虫的防治适期为幼虫孵化高峰期，发生期的预测关键是要确定防治适期。①气象指标法，根据卷蛾羽化与温湿度的关系，使用连续多年的观察资料、总结出经验性气象指标能预测其发生期。如当4月下旬至5月上旬连续两旬的平均气温超过5℃时，落叶松实小卷蛾在其后1旬开始羽化，由此即可预测幼虫发生期。②物候法预测，如落叶松雄花开始凋谢时落叶松实小卷蛾成虫开始羽化、落叶松果鳞开始分开时其成虫开始产卵等，油松球果小卷蛾的卵孵化率达20%～30%、油松雌球花开放时为防治适期。③油松球果小卷蛾、松梢小卷蛾均可采用有效积温法进行发生期测报，油松球果小卷蛾、微红梢斑螟、云杉球果小卷蛾等可用性信息素监测；例如，当9℃(发育起点温度)以上的有效积温达230日·度时为苹果蠹蛾第1代幼虫孵化时的喷药适期，第2、3代喷药适期则应按发育进度进行预测。此外，由于每种方法各有千秋，在实际测报中应将1～2种方法相结合，以提高准确度。

发生量测报　由于前一代或发育阶段的害虫发生量大，下一代或下一发育阶段的发生量可能多；反之则少。因此可利用能够描述种群变动的数学模型，由前一阶段的虫口数预测下一阶段的虫口数。同时，因林木的结实量是种实害虫种群波动的主导因素，种实害虫发生量预测应以林间虫口密度调查结果与结实量指标相结合而进行。如Roques应用结实量X这个因素，对落叶松球果花蝇提出了2个发生量预测模型，即每果平均卵量$Y_1=7.92(X+1)^{-0.82}-1$；每受害果内3龄幼虫量$Y_2=3.62(X+1)^{-0.38}-1$。

危害程度测报　例如，落叶松球果被害率和种子损失率与落叶松结实量X成负相关，由此可建立落叶松种子损失率$Y_1(\%)=1341.0-13.57X$、球果被害率$Y_2(\%)=5290.7-51.94X$预测模型。油松球果小卷蛾的危害程度，可用油松球果被害率Y、种子损失率P与油松球果小卷蛾平均落卵量X模型预测，即$Y=0.3425+1.4610X$，$P=0.2349+1.3368X$。

防治技术

营林技术　①选育抗虫树种，营造混交林，或在纯林内补植他种植物和树木使之尽快变成针阔混交林，以抑制害虫发生。根据虫害的喜光性加强幼林抚育，促使幼林提前郁闭。②适时剪去被害梢、虫蛀果、枝，除去越冬虫苞、虫瘿、落果，以减少虫源；但留茬要短、刀口要平滑，不能乱砍滥伐及过度放牧，以减少引诱成虫产卵的伤口。对有下树习性、在树皮裂缝内越冬的，可在树干基部捆绑诱集草、然后清除，刮除老树皮以

压低虫口密度。③营建油松种子园时，在保证油松雌花正常受粉的条件下，减少偏雄植株；剪除雄花序或用风力灭火机袭落残留在松树上的雄花序，以压低越冬虫口密度。

检疫及物理防治 对人工传播型害虫应强化检疫措施，以阻止其进一步扩散蔓延。高温致死等处理杀死种子害虫，对有趋光性的小卷蛾、螟蛾在种子园、母树林设立黑光灯、高压电网诱杀，或用性诱捕器、糖醋液盘诱杀成虫。

生物防治 ①利用寄生、捕食性天敌及病原微生物防治油松球果小卷蛾、微红梢斑螟、杉梢小卷蛾、苹果蠹蛾等。②白僵菌和苏云金杆菌及其变种制剂，可采用飞机或地面常规喷粉、喷雾；例如，幼虫孵化始、盛期可喷洒25% Bt乳剂(苏云金杆菌)200倍液，或含活孢子1×10^8的苏云金杆菌液。③注意保护天敌、益鸟，创造适合天敌生存的栖境，或人工繁殖释放天敌。④信息素利用，如苹果蠹蛾的信息素为法呢烯及E,E-8,10-十二碳二烯-1-醇，测报时每666.7m^2设置1个诱捕器，防治时则应设置2~4个。

化学防治 应把握防治适期，合理选择并使用药剂。对郁闭度在0.6以上的虫口密度过大林分，在成虫羽化盛期，当早晚出现气温逆增现象时施放烟剂15kg/hm^2。在幼虫初孵期、越冬幼虫转移危害期或防治关键期，飞机防治时可用有效成分用量为60g/hm^2的2.5%高效氯氟氰菊酯，地面喷雾时可选喷25%苯氧威对吡嗪酮、5%高效氯氰菊酯，或超低容量喷2.5%溴氰菊酯100倍液。此外，也可采用树干注药等方法防治。

二、象虫类

除下述种类外，重要的种类还包括遍及国内各栗产区危害板栗等栎类果实的栗实象 *Curculio davidi* Fairmaire、栗剪枝象 *Cyllorhynchices cumulatus* (Voss)，分布于秦岭以南至西南茶产区危害油茶、茶树和山茶科多种植物果实的山茶象(茶籽象) *Curculio chinensis* Chevrolat，分布于陕西、河南、江西、甘肃陇南等地的栗雪片象 *Niphates castanea* Chao 等。

球果角胫象 *Shirahoshizo coniferae* Chao

又名华山松球果象，分布于陕西、四川、云南等地。幼虫蛀食华山松、云南油杉种子及果鳞，成虫取食嫩梢。

形态特征(图11-8)

成虫 体长5.2~6.5mm，宽2.8~3.0mm，长椭圆形，体黑褐或红褐色。黑褐色鳞片多集中额区，前胸背板前端、中线两侧、外缘及鞘翅行间。前胸背板中部白斑点4个，鞘翅第4、5刻点行间的中前方各1白斑，前胸背板及鞘翅散生白小斑若干。头部球形，中隆线与侧隆线间2行刻点列，额具小中窝，触角细长、端部棒状；前胸背板向前渐收窄，刻点密，中隆线细，小盾片四角形、被绵毛；鞘翅自2/3处向后收窄，刻纹细、刻点稀、行间扁平、鳞片细长；中后足腿节具齿。第2~4节腹板各2列刻点，两侧各1撮毛。

卵 椭圆形，0.75mm×0.45mm，淡黄，半透明。

幼虫 老熟幼虫长6~8mm，马蹄形，黄白色，头淡褐色。

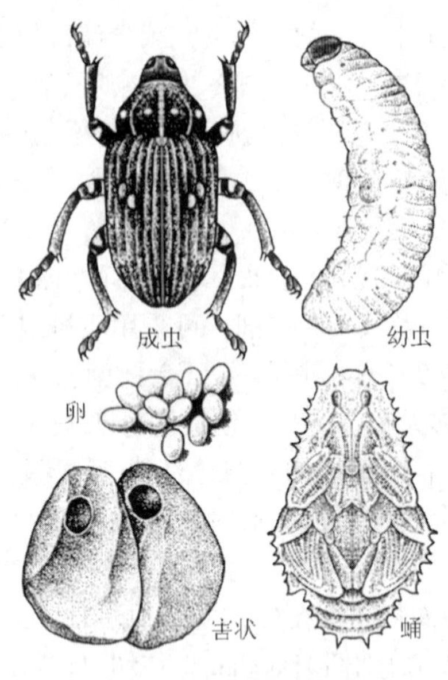

图11-8 球果角胫象

蛹　裸蛹体长约7mm，黄白色，复眼紫色。

生物学及习性

1年1代，以成虫在土内或球果的种子内及果鳞内侧越冬。翌年5月中旬成虫大量出现，取食嫩梢补充营养。6月上旬始产卵，卵堆产于2年生球果鳞片上缘的皮下组织、外观蜡黄色、有流脂溢出。被害球果一般有卵1～3堆，多者达6堆，每堆卵约10粒、最多达28粒。6月下旬孵出幼虫，群集于球果鳞片上缘皮下组织处自上而下蛀食，至鳞片基部再分头蛀入种子及其他鳞片内侧，至8月间化蛹于其中。受害球果灰褐色，表皮皱缩，组织枯死，松软易碎；种子受害后，种仁被食空，种壳可见近圆形的蛀孔，孔口堵以丝状木屑。该虫主要分布于海拔1 200～1 650m，2年生球果被害率常达59%～67%，种子受害率达78%～100%。

核桃长足象 *Alcidodes juglans* Chao

又名果实象。分布于四川、云南、陕西。以成虫、幼虫危害核桃类果实。

形态特征(图11-9)

成虫　体长9～12mm，喙长3.4～4.8mm，雌虫略大，体墨黑略有光，稀被2～5叉状白鳞片。喙粗、密布刻点；膝状触角11节，端部4节纺锤形；复眼黑色，头和前胸相连处呈圆形。前胸宽大于长，近圆锥形，密布较大的小瘤突，近方形小盾片具中纵沟；鞘翅基部宽于前胸，端部钝圆，各有刻点沟10条；腿节膨大具1齿、齿端2小齿，胫节外缘顶端1钩状齿，内缘2根直刺。

卵　长椭圆形，1.2～1.4mm×0.9mm。初产乳白或淡黄色、半透明。后黄褐或褐色。

幼虫　体长9～14mm，乳白色，头黄褐或褐色，胸、腹部弯曲呈镰刀状，体侧气门明显。

蛹　体长12～14mm，黄褐色，胸、腹背面散生许多小刺，腹末1对褐色臀刺。

生物学及习性

在四川和陕西1年1代，以成虫越冬。四川于次年4月上旬当日平均气温约达10℃时开始上树取食幼果、芽、嫩枝及叶柄补充营养，5月上旬为盛期，多次交尾、产卵。5月上旬至8月下旬在果皮上咬孔产卵、5月下旬为盛期，产卵期38～102d、平均62d，每果产卵1粒、极少产2粒，每雌产卵105～183粒、平均产124粒，成虫产卵后

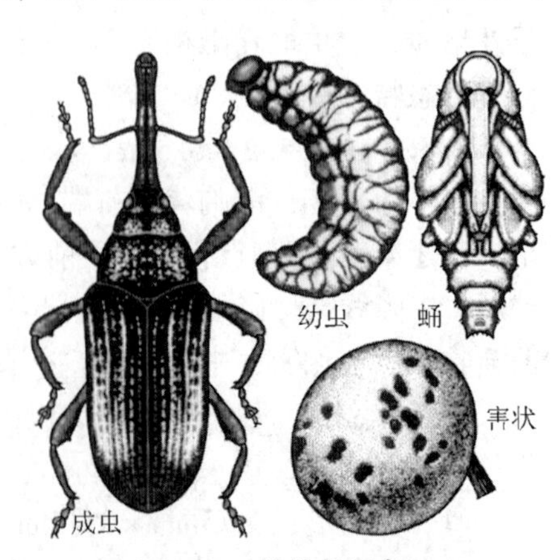

图11-9 核桃长足象

于9~10月落地死亡、寿命497~505d。5月中旬卵始孵化，6月上旬为盛期，卵期3~8d、平均5d。初孵幼虫于次日开始取食果皮，3~5d后蛀入果内、不转果危害，幼虫期16~26d、平均21d；老熟幼虫于5月中旬开始在树上僵果和落果中化蛹、6月下旬为化蛹盛期，蛹期6~7d，化蛹率约85%。6月下旬至7月上旬为成虫羽化盛期，羽化率为80%，羽化孔直径6~7mm，雌雄比接近；成虫出果上树危害，但不交尾、产卵，于11月在树干下部粗皮缝中越冬。

越冬成虫飞翔力弱，有假死性，喜光，停息于小枝上时很像芽苞；多白天在阳面取食，且晴天取食量大于阴雨天，严重时每果有取食孔40~50个、并流出褐色汁液，以至种仁发育不良。产卵前多在果实阳面咬成2~4mm×2.5mm的椭圆形孔，产卵于孔内后用喙将卵推至孔底再用果屑封闭孔口。初孵幼虫先食果皮，入蛀后在内果皮硬化前取食种仁，向外排出黑褐色粪便，早期落果达30%；内果皮硬化后取食中果皮，果实外具条形水浸状下凹的黑褐色虫疤、种仁亦不饱满；幼虫期达3~4个月，9月核桃采收时仍有部分幼虫未出果。一般随海拔升高，成虫出现期推迟，危害减轻；树冠阳面受害重于阴面，上部重于下部，果实重于芽、嫩枝、叶柄，果的阳面蛀食孔比阴面多2~5倍。已知天敌有红尾伯劳啄食成虫，1种蝇对幼虫的寄生率达10%~20%，1种黄蚂蚁对落果中幼虫和蛹的取食率为5%。

象甲类的防治

检疫措施　对带有害虫的种子、果实，按每吨种子用磷化铝9~30g密封熏蒸3d，用二硫化碳30~40mL/m^{3}熏蒸种子2d，或用水漂浮除去水面上的有虫种子集中销毁；有虫种苗用溴甲烷60g/m^{3}熏蒸4h，或用30%茚虫威4 000倍液、40%氰戊菊酯3 000倍液喷干。

营林及生物措施　加强管理，适时采种摘除和拣除虫害果、叶、枝，或利用假死性人工捕捉集中杀死；用丰产抗虫品种建园。注意保护和利用天敌。如人工饲养释放天敌，或在林内种植蜜源植物增加天敌食源，使用药剂时尽量避免杀伤天敌。成虫出现盛期根据其趋性或设置黑光灯诱杀，或用糖醋诱液诱杀，或用饵木诱集成虫产卵集中处理，或种植开花植物诱集成虫等，利用性诱剂也是可取的方式之一。

化学措施　小龄幼虫期，可用吡虫啉8份+敌敌畏2份，1~2mL注入树干；对有蛀芽习性的可用上述药剂2 000倍液喷杀；对有沿树干下树的可用药剂涂干；对有在土内化蛹的可在整地时撒施噻虫嗪或噻虫啉粉剂。成虫期用2.5%溴氰菊酯、5%高效氯氟氰菊酯、20%氰戊菊酯3 000倍液喷雾防治1~3次；或用烟雾剂熏杀成虫。

三、小蜂类

危害林木种子的小蜂类除下述外，还包括刺槐种子小蜂 *Bruchophagus philorobiniae* Liao、柠条广肩小蜂 *Bruchophagus neocaraganae* (Liao)、黄连木种子小蜂 *Eurytoma plotnikovi* Nikolskaya、杏仁蜂 *Eurytoma samsonoui* Wass、大痣小蜂 *Megastigmus* spp.。

落叶松种子小蜂 *Eurytoma laricis* Yano

分布于东北、山西、内蒙古；前苏联、蒙古、日本。以幼虫危害落叶松种子，可借助种子调运而传播。

形态特征(图11-10)

成虫　雌蜂体长约3mm，黑色。复眼赭褐色，口器、腿节末端、胫节、跗节黄褐色。头、胸、腹末端及足和触角密生细白毛。头球形、略宽于胸，3个单眼呈三角形排列；触角11节；柄节长而梗节短、环节小、5索节均长大于宽，3棒节几乎愈合。胸长大于宽，前胸略窄于中胸，卵圆形小盾片膨起。前翅匀布细毛，缘脉长约为痣脉的2倍、后缘脉略长于痣脉、痣脉末端鸟头状膨大；后翅缘脉末端具翅钩3个。后足胫节背侧方及第1、2跗节刚毛银灰色。腹部侧扁，长于头胸之和，第4腹节最长，腹末犁状上翘。雄蜂略小于雌蜂，体长约2mm，触角10节、5个索节均呈斧状向一侧突出、2棒节几乎愈合，腹部第1节长柄状，余近球形。

卵　乳白色，长椭圆形，长约0.1mm。1根白色卵柄略长于卵。

幼虫　白色蛆状、"C"形弯曲，体长2~3mm，无足，头极小，上颚前端红褐色。

蛹　体长2~3mm，乳白色，复眼红色，羽化时蛹体黑色。

生物学及习性

生活史复杂，1年1代、2年1代或3年1代，以老熟幼虫在种子内滞育越冬，部分个体滞育约2年。翌年5月上旬幼虫开始化蛹，继续滞育者不化蛹；6月上旬成虫始羽化，6月中、下旬为羽化盛期；6月中旬成虫产卵于幼嫩的球果上，7月中旬幼虫孵化后蛀入种子内取食种仁，食完种仁后即老熟、并在种仁内越冬。

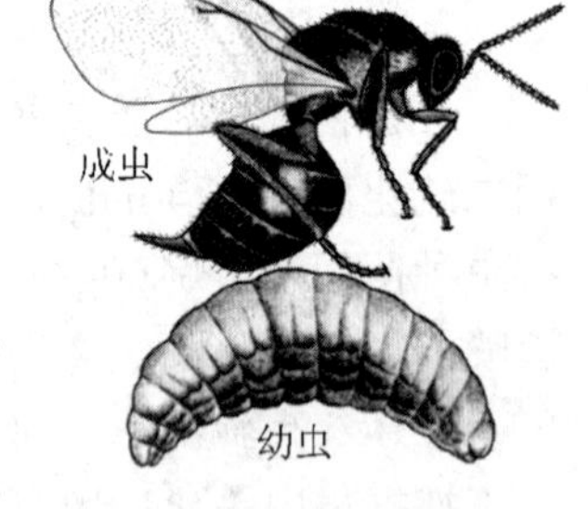

图11-10　落叶松种子小蜂

以早晨羽化居多，在种子内羽化的成虫有少部分无力咬破种皮而死亡；羽化初期雄蜂多于雌蜂，后期雌蜂多于雄蜂，雌雄比1.9∶1；室内以糖水饲养成虫时其寿命较长，雌蜂为17~34d，雄蜂为14~18d。每粒种子内只1条幼虫，每幼虫只食害种子1粒，无转移危害习性；被害种子外表无害状，成虫羽出时方可见到圆形羽化孔。山腰林比山底和山顶林、阳坡比阴坡、成熟林比幼林受害重。

小蜂类的防治

林业措施　加强种子园的经营管理以保证种子的产量和质量。尽可能采尽种子以杜绝越冬虫源，及时采摘虫果并碾碎。虫害严重的林地，可于秋后深翻土、深埋落地有虫果实或种子。在结果小年、无采收价值时摘净花果，使种子小蜂失去寄主；对无利用途径的第二寄主，可除净其花果以杜绝虫源；或在结果小年保留便于管理的部分果实作为诱饵，待适当时除净以清除虫源。

检疫措施　加强种子检疫，禁止带虫种子调运。对需调运种子进行熏蒸处理；或播种时用开水烫种以杀死种内幼虫。

化学防治　成虫羽化期可间隔5～7d施放烟雾剂2～3次，也可用20%灭扫利乳油4 000～5 000倍液、5%高效氯氟氰菊酯3 000倍液等喷洒果穗。

四、其他种实害虫

林木种实害虫还有双翅目的花蝇类、实蝇类，半翅目的蝽类，鞘翅目的叶甲类等。除下述种类外，重要的种类还有分布于秦岭以南柑橘产区的柑橘大实蝇 *Bactrocera minax* (Enderlein)，分布于长江以南大部分地区及亚洲其他国家、摩洛哥、毛里求斯及美国等国家的柑橘小实蝇 *Dacus dorsalis* Hendel，危害落叶松球果的花蝇还有贝加尔花蝇 *Strobilomyia baicalensis* Elberg、黑胸球果花蝇 *S. melaniola* (Fan et al)、稀球果花蝇 *S. infrequens* Ackland、黄尾球果花蝇 *S. sanyangii* Roques et Sun，以及危害云杉球果的炭色球果花蝇 *S. anthracina* Czerny。

落叶松球果花蝇 *Strobilomyia laricicola* (Karl)

分布于东北、内蒙古、山西、新疆；俄罗斯、日本、欧洲。幼虫危害落叶松球果和种子，球果被害率80%以上，种子被害率约60%，影响落叶松产种量。

形态特征(图11-11)

成虫　体长4～5mm。雄虫眼裸，触角芒基部2/5裸，上侧口缘鬃3或2行，中喙略短，被薄粉的前颏长约为高的2倍。背侧片偶有小毛，翅前鬃约等于前背侧片鬃。翅基淡灰褐色，前缘脉下毛止于与第1胫脉相接处，腋瓣白。腹部背面粉被弱，除具正中黑色纵条外尚有狭的暗色前缘带，第5腹板侧叶端部狭、外缘内卷，后观肛尾叶略心脏形。雌蝇间额微棕色、向后色渐暗，具额间鬃，粉被灰色的侧额狭，胸背无明显纵条，腹全黑，略具光泽。

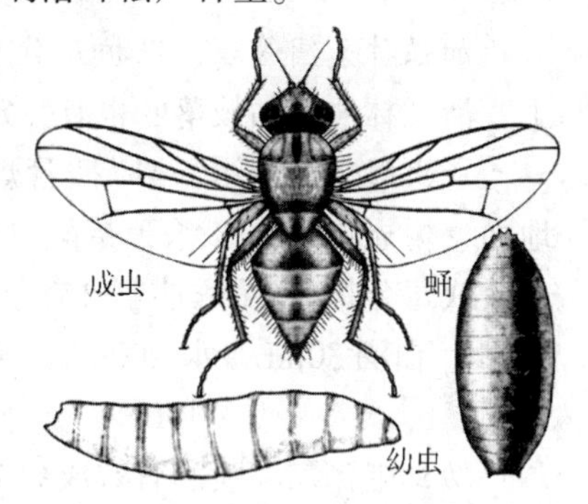

图11-11　落叶松球果花蝇

卵　纺锤形，亮乳白，1.4～1.6mm×0.5～0.6mm，卵壳表面网纹六角形。

幼虫　老熟幼虫圆锥形，体长6～9mm，淡黄而不透明。黑色口钩1对。胸部第1节两侧1对前气门扁形，体各节边缘具成排的短刺。腹末截面具7对乳起，后气门褐色而突出。

蛹　长椭圆形，长3.0～5.5mm，红褐色。

生物学及习性

大兴安岭1年1代或2年1代，以蛹越冬。成虫5月上旬始羽化，5月中、下旬产卵、卵期7～10d，5月下旬卵始孵化；危害25～30d后于6月下旬至7月上旬老熟幼虫出果坠地化蛹越冬。

成虫在白天日平均气温约10℃时开始羽化，气温高羽化多，反之则少，6:00～12:00的羽化数占90%以上；初羽成虫静伏地面约30min后开始活动，夜间、清晨和傍晚则躲于树皮裂缝或枯枝落叶内，日出后活动并补充营养、中午最活跃，2～3d后始产卵。中午产卵亦最多，卵单产于球果基部的针叶或苞鳞上、鳞片间近种子部，1果1～2卵、少见3～5粒、结实少时最多18～24粒。雌虫寿命6～44d、雄虫5～22d。幼虫孵出后即蛀入鳞片基部取食幼嫩种子，食完1粒后再转移危害邻近种子、有时可连种壳一起吃掉，1个球果1虫时能食害全部种子的80%，2虫时可将全部种子食尽；球果受害初征状不明显，后期变色枯干、弯曲畸形。幼虫老熟后即出果坠地，在枯枝落叶层或地下1～3cm处化蛹越冬，个别在球果内化蛹越冬；老熟幼虫落地与当时降雨量密切相关，如遇阵雨老熟幼虫则纷纷落地化蛹；蛹有滞育现象，同一年越冬的蛹18%～53%至第3年羽化。危害性阳坡大于阴坡，落叶松纯林大于落叶松草类林和落叶松杜鹃林，郁闭度较小的落叶松纯林大于郁闭度较大的混交林，树冠阳面大于树冠阴面。花蝇蛹姬蜂、粗角姬蜂、反颚茧蜂、环腹瘿蜂、姬小蜂的总寄生率15%～32%；其中花蝇蛹姬蜂寄生率达10%～19%。

测报与防治

4月上旬树冠投影范围内平均每株有蛹5头以上即可达到中等被害程度，10头以上时有可能大发生。根据4月上、中旬的积温及落叶松的物候期，还可预测成虫羽化始期及产卵始期。当年结实为中等偏上年份，防治指标为平均每果上有卵或幼虫0.5粒(头)。

加强种子园管理、保护天敌　在种子园内深翻土、埋蛹于5cm以下可阻止成虫出土，清理林地上枯枝落叶也有一定防治效果，管理中要注意保护天敌。

成虫羽化期　用“741”插管烟剂按1.5～2.5kg/hm^{2}薰杀。种子园、母树林内采用地面、树冠喷洒20%杀灭菊酯乳油2 000倍液，或1hm^{2}挂放60块黄色黏胶板诱杀成虫；或每公顷设置诱捕器15台用糖醋液诱杀成虫，糖醋液配方为白糖40g、白醋30mL、白酒30mL、水200mL，或白酒1份、醋4份、白糖3份、水5份、0.1%杀虫剂。

幼虫孵化期　喷洒有效成分为0.05g/L的哒幼酮、25g/L高效氯氰菊酯2 000倍液、2.5%三氟氯氰酯3 000倍液等。

第三节　林木种实害虫的调查与研究

林木种实害虫的调查和基础研究，包括幼虫发育特性及危害期和危害习性、果实被害症状、结茧化蛹与越冬场所、成虫习性与趋性、产卵部位与产卵量、温湿度与发育的关系、传播与扩散行为、种子与果实产量及被害率与虫口量的关系、林分类型与被害率、天敌及其利用价值、信息素等引诱物质、生物与化学防治技术、测报技术等。

一、调查目的和原理

林木种实害虫的调查和基础研究应首先明确种子园、母树林或采种基地种实害虫的发生种类、危害程度和面积；采取符合种实害虫危害习性与发生规律的调查研究方法，调查和掌握其在林分内的分布特征、发生与危害规律、评价各种措施的防治效果，在对调查资料进行数量统计和分析的基础上，进行预测预报、种群动态监测，进而制定出相应的防治措施、确定具体的防治方式和时间，以保障获得优质高产的种子。

二、调查方法

在调查时，首先应搜集和了解调查当地林木种实害虫发生历史、地理分布，及有关林木种子生产区的营建、栽培、管理、其他病虫害发生和防治等情况，以便为拟订调查方案提供依据。应根据不同的调查和研究目的、内容，拟订具体的调查计划，选择或确定出相应的调查方法。

1．样地选择与抽样方法

林木种实害虫的调查研究样地应选择于种子生产林地，但对于为了解当地林木种实害虫的种类与组成等情况调查和研究时，调查样地应根据具体的需要选择。样地、样地内取样单位(株、树冠、枝、小样方等)均应采取随机抽样进行设置，以避免人为因素所造成的抽样误差。

由于多数林木种实害虫的卵和幼虫在林地的空间分布主要是聚集型分布，如松实小卷蛾卵在黄杉树冠上的分布、油松球果小卷蛾卵和幼虫在油松母树林的分布、油松球果螟幼虫在樟子松母树林中的分布等，因而林地中抽样一般多采用单对角线、双对角线式、分行(平行线)、“Z”字形抽样。采用对角线式、“Z”字形抽样时，样地较小时，样点间的间距一般为 3～5 株即 12～15m；样地面积较大时，间距可适当增大。采用分行抽样时，取样的行间距一般为 5～7 行即 25m 或更多，但也要根据林地的大小确定行间距。如在调查樟子松梢小卷蛾幼虫对樟子松侧梢、花芽的危害时，按平行线方式在林地可设置面积为 0. 15hm^2 的标准地 10 块，每标准地抽取 42～57 株，每样株按南北方向各取 2 样枝进行芽数及有虫芽数的统计，以 2 个样枝平均有芽 300 个作为基准数，统计有虫数。

2．树冠抽样法

林木种子园或其他形式的种子生产区，因为母树在树冠的不同层次、部位的结果量不同，种实害虫在树冠的分布也有很大差异，一般树冠的向阳面结果多、害虫的分布亦多，阴面结果量少、害虫分布亦少。因此，在进行种实害虫树冠上的分布情况调查时，常采用整株果实调查和树冠分层取样法。

整株果实取样法　在研究种实害虫生物学与习性、生态学与行为、防治技术采用后效果等，可将自样地中确定的样株进行标记、编号，准备主编号顺序与样株相同的尼龙纱网袋，选择合适的调查时间，全部采摘样株上的果实，单个放入对应袋中、编号顺序应能够区分果实在树冠上位置，然后带回室内统计果实总数、对受害果实按照受害程度进行分级，统计各级的果实数、种实害虫的种类及虫口数量。

树冠分层取样法　①树冠分层取枝法，对于果实较小而结实量不大的种实，可将树冠划分为不同层次和方位，在各取样单元上抽取 30～50cm 长的枝条，分别统计其害虫种类、数量等。②树冠分层取果法，如果实较大、结实量也大，可将样株树冠分成上、中、下 3 层及阳面、阴面(或南、北两区)6 个取样单元，在各取样单元抽取一定数量的

果实，分别调查记载样果上害虫种类、落卵量、受害情况、受害果内的虫数，然后进行统计分析。

3. 果实生命调查法

在林木种子生产区，根据林地类型、林龄、郁闭度、树高等确定样地，在各样地中随机选取一定数量生长和结实正常的样株，在每样株上按照东、南、西、北及上、中、下层选择12个样枝，分别编号、标记和记载各样枝上的雌雄花序及果实数，定期检查各果实的受害情况、害虫种类与数量，可通过分析确定危害果实的主要害虫及其危害程度等。

三、数据分析

种实害虫与其他害虫的调查数据分析相同，首先要对数据进行标准化处理，然后可根据需要进行相关的统计分析。数据的标准化除使用有虫株率，以及与有虫株率相类似的虫果率、虫梢率、好果率外，其虫口密度也常用平均每果虫口密度 = 调查总虫数/调查总种实数，株虫口密度 = 调查总虫数/调查总样株数，等表示。

危害程度和损失估计常用球果被害率、损失系数、种子损失百分率表示。种子损失百分率 $C = QP/100$，Q 为损失系数、P 为果实被害率；果实被害率 $P = n/N \times 100\%$，n 为被害果实数、N 为调查的总果实数；损失系数 $Q = (A - E)/A \times 100\%$，$A$ 为未受害果实的平均重或出种量、E 为受害果实的平均重或出种量。

种实受害程度的划分，则常用种实(或嫩梢)被害百分率来表示。其中，轻度受害，果实的被害率在20%以下，表示符号为“+”；中等受害，球果的被害率在21%～40%，表示符号为“++”；严重受害，球果的被害率在41%以上，表示符号为“+++”。

复习思考题

1. 列举林木种实害虫的主要类型并举例。
2. 试述蛾类种实害虫的主要测报及防治方法。
3. 试述象虫类种实害虫的主要防治方法。
4. 试述小蜂类种实害虫的主要防治方法。
5. 阐述林木种实害虫的主要调查方法。

推荐阅读书目

林木种实病虫害防治手册．中国林木种子公司．中国林业出版社，1988.

中国经济昆虫志．第二十一册：鳞翅目 螟蛾科．王平远．科学出版社，1980.

中国针叶树种实害虫．李宽胜等．中国林业出版社，1999.

植物保护学通论．韩召军．高等教育出版社，2001.

第十二章　蛀干害虫及其防治

【本章提要】本章主要介绍了我国林木蛀干害虫的地理区划、危害特点，重点介绍了天牛类、小蠹类、吉丁类、象甲类、透翅蛾类、木蠹蛾类、其他蛾类、树蜂类等，主要蛀干害虫的分布、形态特征、生物学习性，以及各类蛀干害虫的测报和防治方法，并简要介绍了蛀干害虫的调查与研究技术。

蛀干害虫钻蛀树干及枝丫、取食韧皮部和木质部，造成林木的生理损伤、致其死亡。该类害虫仅成虫期在树体外活动，其余虫态均在寄主的木质部或韧皮部内生活，其生境很少受外界气候变化的影响，天敌种类相对较少，种群数量也相对稳定，所以多数蛀干害虫的生态对策属于 K 类。该类害虫包括鞘翅目的小蠹类、天牛类、吉丁类、象甲类，鳞翅目的木蠹蛾、拟木蠹蛾、透翅蛾、螟蛾、小卷蛾、蝙蝠蛾、织蛾类，膜翅目的树蜂类等。

第一节　我国林木蛀干害虫的地理区划与危害特点

我国林木蛀干害虫在北方以天牛为主、中部地区以小蠹虫为主、南方以蠹蛾类较多，其危害特点也因地理环境、种类、林分而有较大的差异。

一、我国蛀干害虫的地理区划

我国山地森林包括东北林区、华北林区、西南林区、南方林区，平原林区包括东北、华北、华中(包括四川盆地)、华南、西北荒漠防护林，青藏高原山地与平原林(图 12-1)。这 11 类林分在纬度和海陆分布等地理位置、地势轮廓、气候特征、自然历史演变、人类开发利用等方面均有较大差异，因而我国林木蛀干害虫的分布差异也很大。

东北林区　包括大兴安岭、小兴安岭和长白山山地林，以及东北平原林。①山地林主要蛀干害虫有栗山天牛 *Massicus raddei* (Blessig)、纵坑切梢小蠹 *Tomicus piniperda* (Linnaeus)、横坑切梢小蠹 *T. minor* Hartig、落叶松八齿小蠹 *Ips subelongatus* Motschulsky、松树皮象 *Hylobius haroldi* Faust、泰加大树蜂 *Urocerus gigas taiganus* Benson 等。

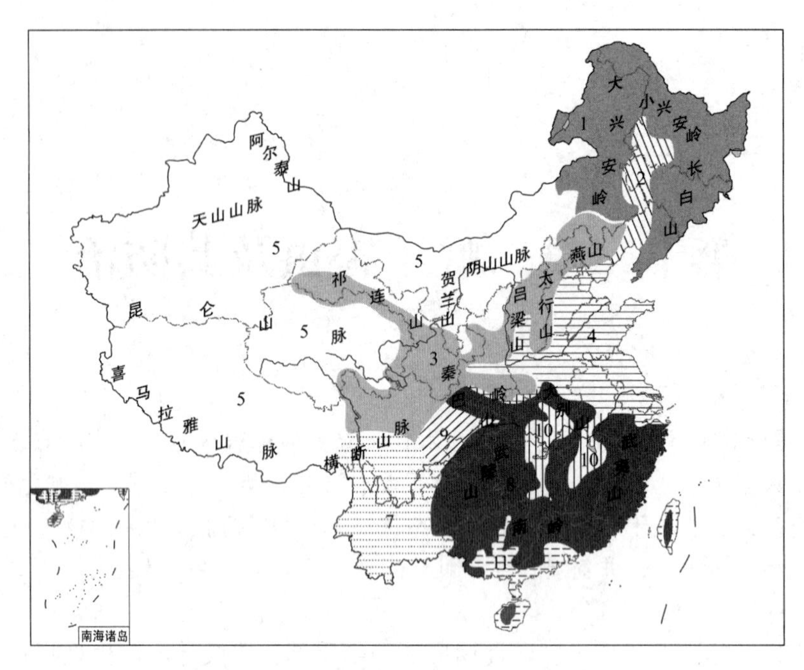

图 12-1 中国林木蛀干害虫的地理区划

②平原林蛀干害虫主要包括杨干象 *Cryptorrhynchus lapathi* Linnaeus、白杨透翅蛾 *Paranthrene tabaniformis* Rottenberg、白蜡窄吉丁(花曲柳窄吉丁、梣小吉丁虫)*Agrilus marcopoli* Obenberger、光肩星天牛 *Anoplophora glabripennis*(Motschulsky)、柳蝙蝠蛾 *Phassus excrescens* Butler 等。栗山天牛、小蠹虫是该区重要的蛀干害虫。

华北林区　山地林包括燕山、太行山、吕梁山、祁连山、秦岭、巴山四川盆地西部及横断山脉北段,平原林包括河南、安徽、江苏南部山区、上海以北及陕西关中与汉中盆地、山西晋中平原。③山地林蛀干害虫以小蠹虫为主,主要种类有华山松大小蠹 *Dendroctonus armandi* Tsai et Li、红脂大小蠹 *Dendroctonus valens* LeConte、光臀八齿小蠹 *Ips nitidus* Eggers、松十二齿小蠹 *Ips sexdentatus* Börner、松六齿小蠹 *Ips acuminatus*(Gyllenhal)、松褐天牛 *Monochamus alternatus* Hope、云杉大墨天牛 *Monochamus rosenmuelleri*(Cederhjelm)、松树皮象、泰加大树蜂等。④平原防护及绿化林以天牛及蠹蛾类为主,主要种类包括光肩星天牛、星天牛 *Anoplophora chinensis*(Förster)、桑天牛 *Apriona germari*(Hope)、锈色粒肩天牛 *Apriona swainsoni*(Hope)、云斑天牛 *Batocera horsfieldi*(Hope)、橙斑白条天牛 *Batocera davidis* Deyrolle、双条杉天牛 *Semanotus bifasciatus bifasciatus* Motschulsky、桃红颈天牛 *Aromia bungii* Faldermann、桑脊虎天牛 *Xylotrechus chinensis*(Chevrolat)、白杨透翅蛾、杨干透翅蛾 *Sphecia siningensis*(Hsu)、杨干象、臭椿沟眶象 *Eucryptorrhynchus brandti*(Harold)、柳缘吉丁 *Meliboeus cerskyi* Obenberger、芳香木蠹蛾东方亚种 *Cossus cossus orientalis* Gaede。

蒙新林区　包括⑤内蒙古、宁夏、甘肃、新疆、青海(蛀干害虫区系与蒙新区相似)山地林及平原防护林,山地林树种包括云杉、冷杉、柏、桦,平原林树种以杨、柳为主。山地林主要蛀干害虫是光臀八齿小蠹、云杉八齿小蠹 *Ips typographus* Linnaeus、

云杉大小蠹 *Dendroctonus micans*（Kugclann）、横坑切梢小蠹等。平原林蛀干害虫主要包括光肩星天牛、青杨楔天牛 *Saperda populnea*（Linnaeus）、柳脊虎天牛 *Turanoclytus namaganensis*（Heyden）、杨十斑吉丁 *Melanophila picta*（Pallas）、杨锦纹截尾吉丁 *Poecilonota variolosa* Payk、苹果小吉丁 *Agrilus mali* Matsumura、沙棘木蠹蛾 *Holcocerus hippophaecolus* Hua et al、沙柳木蠹蛾 *Holcocerus arenicola* Staudinger、芳香木蠹蛾东方亚种、杨干透翅蛾、白杨透翅蛾等。

青藏林区　因青海林木蛀干害虫区系相似于蒙新林区，该区仅包括西藏。⑥主要蛀干害虫包括云杉断眼天牛 *Tetropium oreinum* Gahan、尖角喜马象 *Leptomias acutus acutus* Aslam、半圆喜马象 *Leptomias semicirularis* Chao、瘤额四眼小蠹 *Polygraphus verrucifrons* Tsai et Yin、云斑天牛、光肩星天牛等。

西南林区　该区以小蠹虫为主。⑦主要种类有纵坑切梢小蠹、横坑切梢小蠹、华山松木蠹象 *Pissodes punctatus* Langer et Zhang、云南松木蠹象 *Pissodes yunnanensis* Langer et Zhang、萧氏松茎象 *Hylobitelus xiaoi* Zhang、松树皮象、马尾松角胫象 *Shirahoshizo patruelis* Voss、松褐天牛 *Monochamus alternatus* Hope、星天牛、桑天牛等。

华中—华南林区　山地林区包括武陵山、大别山、武夷山、南岭、海南及台湾山地，平原林区包括四川盆地及湖南、湖北、江西平原、广东、广西、海南、台湾平原。⑧山地林以松褐天牛为特色，主要蛀干害虫还有华山松大小蠹 *Dendroctonus armandi* Tsai et Li、萧氏松茎象 *Hylobitelus xiaoi* Zhang、松树皮象、纵坑切梢小蠹等。⑨四川盆地主要蛀干害虫包括双条杉天牛、云斑天牛、桑天牛、核桃长足象 *Alcidodes juglans* Chao、桑脊虎天牛 *Xylotrechus chinensis*（Chevrolat）等。⑩华中平原林区蛀干害虫包括粗鞘双条杉天牛 *Semanotus bifasciatus sinoauster* Gressitt、星天牛、光肩星天牛、桑脊虎天牛 *Xylotrechus chinensis*（Chevrolat）、橘褐天牛 *Nadezhdiella cantori* Hope、多豹纹木蠹蛾 *Zeuzera multistrigata* Moore、咖啡豹蠹蛾 *Zeuzera coffeae* Nietner 等。⑪华南平原林区，该林区以蠹蛾类为特色，主要蛀干害虫包括荔枝拟木蠹蛾 *Indarbela dea* Swinhoe、相思拟木蠹蛾 *Indarbela baibarana* Matsumura、咖啡豹蠹蛾 *Zeuzera coffeae* Nietner、红棕象甲 *Rhynchophorus ferrugineus*（Olivier）、橡胶材小蠹 *Xyleborus aquilus* Blandford、星天牛、橘褐天牛、灭字脊虎天牛 *Xylotrechus quadripes* Chevrolat、桑天牛、脊胸天牛 *Rhytidodera bowringi* White 等。

二、蛀干害虫的危害特点

林木死亡与衰退的主要因素有三类。①林木衰退直至枯死的全过程，贯穿气候不适、土壤水分失调、营养障碍、大气污染促进因素。②继发因素，包括食叶害虫、霜害、干旱、盐碱害、火灾及机械损伤等。③促进因素，包括蛀干害虫、根腐病、溃疡病等，即蛀干害虫是引起林木死亡和衰退原因之一。

蛀干害虫的危害导致林木死亡的类型可区分为4类：①干基型，即林木干枯始自树干下部，因干旱、地下水位变化、土壤板结等诱发，使树干基部为蛀干害虫所危害而枯死。②树冠型，即因食叶害虫、速行火、有毒物质等导致林木长势衰弱，树冠枝丫为蛀干害虫所危害，树冠部先枯死、树干部后死亡。③偏枯型，即因他种因素导致树势衰弱、蛀干害虫侵害，部分枯死。④全株型，即因各种不利环境因素与蛀干害虫的危害，导致林木正株枯死。

蛀干害虫并非在所有林分都能成灾，只有在有利于其发生的生态条件下，某些优势种或先锋种先发生于局部林分，经一定的种群数量积累、由点到面而逐步发展。因而，其危害和发生林的类型可区分为3种。①偶然发生地(地方性发生地)，即在干旱、山洪、食叶害虫、火灾、风雪害、乱砍乱伐等影响下，小面积或局部林分蛀干害虫突然产生，在比较短暂的时间内造成林木大批枯死。②迁移发生地，即健康林分内的蛀干害虫，由偶然发生地或未清理的采伐或火灾迹地迁移而来。③慢性发生地，即蛀干害虫在发生林地与病虫协同危害，并不迅速、大批地引起林木死亡，而是较缓地、导致个别或群团状枯死。

在蛀干害虫发生的诱因中，火灾等导致林木长势削弱的因素一般起主要作用。火烧迹地的松林，当年常发生小蠹类、墨天牛类蛀干害虫的侵害，次年其他蛀干害虫再寄居；若在火灾等自然灾害发生前蛀干害虫就积累有一定量的种群密度，自然灾害发生后蛀干害虫的危害将更严重。但寄主的健康状况和抗性能力等对天牛的生长发育有较大的影响，不良条件常引起其滞育而使生活周期延长，如木器家具内的天牛幼虫可存活10～20年甚至40～50年。此外，该类害虫在树木上对取食部位的选择性和食性与其消化酶有关。一类是幼虫消化道没有砂囊，不分泌纤维素酶、不能消化纤维，如合欢双条天牛 *Xystrocera globosa* (Olivier)等，因而只危害韧皮部，蛀道很长，排泄物呈木丝状。第二类是幼虫消化道有砂囊，能分泌纤维素酶，可以充分消化纤维素，如密齿锯天牛 *Macrotoma fisheri* Waterhouse 等，所以主要在木质部内取食危害，蛀道较短，排出物呈细粉状。

第二节 重要的林木蛀干害虫及其防治

蛀干害虫的绝大多数种类侵害因衰老或生长衰退的树木，但部分种类直接侵害健康木而被称为先锋种。蛀干害虫中的先锋虫种是导致林木死亡的初期种类，其危害致使林木长势进一步衰弱，招致其他虫种接踵危害、最终导致被害树木枯死。这类先锋种类包括天牛类、部分小蠹虫、部分蠹蛾等。

一、天牛类

天牛属鞘翅目天牛科 Cerambycidae，是我国目前发生面积最大的蛀干害虫。如危害杨树并持续发生30多年的光肩星天牛、桑天牛、云斑天牛等，使以杨树为主的三北防护林林网遭到了多次毁灭性破坏；长江下游杉木速生丰产林遭到粗鞘双条杉天牛等的毁灭性破坏，由松褐天牛传播的松材线虫病已蔓延至数10省区。

天牛主要危害树木，少数种类危害草本植物。危害部位具有种间或属间的特异性，如土天牛属 *Dorysthenes* 危害树木干、干基和根部，白条天牛属 *Batocera* 主要危害树干下部，星天牛属 *Anoplophora* 危害整个树木，筒天牛属 *Oberea*、楔天牛属 *Saperda* 主要危害枝条，并脊天牛属 *Glenea* 则主要危害伐倒木和干材。其生活史有1年1~2代、2~3年或4~5年1代等众多类型，多以幼虫或成虫在树干内越冬，成虫寿命约10d至1~2个月、越冬者可达7~8个月。复眼小眼面大者多在晚上活动、有趋光性，小眼面细小者多在白天活动。部分成虫羽化后需补充营养，取食花粉、嫩枝、嫩叶、树皮、树汁或果实、菌类等。其产卵习性有3种：一是先咬刻槽然后将卵产于韧皮部和木质部之间，每刻槽产卵1至多粒；二是直接将卵产于光滑的树干上或树皮缝内；三是产卵于土中。主要以幼虫在树干或枝条上蛀食危害，并向外推出排泄物和木屑。幼虫期时间最长，老熟幼虫在树干咬筑蛹室化蛹，蛹期10~20d。

重要种除下述外，还有分布于华中、华南等地危害杉和柳杉的粗鞘双条杉天牛 *Semanotus bifasciatus sinoauster* Gressitt，分布于西北、东北、华北、湖北、四川等地危害北方松类、云杉、落叶松等针叶树的松幽天牛 *Asemum amurense* Kraatz，分布于秦岭以南华中、华南、西南危害油桐、核桃、板栗、栎等的橙斑白条天牛 *Batocera davidis* Deyrolle，分布于东北、内蒙古等地危害杨柳等的杨红颈天牛 *Aromia moschata* (Linnaeus)，分布于华南、西南、四川等地危害杧果的脊胸天牛 *Rhytidodera bowringi* White，分布于东北、内蒙古、山东、青海危害云杉、冷杉和落叶松的云杉小墨天牛 *Monochamus sutor sutor* (Linnaeus)，分布于河北、华中、华南及西南危害黄檀属植物的瘤胸天牛 *Aristobia hispida* (Saunders)，分布于华南等地危害咖啡、杧果等的脊虎天牛，分布于河南、河北、陕西、山东、四川等地危害梨、苹果、桃、杏、山楂等的梨眼天牛 *Bacchisa fortunei* (Thomson)，分布于华中以南部分地区危害栎类的旋木柄天牛 *Aphrodisium sauteri* (Matsushita)，分布于东北、河北、山东等地危害松类和云杉的小灰长角天牛 *Acanthocinus griseus* (Fabricius)，分布于东北、内蒙古危害落叶松、云冷杉的云杉断眼天牛 *Tetropium oreinum* Gahan 等。

星天牛 *Anoplophora chinensis* (Förster)

分布于吉林、辽宁、甘肃、陕西、秦岭以南至海南、台湾、西南；日本、缅甸、朝鲜等。幼虫蛀害杨、柳、榆、刺槐、核桃、桑树、椿、楸、木麻黄、乌桕、梧桐、相思树、苦楝、悬铃木、母生、栎、柑橘等树干基、根部，使被害树木易于风折或枯死。

形态特征(图12-2)

成虫　雌体长36~41mm，雄体长27~36mm，黑色有金属光泽，头和体腹面被银灰或蓝灰色细毛。触角第1、2节黑色，其余基部1/3有淡蓝色毛环。前胸背板具中瘤，侧刺突尖锐粗大；小盾片被灰或杂有蓝色毛。鞘翅基部有黑色小颗粒，每翅5横行白斑排成4、4、5、2、3个，但变异较大。

卵　长椭圆形，5~6mm×2.2~2.4mm。初白色，后浅黄色。

幼虫　老熟幼虫体长38~60mm，乳白至淡黄色，棕褐色单眼1对，前胸背板"凸"字形骨化区具2个飞鸟形纹。深褐色气门9对。

蛹　纺锤形，长30~80mm，初淡黄、后黄褐至黑色。翅芽达第3腹节后缘。

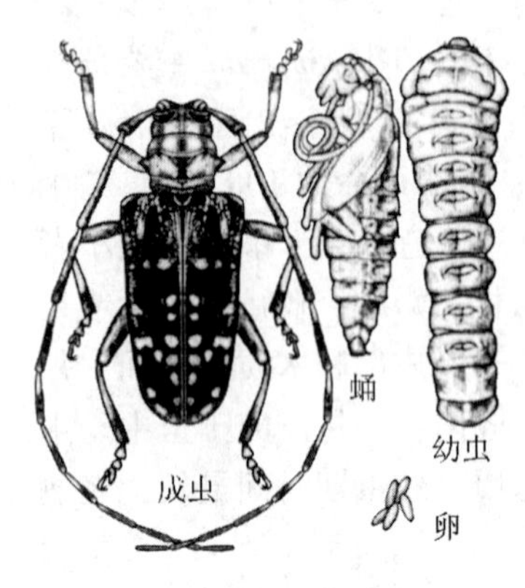

图12-2 星天牛

生物学及习性

浙江南部1年1代，个别地区3年2代或2年1代；北方2~3年1代，以幼虫在木质部越冬。次年3月后幼虫开始活动，4月上旬气温稳定在15℃以上时开始化蛹，5月上旬化蛹结束、成虫开始羽化，5月底6月上旬为成虫出孔高峰。成虫羽化后在蛹室停留4~8d后外出取食寄主幼嫩枝梢的树皮补充营养，常在日光下活动、交尾、产卵，有多次交尾习性。于6月上旬在树干下部或主侧枝下部产卵，7月上旬为产卵高峰，以胸径6~15cm的树干基部至10cm以内落卵较多；成虫寿命40~50d，5月下旬开始至7月中、下旬均有成虫活动。该虫产卵刻槽为"T"或"人"形，多1槽1卵，产卵后用胶状物封闭刻槽；每雌产卵23~32粒，最多71粒。卵期9~15d，7月中、下旬为孵化高峰。幼虫孵出后，先在树皮下盘旋蛀食，约2个月后向木质部蛀食，外蛀通气孔并从中排出粪便。11月初开始越冬。

光肩星天牛 *Anoplophora glabripennis* (Motschulsky)

分布于辽宁、甘肃、宁夏、陕西、华北、华东、华中、华南至西南；朝鲜、日本。主要危害杨、柳、槭类、榆、苦楝、桑等树种，被害木常风折或枯死。黄斑星天牛 *Anoplophora nobilis* Ganglbauer 与本种同属一种。

形态特征(图12-3)

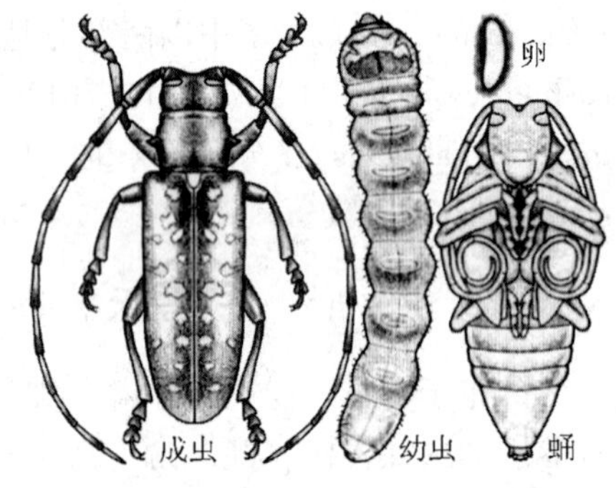

图12-3 光肩星天牛

成虫 雌体长22~40mm，雄体长14~29mm，亮黑色。头顶至唇基1纵沟；触角12节，第1节端部膨大、第2节最小、第3节最长、余渐短小，第3节后各节基部灰蓝色，末节末端灰白色、雄黑色。前胸两侧刺状侧突1个，鞘翅基部光滑，每翅白或黄色绒毛斑15~20个。体腹面及腿、胫节中部及跗节背面的绒毛黄棕或蓝灰色。

卵 长椭圆形，5.5~7mm，乳白或黄色。

幼虫 老熟幼虫体带黄色，长40~50mm，头前端黑褐色。前胸大，背板1"凸"字形纹。第1~10腹节背腹面各1步泡足。

蛹 乳白至黄白色，体长28~40mm，触角前端卷曲呈环形。前胸背板两侧各1侧刺突，背面中央1压痕。羽化前复眼、上颚、附肢及翅芽均黑色。

生物学及习性

在北方2年1代、南方多1年1代；以各龄幼虫和蛹越冬者多1年1代，以卵及卵内幼虫越冬者多2年1代。次年3、4月卵孵化、越冬幼虫开始活动取食，大龄幼虫5月中旬老熟，越冬的老熟幼虫则直接化蛹，化蛹时在隧道上部作略向树干外倾斜的椭圆形蛹室；预蛹期9~39d，蛹期13~24d，6月中、下旬成虫羽化后在蛹室停留6~15d，而后在侵入孔的上方咬约10mm的羽化孔飞出，6月中旬至7月下旬为出孔盛期，10月上旬还可见成虫活动，雌成虫寿命 32 ~ 43d、雄 21 ~ 24d，性比 1∶1。6 月中旬至 7 月下旬产卵，每雌产卵 8 ~ 70 粒、平均 45.6 粒，卵期 11 ~ 25d、越冬的达 225d。早期所产的卵 8 月上旬孵化的以幼虫越冬，中期的幼虫则不孵出而越冬，9 ~ 10 月所产卵第 2 年孵化。卵的发育起点温度为 7.6℃、有效积温为 321.3 日·度，蛹的发育起点温度为 18.24 ± 1.04℃、有效积温为 113.2 ± 20.3 日·度。

成虫白天活动，8∶00 ~ 12∶00最活跃，阴天栖于树冠，33℃以上静伏于阴凉处；取食杨、柳叶柄、叶片和直径 18mm 以下的嫩枝皮层补充营养，嫩枝受害后易风折或枯死；补充营养后 2 ~ 3d 交尾，可交尾数次。以12∶00 ~ 14∶00产卵较多，产卵刻槽扁圆形，长 13 ~ 15mm，卵产于刻槽内上部 6 ~ 10mm 处，每槽 1 粒；从树干根际直至直径 4cm 的树梢处均分布刻槽，但以树干枝杈处多，无卵空槽约 20%。幼虫孵出后蛀食韧皮内层及形成层、排泄物褐色，2 龄幼虫蛀食至木质部，蛀孔处可见褐色粪便、蛀屑和白色木丝堆积；隧道初横向稍有弯曲、然后向上，隧道随虫体增大而扩大。成虫羽化出孔后取食树叶及嫩枝皮或木质部表层补充营养，晚上静息，10∶00、18∶00为活动交尾高峰，可多次交尾，一次最多远飞 40m、最远迁移约 1 190m。该虫喜害杨、柳和糖槭，嗜好黑杨派(加杨、箭杆杨、欧美杨)及其衍生系树种，对白杨派(毛白杨、新疆杨)、苹果较少危害。花绒寄甲和啄木鸟对其发生有较好的抑制作用。

锈色粒肩天牛 *Apriona swainsoni* (Hope)

分布于河南、山东、福建、广西、四川、贵州、云南、江苏、湖北、浙江等地；越南、老挝、印度、缅甸等。危害槐、柳、云实、黄檀、三叉蕨等，中槐受害最重。

形态特征(图 12-4)

成虫　雄虫体长 28 ~ 33mm、雌虫 33 ~ 39mm，黑或黑褐色，密被锈色短绒毛。头部额两侧弧形内凹，中沟直达后头后缘；雄虫触角略长于体、雌虫则稍短，触角 10 节，自第 4 节起各节中部背面黑褐色、外端角突出，末节尖锐。前胸背板具不规则粗皱，前、后端各 1 横沟，侧刺突发达。鞘翅肩角微直角状前突，翅基密布黑色光滑小刻点，翅面散布白色细毛斑。腹面中胸侧板、后胸腹板和侧板、第 1 腹节中部、第 1 ~ 4 腹节两侧各 1 白色细毛斑。翅端平切，缘角小刺短而钝、缝角刺长而尖。

卵　长椭圆形，乳白色，卵外覆盖物初呈鲜绿色、后灰绿色。

幼虫　老熟幼虫体长 76mm，第 9 腹节后伸、超过尾节。前胸背板骨化区近方形、前部中央突出呈弧形、正中 1 浅色纵沟。

蛹　纺锤形，长 45 ~ 50mm，初乳白色，渐变为淡黄色。

生物学及习性

该虫在河南 2 年 1 代，以幼虫在枝干木质部虫道内越冬。越冬两次的幼虫 5 月上旬开始化蛹，蛹期 25 ~ 30d。6 月上旬至 9 月中旬出现成虫，取食新梢嫩皮补充营养。雌成虫可多次交尾、产卵。产卵期在 6 月中下旬至 9 月中下旬，卵期 10d。7 月中旬初孵

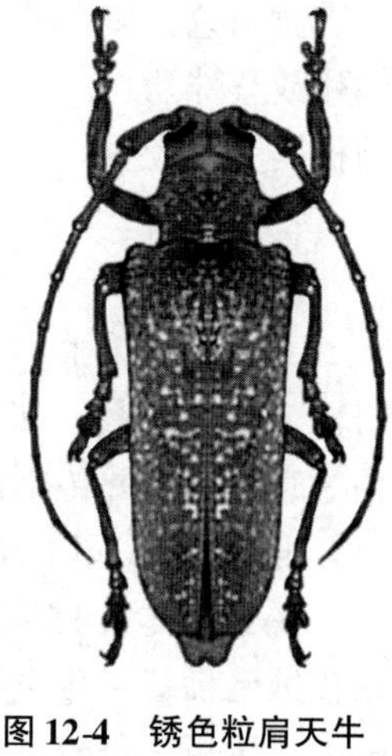

图 12-4　锈色粒肩天牛

幼虫自产卵槽下蛀入边材危害，11月上旬在虫道尽头做细小纵穴越冬。翌年3月中下旬继续蛀食，11月上旬老熟幼虫在虫道末端做凹穴越冬。幼虫期22个月。

双条杉天牛 *Semanotus bifasciatus bifasciatus* Motschulsky

分布于华北、华东、华中、华南、陕西、甘肃、贵州等；朝鲜和日本。危害柏、罗汉松、红豆杉等树种的衰弱木、枯立木、新伐倒木，是柏树类植物的重要害虫。

形态特征(图12-5)

成虫　体长9~15mm，体扁，黑褐色。前、中、后胸腹面，足和腹部密被黄毛，头具细刻点，雄虫触角略短于体长、雌虫为体长的1/2。前胸两侧缘圆弧形，背板中区具前2个圆形、后3个尖叶形的光滑小瘤突。鞘翅2条棕黄或驼黄色横带，前带后缘及后带色浅。

卵　白色，椭圆形，长约2mm。

幼虫　乳白色，老龄幼虫体长22mm，头部有1黄褐色三角斑。

蛹　长约15mm，淡黄色。

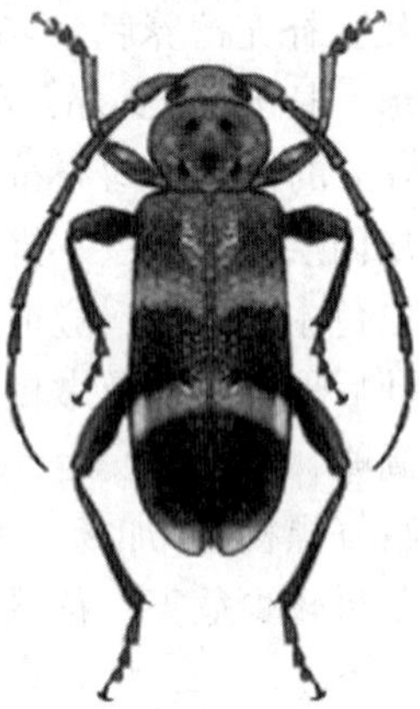

图12-5　双条杉天牛

生物学及习性

山东、河南、甘肃、陕西、北京1年1代，以成虫越冬；少数2年1代，幼虫第1年在木质部边材的虫道内滞育越冬，第2年秋以成虫越冬。1年1代者，翌年3月中旬至4月上旬越冬成虫出孔，成虫不取食，多在晴天14:00~22:00交尾、产卵，其余时间隐藏，雌雄成虫可多次交尾、多次产卵。3月中旬开始产卵，卵产于衰弱、新移栽、新修枝的树干与木桩及伤疤处，每处产卵数粒，每雌产卵25~168粒，卵期7~14d。3月下旬至4月中旬幼虫孵化，1、2龄幼虫危害韧皮部，被害处可见树液及少量细木屑。5月中旬3龄幼虫渐蛀食木质部，6月中旬又危害韧皮部并向外排出大量木屑；8月中、下旬老熟幼虫在蛀道顶端筑椭圆形蛹室化蛹，蛹期约10d，9月陆续羽化为成虫、潜藏蛹室越冬。蛀道扁平、不规则、“L”形，充满黄白色粪屑，最长可达20cm。受害树干木质部表面密布蛀道，树皮易剥落、上部枯死或整株死亡。危害部位随树木直径增长而升高，林缘、行道树、孤立木、树皮粗裂的柏类受害较重。

松褐天牛 *Monochamus alternatus* Hope

又名松墨天牛。分布于河北、江苏、山东、浙江、湖南、广东、广西、台湾、四川、云南、西藏；日本、老挝。危害马尾松及其他松类、冷杉、云杉、雪松、落叶松、柏等衰弱木，并传染松材线虫 *Bursaphelenchus xylophilus* 致死松类。

形态特征(图12-6)

成虫　体长15~28mm，体棕褐或赤褐色。雄虫触角第1~2节全部、第3节基部灰白色绒毛稀疏，雌虫则除末端2、3节外，其余各节大部灰白色。前胸多皱纹、侧刺突较大，背板2条橙黄色阔纵纹与3条黑纹相间。小盾片密被橙黄色绒毛。每鞘翅5条由

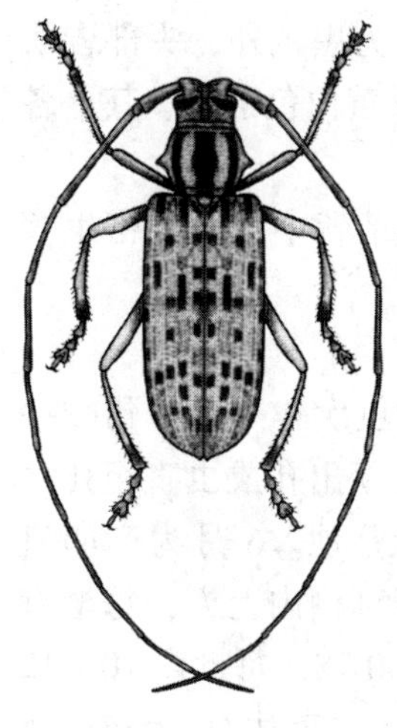

图 12-6　松褐天牛

方形、黑色及灰白色绒毛斑点相间组成的纵纹。腹面及足杂生灰白色绒毛。

卵　长约 4mm，乳白色，略呈镰刀形。

幼虫　乳白色，扁圆筒形，老熟时体长约 43mm。头部黑褐色，前胸背板褐色、中央有波状横纹。

蛹　乳白色，圆筒形，体长 20～26mm。

生物学及习性

1 年 1 代，以老熟幼虫在木质部蛀道中越冬。在湖南于次年 3 月下旬、在四川于 5 月越冬幼虫在坑道末端筑蛹室化蛹。湖南于 4 月中旬即有少数成虫开始羽化出孔啮食嫩枝、树皮补充营养。羽化孔圆形，直径8～10mm，5 月为活动盛期；但在广东 9、10 月成虫还可活动、产卵。产卵刻槽眼状，每槽产卵 1 至数粒。幼虫孵出后即蛀入皮下，在内皮和边材形成宽而不规则的浅坑，使树木输导系统受到破坏，蛀道充满褐色虫粪和白色蛀屑；秋天穿凿扁圆形孔侵入木质部 3～4cm，即向上或下纵向蛀食，然后向外蛀食至边材，蛀道呈"U"形、长 5～10cm。蛀屑纤维状，在蛀道内除靠近蛹室附近留下少数外，大部均堆积树皮下。

成虫喜光，20℃左右时最适宜产卵；疏林发生较重，郁闭度大的则以林缘染虫最多，或自林中空地先发生、再向四周蔓延。伐倒木如不及时运出而在林中过夏、或不经剥皮处理，则很快被此虫侵害。

云斑天牛 *Batocera horsfieldi*（Hope）

又名云斑白条天牛，分布于秦岭以南的华中、华南、西南等地；越南、印度、日本。危害欧美杨、青杨、核桃、桑、栎、柳、榆、女贞、悬铃木、泡桐、枫杨、乌桕、板栗、苹果、梨、枇杷、油橄榄、木麻黄、桉树等。成虫啃食新枝嫩皮，幼虫蛀食韧皮部和木质部，并导致木腐菌寄生，使其枯萎死亡。

形态特征(图 12-7)

成虫　体长 32～65mm，黑褐或黑色，绒毛斑白或浅黄色。雄虫触角超过体长约 1/3、雌虫则略比体长，各节下方疏生细刺，第 1～3 节黑亮并有刻点和瘤突。前胸背板中区 1 对肾形斑，侧刺突大而尖锐。小盾片近半圆形，基部被暗灰色绒毛、余皆密被白色绒毛。鞘翅上 10 余个云片状斑纹排成 2～3 纵行，外行斑数多、并延至翅端；翅基颗瘤大小不等，末端微向内斜切、外端纯圆或略尖、内端角短刺状。体侧由复眼后方起至末腹节 1 白色纵带。

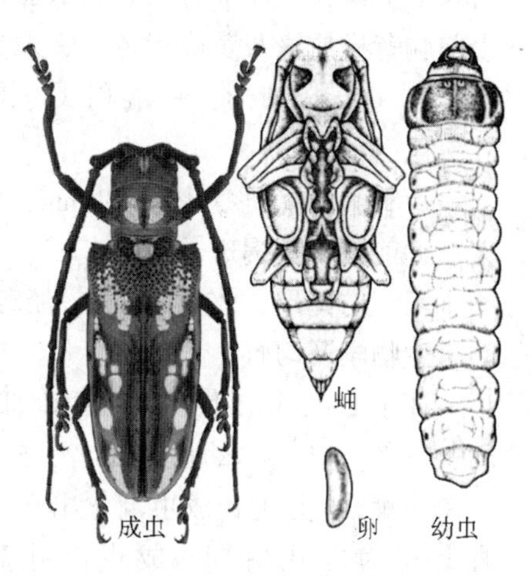

图 12-7　云斑天牛

卵　长椭圆形、稍弯，6～10mm×3～4mm，初乳白色、后渐黄白色。

幼虫 体长70~80mm，淡黄白色。除上颚、中缝及部分额区为黑色外，头部皆淡棕色。上、下唇密毛棕色。前胸硬皮板具褐色颗粒，其近中线处2黄白色小点、其上各1刚毛。

蛹 体长40~70mm，淡黄白色。头、胸部背面及第1~6腹节背中区两侧密生棕色刚毛；末端锥状，尖端斜向后上方。

生物学及习性

2~3年1代，以幼虫和成虫在蛀道内和蛹室内越冬。越冬成虫次年4月中旬咬一圆形羽化孔外出，5月为盛期，连续晴天、气温较高时羽化更多。新出孔成虫直至死亡前都能交尾，成虫寿命约9个月，在林内生活约40d，受惊时即坠地。6月为产卵盛期，圆形或椭圆形的产卵刻槽中央1小孔、刻槽约15mm，卵产于刻槽内上方，每槽有卵1粒或无卵，产卵后以分泌液和木屑粘合刻槽口；每雌产卵约40粒，每批产10~12粒，胸径10~20cm的树干落卵较多，每株树上常有卵10~12粒，多者达60余粒。卵期10~15d，初孵幼虫蛀食韧皮部，使受害处变黑、树皮胀裂、流出树液、并外排木屑和虫粪；20~30d后渐蛀入木质部向上蛀食，虫道内无木屑和虫粪，长约25cm。第1年以幼虫越冬，次春继续危害，幼虫期达12~14个月；第2年8月中旬幼虫老熟后在虫道顶端作一椭圆形蛹室化蛹，蛹期约1个月，9月中、下旬成虫羽化后在蛹室内越冬。卵期天敌有1种跳小蜂科，幼虫期有小茧蜂、虫花棒束孢和核型多角体病毒NPV等。

桑脊虎天牛 *Xylotrechus chinensis* (Chevrolat)

分布于陕西、辽宁、华北、华中、广东、台湾；朝鲜和日本。危害桑、苹果、梨等。被害桑树干蛀道宽大，影响桑叶产量或枯死。

形态特征(图12-8)

成虫 体长14~28mm，背部褐色，腹部黑色。触角约为体长的一半。前胸背板近球形，有黄、赤、褐、黑4色条斑。鞘翅基部宽阔，前半部为3黄3黑的交替互斜纹，斜纹下1横纹，端部黄色。雌虫前胸背板前缘鲜黄色，腹部末端尖、裸露于鞘翅外；雄虫前胸背板前缘灰黄或褐色，腹末为鞘翅覆盖。

卵 长椭圆形，一端稍尖，3mm×1.2mm，乳白色。

幼虫 圆筒形，体长30mm，淡黄色，前胸大、近前缘4个褐斑。

蛹 纺锤形，体长30mm，淡黄色。

生物学及习性

辽宁1~2年1代，在陕西南部1年1代，以幼虫越冬。以老熟幼虫越冬者，5月上旬至6月上旬化蛹，6月上旬成虫羽化出孔、6月下旬到7月上旬为出孔盛期，成虫出孔后即交尾、以9:00~15:00最为频繁、可多次交尾，交尾后即

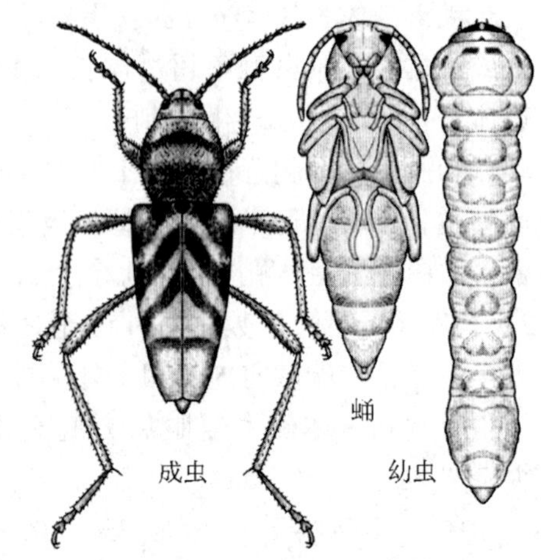

图12-8 桑脊虎天牛

可产卵；卵产在树干缝隙内，每次产1粒，1日产数十粒，单雌产卵22～272粒、平均104粒，卵期7～20d；幼虫孵化后蛀食至11月上旬越冬，翌年温度回升后继续蛀食，7月下旬至8月间成虫羽化；幼虫6～7龄，蛹期13～28d，雄虫寿命14～32d、雌15～22d；完成1个世代约需22个月。生活史极不整齐，在桑树生长季节成虫、卵、幼虫、蛹同时存在，各龄幼虫全年可见。

成虫羽化后约在蛹室停留7d后咬破表皮出孔，蛹室不正常者则另咬孔而出，出孔多在5:00～17:00，成虫食雨水、露水、树液等，1次可飞行十几到几十米，大风阴雨天不活动、隐藏。幼虫孵化后迂回蛀食形成层，虫道狭窄、不规则、充满虫粪；1龄幼虫在枯死或将枯死的组织内生活，在健康的组织内不能完成发育；随虫龄的增加渐由上向下蛀食韧皮及木质部，虫道渐加宽，每隔一段距离向外蛀约0.3mm大小的通气孔，蜕皮前浸浴在充满树液的坑道内、状如死虫，坑道外渗大量树液，春季可见树干表面具烟油状斑；7、8月常见稀粥样的虫粪与树液呈条状堆积于气孔处的树干表面。幼虫老熟前蛀入木质部，以条状木屑形成蛹室化蛹。桑树品种、树龄、树势及修剪等对该害虫的发生都有一定影响，生长旺盛、树势强，树皮裂缝、枯死、半枯死组织少，无主干的密植桑、乔木发生较轻；反之则重。天敌有啄木鸟、蟾蜍和蚂蚁。

橘褐天牛 *Nadezhdiella cantori* (Hope)

分布于河南、华中、华南、西南至台湾、海南等地。主要危害柑橘、枇杷、花椒、梨、苹果等果树和林木。幼虫蛀害近地面的树干、根颈和根部，使其萎黄、树势衰退，易风折或整株枯死。

形态特征(图12-9)

成虫　体长26～51mm，亮黑褐至黑色，头胸背面稍黄褐色，被灰黄色短绒毛。头顶至额中央1深沟，触角基瘤隆起。前胸背板前后两端各具1、2条横脊，皱纹不规则，两侧各1刺突。鞘翅刻点细密，肩角隆起。雄虫触角超过体长1/2～2/3，雌虫略较体短。

卵　卵圆形，长2～3mm，黄褐色。

幼虫　老熟幼虫体长50～60mm，乳白色，前胸背板前方横列成4个黄褐色斑，中央者较长、两侧者较短。中胸腹面、后胸及腹部第1～7节背腹面均有步泡足。

蛹　体长约40mm，乳白色或淡黄色，翅芽达腹部第3节末端。

图12-9　橘褐天牛

生物学及习性

在四川2年1代，幼虫期长达15～20个月，以成虫、幼虫在树干内越冬。翌年成虫在4月下旬至7月陆续出现，6月前后为盛发期；越冬幼虫危害至化蛹，成虫羽化后在蛀孔内隐藏数日或数月方出外活动，外界气温适宜隐藏期短、反之则长。成虫寿命达1至数月。5～7月晴天闷热的傍晚，成虫爬行于树干、交尾产卵。雌成虫交尾后数小时至约30d后开始产卵，卵产在距地面33cm以上的树干缝隙或伤疤内，每处产卵数粒，卵期5～15d。初孵幼虫先蛀食树皮，2月后蛀入木质部，蛀道一般向上；成熟幼虫在化蛹前吐石灰质作蛹室化蛹。蛹期约1个月。

栗山天牛 *Massicus raddei* (Blessig)

原产日本，1992年侵入我国，分布于吉林、辽宁、河北、河南、江西、台湾等地。危害各种栎类、榆、榉、桑、水曲柳、柑橘及柚树等，是栎林的重要害虫。

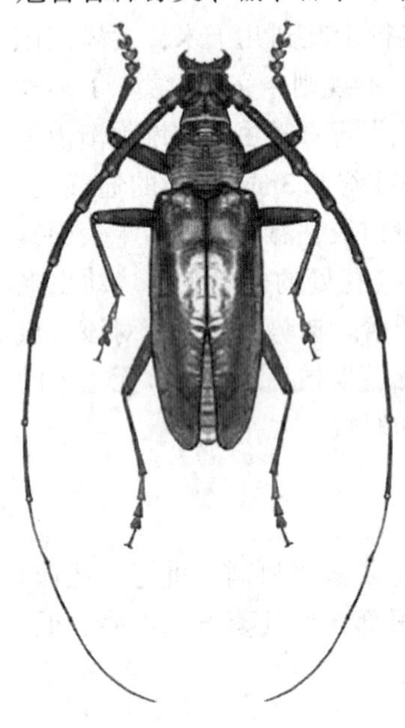

图12-10 栗山天牛

形态特征(图12-10)

成虫 体黑至黑褐色，鞘翅被黄至棕黄色短毛，体长40～60mm。触角与复眼间1深沟延至头顶，触角10节、鞭节黑色，前胸背板横皱纹不规则、无侧刺突。鞘翅端缘圆弧形、内缘角尖刺状。雌虫触角短于或等于体长，雄虫约为体长的1.5倍。

卵 长椭圆形，4～5mm×2～2.5mm。乳白、橘黄色，端突疣状。

幼虫 乳白色，老熟幼虫体长65～70mm，背板浅黄色，头红褐色，扁圆形上唇被红褐色短毛。前胸背板前缘并列2个淡黄色“凹”形纹。

蛹 乳白色，体长60～65mm。触角卷于腹面；两侧，翅长超过腹部第2节。

生物学及习性

在辽东山区3年1代，河北4年1代，河南、江西3年1代，台湾1年1代，以幼虫在栎树主干、大侧枝内蛀食危害越冬，危害期长达3年。在辽宁，成虫6月末开始羽化、7月中旬为盛期，羽化后啃食树皮、吸食树液补充营养，3～4d后于7月上旬至8月中旬多次交尾、多次产卵；卵期10～15d，7月下旬至8月下旬卵孵化。当年孵化的幼虫蜕皮1～2次10月上旬至下旬越冬，翌年4月上旬开始活动、蜕皮1～2次，于10月上旬以大龄幼虫越冬；第3年复于4月上旬开始活动、蜕皮2～3次，10月上旬以老熟幼虫越冬；第4年5月下旬至6月下旬化蛹。

成虫中午羽化较多，早晚和阴雨天较少，具群集习性，上午约7:00多聚集在树干1m以下，晴天上午10:00后在树上爬行，每晚可飞行300～1 000m，趋光性较强、23:00～1:00灯诱量最多。多产卵于35年生以上、木栓层发达、树皮裂缝较深的山脊及阳坡林地6m以下的树干阳面，每次产卵1～5粒，每雌产卵17～39粒，卵的孵化率约80%。成虫寿命12～20d，雌雄性比为1∶0.7。可利用紫外灯及花绒寄甲防治。

天牛类的防治

天牛类害虫普遍存在树种与林分结构的抗虫性，充分发挥其抗性是控制该类害虫的有效手段。在科学预测预报的基础上，采取综合措施控制其危害。同时，应严格执行检疫制度，对可能携带危险性天牛的调运苗木、种条、幼树、原木、木材实行检疫。检验是否有天牛的卵、入侵孔、羽化孔、虫瘿、虫道和活虫体等，并进行处理。

林业措施防治

营造抗虫林　①选择适合于当地气候、土壤的抗性树种造林，如毛白杨、苦楝、臭椿、香椿、泡桐、刺槐等对光肩星天牛有抗性，臭椿属含有杀虫作用的苦木素类似物而对桑天牛等具有拒避作用，水杉、池杉等可防止桑天牛、云斑白条天牛的危害。②避免营造人工纯林，片林可用块状、带状方式混交，防护林带可采用每间隔 1 000m 分段混交；或在桑天牛发生区栽植臭椿、苦楝作忌避隔离带，在云斑白条天牛发生区栽植池杉、水杉作为阻止隔离带。③栽植一定数量的天牛嗜食、诱饵树种以减轻对主栽种的危害，但必须及时清除饵木上的天牛；如栽植羽叶槭、糖槭可引诱光肩星天牛，栽植桑树以引诱桑天牛，栽植核桃、白蜡和蔷薇等引诱云斑白条天牛。

加强林分管理　①定期清除树干上的萌生枝叶，改善林地通风透光状况；在光肩星天牛产卵期及时施肥浇水、促使树木旺盛生长，以提高卵和初孵幼虫的死亡率。②在天牛危害严重地区，可缩短伐期、培育小径材，或在天牛猖獗发生之前及时采伐；及时伐除和运出虫害木、枯立木、濒死木、被压木、衰弱木、风折及风倒木、虫害枯枝等，以调整林分疏密度、增强树势，对虫害木要及时进行药剂或剥皮处理，冬季疏伐木在林内停放不得超过 1 个月，夏季间伐木材不超过 10d，冬季应及时剪除苗木、枝条上的青杨楔天牛虫瘿，以降低越冬虫口。

人工防治　①对有假死性的天牛可震落捕杀，锤击产卵刻槽或刮除虫疱以杀死虫卵和小幼虫。②在树干 2m 以下涂白或缠草绳，防止双条杉天牛、云斑白条天牛等成虫产卵，涂白剂的配方为石灰 5kg、硫磺 0.5kg、食盐 25g、水 10kg；用沥青、清漆等涂桑树剪口、锯口，防止桑天牛产卵。③还可用已受害严重无利用价值的松树为饵树，注入百草枯、乙烯利、氯苯磷或刺激松脂的分泌，引诱松褐天牛产卵，然后剥皮处理；将直径 10cm、长 20cm 的新伐侧柏，每 5 根堆立于地面引诱双条杉天牛产卵，5 月下旬后用水浸杀卵。④伐倒虫害木水浸 1 ~2 个月或剥皮后在烈日下翻转曝晒几次，可使其中的活虫死亡。也可利用真空充氮法防治仓贮竹木器材的天牛。

保护、利用天敌

保护和招引啄木鸟　啄木鸟对控制天牛的危害效果较好，如招引大斑啄木鸟可控制光肩星天牛和桑天牛的危害；可按 15 ~ $20hm^2$ 林地设 4 ~ 5 个人工鸟巢，巢木间距约 100m。

寄生性天敌的利用　在天牛幼虫期释放管氏肿腿蜂，放蜂量与天牛幼虫比为 3∶1 时对粗鞘双条杉天牛、青杨楔天牛、家茸天牛等小型天牛及大天牛的小幼虫有良好控制效果。斑头陡盾茧蜂放蜂量与天牛幼虫比为 1∶1 时，对粗鞘双条杉天牛的防治效果达 90% 以上。

繁殖利用花绒寄甲　该天敌在我国天牛发生几乎均有分布，寄生星天牛属、松褐天牛、云斑白条天牛等大天牛幼虫和蛹，自然寄生率 40% ~80%。花绒寄甲成虫自然寿命约达 6 年，每年可产卵 2 次，每雌产卵 11 ~ 320 粒，是控制该类天牛的有效天敌。

化学防治

药剂喷涂枝干 对未进入木质部的幼龄幼虫，枝干喷、涂药剂防治时可选用25%吡嗪酮：柴油：水=1：1：10，5%吡虫啉乳油：敌敌畏：水=8：1：6，40%氧化乐果乳油：水=1：10，但涂抹嫩枝虫瘿时应适当增大稀释倍数，若有药害则应加水稀释。

注孔、堵孔法 对已蛀入木质部并有排粪孔的大幼虫，可将磷化锌毒签、磷化铝片、磷化铝丸等塞入最下面的排粪孔中熏杀，或用注射器注入40%氧化乐果乳油20～40倍液，或用药棉蘸2.5%溴氰菊酯乳油400倍液塞入虫孔，药效可达100%。

防治成虫 在成虫补充营养、羽化期间，可用5%吡虫啉乳油、40%氧化乐果乳油、2.5%溴氰菊酯乳油500倍液喷干。对如桑天牛成虫取食桑科嫩皮、嫩叶后才能繁殖后代的种类，可在林间种植少量饵树，然后药剂喷饵树干、冠。对郁闭度0.6以上的林分也可用“741”插管烟雾剂防治。

虫害木处理 密封待处理木材后，投放50～70g/m^3硫酰氟或溴甲烷，熏杀5d；或投放10～20g/m^3磷化铝、磷化锌，密封2～3d。对家茸天牛等木材害虫，可用4%～5%硼酚合剂(硼砂35%、硼酸30%、五氯酚钠35%)、3.5%氟化钠溶液浸泡木材。

二、小蠹虫类

世界已知林木小蠹虫3 000余种，我国有500余种，近70%的种主要危害针叶树。蔡邦华将我国主要林型中的小蠹虫按其分布特性归纳为3种类型：①东北原始林区猖獗种类，主要为云杉大小蠹、落叶松八齿小蠹、松十二齿小蠹 *Ips sexdentatus* Börner、云杉八齿小蠹 *Ips typographus* Linnaeus、松六齿小蠹 *Ips acuminatus* (Gyllenhal)、松纵坑切梢小蠹 *Tomicus piniperda* (Linnaeus)、梢小蠹类 *Cryphalus* spp. 等小蠹类群。②西北秦岭林区的华山松大小蠹为侵害健康木的先锋种类，导致被害木树势迅速衰弱后诱发其他近20余种小蠹虫的集中入侵危害，形成了秦岭华山松林独特的小蠹种群结构格局。该区域重要的还有松六齿小蠹 *Ips acuminatus* (Gyllenhal)、松十二齿小蠹 *Ips sexdentatus* Börner、黑条木小蠹 *Trypodendron lineatum* (Olivier)、油松四眼小蠹 *Polygraphus sinensis* Eggers、长毛干小蠹 *Hylurgops longipilus* Reitter、松纵坑切梢小蠹、华山松梢小蠹 *Cryphalus lipingensis* Tsai et Li、秦岭梢小蠹 *C. chinlingensis* Tsai et Li、黑根小蠹 *Hylastes parallelus* Chapuis 等。③南方人工林区因采伐不当等使松纵坑切梢小蠹、松横坑切梢小蠹 *Tomicus minor* Hartig、梢小蠹类 *Cryphalus* spp. 等猖獗发生，但其种群结构较简单。

发生规律 小蠹类多1年1代，少数种或在南方1年2代。多以成虫越冬，少数以幼虫或蛹越冬。成虫的发生期因虫种及地区而不同，春季至夏季均可见，如松梢小蠹发生于春季而白桦黑小蠹见于夏季。多数45d可完成1代，其卵期和蛹期较短、10～14d，幼虫期15～30d、但白桦黑小蠹则长达10个月。其年世代数虽不多，由于雌虫能多次产卵、立地条件常使发生期差异较大，故各代重叠现象普遍，区别世代不易。小蠹的配偶和繁殖有1雄1雌及1雄多雌两类，前者雌虫侵入寄主后咬蛀母坑道，再招致雄虫配偶繁殖。后者雄虫蛀入后咬筑交配室，诱致雌虫、最多可达20头；而后雌虫在交配室内再蛀1至多条母坑道(随配偶雌虫数而异)，在母坑道两侧咬卵室产卵。幼虫孵出后自母坑道两侧向外蛀食，逐渐形成明显的子坑道；幼虫老熟后在子坑道末端咬蛹室化蛹，羽化后咬羽化孔外出。

母坑道类型　一个完整的坑道系统常包括侵入孔、侵入道、交配室、母坑、卵室、子坑、蛹室、通气孔及羽化孔，有些种类再自母坑向外咬交配孔，虫种不同、坑道各异，坑道也是进行种类鉴别的特征(图12-11)。①纵坑型，单纵坑如松纵坑切梢小蠹，复纵坑如松十二齿小蠹。②横坑型，单横坑如松黄梢小蠹 *Cryphalus fulvus* Niisima，复横坑如横坑切梢小蠹。③星形坑型，如星坑小蠹 *Pityogenes chalcographus* Bedel。④梯坑型，如黑条木小蠹 *Trypodendron lineatum* (Olivier)。⑤共同坑型，如红脂大小蠹 *Dendroctonus valens* LeConte。前4种类型为分散产卵型种类所具有，这类小蠹的卵逐渐成熟，逐次产下；共同坑型为卵同时成熟，成堆产下，幼虫孵出后聚集蛀食所致；少数种类如微小蠹则借用其他虫种的坑道繁殖。

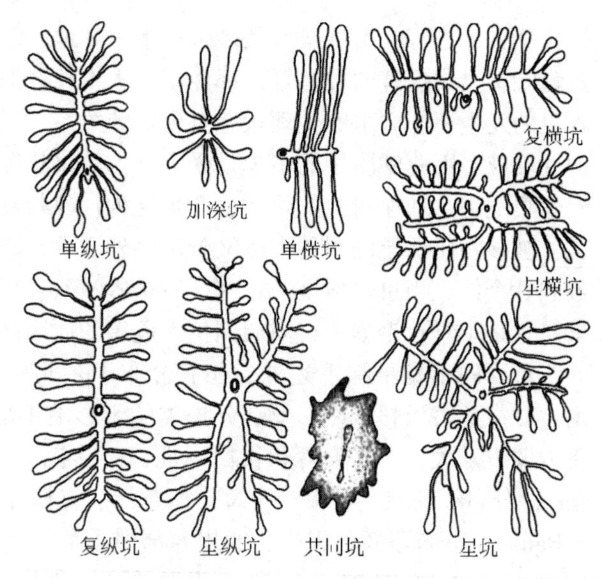

图12-11　小蠹虫的坑道

食性　小蠹类食性较单一，对树木种类、树势、高度，对树皮、韧皮或木质部均有选择危害性。①据其取食部位可将其分为韧皮部小蠹(bark beetles)和木材小蠹(也称食菌小蠹)(ambrosia beetles)两类。前者主要取食针叶林木树干和枝条的皮层组织，可导致被害树木迅速死亡；后者主要危害林木木质部，也以自身携带和在木质部内培养的真菌为食物。②即使在同一树种的同一立木上，不同虫种选择的侵害部位也不同。如梢小蠹 *Cryphalus* spp. 等多在树冠的枝梢等处危害，干小蠹 *Hylurgops* spp. 则寄居于根颈或根部，而立木的其他部分则为其他种类所侵害，因而垂直分层和水平分布形成了小蠹类特殊的区系特征。③按照被侵害木的健康程度，可将其区分为先锋型及次生型。先锋型危害健康树木，主要有华山松大小蠹 *Dendroctonus armandi* Tsai et Li、云杉大小蠹 *Dendroctonus micans* (Kugclann)等。次生型危害衰弱林木，主要如云杉八齿小蠹 *Ips typographus* Linnaeus、光臀八齿小蠹 *Ips nitidus* Eggers、落叶松八齿小蠹 *Ips subelongatus* Motschulsky、松纵坑切梢小蠹；其中红脂大小蠹约于1996年由国外传入我国，对华北的油松林构成了严重威胁。

影响大发生的因素　①人为因素，不合理的采伐和管理常导致小蠹虫大发生，如伐倒木不剥皮滞留在林中过夏，不及时清理伐区，伐根过高，过度采脂、放牧，抚育过度导致林分郁闭度降低等，都能使林木的健康状况恶化和衰弱，为小蠹的大量繁殖提供有利的条件。②林分结构及其他自然影响因素，林木的组成、年龄、郁闭度、地位级、所在的海拔高度、坡向、坡位及林型等的不同，林木的长势和健康状况也不同，其综合抗虫性更不同。不利的自然因素如暴风、大雪常使林木大面积风倒、风折、雪折或根系动摇，旱灾、冻害、山洪暴发及多雨积水、林地沼泽化、地下水位过低或过高、森林火灾及食叶害虫或病害的侵害等，都能使树木生长衰退，招致小蠹的严重危害。③此外，小蠹虫的发生还与立木的生理状态有密切的关系，树木被害后，常有增强松脂分泌量的保护性反应，因此泌脂量的多少是受害立木健康状况的一种标志。一般衰弱木最易招致小蠹聚集危害，加速树木的死亡；产生这种现象与衰弱树木散发的某些挥发性萜类物质有关，被该物质诱至的同种个体又分泌性外激素，既招集了大量的异性个体，也能招致少数同性个体，当虫口增至一定密度后这些激素又可成为阻止其他个体继续聚集的抑制因素。这是小蠹自聚集、再向周围扩大危害的原因之一。

重要的小蠹虫除下述外，还有分布于东北、青海、陕西、山西、四川、西藏、云南、甘肃危害云杉、冷杉及部分松类的云杉毛小蠹 *Dryocoetes hectographus* Reitter，分布于内蒙古及大、小兴安岭和长白山危害落叶松、云杉等的重齿小蠹 *Ips duplicatus* Sahalberg，分布于新疆、甘肃、青海、黑龙江、吉林等地危害云杉的天山重齿小蠹 *Ips hauseri* Reitter，分布于新疆天山、四川西部严重危害云杉幼苗、幼林根部的云杉根小蠹 *Hylastes cunicularius* Erichson，分布于秦岭、河南以南杉木分布区的杉肤小蠹 *Phloeosinus sinensis* Schedl，分布于内蒙古、陕西、青海、甘肃危害云杉、华山松的云杉四眼小蠹 *Polygraphus polygraphus* Linnaeus，分布于西北危害杏、桃、梨、柠条和锦鸡儿等的多毛小蠹 *Scolytus seulensis* Murayama，分布于陕西、河南、河北、山西、安徽、四川、湖南等地危害核桃、枫杨的黄须球小蠹 *Sphaerotrypes coimbatorensis* Stebbing，分布于甘肃祁连山危害云、冷杉及落叶松的黑条木小蠹。

华山松大小蠹 *Dendroctonus armandi* Tsai et Li

分布于陕西、四川、湖北、甘肃、河南等地。以成虫、幼虫危害华山松的健康立木，导致被害木树势衰弱，进而诱发近20余种小蠹虫的集中侵害，致使秦岭、巴山林区的华山松成片枯死。

形态特征(图12-12)

成虫　体长4.4~6.5mm，长椭圆形，亮黑或黑褐色，触角锤状部具横缝3条。口上片具颗粒状刻点，额面下半部突起中心具点状凹陷，刻点呈点沟状，刻点间具颗粒状突起。前胸背板刻点细小，背中线区稀疏。鞘翅刻点沟中的刻点圆大、排列密集，沟间部隆起、细网状、具颗粒；翅端沟间部1列颗粒、红褐色茸毛较密而短。

卵　椭圆形，1mm×0.5mm，乳白色。

幼虫　体长约6mm，乳白色。头部淡黄色，口器褐色。

蛹　长4~6mm，乳白色。腹部各节背面均1横列小刺毛，末端1对刺状突起。

坑道　单纵坑道系统，母坑道长30~60cm、宽2~3mm，子坑道长2~5cm。

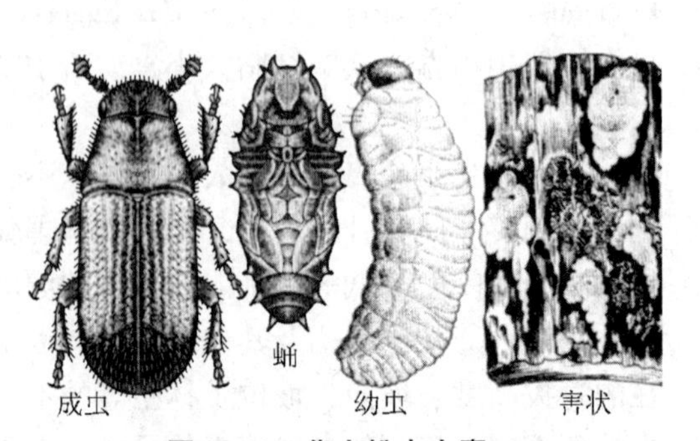

图12-12　华山松大小蠹

生物学及习性

在秦岭、巴山林区海拔1 700m以下1

年2代，1 700～2 150m 1年2～3代，2 150m以上1年1代。主要以幼虫、部分以蛹和成虫在韧皮部内越冬。为单配偶制型，成虫入侵后在侵入孔外可见树脂和蛀屑形成直径10～20mm的红褐或灰褐色漏斗状凝脂，韧皮部下的交配室呈靴形。产卵量20～50粒、最多100粒，卵间距约8mm。初孵化幼虫取食韧皮部，随幼虫发育子坑道渐变宽加长并接触到边材部分，幼虫化蛹于子坑道末端的蛹室中，蛹室椭圆形或不规则形，危害严重时树干周围韧皮部输导组织全遭破坏。初羽化成虫在蛹室周围及子坑道处取食韧皮部补充营养，然后向外咬筑圆形羽化孔飞出。

该虫是秦岭巴山林区危害华山松的先锋虫种，其危害导致树势衰弱后，致使20余种小蠹虫、天牛及象甲相继入侵集中危害，且各种小蠹虫占居被害木特定的营养和空间生态位，形成了华山松林中独特的小蠹虫群落结构。该虫主要侵害20年生以上健康华山松及其衰弱木树干的中下部。其危害轻重与林分结构、林型、坡向等生态因子有关，发源地多始于陡坡纯林、再向混交林及其他立地的林分发展，随着坡度变陡而危害逐渐加重，纯林较混交林受害重。过熟林、成熟林、郁闭度0.6～0.8、山坡与陡峭处的油松和华山松混交林、海拔1 700～2 150m的林分虫源地产生早、受害最重，洼地、缓坡、坡下、近熟林虫源地产生较晚、受害较轻，沙地处林、中龄林虫源地产生迟、受害最轻。该虫侵害健康木与其共生真菌的关系密切，其前胸背板密毛区携带共生真菌甘薯长喙壳菌 *Ceratocystis* sp.，该真菌随同该虫侵染健康木韧皮部和木质部的树脂道内，破坏泌脂细胞、堵塞树脂道，使华山松的营养代谢和水分代谢紊乱，导致其抗性迅速降低。

红脂大小蠹 *Dendroctonus valens* LeConte

国外分布于美洲，危害松属、云杉属的所有树种。约在1996年由美洲传入我国，而后在山西暴发，后传播至河北、河南部分林区。

形态特征(图12-13)

成虫　雄虫体长5.2～8.1mm，雌7.5～9.6mm；羽化初棕黄色，渐棕褐或黑褐色。额部近前端具小突起，口上缘片1对瘤突、其中央凹陷并生刷状黄毛、两侧具脊。颅顶刻点稀疏，中纵沟线状、黑褐色。前胸背板前端微见宽浅横缢，背面刻点密而浅、大小不均，被稀疏短黄毛。鞘翅端缘约有锯齿12个、大齿后有亚齿；翅面8条刻点沟。

卵　卵圆至长椭圆形，0.9～1.1mm × 0.4～0.5mm，乳白色，有光泽。

幼虫　蛴螬形，体白色，头部淡黄色，口器黑褐色，老熟幼虫体长11.8mm、头宽1.79mm；腹末端1棕色臀痣，其上2列棕褐色刺钩、每列3个、上列大于下列。体两侧具气门及1

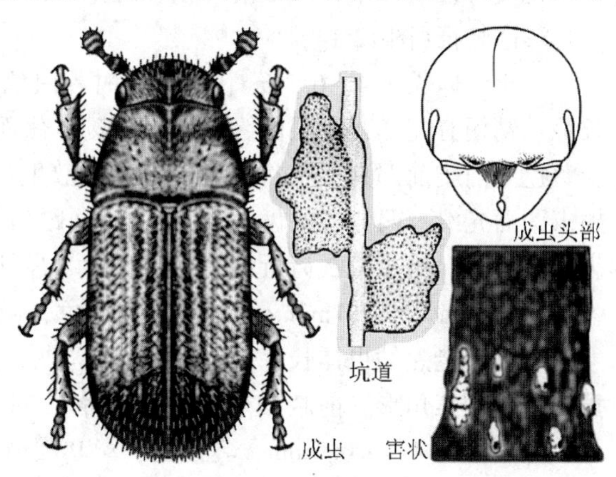

图12-13 红脂大小蠹

列红褐色肉瘤，肉瘤生刚毛1根。

蛹　体长6.4～10.5mm，初乳白、渐浅黄或暗红色，腹末端1对刺突。

坑道　扇形共同坑，子坑道向母坑道两侧发展，母坑道长30～65cm、宽1.5～2.0cm。

生物学及习性

一般1年1代，较温暖地区1年2代。以成虫、幼虫以及少量蛹在树干基部或根部的皮层内越冬，世代重叠。越冬成虫于4月下旬至6月下旬飞扬，其飞行距离约20km；卵始见于5月中旬，6月上旬为盛期，6月中旬为孵化盛期，7月中旬至8月中旬化蛹，8月上旬成虫羽化、9月上旬为盛期。成虫羽化后栖息于韧皮部与木质部之间，补充营养后越冬。越冬老熟幼虫于5月中旬至7月中旬化蛹，6月下旬至7月下旬成虫羽化，7月中旬至8月中旬卵孵化，幼虫于9月底越冬。

红脂大小蠹为单配偶型，雌成虫蛀5～6mm的圆形孔侵入树皮，释放性信息素、并在韧皮部下咬筑交配室，树皮外可见先红棕色后灰白色的漏斗状凝脂；入侵成虫向上蛀食5～7cm后再沿树干向下蛀食，母坑道即向根部扩展，坑道内充满红棕色粒状虫粪及木屑混合物；成虫边取食边产卵，卵产于母坑道两侧或一侧，卵散乱或成层包埋于疏松的虫粪中，每雌产卵60～157粒。该成虫侵害主干1.5m以下直至土壤内距树干基3.5m、直径1.5cm的侧根及二级侧根，以近地表处最多；危害树干和根较粗时扇形坑道长条形，在较细的侧根部位则环食韧皮部。

在种群密度较低时主要危害衰弱木、新伐桩、新伐倒木和过火木，当种群密度较大时则能迅速入侵危害胸径大于10cm、树龄在20年以上的健康木；其危害由虫源木向周围扩散，因此在林分中呈点片状分布。该虫喜光，林分郁闭度的大小与危害程度呈负相关，郁闭度在0.7以上很少危害，在0.3、0.4时受害最重；同一地域阳坡重于阴坡，同一坡向坡下重于坡上，林缘重于林内，采割松脂常加重其危害。

落叶松八齿小蠹 *Ips subelongatus* Motschulsky

分布于东北、内蒙古、山西、云南；东北亚、欧洲。主要危害健康或衰弱的落叶松，也侵害红松和云杉。是落叶松林蛀干害虫的先锋虫种，常猖獗成灾。

形态特征(图12-14)

成虫　体长4.4～6.3mm，初羽化时乳白色，渐由淡黄变黑褐色，翅缘、体周缘被长毛。鞘翅有光泽，复眼前缘中部有缺刻。额面无额瘤，具粗颗粒、但中区光滑，额毛金黄色。前胸前部具鱼鳞状小齿，后半部散生刻点。鞘翅刻点沟由大而圆的刻点构成，翅末凹面光滑、两侧各4齿，第2、3齿间距最大，第3齿最大，雌虫第2齿圆锥体状、齿基具小突；雄虫第2齿近锥体状、近第3齿处基部的隆起具压迹，第3齿细长。

卵　椭圆形，1.1mm×0.7mm，乳白色，微透明，有光泽。

幼虫　老熟幼虫体长4.2～6.5mm，弯曲，多皱褶，被刚毛，乳白色。头壳灰黄至黄褐色；额三角形。前胸及第1～8腹节各1对气孔。

蛹　体长4.1～6.0mm，乳白色，第9腹节末端2刺突。

坑道　复纵坑。母坑道1～3条，多1上、2下，长20～40cm，子坑道与母坑道垂

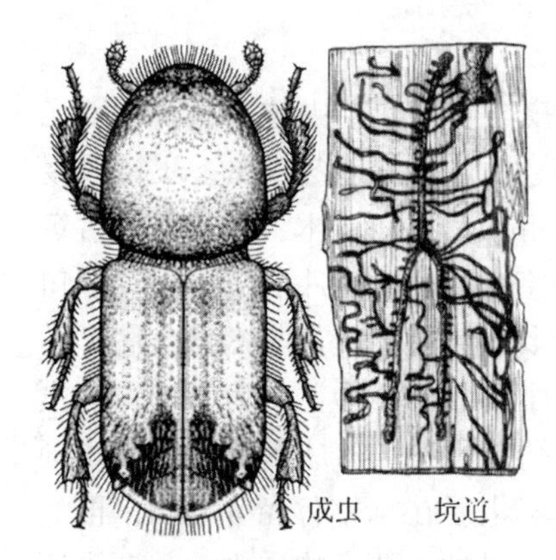

图12-14　落叶松八齿小蠹

直、长2.1～7.3cm；母坑道上两侧的子坑道数近等，而下内侧的则显著地少于外侧、短小而紊乱，补充营养坑道极不整齐。

生物学及习性

在黑龙江、吉林长白山等地1年1代，部分1年2代，以成虫在土壤中越冬。5月中下旬越冬成虫出蛰、交尾、产卵，6月上旬幼虫孵化，下旬化蛹，7月上旬第一代成虫羽化；但部分越冬雌虫6月下旬在产卵的过程中飞离原坑道，经取食后再次入侵、筑坑、产卵，而形成了姊妹世代；卵于7月上旬幼虫孵化，7月下旬始化蛹，8月上旬即见到姊妹世代的成虫羽化。但春季世代较早羽化的成虫7月上、中旬补充营养于下旬继续扬飞、筑坑、交尾、产卵，8月上旬幼虫孵化、下旬化蛹，9月上旬成虫羽化而发生第二代。因而，成虫具3次扬飞高峰期，即5月中旬、7月中旬及8月中旬。各代成虫10月上旬主要蛰伏于枯枝落叶层、伐根及原木树皮下越冬，少数以幼虫、蛹在寄主树皮下越冬。

该虫危害部位可分为树冠型、基干型和全株型；从干基到12m高处均可入侵定居，但随树干高度增加侵入孔数量减少，一般在高度0～8m区间数量最大，火烧木上则1～2m范围内入侵量最多。成虫喜光喜温，衰弱立木、新鲜倒木易受危害，林分郁闭度越小受害越重，林缘、林中空地比林内受害重。在经营不善等多种因素的复合作用下，该虫的成灾规律是从倒木向衰弱木扩散，进而入侵危害活立木。

纵坑切梢小蠹 *Tomicus piniperda*（Linnaeus）

分布于辽宁、河南、陕西、江苏、浙江、湖南、四川、云南等地；东北亚、欧洲、北美洲等地。主要危害松属树木。成虫、幼虫蛀害松树嫩梢、枝干或伐倒木。被害梢头遇风即折，影响生长和结实；蛀食衰弱木树干韧皮部，促使立木死亡。

形态特征(图12-15)

成虫　体长3.4～5.0mm，头及前胸背板黑色，鞘翅亮红褐至黑褐色。额心有点状凹陷，额面中隆线突起。鞘翅刻点沟内刻点圆大、无毛；沟间部宽阔，翅基具横隆堤、其后部散生针刺状及1～2枚横排的小刻点，翅面中部向后具等距纵列小颗粒、小粒后伴生竖立刚毛；斜面第2沟间部凹陷、平坦，只有小点无颗粒和竖毛。

卵　淡白色、椭圆形。

幼虫　体长5～6mm。头黄色，口器褐色；体乳白色，粗而多皱纹，微弯曲。

蛹　体长4.5mm，白色；腹末端1对向两侧伸出的针状突。

坑道　单纵坑道。母坑道长约55mm、宽约2mm；子坑道排列于母坑道两侧，10～15条，长5～14cm、宽约1mm。

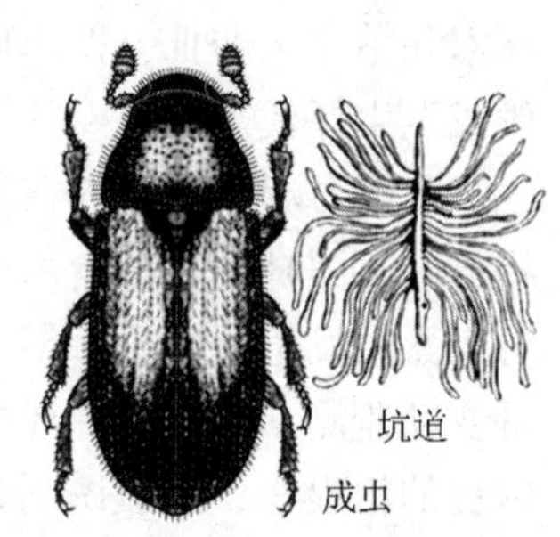

图12-15　纵坑切梢小蠹

生物学及习性

1年1代，北方成虫在被害树干基部0～10cm处树皮内或落叶层中越冬，南方则无明显越冬现象。在东北，翌年3月下旬至4月中旬气温达9℃时，越冬成虫上飞树冠侵入2年生嫩梢补充营养，然后侵入衰弱木、风倒木、风折木及林间原木，雌虫侵入后筑交配室与雄虫交配，部分雌虫因粪便、木屑堵塞坑道而窒息死亡。4月下旬至6月下旬为产卵期，卵堆产于母坑两侧，每雌产卵约79粒、最多140粒，产卵期80d，发育不整齐。卵期9～11d，5月中旬至7月上旬幼虫孵化、5月下旬至6月上旬为盛期；幼虫期15～20d，6月中旬老熟幼虫在子坑道末端做椭圆形蛹室化蛹、6月下旬为盛期。蛹期8～13d，7月上旬成虫羽化、7月中旬为盛期。成虫羽化后在蛹室停留4～6d，再蛀孔外出蛀入当年生嫩梢补充营养、入蛀一定距离后即退出另蛀新孔，蛀道中空并渐深达髓部，蛀孔直径约3mm、四周具白色松脂和木屑，每新梢蛀孔1～3个、多时达14个。10月上、中旬当气温下降至－3～－5℃时，在2～3d内集中下树越冬。在杭州，卵于4月中旬孵化，幼虫期约1月，在5月中旬化蛹，5月下旬到6月上旬成虫羽化。阳坡及立地条件差的林分先受害，衰弱木易受害，林缘木受害较重。风倒、风折、过熟、濒死木易诱发该虫发生。

小蠹虫的防治

小蠹虫的综合治理必须从森林生态系统的整体出发，充分利用森林生物群落间的相互依存与制约关系，通过监测和测报及时发现林内早期出现的虫害木，准确掌握先锋种及优势种的发源地及动态，以营林措施为基础、保护和利用天敌，恰当地应用生物、物理和化学等措施降低虫源密度，促进林木健康生长。

林分危险性分析、监测与测报

小蠹虫类是较难防治的蛀干害虫，对小蠹虫危害林危险等级进行评价在于指导防治。

危险性分析　①小蠹虫的暴发不仅与其生物学和生态学特性有密切的关系，而且与林分的结构、林分内的土壤和气候状况、自然和人为因素对森林生态系统的干扰等有紧密联系，危险性的大小主要由对树木死亡概率有影响的林分、树龄、立木质量、立地和气候因素决定。②危险性分析和监测可以确定遭受小蠹虫危害死亡概率高的树木数量，预测林分条件是否有利于小蠹虫大暴发，按照健康木、衰弱木、枯萎木、枯立木(新、老)序列，区分出低、中、较高和高即Ⅰ至Ⅳ个危险级别；凡发生面积大于666m²，枯萎木和枯立木即Ⅲ、Ⅳ两危险级之和超过5%时，均应视作小蠹虫的发源地，应提前采伐或卫生择伐，以减少其扩大种群的机会及对邻近树木或林分的危害。

监测与测报　目的在于准确掌握先锋种、优势种的发源地、分布、形成原因和发展趋势。①因林内新枯萎木首先受其危害，枯萎木的多少是小蠹虫发生量的指示木，因此对小蠹虫发生林应于每年的5月和10月进行1～2次虫情调查，并以历年新枯萎木的数量变动监测、测报虫源地的发展趋势。②小蠹虫对松脂类有趋性，因而可利用饵木、松树皮的粗提物、加引诱剂或饵木附加引诱剂的方法，调查林内虫口密度及其数量变动，借助于繁殖系数、增殖系数的计算与分析，预测发源地的虫情动态，作出防治计划。

预防措施

加强检疫 严禁调运虫害木。对虫害木要及时进行药剂或剥皮处理，以防止扩散。

营林措施 森林生态系统的有序经营和管理是提高林分的抗性、有效预防小蠹虫大发生的根本措施，可供选择的方法为：①适地适树，合理规划造林地，选择抗逆力强的树种或品种，营造针阔混交林，加强抚育、封山育林、改造生长不良林分。②适龄采伐、合理间伐，伐根宜低并剥皮，采脂林分应先清理和伐除虫害木和衰弱木，林内风倒木、风折木、枯立木、梢头及带皮枝丫应及时清理，严防森林火灾、滥砍滥伐。

抚育改造 例如，秦岭巴山林区海拔 1 600～1 900m 的华山松纯林是华山松大小蠹的重灾区，也是油松和栎类阔叶树木的混交带，通过抚育改造华山松纯林的林分结构和树种组成，可有效地控制以华山松大小蠹为主的小蠹虫的危害。

采、运、贮管理 生长季节严禁在伐区存放带皮原木、小径木、梢头；所有新伐木必须运出林外，贮木场应远离林分、并对原木分类归垛或就地剥皮。

防治技术

生物防治 小蠹虫的捕食性、寄生性和病原微生物天敌非常丰富，尽可能避免使用杀虫剂，应注意维护森林生态系统的多样性、稳定性，人工饲养和繁殖小蠹虫天敌。如大唼蜡甲可降低红脂大小蠹的危害；在成虫羽化期、气候适宜时喷洒微生物制剂，可使大量成虫感病死亡。

信息素诱杀 小蠹虫的引诱剂包括性信息素和有引诱作用的松类挥发物，可采用诱捕器进行诱杀，以迅速降低其种群密度和交配率。如利用云杉八齿小蠹信息素引诱光臀八齿小蠹，每诱捕器一昼夜可诱集 600 头以上。或在局部地区大量使用性信息素类物质，干扰其入侵和生殖行为。如美国用1,5-二甲基-6,8-二氧双环[3,2,1]辛烷：α-蒎烯=1∶2 的混合物处理火炬松树干，能够有效地降低瘤额大小蠹的危害率及火炬松的死亡率。

疏伐及伐除虫害木 例如，华山松大小蠹的危害先始于纯林，再向混交林发展和蔓延，成林、过熟林受害重于低龄林，郁闭度大的林分重于小的林分；所以采取疏伐是增强林分抗性和预防小蠹虫危害的基本措施。对类似于华山松大小蠹的种类，所有被害木均应作为疏伐对象，但应先伐除集中危害区的新侵木、枯萎木、枯立木，疏伐的最佳时间应是其越冬期和幼虫发育期；疏伐后应将被害木树干高度 4/5 以下的树皮全部剥光，并对剥取的树皮和树干喷洒杀虫剂。伐根应低于 20cm，林内伐枝应及时清理，以减少次期性小蠹虫的繁衍几率。伐后的林间空地应选用适宜的树种补植，以改变林相、增加林分抗虫力。

饵木诱杀 当有虫株率低于 2% 时可设置饵木诱杀。在优势种或先锋种扬飞入侵前，采伐少量衰弱树作饵木，饵木的设置应符合小蠹虫的喜阴喜阳性。可在 3～4 月和 6 月在林内设置饵木 1～2 根/800m^2，待幼虫尚未化蛹时对饵木进行剥皮处理。若饵木上喷施 1% 的 α-蒎烯可提高诱杀效果 1～2.5 倍，如美国用反式马鞭烯酮和 β-蒎烯涂抹饵木可提高其对黑山大小蠹的引诱力。

药剂防治 ①在越冬代成虫扬飞入侵盛期使用 40% 氧化乐果乳油 100～200 倍液、500 倍敌敌畏 +3 000 倍渗透王、500 倍乐斯本 +3 000 倍渗透王喷洒立木枝干可杀死成

虫。②针对纵坑切梢小蠹在根颈树皮内越冬的特点，春季在其出蛰前可挖开根颈土层10cm撒施粉剂，毒杀出蛰成虫。③用40%氧化乐果乳油5倍液，按照胸径1cm注药2.5mL，在树干基部打孔注射药。

原木垛楞的熏蒸处理　将0.12mm厚的农用塑料膜粘合成帐幕，覆盖并密封原木楞垛，然后投入溴甲烷10～20g/m^3、或磷化铝3g/m^3、或硫酰氟30g/m^3，密闭熏蒸2～3昼夜。可歼灭小蠹虫及木质部的天牛幼虫。

三、吉丁甲类

吉丁甲类多为林木枝干的蛀干害虫，也有草食性昆虫。卵常产于树皮裂缝内，幼虫孵化后蛀入形成层并渐入侵木质部取食危害，虫道内充塞虫粪，致使被害木树势衰弱、直至枯死。所以吉丁虫幼虫俗称"溜皮虫"或"串皮虫"。该成虫喜光，多在被害木阳面入侵，飞行能力较弱，且常具有假死性。除下述种类外，重要的还包括分布于东北、河北、湖北、山西、山东、河南、内蒙古、新疆、宁夏、甘肃、青海危害苹果、沙果、花红等的苹果小吉丁 *Agrilus mali* Matsumura，分布于东北、华北，内蒙古、新疆等地危害杨类的杨锦纹截尾吉丁 *Poecilonota variolosa* Payk。

杨十斑吉丁 *Melanophila picta* (Pallas)

分布于山西、内蒙古、陕西北部、甘肃、宁夏、新疆；土耳其、叙利亚、俄罗斯、欧洲南部及非洲北部。幼虫蛀食杨、柳和胡杨枝干，使树皮翘裂、剥落、死亡，诱发烂皮病和腐朽病。

形态特征(图12-16)

成虫　体长11～23mm，黑色。触角锯齿状，上唇前缘及额有黄色细毛，额及头顶刻点细小。前胸背板紫铜褐色、具小刻点；每鞘翅4条纵线，黄色斑点5～6个。腹部腹面5节，末腹节两侧端各1小刺。

卵　卵圆形，1.5mm×0.8mm，初淡黄色，孵化时灰色。

幼虫　老熟幼虫体长20～27mm，黄色，头扁平，口器黑褐色。前胸背板黄褐色，扁圆形点状突起区的中央有一倒"V"字形纹，点状突起圆或卵圆形。

蛹　长11～19mm，黄白色，近羽化时色深，腹9节。

生物学及习性

1年1代，以老熟幼虫在木质部、韧皮部坑道内越冬。翌年4月中下旬老熟幼虫在蛹室化蛹，5月中旬至6月初大量羽化，出孔的当天即行交尾，3～4d后开始产卵，5月下旬至6月初为产卵盛期，卵期13～18d，6月中旬为孵化盛期。初孵幼虫直接蛀入树皮内危害，7月上中旬蛀入木质部危害，10月中、下旬开始越冬。

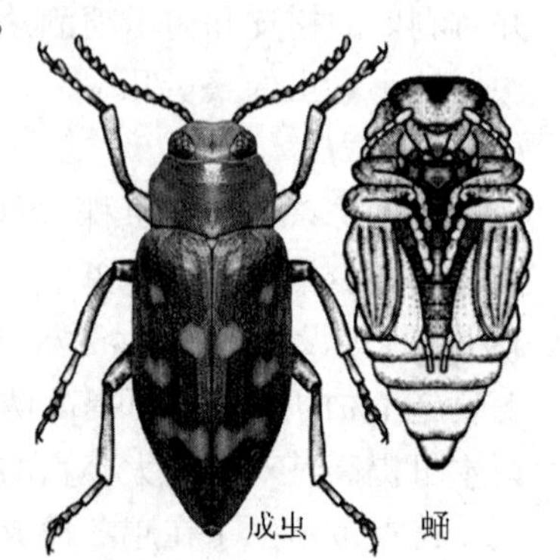

图12-16　杨十斑吉丁

成虫喜光，飞行力较强，夜间和阴雨天多静伏在树皮裂缝和树冠枝丫处，寿命8～9d。多卵散产于树皮裂缝处，每次产1粒，每雌产卵22～34粒。初孵幼虫蛀入韧皮部后被害处常有黄褐色液体及虫粪排出，蛀道不规则；蛀食形成层后树皮和边材之间的不规则的虫道内充满虫粪；进入木质部后不再向外排粪，虫道似"L"形、充塞虫粪和木屑。树皮粗糙的树种，生长不良，衰弱木、疏林和林缘受害较重。

五星吉丁 *Capnodis cariosa* (Pallas)

分布于新疆；苏联、意大利、叙利亚、伊朗。以幼虫蛀食新疆杨等杨树苗木、幼树干基和根部，虫道宽大，被害林木逐渐干枯、死亡。

形态特征(图12-17)

成虫　体长25～37mm，灰褐色、具铜绿光泽及白色刻点。触角11节，第1节最粗，第2、3节近圆球形，第4、5节似棒状，从第6节开始锯齿状，末节短小。复眼亮黑褐或黄褐色、肾形。前胸背板两侧弧形，中央1大而光滑的星斑，前两侧各1小星斑，后两侧各1大星斑。小盾片圆形、极小。鞘翅具断续的紫黑色纵脊11条，纵沟赤金色，刻点圆形；腿节末端有小刺。腹部5节。雄性腹部末端平截，雌虫则尖圆形。

卵　乳白色，椭圆形，1.8mm×1mm。

幼虫　老龄幼虫体长56～63mm，头扁平、较小、褐色，上颚黑褐色、具3齿。触角、唇基及下唇黄褐色。前胸大，硬皮板中央有"八"字形沟纹。腹部第1节较短，第2～8节同长，其长宽几乎相等，第9节与第2节的形状及长度近似，第10节短小，气门褐色。

图12-17　五星吉丁

蛹　体长约30mm，初为乳白色，渐变为黄色。

生物学及习性

在吐鲁番1年1代，以老龄幼虫在根颈内越冬。4月中旬化蛹，4月下旬和5月上旬为成虫羽化盛期，4月底至5月中旬为产卵期，5月中、下旬幼虫孵化，幼虫期长达11个月。生活史不整齐，成虫羽化期不一致，8月所见少数成虫不交尾、产卵。成虫羽化后从根部沿树干上爬至树冠部取食叶片，补充营养4～6d后交配产卵，卵散产于树干基部湿润处，每次产卵1～2粒，每雌产卵最多达62粒。成虫行动迟钝、很少飞翔，极易捕捉，喜在8:00～10:00、19:00～21:00活动，中午炎热时躲于叶下或枝干隐蔽处。卵的孵化与温度、湿度有关系，凡卵位于根际和土壤湿润处的能孵化，阳光照射或很干燥处的则不能孵化或者孵化率很低。初孵幼虫自侵入孔向根颈下方咬筑螺旋形虫道危害，老熟时则返回向上危害，在接近地面的根内咬筑蛹室化蛹，虫道长65～70mm、宽22～25mm。

白蜡窄吉丁 *Agrilus marcopoli* Obenberger

又名花曲柳窄吉丁、梣小吉丁。分布于东北、山东、内蒙古、河北、天津、台湾等地；日本、朝鲜、蒙古、美国。幼虫蛀害木犀科梣属树木韧皮部，以白蜡、花曲柳受害较重。

形态特征(图12-18)

成虫　体狭楔形，长6～15mm，铜绿色、腹部微红，背、腹密布细小刻点。复眼大、古铜或黑褐色、肾形。触角短、锯齿状、11节，前胸与鞘翅基部同宽。鞘翅前缘隆起成横脊，尾端圆钝、边缘有小齿。雌虫体较大。

卵　近扁椭圆形，1～1.4mm×0.8～1.1mm。初产乳白至淡绿、3～4d土黄色，孵化前棕褐色。卵面粗糙，中央微凸，向边缘褶皱放射状。

幼虫　体扁平，淡茶褐至乳白色。老熟幼虫体长26～32mm，前胸背板中纵线深褐色、倒"Y"形，腹板中纵线直；腹部10节，第7腹节最宽，末节1对褐色尾钳。

蛹　菱形，长11～16mm。初乳白色，约10d后复眼黑色，羽化前蓝绿色。

图12-18　白蜡窄吉丁

生物学及习性

在湖北宜昌1年1代。甘肃张家川2年1代、少数1年1代，甘肃景泰3年2代，均以幼虫越冬。在天津1年1代，翌年3月上旬陆续做蛹室，4月上旬至5月中旬化蛹，蛹期约20d，4月底成虫羽化，5月上旬陆续出孔，在树冠取食树叶约7d后即进行交尾、产卵，卵常产于树干阳面老翘皮下或纵裂缝内，6月下旬林间已无成虫。5月中旬至7月上旬均可见卵，幼虫4龄，6月上旬初孵蛀入韧皮部，末龄幼虫7月下旬陆续蛀入木质部，11月上旬老熟幼虫蛀入在木质部表层做越冬室越冬，极少数以末龄幼虫在蛀道内越冬。天敌有白蜡吉丁柄腹茧蜂、白蜡吉丁啮小蜂、楟小吉丁矛茧蜂，其中白蜡吉丁柄腹茧蜂、白蜡吉丁啮小蜂对该虫的自然控制作用较强，前者2008年已被美国作为天敌引进。

吉丁虫的防治

检疫措施　吉丁虫幼虫期长，跨冬春两个栽植季节，携带幼虫、虫卵的枝干极易随种条、苗木调运而传播。因此应加强栽植材料的检疫，从疫区调运被害木材时需经剥皮、火烤或熏蒸处理，以控制害虫长距离的传播和蔓延。

林业措施　①选育抗虫树种，营造混交林，加强抚育和水肥管理，适当密植，提早郁闭，增强树势，避免受害。及时清除虫害木或剪除被害枝丫，歼灭虫源；伐下的虫害木必须在4～5月幼虫化蛹以前剥皮或进行除害处理后再利用。②利用吉丁虫的假死性、趋光性和活动习性在成虫羽化盛期人工捕杀成虫。③利用吉丁虫对寄主树木树势的选择性，设立饵木诱杀；例如杨十斑吉丁对新采伐杨树具有特殊的嗜好性，在成虫羽化前采伐健康木，于5月上中旬以堆式或散式设置在林缘外20m处引诱其入侵产卵，7月20日左右剥皮后曝晒，不仅可以杀死韧皮部内的幼虫，而且幼虫尚未入侵木质部，不影响饵木木材的利用价值。

生物防治　①人工刮除有明显特征的虫卵，或入侵不久的小幼虫。②以柳缘吉丁虫为例，在6月至8月上旬的幼虫危害期，采用逐行逐株或隔行隔株，按放蜂量与虫斑数1∶2释放管氏肿腿蜂，治虫效果良好。③保护利用当地天敌，包括猎蝽、啮小蜂及啄木鸟等；斑啄木鸟是控制十斑吉丁虫最有效的天敌，可以采取林内悬挂鸟巢招引，但要防止人为干扰和捕杀。

药剂防治　①成虫盛发期用40%乐果乳油800倍液、500倍乐斯本+3 000倍渗透王，连喷2次有虫枝干。在幼虫孵化初期，用40%氧化乐果乳油的100倍液，每隔10d 1次、连续涂抹3次。②在幼虫出蛰或活动危害期用40%增效氧化乐果∶矿物油(或羊毛脂)=1∶15~20的混合物，在活树皮上涂3~5cm的药环，药效可达2~3个月。5月上、中旬成虫羽化出孔前，用涂白剂(生石灰∶硫磺∶水=1∶0.1∶4，或生石灰∶石硫合剂原液∶盐∶动物油∶水=1∶0.1∶0.04∶0.02∶4)对树干2m以下的部位涂白，可使柳缘吉丁虫在幼树上的落卵量显著减少，其孵化率明显降低。

四、象甲类

在我国钻蛀危害林木树干的象甲类害虫除下述外，还有如分布于秦岭以南危害马尾松等松类的松瘤象 *Hyposipalus gigas* Fabricius、华山松木蠹象 *Pissodes punctatus* Langer et Zhang、樟子松木蠹象 *Pissodes validirostris* Gyllenhal，分布于西南危害松类的云南松木蠹象 *Pissodes yunnanensis* Langer et Zhang，分布于东北、华北、华中危害臭椿的臭椿沟眶象 *Eucryptorrhynchus brandti* (Harold)等。

杨干象 *Cryptorrhynchus lapathi* Linnaeus

又名杨干隐喙象。分布于东北、陕西、甘肃、新疆、河北、山西、内蒙古；日本、朝鲜、俄罗斯、中欧、北美。以幼虫钻蛀危害杨、柳、桤木和桦树等韧皮部，成虫啃食枝干导致杨树烂皮病和溃疡病的发生。本种对杨树危害严重。

形态特征(图12-19)

成虫　雌虫体长10mm，雄虫8mm，长椭圆形，黑褐色，喙、触角及跗节赤褐色。密被灰褐色鳞片，散生白色鳞片呈不规则横带状，前胸背板两侧和鞘翅后端1/3处及腿节上的白色鳞片最密。黑色立毛簇在喙基部1对，前胸背板前方2个、后方横列3个，鞘翅第2、4刻点沟间部6个。喙弯曲，密布刻点，中央具1纵隆线。前胸背板前端收窄，中央1纵隆线；鞘翅宽于前胸背板，后端渐收缩成1三角形斜面；雌虫末端尖，雄虫末端圆。红尾型体具粉红色鳞片，翅斜面处更明显。

卵　乳白色，椭圆形，1.3mm×0.8mm。

幼虫　乳白色，老熟幼虫体长9mm，被稀疏短黄毛，头部前缘中央2对、侧缘3个粗刚毛，背面3对刺毛。前胸1对黄色硬皮板，中、后胸分2小节，第1~7腹节分3小节。胸足退化痕迹处数根黄毛。腹部各节具皱褶。气门黄褐色。

蛹　乳白色，体长8~9mm，前胸背板数个刺突，腹部背面散生小刺，腹末1对向内弯曲的褐色小钩。

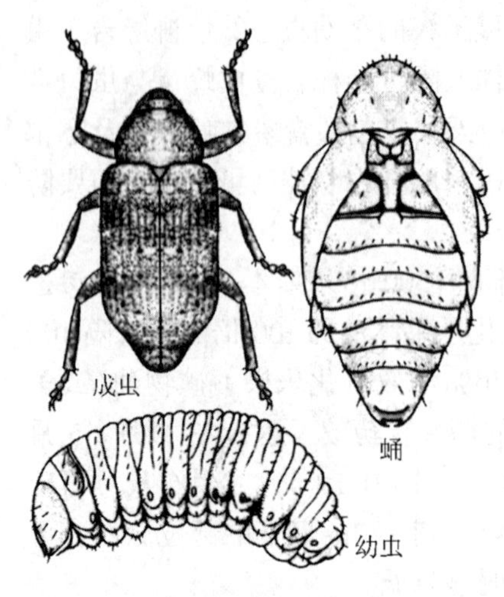

图12-19 杨干象

生物学及习性

在陕西和辽宁1年1代，以卵和初龄幼虫在枝干内越冬。翌年4月下旬越冬幼虫或卵开始活动或孵化，幼虫先在韧皮部与木质部取食木栓层、虫道片状，深入韧皮部与木质部之间后环绕树干钻蛀长约37mm的圆形坑道，使上部枝条干枯或幼树折断；5月下旬在木质部化蛹，蛹期10～15d，6月下旬成虫羽化。成虫取食嫩枝皮层、叶片补充营养，在被害枝上咬啄无数刺状小孔，可诱发烂皮病而加速树木死亡；从叶背啃食叶肉后残留表皮，使被害叶成网状。7月下旬交尾产卵，卵期7～18d，幼虫孵化后即越冬或以卵直接越冬。

成虫多在早晚活动，善爬，很少飞行，15～20℃、60%～90%相对湿度时活动最盛，闷热和阴雨天潜藏于根际土壤缝隙、旧虫孔和叶腋等处，有假死性，寿命30～40d。卵多产在3年生以上的树干、枝条的叶痕及树皮裂缝中，1～2年生苗木和枝条上无卵，产卵前先咬1小孔，每孔产1粒，然后以黑色排泄物封口，每雌产卵约44粒。欧美杨和加拿大杨受害重于青杨和小叶杨。

松树皮象 *Hylobilus haroldi* Faust

又名松大象鼻虫。分布于辽宁、吉林、四川、云南、陕西；欧洲、东北亚。危害松类、糠椴、大黄柳、山杨、丁香等。以成虫蛀害2～5年生松树幼、成龄树干韧皮部，使树皮产生块状疤痕、大量流脂，严重时环割韧皮部，形成多头树，促其枯死。

形态特征(图12-20)

成虫　体长7～13mm，深褐色。头部背面布满大小不等的圆形刻点，触角生于喙近端部。前胸背板前部具脊及粗刻点，背中线两侧各2个金黄色鳞片斑，小盾片前1斑点。鞘翅深棕色，较前胸宽，中区前后各1条横带，横带间常具"X"形条纹，翅端具2～3个斑点，斑点和横带由或深或浅的黄色针状鳞片构成。雌虫腹部背面7节、第1腹节腹面微拱，雄虫腹部背面8节。

卵　椭圆形，长约1.5mm，白色微黄，透明。

幼虫　老熟幼虫体长10～15mm，白色、无足、微弯。头部红褐或黄褐色，上颚强大。第1胸节与第1～8腹节上各1对椭圆形气门。

蛹　长度与成虫相等，上颚与复眼黑色，体白色，刺对称排列，腹端方形、具1对大刺。

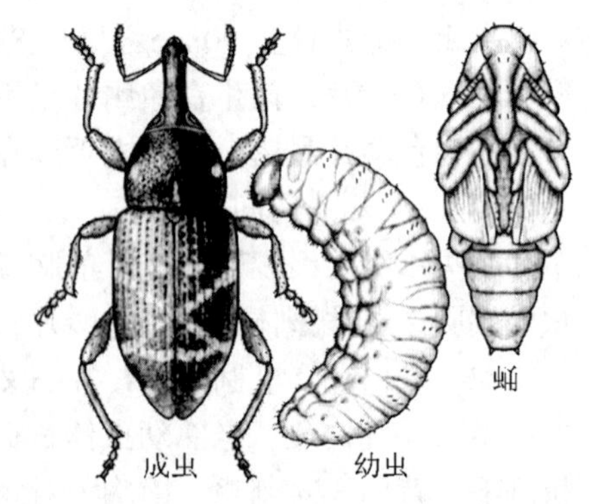

图12-20 松树皮象

生物学及习性

在东北林区2年1代，在陕西1年1代；以成虫在松树幼树根际的枯枝落叶、老熟及幼虫在皮层或边材的椭圆形蛹室内越冬。越冬成虫翌年5月中、下旬开始活动，集中于落叶松更新地取食2年生以上枝干韧皮部、并交尾；6月中旬至7月底成虫向采伐迹地扩散，将卵产于松树和云杉新鲜伐根皮层上或泥土中，每雌虫产卵60~120粒；卵经2~3周孵化，6月下旬新孵幼虫在伐根的皮层或皮层与边材间作蛀道、取食；幼虫约5龄，其发育进度与温度、湿度和营养质量相关；9月末大部分幼虫老熟蛹室越冬，少数孵化较晚的幼虫于翌年春季取食后化蛹，蛹期2~3周。越冬老熟幼虫于翌年7月初开始化蛹，大幼虫则于7月末化蛹、羽化，成虫羽化后多在蛹室中潜伏约半月后出爬，寻找幼树取食危害，当年不交尾、产卵，于9月底越冬，少数羽化较晚的成虫则不出土，在蛹室内越冬。成虫每年有春季和秋季2个发生与危害高峰期，春季主要危害幼树树皮和韧皮部，造成人工营造的针叶树苗木和幼树大量死亡。

红棕象甲 *Rhynchophorus ferrugineus* (Olivier)

又名锈色棕榈象、椰子隐喙象。国内分布于上海、福建、广东、广西、海南、香港、台湾等地；东南亚等国。严重危害椰子、油棕等棕榈科植物。该虫从树干伤口、裂缝、幼树根际等处蛀入，造成生长点迅速坏死，同时也传带椰子红环腐线虫 *Rhadinaphelenchus cocophilus* (Cobb) Goodey。

形态特征(图12-21)

成虫　体长28~35mm，红褐色，头部延长成管状，触角膝状、端部数节膨大。前胸背板6~8个黑斑排成两行。

卵　长椭圆形，乳白色，长约2.6mm。

幼虫　初孵化时乳白、后渐黄白色，头部黄褐色。老熟幼虫体长40~45mm，肥胖，纺锤形，腹部末端周缘具刚毛，胸足退化。

蛹　长约35mm，茧长椭圆形，50~95mm×25~40mm，由树干纤维构成。

图12-21　红棕象甲

生物学及习性

在海南1年2~3代，世代重叠。4~10月为危害盛期，6月和11月为成虫扬飞期。成虫有迁飞、群居、假死、多次交尾习性，常在晨间或傍晚活动；出茧后即交尾，交尾后当天产卵，产卵量162~350粒。卵多产于幼树叶柄的裂缝、树木损伤部位等处，或用喙在树冠基部幼嫩组织上蛀洞后产卵，卵散产，1处1粒。卵期2~5d，幼虫期30~90d，幼虫孵化后即向四周蛀食，形成纵横交错的蛀道。老熟幼虫用植株纤维茧化蛹，预蛹期3~7d，蛹期8~20d。成虫羽化后在茧内停留4~7d。受害寄主叶片发黄，后期从基部折下，严重时叶片脱落仅剩树干，直至死亡。

萧氏松茎象 *Hylobitelus xiaoi* Zhang

分布于江西、湖南、湖北、福建、广东、广西、贵州。幼虫蛀害松类树干基部或根颈部韧皮，导致湿地松大量流脂、降低松脂产量。重害时导致树木死亡。

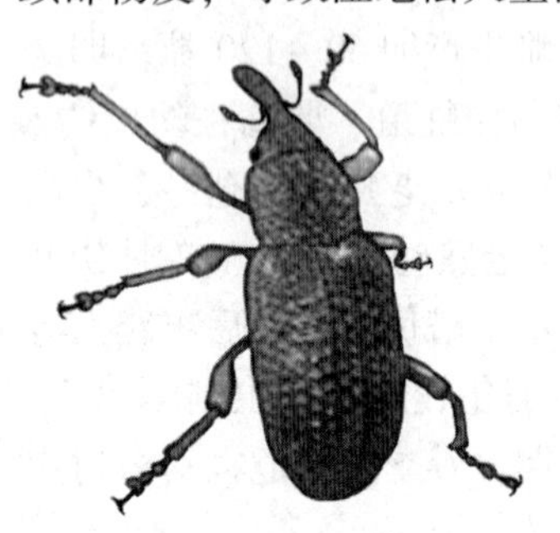

图 12-22 萧氏松茎象

形态特征(图 12-22)

成虫 雄虫体长 13.30mm ±0.80mm，雌虫 16.25mm ±1.75mm，暗黑色，胫节端部、跗节和触角暗褐色。前胸背板被赭色鳞毛，在前缘和小盾片上部较密，鞘翅鳞毛密集区成两行斑点。足和体腹面被黄白色鳞毛。

卵 椭圆形，2.9mm ±0.2mm ×1.8mm ±0.1mm。初产时乳白色，近孵化时深黄色。

幼虫 体白色略黄，头黄棕色，口器黑色，前胸背板具浅黄色斑纹，体"C"型，节间多皱褶。

蛹 乳白色，长 15.5～18.4mm，头顶和腹部各节黄褐色茸毛稀疏，腹末两侧 1 对刺突。

生物学及习性

在江西赣南 2 年 1 代，以大龄幼虫(5、6 龄为主)在蛀道、成虫在蛹室或土中越冬。2 月下旬越冬成虫出孔或出土活动，5 月上旬开始产卵，卵期 12～15d；5 月中旬幼虫开始孵化，11 月下旬停止取食、越冬；翌年 3 月重新取食，8 月中旬陆续化蛹(包括越冬幼虫)，9 月上旬成虫开始羽化，11 月部分成虫出孔活动，然后越冬。成虫平均寿命 248d、最长 442d，每夜产卵 1 粒，平均产 27 粒/头、最多 68 粒/头。幼虫危害湿地松时可见被害处具紫红或花白色稀酱状排泄物溢出，危害火炬松、马尾松时排泄物呈白或黄褐色粉状、条块状掉落于地面根茎处。

象甲的防治

加强检疫 严禁带虫苗木及原木外调。带虫苗木及原木的处理可用 80% 敌敌畏乳油 50～100 倍液喷干，对棕榈类苗木可浇淋心叶及叶鞘；或用 60g/m^3 溴甲烷在 21℃温度下熏蒸 4h。

林业技术措施 ①选择抗虫品种，利用树木品种和林分结构的抗性可减轻危害。如小叶杨、龙山杨、白城杨、赤峰杨对杨干象是高抗品种，将抗性品种与感虫品种混交，可降低虫口密度。②加强林分的抚育管理及时修枝，清除林地倒木、风折木、过火木、枯死木、虫源木及过高伐根。对核桃根颈象冬季应翻挖树盘，挖开根颈泥土，刮去根颈粗皮，以杀死幼虫。对杨干象危害严重的小立木，冬季平茬更新、剥除伐倒木树皮；成材木自根颈处采伐并及时剥皮，或应随采随运，不能在林中过夏；或水浸 18d 以杀死幼虫。造林时适当放宽株行距，利于光照和通风，造成不适于象甲栖息的环境。③人工栽植象甲的嗜好寄主或感虫品种以诱杀成虫或幼虫。对松树皮象在春秋季成虫活动期，将新鲜红松、红皮云杉树皮的糙面向上紧压于地面诱杀成虫。

生物防治措施 ①避免使用剧毒长效农药，合理使用化学农药，以降低农药污染和对天敌的杀伤。②喷洒0.3亿孢子/mL青虫菌或2亿孢子/mL白僵菌，或用2亿孢子/mL白僵菌涂刷虫孔防治幼虫；对危害苗根的象虫可用2亿孢子/mL的白僵菌灌根。用意大利斯氏线虫防治杨干象，效果甚佳。

物理机械防治措施　成虫发生盛期可利用成虫假死性、群聚性和老熟幼虫聚集性人工捕捉。如对剪枝栎实象在成虫产卵期中，每10d左右收集落地的产卵枝1次，集中烧毁。对山杨卷叶象在卵及幼虫期摘除被卷叶筒，集中烧毁。对沙棘象在虫口密度较大地区，可集中人力于4、5月间在树冠下挖幼虫和蛹。

化学防治　①成虫发生期可选喷80%敌敌畏乳油1 000倍液、2.5%溴氰菊酯3 000倍液及5%氟氯氰菊酯或20%氰戊菊酯，视虫情防治1～3次；或30～45kg/hm^2的"741"插管烟剂熏杀成虫。②在幼龄幼虫盛期，可用80%敌敌畏乳油3～5倍液涂刷产卵孔，或选用40%乐果乳油10倍液、2%高渗吡虫啉乳油在危害部位注打孔注药1～2mL，对核桃根颈象可在4～6月用40%乐果乳油200倍液、5kg/株灌根以毒杀幼虫和蛹。③成虫上树危害和幼虫下树期可用80%敌敌畏5倍液或废机油等在树干上涂20cm宽毒环，或用2.5%溴氰菊酯3 000倍液作成毒绳围于树干上以杀死成虫和幼虫，或地面喷洒有效成分为210g/hm^2的噻虫嗪。

五、蛾　类

蛀干蛾类害虫包括透翅蛾、木蠹蛾、拟木蠹蛾等，我国南方地区以木蠹蛾、拟木蠹蛾发生和危害较重，北方则以透翅蛾类危害较严重。

(一)透翅蛾类

全世界已知100种以上，我国已记载50余种。苗木受害后主干形成虫瘿，易遭风折形成多头树或枝梢光秃；枝干受害后树皮干枯开裂影响水分供应，导致树木死亡。除下述种类外，重要的还有分布于福建、广西、海南危害龙眼和荔枝的荔枝泥蜂透翅蛾 *Sphecosesia litchivora* Yang et Wang。

白杨透翅蛾 *Paranthrene tabaniformis* Rottenberg

分布于除华南、青藏和云贵高原以外的22个省(自治区、直辖市)；国外分布于北纬30°至北极圈线附近的大部分地区。危害杨、柳科树木，以新疆杨、健杨、毛白杨、银白杨、加拿大杨、中东杨、河北杨受害最重。幼虫蛀食1～2年生幼树主干、大树枝梢，被害后形成虫瘿、易风折，成残次苗，或枝梢枯萎下垂、秃梢。该虫是苗圃地的主要蛀干害虫。

形态特征(图12-23)

成虫　体长11～20mm，翅展22～38mm，青黑色，雌蛾腹部5条、雄蛾3条黄色横带。头顶1束黄毛簇，下唇须基部黑色、具黄色绒毛；雌蛾触角端部光秃，雄蛾触角具青黑色栉齿2列。橙黄色鳞片围绕于头与胸之间，中、后胸肩板各具2毛簇。前翅褐黑色、窄长、中室与后缘略透明，后翅透明。雌蛾腹末黄褐色鳞毛束两侧各1簇橙黄色鳞毛，雄蛾腹末鳞毛束略成扇状。

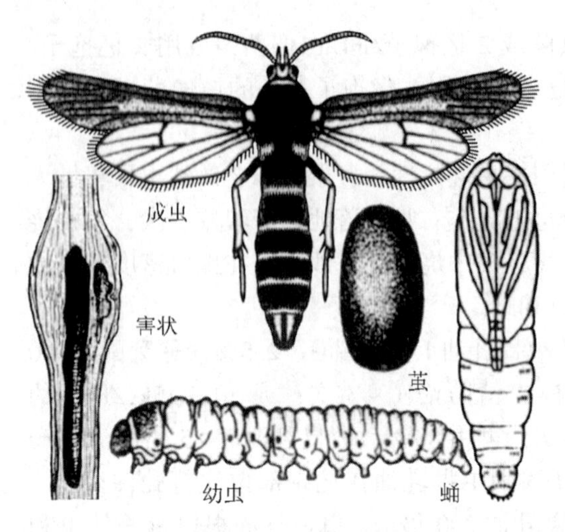

图 12-23 白杨透翅蛾

卵 椭圆形，0.62～0.95mm×0.53～0.63mm，黑色，卵面具灰白色多角形刻纹，精孔深黑色。

幼虫 体长30～33mm，初龄淡粉色、头部黄褐色，老熟黄白色。趾钩单序二横带，臀节背面具深褐色刺钩2个。

蛹 体长12～23mm，纺锤形，褐色。第2～7腹节背面各横列2排刺，第9、10腹节各具刺4排。腹末臀刺14根、大小不等。

生物学及习性

陕西、北京、河南1年1代，山东沂水少数1年2代，以幼虫在枝干虫道内越冬。在陕西越冬幼虫翌年3月下旬恢复取食，4月底5月初将木屑连缀作成较光滑的圆筒形羽化道、并以丝封闭羽化孔，在其后端堵塞木屑成蛹室化蛹，蛹期约20d。5月中旬至7月下旬成虫羽化，6月底7月初为盛期，不久即产卵，卵期约10d。幼虫孵化后由皮层蛀入木质部取食危害，9月下旬幼虫于蛀道末端吐丝作薄茧，于10月越冬。

成虫多在8：00～11：00羽化，出孔时2/3蛹壳遗于孔外，经久不掉，而后沿树干上爬约0.5h后即可飞行；雌雄性比1∶1，白天多在林缘或苗木稀疏处迅速飞行，夜晚则静止于枝叶上，交尾前雌虫腹末露出白色腺体，释放性外激素，吸引雄虫交尾1次、约20min，交尾当天即可产卵。卵多单产于1～2年生幼树叶柄基部、叶痕、叶腋、枝条的棱角、有绒毛的枝干上、旧的虫孔内、受机械损伤的伤疤处及树干缝隙内；每处产卵1粒，一树苗可产3～5粒，每雌产卵300～400粒。雌虫寿命2～6d、雄虫1～5d，卵期7～15d。幼虫孵化后多在嫩枝的叶腋、皮层及枝干伤口处或旧的虫孔内蛀入，再钻入木质部和韧皮部之间，围绕枝干钻蛀虫道，使被害处形成椭圆形瘤状虫瘿；钻入木质部后沿髓部向上蛀食，形成2～10cm长的"L"形蛀道，虫粪和碎屑被推出孔外后常吐丝缀封排粪孔。幼虫蛀入树干后一般不转移，只有当被害处枯萎、折断时才另择部位入侵。

在苗圃当有虫株率约8.52%时属随机分布、10%以上时属聚集分布，虫瘿多分布于苗干2m以下，苗田边缘受害率高于田内、平茬苗重于扦插苗、1年生苗重于2年生以上苗；在林地枝干粗糙、绒毛较多的树种落卵量较多、受害严重，白杨派树种抗性>黑杨、青杨派>杂交杨，幼虫随苗木调运是其扩大危害范围的主要原因。天敌有白杨透翅蛾绒茧蜂 *Apantelesl aeigatus* Rtzeburg、透翅蛾黑姬小蜂 *Elachertus nigritulus*(Zett)、啄木鸟、大山雀、灰喜鹊、斑鸫，及白僵菌和苏云金杆菌。

杨干透翅蛾 *Sphecia siningensis* (Hsu)

又名杨大透翅蛾。分布于西北、华北、华中、内蒙古、辽宁、云南；俄罗斯等。以幼虫蛀食5年生以上杨、柳树干基部及主枝分叉处，可反复蛀食已有虫道和伤口的衰弱木，造成风折或枯死。

形态特征(图12-24)

成虫　形似胡蜂。前翅狭长，后翅扇形，均透明，缘毛深褐色。腹部具5条黄褐相间的环带。雌蛾体长25～30mm，翅展45～55mm；触角棍棒状，端部尖而稍弯向后方；腹部肥大，末端尖而向下弯曲，产卵器淡黄、稍伸出。雄蛾体长20～25mm，翅展40～45mm；触角栉齿状，腹部瘦小，末端1束褐色毛丛。

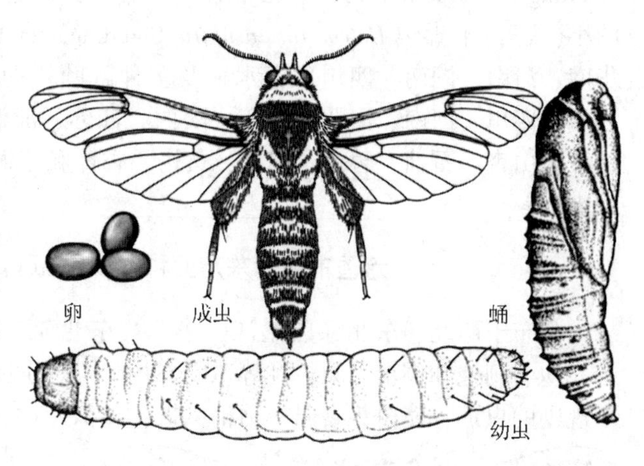

图12-24　杨干透翅蛾

卵　长圆形，褐色，1.2～1.4mm×0.6～0.8mm。

幼虫　初孵头黑、体灰白色。老熟头深紫、体黄白色，长40～45mm，被稀疏黄褐色细毛；前胸背板两侧各1褐色浅斜沟，前缘近背中线处2褐斑。趾钩单序二横带式，臀足式趾钩单序横带，臀板1深褐色钩刺。

蛹　褐色，纺锤形，长25～35mm，颅顶具齿突，各节后缘细刺2排，臀刺10根。

生物学及习性

云南1年1代，以幼虫在枝干树皮下越冬，8月上旬开始化蛹，成虫9月上旬至10月下旬羽化。在中西部地区2年1代、跨3个年度；当年孵化的幼虫多潜伏在皮下或在木质部内越冬。翌春4月初活动，10月上旬停止取食再次越冬，第3年3月下旬再危害，7月下旬老熟幼虫化蛹，8月中旬出现成虫，8月底至9月初为羽化盛期(在青海5月中、下旬，8月上旬至10月上旬为高峰)；幼虫8月底孵化、9月中旬为盛期，蛀入树干危害的1～3龄幼虫于9月下旬至10月上旬越冬。幼虫8龄，蛹期约21d。

成虫早晨9:00～10:00羽化量占全天的46%，羽化时顶破羽化孔外的树皮爬出，蛹壳的1/2留在羽化孔中；成虫羽化后爬向树干阳面，飞翔力强、活动于树冠，性信息素引诱力强，当天18:30～19:30交尾约12h。交尾次日中午开始产卵，持续2～3d；卵单粒或成堆产于树基部或树干的树皮缝深处，每堆3～7粒，每雌211～791粒，雄虫寿命2～4d、雌虫4～7d。卵期9～17d，孵化率84%。幼虫孵化后在卵壳附近爬行，选择适宜部位蛀入树皮、侵入率22%，蛀入孔多位于树皮裂缝的幼嫩组织处。老熟幼虫化蛹前停食3～4d，于虫道顶端下方咬开羽化孔，吐丝粘结木屑做蛹室化蛹，虫道长20～25cm。该虫主要危害3m以下的树干，林分茂盛、郁闭度大受害轻微，反之则重；波氏杨、河北杨、新疆杨、毛白杨、滇杨的抗性>北京杨、青杨、小叶杨、意大利杨，幼虫和蛹期天敌有白僵菌和蚂蚁。

(二)木蠹蛾类

木蠹蛾科世界已知近1 000种，我国60余种。幼虫蛀害树木主干，轻则影响其正常生长，重害则使其死亡。除下述种类外，常见的还有分布于陕西北部、甘肃、宁夏、新疆、青海危害踏郎、酸刺、毛乌柳、柠条、沙棘的沙柳木蠹蛾 *Holcocerus arenicola*

Staudinger，分布于东北、华北、陕西、宁夏、华东、华中、东南沿海危害多中阔叶树的小(线角)木蠹蛾 *Holcocerus insularis* Staudinger et Romanoff，分布于西南、东南沿海、华南、河南、湖南、四川危害水杉及多种阔叶树的咖啡豹蠹蛾 *Zeuzera coffeae* Nietner，分布于四川、河南、河北、山东、陕西、江苏、浙江、江西、福建、广东等地危害枣、山茶、山杏、石榴、碧桃、玉兰、黄杨、香樟和法桐的六星黑点蠹蛾 *Zeuzera leuconotum* Butler 等。

芳香木囊蛾东方亚种 *Cossus cossus orientalis* Gaede

分布于西北、东北除黑龙江、华北；东北亚。危害杨、柳、榆、丁香、桦树、白蜡、槐、刺槐和稠李、梨、桃等20余种林木。幼虫群居蛀入根、干、枝木质部，形成不规则的虫道，使树势衰弱，枯梢风折，整株死亡。

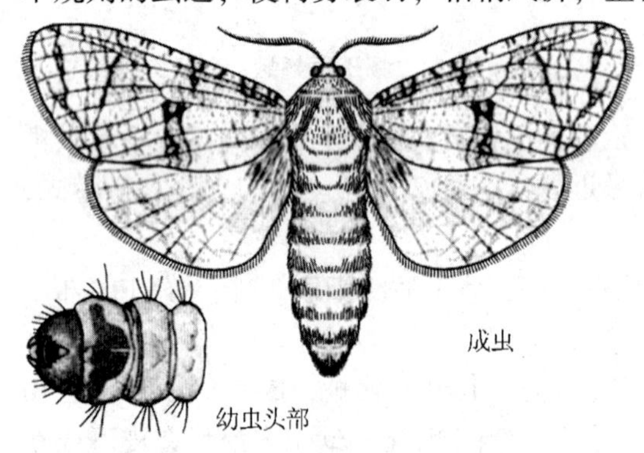

图12-25　芳香木囊蛾东方亚种

形态特征(图12-25)

成虫　体粗壮、灰褐色。体长22.6～41.8mm，翅展50.9～82.6mm，雄体小，触角单栉齿状。头顶和领片鲜黄色，翅基片和胸背面土褐色，中胸前半部深褐，后半部白、黑、黄相间，后胸1黑横带。前翅前缘8条短黑纹，翅中区具短横线，臀角 Cu_2 脉末端1黑线直达翅前缘。后翅中室白色、其余暗褐色，端半部具波状横纹，反面1大暗斑。中足胫节1对端距、后足胫节2对，中距位于胫节近端部，基跗节膨大。

卵　近圆形，1.1～1.3mm×0.7～0.8mm。初白、后暗褐或灰褐色。卵壳具纵隆及横纹。

幼虫　体粗壮。老熟幼虫头黑色，头壳宽6.0～8.0mm，体长58～90mm。胴体背面紫红、腹面桃红色；前胸背板"凸"形黑色斑1白中纵纹，中、后胸背板依次具1深褐色方形斑、2圆斑。腹足趾钩三序环状，臀足为双序横带。

蛹　长26.0～45.5mm，红棕或黑棕色。雌第2～6腹节、雄第2～7腹节背面2行刺列，其后各节仅有前刺列；前刺列下伸越过气门线，后刺列细小、不达气门；肛孔外围3对齿突。土茧肾形，32～58mm×12～21mm。

生物学及习性

山西2年1代，跨3个年头，以老熟幼虫在蛀道内越冬。成虫4月下旬开始羽化，5月上、中旬为盛期，羽化多在白天，趋光性弱，性引诱力强，寿命2～13.5d。成虫羽化后静伏于杂草、灌木、树干等处至19:00飞翔交配，卵单产或聚产于树干基部的树皮裂缝、伤口、枝杈或旧虫孔处，无被覆物，每雌产卵1～7堆、每堆几十粒至几百粒，每雌产卵7～1076粒。卵期13～21d，初孵幼虫常几头至几十头群集危害树干及枝条的韧皮部及形成层，随后进入木质部，形成不规则的共同坑道。当年幼虫发育至8～10龄，在9月中、下旬即以虫粪和木屑在坑道内作越冬室越冬。第2年

3月下旬开始活动，4月上旬至9月中、下旬数头幼虫聚集分别向木质部钻蛀，严重时蛀成纵横相连大坑道，并在边材处形成宽大的蛀槽，排出木屑和虫粪、溢出褐色树液，该阶段是其取食和危害的高峰期；9月下旬至10月上旬发育至15～18龄后，大部分老熟幼虫陆续由排粪孔爬出坠落地面，在向阳、松软、干燥处钻入土33～60mm黏结土粒结薄茧越冬。第3年春离开旧茧，在2～27mm土中重结新茧化蛹，蛹期27～33d。但少部分老熟幼虫继续在虫道内越冬，第3年5月陆续由排粪孔爬出入地化蛹。树龄大、生长势弱的"四旁"林木及郁闭度小的林分受害重，小叶杨、箭杆杨、加杨、北京杨受害较重。

沙棘木蠹蛾 *Holcocerus hippophaecolus* Hua et al

俗名与榆木蠹蛾混淆。分布于内蒙古、辽宁、山西、陕西、甘肃、宁夏、青海、河北等地。幼虫钻害沙棘、柳、榆树、山杏和沙枣等树干的韧皮部，造成树干表皮干枯开裂、枝条枯死；入冬前大部分转移至树干基部和根部危害，蛀空树根、导致整株枯死。

形态特征(图12-26)

成虫　体长21～36mm、翅展61～87mm，雄体小、黑褐色。前足胫节内缘有1距，中足胫节末端1对距，后足胫节中部1对中距、末端1对距。成虫前翅 R_2 和 R_3 脉间1横脉、形成1副室，前翅面具不规则短纹。

卵　椭圆形，1.35mm×1.17mm，卵面有纵横脊纹。卵白色，渐变暗褐色，未受精卵则渐干瘪变黑。

幼虫　初孵幼虫淡红色、渐红色。老熟幼虫体长约69mm，化蛹前黄白色，腹足趾钩为双序环式、臀足双序中带式。

图12-26　沙棘木蠹蛾

蛹　深褐色，长约38mm。雌第1～6腹节、雄第1～7节各2行刺，前行粗大、后行细小，雌第7腹节1行刺。茧土褐色，长椭圆形，丝与土缀合而成，长34～66.4mm，体大时雌多、小时雄多。

生物学及习性

该虫在辽宁4年1代，幼虫在树干和根部越冬3次。老熟幼虫于5月上、中旬离开根部在土中化蛹，蛹期26～37d，发育起点温度12.055℃、有效积温295.203±4.094日·度。成虫始见于5月末、终见于9月初，6月中旬和7月下旬为羽化高峰。5月末始见卵，每雌产卵1～5处、每堆7～216粒，卵期7～30d、孵化率90%以上，6月上旬始见初孵幼虫，10月下旬陆续越冬。

卵多堆产于1m以下的树干皮缝、伤口或枝条上，树干基部先落卵、上部后落卵。卵昼夜均可孵化、以下午多，初孵幼虫食卵壳后即蛀入韧皮部，常十几头至上百头聚集蛀害。入冬前多转移至树干基部0～20cm深的根部皮下危害并群居越冬，少数小幼虫则在树干上大幼虫的蛀道或木质部及髓心单个越冬、死亡率约10%，初龄幼虫多集居于韧皮部和木质部间越冬、死亡率43.3%～80.5%。幼虫爬行和耐饥能力强、断食时可活1年，蛀道多独立、不规则，初孵幼虫蛀害时可见絮状虫粪悬挂于枝条，大幼虫蛀道充满木屑和虫粪、地面常见成堆虫粪。90%老熟幼虫多在根基1m范围、深10cm的土壤中化蛹，个别距根基较远。羽化前蛹从土中蠕动而出、半露于地面，多在16：00～19：00羽化。雌雄性比1：1，初羽化成虫静伏不动，20：00以后雄虫飞翔、雌虫多沿树干上爬或上飞至树干及枝上，约21：00雌虫分泌激素引诱雄虫，其性诱力可持续6d；当日即可交配、雄可交尾2次，交配历时15～40min、高峰期约在21：30，雄虫趋光性强于雌虫。雌虫昼夜均可产卵，多在交配2d后20：00～22：00、部分当晚即爬回树干基部产卵，雄寿命2～8d、雌5～8d。

5年生以下幼林多不被害，8年生以上被害达90%以上，林龄越大、长势越弱受害越重，平茬更新能有效降低虫口密度。卵期天敌有蠼螋；幼虫期有2种寄生蝇；毛缺沟姬蜂寄生率3%～11%；幼虫期、蛹期有病原微生物3种，鸟类、沙蜥、獾、鼠类捕食幼虫。人工合成的性信息素持效期26d，有效诱捕距离100～150m，诱捕器悬挂高度为1m。

木麻黄豹蠹蛾 *Zeuzera multistrigata* Moore

又名多纹豹蠹蛾、多斑豹蠹蛾。分布于辽宁、陕西、华北、华中、华南、西南；印度、孟加拉国、缅甸。以幼虫钻食木麻黄、黑荆树、南岭黄檀、台湾相思、银桦、丝棉木、白玉兰、龙眼、荔枝、柳杉、芭蕉、梨、檀香、杨、柳、栎等近30种林木的嫩梢、小枝、主干、主根。使被害木麻黄枝叶枯萎、树干畸形、风折或整株枯死。

形态特征(图12-27)

成虫　雌体长25～44mm、翅展40～70mm，灰白色，斑、带蓝黑色。触角丝状、浅褐色。前翅前缘10个斑，中室内斑点稀疏、或成1大斑；后翅灰白色，斑点稀而色浅，翅僵9根。胸部背面3对椭圆形斑，第1～7腹节各8个斑、第8腹节3条纵带。雄蛾体长16～30mm，翅展30～45mm，触角基半部双栉齿状、端部丝状，翅缰1根。

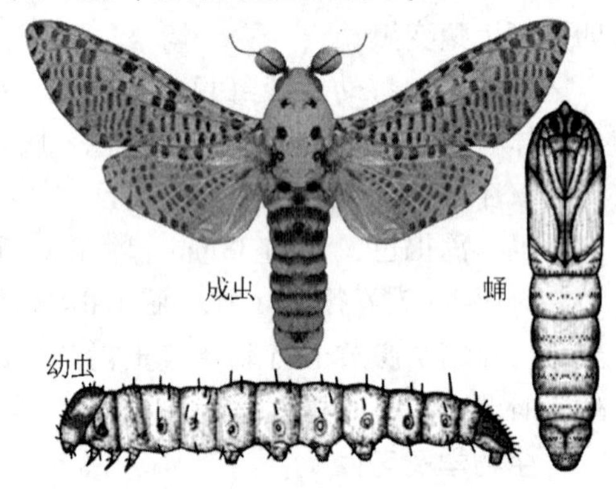

图12-27　木麻黄豹蠹蛾

卵　椭圆形，0.8mm×0.6mm，粉红或黄白色，近孵化时黑褐色。

幼虫　老熟幼虫体长30～80mm、头宽4.5～7.0mm，体浅黄或黄褐色。头部浅褐色，单眼区小斑褐色；前胸背板大，后缘1黑斑、4列小刺和许多小颗粒。体节生黄褐色毛瘤、瘤上生灰白色刚毛。胸足黄褐色。腹足赤褐色，趾钩多环式。

蛹　雌体长26～48mm，雄17～32mm，长筒形，赤褐色。头顶1齿突，腹部各节2横行小刺，臀板色深、生许多粒状小刺。雄蛹触角基半部鼓起。

生物学及习性

在福建1年1代，以老熟幼虫于12月初在树干基部的蛀道内越冬。翌年2月下旬出蛰蛀食，5月上旬至8月下旬化蛹，预蛹期5d、蛹期20d，6月中、下旬为成虫羽化盛期；卵期 18d，6 月上旬开始孵化，7 月上、中旬为盛期；幼虫 19 龄，历期 313～321d。

初孵幼虫群集在白色丝网下取食卵壳，2d 后爬行、吐丝飘移分散，蛀入嫩梢、虫道长 8～20mm、蛀口具白粉末状木屑和粪便；40d 后以 4 龄幼虫转移至主干，多从节疤处蛀入，蛀孔 2～7mm，10 龄前有多次转株转位习性，但每株幼树大多只 1 条幼虫；蛀孔即排粪孔，99.5% 分布于树干 2m 以下，虫道长 40～150cm。夏季幼虫沿髓心向根部蛀食，可深入地下 10～20cm 的主根中。中、老龄幼虫耐饥能力超过 40d，在枯死的树干中时则提前化蛹。老熟幼虫在皮层上咬筑约 10mm 的羽化孔、在其下方另咬 1 小通气孔，再用丝和木屑封隔虫道筑长 3～5.5cm 的蛹室头部朝下化蛹。成虫多在16:00～20:00羽化，爬行数小时后即可飞翔、交尾 1 次、于 30min 后即可产卵，卵多产于树皮裂缝中；每雌产卵 3～5 次、历时 2～3d，产 361～2 108 粒、平均700 粒，遗腹 80～130 粒；白天静伏、傍晚活动、趋光性强，雌雄比 1.46∶1，寿命 4～6d。当年羽化主高峰在 6 月中、下旬，次高峰在 5 月下旬，雌蛾约提早 3d 羽化。

10 年生或郁闭度 0.7 或胸径 6cm 以上的木麻黄林不受害，3～6 年生幼林、郁闭度小、胸径约 2cm 的林分受害重。被害株 2 年内高生长减少 64.7%，冠幅减少 30.7%，地径减少 56.1%。该幼虫在林间为随机分布，防治后则呈聚集分布。天敌有黑蚂蚁、棕色小蚂蚁、广腹螳螂、蜘蛛、寄生蝇、白僵菌、细菌、喜鹊。

(三)其他蛾类

钻蛀林木树干的鳞翅目害虫还包括拟木蠹蛾类、部分蝙蝠蛾及螟蛾种类等。除下述种类外，常见的还有分布于河北、陕西、华北、华中、华南、云南、西藏危害木麻黄、相思树、母生、杉木、柑橘、梨、枣等的皮暗斑螟 *Euzophera batangensis* Caradja，分布于新疆危害沙枣的沙枣暗斑螟 *Euzophera alpherakyella* Ragonot 等。

柳蝙蝠蛾 *Phassus excrescens* Butler

分布于东北、河南、山东等地；前苏联、日本等。能危害除针叶树外的几乎所有乔灌木、藤本植物及部分草本植物。幼虫蛀食树木枝、干髓部，致使树势衰弱，蛀孔难以愈合，易风折。

形态特征(图 12-28)

成虫　体长 30～44mm，翅展 66～70mm，体翅均茶褐色。触角丝状，不超过前胸后缘。前翅狭长，前缘 7～8 枚近环形斑，中央 1 色深而带绿色的三角形斑，其外侧 3 条褐色宽斜带。后翅狭小。前、中足各节扁而宽，并具爪；后足退化，细而短。雄蛾后足腿节外缘密生橙色刷状毛，雌蛾缺。

卵　椭圆形，长 0.8mm。初乳白、后黑色。

幼虫　老熟幼虫体长 44～57mm，圆筒形。头及前胸背板为褐色，胴部污白或黄白色，具

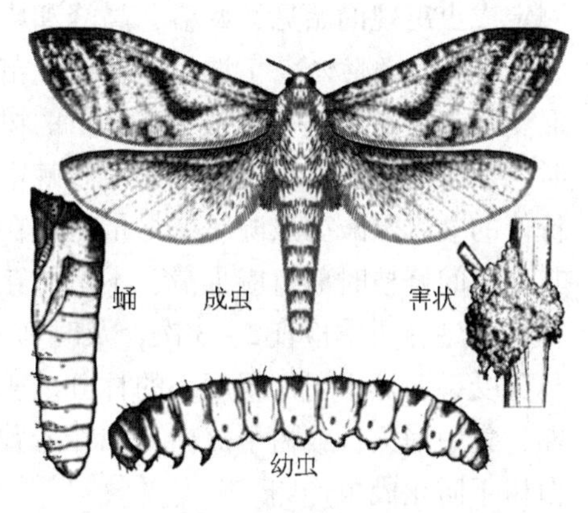

图 12-28　柳蝙蝠蛾

黄褐色大小不一的斑瘤13~14个。

蛹 圆筒形，长30~60mm，黄褐色。头部中央1纵脊，触角上方有突起4个。第3~7腹节背面有向后伸的倒刺2列，第4~6腹节腹面具波状向后伸的倒刺1列，第7腹节2列，第8腹节1列、但中央间断。

生物学及习性

在辽宁大多1年1代，少数2年1代，以卵在地面越冬、幼虫在树干髓部越冬。以卵越冬的1年1代，翌年5月中旬卵开始孵化，初龄幼虫以腐殖质为食；6月上旬2、3龄后转移到木本植物及杂草的干、茎中食害，8月上旬开始化蛹，8月下旬至10月中旬羽化，成虫白天多悬挂于树干、下木或杂草上不动，日落后开始飞翔、交尾和产卵，无趋光性。交尾后随即产卵，产卵无一定场所，多数不交尾就产卵，部分边交尾边产卵，雌虫产卵量几百粒到数千粒不等。次年部分卵孵化较晚或幼虫发育迟缓者，在越冬后第2年7月上旬化蛹，8月中旬开始羽化、交尾、产卵，卵孵化后以幼虫越冬，第3年羽化，为2年1代。

幼虫吐丝粘缀木屑成木屑包、包被于蛀口蛀食，咬食边材时使蛀口形成穴状或环行凹坑，常引起风折。老熟幼虫化蛹前在近坑口处吐丝结薄网封闭坑口，预蛹期2~3d，1年1代者蛹期约29d、2年1代者26d。成虫羽化后蛹壳前半部露出坑外。

蛀干蛾类的防治

蛀干蛾类的防治应以监测、预报为基础，准确掌握林分中的虫口数量及动态，各虫态的出现时间。对受害严重的林分，以营林措施为主、进行林分的更新改造；对虫口密度较大的林带以化学防治为主、辅之以诱集等；对虫口密度低的林分以灯诱、信息素诱集、释放赤眼蜂、喷洒白僵菌液，辅以人工捕捉成虫等措施控制虫口密度。同时，应严格检疫防止有虫苗木外运，对携虫苗木可用药剂喷杀。

加强检疫和虫情测报 蛀干蛾类危害范围的扩大与苗木调运有很大的关系，应严禁有虫苗木、枝条和木材等调运、防止传播。携虫原木或苗木在夏季可用50%磷化钙片剂、7~10g/m^3熏蒸120~192h，秋季用50~80g/m^3的硫酰氟熏蒸24~48h。此外，性信息素是多种透翅蛾虫情测报的手段，利用白杨透翅蛾、杨干透翅蛾等性信息素可准确测定成虫出现的始见、始盛、高峰和盛末期。

营林措施防治 ①选用良种、壮苗、抗性强的品种以带状或块状混交营造多树种的混交林，逐渐淘汰林分内受害最重的树种，隔离和抑制其繁殖和蔓延；当虫口密度过大时，及时对林分进行改造，如对沙棘木蠹蛾等可实行刨根平茬更新，清除伐根和无保留价值的立木以减少虫源。②尽量避免在透翅蛾、木蠹蛾等产卵期修枝以防止机械损伤，其他时间修枝时剪口应平滑、不留桩茬，或在伤口处涂防腐杀虫剂。③间伐被害严重的林木，冬春两季检查2~3次，及时剪除虫瘿；维持适当的郁闭度，郁闭度0.7以上的林分受害明显小于郁闭度小的林分。④在苗圃周边可栽植表皮粗糙的杨树，引诱成虫产卵、集中消灭；或树干涂白，如在芳香木蠹蛾东方亚种和榆木蠹蛾成虫期可用石灰浆涂白树干防止成虫产卵。

人工防治及灯诱 ①冬季剪掉虫枝、伐除严重受害株以消灭越冬幼虫，如在栗兴透

翅蛾产卵和幼虫孵化期，可结合修剪铲除1m以下虫疤、翘皮、老皮加以烧毁。②在幼虫蛀害期及时剪除有蛀屑、瘿瘤的枝条，或用细铁丝钩杀坑道中的幼虫；对羽化期集中(如杨干透翅蛾)、成虫在树干上静止或爬行者可人工捕杀，幼虫于土内化蛹期可翻土捕杀之，幼虫危害期可用刀挖坑道和隧道、刺杀幼虫，卵期可人工砸卵等。③对有趋光性的种类可灯诱，如榆木蠹蛾23：00～1：00为诱虫高峰，东方木蠹蛾为21：00～1：30，沙棘木蠹蛾为21：00～22：00；灯诱对各种木蠹蛾虽均有效，但必须连年进行，方能对虫口的减少起明显作用。④对杨干透翅蛾等可用生石灰：硫磺：水＝10：1：40的涂白剂，在成虫产卵前涂刷1m以下树干，阻止成虫产卵。

生物防治　①应用性信息素诱杀成虫最为有效，如白杨透翅蛾、杨干透翅蛾、芳香木蠹蛾东方亚种、沙棘木蠹蛾等性信息素已人工合成；人工性信息素的施放可降低雌虫的定向能力、造成迷向，影响其正常繁殖活动；性信息素诱捕器的使用又会诱杀大部分雄虫，致使交配机率下降或交配推迟，减少下代的种群数量，降低寄主的被害株率或虫口密度。如白杨透翅蛾性诱芯(E，Z-ODDOH)剂量为400～500μg，使用时诱捕器间距50～80m、悬挂高度1.3～1.5m；迷向法防治时，按1 500μg/hm^{2}剂量，在树干1.3～1.5m高处的阳面涂抹面积为150cm^2(10cm×15cm)的黏虫胶，将诱芯钉于胶面中部，但应勤换诱芯。②寄生性线虫对蛀干蛾类幼虫的致死率很高，可用海绵吸附法或注射法，将1 000头/mL的线虫制剂注入侵入孔；也可将孢子含量为5.0亿/mL的白僵菌、绿僵菌液注入侵入孔，或用棉球蘸菌液堵塞于虫孔，或在幼虫浸蛀期用白僵菌液喷树干。③保护和利用寄生蜂及鸟类，在天敌发生高峰期注意使用选择性农药，人工繁殖释放寄生蜂，设置鸟巢招引啄木鸟。

化学防治　①树干喷雾，幼虫初孵或尚未蛀入枝干木质部之前，可用Bt乳剂＋氯氰菊酯乳油、功夫、40%速扑杀乳油，或用40%乐果乳油1 500倍、2.5%高效氯氟氰菊酯1 000～2 000倍、20%杀灭菊酯乳油3 000～5 000倍、8%氯氰菊酯微胶囊剂2 000倍液等间隔7～12d、对树干喷雾2～3次。在成虫羽化盛期喷洒40%氧化乐果乳油1 000倍液，2.5%溴氰菊酯乳油2 500倍液。②树干注药，在幼虫出蛰及危害期可用20%杀灭菊酯乳油100～300倍液、40%乐果乳油40～60倍液注入、棉球蘸药液塞入虫孔，2mL/孔，用泥土封口；开春树液流动时在树干基部距地面约30cm处交错钻直径10～16mm的斜孔1～3个，将40%乐果乳油或10%吡虫啉乳油与柴油的1：6倍液，按每1cm胸径用药1mL、每孔注药5mL。③磷化铝片熏蒸，在幼虫危害期可在每虫孔中填入56.5%～58.5%磷化铝片剂1/20片、或虫孔插磷化铝毒签，用黏泥封口，杀虫率达90%以上。对危害根部的幼虫，在夏季可于每株根部土中埋入1片磷化铝片剂防治效果可达82.61%。④涂毒环，将20%中西杀灭菊酯与农药缓释剂按1：9混合，在树干涂沫5～10cm宽的毒环，可毒杀下树的幼虫；或用80%敌敌畏乳油：10%吡虫啉乳油：水或柴油＝2：6：10倍液，在幼虫侵入处、虫瘿处、苗木茎干、树干的活树皮处涂刷8～10cm环带毒杀幼虫。

六、树蜂类

树蜂类均蛀害林木树干或枝条，但多数只危害衰弱木、枯死木。重要的种类如下。

烟角树蜂 *Tremex fuscicornis* (Fabricius)

分布于东北、华北、华东、华中、西北、华南部分地区、西藏；北美、北欧、西欧和东南亚各地。危害杨、柳等80多种树木，以幼虫钻蛀树干，形成不规则的纵横坑道，造成树干中空，树势逐年衰弱，枝梢枯死，以至整株死亡。

形态特征(图12-29)

成虫　雌体长16～43mm，翅展18～46mm，黑褐色。触角中部数节尤其是腹面暗色至黑色，前足胫节基部黄褐色；中、后足胫节基半部及后足跗节基半部，第2、3、8腹节及第4～6腹节前缘黄色；唇基、额至头顶中沟两侧前部，足基节、转节和中、后足腿节，腹部除黄色部分外黑色；前胸背板、中胸背板、产卵管鞘红褐色。雄体长11～17mm，具金属光泽；部分个体触角基部3节，前、中足胫节和跗节及后足第5跗节为红褐色；胸、腹部黑色，翅淡黄褐色，透明。

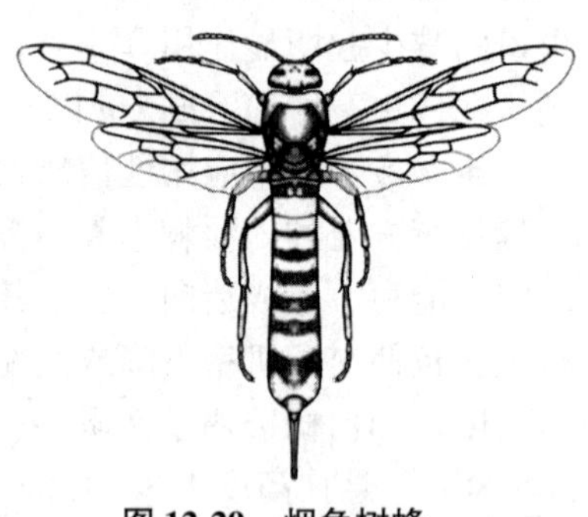

图12-29　烟角树蜂

卵　长1～1.5mm，椭圆、稍弯，前端细，乳白色。

幼虫　体长12～46mm，筒形，乳白色。头黄褐色，胸足短小不分节，腹部末端褐色。

蛹　雌体长16～42mm、雄11～17mm，乳白色。头部淡黄色；复眼、口器褐色；翅盖于后足腿节上方，雌产卵器伸出于腹部末端。

生物学及习性

在陕西1年1代，以各龄幼虫在虫道内越冬。翌年3月中、下旬幼虫始活动取食，4月中旬始化蛹、7月至9月初为盛期，蛹期25～35d。成虫于5月下旬开始羽化出孔，8月下旬至10月中、下旬为产卵盛期；雌成虫寿命8d、雄7d，每雌产卵13～28粒，卵期28～36d，幼虫6月中旬开始孵化，12月越冬；幼虫4～6龄，幼虫期9～10个月。

成虫白天活动，无趋光性，飞行高度可达15m；羽化出孔1d后开始交尾，雄虫多交尾1次；交尾后1～3d开始产卵，卵多产在树皮光滑部位和皮孔处的韧皮部和木质部之间，产卵后仅留下约0.2mm的小孔及1～2mm圆形或梭形乳白色而边缘略呈褐色的小斑；每卵槽平均孵出9条幼虫，形成多条虫道，一年均可见到不同龄级的幼虫，老熟幼虫多在边材10～20mm处的蛹室化蛹。该虫主要危害衰弱木，大发生时也危害健康木，尤以杨树和柳树受害严重，毛白杨、泡桐、苦楝、槐、臭椿受害轻，花椒对其有驱避性。成虫天敌有灰喜鹊、伯劳、螳螂和蜘蛛等，幼虫天敌有褐斑马尾姬蜂。

树蜂的防治

林业技术措施　坚持适地适树，选育抗虫树种，营造混交林，加强林木抚育和管理。清除林内被害木和一切衰弱木，对被害木和衰弱木应及时加工或浸泡于水中，以杀死木材内幼虫。对于新采伐木材应及时剥皮或运出林外。

饵木诱杀　设置饵木诱集成虫产卵，待幼虫孵化盛期及时剥皮处理。

化学防治　在成虫羽化盛期用2.5%溴氰菊酯乳油3 000倍液，或40%氧化乐果乳油1 500倍液喷洒树干，防治产卵的成虫。

生物防治　保护利用褐斑马尾姬蜂、螳螂、蜘蛛、伯劳、灰喜鹊等天敌。

第三节　林木蛀干害虫的调查与研究

林木蛀干害虫的基本调查与研究涉及种类与分布，目标害虫的危害习性，在立木上的垂直分布，林间的空间分布，生物学行为，立地环境与被害情况的关系，林分结构与抗性等。

一、调查目的和原理

林木蛀干害虫的栖息环境较隐蔽，进行调查研究时应根据其所选择健康木或衰弱木，及蛀害部位、害状、分布与习性等，按照林地类型、林龄等设置调查样地，设计合理的调查取样方法。对目标害虫，主要应观察和调查幼虫蛀食习性与症状、坑道特征、排泄物特征、化蛹习性、飞翔与扩散行为、性比、补充营养习性、产卵行为、越冬习性与虫态、卵和幼虫及蛹自然死亡率、自然状态下各虫态的发生期、天敌及其控制作用等。在生态学方面，应进行各虫态发育与气候和物候的关系、趋光趋化习性、性信息素分泌与引诱行为、嗜好树种与树种抗性、在林地的分布与林分结构等调查。在防治措施方面，应进行营林措施、人工防治方法、生物防治技术、高效精确化学防治方法的效果调查和分析。

二、调查方法

天牛类的调查方法　天牛类蛀干害虫危害林木的树干和主枝，一般在幼虫危害期均自蛀孔或气孔向外排出木屑和虫粪、被害处具有羽化孔、且1孔1虫。由于其害状明显，蛀害的林木多数为健康木，1个新鲜的排粪孔即可代表1虫，因而可按照林分的类型、调查内容与要求，分别设置调查样地。

对于片林，在每一类型的林分中样地数应不少于5个，若立地类型不同、每一立地类型应设置3个以上的样地；样地的大小应根据树龄、密度选用30~60m×30~60m，但每样地的立木数应不少于100株；在样地内可采用双对角线抽样法或随机法抽取25株以上的样树进行调查。对于行道及四旁树木，每一环境类型的林分所设置的样本数至少5个，每间隔50株抽取25株以上的样木即为一个样本。

由于蛀干害虫的生活周期相对较长，调查时间的选择应按照具体的调查和研究内容确定。如进行危害程度调查时，可分别在冬前9~10月、冬后4~5月调查2次；进行与生物学相关的研究性调查时，则要依据目标害虫的生活史和习性确定调查时间。

小蠹虫、吉丁虫的调查　小蠹虫与吉丁虫蛀害的均是林木的韧皮与边材。小蠹虫类蛀干害虫除少数种类外，多数1虫道内有多头幼虫或成虫，只有部分小蠹虫为危害健康木的先锋种类，大多数是危害衰弱木的次期性害虫，但其危害常造成林木枯梢、枯枝、树干有树脂块或树皮死亡。而吉丁虫类蛀干害虫危害的多是健康木的树干或枝条，除少数种类外多数在蛀害部位的症状不醒目，但1虫道内多只有1头，其危害常造成林木枯梢或枯枝、被害树皮常出现翘裂等。因此，在调查这两类害虫时，首先应明确其危害的林木类型(即健康、衰弱)、危害部位、危害后的细微害状，再按照林分的类型和分布，依据其生活史、习性等确定样地设置方式、取样技术。

小蠹虫与吉丁虫类的样地设置方式、立木取样数与天牛类基本相同。但对于在树干部位危害的种类，由于不同种类的危害高度有所差别，调查时应将树干划分为不同的高度区，在每一高度区剥取3块20cm×20cm的树皮样，观察和记载种类、虫态与数量。对于在枝条上危害的种类，可将树冠区分为不同的层次和方位，在每一层次和方位处各取1~2个样枝进行调查，样枝的长度和直径应视其危害部位而确定。对于危害后造成明显害状的种类，可在获得如枯梢、枯枝、树干皮层翘裂数量或面积等与种群数量相关关系的基础上，采用危害等级或虫害指数等方法进行危害程度的估测和调查。

蛀干蛾类调查　蛀干蛾类包括透翅蛾、木蠹蛾、拟木蠹蛾等，该类蛀干害虫调查样地设置方式、立木取样数与天牛类基本相同，但因其多数危害林木树干的中下部、枝干分杈处，幼虫蛀害时常排出木屑与虫粪，由于蛀道内的虫口数量可能较多，1个蛀孔或排粪孔不能代表其中只有1头幼虫或蛹，但该类害虫多数具有趋光、趋化或性引诱特性。因此，调查时除设置样地进行取样调查外，还可采用灯诱、性信息素诱集法进行调查。调查方法参见天牛类、食叶害虫的调查。

三、数据分析

林木蛀干害虫的调查数据分析与其他害虫相同，应在对原始调查数据标准化处理的基础上，按照调查内容、目的和需要进行相关的统计分析与检验。数据的标准化除使用有虫株率，以及与有虫株率相类似的主干被害率、侧枝被害率等之外，虫口密度的表示应体现蛀干害虫的危害部位。如，对于蛀害根颈的蛀干害虫，平均每根颈虫口密度=调查总虫数/调查总根颈数；对于在树干高度0~1.5m处蛀害的害虫，平均株虫口密度=0~1.5m处总虫数/调查总样株数等表示。其余数据处理方法，可借鉴食叶、枝梢、种实害虫的数据处理。

复习思考题

1. 简述重要的林木蛀干害虫天牛类、小蠹虫类的分布与控制方法。
2. 试述天牛类、小蠹虫类、吉丁甲类、象甲类、蛾类蛀干害虫的害状及危害部位。
3. 蛀干害虫的生物防治方法有哪些？

4. 如何进行蛀干害虫的预测预报？
5. 阐述林木蛀干害虫的调查方法。

推荐阅读书目

东北天牛志. 王直诚. 吉林科学技术出版社，2003.

中国木蠹蛾志(鳞翅目 木蠹蛾科). 花保祯，周尧，方德齐等. 天则出版社，1990.

中国经济昆虫志. 第二十九册：鞘翅目 小蠹科. 殷蕙芬，黄复生，李兆麟. 科学出版社，1984.

中国森林昆虫. 2 版 . 萧刚柔 . 中国林业出版社，1992.

林木病虫害防治技术. 吴远彬. 中国农业科学技术出版社，2006.

第十三章　木材害虫及其防治

【本章提要】木材害虫是指危害原木、干燥木材、竹材、藤材及其制品的一类害虫。该类害虫主要包括白蚁类、蠹虫类、天牛类。本章主要介绍我国木材害虫的地理区划，常见木材害虫的形态特征、生物学习性，以及各类木材害虫的防治方法。

木材害虫是指危害成材、加工用材、建筑用材、家具用材等竹、木、藤材的害虫。堆放期过长或长期放置于较潮湿环境的木材易受其危害，在南方，若管理不善、堆放过久，更容易受白蚁类毁坏。木材害虫包括天牛科、窃蠹科、粉蠹科、长蠹科、木蜂科及白蚁类的部分种类。

第一节　我国木材害虫的地理区划

我国木材害虫约有20种，主要为天牛类、蠹虫类和白蚁类，其中白蚁类分布于南方，蠹虫类主要分布于华中以南。按照我国的地理与气候环境、木材害虫的分布，可将其划分为3个地理类型，即云南—四川北部至秦岭长江以北的天牛类分布区，秦岭长江以南至浙江—江西—湖南—贵州—四川南部以北的天牛与蠹虫混合分布区，浙江—江西—湖南—贵州—四川南部以南的白蚁、蠹虫分布区。

云南—四川北部至秦岭长江以北分布区　该区种类甚少，常见种类有分布较广泛的家茸天牛 *Trichoferus campestris*（Faldermann），分布于黄河以北燕山、太行山以南的长角凿点天牛 *Stromatium longicorne*（Newman），分布于辽宁以西至青海的梳角窃蠹 *Ptilinus fuscus* Geoffroy 及抱扁粉蠹 *Lyctus linearis* Goeze。

秦岭长江以南至浙江—江西—湖南—贵州—四川南部以北分布区　该区是天牛与蠹虫类混合发生区，天牛类有家茸天牛、竹红天牛 *Purpuricenus temmincki* Guérin-Méneville、长角凿点天牛；蠹虫类有日本竹长蠹 *Dinoderus japonicus* Lesne、竹长蠹 *Dinoderus minutus*（Fabricius）、档案窃蠹 *Falsogastrallus sauteri* Pic、抱扁粉蠹、褐粉蠹 *Lyctus brunneus*（Stephens）、鳞毛粉蠹 *Minthea rugicollis*（Walker）；白蚁类为黑胸散白蚁 *Reticulitermes speratus*（Kolbe）。

浙江—江西—湖南—贵州—四川南部以南分布区　该区以白蚁类、蠹虫类为主，天

牛类有竹红天牛 *Purpuricenus temmincki* Guérin-Méneville、长角凿点天牛、家茸天牛；白蚁类主要有家白蚁 *Coptotermes formosanus* Shiraki、截头堆砂白蚁 *Cryptotermes domesticus* (Haviland)、铲头堆砂白蚁 *Cryptotermes declivis* Tsai et Chen、山林原白蚁 *Hodotermopsis sjostedti* Holmgren、黑胸散白蚁；蠹虫类有日本竹长蠹、竹长蠹、档案窃蠹、褐粉蠹、鳞毛粉蠹、双钩异翅长蠹 *Heterobostrychus aequalis* (Waterhouse)、双棘长蠹 *Sinoxylon anale* Lesne。

第二节　重要的木材害虫及其防治

木材害虫部分直接取食竹、木、藤材，部分在木材中营巢作为栖生地。该类害虫肠道内含有数量很多的借以消化纤维素的共生原生动物和细菌，因而有很强的消化木材纤维素的功能。木材害虫生境特殊，生活隐蔽，防治难度较大。

一、白蚁类

危害木材的白蚁主要分布在北纬40°以南各地，蛀食木材，毁坏房屋、家具、布匹、纸张、电杆和枕木，还可蛀蚀橡胶塑料、电讯器材，也能对农作物和林木造成严重的危害。白蚁是多形态昆虫，一个家族自成一体，从1对亲蚁(称蚁后及蚁王)开始不断地产卵繁殖，孵化的幼蚁分化为生殖型和非生殖型2大类型。生殖型体型较大，具翅或无翅，性器官发达、专司繁殖。非生殖型体较小而无翅，生殖器官不发达，又分为工蚁和兵蚁，工蚁护卵、照顾幼蚁、喂食蚁王和蚁后及兵蚁，兵蚁专司护巢，工蚁和兵蚁寿命较短，蚁王、蚁后寿命较长。

一个群体中白蚁数量因种类而异，群体的发育和衰亡过程受到季节、营养及生活条件变化制约；环境条件适宜时原群体内的有翅成虫即"群飞"或"分群"，飞出数千米至数十千米后即降落地面，追逐交尾，4翅脱落，成对寻觅隐身场所成为原始型蚁王、蚁后或繁殖蚁。原始蚁后产卵力很强，一天可产卵2 949～36 000粒；新群体中的后代工蚁多而兵蚁少，当群体达到一定的年龄和规模时，产生第2代有翅成虫、再次分群。白蚁营群集巢穴生活，蚁巢地点和结构因虫种而异，可分为木栖性、土栖性和土木两栖类3种类型；蚁巢由主巢、副巢、不同小室组成，主巢中有菌圃和贮存食物的场所，蚁后栖居在主巢中，兵蚁、工蚁均栖居于小室内，幼蚁也有特定的活动场所。

白蚁趋向于阴暗和温暖潮湿的环境，庞大群体内的活动及配合是信息物质作用的结果，如追踪信息素和告警信息素。其营养物质主要来源于植物及其加工品，蛋白质和维生素来源于菌圃中的菌类，水分得之于水源及周围环境。重要种除下述外，还有分布台湾、广东、海南、广西、云南等省的截头堆砂白蚁 *Cryptotermes domesticus* (Haviland)，该白蚁幼虫在木材内串蛀、成网状隧道，而使木材失去经济价值。

铲头堆砂白蚁 *Cryptotermes declivis* Tsai et Chen

分布于广东、广西、福建、海南。除危害木材类外还危害荔枝、咖啡榕树、椰子、黄槿、无患子、枫杨等活树。

形态特征(图13-1)

兵蚁　上颚及头前部黑色，头后部暗赤色。触角、触须、胸、腹皆浅黄色。头形短而厚，背观近方形，顶中部1大浅坑，触角下及内上方各1突起；触角11～15节，上颚具两矮齿。前胸背板前端中央大缺口楔形，缺口两侧的三角或半圆形前突略翘起、覆盖头的后端；后缘中央略前凹。腹部长，足极短。

有翅成虫　头赤褐色，触角、下颚须、上唇褐黄色；胸、腹及腿节黑褐色，胫节、跗节淡黄色，翅黄褐色。头两侧平行、后缘弧形，复眼小、圆三角形，单眼长圆形；后唇基短横条状、与额界限不明、前缘直，前唇基梯形；触角14～16节，第2～4或第2、3节长度相等。前胸背板与头等宽，整个前缘凹入，后缘中部略前凹；前后翅鳞大小不等、前翅鳞覆盖后翅鳞，翅面布满刻点。

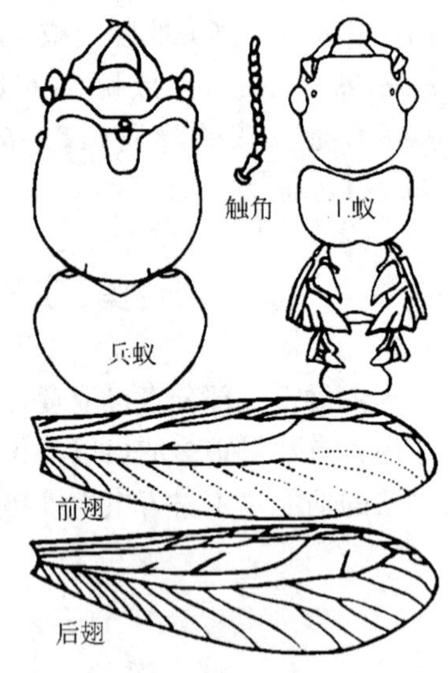

图13-1　铲头堆砂白蚁

生物学及习性

为纯粹木栖型白蚁，从分群后的一对脱翅成虫钻入木质部创建群体开始，其取食、活动基本与土壤无联系，不筑外露蚁路，营隐蔽蛀蚀生活。除蛀蚀室内木构件外，也常蛀食林木和果树。蚁巢无固定形式，隧道不规则，蛀食处就是居所。群体由数十只至数百只所组成，无工蚁，由若蚁代替工蚁的职能；砂粒状粪便从被蛀物表面的小孔推出后下落成沙堆状，这是堆砂白蚁得名的由来，也是其危害的标志。

若蚁如与群体隔离后约7d便形成补充繁殖蚁，初期可能有很多补充繁殖蚁，但最终因互相残杀只剩1对被保留；具有原始繁殖蚁的群体不产生补充繁殖蚁。有翅成虫在一年的各月均可出现，但分群以4～6月居多；环境条件不利或群体衰老时，有产生较多有翅成虫的趋向。

白蚁的防治

白蚁类具有土栖型、木栖型和土木两栖型3类，其防治方法略有不同。对木栖型白蚁的防治，在严格进行植物检疫的基础上，可参考下述方法。

土木两栖型白蚁的防治

预防　应以预防为主，重视检查，严格检疫。建筑设计和选材时要透光、通风和防潮等，基建前应清除建筑物场地一切含纤维质的废物，尽量避免建筑木材和地面接触。可用50%氯丹乳油的100倍液处理墙基预防侵害，或按2 000mL/m^2用七氯0.5%、氯丹1%、林丹0.8%、亚砷酸钠10%等剧毒药剂重点或局部处理土壤，预防期可达20年。或用铜铬砷合剂(CCA)4%～5%的水溶性防腐剂，即重铬酸钾50%、硫酸铜33%、五氧化二砷11%；油溶剂为五氯酚占5%、林丹1%、柴油(或杂酚油)94%，浸渍、涂刷或喷雾处理木材。

喷粉灭蚁　常用的是砷素剂灭蚁粉和灭蚁灵粉剂(Mirex 70%有效成分)，常用的配方有3种，即亚砷酸占85%、水杨酸10%、砒红5%；亚砷酸80%、水杨酸10%、升汞5%、砒红5%；亚砷酸70%、滑石粉25%、三氧化二铁粉5%。干燥季节在白蚁严重危害部位，向蚁巢、分飞孔或主蚁道喷粉可全歼蚁群。

液剂毒杀与挖巢　触杀、熏蒸木材表面层的白蚁可用5%~10%亚砷酸钠、3%~5%五氯酚钠、1%~2%氯丹乳油灌入蚁道或喷洒。此外，冬季白蚁高度集中巢内时挖巢灭蚁。

诱杀法　①在白蚁活动处的周围挖数个深30cm、直径40~50cm的小坑，坑内放满洒有洗米水或2%糖水的含纤维物质作诱饵、覆盖并防积水；或将上述物质在蚁群活动处集成堆并保持黑暗和潮湿，或将上述物质放入40cm×40cm×40cm的无盖木箱保湿保温；当诱到大量白蚁时，在不惊跑蚁群的情况下喷药、然后保持原样继续引诱，直到无白蚁为止。②用0.1g的灭蚁灵粉、2.0g红糖、2.0g松花粉加水适量配成糊状毒饵，用皱纹卫生纸包裹并塞入有白蚁活动的部位。③将微量灭蚁灵压入革蓝真菌感染的木块，埋于地下诱杀。

土栖型白蚁的防治

选择壮苗造林，加强幼林抚育，栽植后加强管理，使苗木迅速恢复生机，增强抵抗力；萌芽力强的树种在遭白蚁危害后，可截去部分枝干，在根部淋透药液，驱除白蚁。种植经济价值较高的林木、药材、果树时，可考虑在种植坑中和填土上撒5%毒杀酚粉，既可防治白蚁又可兼治其他地下害虫。

新设的苗圃地如有大量白蚁危害，可坑诱防治；也可在林地或苗圃内白蚁活动处铲去表土，下铺白蚁喜食的枯枝杂草，放入每袋4g的毒饵(含纤维的物质与食糖、灭蚁灵粉的比例为4∶1∶1)后仍用杂草、土覆盖，$1hm^2$放毒饵900g即可。能直接找到白蚁活动的标志，如分飞孔、蚁路、泥被线等时，可直接喷洒灭蚁灵粉，或灯光诱杀。

二、蠹虫类

危害木材的蠹虫类包括窃蠹、长蠹、粉蠹等，除下述种类外，重要的种类还有竹长蠹 *Dinoderus minutus* (Fabricius)、梳角窃蠹 *Ptilinus fuscus* Geoffroy 等。

双钩异翅长蠹 *Heterobostrychus aequalis* (Waterhouse)

分布于云南、广东、广西、海南、香港、台湾等地；东南亚、日本、巴布亚新几内亚、美国、古巴、苏里南、马达加斯加。该虫钻蛀热带及亚热带地区的木材、竹材、藤料及其制品。

形态特征(图13-2)

成虫　体长6.0~9.2mm，圆柱形，赤褐色。头部黑色，具粒状突；触角10节、鞭节6节，锤状部3节。前胸背板前缘弧状凹入、两侧各1齿突，两侧缘5~6齿，后缘角呈直角；前半部突起锯齿状，后半部突起颗粒状。小盾片四边形，光滑。鞘翅刻点沟之刻点近圆而深凹，沟间部光滑。鞘翅两侧缘平行，但至后端时急缩成斜面，雄虫在斜面两侧具上大下小2对钩状突，雌虫则仅具微隆。

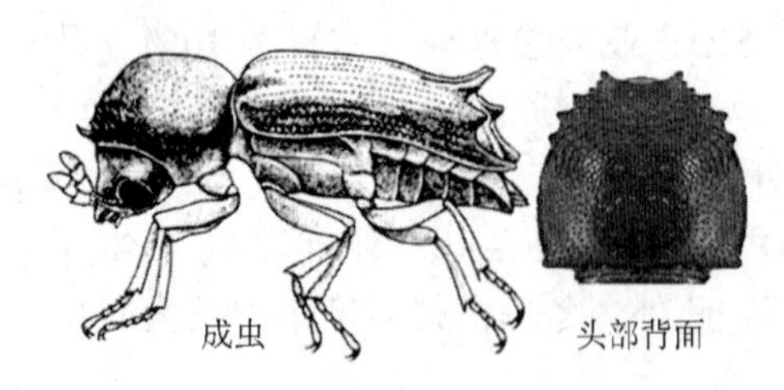

图 13-2 双钩异翅长蠹

幼虫 乳白色、肥胖、弯曲、具褶皱，体长8.5～10mm，胸部粗大。头部缩入前胸、背中央1白色中线，前额密被黄褐色短绒毛，腹部侧下缘亦具短绒毛，气门椭圆形、黄褐色。

蛹 蛹长7～10mm，乳白色。触角锤状部3节。前胸背板前缘凹入、两侧锯齿状突起乳白色，中胸背中央1瘤突。腹部各节近后缘中部1列毛，第6节毛列多呈倒"V"形排列。

生物学及习性

1年2～3代，全年可见幼虫和成虫。以老熟幼虫或成虫在寄主内越冬，越冬幼虫于翌年3月中、下旬化蛹，蛹期9～12d，3月下旬至4月下旬为羽化盛期，当年第1代成虫6月下旬至7月上旬羽化；第2代10月上、中旬羽化，但部分则以老熟幼虫越冬，翌年与第3代(越冬代)成虫羽化期重叠；第3代10月上旬以幼虫越冬，翌年3月中旬开始化蛹，3月下旬开始羽化。成虫期寿命约2个月、越冬代可达5个月。

成虫喜在傍晚至夜间活动，趋光性弱，群集危害，能蛀穿尼龙薄膜、窗架的玻璃胶而外逃；羽化2～3d后在木材表面蛀食，形成浅窝或虫孔、排出粉状物。蛀孔见于树皮及边材，蛀道多沿木材纵向伸展，弯曲、交错，直径3～6mm、长30cm、深5～7cm、横截面圆形，充满粉状排泄物，当危害伐倒木、新剥皮原木、木质制品或弃皮藤料时，粉状蛀屑常被排出蛀道。

日本竹长蠹 *Dinoderus japonicus* Lesne

分布于长江以南；日本、澳大利亚、印度等。热带、亚热带和温带等产竹地区。成虫、幼虫均能蛀食竹材及竹器制品，但以刚竹材被害最为严重。竹材及竹制品被蛀1年时木质部均成粉末，易折断、难以使用。

形态特征(图13-3)

成虫 体长雌4.5～5mm、雄3.5～4mm，黑褐色，密布小刻点及棕黄色刚毛，下颚须及下唇须黄色。头隐于前胸背板之下，复眼卵圆形；黄色触角11节、中间6节小、末端3节膨大，各节被稀疏黄毛，触角窝前方各1丛黄刚毛。前胸背板向前突出，近前缘处1排大钝齿、其后3排小齿。前、中、后足胫节外缘具刺1排；中、后足胫节1端距、小而弯，前足胫节1端距较大。跗5节，第5节最长，爪1对。腹板5节。

卵 棍棒形，7.8mm×0.15mm，顶端轴丝1根，初产时乳白色。

幼虫 1龄幼虫棍棒形，长约1.8mm，头部较大，腹部长而不弯曲，乳白色。老熟幼虫体长4～4.5mm，肥胖，头、胸部黄褐色，上颚坚硬，腹部向腹面弯曲。

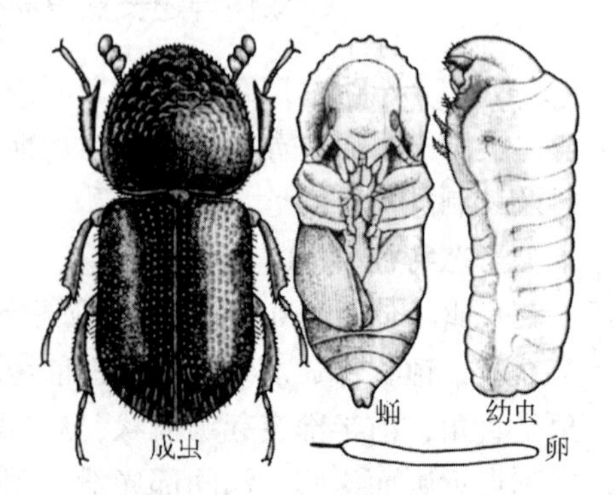

图 13-3 日本竹长蠹

蛹　体长3.5～4mm，初乳白、后灰褐色，前端大而钝圆、覆盖头部，背面被瘤凸，腹末较尖、略向腹面弯曲。

生物学及习性

在江西南昌等地多1年1代，少数有不完整的2代，以成虫和少数幼虫在被蛀竹材或竹制品内越冬。翌年4月中旬至5月下旬越冬成虫迁至新伐竹材上蛀孔侵入，5月上旬至7月上旬雌虫产卵、5月中、下旬至6月上旬为盛期，产卵期约60d。幼虫于5月中旬开始孵化，盛期为5月下旬至6月中旬，8月中旬仍可见少数老熟幼虫，幼虫期约达100d。7月上旬至8月下旬进入前蛹期及蛹期，盛期为7月中旬至8月中旬，前蛹期3～5d，蛹期约50d。成虫7月上旬至8月下旬羽化，7月下旬至8月中旬为盛期；少数羽化早的成虫产卵、幼虫孵化后在竹材中危害、越冬，7月下旬以后羽化不再产卵而以成虫越冬，成虫期最长约达300d。

成虫具有避光性，仅能短距离迁飞；找到新竹后，在竹材表面爬行，多从砍去枝条的伤痕处蛀入，少数由节间的破皮处蛀入；在刚竹主干上，基部3m以内蛀孔最多，占93.4%。该虫有选择食性，在刚竹、毛竹和苦竹混堆时喜蛀食刚竹而不蛀食他竹，毛竹和苦竹混堆时均可被蛀食，当年新伐竹和上年竹材混堆时喜蛀食当年新竹。该虫多成对蛀入新竹，蛀入后先蛀一斜道，然后在竹黄处蛀一椭圆形大空室，再围绕竹壁蛀食，并在竹黄部蛀一与空室相通的环形隧道，排泄物从蛀孔排出；雌雄成虫经补充营养后在空室交尾，然后散产卵于环形隧道的纤维间隙中。幼虫孵化后，沿竹黄部纵向蛀食，其排泄物堆积于隧道内；老熟幼虫化蛹前，在靠近竹青的表皮处蛀一椭圆形蛹室化蛹，成虫羽化后咬破竹青而出。

双棘长蠹 *Sinoxylon anale* Lesne

分布于海南、广东、广西、四川、台湾等地；印度、东南亚、澳大利亚。危害白格、黑格、黄檀、凤凰木、木棉、橡胶树、黄桐、厚皮树、山龙眼、黄牛木、山荔枝、小叶英歌、大叶桃花心木、杧果等52属73种树木。主要危害新锯的板方材和新剥皮的原木，凡有明显心材的树种，只危害边材，橡胶木被蛀害约半年便成粉末、失去使用价值；也危害活树，如紫胶虫的寄主南岭黄檀和秧青的枝条被害后易折断，影响放胶。

形态特征(图13-4)

成虫　圆柱形，体长4.2～5.6mm，赤褐色。头密布颗粒，其前缘小瘤1排；棕红色触角10节，末端3节单栉齿状；上颚粗而短、末端平截。前胸背板帽状盖住头部、短黄毛直立，前半部有齿状和颗粒状突起，后半部具刻点。鞘翅刻点密粗、被灰黄色细弧毛，后端急剧下倾的倾斜面黑色、粗糙，斜面合缝两侧1对刺突的基部下侧缘锯齿状。足棕红色，胫、跗节均有黄毛；胫节外侧1齿列，端距钩形，中足距最长。中后胸及腹

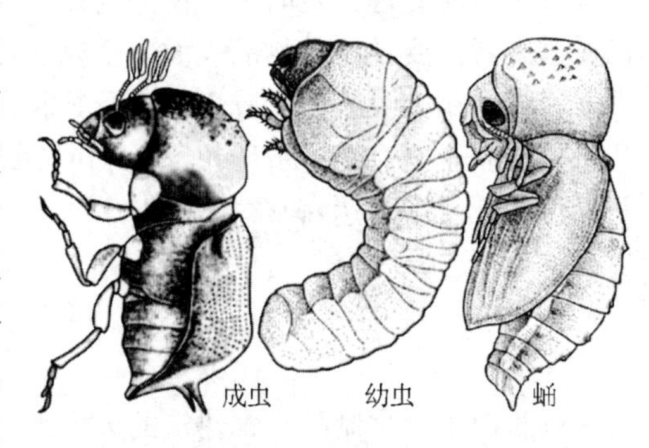

图13-4　双棘长蠹

部腹面密布灰白色倒伏细毛。腹部5节，第6节缩入腹腔，外露毛1撮。

卵 长椭圆形，黄白色。

幼虫 乳白色，体弯曲。胸足仅前足较发达，胫节具密而长的棕色细毛。体侧面、腹末节商黄褐色刷状长毛，老龄幼虫体长4~6mm。

蛹 初乳白色半透明，后渐黑褐色，羽化前头、前胸背板及鞘翅黄色，上颚赤褐色。

生物学及习性

在海南1年4代，完成1代需68~98d。成虫4次发生高峰为3~4月，6~7月，9~10月和12月至次年1月，以3月下旬至4月上旬最盛。成虫在伐倒木、新剥皮的原木和湿板材上钻圆形深约5mm的孔侵入，然后顺年轮方向开凿长15~20cm的母坑道，随即将蛀屑推出坑道，极易发现。成虫产卵于母坑道壁的小室中，并一直守卫在母坑道中直到死亡。幼虫坑道甚密、纵向排列、充塞粉状排泄物，深1.5~3cm，长10~15cm；幼虫期约45d。新成虫羽化后就地补充营养，蛀出若干小孔，排出大量蛀屑，约10d后飞出。

木材含水率和该虫侵染程度密切相关。新采伐2~3d后的剥皮白格，含水率约达70%时成虫开始蛀入危害，蛀入虫数逐日增加，至干燥到纤维含水率的饱和点33%时蛀入虫数开始下降，继续下降到25%以下时仅有个别蛀入，至20%以下则无虫蛀入。

蠹虫的防治

粉蠹的防治方法 应于冬季采伐，树木砍伐后趁湿浸泡于水中，或锯成板材后水煮。

长蠹的防治方法 成批干材和木竹制品被害时，用溴甲烷密闭熏蒸24h杀灭长蠹幼虫和成虫。木材干燥时加热到一定温度即可灭虫，锯材天然干燥时用50%氧化乐果乳油250倍液作瞬间浸泡处理。加强营林技术措施，感染虫害的木竹材应尽快运出林外以压低并控制虫源。

窃蠹的防治方法 ①当杨、柳房木构件被害时，每年从成虫出现开始用80%敌敌畏乳油400倍液喷至房木表面，隔7d喷施1次，共4~5次，杀虫率可达80%以上。此法应坚持连续治2年。②档案窃蠹繁殖传播约集中于20d内，可结合其他仓库害虫的防治，加强仓库管理，定时检查清除易受害物件；或用50%氧化乐果乳油或纯煤油涂刷已受害或者需要预防的物品表面，反复2~3次，涂刷面最好向上以利药液向虫孔渗透。档案窃蠹对用大豆胶、血胶、牛皮胶等胶合板危害最烈，应适当选用对脲醛树脂胶合板危害较少胶合剂。③5月下旬至6月初按每间木房释放500余头管氏肿腿蜂，该虫的蛹和幼虫的死亡率可达60%左右。

三、天牛类

蛀害原木、木制品、木建筑的天牛种类虽少，但其危害所造成的损失常很大。除下述2种外，在我国还有分布于甘肃南部少数县、上海、福建、四川、云南等地危害竹材

的竹绿虎天牛 *Chlorophorus annularis*（Fabricius），分布于华中、华南危害木建筑、阔叶木材的长角凿点天牛 *Stromatium longicorne*（Newman），分布于辽宁南部、山东、河南、河北、四川、云南、陕西危害多种木材及其制品的灰黄茸天牛 *Trichoferus guerryi*（Pic）。

家茸天牛 *Trichoferus campestris*（Faldermann）

分布于东北、华北、华东、西北、西南等地；日本、朝鲜、前苏联、蒙古。危害刺槐、杨、柳、榆、桦、松、云杉、枣、桑、苹果、梨等衰弱木及木材。

形态特征（图 13-5）

成虫　长 13～14mm，褐色，密被黄色绒毛。雌触角短于体长、雄长于体长。前胸近球形，背中央后端 1 浅纵沟。小盾片半圆形，灰黄色。

卵　长椭圆形，一端较钝，另一端稍尖，灰黄色。

幼虫　长约 20mm，头部黑褐色，体黄白色。前胸背板前缘之后 2 个黄褐色横斑，侧沟之间隆起平坦，隆起部前方具细纵皱纹；前胸腹板中前腹片前区、侧前腹片具密毛。

蛹　浅黄褐色，体长 15～19mm。

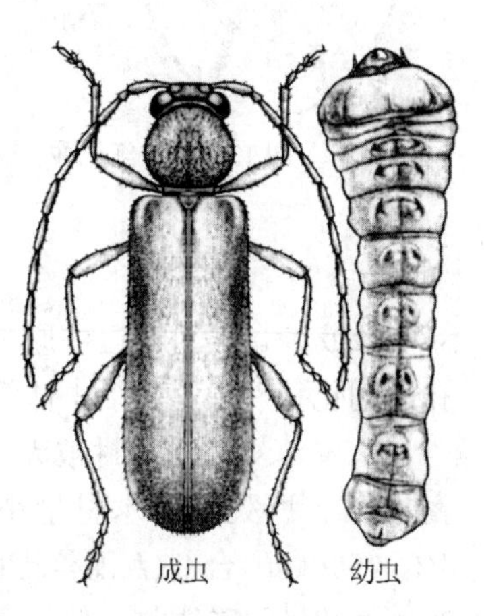

图 13-5　家茸天牛

生物学及习性

在河南 1 年 1 代，以幼虫在被害枝干中越冬。次年 3 月恢复活动，在皮层下木质部钻蛀坑道，并将碎屑排出孔外。4 月下旬至 5 月上旬开始化蛹，5 月下旬至 6 月上旬成虫羽化。成虫有趋光性，卵散产于直径 3cm 以上椽材的皮缝内，冬、春季新伐的枝干最易落卵，或产卵于未经剥皮或采伐后未充分干燥的木材上。约 10d 后初孵幼虫即钻入木质部和韧皮部之间蛀食，蛀道宽扁且不规则，11 月幼虫越冬。新采伐的刺槐椽木，最易受蛀害。

竹红天牛 *Purpuricenus temmincki* Guérin-Méneville

分布于辽宁、河北、华中、华南、西南等地。危害竹材及其制品，毛竹受害重。

形态特征（图 13-6）

成虫　体长 11.5～18mm。头、触角、足及小盾片黑色，前胸背板及鞘翅朱红色。头短，雌虫触角接近鞘翅后缘，雄虫触角约为体长的 1.5 倍。前胸背板 5 个黑斑、后部的 3 个较小，两侧各 1 瘤状侧刺突。鞘翅两侧缘平行，胸和翅面密布刻点。

卵　扁圆形，青灰或淡灰褐色，长 0.15～2mm。

幼虫　体长 15～20mm，白色，前胸背板黄色、硬皮板 3 条纵线。

蛹　棕褐色，椭圆形，长 14～18mm。

生物学及习性

多数 1 年 1 代、少数 2 年 1 代，以成虫、幼虫在竹材内越冬。次年 4 月中旬越冬成虫外出产卵，5 月上、中旬幼虫孵化蛀入竹材内常绕竹节蛀害；8 月始化蛹，蛹期约

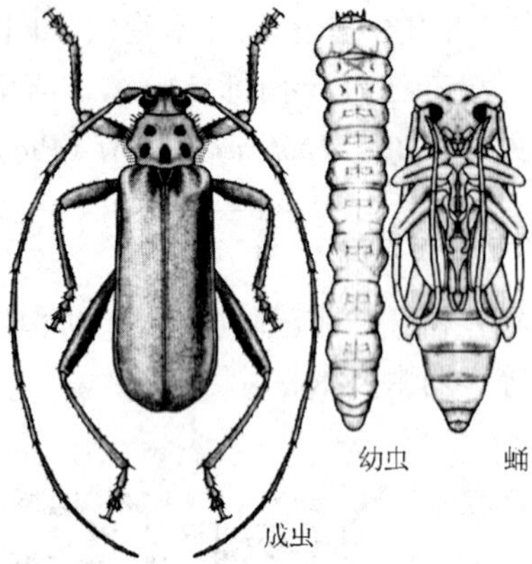

幼虫 蛹

成虫

图 13-6 竹红天牛

15d，9月成虫羽化，发生期不整齐。

成虫出竹后先爬行，找寻适宜处产卵；卵散产于竹节上方，新伐毛竹以两侧落卵最多，每竹节有卵数粒或数十粒成堆，每根竹落卵可达200～300粒。喜食伐倒竹、风倒竹或枯竹，也危害健康毛竹。被害处有圆形羽化孔，可导致竹材内部积水，久之腐败；重害竹材遍布被竹屑堵塞的虫孔，仅剩竹皮，地面可见粉屑。阳光充足、温度较高、湿度不大处竹材最易被害，向阳面、植被少的山坡和山顶被害重，阴面、植被多的山坡或水沟两侧被害轻，山沟中受害更轻。

天牛的防治

检疫控制 对调运中原木、木材实行严格检疫，检查其是否携带有天牛的卵、入侵孔、羽化孔、虫道和活虫体等，并按检疫法进行处理。

虫害木处理 密封被天牛侵害的原木、木材，投放硫酰氟或溴甲烷50～70g/m^3、密封5d，所处理的木材量小时投放磷化铝或磷化锌10～20g/m^3、密封2～3d。可用4%～5%硼酚合剂(硼砂：硼酸：五氯酚钠＝3.5：3.0：3.5)、2%硼酸：硼砂＝5：1或35%氟化钠浸渗木材、使渗透深度达10mm以上，以防治家茸天牛等木材害虫。此外，伐后的树木5月前彻底剥皮以防成虫产卵，用作房屋建筑木材应剥皮处理。对天牛危害严重的木建筑房屋，可在成虫羽化期密封屋内用烟剂熏蒸24h。如房屋椽材发生天牛幼虫危害，可喷洒40%氧化乐果：柴油＝1：5的药剂，而后关闭门窗24h熏杀幼虫。

第三节 木材害虫的调查与研究

木材害虫与食叶、蛀干等害虫的调查与研究有所不同，其对象不是活立木，而是堆积的原木、板材或木制品。其基本调查原理和方法如下。

一、调查目的和原理

蛀食木材害虫的生活栖境较空旷，相对较干燥、湿度低、人为干扰因素多，但调查时较为容易取样。因此，应根据木材类型如带皮原木、无皮原木、板材、木材制品，蛀害木材的害虫种类、蛀食习性、在木材和剁堆中的分布(如边材、心材，剁堆上、中、下部等)，及木材存放的场所与环境等，设计取样方式、取样量的大小。该类害虫的调查和研究基本内容包括不同木材类型的木材害虫种类，木材存放场所、环境与害虫种类，木材害虫的季节变化，目标害虫的生物学、蛀害特征、防治技术与效果等。

二、调查方法与数据分析

带皮原木　对于同一类型的独立存放或散放于林间的带皮原木，应区分环境类型调查和取样，每一环境至少应取长4m的样木5根以上；对于堆放的带皮原木，在条件许可时应区分上、中、下层分层取样，每层取样亦不少于5根。抽取样木后，应先检查树皮表面是否具有木材害虫的蛀害症状及其特征，然后对每样木分段剥皮检查害虫种类、虫态、数量。

板材与去皮原木　板材与去皮原木存放常较规范，其发生木材害虫一般也较严重。调查时应按照树种、材质类型、存放场地等，参照带皮原木的调查方法取样进行调查。

木制品　木制品类的木材害虫害状明显，害虫蛀害后其表面常具有蛀害孔、虫粪及木屑排出孔、羽化孔等，其周围也常散落有虫粪及木屑。取样时应以不能毁坏木制品为前提，在区分蛀害孔、羽化孔、虫粪及木屑类型的基础上，采取网纱罩养的方法获取虫样标本，以标记蛀害与羽化孔的方式确定虫口数量；对于已因虫害严重毁坏、无利用价值的木制品，可进行解剖调查其危害情况等。

白蚁的调查　白蚁生活场所的湿度一般较周围环境要大，且不论是何种白蚁其食物均为植物及其产品。调查时应首先注意同一环境类型中湿度较大场所中的木材和木制品，多数白蚁在危害时常筑有活动隧道，在被害木表面具有透气孔，被害场所散落有粉末状木屑。因此，对于堆积的木材和木制品白蚁的调查，检查其最下层即可；如果进行种类分布调查，可在当地白蚁易发生地选取不同的地点挖深50cm的坑，坑内分别埋设松材、阔叶材，翌年进行检查；被白蚁蛀害的构件敲击时常有中空声，据白蚁的生活习性调查木建筑时，应先查看接近地面的构件，必要时可在不破坏构件性能的基础上进行局部解剖调查。

数据处理与分析　参见其他害虫的数据处理分析方法。

复习思考题

1. 简述我国木材害虫的地理分布。
2. 重要的木材害虫有哪几类？各有哪些防治方法？
3. 阐述木材害虫的调查方法。

推荐阅读书目

森林昆虫学. 方三阳. 东北林业大学出版社，1988.
森林昆虫学. 2版. 张执中. 中国林业出版社，1997.
森林昆虫学. 李成德. 中国林业出版社，2004.

参 考 文 献

北京农业大学，等. 1980. 昆虫学通论(上、下)[M]. 北京：农业出版社.

北京农业大学，等. 1981. 果树昆虫学(下册)[M]. 北京：农业出版社.

蔡邦华. 1985. 昆虫分类(中、下)[M]. 北京：科学出版社.

蔡邦华. 1956. 昆虫分类(上)[M]. 北京：财经出版社.

曹骥. 1984. 作物抗虫原理及应用[M]. 北京：科学出版社.

陈昌洁，等. 1990. 松毛虫综合管理[M]. 北京：中国林业出版社.

陈世骧，等. 1959. 中国经济昆虫志(第一册　鞘翅目：天牛科)[M]. 北京：科学出版社.

丁岩钦. 1980. 昆虫种群数学生态学原理与应用[M]. 北京：科学出版社.

东北林业大学. 1989. 森林害虫生物防治[M]. 北京：中国林业出版社.

方三阳. 1988. 森林昆虫学[M]. 哈尔滨：东北林业大学出版社.

福建农学院，等. 1982. 害虫生物防治[M]. 北京：农业出版社.

郭郛，等. 1979. 昆虫的激素[M]. 北京：科学出版社.

侯陶谦. 1987. 中国松毛虫[M]. 北京：科学出版社.

湖南林业厅. 1992. 湖南森林昆虫[M]. 长沙：湖南科学技术出版社.

花保祯，等. 1990. 中国昆虫图志：Ⅱ中国木蠹蛾志[M]. 咸阳：天则出版社.

华东师范大学，等. 1981. 动物生态学(上、下)[M]. 北京：人民教育出版社.

华南农学院. 1981. 农业昆虫学(上、下册)[M]. 北京：农业出版社.

蒋书楠，等. 1985. 中国经济昆虫志(第三十五册鞘翅目：天牛科(三))[M]. 北京：科学出版社.

李宽胜，等. 1999. 中国针叶树种实害虫[M]. 北京：中国林业出版社.

李孟楼，等. 1989. 花椒栽培及病虫害防治[M]. 西安：陕西科学技术出版社.

苗建才. 1990. 林木化学保护[M]. 哈尔滨：东北林业大学出版社.

南京农学院，等. 1985. 昆虫生态及预测预报[M]. 北京：农业出版社.

南开大学，等. 1980. 昆虫学(上、下册)[M]. 北京：人民教育出版社.

蒲富基. 1980. 中国经济昆虫志(第十八册鞘翅目天牛科(二))[M]. 北京：科学出版社.

青海省农林科学院林业研究所. 1979. 青海林木害虫[M]. 西宁：青海人民出版社.

陕西省果树研究所，西北农学院. 1980. 果树病虫及其防治[M]. 西安：陕西科学技术出版社.

陕西省林业研究所. 1977. 陕西林木病虫图志[M]. 第一辑. 西安：陕西科学技术出版社.

陕西省林业研究所. 1983. 陕西林木病虫图志[M]. 第二辑. 西安：陕西科学技术出版社.

石奇光. 1987. 昆虫信息素防治害虫技术[M]. 上海：上海科学技术出版社.

王树楠，等. 1989. 甘肃林木病虫图志[M]. 兰州：甘肃科学技术出版社.

王子清. 1980. 常见介壳虫鉴定手册[M]. 北京：科学出版社.

魏鸿钧，张治良，等. 1989. 中国地下害虫[M]. 上海：上海科学技术出版社.

文守易，徐龙江. 1986. 林木害虫防治[M]. 乌鲁木齐：新疆人民出版社.

吴福桢，高兆宁. 1970. 宁夏农业昆虫图志[M]. 第一集. 银川：宁夏人民出版社.
吴福桢，高兆宁. 1982. 宁夏农业昆虫图志[M]. 第二集. 银川：宁夏人民出版社.
西北农学院. 1977. 农业昆虫学(上、下册)[M]. 北京：人民教育出版社.
萧刚柔. 1992. 中国森林昆虫[M]. 2 版. 北京：中国林业出版社.
徐汝梅，等. 1987. 昆虫种群生态学[M]. 北京：北京师范大学出版社.
薛贤清. 1992. 森林害虫预测预报[M]. 北京：中国林业出版社.
殷蕙芬，等. 1984. 中国经济昆虫志(第二十九册 鞘翅目小蠹科)[M]. 北京：科学出版社.
袁锋. 1996. 昆虫分类学[M]. 北京：中国农业出版社.
云南林业厅，等. 1987. 云南森林昆虫[M]. 昆明：云南科学技术出版社.
张克斌，谭六谦. 1989. 昆虫生理[M]. 西安：陕西科学技术出版社.
张执中，等. 1993. 森林昆虫学[M]. 2 版. 北京：中国林业出版社.
张宗炳. 1986. 害虫综合治理[M]. 上海：上海科学技术出版社.
章宗江. 1983. 果树害虫天敌[M]. 济南：山东科学技术出版社.
赵养昌，等. 1980. 中国经济昆虫志(第二十册 鞘翅目象虫科(一))[M]. 北京：科学出版社.
浙江农业大学. 1982. 农业昆虫学(上、下册)[M]. 2 版. 上海：上海科学技术出版社.
中国科学院动物研究所，等. 1978. 天敌昆虫图册[M]. 北京：科学出版社.
中国科学院动物研究所. 1986—1987. 中国农业昆虫(上、下册)[M]. 北京：农业出版社.
中南林学院. 1978. 森林害虫及其防治[M]. 长沙：湖南人民出版社.
中南林学院. 1987. 经济林昆虫学[M]. 北京：中国林业出版社.
周嘉熹，等. 1988. 陕西省经济昆虫志、鞘翅目天牛科[M]. 西安：陕西科学技术出版社.
周嘉熏，屈邦选. 1994. 西北森林害虫及防治[M]. 西安：陕西科学技术出版社.
D J 霍恩. 1991. 害虫防治的生态学方法[M]. 刘铭汤，等. 译. 咸阳：天则出版社.
D R STRONG, J H LAWTON，等. 1990. 植物上的昆虫群落格局和机制[M]. 刘绍友，仵均祥，等. 译. 咸阳：天则出版社.
F G 马克斯维尔. 1985. 植物抗虫育种[M]. 北京：农业出版社.
IAN GAULD, BARRY BOLTON，等. 1992. 膜翅目[M]. 杨忠岐. 译. 香港天则出版社.
M L 弗林特，R 范德博希. 1985. 害虫综合治理导论[M]. 曹骥，赵修复. 译. 北京：科学出版社.
O W RICHARDS , R G DAVIES. 1987. 伊姆斯普通昆虫学教程[M]. 10 版. 忻介六，等. 译. 北京：高等教育出版社.
Pefer W Price. 1981. 昆虫生态学[M]. 北京大学生物学系昆虫教研室译. 北京：人民教育出版社.
T R E 索思伍德. 1984. 生态学研究方法[M]. 罗河清，等. 译. 北京：科学出版社.
W 莫尔迪尤，G J 戈兹沃西，等. 1986. 昆虫生理学[M]. 王荫长，龚国玑，等. 译. 北京：科学出版社.

汉拉学名索引

一、二画

三画

四画

五画

六画

七画

八画

九画

十画

十一画

十二画

十三画及以上

拉汉学名索引

A

B

C

H

I

J

K

L

M

Q

R

S